建筑施工科技创新及应用

张希黔　主编

中国建筑工业出版社

图书在版编目（CIP）数据

建筑施工科技创新及应用/张希黔主编. —北京：
中国建筑工业出版社，2009
ISBN 978-7-112-10904-3

Ⅰ．建… Ⅱ．张… Ⅲ．建筑工程—工程施
工—施工技术—技术革新 Ⅳ.TU74

中国版本图书馆 CIP 数据核字（2009）第 052522 号

近几年来，本书作者依托中建总公司施工技术专业委员会、重庆大学现代施工技术研究所，服务建筑企业，以典型工程项目为背景，在有关建筑企业和院校的共同努力下，取得了一批创新、集成的科技成果，对这些成果进行全面总结、分析、整理，成为本书的主体内容，包括建筑基坑支护和地基基础工程施工、建筑结构工程施工、基于特殊功能需要的建筑工程施工技术、复杂结构定位测控技术、建筑节能、环保与生态建设、房屋建筑混凝土结构施工期安全控制技术以及现代信息技术在建筑施工中的应用，涵盖了建筑工程主要技术领域。

本书可作为从事土木工程专业的设计、施工等方面科研人员、工程技术人员，以及大专院校师生的参考书。

* * *

责任编辑：郦锁林
责任设计：赵明霞
责任校对：刘　钰　关　健

建筑施工科技创新及应用

张希黔　主编

*

中国建筑工业出版社出版、发行（北京西郊百万庄）
各地新华书店、建筑书店经销
北京红光制版公司制版
北京蓝海印刷有限公司印刷

*

开本：787×1092毫米　1/16　印张：32¼　字数：805 千字
2009 年 4 月第一版　2009 年 4 月第一次印刷
印数：1—3000 册　定价：**80.00** 元
ISBN 978-7-112-10904-3
（18145）

主 编 简 介

张希黔，1939 年 8 月出生，湖南新化人。1961 年毕业于重庆建筑工程学院工业与民用建筑专业，教授级高工、博士生导师，现任重庆大学现代施工技术研究所所长，中建总公司施工技术专业委员会主任委员。

他曾主持过天津电视塔、武汉国贸大厦、上海正大商业广场等大型工程的施工和技术工作。参与过 20 世纪 80 年代闻名全国的 3 天一层楼的"深圳国贸大厦"的技术工作，直接指导过 20 世纪 90 年代的"新深圳速度"——深圳地王大厦以及澳门观光电视塔、广州（新）白云国际机场航站楼和深圳文化中心钢结构等在全国具有重大影响的工程施工和技术创新工作，已获得中建总公司科技进步一等奖 3 项，国家科技进步二等奖、三等奖各 1 项，初评国家科技进步二等奖 1 项。近年来，中建三局承接了一大批大跨度、复杂空间钢结构工程，很多工程在规模和结构形式上都没有先例。他参与和指导了"复杂空间钢结构综合施工技术的研究与应用"课题，技术含量高，多项成果处于国际先进水平而获国家科技进步二等奖。他还将信息技术应用到建筑工程施工中的研究与实践，取得了重大的创造性成就和贡献，为企业获得了很显著的经济和社会效益，获得了 2002 年度首届中建总公司科学技术总经理特别奖。他还是重庆大学、东南大学、华中科技大学、武汉理工大学兼职教授，先后培养了 14 名博士和 20 名硕士。

特别是近几年来，他依托中建总公司施工技术专业委员会、重庆大学现代施工技术研究所，紧密联系理论与工程实践，服务建筑企业，并将实践经验及时带入高校课堂，以典型工程项目为背景，在有关建筑企业的共同努力下，取得了一批创新、集成的科技成果，如"长沙卷烟厂联合工房工程综合施工技术"、"基于生态建设的浐灞商务中心建筑工程关键技术"、"特大型超高超限钢筋混凝土工程施工期安全控制及高质量控制施工关键技术"、"深圳市中心区双侧紧邻运营地铁特大型超深基坑变形控制关键技术"、"基于防微振与高洁净度控制的 12 英寸 90 纳米芯片厂工程建设关键技术"、"东莞玉兰大剧院工程建设成套技术"等。这些成果已通过省部级科技成果鉴定，部分已经取得了省部级科技进步奖。

序

  科技创新是企业发展的原动力，对此，国家近年来出台了一系列的方针、政策和措施，以扶持、鼓励各企业的科技创新，建筑企业也因此而获得了新的发展动力。

  多年来，张希黔教授一直关注建筑施工的科技发展前沿，并以极大的热忱致力于解决建筑施工科技发展中的关键问题。他密切联系一线工程的实践，依托与典型工程项目有关的建筑企业和院校共同合作，依靠团队的集体力量，取得了一批具有创新集成意义、并能代表国内施工前沿水平的科技成果。这些科技成果不仅指导了相应工程的顺利施工，而且在类似工程中得到应用与推广，起到了很好的示范和借鉴作用，受到业界的密切关注和重视。

  本书内容包括建筑基坑支护和地基基础工程施工技术、建筑结构工程施工技术、基于特殊功能需要的建筑施工技术、复杂结构定位测控技术、建筑节能和环保与生态建设技术、房屋建筑混凝土结构施工期安全控制技术以及现代信息技术在建筑施工中的应用共七章，涵盖了建筑工程界的主要技术领域。

  这些科技创新成果内容丰富，技术含量高。张希黔教授及时把这些成果进行了总结、整理，并编写成本书，与广大业界同仁分享，必将有利于更好地推动建筑施工的科技创新工作，我认为这是一项十分有意义的工作，故特为之序。

二〇〇九年三月十七日于北京

前　　言

党的十七大报告把"提高自主创新能力，建设创新型国家"作为国家发展战略的核心，强调"要坚持走中国特色自主创新道路，把增强自主创新能力贯彻到现代化建设各个方面"。建筑施工是一门把科学技术成果应用于实践的学科，具有很强的综合性和实践性。就工程建设而言，其创新主要包括集成创新和引进消化再创新，更主要是在实践中应用，并取得明显效益。

近几年来，依托中建总公司施工技术专业委员会、重庆大学现代施工技术研究所，服务建筑企业，以典型工程项目为背景，在有关建筑企业和院校的共同努力下，取得了一批创新、集成的科技成果，这些成果主要有："长沙卷烟厂联合工房工程综合施工技术"、"重庆大学主楼高层建筑 GPS 测控技术"、"东莞玉兰大剧院工程建设成套技术"、"佛山市中医院医疗综合大楼工程建设关键技术"、"基于高质量控制的普通公共建筑工程施工关键技术"、"基于防微振与高洁净度控制的 12 英寸 90 纳米芯片厂工程建设关键技术"、"特大型超高超限钢筋混凝土工程施工期安全控制及高质量控制施工关键技术"、"基于生态建设的浐灞商务中心建筑工程关键技术"、"深圳市中心区双侧紧邻运营地铁特大型超深基坑变形控制关键技术"等。这些成果已通过省部级科技成果鉴定，部分已经取得了省部级科技进步奖。

为了更好地推动建筑业科技创新工作，提升行业水平，及时组织人员对上述成果进行全面总结、分析，作为本书的主体内容。全书共分为七章：

1. 建筑基坑支护和地基基础工程施工

主要包括：城市中心区特大型超深基坑变形控制关键技术；悬臂双排桩深基坑支护新体系施工技术；深基坑逆作法施工技术；多层面超大面积钢筋混凝土地面无缝施工技术。

2. 建筑结构工程施工

主要包括：倾斜钢结构、超大悬臂钢结构工程施工变形测控技术；超高层建筑主体结构施工技术；基于全过程控制的预拌混凝土长墙结构裂缝控制技术；特细砂高性能混凝土超高泵送施工关键技术。

3. 基于特殊功能需要的建筑施工技术

主要包括：芯片厂高洁净度控制关键技术；芯片厂防微振关键技术；大剧院声学模拟试验及声学设计与施工技术。

4. 复杂结构定位测控技术

主要包括：高层建筑 GPS 测控技术；特大型复杂连体建筑工程主轴线相关性测量控制技术；螺旋体结构空间坐标精确定位控制技术。

5. 建筑节能、环保与生态建设

主要包括：夏热冬冷地区外墙外保温系统施工技术；渭河平原沿河地带基于 CFD 技

术的生态建设关键技术；绿色施工综合技术。

6. 房屋建筑混凝土结构施工期安全控制技术

7. 现代信息技术在建筑施工中的应用

主要包括：虚拟现实施工技术；结构仿真技术；其他虚拟技术的开发和应用实践。

本书是企业、院校科研院所联合的成果，是集体智慧的结晶。参与编写的主要人员有：华建民、林琳、刘光云、刘星、罗琳、王伯成、张爱莉、周敬、陈景辉。

上述科技创新项目开发得到中建总公司系统毛志兵、肖绪文、张琨、王宏、黄刚、彭明祥、陈旅平、何穆、顾晴霞、蒋立红、喻国斌、唐鹏、赵元畴、秦裕民、谭青、旷庆华等同志的大力支持，在此表示衷心的感谢。

上述科技创新项目开发还得到了许溶烈外籍院士、徐正忠教授、叶可明院士、刘树屯大师、王铁梦教授、冯乃谦教授、黄声享教授、李世其教授、范士凯大师、王家阳总经理、李奇逊总工、戴啓园总经理的帮助与指导，特向他们表示衷心的感谢。

本书的出版得到中国建筑工业出版社的大力支持，在此深表谢意。

建筑施工科技创新原创工作难度大，书中不当之处在所难免，敬请读者批评指正。

张希黔

2009 年 3 月

目　　录

1 建筑基坑支护和地基基础工程施工

1 建筑基坑支护和地基基础工程施工

1.1 城市中心区特大型超深基坑变形控制关键技术

1.1.1 问题的提出

我国大量的深基坑工程开始于 20 世纪 80 年代，尤其近 10 年来，伴随着超高层建筑的大量出现，基坑工程不断朝着特大型超深方向发展。目前，由于地铁建设的开发及城市用地的限制，待建的城市中心区特大型超深基坑工程常常紧邻重要建筑或地铁结构等，这种现象导致基坑变形受到周边环境的制约，不仅限制了待建基坑工程支护体系的选型，还要求基坑工程的变形控制要高于常规基坑工程。如何控制这类基坑的变形，已成为目前我国工程界在基坑方面的重点研究方向。

为了避免因特大型超深基坑支护体系的施工而影响基坑工程周边的地下结构，锚索支护体系的使用受到限制，而"桩（墙）＋内支撑"支护体系得到大量应用，尤其以钢筋混凝土内支撑为主。在基坑开挖至内支撑拆除期间，支护体系的支护桩（墙）结构与内支撑结构之间不断进行内力重分布，影响超深基坑的变形。此外，拆除城市中心区基坑工程的钢筋混凝土内支撑，必须考虑进度、成本、环境、操作性等的影响。

城市中心区特大型超深基坑的变形控制，已不能单一依靠设计方案，制定基坑施工方法。需要结合基坑变形的特点和难点，在基坑正式施工前，先采用计算机技术模拟基坑开挖及拆撑期间的变形，再优化设计，进行施工，通过全程监测，与模拟结果比较，利用信息化指导施工，最后采用"切割＋静爆"技术拆除钢筋混凝土内支撑，确保这类基坑工程的变形控制和内支撑拆除。研究思路如图 1.1-1 所示。

1. 基坑变形控制的现状

基坑工程是集岩土工程和结构工程等专业于一体的系统工程，是将挡土、支护、防水、降水、挖土、监测和信息化施工等作为一个系统。位于城市中心区的基坑，周围遍布交通要道、已建建筑或管线等各种构筑物，基坑的开挖不仅受到周边道路、建筑、管线等的限制，施工过程还需要保护其周边道路、建筑、管线等的安全使用。城市中心区的基坑变形，不仅涉及基坑自身的稳定和安全，还影响其周边建筑和构筑物的运行和安全。因此，必须严格控制城市中心区的基坑变形，避免因基坑变形较大导致周边建筑和构筑物的连带变形超过其容许范围而造成安全隐患或使用不便。

目前，基坑工程及其支护结构的施工技术还需要不断完善，其支护体系的稳定和变形仍处于发展阶段。尤其是特大型超深基坑具有面积特大、深度超深的特点，在基坑支护体系的稳定和变形方面，比深基坑的要求更高。此外，随着近年来我国城市地铁工程的迅速发展，单线双向地铁即将遍布城市各处，双线交叉的地铁交通枢纽也会出现在城市中心

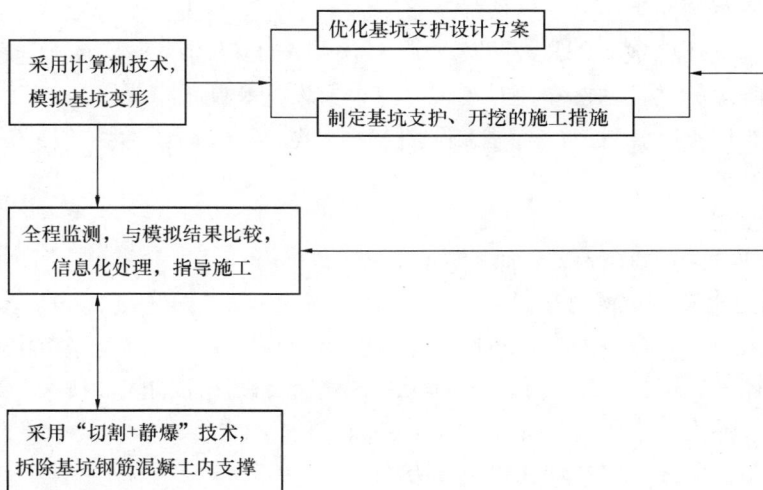

```
┌─────────────────┐        ┌──────────────────────┐
│ 采用计算机技术，  │───────▶│  优化基坑支护设计方案   │──┐
│ 模拟基坑变形     │        └──────────────────────┘  │
│                │        ┌──────────────────────┐  │
│                │───────▶│ 制定基坑支护、开挖的施工措施│──┤
└─────────────────┘        └──────────────────────┘  │
         │                                           │
         ▼                                           │
┌──────────────────────────┐                         │
│ 全程监测，与模拟结果比较，    │◀────────────────────────┘
│ 信息化处理，指导施工         │
└──────────────────────────┘
         │
         ▼
┌──────────────────────────┐
│ 采用"切割+静爆"技术，        │
│ 拆除基坑钢筋混凝土内支撑      │
└──────────────────────────┘
```

图 1.1-1　研究的思路

区。于是，伴随着城市地铁建设的发展以及特大型超深基坑的日益增多，城市中心区的特大型超深基坑会与地铁线相邻。由于营运地铁的特殊性，要求地铁两侧护壁的变形远小于一般建筑工程的基坑护壁变形。这就对紧邻营运地铁的特大型超深基坑变形，提出了极其严格的要求，尤其是基坑的双侧均紧邻营运地铁的情况。

当前，我国深基坑工程具有区域性强、个性强、综合性强、时空效应强、环境效应较强、工程量大、工期较紧、质量要求高、风险性较大等特点，其所面临的主要问题有：

(1) 深基坑技术需要快速发展并提高。深基坑工程具有大和深的特点，特别是特大型超深基坑工程体量大、挖深大、形式复杂的特点更为明显，其面临的防水措施、支护技术、施工工艺改进等问题，均有待进一步的研究与完善，以促进我国基坑工程的发展。

(2) 深基坑工程的设计质量偏低。基坑设计虽然由设计单位根据地勘资料完成，但由于地勘资料无法与工程原址的地质、水文等实际情况完全吻合，这就造成设计与实际不完全一致的情况存在，需要设计单位根据现场实际情况不断调整设计内容，才能进一步完善基坑的设计。但在基坑工程施工过程中，由于工程进度等各种原因，不能向设计单位提供完善的过程资料，因此，造成深基坑工程的设计质量偏低的现象。

(3) 深基坑工程缺乏足够的理论研究。目前，深基坑工程多是边开挖边实践边摸索，有时依靠经验进行判断施工，仍然处于半经验半理论的方法，缺乏成熟的技术和理论指导。

(4) 浪费较多。有的深基坑工程过于注重安全，为了避免事故发生，支护时不考虑墙的受力和变形，采用护壁全面支护，盲目增加安全系数，造成较大浪费。

(5) 施工混乱、管理不严。少数施工单位不具备相应的技术条件，人力、物力、技术、管理等要素不到位，甚至为了追求利润而降低安全度，造成现场施工混乱、管理不明。

(6) 质量检验不完善。深基坑工程的质量检验、验收方法还没有明确的规章制度详加说明，处于无章可循、逐步探索阶段，给深基坑工程的质量监督和质量管理带来困难。

(7) 工程勘察的注重不够。虽然深基坑工程的工程勘察工作十分重要，但许多勘察单位常常忽略对基坑环境地质的勘察，专门针对深基坑工程的地质及水文地质的勘察也不够，疏于施工阶段的过程勘察和及时校正，以至给设计和施工带来隐患。

(8) 过程监理不够。目前，监理工作在人力、物力等方面还不具备足够条件满足深基坑工程的施工要求。

(9) 随时监测不到位。

(10) 地域性规范、规程及标准不完善。

2. 课题的提出及研究的必要性

目前，我国还没有一系列有针对性的基坑变形控制体系，尤其是城市中心区特大型超深基坑的变形控制关键技术还处于发展阶段。这就需要在施工期间对特大型超深基坑工程变形控制关键技术进一步研究、开发和集成创新。

课题研究的必要性主要表现在以下几方面：

(1) 深基坑工程建设的需要

伴随着我国各城市中的高层建筑和超限超高层建筑不断涌现，特大型超深基坑工程也越来越多。深基坑工程的变形控制一直是工程界的难题，其支护及拆除技术是关注的重点。如果基坑超深，而又受到特定环境的限制，其变形要求就更严。

城市中心区特大型超深基坑的变形控制要严于一般的深基坑，也是深基坑工程发展的方向。研究这类基坑的变形控制技术，能帮助解决该工程深基坑施工过程的变形问题。

(2) 企业壮大的需要

施工企业在运行当中，会遇到一些施工难度大、甚至是以前没有处理过的技术难题。如果施工单位在面对这些困难时，不能迎难而上，仅停留在已有的技术水平上，那企业将裹足不前。因此，企业要壮大，就需要不断研究工程建设中遇到的难题，开发出具有企业自身特色的施工方法或关键技术，并成功应用在工程建设中。

(3) 城市发展的需要

我国各大城市的发展，带动深基坑工程迅速增多。如果不能很好解决城市中心区特大型超深基坑变形控制的难题，那在城市建设过程中修建特大型超深基坑工程，就会影响城市的整体规划，浪费土地资源，不利于可持续发展。

(4) 深基坑施工技术完善的需要

深基坑施工技术作为我国建筑业 10 项新技术之一，还处于继续发展、不断完善的过程。此外，地质条件的不确定及情况多变，加深了基坑变形控制的难度。深基坑变形控制技术是我国深基坑施工技术中最重要的一部分，城市中心区特大型超深基坑变形控制技术，是深基坑变形控制技术中的前沿技术，处于发展阶段，还存在较多问题需要逐步解决、形成体系。

1.1.2 创新与关键技术

文中讨论的城市中心区特大型超深基坑变形控制关键技术，是采用计算机技术模拟基坑开挖及拆撑期间的变形后，接着进行基坑支护设计的优化、施工和全程监测。在基坑工程的实施阶段，应针对基坑工程所处的周边环境及工程与水文地质条件，通过分析对比明确在基坑工程全过程中，严格控制设计、施工与变形监测等环节。首先通过设计方案对比及优化确保支护方案的安全经济可行；其次，通过信息化施工技术保证变形控制措施的实施，检验变形控制的落实程度，尤其采用计算机模拟技术和内支撑拆除的"切割＋静爆"技术，从基坑开挖和内支撑拆除等多工况上模拟基坑变形，动态地优化设计、施工、监测全过程，以及控制内支撑拆除对基坑变形的影响，指导该基坑工程的变形控制。

为了阐述明确，讨论时与工程实例（深圳星河发展中心工程）密切结合，以方便为其他类似工程提供参考。深圳星河发展中心基坑工程属于城市中心区特大型超深基坑，且两侧紧邻地铁线，工程具体特点见 1.1.3 条相关内容。

1. 城市中心区特大型超深基坑工程的计算机模拟技术

在工程实施前，利用计算机模拟技术，分析开挖及拆撑期间的基坑变形，使用信息化手段加强基坑工程实施与模拟分析的联系，指导变形控制的落实。利用计算机模拟技术，可以预测基坑支护结构（包括内支撑结构）和土体的应力应变趋势，对设计方案进行比较和优化；结合现场监测，细化工况，每一工况与实测结果对比，不仅能判定支护结构的安全性，还能根据模拟结果的趋势，预先估计基坑变形趋势，有效控制施工。

（1）计算机模拟程序的选用

目前存在较多的基坑模拟程序，需要针对工程特点，选用合适的计算机程序，并进行合理的工况分析，才能发挥良好的模拟效果。

在研究特大型超深基坑开挖变形过程中，分析比较多个模拟方法，最终采用"三维快速拉格朗日差分分析方法"（Fast Lagrangian Analysis of Continua 3D，简称 FLAC3D）。FLAC3D 是一个利用显式有限差分法为岩土工程提供精确有效分析的工具，可解决诸多有限元程序难以模拟的复杂工程问题，如分步开挖、大变形大应变、非线性及非稳定性（甚至大面积屈服、失稳或完全塌方），将支护结构与一定范围内的土体（长、宽、高）作为一个整体，并充分考虑基坑降水及其实际开挖施工的顺序，能够更好地模拟和反映支护结构的空间受力特征和变形、周围土体的位移、沉降及其相关关系。

与现行的数值方法相比，采用的数值模拟程序具有以下优点：

1）求解过程中，采用迭代法求解，不需要存储较大的刚度矩阵，比有限元方法大大节省了内存。这一优点在三维分析中显得特别重要。

2）在现行的 FLAC 程序中，采用了"混合离散化"（mixed discretization）技术，可以比有限元的数值积分更为精确和有效地模拟计算材料的塑性破坏（plastic collapse）和塑性流动（plastic flow）。

3）采用显式差分求解，几乎可以在与求解线性应力—应变本构方程相同的时间内，求解任意的非线性应力—应变本构方程。因此，它与一般的差分分析方法相比大大节约了时间，提高了解决问题的速度。

4）在 FLAC 中，所用的全是动力学方程（full dynamic equation），即使在求解静力学问题时也是如此。因此，它可以很好地分析和计算物理非稳定过程，这是一般的有限元方法所不能解决的。

（2）模拟技术的计算原理

FLAC 是快速拉格朗日差分分析法，它是以命令驱动的程序，采用一种显式的时间步长来求解代数方程。求解中使用了离散模型法、有限差分法和动态松弛法 3 种计算方法。

离散模型方法：连续介质被离散为若干互相连接的六面体单元，作用力均被集中在节点上；有限差分方法：变量关于空间和时间的一阶导数均用有限差分来近似；动态松弛方法：应用质点运动方程求解，通过阻尼使系统运动衰减至平衡状态。

1）空间导数的有限差分近似

在 FLAC3D 中采用了混合离散方法，区域被划分为常应变六面体单元的集合体，而在计算过程中（图 1.1-3），程序内部又将每个六面体分为以六面体角点为角点的常应变四面体的集合体（图 1.1-2），变量均在四面体上进行计算，六面体单元的应力、应变取值为其内四面体的体积加权平均。

在四面体，节点编号为 1～4，第 n 面表示与节点 n 相对的面，设其内任一点的速率分量为 v_i，则可由高斯公式得：

$$\int_V v_{ij} \, \mathrm{d}V = \int_S v_i n_j \, \mathrm{d}S \tag{1.1-1}$$

式中　V——四面体的体积；

S——四面体的外表面；

n_j——外表面的单位法向向量分量。

对于常应变单元，v_i 为线性分布，n_j 在每个面上为常量，有：

$$v_{ij} = -\frac{1}{3V} \sum_{l=1}^{4} v_i^l n_j^{(l)} S^{(l)} \tag{1.1-2}$$

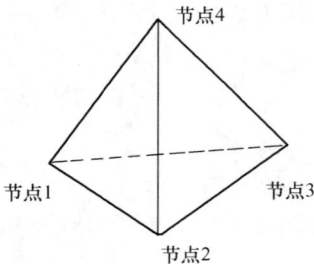

图 1.1-2　四面体

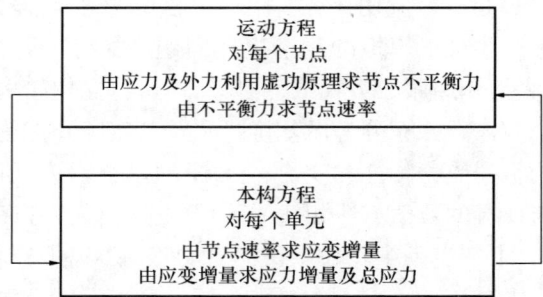

运动方程
对每个节点
由应力及外力利用虚功原理求节点不平衡力
由不平衡力求节点速率

本构方程
对每个单元
由节点速率求应变增量
由应变增量求应力增量及总应力

图 1.1-3　计算机模拟计算循环

2）运动方程

FLAC3D 以节点为计算对象，将力和质量均集中在节点上，然后通过运动方程在时域内进行求解。节点运动方程可表示为如下形式：

$$\frac{\partial v_i^l}{\partial t} = \frac{F_i^l(t)}{m^l} \tag{1.1-3}$$

式中：$F_i^l(t)$ 为在 t 时刻 l 节点的在 i 方向的不平衡力分量，可由虚功原理导出；m^l 为 l 节点的集中质量，在分析静态问题时，采用虚拟质量以保证数值稳定，而在分析动态问题时则采用实际的集中质量。有：

$$v_i^l \left[t + \frac{\Delta t}{2} \right] = v_i^l \left[t - \frac{\Delta t}{2} \right] + \frac{F_i^l(t)}{m^l} \Delta t \tag{1.1-4}$$

对于应变、应力及节点不平衡力，FLAC3D 由速率来求某一时步的单元应变增量，如下式：

$$\Delta e_i^j = \frac{1}{2}\ (v_i^j + v_j^i)\Delta t \tag{1.1-5}$$

式中速率可由式（1.1-2）近似得到。

有了应变增量，即可由本构方程求出应力增量，各时步的应力增量叠加即可得到总应力，在大变形情况下，还需根据本时步单元的转角对本时步前的总应力进行旋转修正。然后即可由虚功原理求出下一时步的节点不平衡力，进入下一时步的计算，其具体公式这里不再赘述。

3）阻尼力

对于静态问题，FLAC3D 在式（1.1-3）的不平衡力中加入了非黏性阻尼，以使系统的振动逐渐衰减直至达到平衡状态（即不平衡力接近零）。此时式（1.1-3）变为：

$$\frac{\partial v_i^l}{\partial t} = \frac{F_i^l\ (t) + f_i^l\ (t)}{m^l} \tag{1.1-6}$$

阻尼力 $f_i^l(t)$ 为

$$f_i^l\ (t) = -\alpha\ \big| F_i^l\ (t)\big|\ \text{sign}(v_i^l) \tag{1.1-7}$$

式中　α——阻尼系数，其默认值为 0.8。而

$$\text{sign}\ (y) = \begin{cases} +1 & y > 0 \\ -1 & y < 0 \\ 0 & y = 0 \end{cases} \tag{1.1-8}$$

式中，sign（　）为符号函数，用于调整正负号时使用。

4）计算循环

FLAC3D 的计算循环如图 1.1-3 所示。

（3）计算机模拟的建模原则

为了建立模拟程序 FLAC3D 的计算模型，必须进行以下工作：

1）有限差分网格划分，网格用于确定计算模型的几何形状；

2）选择本构模型与材料性质参数，本构模型和相关材料参数决定模型在荷载作用下的响应方式；

3）确定模型的边界条件与初始条件，边界条件和初始条件确定模型的原始状态，即在求解问题受干扰（开挖或加载）前的状态或引入条件。

完成上述工作后进行计算，可以获得模型的初始平衡状态（即模拟开挖前的原始应力状态）。然后，进行工程开挖或改变边界条件来进行工程的响应分析。在 FLAC3D 中，求解所需要的计算步长、循环数量能够通过程序或用户加以控制，主要取决计算的精度，计算精度越高，所需要的计算步长就越多。FLAC3D 程序的模拟过程如图 1.1-4 所示。

（4）模拟工况的划分

特大型超深基坑的变形随施工进程而不断进行重分布，考虑基坑周边环境的影响，以位移、沉降或内力明显突变为模拟工序，制定特大型超深基坑变形控制的模拟工况，即

"基坑支撑一层并开挖一层（开挖第一层之前无支撑）为一工况，内支撑置换一层并拆除一层为一工况"，如图 1.1-5 和表 1.1-1 所示。

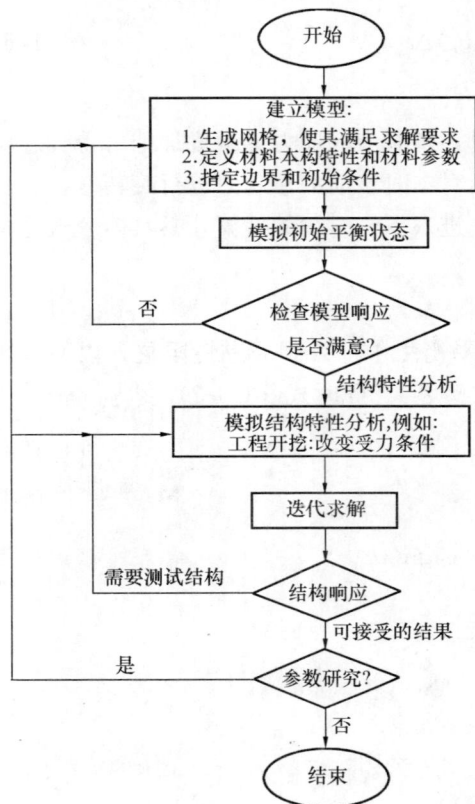

图 1.1-4 模拟的一般过程

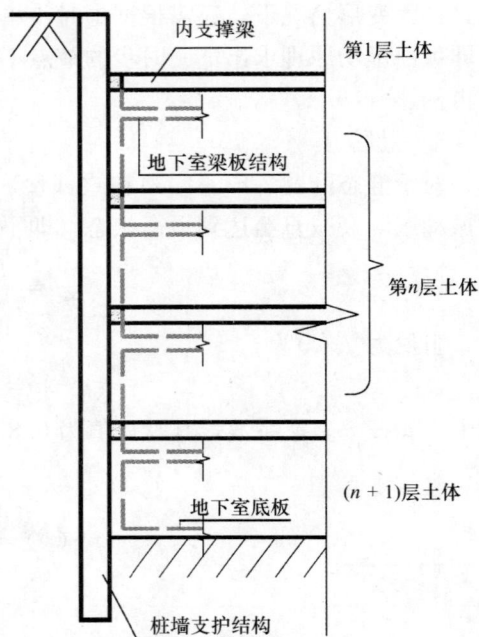

图 1.1-5 基坑支护体系的模拟模型

基坑支护体系使用期的模拟工况   表 1.1-1

施工阶段	顺序	工况	模 拟 内 容
准备阶段	1	建立模型	建立模型，进行开挖前平衡运算，形成基坑开挖前的初始应力场
	2	位移归零	将第 1 步中重力引起的位移归零，只保留初始应力
基坑开挖	3	工况一	将基坑第一层的土体挖掉，形成开挖载荷，进行平衡计算，得到基坑开挖第一层后支护体系的应力场和位移场
	4	工况 n	从上至下逐层设置第（n-1）层内支撑，将基坑第 n 层土体挖掉，形成开挖载荷，进行平衡计算，得到基坑开挖第 n 层后支护体系的应力场和位移场
	说明：n 为 2~m（基坑开挖层数）		
钢筋混凝土内支撑拆除	5	工况 m+1	地下室底板混凝土浇筑完成，其强度达到要求
	6	工况 l	从下至上依次施工地下室负（n-1）层顶板，拆除第（n-1）层内支撑，得到第（n-1）层支撑拆除后支护体系的应力场和位移场
	说明：l 为（m+2）~2m，地下室层数=内支撑层数=基坑开挖层数 m-1		

2. 城市中心区特大型超深基坑工程的支护设计

（1）设计原则

1）特大型超深基坑工程的支护设计，以"多种支护结构形式相结合，在安全、经济的前提下，实现基坑的小变形"为指导思想；

2）结合基坑工程周边环境，力保双侧紧邻运营地铁的安全，并确保紧邻地铁口的基坑水平及竖向变形不超过 10mm，其他部位的变形在相关规定范围内；

3）支护结构的选型必须在以小变形控制为基础，充分协调安全、经济、环保等方面，以及严防地下水的危害。

（2）基坑安全等级及位移要求

城市中心区特大型超深基坑周边常有市政道路、高层建筑、地下管网等设施，复杂的周边环境要求基坑变形必须控制在非常小的范围内。

这类基坑工程安全等级为一级，基坑支护变形控制指标为：地铁出入口以外各处位移、沉降为 2cm，紧邻地铁口的基坑变形警戒值为：水平位移 1cm、竖向沉降 1cm。尤其当地铁出入口变形值连续 3d 达到 0.2mm/d 或总沉降量达到 5mm 时，必须进行注浆加固。

（3）基坑支护设计方案的选择

深基坑工程中常用的支护结构可概括为桩锚（或墙锚）体系和桩（墙）＋内支撑两大类，其特点见表 1.1-2。

深基坑工程支护方案的比较

表 1.1-2

支护类型	支 护 特 征	主要特点比较
（咬合）桩锚（或墙锚）体系	基坑周边通过桩（或连续墙）挡土，桩内（或墙内）再通过锚索或锚杆将桩（或墙）与坑外土体拉结起来，抵抗土压力，达到变形控制的目的，可兼作止水设施	施工速度较快，支护结构对周边环境有一定影响，支护结构能作为永久结构或挡水结构使用
（咬合）桩（墙）＋内支撑	基坑周边通过桩（或连续墙）挡土，并在基坑内施工内支撑结构，用于支撑基坑对边的支护桩（或墙），达到抵抗土压力，控制变形的目的，可兼作止水设施	工期较长，支护结构对周边环境的影响小，内支撑需要拆除，支护结构可作为挡水设施

深圳星河中心基坑工程属于特大型超深基坑，周边环境复杂，其支护体系因工程、水文地质条件及周边环境影响，必须结合止水措施综合考虑。由于基坑开挖深度范围内仅有上层滞水及潜水，且水位在地面下 5～6m 左右，储水不甚丰富，设计采用基坑内外明排的方式进行。

基坑四周的支护设计：基坑东侧紧邻金中环商务大厦，为了避免破坏相邻建筑物的锚（杆）索结构，则基坑东侧不能采用锚索体系，为配合西侧地铁口的微小变形要求，设计采用双排咬合桩＋内支撑结构；基坑西侧距运行中的地铁 4 号线仅 5m，且地铁 4 号出入口已在建筑红线范围之内，地铁口建筑基础位于基坑坑底以上，致使基坑西侧不能采用桩锚或墙锚支护体系，否则支护变形满足不了地铁变形控制要求，设计采用单排人工挖孔咬合桩及两排旋喷桩＋内支撑结构；基坑南侧和基坑北侧为道路和建筑物，北侧虽紧邻地铁 1 号线及 5 号地铁出入口，但与基坑尚有一定距离，尤其在深度方向可以采用锚索，故本着安全经济的原则，基坑南北侧采用桩锚结构。

此外，根据勘察报告的抽水试验结果，基坑范围的地下水以上层滞水和潜水为主，地下水位在基坑坑底以上。由于基坑施工期间处于雨水季节，地下水将随着降水量的大小而变化，水位会远高于勘察时的水位，因考虑基坑支护变形的要求，尤其是地铁口微小变形的控制，设计采用基坑四周帷幕止水，增加渗流路径，同时减少因降水引起的周边地面沉降。否则会引起支护较大变形及周围环境的不均匀沉降，影响营运地铁的安全及周边高层建筑、市政道路及管线的开裂，影响正常使用，甚至发生安全事故。

在以上设计方案的选择中，均结合计算机模拟技术，在满足小变形的前提下，依据各工况模拟优化设计方案，同时在今后的施工中信息化动态指导。

采用的基坑支护体系（图 1.1-6）兼作止水帷幕，具体为：基坑周边采用钻孔灌注咬合桩、人工挖孔咬合桩、钻孔灌注排桩及化学注浆、三重管旋喷桩帷幕止水，未有咬合的部位采用深层搅拌桩帷幕止水。东西两侧采用双排桩＋钢筋混凝土内支撑，南北两侧采用桩锚支护，基坑角点采用角撑加固。

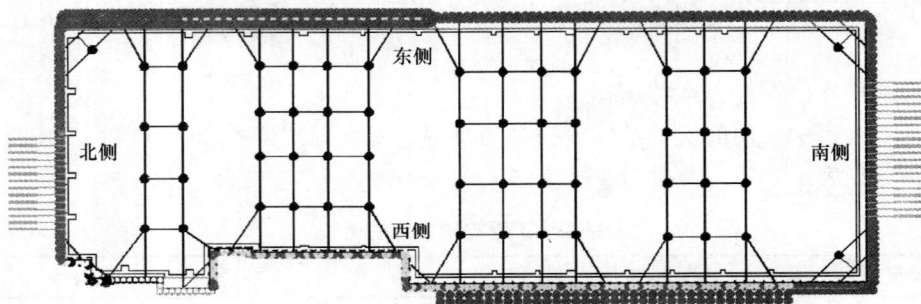

图 1.1-6　基坑工程支护设计的平面布置

（4）地下水的处理

鉴于深圳星河中心基坑工程的安全性和重要性，基坑周边采用钻孔灌注咬合桩、人工挖孔咬合桩及钻孔灌注排桩、化学注浆、深层水泥搅拌桩等进行支护、止水，并在坑内外设置集水坑或排水明沟。

钻孔咬合桩的素混凝土桩与钢筋混凝土桩均嵌入坑底 5m 以上。

土方开挖时，在坑内适当位置设集水坑，在开挖的同时放入抽水泵抽水，随开挖深度的增加，逐渐加深集水坑的深度。

开挖时，坑顶设一道排水明沟并进行硬化，一方面排出积水，另一方面阻断外界水流进入坑内。

开挖到底时，在坑底设一道排水明沟，在基坑角点及其他适当位置设置集水坑，以利于坑内积水抽排。

底板浇筑及集水坑底板、后浇带、支撑柱处洞口封堵时，注意积水抽排及止水措施的落实。

3. 城市中心区特大型超深基坑工程的施工

深圳星河发展中心特大型超深基坑工程施工的流程如图 1.1-7 所示，可作为城市中心区特大型超深基坑工程施工的参考。

施工期间从地下水防治和支护施工两方面出发，重点控制桩基施工、止水帷幕、内支撑拆除、底板支撑洞封堵等施工环节，并辅以信息化技术、全程监测指导施工。

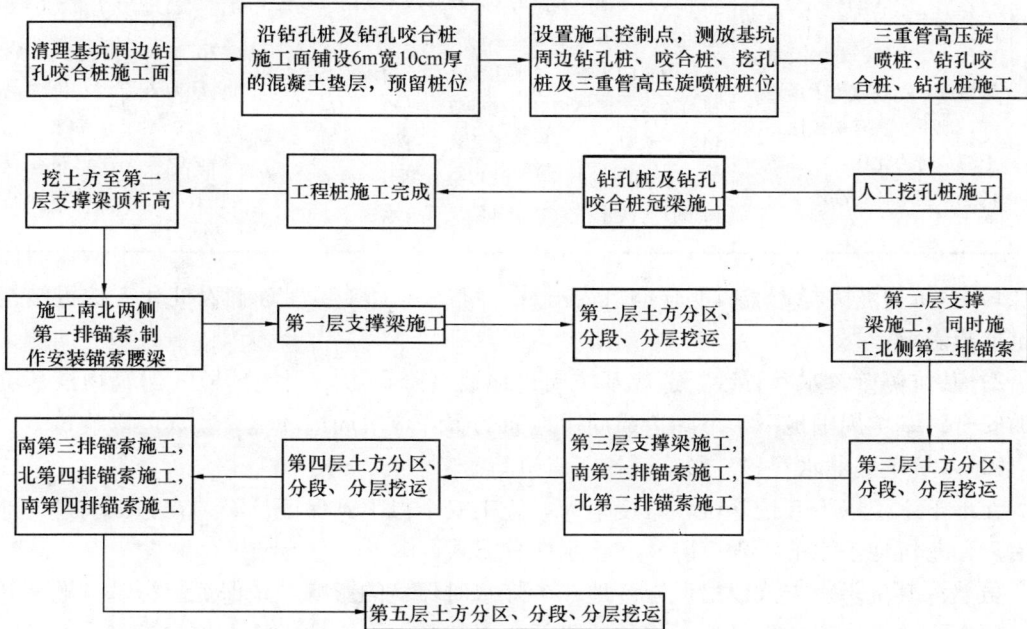

图 1.1-7　基坑工程施工流程图

（1）地下水防治

地下水可分为上层滞水、潜水和承压水三种类型，如表 1.1-3 所示。地下水对基坑工程的影响主要表现在：

不同类型的地下水特征

表 1.1-3

类型	分布特征	水量特点	水文特征	防治特征
上层滞水	分布于上部松散地层的包气带之中，含水层多为微透水至弱透水层，无统一水面，水位随季节变化，不同场地不同季节的地下水位各不相同	涌水量很小，且随季节和含水层性质的变化而有较大的变化	水质易受污染；其补给与分布区一致，以大气降水补给和垂直蒸发排泄为主，与区域地下水无水力联系，与邻近的地表水体可能有水力联系，但联通性一般较差	是深基坑的第一含水层，由于其埋藏浅、水量小，只要采取合适的基坑降水措施后，对深基坑施工影响不大
潜水	分布于松散地层、基岩裂隙破碎带及岩溶等地区，含水层可为弱透水～强透水层；一般无压，局部为低压；具有统一自由水面，水位受气象因素影响变化明显，同一场地的水位在一定区域内基本相同或变化具有规律性	水量变化较大，由含水的岩性、厚度和渗透性等决定	水质易受污染；地下水的补给一般以降雨为主，同时接受上部含水层的渗入和场地外同层地下水的径流补给；当与地表水体有联系时可接受地表水的补给；以径流流向下游或排泄到沟谷、河流之中	当埋藏较浅或含水层为弱透水层时，以蒸发排泄较明显，对基坑降水较有利，可以用各种方法对地下水进行控制，对深基坑施工危害不大

续表

类型	分布特征	水量特点	水文特征	防治特征
承压水	分布于松散地层，基岩构造盆地、向斜、断裂及岩溶等地区，一般埋藏于场地下部，地下水具有承压性，在上游地带为无压，中游转为低压，至下游为高压	水头随场地位置而变化，一般不受当地气候因素的影响，场地内的水头保持相对稳定；水量由含水层或含水构造的性质、渗透性等决定	水质一般不受污染；地下水的补给与分布区不一致，主要在上游地段和基岩裂隙接受降雨补给，然后以径流形式流向下游，在低谷、河流以泉水排泄，或通过越流补给上下含水层	该承压水对基坑底板和基坑施工的危害较大，一般由于其埋深大、水头高、水量大等原因，给深基坑降水控制工作带来一定困难；但只要经过精心设计和治理，仍可以保证基坑的顺利施工

1) 基坑边坡失稳，坡脚明显向坑内滑移，坑底向上隆起，对工程桩和支护桩结构的稳定造成影响；

2) 基坑侧壁渗水、冒砂，造成基坑周边地面沉降，影响周围环境、建筑物及基坑本身的安全；基坑周围地下水下降造成周边地面的沉降，对周边环境有较大的影响；

3) 基坑坑底涌水冒砂，影响开挖正常进行。

在地下水位以下开挖基坑，难度很大，施工安全得不到保证。必须在施工前进行地下水治理，基坑地下水的治理有降水和止水两种方式。

虽然深基坑降水方式能最低限度地减少降水对环境的影响，是保证超深基坑顺利开挖的一项有力技术措施；但是地下水位的降低会引起基坑周围地面的不均匀沉降，在城市中心区的基坑施工中会受到一定程度的制约，尤其是对变形控制要求高的特大型超深基坑工程，降水措施对基坑变形影响大。

实例基坑工程地下水以上层滞水和潜水为主，施工期间的降水量大，地层储水丰富，而且，深基坑开挖深度范围内的土体水平渗透系数较大，必须重视地下水往基坑内的水平渗透。为保证基坑变形控制在允许范围之内，通过在基坑周边设置咬合桩、化学注浆、深层搅拌桩等形成止水帷幕，并增加支护结构的插入深度，借以增加水力路径，减小水力坡降，隔断基坑内外地下水的联系，阻止地下水的水平渗透，然后用抽排的措施降低基坑内的地下水位，保持水位在开挖面以下 1～2m，保证基坑开挖在干燥无水的条件下进行。

此外，为确保地下水水位得到合理控制，在基坑四周设置水位监测孔，进行地下水位监测，确保降水效果和施工对环境的影响控制在标准范围内。

(2) 咬合桩施工

咬合桩形成止水帷幕原理：成桩后，桩与桩之间互相咬合，使先后成桩的混凝土凝结成整体，形成能够共同受力的、致密的支护体系和止水帷幕。研究并应用了钻孔咬合桩和挖孔咬合桩两种类型，后者辅以化学注浆。

1) 钻孔咬合桩

钻孔咬合桩使用素混凝土桩（A 桩）和钢筋混凝土桩（B 桩）两种桩型，通过应用混凝土超缓凝（超过 60h）技术使先后成桩的混凝土凝结成整体。

布桩形式采用 A 桩和 B 桩间隔布置，即 A1→B1→A2→B2→A3→B3→A4……，如图 1.1-8 所示。B1 桩必须在 A1 和 A2 桩混凝土初凝前施工，即在 28～43h 之间，才能保证钢套管顺利拔出；A 桩从成桩浇筑混凝土到 B 桩拔套管最长时间为（单根 A 桩成桩时间）51h，因此可以要求 A 桩缓凝时间达到 51h 以上。

图 1.1-8 钻孔咬合桩布置图

施工顺序：每施工 2 根超缓凝素混凝土 A 桩后，立即在 2 根超缓凝 A 桩之间施工钢筋混凝土 B 桩，以此循环作业。B 桩成孔后，一边浇筑混凝土一边拔钢套管；为避免两侧 A 桩混凝土向 B 桩涌入，A 桩混凝土坍落度控制在（14±2）cm，深圳星河中心钻孔咬合桩的技术指标见表 1.1-4。

深圳星河中心钻孔咬合桩的技术指标 表 1.1-4

项 目	强 度 等 级	坍 落 度（cm）	初 凝 时 间
A 桩	C15	14±2	60h
B 桩	C30	20±2	10h

2）人工挖孔咬合桩

挖孔咬合桩采用间隔开挖，即先施工 A 桩，待全部的 A 桩浇筑混凝土完成后，再开挖 B 桩，A、B 桩均为钢筋混凝土桩，仅配筋不同，如图 1.1-9 所示。搭接部分施工时通过风镐凿开，这部分制作护壁混凝土，与桩身同时浇筑混凝土。

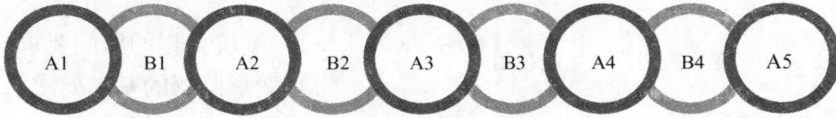

图 1.1-9 人工挖孔咬合桩布置图

（3）水下混凝土浇筑

确保水下混凝土坍落度为 18～22cm，混凝土控制在 2h 内使用完。

施工顺序可概括为：安设导管→清孔→设置隔水塞→浇筑首批混凝土→连续浇筑混凝土直到桩顶超灌高度→拔出导管。

（4）基坑开挖及支撑

基坑开挖遵循"分层、对称、平衡、限时"的原则进行，开挖一层后施工一层钢筋混凝土内支撑，直到完成最后一层土方的开挖后，再浇筑地下室底板，不得超挖，每层开挖采用限时全场对称开挖，挖至支撑梁顶标高时，以土体作为梁胎膜或砌筑砖模，限时完成支撑梁和角撑梁混凝土的浇筑。

4. 信息化指导施工

特大型超深基坑工程的变形控制技术的研究，以基坑变形控制信息化流程（图 1.1-10）为指导原则，使用计算机程序模拟基坑开挖和内支撑拆除全过程的多个工况，结合现场实测结果，将收集到的信息进行分析、整理和归纳，并随时将监测资料与模拟结果比

```
           ┌──────────┐
           │ 控制目标  │
           └──────────┘
         ┌──────┴──────┐
    ┌────────┐    ┌────────┐
    │场地地层条件│←→│工程设计条件│
    └────────┘    └────────┘
           ┌──────────┐
           │ 拟订方案  │
           └──────────┘
           ┌──────────┐
           │ 变形预测分析│
           └──────────┘
           ┌────────────────┐
           │变形控制设计的方案优化│
           └────────────────┘
           ┌────────────────┐
           │支护体系变形控制设计  │
           └────────────────┘
           ┌────────────────┐
           │变形控制技术应用设计  │
           └────────────────┘
    ┌────────────┐  ┌────────────┐
    │支护体系结构设计│  │支护体系施工组织设计│
    └────────────┘  └────────────┘
           ┌──────────┐
           │ 支护体系施工│
           └──────────┘
    ┌────────────┐      ┌────────┐
    │监测系统设置 │      │ 动态设计│
    └────────────┘      └────────┘
           │信息采集、反馈│
           ┌────────────────┐
           │信息处理、分析与决策  │
           └────────────────┘
 ┌────────┐┌────────────────┐┌──────────┐
 │调整设计 ││各种变形控制设计的实施││应急措施的制定│
 └────────┘└────────────────┘└──────────┘
           ┌────────────────┐
           │支护体系功能的完成   │
           └────────────────┘
```

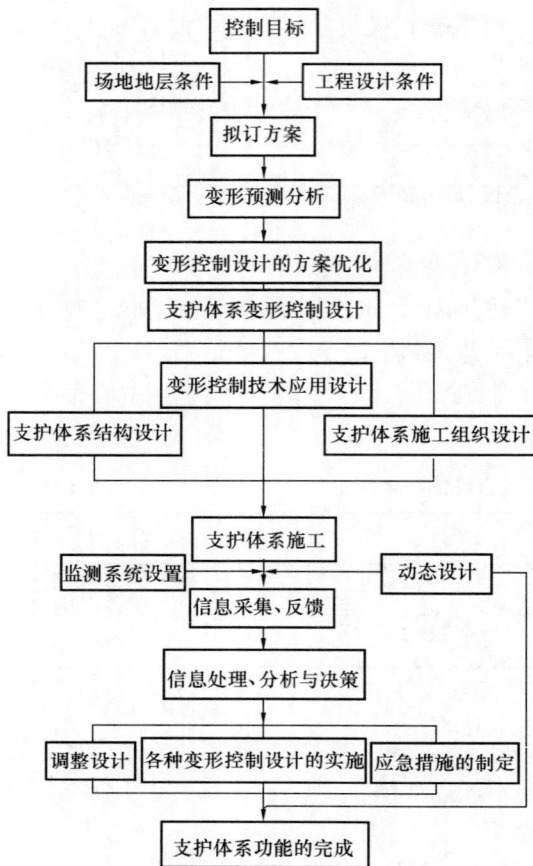

图 1.1-10 变形控制信息化流程图

变形监测的基本要求，见表 1.1-5。

较，分析基坑施工全过程的变形趋势是否与模拟情况一致，用于指导开挖及内支撑拆除期间的基坑变形控制。

内支撑的拆除，后面章节专门讨论，不再赘述。

5. 城市中心区特大型超深基坑工程的监测

特大型超深基坑工程变形监测的重要性主要表现为：

1）验证支护结构设计，指导基坑开挖和支护结构的施工；

2）随时与模拟结果比较，分析基坑变形情况，提前估计基坑变形趋势，从而保证基坑支护和相邻建筑物的安全；

3）总结工程经验，为完善设计分析提供依据。

因此，该工程的变形监测内容包括平面和高程监控点的布设原则、支护结构和被支护土体的侧向位移、被支护土体的沉降量、内支撑的应力应变、地下水位变化等。

（1）基坑工程的监测要求

1）变形监测的基本要求

变形监测的基本要求 表 1.1-5

基 本 要 求	监测的具体要求
编制监测技术文件，观测工作必须按照计划进行	监测技术文件的内容应包括监测方法、使用的仪器、监测精度、测点的布置、观测周期等
科学严谨的监测态度，保证监测数据的可靠性	数据的可靠性由监测仪器的精度、可靠性以及观测人员的素质来保证
及时有效的观测	因为基坑开挖是一个动态的施工过程，只有保证及时观测才能有利于发现隐患，及时采取措施
预先设定观测项目的预警值	预警值应包括变形值、内力值及其变化速率，当观测发现超过预警值的异常情况，要考虑采取应急补救措施
保留完整的监测资料	保留完整的监测记录、现象图表、曲线和观测报告

2）基坑变形观测的一般要求

基坑变形观测的一般要求，见表1.1-6。

基坑变形观测的一般要求 表 1.1-6

项次	项目	内 容
测量点	基准点	基准点为确定测量基准的控制点，是测定和检验工作基点稳定性，或者是直接测量变形观测点的依据。基准点应设在变形影响范围之外，并便于长期保存的稳定位置。每个工程至少应有3个可靠的基准点。使用时，应定期进行稳定性检查，以判断为稳定的点作为测量变形的基准点
	工作基点	工作基点是变形观测点的稳定位置。在通视条件较好，或观测项目较少的观测中，可不设工作基点，直接观测变形观测点
	观测点	变形观测点是直接埋设在变形体上，且能反映变形特征的观测点
等级		因深圳星河中心基坑工程属于城市中心区双侧紧邻运营地铁的特大型超深基坑，其变形控制量小，所以确定该工程的变形监测等级为一级
说明		按观测点必要精度、技术指标的高低，可划分为4个等级，变形测量的等级划分及精度要求如表1.1-7所示

3）基坑变形测量的等级划分及精度要求

基坑变形测量的等级划分及精度要求，见表1.1-7。

基坑变形测量的等级划分及精度要求 表 1.1-7

变形测量等级	垂直位移测量（mm）		水平位移测量（mm）	适 用 范 围
	变形点的高程中误差	相邻变形点的高程中误差	变形点的点位中误差	
一级	±0.3	±0.1	±1.5	变形特别敏感的高层建筑、工业建筑、重要古建筑等
二级	±0.5	±0.3	±3.0	变形比较敏感的高层建筑、重要古建筑、重要工程设施及重要建筑场地滑坡监测等
三级	±1.0	±0.5	±6.0	一般性的高层建筑、工业建筑、滑坡监测等
四级	±2.0	±1.0	±12.0	观测精度要求较低的建筑物、构筑物和滑坡监测等

注：变形点的高程中误差和点位中误差，为相对于最近基准点而言。

4）变形观测周期

变形观测的观测周期，应根据变形速率、观测精度要求、不同施工阶段和工程地质条件等因素综合考虑。观测过程中，根据变形量的情况作适当的调整。

5）变形观测应注意的问题

①观测前，对所用的仪器设备必须按有关规定进行校验，并做好记录。

②使用同一仪器和设备，固定观测人员。

③采用相同的观测路线和观测方法，并尽可能在基本相同的环境和条件下工作。

④首次观测成果是各周期观测的起始值，应具有比各周期观测成果更准确可靠的观测精度，宜采取适当增加测量次数的办法取得起始值。

⑤应定期对使用的基准点或工作基点进行稳定性检测，点位稳定后可适当延长，当对变形结果发生怀疑时，应随时进行校核。

⑥原始记录应说明观测时的天气情况、施工进度和附近的荷载变化情况，以供进行稳定性分析参考。

（2）基坑工程监测点位的设置原则

1）工程规范对监测点位设置的规定

《建筑基坑支护技术规程》JGJ 120—99 规定"监测点的布置应满足监控要求，在基坑边缘外 1~2 倍开挖深度范围内的需要保护物体均应作为监控对象"；《建筑基坑工程技术规范》（YB 9258—97）规定"对于与基坑周边距离不超过 3H（H 为基坑开挖深度）的建（构）筑物，应观测其变位。必要时尚应补测与基坑周边距离超过 3H 的建（构）筑物的变位"；《建筑地基基础设计规范》GB 50007—2002 规定"基坑开挖对邻近建（构）筑物的变形监测应考虑基坑开挖造成的附加沉降与原有沉降的叠加"。

比较三种规范，对于基坑顶部水平位移及深层水平位移监测点位的设置均无规定；沉降监测点设置只规定其范围，如点位间距等并未做出明确的规定。因此，需要根据基坑工程的具体监测要求、监测条件设置监测点位。

2）工程实践中监测点位的设置

在确定测点的布设前，了解基地的地质情况、基坑周围环境情况和基坑的围护设计方案，再根据以往的经验来考虑测点的布设范围和密度，目前，国内监测实践中监测点位的设置有如下特点：

①支护结构（土体）水平位移监测点布置方式多为均匀布置，部分工程在加密处（如基坑堆载、基坑周围存在建筑物等）增设了必要的水平位移监测点；点位间距不等，水平位移监测点位数量众多。

②支护结构（土体）深层水平位移监测点布置多为重点区域布置方式，测点数量不多，较多工程未布置测斜孔；测点布置，较少考虑施工过程及周围环境的影响。

③沉降监测点位布置方式多为均匀布置与加密布置相结合的方式，测点数量较多，监测范围较广泛，点位布置灵活多样。

④地下水、土压力、钢筋应力、支护桩内力等监测测点布置均为重点区域布置方式，测点数量不多，一般根据工程周围环境（如周围建筑物、地下水位等）适量增设。

（3）基坑工程的监测布置

城市中心区特大型超深基坑工程的监测以支护桩顶沉降、支护桩顶水平位移、内支撑应力应变，紧邻建筑的沉降和位移为主要内容，本着上述监测要求及监测原则，布置监测平面图。

6. 特大型超深基坑钢筋混凝土内支撑拆除的"切割＋静爆"施工技术

（1）钢筋混凝土内支撑的拆除方法

钢筋混凝土内支撑拆除的常见方法有控制爆破、静态爆破、机械切割、人工凿除等，如表 1.1-8 所示。

常见的钢筋混凝土内支撑拆除的方法　　　　表 1.1-8

拆除形式	拆　除　方　法	特　　点
控制爆破	对孔位、孔距、孔深、排距、最小抵抗线、单位体积用药等爆破参数进行精心的设计，并对爆破声响、飞石、震动、冲击波、破坏区域以及破碎体的散坍范围和方向进行严格控制并采取相应措施	造价低、工期短，但安全性低、对周围环境的影响较大
静态爆破	在支撑结构上钻密集的炮孔，灌入膨胀剂，将钢筋混凝土胀裂以后，再用风镐剔除混凝土块	安全性高，对周围环境的影响小，但造价较高，工期长
机械切割	将支撑结构分段切除，然后采用汽车吊或其他大型机械直接吊运出基坑外后运输	对周边环境无影响，需要频繁使用吊装机械，施工造价较高，工期较长
人工凿除	利用凿除工具将支撑结构分段分片剔除，然后转移混凝土块	工期长，人力需要量大，对施工安全威胁较大

城市中心区基坑工程的内支撑拆除，对周边环境的影响不能过于明显。因此，控制爆破不宜在该工程中使用；此外，考虑到工期及安全性的要求，基坑工程宜采用"先机械切割、后静态爆破，切割释放应力、静爆分离混凝土"的方法（即"切割＋静爆"法）进行钢筋混凝土内支撑的拆除。

特大型超高深基坑内支撑的拆除采用"切割＋静爆"法，具有明显优点：

1）支撑梁采用机械切割，并从下至上逐层切割，从而达到应力释放、逐层释放、缓慢卸荷、平稳过渡的目的，确保地铁的变形控制；

2）基坑工程位于深圳市中心区，采用切割和静爆相结合的拆除方法，能减小噪声、扬尘等对环境的影响；

3）切割和静爆相结合，能加快施工进度，静爆后分离的混凝土块，便于弃渣的外运。

（2）支撑梁的卸荷原则和拆除原则

支撑梁的卸荷原则：内支撑卸荷时，严格按照对称、平衡约束控制，两组同时对称作业，保持结构换撑平稳过渡，防止结构本体及支撑柱变形。

遵照支撑梁的卸荷原则，支撑梁在拆除过程中，必须遵循的原则有：

1）先浇筑支撑梁下的梁板混凝土及换撑，待楼板混凝土达到设计强度（90％设计强度等级）后，再拆除楼板标高以上的支撑结构；

2）支撑梁的拆除，竖向应从下至上逐层进行，平面上需对称交叉进行；

3）拆除按照先拆除支撑梁及其系杆，后拆除支撑柱的顺序进行。

（3）支撑结构拆除时对结构本体的要求

支撑结构拆除时对结构本体的要求，见表 1.1-9。

支撑结构拆除时对结构本体的要求 表 1.1-9

序号	内 容	具 体 措 施
1	结构体系的加固	结构楼板厚度的增加（相对于常规楼板厚度）
		梁板模板支撑系统的使用时间延长及数量增加（尤其是支撑杆件）
		楼面悬臂梁纵筋的加强（增加同等级、同型号的钢筋数量）
		因内支撑柱阻断的梁纵筋处理（按"纵筋加强的措施"处理）
		临时堆载区的加强（增加支撑体系的数量）
2	结构本体混凝土强度的要求	支撑体系混凝土强度达到设计强度后才进行结构本体施工
		楼面梁板及结构换撑混凝土浇筑完成后，应立即浇水养护（不间断），尽可能使其强度提前达到支撑梁拆除要求
		楼面梁板及结构换撑混凝土达到设计要求的90%后，方可进行拆除作业

（4）支撑梁的拆除技术

钢筋混凝土支撑梁的拆除工艺，如图 1.1-11 所示。在拆除全过程进行内支撑结构和基坑支护结构的应力应变监测。结合基坑工程实际条件，重点讨论了操作架搭设、支撑梁拆除顺序的确定、支撑梁的"切割＋静爆"拆除法。

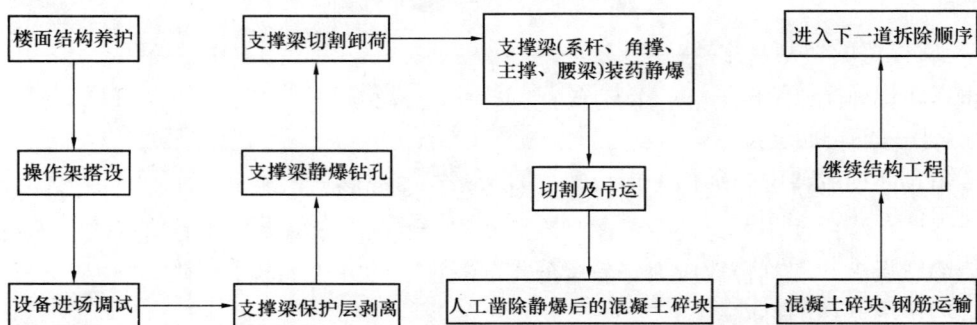

图 1.1-11 钢筋混凝土支撑梁的拆除工艺

1）操作架搭设

全部支撑梁下搭设钢管操作架（图 1.1-12、图 1.1-13），宽度范围为梁侧 600～800mm。当局部支撑梁底的净空不能满足操作空间需求时，可以填塞砂袋。钢管架或砂袋距离支撑梁底的间距应按下列不同作业条件进行调整：

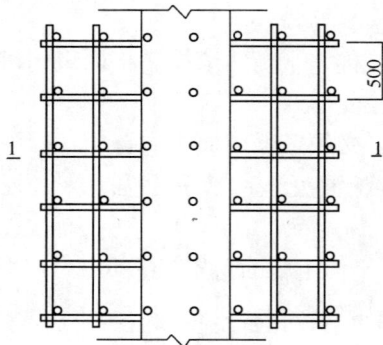

图 1.1-12 操作架平面图

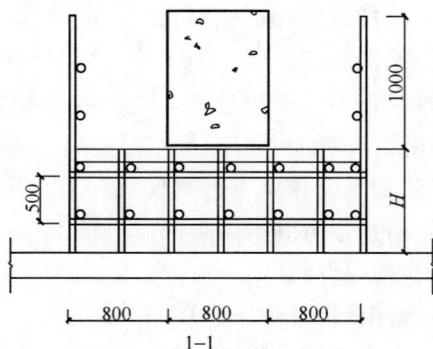

图 1.1-13 操作架剖面图

①当进行切割作业时，操作架应顶紧支撑梁，以防止切割块坠落冲击结构楼面；

②当进行钻孔、凿除作业时，操作架应悬空支撑梁，使施工振动荷载通过支撑柱传至地基，以免施工振动影响楼面结构；

③当进行破碎作业时，操作架下应采用柔性铺垫，以防止碎块冲击结构楼面。

2）支撑梁拆除顺序的确定

每层每榀支撑梁的卸荷顺序（图1.1-14）为：跨中系杆切割卸荷→边跨角撑切割卸荷→边跨系杆切割卸荷→跨中中央主撑切割卸荷→跨中两侧主撑切割卸荷。具体的卸荷如图1.1-15、图1.1-16所示（支撑梁平面布置如图1.1-17所示）。内主撑梁切割卸荷时，梁跨中切一刀、梁端两侧切一刀，保证卸荷平稳过渡。

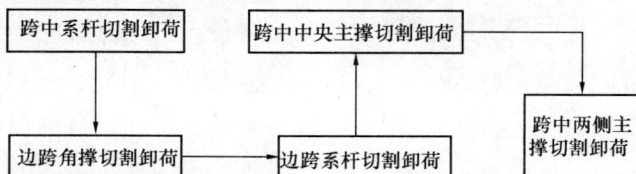

图1.1-14 每层每榀支撑梁的卸荷顺序

3）支撑梁的切割与静爆

①大面积静爆前先做试爆，主要希望在静爆时形成20cm×20cm×20cm混凝土块段，并粘连在支撑梁的钢筋上；主要测试的参数有钻孔孔距、孔深、装孔药量、膨胀剂药效等。

②结合深圳星河中心基坑工程，确定的基本爆破参数有：

孔距：@200～250mm；

孔深：距梁底100mm；

排距：每根梁视情况做三排或两排孔，边孔距离梁的侧边100mm。

支撑梁上的静爆孔位布置如图1.1-15所示。

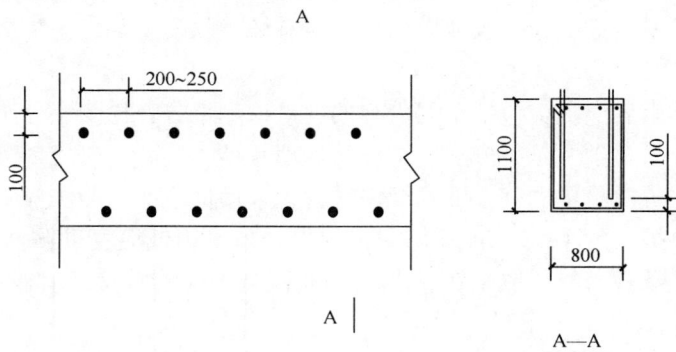

图1.1-15 静爆孔位布置图

③先凿除支撑梁表面的钢筋保护层，时间为楼面混凝土浇筑3d、并达到设计强度的50%左右时；然后采用气焊烧断支撑梁的箍筋。

④机械切割和静态爆破的结合，应按每层每榀支撑所处位置，针对各系杆、角撑、主撑、腰梁，将切割和静爆有机结合（图1.1-16、图1.1-17），以确保安全和满足施工进度。

图 1.1-16 机械切割   图 1.1-17 静态爆破

⑤切割范围的确定：

a. 采用"切割卸荷、静爆破碎"的方式处理内支撑；

b. 支撑卸荷采用切割方法，以利于结构换撑平稳清晰；

c. 为了防止静爆钻孔振动的影响，支撑梁柱结点处采用切割方法，切割点距离支撑柱 150mm；

d. 沿基坑西侧、基坑东北侧的汽车吊站位点回转半径范围内，尽可能采用切割方法。

7. 城市中心区特大型超深基坑工程变形控制的管理

（1）基坑工程变形控制的质量要求

1）变形控制的检测内容

①支护结构施工及使用的原材料及半成品应遵照有关施工验收标准进行检验。

②对基坑侧壁安全等级为一级或对构件质量有怀疑的安全等级为二级和三级的支护结构应进行质量检测。

③检测工作结束后应提交包括下列内容的质量检测报告：检测点分布图、检测方法与仪器设备型号、资料整理及分析方法、结论及处理意见。

④混凝土灌注桩质量检测宜按下列规定进行：采用低应变动测法检测桩身完整性，检测数量小宜少于总桩数的 10％，且不得少于 5 根；当采用低应变动测法判定的桩身缺陷可能影响桩的水平承载力时，应采用钻芯法补充检测，检测数量不宜少于总桩数的 2％，且不得少于 3 根。

2）变形控制的检测要求

灌注桩的质量控制标准见表 1.1-10，内支撑的质量控制标准见表 1.1-11。

灌注桩的质量控制标准   表 1.1-10

控 制 项 目	控 制 标 准
桩位轴线和垂直轴线	轴线方向不宜超过 50mm
桩位垂直度	不宜大于 0.5％

控 制 项 目	控 制 标 准
钻孔灌注桩桩底沉渣	不宜超过 300mm；当用作承重结构时，桩底沉渣按《建筑桩基技术规范》JGJ 94—94 要求执行
钢筋笼制作、吊放及水下混凝土的拌制与浇灌等工序	均应符合现行的《混凝土结构工程施工质量验收规范》GB 50204—2002 及《建筑桩基技术规范》JGJ 94—94 的规定

内支撑的质量控制标准 表 1.1-11

控 制 项 目	控 制 标 准
钢筋混凝土支撑的安装容许偏差	截面尺寸的＋8mm，－5mm
支撑中心标高及同层支撑顶面的标高差	±30mm
支撑两端的标高差	不大于 20mm 及支撑长度的 1/6000
支撑挠曲度	不大于支撑长度的 1/1000
立柱垂直度	不大于基坑开挖深度的 1/300
支撑与立柱的轴线偏差	不大于 50mm
支撑水平轴线偏差	不大于 30mm

3）变形控制的一般要求

城市中心区特大型超深基坑变形控制的指标一般以支护结构的水平侧向位移、被支护地表的沉降作为重点控制指标。除了特殊结构外（如：深圳星河发展中心基坑地铁出入口处的侧向变形和沉降量控制在 10mm 范围内），基坑其他部位的变形控制均以相关标准为基础。

根据城市中心区特大型超深基坑在施工过程可能遇到的变形问题，制定了相应的处理措施和预防措施，见表 1.1-12。

基坑工程施工中的常见变形问题及防治措施 表 1.1-12

序号	质量问题	质量原因	处理措施	预防措施
1	支护结构产生较大的内倾变形	支护结构设计不当，取消撑锚或桩顶连梁，地面荷载过大等	桩顶卸载，桩后适当挖土卸载或人工降水，坑内桩前堆筑砂石袋或增设撑、锚结构等	严格控制地面荷载，不得堆放弃土、建筑材料、大型车辆及机具，不得反向挖土，不得在坑周搭建临时仓库及建筑物，地面进行防雨渗入的处理等
2	内撑的支护桩结构发生较大的内凸变位	内撑结构布置过少，连接处松动，支撑间距过大	坡顶或桩后卸载，坑内停止挖土作业，适当增加内撑，桩前堆筑砂石袋等	加强地质勘察，严格控制地面荷载，不得堆放弃土、建筑材料、大型车辆及机具，不得反向挖土，不得在坑周搭建临时仓库及建筑物，地面进行防雨渗入的处理等

续表

序号	质量问题	质量原因	处理措施	预防措施
3	基坑发生整体或局部土体滑塌失稳	基坑未作整体稳定验算，或对可能失稳的诱因重视不足，措施不力，忽视信息化施工的监测及预报	降低基坑周围地下水位，坡顶卸载，加强对未滑塌段的监测保护，防止事故扩大	对欠固结土淤泥、软黏土或易失稳的砂土，应根据整体稳定验算，采用预先加固措施，防止土体失稳
4	止水帷幕漏水、流土，坑内降水开挖，使坑外地面或道路下陷，建筑物倾斜，坑周管道断裂等	止水帷幕存在断裂面，或止水帷幕的插入深度不够；发现渗漏时，应及时补救处理	停止坑内降水和施工挖土，迅速用堵漏材料（如化学浆料、树脂等），处理止水帷幕的渗漏；严重时应在坑内回灌水，使坑内外水位平衡，有利于堵漏；必要时重新补做止水幕墙方可继续施工	坑外设回灌井、观察井，加强观测力度；确保止水帷幕的设计、施工质量
5	桩间发生流沙、流土，使坑周地面开裂塌陷	支护桩布置不当，间距过大或侧壁渗漏，桩间有砂性土层，且有上层滞水时，极易发生流土、流沙事故	立即停止挖土、降水，桩间可加木板挡土、水泥砂浆抹面或桩灌注混凝土封闭，进行加固处理等	采用混凝土桩支护结构时，应视桩后土质情况决定桩间距，一般间距不宜大于 2 倍桩径。灌注桩径不宜小于 500mm，挖孔桩径不宜小于 800mm
6	基坑支护桩向基坑侧产生较大变形或破坏	基坑未能分层开挖、分层支护，一次开挖到底，引起围护结构大变位或破坏	先应停止开挖，尽快回填超挖土方，或在桩墙前堆土反压，保护围护结构稳定	应严格施工管理，按基坑施工计划，分层分段开挖，分层分段围护，不可一次开挖到底，不可超挖

（2）基坑工程的施工管理措施

1）组织措施

建立专业化的施工队伍。要求基坑支护、支撑施工、变形监测、支撑换撑及置换等环节的技术人员，均熟悉相关的技术方法，能及时解决施工过程中出现的各类技术和质量问题，确保基坑工程的顺利进行。

制定科学的管理机构。建立与基坑工程施工特色相结合的"四控制、一协调、四管理"的工程管理创新体系，如图 1.1-18 所示。

加强施工过程的质量管理。严格遵循 PDCA 循环原理进行全面管理，按照事前、事中和事后控制相结合的模式依次展开。

2）技术措施

应分别从质量保证措施、质量检测方法两方面制定相应的技术措施。建立施工过程的质量检测方法，以预防为主，加强工程开始、中间、收尾各阶段的质量检测。

3）安全措施

应分别从人员操作安全措施、机械操作安全要求、静爆作业安全要求三方面制定相应的安全措施，确保施工过程的安全。

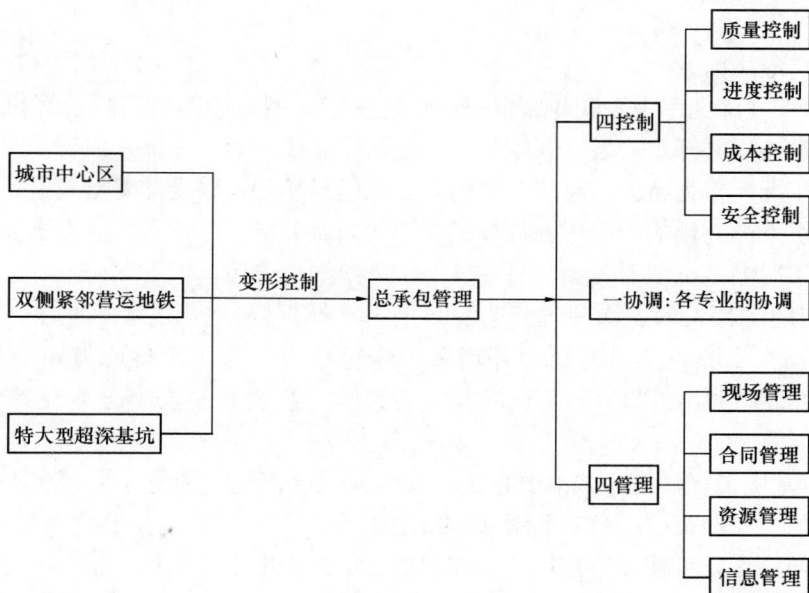

图 1.1-18 变形控制的全过程总承包施工管理体系

4）环境措施

加强对噪声、扬尘、废弃物和施工污水等排放的管理，确保施工环境的保护。

8. 创新点与推广应用前景

（1）创新点

1）提出了双侧紧邻运营地铁特大型超深基坑多工况变形控制的计算机模拟方法，利用 FLAC3D 软件进行数值分析，优化设计方案，有效指导施工，并成功应用于深圳星河发展中心基坑工程。

建立了考虑双侧紧邻运营地铁等周边环境条件的、"基坑支撑一层并开挖一层（开挖第一层之前无支撑）为一工况，内支撑置换一层并拆除一层为一工况"的特大型超深基坑多工况模拟模型，开展了基坑变形控制计算机模拟的拓展分析，分析了土体变形模量、内摩擦角和黏聚力对基坑变形的影响，针对（工程实例的）各工况提出了"深圳市中心区双侧紧邻运营地铁特大型超深基坑工程计算机模拟技术"，为基坑工程的变形控制提供理论依据和模拟参考，具有研究双侧紧邻运营地铁特大型超深基坑变形控制的理论价值，可作为研究特大型超深基坑变形控制关键技术的借鉴。

2）在严格控制基坑变形的原则下，制定"缓慢卸荷、平稳过渡"的内支撑拆除技术路线，创新地提出了"特大型超深基坑钢筋混凝土内支撑拆除的'切割＋静爆'施工技术"，确保钢筋混凝土内支撑的拆除在振动微、噪声小、对周边环境影响少的条件下进行，为类似基坑工程钢筋混凝土内支撑的拆除提供了借鉴。

3）对深圳星河发展中心（工程应用实例）双侧紧邻运营地铁特大型超深基坑工程的变形控制技术、多工况计算机模拟技术、钢筋混凝土内支撑拆除的"切割＋静爆"施工技术和变形控制的管理等进行研究，创新地集成了"深圳市中心区双侧紧邻运营地铁特大型超深基坑变形控制关键技术"，丰富了深基坑工程变形控制的技术手段，提升了企业的核心竞争力。

（2）推广应用前景

1）提出的"深圳市中心区双侧紧邻运营地铁特大型超深基坑工程计算机模拟技术"，以"基坑支撑一层并开挖一层（开挖第一层之前无支撑）为一工况，内支撑置换一层并拆除一层为一工况"作为特大型超深基坑的多工况模拟模型，以土体变形模量、内摩擦角和黏聚力对基坑变形的影响程度作为计算机模拟的拓展分析，该技术针对性强、模拟结果能辅助施工各工况的基坑变形控制，易在类似工程中推广应用。

2）制定的"特大型超深基坑钢筋混凝土内支撑拆除的'切割＋静爆'施工技术"，因其具有振动微、噪声小、对周边环境影响少等特点，适用于拆除城市中心区复杂环境下的钢筋混凝土内支撑，可用于周边环境类似的基坑钢筋混凝土内支撑的拆除，易于推广。

3）针对基坑工程具有的城市中心区、双侧紧邻运营地铁和特大型超深等特点，提出的一套完整的"深圳市中心区双侧紧邻运营地铁特大型超深基坑变形控制关键技术"，针对性强，方便操作，可在今后基坑变形控制的类似工程中推广应用。

1.1.3 工程应用实例

1. 工程图片实例（图 1.1-19～图 1.1-26）

图 1.1-19 桩体钢筋笼绑扎

图 1.1-20 锚拉体系灌浆

图 1.1-21 支撑结构模板支设

图 1.1-22 土方开挖

图 1.1-23 三层支撑结构

图 1.1-24 底板钢筋绑扎

图 1.1-25 支撑拆除－静态爆破

图 1.1-26 支撑拆除

2. 工程概况

深圳星河发展中心工程（以下简称"星河中心"，图 1.1-27）位于深圳中心商务区南区，地处深圳地铁 1、4 号线交汇处，南临深圳国际会展中心，北依深圳市政府，是一座集超五星酒店、办公、商业于一体的现代化综合性公共建筑。工程占地 9800m²，建筑南北长 160.7m，东西宽 52.15m，建筑总面积为 122357.94m²，建筑地下 4 层，裙楼 4 层，

两座塔楼分别为 24 层和 21 层，总高度均为 99.85m（该地区属城市中心区，规划不允许建筑物超过 100m）。

星河中心特大型超深基坑工程，南北长 176.0m，东西长 55.75m，周长 450.4m；基坑边距地铁 1 号线仅 7m，距地铁 4 号线仅 5m，地铁会展中心站 D 号出入口已在建筑红线范围之内。基坑开挖深度 18.6m，局部 22.6m，基坑稳定水位埋深 5.8～

图 1.1-27 深圳星河发展中心

6.5m。基坑安全等级为一级，面临地铁口的基坑变形警戒值为：水平位移 1cm、竖向沉降 1cm；其他地段的水平位移不得大于 2cm，沉降不得大于 2cm。基坑变形对周边公共建筑及运营地铁线的安全影响巨大。

（1）基坑工程的支护体系

1）支护桩结构

基坑支护受周边环境影响，东西方向采用钢筋混凝土内支撑体系，如图 1.1-28、图 1.1-29 所示。南北方向采用预应力钢绞线锚拉体系。基坑周边采用钻孔灌注桩、人工挖孔咬合桩及钻孔咬合桩（表 1.1-13），具体支护情况为：

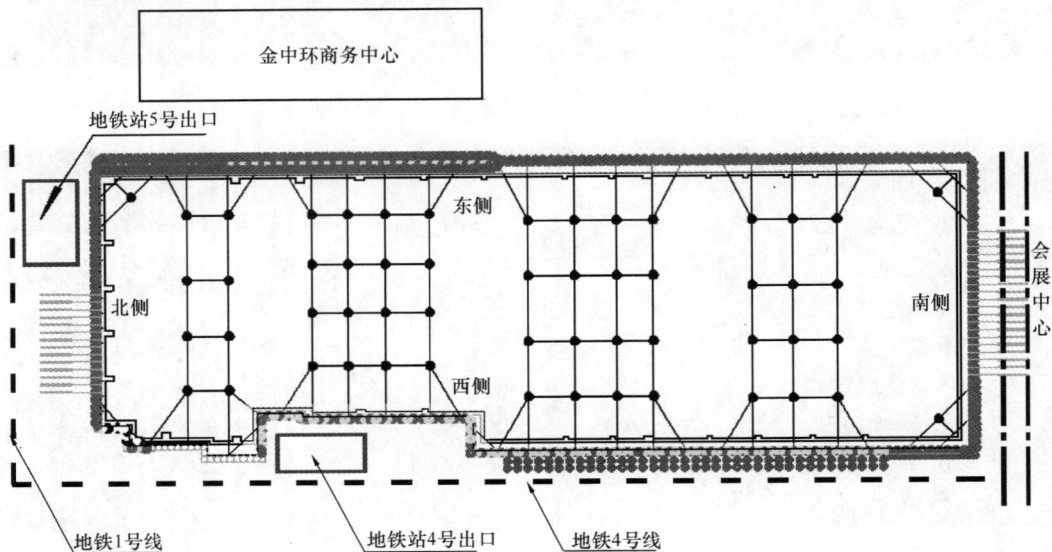

图 1.1-28 深圳星河中心深基坑工程支护结构平面布置图

星河中心基坑工程的支护桩型 表 1.1-13

桩型	设计桩径	桩间距	支护说明
钻孔咬合桩	1.2m	1.0m	咬合 200mm，桩间水泥旋喷止水帷幕
钻孔灌注桩	1.2m	1.5m，局部 1.2m	桩间水泥旋喷止水帷幕
人工挖孔咬合桩	1.2m	1.15m	咬合 5cm

基坑西侧支护（4 号地铁口）：采用钻孔咬合桩，素混凝土桩（C15）与钢筋混凝土桩（C30）交错搭接。西侧临 4 号铁口西北角一带，因地下室结构与地铁结构距离太近，采用在地铁支护体植筋成墙的方式，将支撑撑到现浇的钢筋混凝土墙上，避免支撑体系直接支撑在地铁上一层结构上。

基坑北侧支护（5 号地铁口）：采用钻孔灌注桩，桩芯混凝土强度为 C30，基坑北侧采用桩锚支护，角点处增加角撑，采用四道预应力锚索，锚索钻孔倾角 15°，锚索长 20m，锁定力 200~250kN，成孔直径 150mm。

图 1.1-29 星河中心基坑工程护壁支护体系

基坑东侧支护：基坑东侧临金中环商务大厦段，采用人工挖孔咬合桩，此段单独设置的旋喷止水帷幕；基坑东侧金中环基坑以外部分，采用钻孔桩支护，桩间旋喷止水。

基坑南侧支护：采用钻孔灌注桩，桩芯混凝土强度为C30，基坑南侧采用桩锚支护，角点处增加角撑，采用四道预应力锚索，锚索钻孔倾角15°，锚索长27m，锁定力350～400kN，成孔直径150mm。

2）钢筋混凝土内支撑结构

基坑东西两侧的内支撑体系设四榀、三层钢筋混凝土内支撑，由68根支撑柱。内支撑主梁截面：第一层、第二层1.1m×0.8m，第三层1.2m×1m；连梁截面：0.6m×0.8m；支撑腰梁截面0.6m×1.2m；冠梁截面1.2m×0.8m。混凝土支撑梁总长度约6000m，总方量约5000m³，如图1.1-30所示。

支撑柱截面：28根为钢构（400mm×400mm）外包ϕ800钢筋混凝土，15根ϕ800人工挖孔桩立柱，25根钢构，支撑柱锚入地下室底板下约5m。

图1.1-30 星河中心基坑工程支撑结构体系

支撑主梁梁底和结构楼面距离分别为：第一层支撑主梁梁底距离负一层楼面850mm；第二层支撑主梁梁底距离负二层楼面1300mm；第三层支撑主梁梁底距离负三层楼面450mm。

（2）基坑工程地质条件

1）场地工程地质条件

场地工程地质条件，如图1.1-31和表1.1-14所示。

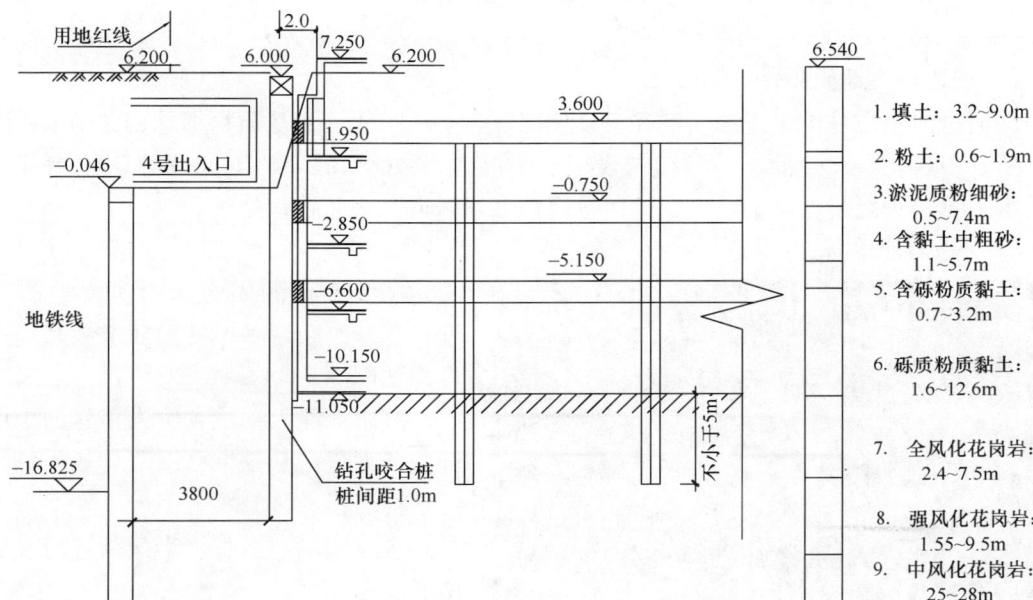
图1.1-31 深圳星河中心基坑工程地质条件

场地工程地质条件（自上而下）分布　　　　　　表 1.1-14

层数	土层情况	土　层				组成部分
		密度	黏聚力	内摩擦角	变形模量	
		（g/cm³）	（kPa）	（°）	（MPa）	
1	素填土层	1.8～2.0	5～11	10～25	8～18	主要由砾质粉质粘土堆填而成，局部含碎混凝土块，湿，稍密状态
2	粉土	1.95～2.10	5～12	10～30	10～23	顶部为植物生长的土壤层，层内间夹薄层粉细砂，湿，松散状态
3	淤泥质粉细砂	1.83～2.05	5～15	4～10	2～15	灰黑或黑色，层内淤泥或泥炭含量不均，局部夹厚 10～30cm 的淤泥或泥炭
4	含黏土中粗砂	1.75～2.05	0～9	20～40	12～46	上部含黏土较少，中下部含黏土较多，饱和，稍密状态
5	含砾粉质黏土	1.75～1.92	10～50	15～22	4～22	约含 10% 左右的石英砾。可塑状态
6	砾质粉质黏土	1.75～2.0	10～68	15～29	8～45	由燕山期中粒花岗岩风化残积而成，含 10%～25% 的石英砾；湿，可塑硬塑状态；岩芯呈土柱状，手捏即散
7	全风化中粒花岗岩	2.0～2.6	约 35	20～30	试验测定	矿物中除石英和少量钾长石外，均已风化成黏性土；原岩结构清晰，岩芯呈坚硬土状
8	强风化中粒花岗岩	2.1～2.7	约 45	25～35	试验测定	附于中风化层上
9	中风化中粒花岗岩	2.3～2.8	约 60	30～38	试验测定	基坑的南东侧中风化花岗岩层距基坑底约 3～5m

2）场地水文地质条件

深圳星河中心基坑工程的场地稳定水位埋深 5.8～6.5m，淤泥质粉细砂、含黏土中粗砂、强、中风化岩混合抽水试验结果表明水平渗透系数为 2.77m/d；地下水以上层滞水和潜水为主，对混凝土结构具有弱～中等腐蚀性，采取二级防护措施。

3）基坑工程的周边环境

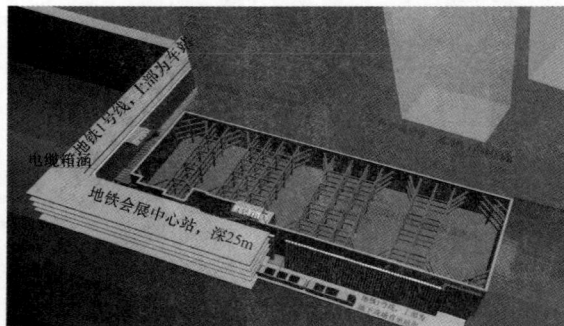

基坑工程的周边均为重要建筑工程，环境复杂，基坑支护要求高，周边环境如图 1.1-32 所示。

基坑东侧：基坑东侧为在建的金中环商务大厦，其基坑已回填，其土钉与锚索均已打入该基坑范围内。

基坑南侧：南临福华三路，与会展中心隔道相望。

图 1.1-32　深圳星河中心深基坑工程及周边环境

基坑西侧：西侧邻运行中的地铁 4

号线及会展中心 4 号出入口（D 号口），基坑周边均为重要建筑结构工程，环境复杂，基坑支护要求高。

基坑北侧：北临地铁 1 号线，基坑边距地铁 1 号线仅 7m，距地铁 4 号线边线仅 5m，地铁会展中心站 D 号出入口已在建筑红线范围之内。

3. 工程特点、难点分析

（1）双侧紧邻运营地铁，变形控制量小。基坑地处深圳地铁 1、4 号线交汇处，基坑边距地铁 5 号线仅 7m，距地铁 4 号线仅 5m，地铁会展中心站 4 号出入口已在建筑红线范围之内。运营地铁的使用，要求地铁周边的变形控制量小，如果按照周边无地铁的常规基坑进行变形控制，则无法满足地铁运营的要求。因此，深圳星河中心基坑工程的变形控制要高于同条件下的周边无地铁基坑，属于小变形量的特大型超深基坑变形控制。

（2）位于城市中心区，周边环境复杂，支护结构受到限制。城市中心区的基坑工程，周围遍布交通要道、已建建筑或地下管线等各种构筑物，基坑开挖不仅受到周边道路、建筑、管线等的限制，施工过程还需要保护其周边道路、建筑、管线等的安全。可见，深圳星河中心基坑工程的支护结构，其选型受到周边复杂环境的影响；同时，选用的支护结构，其变形控制效果必须满足周边设施的使用安全。

（3）属于特大型超深基坑工程，地下水影响大，支护技术和治水措施难度大。由于基坑工程南北长 176.0m，东西长 55.75m，开挖深度 18.6m，局部 22.6m，具有特大型超深的特点，基坑周边的土压力对支护结构的作用显著，对基坑支护体系的变形影响较大，仅靠坑壁支护结构不能达到变形控制的要求。此外，基坑稳定水位埋深 5.8～6.5m，水位在基坑坑底以上，水的渗透性不容忽略，对基坑的开挖造成一定难度。因此，深圳星河中心基坑工程的采用钻孔灌注咬合桩、人工挖孔咬合桩、钻孔灌注排桩、锚拉体系等共同达到特大型超深基坑工程的支护、止水目的。

（4）支护体系工程量大，环境影响要求严，拆除难度高。基坑钢筋混凝土内支撑为四榀三层，支撑梁拆除须从下往上进行，支撑柱拆除从上往下进行；拆除设备的使用对楼面结构有振动和冲击，扬尘和噪声还影响周围环境。因此，深圳星河中心基坑工程内支撑的拆除，必须兼顾工程和环境影响，拆除技术受到限制。

（5）支撑体系的施工及拆除工况多，结构受力复杂。支撑体系的施工，采用分层开挖、分层支护的顺序，支护结构和支撑体系的受力多变；其拆除采用换撑法，拆除置换后对结构本体的受力转换复杂，对基坑变形控制影响大。

（6）支撑体系拆除后的运输量大，工期要求紧。支撑梁混凝土量大、碎渣多、基坑深，地下室的支撑梁拆除后，水平及垂直运输矛盾突出。此外，支撑梁拆除时楼板的模板支撑体系不能拆除，对施工的材料积压量较大。

4. 计算机模拟技术的应用

（1）模拟模型的建立

深圳星河发展中心基坑工程的几何形状近似于长方形，只在基坑西侧的 4 号地铁出入口处向基坑内部突出。为方便分析，将基坑简化为长方形。工程基坑为采用多种支护结构的联合支护体系，建立的模型包括工程土体、支护桩、内支撑以及周边的地铁设施等。

　　模型的基坑尺寸为南北长 176.0m，东西长 55.75m，周长 450.4m，计算模型的范围在基坑平面尺寸的基础上再向坑外扩展 4 倍的基坑开挖深度。由于工程所在位置的基岩埋深较浅，中风化的花岗岩层顶埋深约 31m，所以在深度方向上取 50m。模型的土体参数和结构参数主要以"星河发展中心场地岩土工程勘察报告"为主要依据，并结合模型周边土质条件适当调整选值，模型中采用的土体参数和结构参数见表 1.1-15、表 1.1-16，建立的模型如图 1.1-33 所示。

土　体　参　数　　　　　　　　表 1.1-15

土层名称	重度	黏聚力	内摩擦角	变形模量	泊松比
	（kN/m³）	（kPa）	（°）	（MPa）	
素填土	18.5	8	15	10	0.3
粉土	19.3	12	10	10	0.3
淤泥质粉细砂	19.3	5	10	10	0.3
含黏土中粗砂	20.2	5	28	15	0.3
含砾粉质黏土	17.8	26	22	22	0.3
砾质粉质黏土	17.8	30	22	40	0.3
全风化中粒花岗岩	22	35	24	100	0.3
强风化中粒花岗岩	22.1	45	35	500	0.3
中风化中粒花岗岩	25	60	35	1000	0.3

结　构　参　数　　　　　　　　表 1.1-16

名称	重度	弹性模量	泊松比
	（kN/m³）	（MPa）	
钻孔桩	25	3.00E+04	0.2
地铁结构墙	25	3.00E+04	0.2
混凝土支撑	25	3.00E+04	0.2
钢支撑柱	78.5	2.10E+05	0.2

　　在多数的数值分析方法中，基坑的支撑体系是在建立模型时就已经加上，只是通过改变支撑部分的单元属性将其"杀死"；在基坑开挖到支撑位置时，再通过改变单元属性，将其激活。可见，支撑部分原来与周围部分相连接的节点，在支撑作用之前就已经产生了变形，而这种变形是不应该有的。在 FLAC 程序中，物理模型可以在任意时刻添加，从而避免了上述问题。

　　利用 FLAC 程序模拟基坑的开挖过程和内支撑拆除，通过 model null 命令实现基坑开挖，通过 seldel 命令实现内支撑拆除。

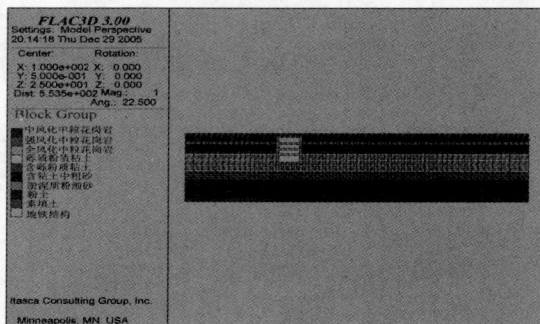

图 1.1-33　土层模型

考虑周边环境条件的影响，以最不利为建模出发点，制定了"基坑支撑一层并开挖一层（开挖第一层之前无支撑）为一工况，内支撑置换一层并拆除一层为一工况"的特大型超深基坑模拟的多工况（表 1.1-17），重点模拟地铁结构（尤其是地铁口）的位移和沉降、支护桩的水平位移、内支撑的轴力、及土体的水平位移和沉降等四方面指标，用于指导施工。

计算机模拟顺序及工况划分 表 1.1-17

施工阶段	模拟顺序	工况划分	模拟内容
准备阶段	1	建立模型	进行开挖前平衡运算，形成基坑开挖前的土体初始应力场
	2	位移归零	将由第 1 步中重力引起的位移归零，只保留初始应力
基坑开挖	3	工况一	通过 model null 命令将基坑第一层的土体挖掉，形成开挖载荷，进行平衡计算，得到基坑开挖第一层后的应力场和位移场
	4	工况二	设置第一层内支撑，通过 model null 命令将基坑第二层土体挖掉，形成开挖载荷，进行平衡计算，得到基坑开挖第二层后的应力场和位移场
	5	工况三	设置第二层内支撑，通过 model null 命令将基坑第三层土体挖掉，形成开挖载荷，进行平衡计算，得到基坑开挖第三层后的应力场和位移场
	6	工况四	设置第三层内支撑，通过 model null 命令将基坑第四层土体挖掉，形成开挖载荷，进行平衡计算，得到基坑开挖第四层后的应力场和位移场
钢筋混凝土内支撑拆除	7	工况五	施工地下室负三层顶板，拆除第三层内支撑，得到第一次支撑拆除后应力场和位移场
	8	工况六	施工地下室负二层顶板，拆除第二层内支撑，得到第二次支撑拆除后应力场和位移场
	9	工况七	施工地下室负一层顶板，拆除第一层内支撑，得到第三次支撑拆除后的应力场和位移场，即最终位移场和应力场

（2）内支撑方案优化的模拟

在优化基坑内支撑设置方案时，分别模拟了基坑采用两层支撑（分别在开挖 6m 和 12m 处设置支撑）和三层支撑（工程实际采用）两种情况，并按上述方法分析比较，模拟两层支撑情况的最后一步开挖后地铁口的水平位移和沉降分别如图 1.1-34、图 1.1-35 所示。模拟结果表明，设置两层支撑的地铁口水平位移大于 15mm（大于警戒值 10mm），影响地铁结构的运营安全，故采用三层内支撑方案。

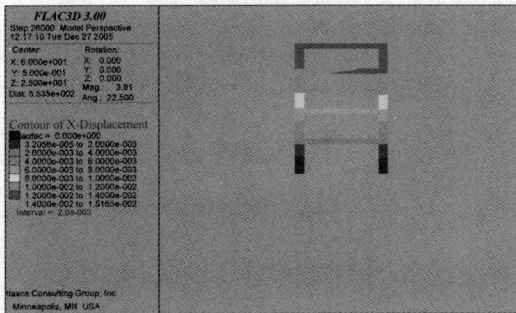

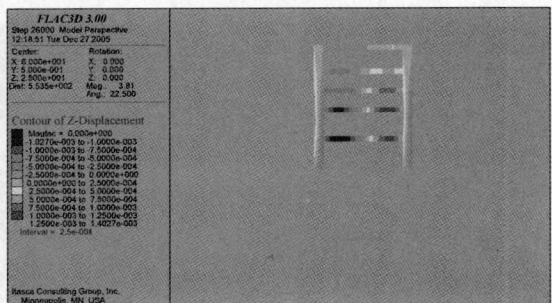

图 1.1-34 两层支撑的地铁口水平位移   图 1.1-35 两层支撑的地铁口沉降

（3）基坑开挖工况的计算机模拟

1）工况一的模拟分析

工况一：通过 model null 命令将基坑第一层土体挖掉，形成开挖载荷，进行平衡计算，得到基坑开挖第一层后的应力场和位移场。

①地铁口的位移和沉降

图 1.1-36 表明，工况一（开挖第一层）地铁口的向坑内的水平位移很小；图 1.1-37 表明，地铁口西侧出现沉降，东侧轻微回弹，这是因为基坑的开挖，坑底的土的竖向应力卸荷引起周围的结构的回弹。

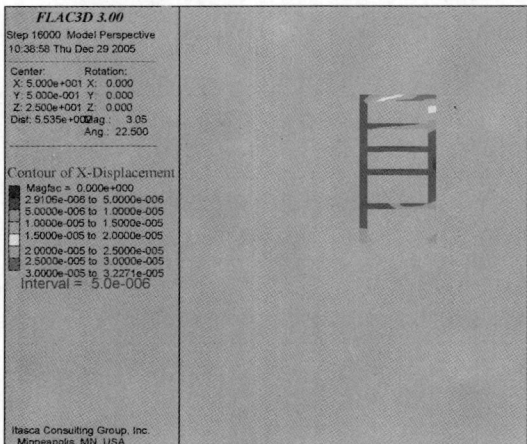

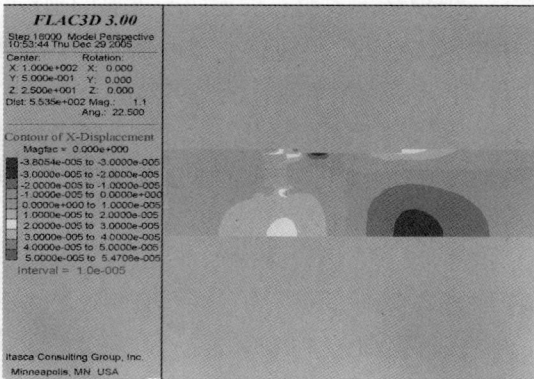

图 1.1-36 工况一地铁口的水平位移 　　　　图 1.1-37 工况一地铁口的沉降

②支护桩的水平位移

图 1.1-38 表明，支护桩的水平位移很小，支护桩有轻微上抬现象。

③土体的水平位移和沉降

图 1.1-39 表明，土体的水平位移很小；图 1.1-40 表明，由于基坑的开挖，坑底发生隆起，带动周围土体向上回弹。

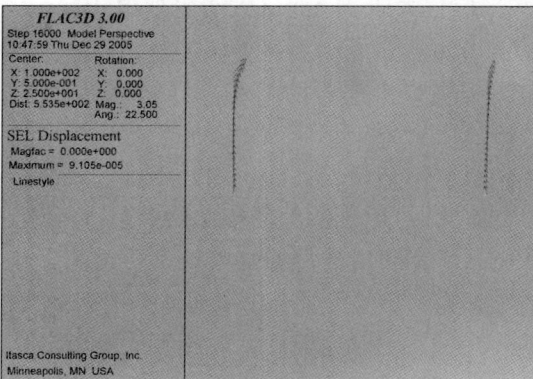

图 1.1-38 工况一支护桩的位移 　　　　图 1.1-39 工况一土体的水平位移

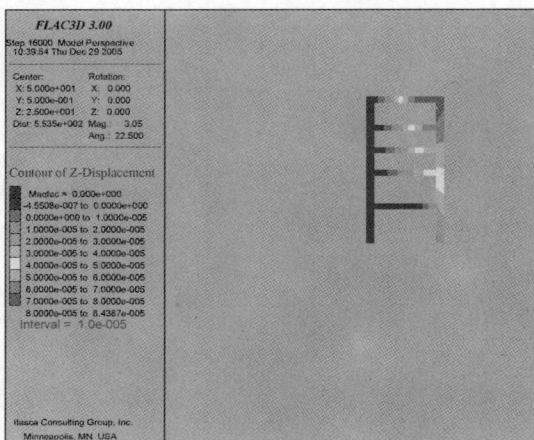

2）工况二的模拟分析

工况二：设置第一层内支撑，通过 model null 命令将基坑第二层土体挖掉，形成开挖载荷，进行平衡计算，得到基坑开挖第二层后的应力场和位移场。

①地铁口的位移和沉降

图 1.1-41 表明，工况二（开挖第二层）地铁口的向坑内的水平位移较小，约为 0.50mm；图 1.1-42 表明，地铁口出现沉降，沉降量为 0.38mm。

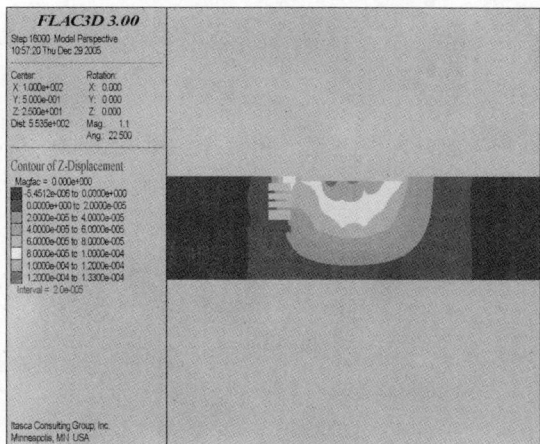

图 1.1-40　工况一土体的沉降

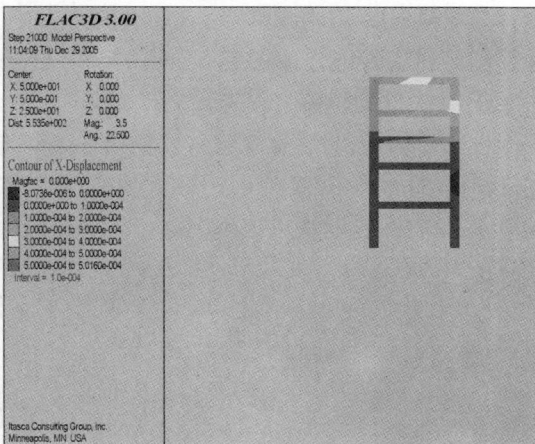

图 1.1-41　工况二地铁口的水平位移

②支护桩的水平位移

图 1.1-43 表明，支护桩以水平变形为主，东侧支护桩顶的水平位移大于西侧支护桩。

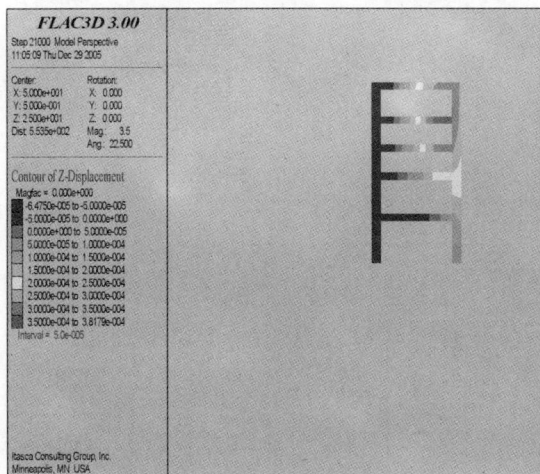

图 1.1-42　工况二地铁口的沉降

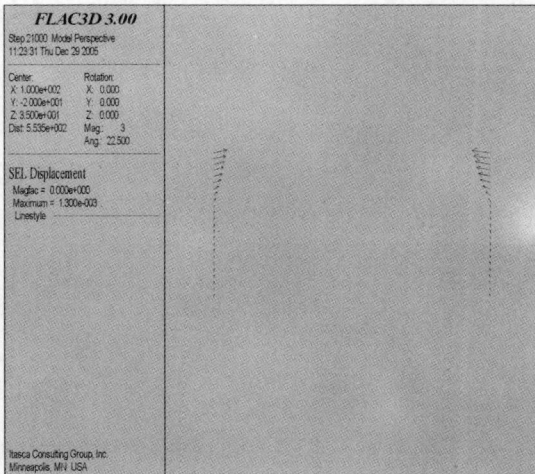

图 1.1-43　工况二支护桩的位移

③内支撑的轴力

内支撑的水平间距为 8m，图 1.1-44 表明，支撑的轴力约 86.2t。

④土体的水平位移和沉降

图 1.1-45 表明，随着开挖深度的增加，土体的水平位移逐渐增大，基坑土体向坑内的最大水平位移 1.29mm。图 1.1-46 表明，基坑东侧的沉降最大值 0.8mm。

3）工况三的模拟分析

工况三：设置第二层内支撑，通过 model null 命令将基坑第三层土体挖掉，形成开挖载荷，进行平衡计算，得到基坑开挖第三层后的应力场和位移场。

①地铁口的位移和沉降

图 1.1-47 表明，工况三（开挖第三层）地铁口的向坑内的水平位移较小，最大值约为 0.93mm；图 1.1-48 表明，地铁口出现沉降，沉降量最大值为 0.18mm。

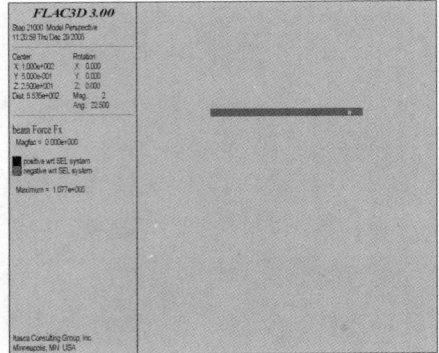

图 1.1-44　工况二第一层内支撑每延米轴力

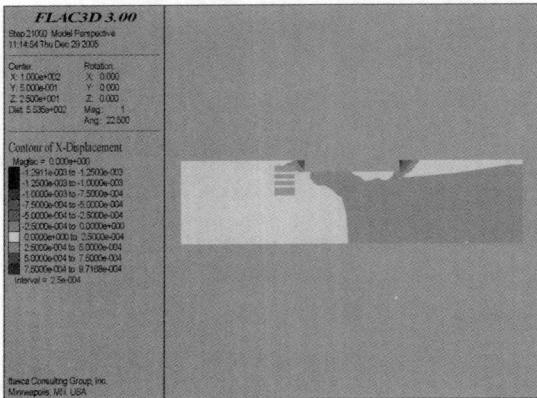

图 1.1-45　工况二土体的水平位移

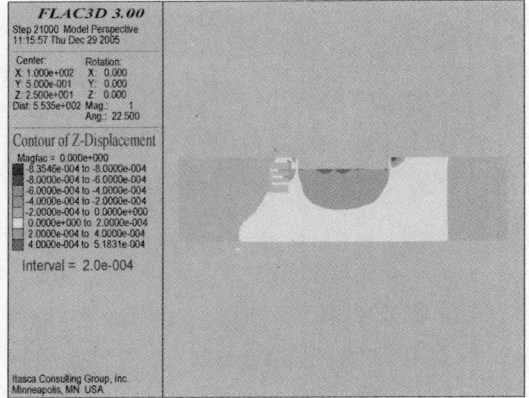

图 1.1-46　工况二土体的沉降

②支护桩的水平位移

图 1.1-49、图 1.1-50 表明，西侧支护桩的水平位移最大值约为 1.03mm，东侧支护桩的水平位移最大值约为 2.33mm。

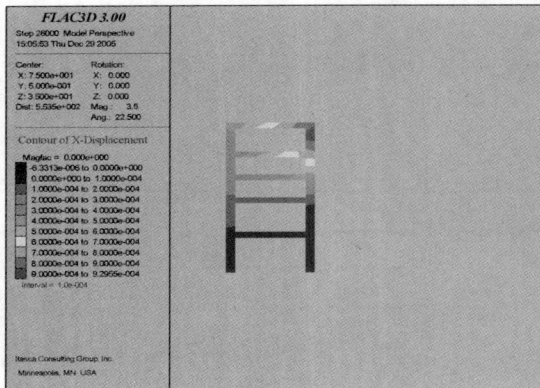

图 1.1-47　工况三地铁口的水平位移

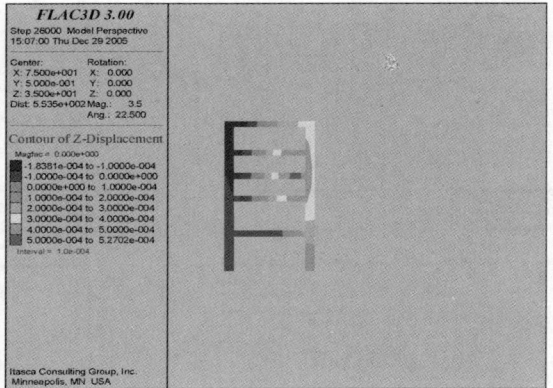

图 1.1-48　工况三地铁口的沉降

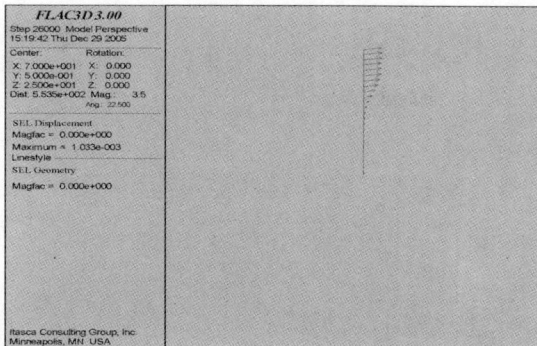

图 1.1-49 工况三西侧支护桩的位移

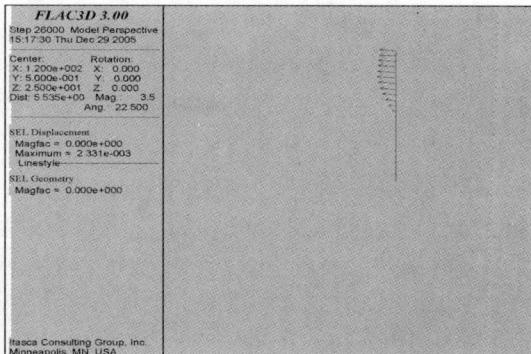

图 1.1-50 工况三东侧支护桩的位移

③内支撑的轴力

内支撑的水平间距为 8m，根据图 1.1-51、图 1.1-52 求得，第一层、第二层支撑轴力为 166.2t、115.8t。与图 1.1-44 对比可知，随着开挖的加深，第一道支撑的轴力增加。

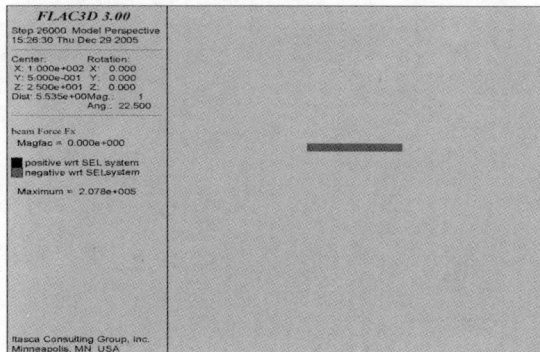

图 1.1-51 工况三第一层内支撑每延米轴力

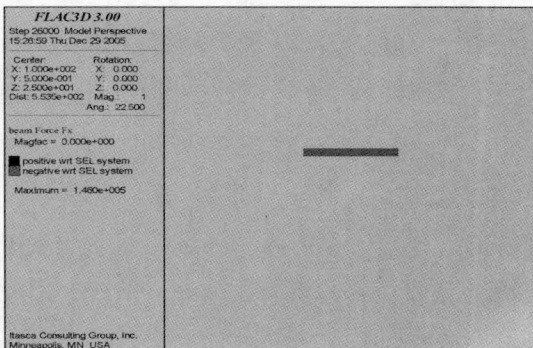

图 1.1-52 工况三第二层内支撑每延米轴力

④土体的水平位移和沉降

图 1.1-53 表明，随着开挖深度的增加，土体的水平位移逐渐增大，且基坑土体的向坑内的水平位移 2.33mm；图 1.1-54 表明，基坑最大沉降 2.46mm。

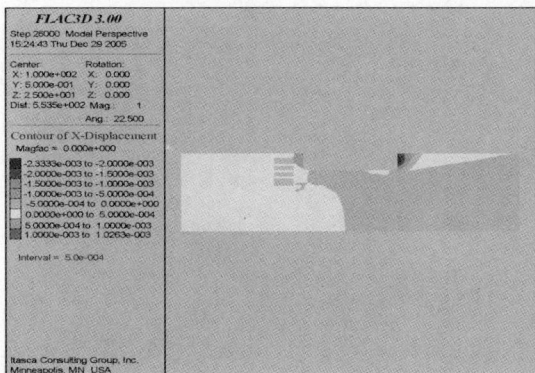

图 1.1-53 工况三土体水平位移

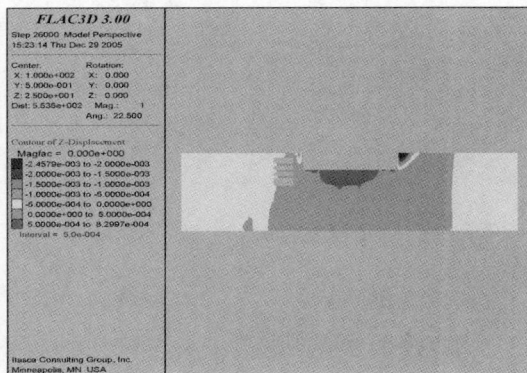

图 1.1-54 工况三土体沉降

4）工况四的模拟分析

工况四：设置第三层内支撑，通过 model null 命令将基坑第四层土体挖掉，形成开挖载荷，进行平衡计算，得到基坑开挖第四层后的应力场和位移场。

①地铁口的位移和沉降

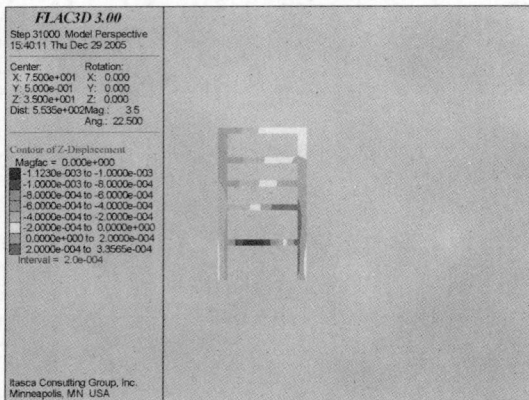

图 1.1-55 表明，工况四地铁口的向坑内的最大水平位移较小，最大值约为 3.25mm；图 1.1-56 表明，地铁口出现沉降，最大沉降量为 1.12mm。

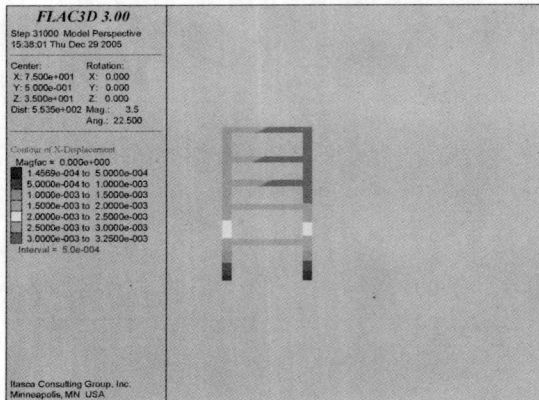

图 1.1-55　工况四地铁口水平位移　　　　　　图 1.1-56　工况四地铁口沉降

②支护桩的水平位移

图 1.1-57、图 1.1-58 表明，西侧支护桩的最大水平位移约为 3.81mm，东侧支护桩的最大水平位移约为 4.31mm。与工况三相比，两侧支护桩的水平位移均有增长。

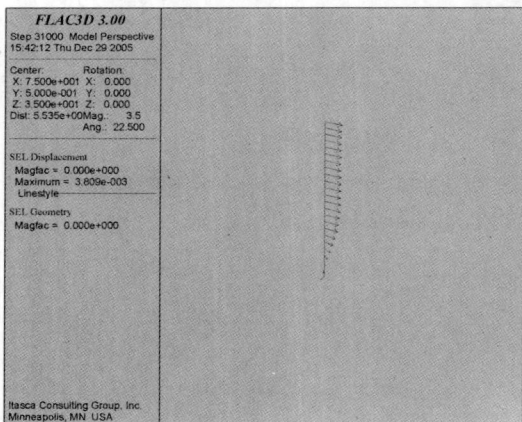

图 1.1-57　工况四西侧桩水平位移　　　　　　图 1.1-58　工况四东侧桩水平位移

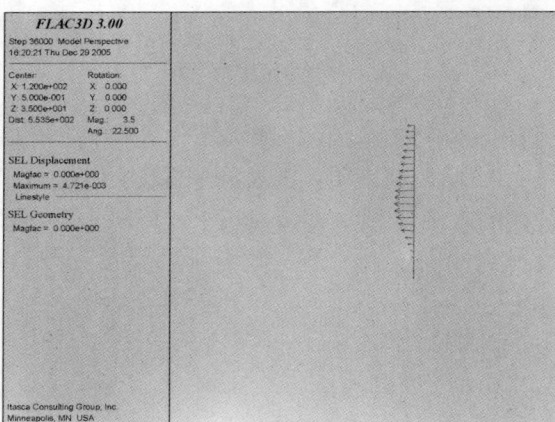

③内支撑的轴力

内支撑的水平距离为 8m，根据图 1.1-59～1.1-61 求得，第一、二、三层内支撑的轴力分别为 262.2t，285.6t，267.6t。与工况三相比，第一、二层内支撑的轴力都有大幅度增加，第二层内支撑增加幅度较大。

④土体的水平位移和沉降

图 1.1-62 表明，随着开挖深度的增加，土体的水平位移逐渐增大，基坑土体的最大水平位移 7.7mm。图 1.1-63 表明，基坑土体最大沉降 4.45mm。

（4）内支撑拆除及置换的计算机模拟

1）工况五的模拟分析

工况五：施工地下室负三层顶板，拆除第三层内支撑，得到第一次拆撑应力场和位移场。

①地铁口的位移和沉降

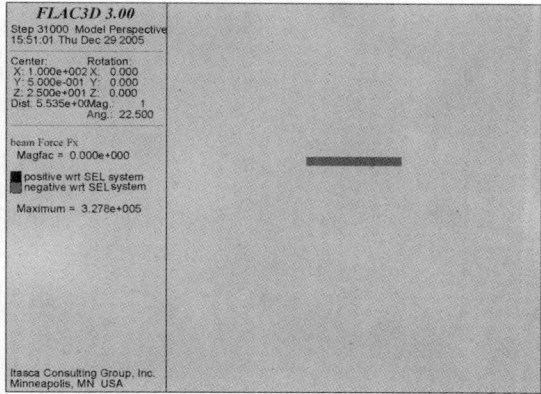

图 1.1-59 工况四第一层内支撑每延米轴力

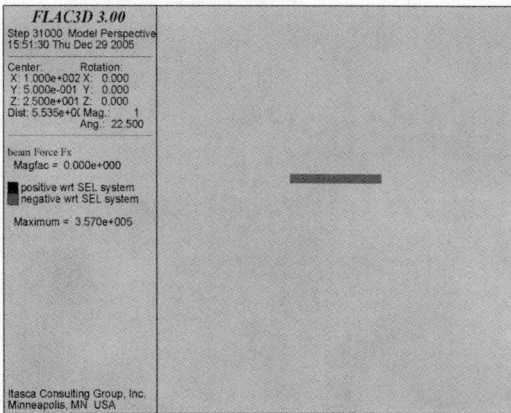

图 1.1-60 工况四第二层内支撑每延米轴力

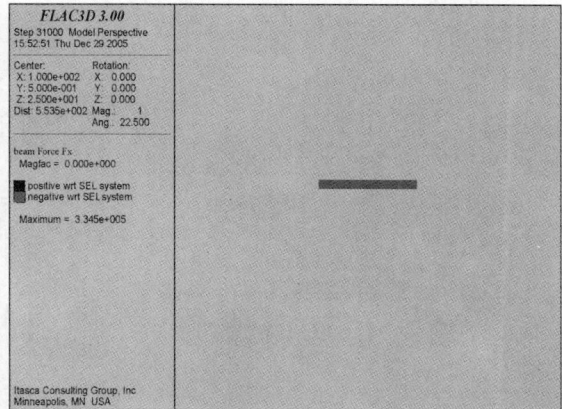

图 1.1-61 工况四第三层内支撑每延米轴力

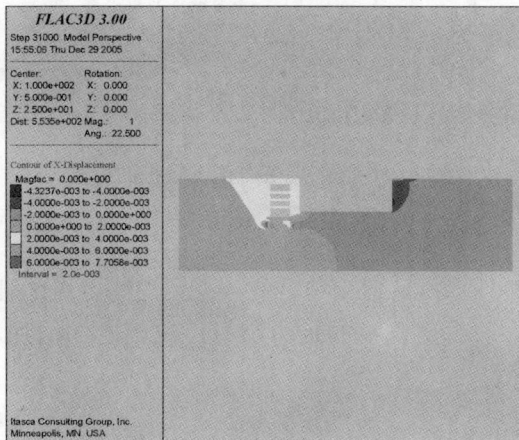

图 1.1-62 土体的水平位移

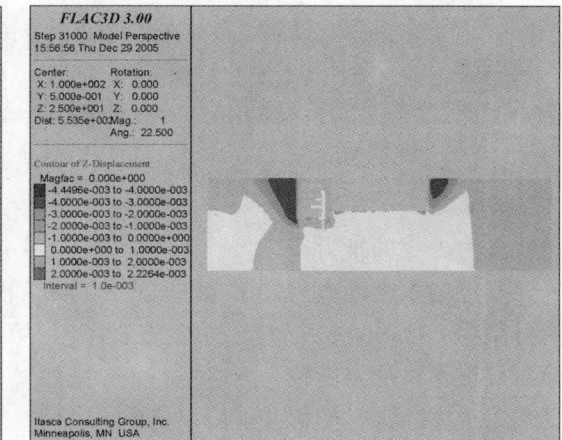

图 1.1-63 土体的沉降

图 1.1-64、图 1.1-65 表明，地铁口（第三层内支撑的拆除和置换）的最大水平位移为 4.88mm，最大沉降为 1.65mm。

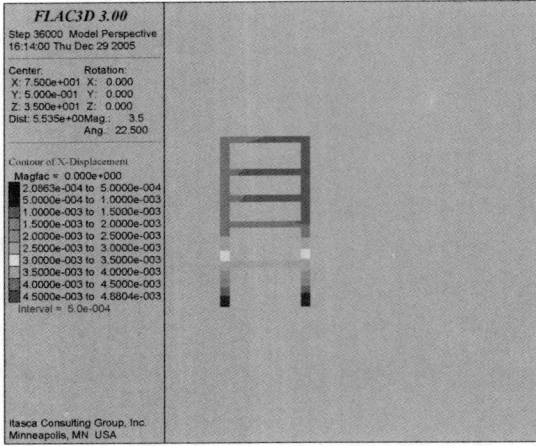

图 1.1-64 工况五地铁口的水平位移

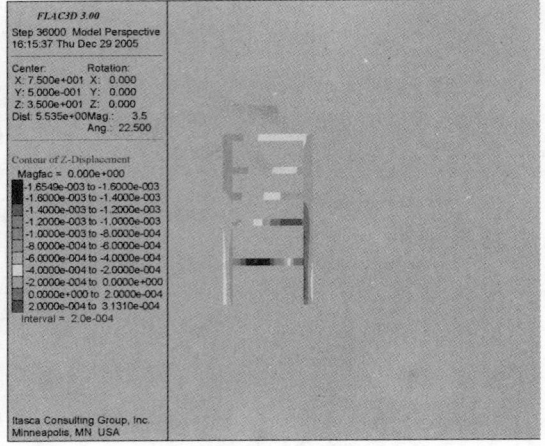

图 1.1-65 工况五地铁口的沉降

②支护桩的水平位移

图 1.1-66、图 1.1-67 表明，西侧支护桩的最大水平位移约为 5.35mm，东侧支护桩的最大水平位移约为 4.72mm。

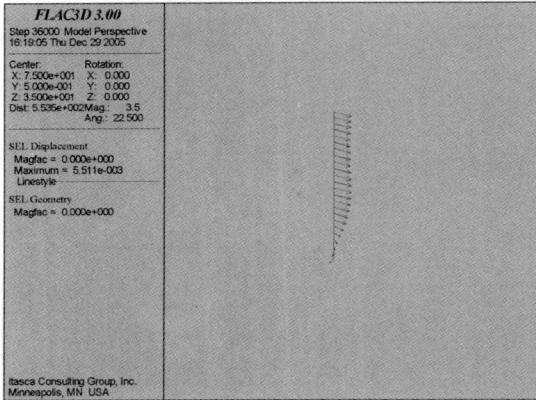

图 1.1-66 工况五基坑西侧支护桩的位移

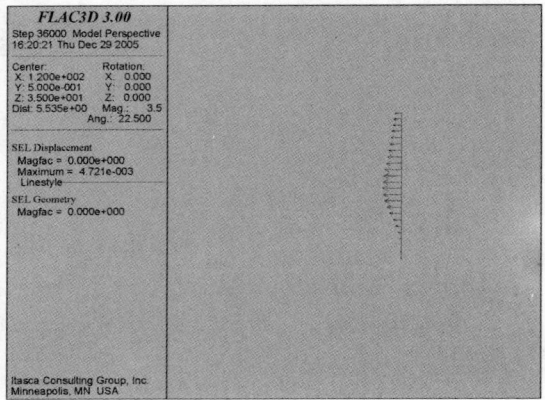

图 1.1-67 工况五东侧支护桩的位移

③内支撑的轴力

支撑的水平距离为 8m，根据图 1.1-68、图 1.1-69 可以求得，第一、二层内支撑的轴力分别为 282.6t，327.2t。与工况三相比，第一、二层支撑的轴力都有一定幅度的增加，第二层支撑增加幅度较大。

④土体的水平位移和沉降

图 1.1-70 表明，土体的水平位移逐渐增大，且基坑土体的最大水平位移约 12.74mm；图 1.1-71 表明，基坑土体的最大沉降约为 7.38mm。

2）工况六的模拟分析

工况六：施工地下室负二层顶板，拆除第二层内支撑，得到第二次拆撑应力场和位移场。

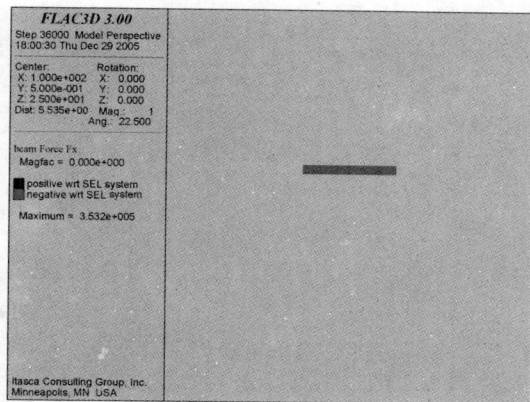

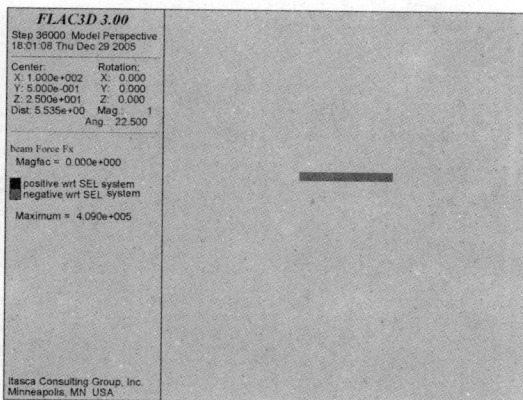

图 1.1-68　工况五第一层内支撑轴力　　　　　　图 1.1-69　工况五第二层内支撑轴力

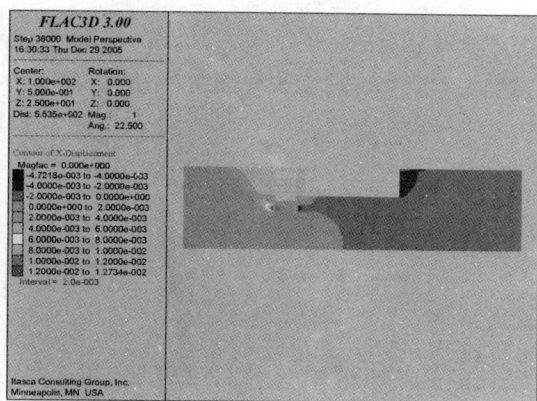

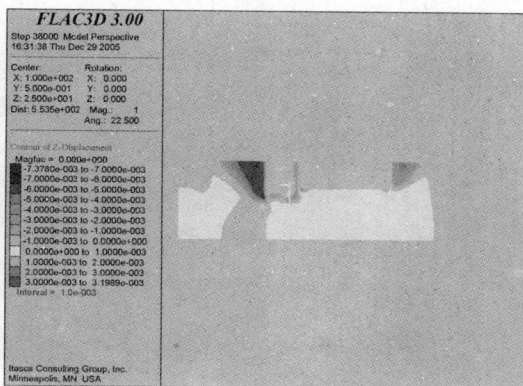

图 1.1-70　工况五土体的水平位移　　　　　　图 1.1-71　工况五土体的沉降

①地铁口的位移和沉降

图 1.1-72、图 1.1-73 表明，工况六（第二层内支撑的拆除和置换）地铁口的最大水平位移为 6.12mm，最大沉降为 1.94mm。

②支护桩的水平位移

图 1.1-74、图 1.1-75 表明，西侧支护桩的最大水平位移约为 6.576mm，东侧支护桩的最大水平位移约为 5.863mm。

③内支撑的轴力

内支撑的水平距离为 8m，根据图 1.1-76 可得，第一层内支撑的轴力约为 315.9t。与工况五相比，第一层内支撑的轴力有一定幅度增加。

④土体的水平位移和沉降

从图 1.1-77 可以看出，随着内支撑的拆除和置换，土体的水平位移逐渐增大，最大水平位移 16.45mm。从图 1.1-78 可以看出，基坑土体最大沉降 9.56mm。

3）工况七的模拟分析

工况七：施工地下室负一层顶板，拆除第一层内支撑，得到第三次拆撑应力场和位移场，即最终位移场和应力场。

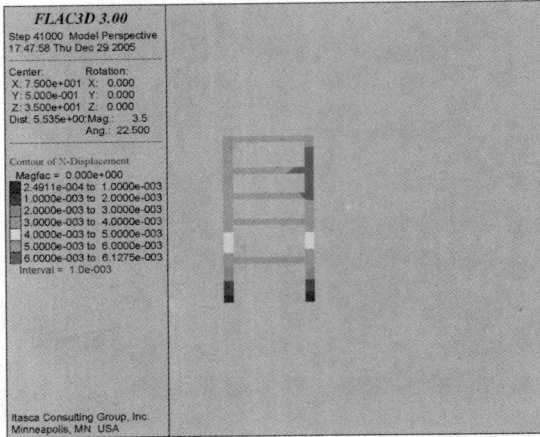

图 1.1-72 工况六地铁口的水平位移

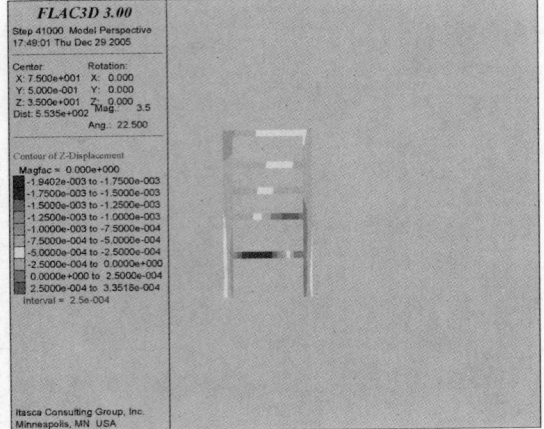

图 1.1-73 工况六地铁口的沉降

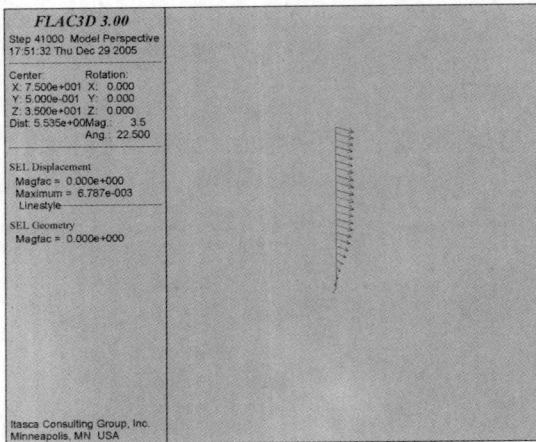

图 1.1-74 工况六基坑西侧支护桩的位移

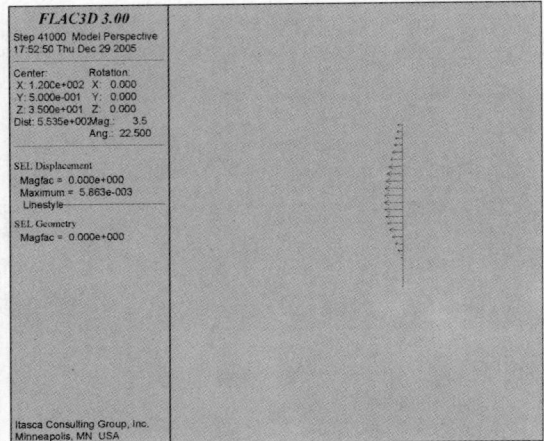

图 1.1-75 工况六东侧支护桩的位移

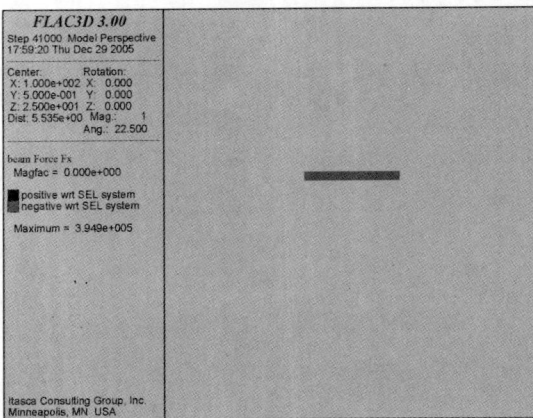

图 1.1-76 工况六第一层内支撑轴力

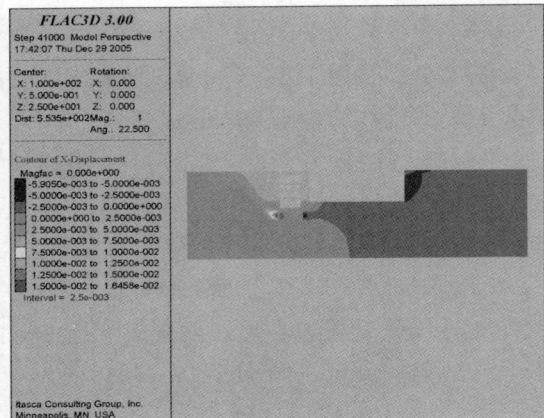

图 1.1-77 工况六土体的水平位移

①地铁口的位移和沉降

图 1.1-79、图 1.1-80 表明，工况七（第一道内支撑的拆除和置换）地铁口的最大水平位移为 8.55mm，最大沉降为 2.31mm。

②支护桩的水平位移

图 1.1-81、图 1.1-82 表明，西侧支护桩的最大水平位移约为 9.27mm，东侧支护桩的最大水平位移约为 6.25mm。

③土体的水平位移和沉降

图 1.1-83 及图 1.1-84 表明，土体的水平位移逐渐增大；基坑土体的最大沉降量 13.2mm。

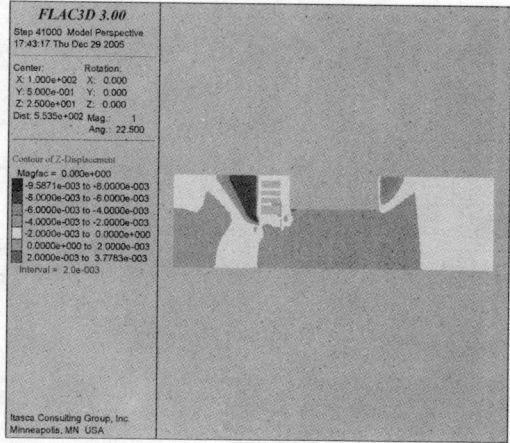

图 1.1-78 工况六土体的沉降

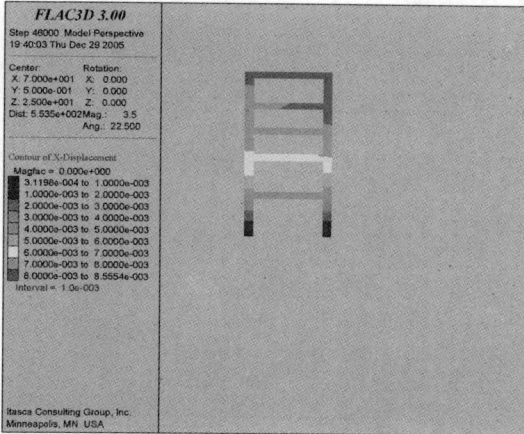

图 1.1-79 工况七地铁口的水平位移

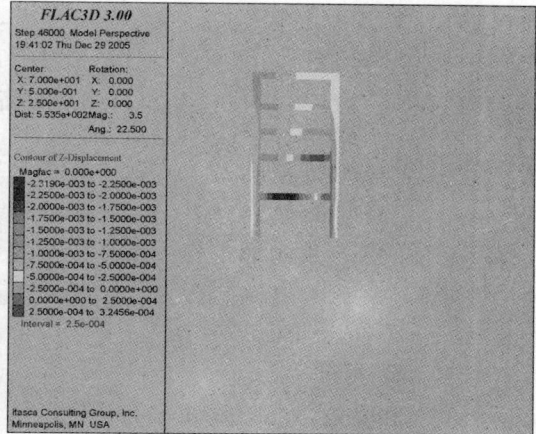

图 1.1-80 工况七地铁口的沉降

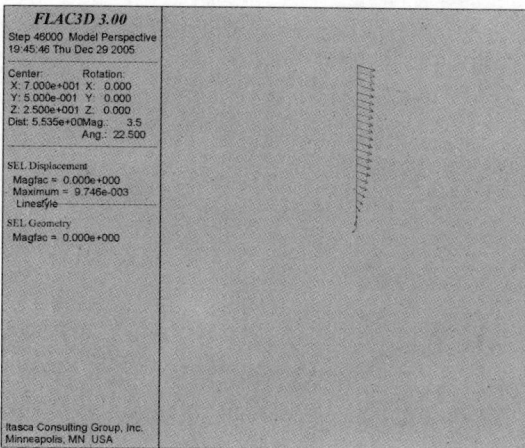

图 1.1-81 工况七基坑西侧支护桩的位移

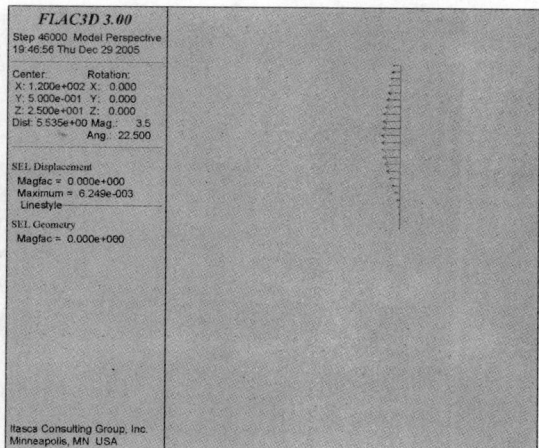

图 1.1-82 工况七东侧支护桩的位移

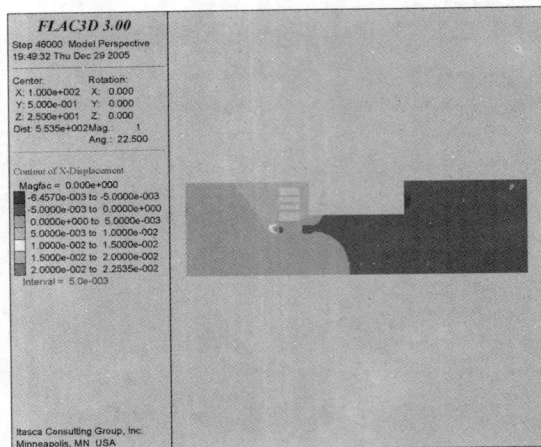

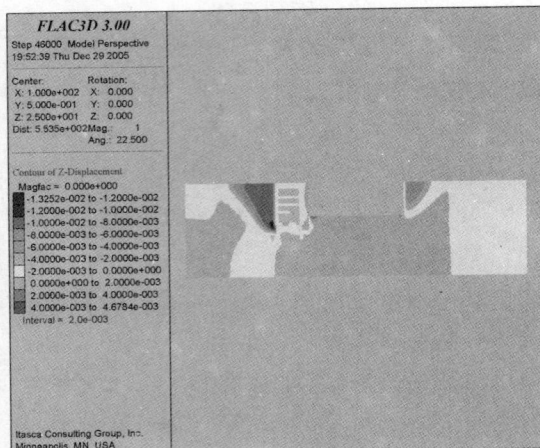

图 1.1-83 工况七土体的水平位移

图 1.1-84 工况七土体的沉降

（5）基坑变形的模拟结论

根据文中针对地铁结构（尤其是地铁口）的位移和沉降、支护桩的水平位移、内支撑的轴力、及土体的水平位移和沉降等四方面的模拟分析结论，可以得到图 1.1-85～图 1.1-89 的相关内容。

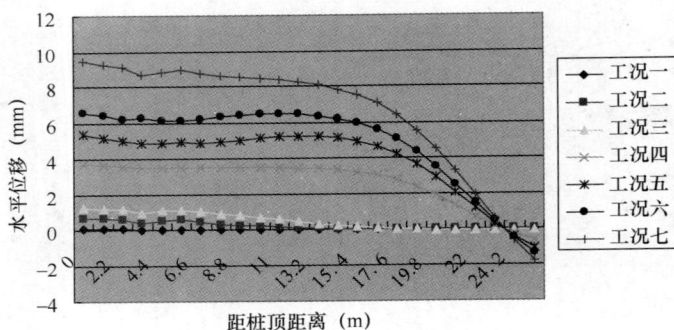

图 1.1-85 各工况基坑西侧桩的水平位移

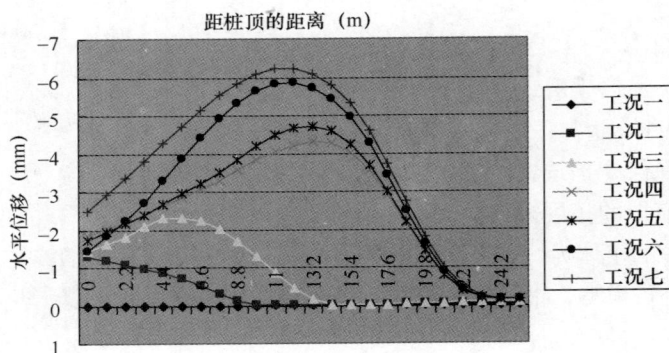

图 1.1-86 各工况基东侧桩的水平位移

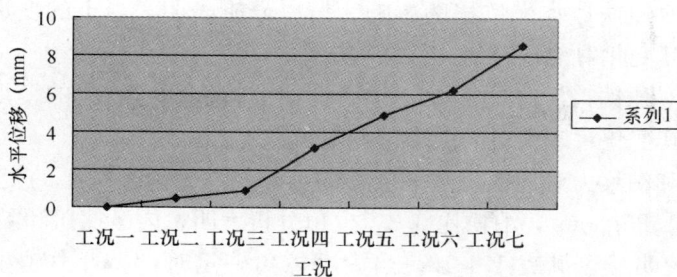

图 1.1-87 各工况地铁口水平位移

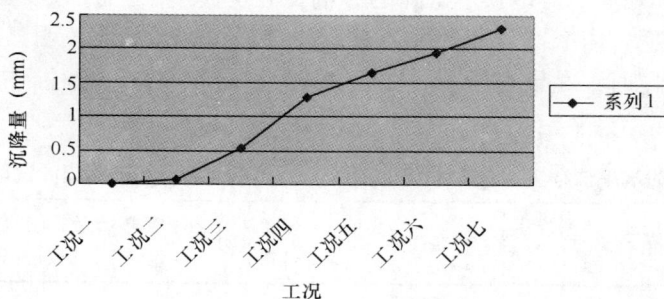

图 1.1-88 各工况地铁口沉降

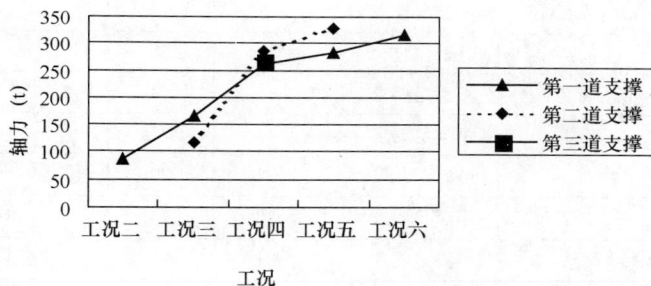

图 1.1-89 内支撑各工况轴力

图 1.1-85、图 1.1-86 表明，随着开挖位置的加深，支护桩的最大水平位移位置逐渐向下发展，而对于基坑内支撑的拆除和置换，最大水平位移逐渐向上发展，东侧支护桩表现地更为充分。

图 1.1-87、图 1.1-88 表明，随着各工况的进行，地铁口水平位移和沉降逐渐增大，但变化幅度较小，最后工况地铁口水平位移小于 10mm，沉降小于 2.5mm，地铁口安全。

图 1.1-89 表明，随着各工况的进行，支撑轴力逐渐加大，因此，应充分考虑支撑拆除时轴力变化，确保支护结构的安全。

（6）计算机模拟的拓展分析

假设基坑支护的土体为均一土质，其他条件不变，以地铁结构的水平位移 10mm 为控制指标，重新建立分析模型，根据前述方法再次对基坑进行模拟，可以求得不同地质条件下的基坑变形控制情况，进而能评估地铁支护结构的安全性即基坑工程的变形控制程度。

1）变形模量对地铁口水平位移的影响。拓展分析表明，当土的变形模量在 10E6～50E6 范围内时，其变化对地铁口的位移影响很小。

2）变形模量对地铁口沉降的影响。拓展模拟分析表明，当土的变形模量在 10E6～50E6 范围内时，其变化对地铁口的沉降影响很小。

3）内摩擦角和粘聚力对地铁口水平位移的影响。假定模型中土的变形模量不变，即为 30E6，密度为 $1.85g/cm^3$，泊松比 0.3，模拟分析表明，内摩擦角和黏聚力对地铁口水平位移的影响比较明显，见表 1.1-18。当内摩擦角一定时，黏聚力越小，位移量越大；当黏聚力一定时，内摩擦角越小，位移量越大。

4）内摩擦角和黏聚力对地铁口沉降的影响。假定模型中土的变形模量不变，泊松比一定，模拟分析表明，内摩擦角和黏聚力对地铁口沉降的影响比较明显，如表 1.1-19 所示。当内摩擦角一定时，黏聚力越小，位移量越大；当黏聚力一定时，内摩擦角越小，位移量越大。

不同组合下地铁口的水平位移 表 1.1-18

黏聚力（kPa）	内摩擦角（°）	地铁口水平位移（mm）	备注
8	30	9.38	满足要求
8	29	13.8	不满足要求
7	30	15.2	不满足要求
13	25	9.7	满足要求
13	24	13.2	不满足要求
12	25	14.1	不满足要求
22	20	8.55	满足要求
22	19	12.2	不满足要求
21	20	11.1	不满足要求
34	15	9.9	满足要求
34	14	10.5	不满足要求
33	15	11.7	不满足要求

不同组合下地铁口的沉降 表 1.1-19

黏聚力（kPa）	内摩擦角（°）	地铁口水平位移（mm）	备注
8	30	5.6	满足要求
8	29	8.2	满足要求
7	30	9.1	满足要求
13	25	5.8	满足要求
13	24	7.9	满足要求
12	25	8.4	满足要求
22	20	5.1	满足要求
22	19	7.3	满足要求
21	20	6.6	满足要求
34	15	5.9	满足要求
34	14	6.3	满足要求
33	15	7.0	满足要求

5. 基坑开挖工况

深圳星河发展中心基坑工程分层开挖及支撑工况，见表 1.1-20。

基坑开挖及支撑施工工况 表 1.1-20

顺序	开挖深度标高	开挖范围	对应施工内容
前期	无	无	基坑周边支护桩及基坑内支撑的支柱
第一次	6～3.6m（黄海高程，下同）	全场地开挖，为工程桩、支撑立柱钻孔桩和第一层水平支撑系统梁施工面；其中南、北两侧开挖深度标高为3m，即第一排锚索的施工标高	施工南北侧的第一排锚索；浇筑基坑第一层钢筋混凝土内支撑，标高3.6m

续表

顺序	开挖深度标高	开 挖 范 围	对应施工内容
第二次	3.6～—0.75m	全场地开挖,为第三层水平支撑系统梁施工面标高,也是北侧第二排锚索的施工标高	施工北侧的第二排锚索;浇筑基坑第二层钢筋混凝土内支撑,标高—0.75m
第三次	—0.75～—5.15m	全场地开挖,为第三层水平支撑系统梁施工面标高;其中北侧第三排锚索的施工标高—4.0m,南侧第二排锚索的施工标高—3.6m	施工北侧的第三排锚索和南侧第二排锚索;浇筑基坑第三层钢筋混凝土内支撑,标高—5.15m
第四次	—5.15～—8.6m	全场地开挖,为施工第四排锚索的深度;其中北侧第四排锚索的施工标高—7.5m,南侧第三排锚索的施工标高—6.0m,南侧第四排锚索的施工标高—8.6m	施工北侧的第四排锚索及南侧第三排和第四排锚索;浇筑基坑第一层钢筋混凝土内支撑
第五次	—8.6～—11.4m	全场开挖,为最后一层土方开挖	浇筑地下室底板

6. 基坑工程的监测布置

(1) 监测点的平面布置

监测内容及监测点数见表 1.1-21,其监测点的平面布置如图 1.1-90 所示。

星河中心基坑工程的监测内容及监测点数 表 1.1-21

图标	监测内容	监测点数量
▽	地下水位监测点(W)	共 4 个测点
Ⅴ	地表沉降监测点(DS)	共 3 个检测断面,12 个测点
▭	混凝土应变计、钢筋应力计(ZL)	每道支撑分别安装混凝土应变计、钢筋应力计,共 27 组
□	支护桩内力测点(ZN)	共 6 个监测断面,每个断面沿深度布置 4 个测点
△	支护桩顶沉降、水平位移监测点(WS)	共 20 个测点
◎	墙体位移(测斜孔,QS)	共 12 个,沿深度方向每米 1 个测点
■	锚索应力监测点(MY)	2 个监测断面,沿深度方向每道锚索布置一个测点
◣	土压力、孔隙水压力监测点(Y)	5 个监测断面,桩后沿深度 4m 布置一个测点

(2) 基坑工程的监测效果

深圳星河发展中心基坑工程的监测从基坑支护桩施工开始,即 2005 年 11 月 24 日始,统计至钢筋混凝土内支撑拆除完成为止,即 2006 年 12 月 20 日止。根据观测结果,可得基坑西侧地铁口的水平位移和沉降变化如图 1.1-91～图 1.1-95 所示。

图 1.1-91 和图 1.1-92 的监测结果表明,随着基坑开挖的进行,地铁口的水平位移和沉降逐渐增大,但变化幅度较小,4 号地铁口平均水平位移量为 7.6mm,平均沉降量为 8.74mm。地铁结构安全。

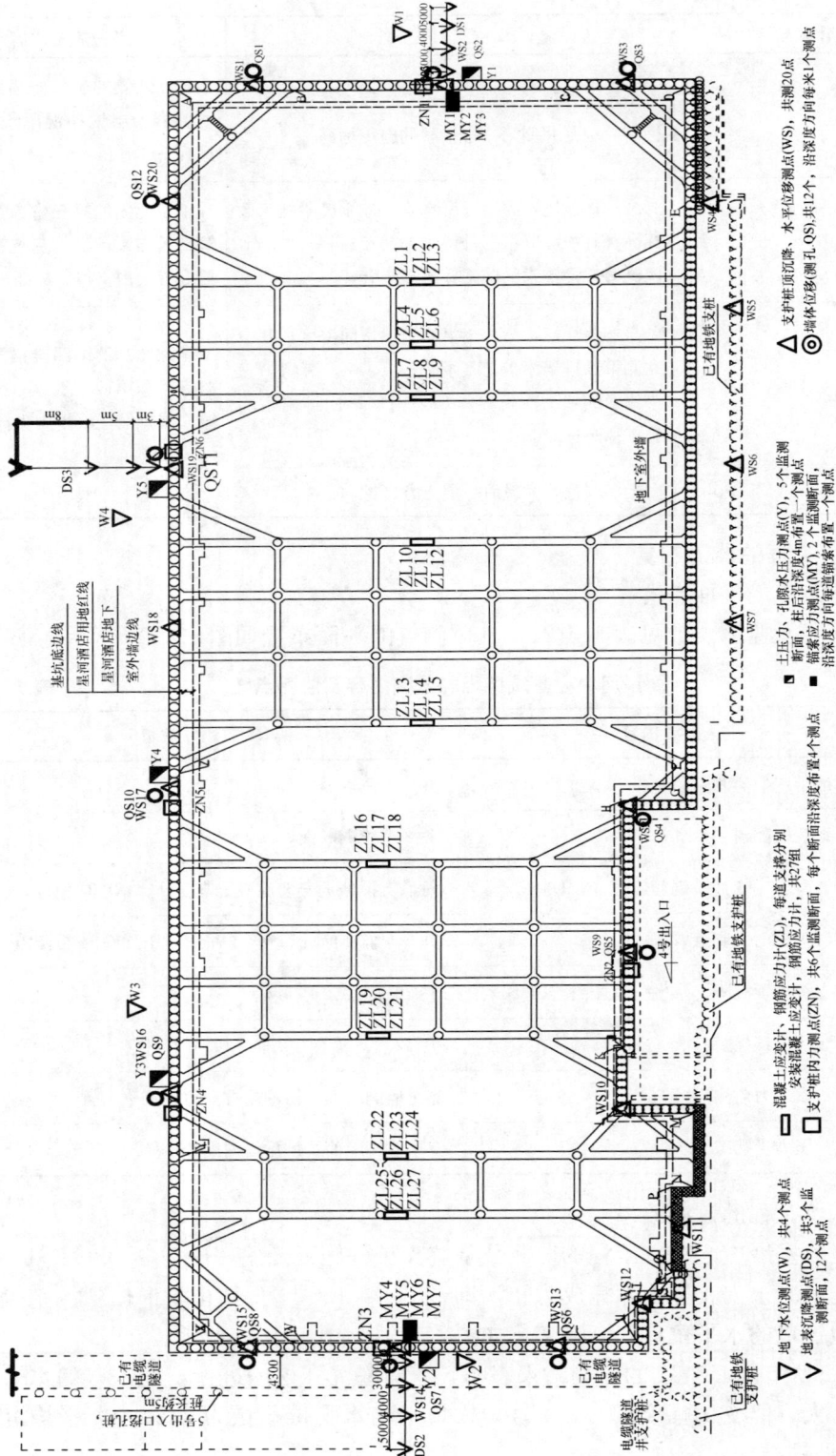

图 1.1-90　监测点的平面布置图

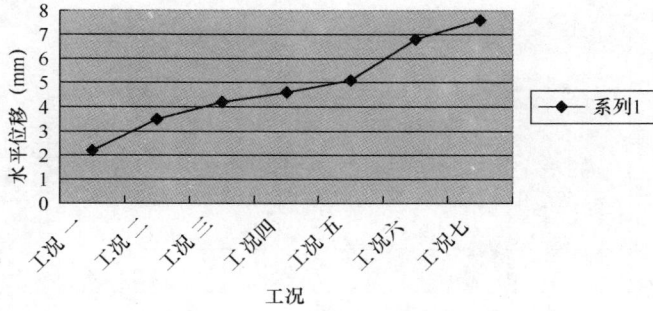

图 1.1-91 地铁口监测的水平位移

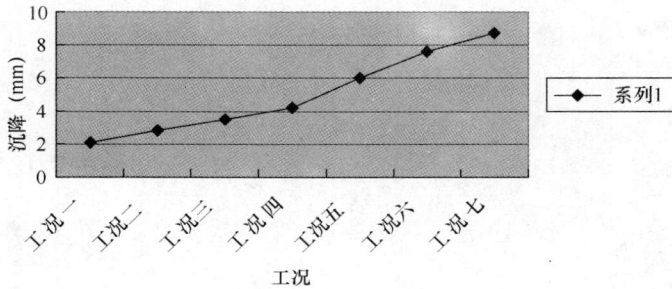

图 1.1-92 地铁口沉降

图 1.1-93 的监测结果表明，随着基坑开挖和钢筋混凝土内支撑施工的进行，深基坑内支撑的轴力均增大，各道（层）内支撑轴力的大小规律为：第一道支撑轴力最大，第二道次之，第三道支撑轴力最小。

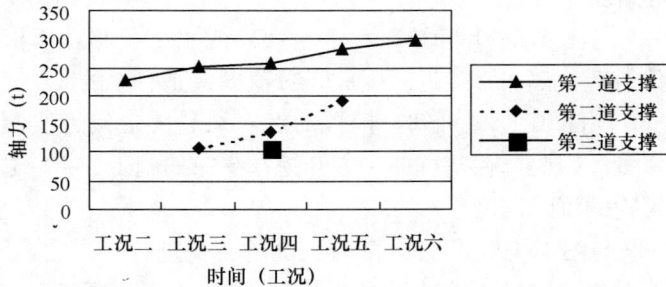

图 1.1-93 各支撑轴力

图 1.1-94、图 1.1-95 的监测结果表明，随着基坑开挖及支撑施工的进行，基坑东西两侧的桩顶水平位移均增大，基坑西侧（地铁 4 号口一侧）的桩顶最大水平位移量为 6.1mm，基坑东侧的桩顶最大水平位移量为 5.8mm。

上述主要监测结果与计算机模拟数据基本相符，说明基坑变形处于受控状态。尤其针对每种工况时的监测结果与计算机模拟数据的对比，及时准确地指导基坑开挖至内支撑拆除的各个环节，动态的控制调整支护施工的每道工序、每个节点，完善原定的施工方案，使信息化施工得到有效贯彻。

（3）模拟与监测的比较

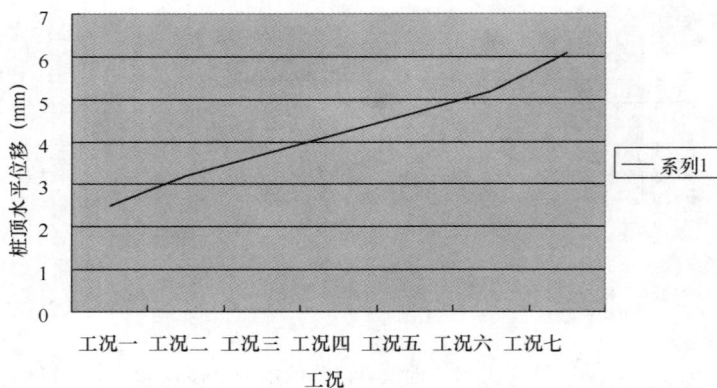

图 1.1-94 西侧桩顶水平位移的变化趋势

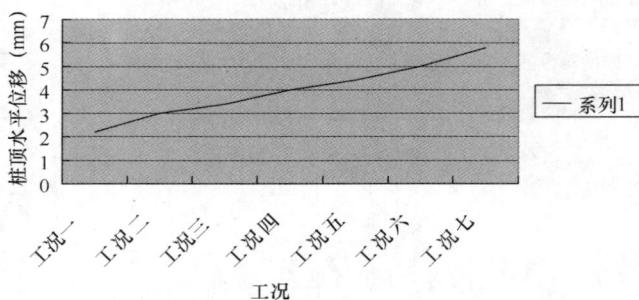

图 1.1-95 东侧桩顶水平位移随时间变化趋势

根据上述的监测结果（图 1.1-91～图 1.1-95），与所述的模拟结果（图 1.1-85～图 1.1-89）比较，可得到以下结论。

1）比较图 1.1-87 与图 1.1-91 可知，对于地铁口的水平位移，模拟数据和实测数据从位移发展趋势和数值看，都非常接近。因此，数值模拟是有效的。

2）比较图 1.1-88 与图 1.1-92 可知，模拟的沉降从趋势上接近实测数据，但模拟的沉降量小于实测沉降量。因此，在基坑的土方开挖和支撑的施工、拆除过程中，应加强对基坑周围建（构）筑物的沉降监测。

3）比较图 1.1-89 与图 1.1-93 可知，随着工况的逐一进行，内支撑轴力均逐渐增大。对于第一道支撑，工况二、工况三的模拟结果小于实测数据，工况四、工况五二者相差不大，工况六中模拟结果大于实测数据；对于第二道支撑，各工况的模拟结果均大于实测数据；对于第三道支撑，模拟结果大于实测数据。可见，这三道内支撑在最不利工况的模拟结果大于实测数据，因此，可以用计算机的模拟结果来确定基坑内支撑轴力的警戒值。

4）比较图 1.1-85 与图 1.1-94 可知，对于地铁结构旁支护桩的水平位移，模拟数据和实测数据从位移发展趋势和数值看，都非常接近。比较图 1.1-86 与图 1.1-95 可知，对于地铁结构旁支护桩的水平位移，模拟数据和实测数据有一致发展趋势，且模拟数据稍小于实测数据。因此，数值模拟是有效可行的，能指导基坑工程变形控制的施工。

7. 钢筋混凝土内支撑的"切割＋静爆"拆除技术的应用

（1）支撑梁拆除时结构本体的加强措施

为了保证支撑梁拆除时结构的安全，加强了对结构本体的工程措施，见表1.1-22。

支撑梁拆除时结构本体的加强措施　　　　　　　表1.1-22

内容	具 体 措 施	工 程 措 施
结构体系的加固	结构楼板厚度的增加（相对于常规楼板厚度）	地下三层、地下二层、地下一层楼板厚度由120mm调整为150mm，双层双向配筋，以支持支撑梁拆除的荷载重量
	梁板模板支撑系统的使用时间延长及数量增加（尤其是支撑杆件）	由于支撑梁拆除时的冲击、振动、运输荷载对结构楼板存在影响，因此结构梁板模板支撑体系（全部）保留至支撑梁拆除完成；同时梁板模板支撑杆支模时在原设计模板方案立杆用量基础上增加50%
	楼面悬臂梁纵筋的加强（增加同等级、同型号的钢筋数量）	考虑到支撑梁拆除时冲击、振动、运输、堆码荷载对楼面悬臂结构的影响，因此支撑梁投影区范围内受后浇带影响形成的悬壁梁配筋需加强，在悬臂端增加同规格的钢筋主筋1～2根
	因内支撑柱阻断的梁纵筋处理（按"纵筋加强的措施"处理）	考虑到支撑梁拆除荷载对楼面悬臂结构的影响，因此楼面结构梁受支撑柱影响被阻断而形成的悬臂梁按"纵筋加强的措施"处理。如果支撑柱对结构梁断面的影响仅150mm左右，则将该部分支撑柱混凝土剥离，使结构梁通行
	临时堆载区的加强（增加支撑体系的数量）	为支撑破碎物荷载，临时堆载区需特别加强，方法：梁板模板支撑杆支模时在原设计模板方案立杆用量基础上增加一倍
结构本体混凝土强度的要求	支撑体系混凝土强度达到设计强度后才进行结构本体施工	
	楼面梁板及结构换撑混凝土浇筑完成后，应立即浇水养护（不间断），尽可能使其强度提前达到支撑梁拆除要求	
	楼面梁板及结构换撑混凝土达到设计要求的90%后，方可进行拆除作业	

（2）拆除顺序

依照支撑梁的卸荷顺序，确定其拆除顺序：

1）每榀、每层支撑梁的混凝土拆除应待地下室结构本体施工完成一个楼面并达到设计要求的强度（90%设计强度等级）后，方可组织进行；当地下三层梁板结构浇筑完成并达到设计要求的强度后方可开始拆除第三层支撑梁，以此类推。

2）每一层支撑梁分四榀随地下室结构本体施工进度组织拆除，按目前施工情况，拆除顺序为③→②→④→①，如图1.1-96所示。支撑梁卸荷顺序，如图1.1-97、图1.1-98所示。

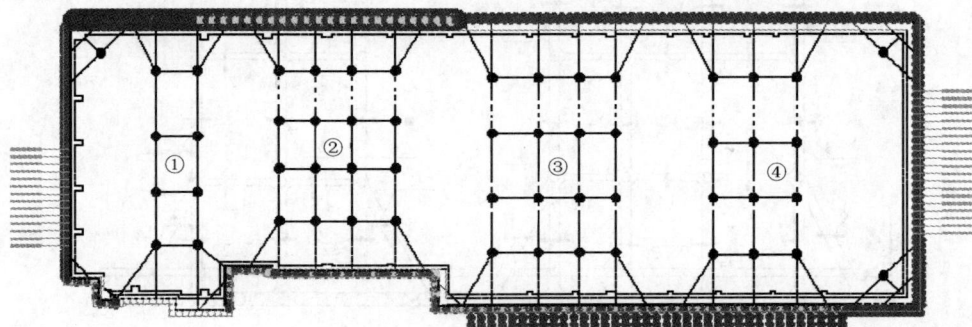

图1.1-96　支撑梁的拆除平面布置图

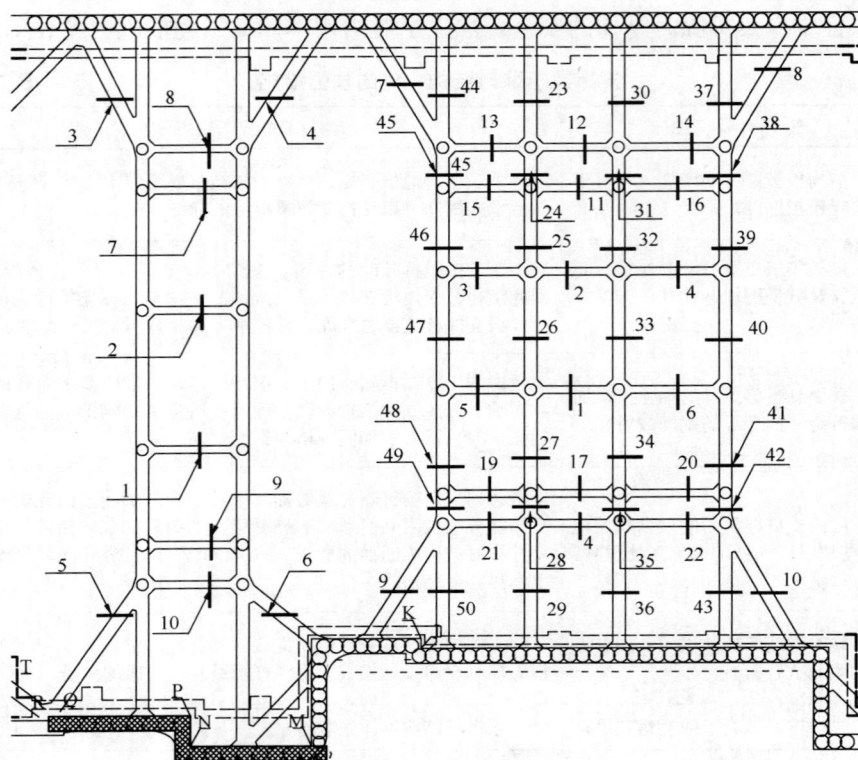

图 1.1-97 支撑梁①、②榀卸荷顺序图

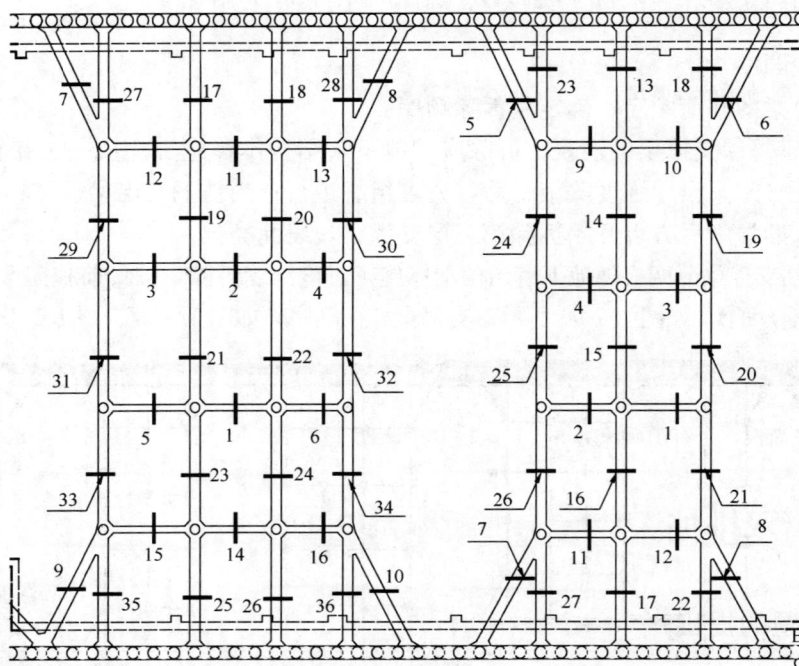

图 1.1-98 支撑梁③、④榀卸荷顺序图

3）支撑梁全部拆除完成后才可进行支撑柱的拆除。

8. 实施效果

深圳星河发展中心基坑工程在实施期间严格执行文中所述的城市中心区特大型超深基坑变形控制关键技术，实施后，达到了基坑变形控制的预期效果，经实测，基坑周边，尤其是地铁口的实际最大位移和沉降，均满足变形控制要求。

（1）基坑变形控制的有效实施，对周边环境的影响小，地铁口侧（基坑西侧）的桩顶最大水平位移量为 6.1mm，基坑东侧的桩顶最大水平位移量为 5.8mm，地铁口的最大水平位移量为 7.6mm，最大沉降量为 8.74mm，满足"紧邻地铁侧的基坑最大变形不超过 10mm 的限制"，保证了紧邻双侧运营地铁的正常运行，取得了良好的社会效益。

（2）确保基坑变形在控制范围之内，减少了工程部分结构的返修、加固、补强，节约了材料，加快了施工进度，提高了劳动生产率，获得 2.84% 的技术进步效益率，取得了良好的经济效益。

（3）通过开发关键技术，增强了企业的科技创新能力，两项施工工法分别通过湖南省和广东省的审查（如湖南省工法：切割加静爆拆除基坑钢筋混凝土内支撑结构施工工法），撰写的《双向紧邻运行地铁的特大型超深基坑支护设计与施工》论文荣获湖南省土木建筑学会 2007 年度优秀论文一等奖。

（4）关键技术的实施，提高了企业的质量意识，进一步提升了企业的质量管理水平，先后获得"深圳市优质结构工程"、"深圳市安全生产文明施工优良样板工地"、"广东省建设工程安全生产文明施工优良样板工地"等荣誉称号，荣获中建总公司 QC 成果一等奖和二等奖、CI 金奖。

参 考 文 献

1 耿新路. 紧邻地铁的深基坑开挖变形的控制［J］. 建筑施工，2006，9
2 谢秀栋，刘国彬，李志高，郭智杰. 临近运营地铁站基坑开挖土层位移特性分析［J］. 地下空间与工程学报，2007，8
3 戚科骏，王旭东，将刚，常银生，陈亚东. 临近地铁隧道的深基坑开挖分析［J］. 岩石力学与工程学报，2005，11
4 中华人民共和国行业标准编写组. 建筑基坑支护技术规程（JGJ 120—99）［S］. 北京：中国建筑工业出版社，1999
5 娄奕红，俞三溥，王秉勇. 基坑支护结构内力及变形动态分析［J］. 岩石力学与工程学报，2003，22
6 陈灿寿，张尚根，余有山. 深基坑支护结构变形计算［J］. 岩石力学与工程学报，2004，6

1.2 悬臂双排桩深基坑支护新体系施工技术

1.2.1 问题的提出

随着城市建设的发展，高层建筑逐渐增多，城区建筑物日益密集。由于建筑结构安全、使用功能和开发地下空间的要求，高层建筑一般都设计有较大平面尺寸和深度的地下室。地下空间的开发涉及深基坑的安全，这对坐落于软土地基上的建筑密集地区尤为重要。

在软土层厚、地下水位高的地区，基坑周边建筑密集，邻近城市道路，车流、人流量大，且市政管网复杂的条件下，如何保证基坑开挖时边坡稳定、周边环境安全、正常的生活和工作秩序不受影响，是工程施工首当其冲的重大技术难题。如何因地制宜、因时制宜地优选基坑支护方案直接涉及保护周边环境和开挖安全，是工程施工的头等大事。

基坑有多种支护体系，确定的原则是在保证基坑安全和周边环境安全的前提下，从工期、费用等因素综合考虑优选。

佛山市中医院医疗综合大楼的悬臂双排桩深基坑支护新体系施工技术，就是考虑了上述诸多因素，对深基坑支护技术发展和创新的一个成功范例。

软土高水位地区的深基坑通常采用的支护体系有：桩锚体系、桩排内支撑体系及地下连续墙体系，并根据地下水情况采取降水或止水帷幕等措施。桩锚体系受到建筑红线以及邻近建筑地下结构的限制，近年来已不多采用。对于开挖平面大的基坑，桩排内支撑体系需要设置结构复杂内支撑体系，因内支撑必须与开挖交叉进行，不仅工期长、费用高，而且对土方工作面也有一定影响；地下连续墙也存在需要设置内支撑、工期长、费用高、影响开挖工作面的问题。对于佛山市中医院医疗综合大楼工程，上述方案都不是最佳选择，需要另辟蹊径，寻找既能保证基坑和环境的安全，又有更好的技术经济效益的支护方案。

过去曾有少数工程采用过双排灌注桩加止水帷幕的支护体系，双排钻孔灌注桩是按2.0m或更大一些的排距设计，桩顶设置冠梁（冠梁沿纵向和两排桩之间设置），按门式刚架考虑，另设水泥土桩（深层搅拌桩或旋喷、摆喷桩）做止水帷幕。因支护挡土高度一般在6.5m左右，计算模式与实际的设置状况有差异，所以采用此支护体系的工程都不同程度的存在一定的失误，效果不够理想，因此这种支护体系没有得到推广应用。但是在挡土高度不大的情况下，这种支护体系具有刚度较好，而且坑内没有任何障碍、方便挖土等优点，这给了工程项目部启发：能否找到一种有足够刚度和稳定性又不需要设置内支撑的支护体系作为综合大楼基坑支护方案呢？就这一问题开展了技术攻关。

结合医疗工程工程实际，认真分析支护体系受力机理，使用竖向锚索，并对悬臂式支护体系按悬臂式等代桁架分析计算，采取先施工深层搅拌桩、后施工灌注桩的施工工艺，改变了土体的受力性能，提出了"桩土共同工作的悬臂式双排桩支护体系＋桩-预应力锚索支护体系＋基坑内布置降水井"相组合的悬臂双排桩深基坑支护新体系理论。检测结果表明：支护体系工作可靠、实施效果良好，较好地解决了密集建筑区的深基坑支护桩不能设置后斜锚杆的支护难题，为类似场地条件的深基坑工程施工提供了有益借鉴。

1.2.2　创新与关键技术

在软土地区进行高层建筑施工，常常会遇到深基坑开挖，为保证基坑开挖时边坡稳定及周边环境安全，必须要考虑到支护结构的承载能力、抵抗变形的能力、投入成本等诸多因素。当工期、造价、施工技术和场地条件等限制时，如果基坑深度条件合适，往往可采用双排支护桩。双排桩支护结构是近些年出现的一种新型深基坑支护结构，它是将按单排布置桩每间隔一根抽出一根，排列在后排，再将桩顶用冠梁等连接起来，组成的类似门架式的空间结构体系。双排支护桩如同嵌入土中的门式框架，这种结构具有较大的侧向刚度，可以有效地限制支护结构的侧向变形。与单排桩悬臂式支护结构相比，双排桩支护结构具有更大的侧向刚度，可以明显减小基坑的侧向变形，因而支护的深度一般也更大。另外，双排桩以其施工方便、不用设置内支撑、支护结构受力条件好等优点，在工程中得到了广泛的应用，并且在一些实际工程中取得了较好的效果。

但是对于深度达到 10～12m 或者变形要求很严格的深基坑支护结构，目前的处理办法一般是在双排桩的基础上设置一道水平支撑或在后排桩迎土侧加设斜向预应力锚杆，这种方法对施工场地条件有一定要求，如果紧邻基坑周围存在高层或超高层建筑，则加设斜向预应力锚杆将会遇到实际困难。另外，对于双排桩支护结构的工作机理，国内一些学者已经有较为深入的研究，其中具有代表性的成果是将双排桩视为平面刚架的结构力学方法，将双排桩视为平面杆系的有限元法，以及基于建筑行业规程的弹性抗力法，研究重点以考虑桩土相互作用的机理方面居多，计算方法一般采用经典土力学理论或者数值分析方法，将双排桩支护结构截取一有代表性的截面，进行平面内的应力和变形分析，但未能很好考虑支护结构的空间作用。平扬等考虑了支护结构的空间协同作用，取得一定的效果，但将前后排桩间土体与桩体分开计算，未能考虑桩土相互作用。

在总结以往研究成果的基础上，利用有限元程序，通过对典型计算模型的对比分析，提出较为合理的计算模型和方法，并通过工程实践与实测数据的对比，对所提出的计算模型和方法进行了必要的验证。最后结合有限元分析和工程实例，对影响预应力双排支护桩的关键因素进行了计算分析，并得出一些有益的结论。

1. 计算模型

（1）平面刚架模型

平面刚架模型（模型1）是基于室内模型试验和工程实测提出的，在工程实际上应用较为普遍。它将前后排桩与桩顶冠梁底端嵌固的刚架结构，如图 1.2-1 所示。节点 A、B 视为直角刚节点，冠梁 AB 理想化为绝对刚体，在土压力作用下只能平移而不产生转角。桩间土产生的土压力按后排桩两侧滑动土体的重量比例分配给前后排桩。

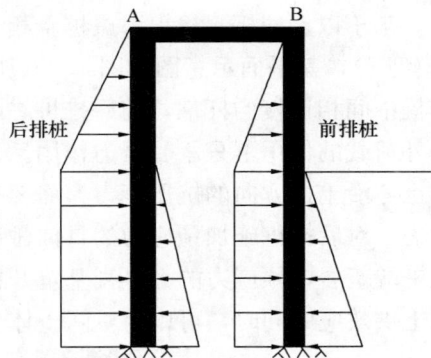

图 1.2-1　平面刚架模型

此方法是按照结构力学方法计算双排桩的内力和位移。由于比例系数较为模糊，难以反映土体参数变化对桩受力情况的影响；另外将桩端视为固接也与工程实际有一定出入，因此这种方法具有一定的局限性。

（2）平面杆系模型

平面杆系模型（模型2）是考虑桩土相互作用的平面杆系有限元模型。在荷载作用下，后排桩向坑内运动，势必受到桩间土的抗力，同时，桩间土也对前排桩产生推力。由于桩间土与前、后排桩间的相互作用主要是水平荷载，所以假定桩间土体为连接前后排桩的弹簧，土压力的分配就靠这种弹簧与前后排桩的位移协调来完成，如图 1.2-2 所示。

此模型较平面刚架类的模型有所改进，模型通过改进支座形式来考虑前后排桩的位移

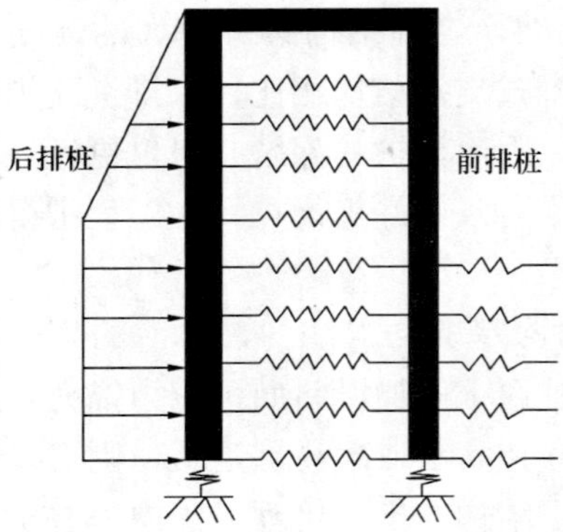

图 1.2-2 平面杆系模型

协调及桩间土压力的传递，但分析仍然只局限于平面范围内，未能考虑双排支护桩的空间相互作用；而且将后排桩端视为固接，与实际情况仍有一定距离。

（3）空间等代桁架模型

双排支护桩是通过冠梁及连梁使双排桩组成空间结构体系，通过梁的连接使得有一定距离的排桩相互之间产生制约作用，因此其空间作用不容忽视。另外，在实际工程中，了解土体的性状是通过对其进行探孔勘察得到的，而土层的分布一般都是不均匀的，因而就造成土体参数的取值不统一。而单一考虑平面内受力状态，很难全面掌握双排支护桩的力学特性，因而有必要分析考虑桩土相互作用下双排桩的空间工作效应。

在土压力作用下，双排桩的抗倾覆能力是靠后桩抗拉，前桩抗压所形成的力偶获得的，如果对后排桩施加竖向预应力，不仅能够减小后排桩的拉力和前排桩的压力，进而增大抗倾覆力偶，而且能够平衡后排桩侧土压力。由于双排桩相当于插入土中，桩间土体对于抗倾覆力偶的加强也会起到一定作用，其相互作用程度对于这部分力偶的大小起重要作用。由于桩间土体的宽度一般很小，因而可以把前后排桩及桩间土体看作一个整体。施工时常采用水泥土旋喷搅拌桩对前后排桩间土体进行加固，因而桩间土体的土拱效应得到进一步加强。

基于以上分析，提出考虑桩土相互作用的预应力双排桩支护结构的空间等代桁架模型（模型3），其平面示意图如图1.2-3所示。桩间土体及土拱按照起拱方向简化为两根在后排桩中间相连接的杆件，前后排桩之间的土拱联系杆与连系梁之间的连接视为铰接，并且在外荷载的作用下只承受压力作用。考虑到土体的可压缩性及其摩擦传递作用，这里仅考虑土体沿土拱方向的抗压能力，而忽略其抗拉能力，即将土拱联系杆视为压杆，并且分层考虑。对后排桩施加预应力的具体做法是在后排桩加设竖向预应力锚索，锚固端设在后排桩桩端基岩，预应力的大小视基坑开挖深度和土层状况而定。空间等代桁架模型能够在考虑土拱效应的同时，可以将桩间土体分层考虑，便于计算参数的确定，分析过程也得到简

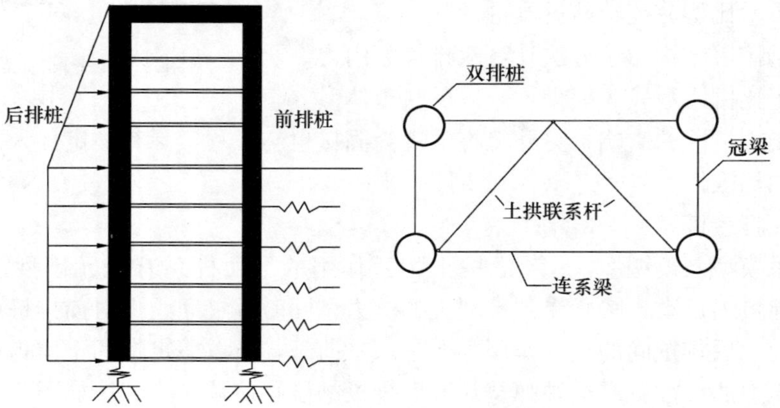

图 1.2-3 空间等代桁架模型

化，计算结果更为简明。

在分析之前，做如下基本假定：

1）将前后排桩与桩顶冠梁之间的结点视为直角刚结点，桩底端视为弹性支撑；

2）由于连接梁与桩长之比很小，连梁截面水平刚度很大，所以可将其视为没有变形的刚体，在土压力作用下只能平移而不产生转角，因而梁两端点水平位移大小相等、方向相同；

3）水平土拱的影响范围存在于两排桩之间，后排桩以后的水平土拱的影响范围为相邻桩间净距的两倍，且不超出土体主动破坏区，呈与坑壁土体距离增加而减小的线形分布；

4）桩与土体之间的接触面满足变形协调条件；

5）考虑到桩间土形成的土拱效应，将前后排桩桩间土体视为桁架中的若干水平杆件，杆端与前后排桩铰接，将土体刚度全部赋予桩间桁架水平杆件，土体参数分层确定，并赋值给相应土层的杆件；

6）假设开挖后土体已固结，桩间土经过加固后按固结不排水分析，因而不考虑基坑开挖引起地下水位变化对土体参数变化的影响；

7）忽略桩体发生水平位移时产生的侧摩阻力。

2. 计算分析

（1）基本算例

双排桩通过桩顶冠梁的连接以及土拱的空间效应，使其构成空间超静定结构，受二者的约束，其受力状况具有自动的调节功能，这也是单排桩支护结构无法相比的优点。为便于对比分析，按单一土层计算，软土地区典型土体参数如下：

1）土体力学指标为：$c=20$kPa；$\varphi=15°$；$\gamma=19$kN/m^3；$E=20$MPa；$\nu=0.3$。

2）基坑开挖深度 10.0m，桩顶冠梁顶标高低于地面 1m；前后排桩直径 d 均为 800mm，入土深度 12m，桩长 20m；双排桩采用矩形格构式布置，两排桩排距为 2.5m，沿基坑边间距 2.0m；桩顶冠梁截面尺寸 $b \times h = 800$mm$\times 500$mm。

3）有限元模型的建立

设基坑平面尺寸为 50m$\times$50m，取一半模型进行计算，模型的左右两侧施加水平方向的约束，竖向自由，模型底面按固定端考虑。有限元模型如图 1.2-4、图 1.2-5 所示。

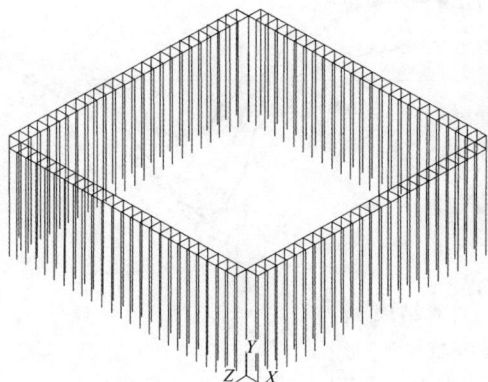

图 1.2-4　双排桩有限元模型图

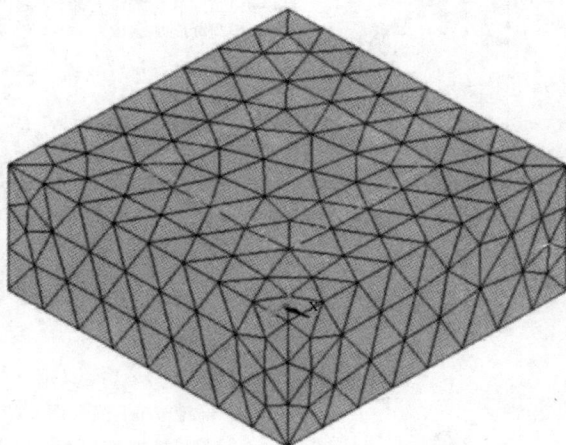

图 1.2-5　基坑开挖支护有限元模型

以下采用有限元程序，按照空间等代桁架模型计算，同时计算施加预应力前后桩身水平位移和弯矩值，并对比平面刚架模型和平面杆系模型的计算结果。前后排桩间的土拱联系杆参数为：上下排杆距为 1m，$E=25$MPa，$\nu=0.25$。

（2）计算结果分析

对三种模型分别进行对比分析，得到桩身变形和弯矩如图 1.2-6 所示。从图 1.2-6 中可以看出：三种模型得出的前后排桩的桩身侧移和弯矩的变化趋势、大小关系类似，但是三种模型的计算结果又有着明显的差异。

模型 3 在施加预应力之前，前后排桩变形量介于模型 1 和模型 2 之间，较接近于模型 2，这是因为模型 3 将前后排桩落地端视为弹性约束，而不是看成固接或铰接，因而在桩端会产生较小的位移。施加预应力之后，桩身变形明显减小，并且前后排桩变形量趋于接近，可见施加预应力对控制桩身变形效果非常显著，如图 1.2-6（a）、（b）所示。模型 3 中前排桩弯矩与模型 2 较为接近，虽然后排桩弯矩较模型 1、模型 2 大，但施加预应力后，前后排桩的弯矩明显减小，并且二者的大小也逐渐趋于接近，这不仅说明施加竖向预应力的优势，也说明双排桩具有调节变形和受力的能力，如图 1.2-6（c）、（d）所示。

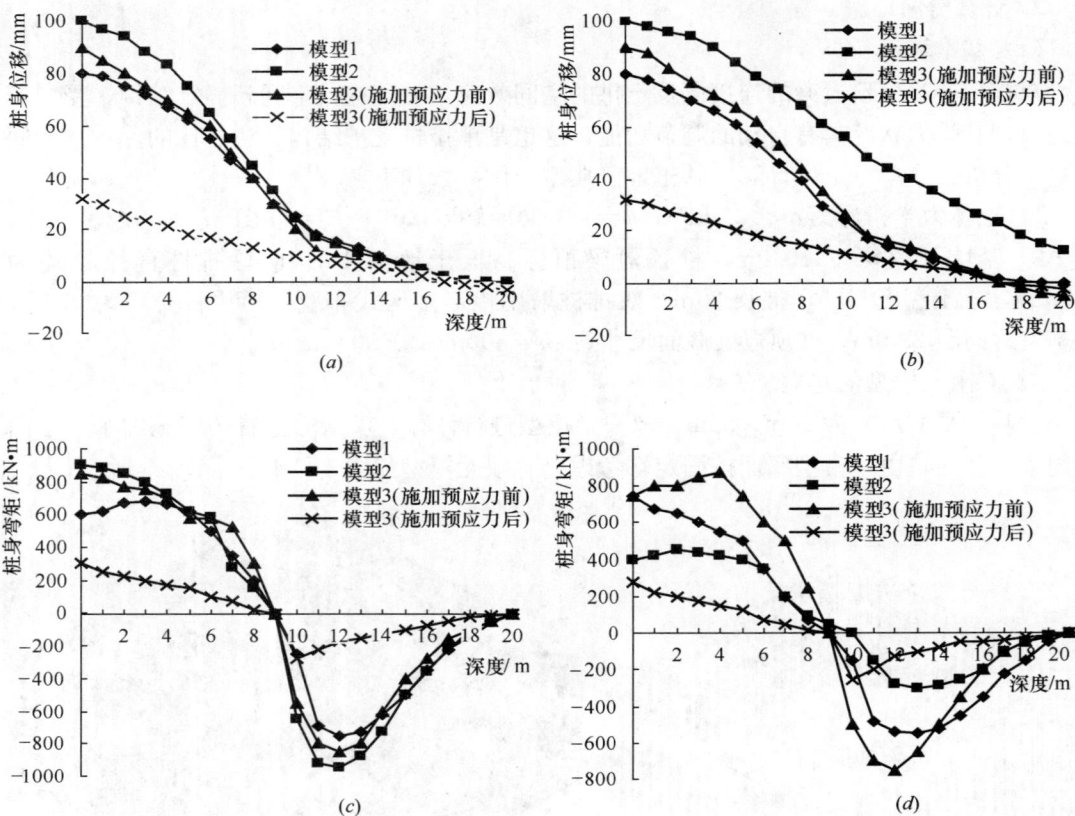

图 1.2-6 双排支护桩计算结果

（a）前排桩桩身变形图；（b）后排桩桩身变形图；

（c）前排桩桩身弯矩图；（d）后排桩桩身弯矩图

（3）参数影响分析

一般说来，基坑开挖深度越大，双排桩侧向位移也越大。分步开挖能阶段性的减小桩身侧向位移，但最后累积位移减小不明显，但开挖步长可适当减小，以防止施工期间支护结构变形过大。已有诸多文献对诸如开挖方式、桩身刚度、冠梁刚度、土体压缩性、桩间排距等各种参数进行过详细分析，这里不做详细研究，仅讨论施加预应力对桩身刚度和冠梁刚度的影响，若施加预应力可适当降低其刚度的话，则在同等条件下可适当降低造价。

仍以基本算例为例，来讨论桩身和冠梁的刚度对施加后排桩预应力大小和桩顶位移量的影响。

从图 1.2-7 可以看出：在冠梁刚度不变的情况下，控制桩顶位移和截面弯矩越小，则需要施加的预应力值越大；而在控制桩顶位移和截面弯矩不变的条件下，冠梁刚度越小，需要施加的预应力越大，如图 1.2-7 所示。在桩身刚度不变的情况下，控制桩顶位移和截面弯矩越小，则需要施加的预应力值越大；而在控制桩顶位移和截面弯矩不变的条件下，桩身刚度越小，需要施加的预应力越大，当桩径达到 800mm 以上时，单一对后排桩施加预应力效果并不显著，如图 1.2-8 所示。因此在施加预应力后，建议桩径取值控制在800mm 左右较为适宜。由此可见，对于桩顶位移要求比较严格的工程，施加竖向预应力锚索来进行控制能够取得良好的实际效果。

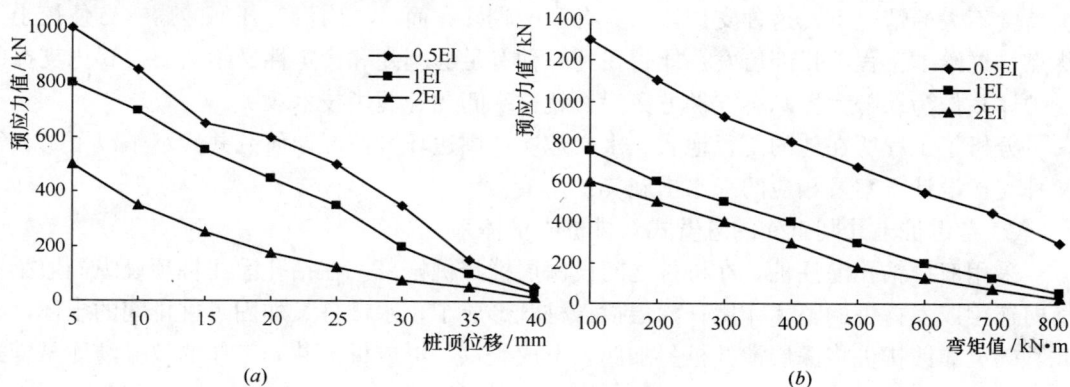

图 1.2-7 预应力对冠梁刚度的影响

（a）不同冠梁刚度下预应力与桩顶位移关系；（b）不同冠梁刚度下预应力与截面弯矩关系

3. 悬臂双排桩深基坑支护新体系施工技术的研究内容

（1）支护体系方案优选

软土高水位地区的深基坑通常采用的支护体系有：桩锚体系、桩排内支撑体系及地下连续墙体系，并根据地下水情况采取降水或止水帷幕等措施。桩锚体系受到建筑红线以及邻近建筑地下结构的限制，近年来已不多采用。对于开挖平面大的基坑，桩排内支撑体系需要设置结构复杂内支撑体系，因内支撑必须与开挖交叉进行，不仅工期长、费用高，而且对土方工作面也有一定影响；地下连续墙也存在需要设置内支撑、工期长、费用高、影响开挖工作面的问题。对于佛山市中医院医疗综合大楼工程，上述方案都不是最佳选择，需要另辟蹊径，寻找既能保证基坑和环境的安全，又有更好的技术经济效益的支护方案。

过去曾有少数工程采用过双排灌注桩加止水帷幕的支护体系，双排钻孔灌注桩是按

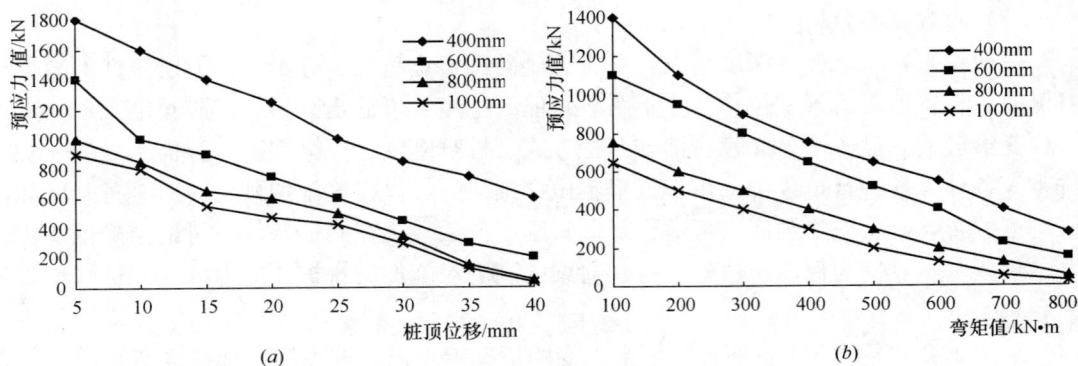

图 1.2-8　预应力对桩身刚度的影响

(*a*) 不同桩径下预应力与桩顶位移关系；(*b*) 不同桩径下预应力与截面弯矩关系

2.0m 或更大一些的排距设计，桩顶设置冠梁（冠梁沿纵向和两排桩之间设置），按门式刚架考虑，另设水泥土桩（深层搅拌桩或旋喷、摆喷桩）做止水帷幕。因支护挡土高度一般在 6.5m 左右，计算模式与实际的设置状况有差异，所以采用此支护体系的工程都不同程度的存在一定的失误，效果不够理想，因此这种支护体系没有得到推广应用。但是在挡土高度不大的情况下，这种支护体系具有刚度较好，而且坑内没有任何障碍、方便挖土等优点，这给了工程项目部启发：能否找到一种有足够刚度和稳定性又不需要设置内支撑的支护体系作为综合大楼基坑支护方案呢？就这一问题开展了技术攻关。

　　分析了工程所在地的工程地质、水文地质和周边环境情况，研究并确定了以下①、②两种支护设计方案及相应的降水措施③：

　　① 考虑桩土共同工作的悬臂式双排桩支护体系

　　采用双排钻孔灌注桩，在桩排之间设深层搅拌桩帷幕。在钻孔灌注桩顶设纵向冠梁和横向连梁以发挥桩的整体作用；深层搅拌桩既形成了止水帷幕又加固了桩排间的土体，在此基础上靠前排桩将深层搅拌桩另加两条形成土拱，形成桩土共同工作的双排灌注悬臂式深基坑支护体系。

　　② 桩—预应力竖向锚索支护体系

　　因基坑北边场地狭窄、布桩困难，故采用了钻孔灌注桩与竖向预应力锚索共同工作的支护体系。

　　③ 在基坑内布置的降水井，起到降低基坑内地下水位、疏干基坑内土体、便于开挖外运的作用，同时基坑内土体含水率降低，被动土压力得到一定程度的提高，有利于减少支护体系的变形，提高支护体系的稳定性。

　　（2）支护体系受力机理

　　1）考虑桩土共同作用的双排钻孔灌注桩结合深层搅拌桩支护体系以及钻孔灌注桩加竖向预应力锚索体系。对这两种创新的支护体系的受力机理分析如下。

　　以往对双排桩的分析方法是将双排桩视为刚架，采用土力学原理来进行计算，但这种方法并未反映支护体系的受力机理。对于深大基坑施工，开挖深度往往较大，不同于普通刚架，由于连接两排钻孔灌注桩的冠梁刚度比桩小许多，因此不能将其视为刚架。其异常复杂的受力机理给支护体系设计带来很大困难，因此必须采用接近实际受力状况的简化方法对其受力机理进行分析。

由于桩本身侧向刚度较小，桩抵抗水平荷载能力较差，因此采用双排灌注桩，两排桩桩顶用冠梁连接，中间采用深层搅拌桩做止水帷幕，双排桩和深层搅拌桩共同构成支护结构体系。由于深层搅拌桩改变了土体的力学性质，被加固的桩间土体可以考虑桩土共同工作，两排桩中间土体可按照有限元的分析方法，将土体转化为若干二力杆，这样整个支护结构体系就可以视为悬臂式的等代桁架，桩间土体参与刚度分配，从而支护体系的侧向刚度大大提高，尤其是通过冠梁的连接，使得支护结构具备整体性，从而其抵抗变形能力大大提高。桩—土共同工作支护体系受力机理如图 1.2-9 所示。

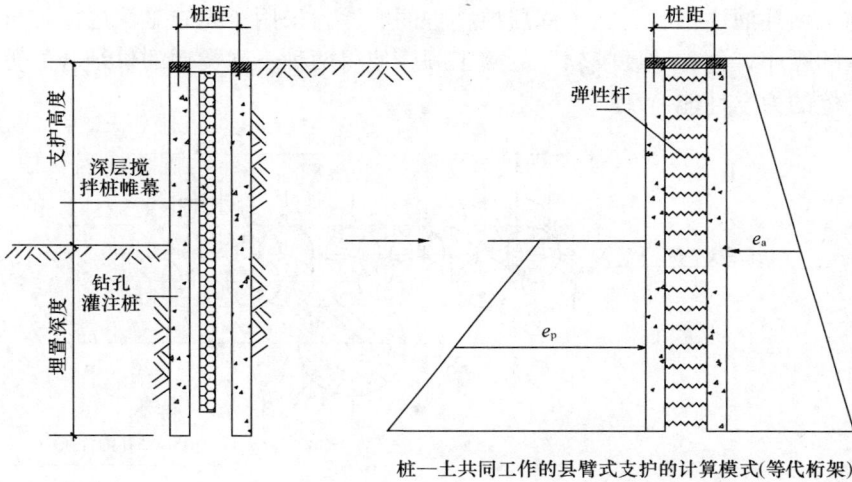

桩—土共同工作的县臂式支护的计算模式(等代桁架)

图 1.2-9 桩—土共同工作支护体系受力机理示意图

2）采用预应力竖向锚索共同工作的计算模式

前排桩如一般单排桩的受力状况，竖向锚索的预应力在一定程度上起到了平衡主动土压力，减少支护体系向基坑内变形、增加基坑稳定性的作用，桩—预应力竖向锚索共同工作的悬臂式支护体系作用机理如图 1.2-10 所示。

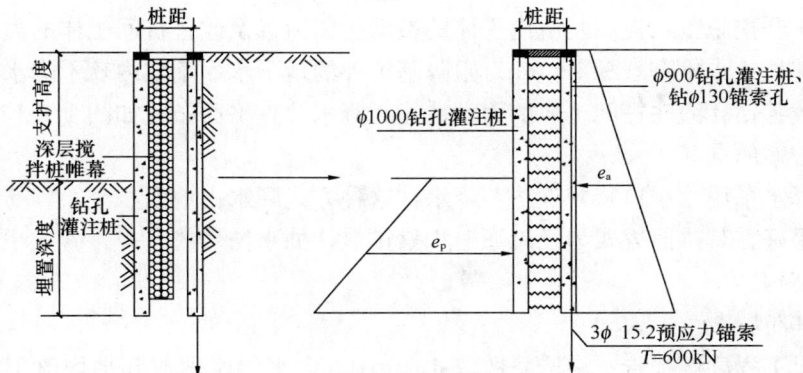

图 1.2-10 桩—预应力竖向锚索共同工作的悬臂式支护体系受力机理示意图

（3）保证支护体系桩土共同工作的措施

支护最高达 9m 的桩土共同工作的双排悬臂桩支护体系是综合大楼施工的一项创新，其要点在于桩土共同工作，因此应有以下措施保证创新设计的实现。

1）深层搅拌桩帷幕拱

深层搅拌桩帷幕拱既有止水作用，又有加固土体、保证桩土共同工作的作用，必须保证桩身质量和桩与桩间搭接严密。需要控制好每根深层搅拌桩单位长度的水泥用量，控制提升搅拌速度和重复搅拌次数，控制好桩与邻近桩施工的间隔时间。

为了保证双排桩与土体的共同作用，在双排深层搅拌桩后局部另增加了两条深层搅拌桩，使之形成土拱，如图 1.2-11 所示。为了使搅拌桩与灌注桩之间更好的结合，改变了传统的先施工钻孔灌注桩、后施工深层搅拌桩的顺序，采用了先施工深层搅拌桩、后施工钻孔灌注桩的顺序，这种"硬咬软"的施工顺序使得两种不同类型的桩结合的更好，有效改善桩间土体的力学性能。

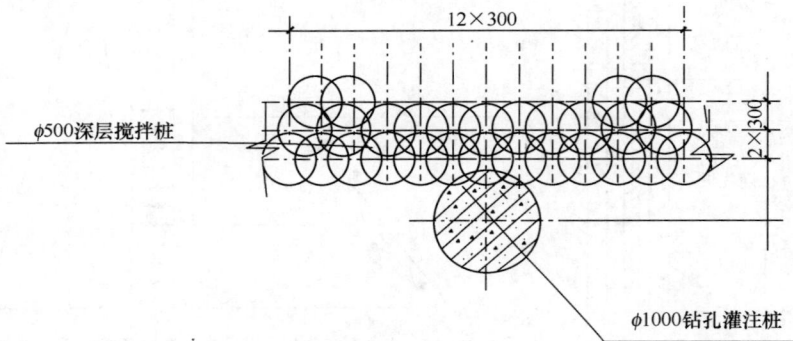

图 1.2-11 钻孔灌注桩深层搅拌桩平面位置示意图

2）支护体系施工工艺流程

对于双排钻孔灌注桩先施工深层水泥土搅拌桩，再钻孔灌注桩。双排桩施工工艺流程如图 1.2-12 所示。

3）基坑降水改善土体的力学性能

为了便于开挖施工，提高基坑内土体的被动土压力以及改善桩间土体的力学性能，采用了深层搅拌桩止水帷幕（深 18.0m）阻隔基坑外的地下水、基坑内疏干降水的方法（井点降水）来改善钻孔灌注桩间土体的力学性能。降水井点平面布置如图 1.2-13 所示。

①降水方案的选择

基坑内降水采用"小口径井点法"降水，这种方式降水占地面积小，容易施工、易维护、降水效果好，其排泄方式为径流渗透积累排泄，抽水携带的（排）砂量小，基本不会破坏土层的结构。

②降水井布置

根据岩土工程勘察报告：渗透系数取 4.7m/d，含水层厚度取其平均值 12.3m，单口井深 18.5m，影响半径取 30m，降水为 12m。按《建筑与市政降水工程技术规范》

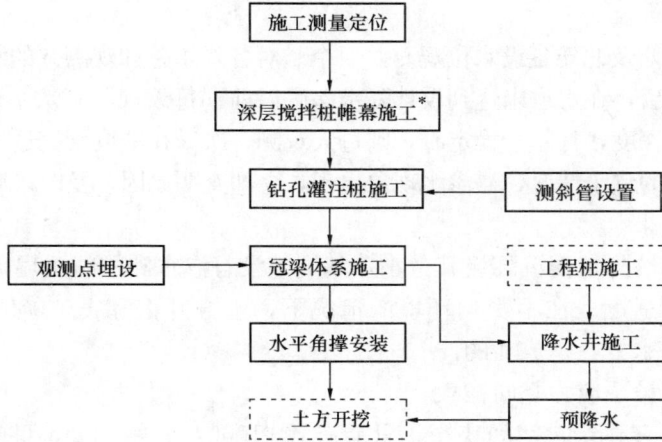

图 1.2-12 支护结构体系施工工艺流程图
* 为使支护桩能较好地与深层搅拌桩"咬合"，取得较好的止水效
果，深层搅拌桩应先于钻孔灌注桩施工。

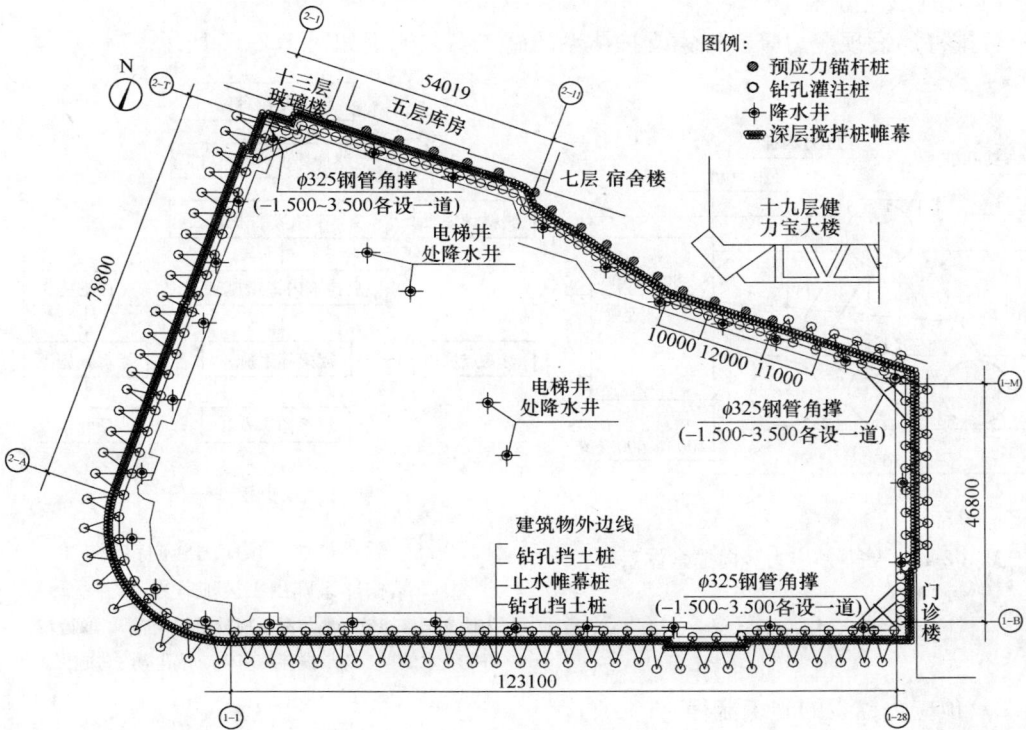

图 1.2-13 基坑降水井点平面布置图

（JGJ/T 111—98）第6.4.3条中的式（6.4.3-1）和第6.4.5条中的式（6.4.5-1）计算单井出水量后，选用佛山水泵厂生产的 2TC-30 离心式自吸泵，流量 $28m^3/h$，确定在基坑周边布置需 28 口井，坑内电梯井加深坑部位布置 4 口井。经计算，离心泵每天工作 12.4h，可满足降水要求。

③降水监测

在工程的东、西及北端各设水位观测井 1 个。对各降水井和观测井的水位、水量进行同步监测。抽水开始后，在水位未达到设计降水深度以前，每天观测三次水位、水量。当水位已经达到设计降水深度，且趋于稳定时，则每天观测一次。在基坑开挖过程中，密切监视基坑侧壁、基坑坑底的渗水情况，遇渗水现象出现，立即查明原因，及时采取抢险措施。

④基坑降水效果

降水期间，基坑外地面沉降极其微小，基坑壁没有渗水和桩间土塌落的情况，说明止水帷幕有效、降水适度。在不影响环境的情况下，土方开挖和 ±0.000 以下工程顺利施工。说明止水、降水方案是成功的。

（4）后排桩加设预应力竖向锚索

基坑北紧邻已有建筑，空间狭窄，只能布置 ϕ1000，间距 1.2m 双排桩、排距 1.1～2.1m。在临边环境严峻而场地比较狭窄的地段，双排桩排距不能满足设计要求，为了提高支护体系的稳定性、减小变形，采用桩—预应力竖向锚索体系。支护体系大样如图 1.2-14 所示。

1）施工工艺流程

后排桩加设预应力竖向锚索支护体系的施工工艺流程如图 1.2-15 所示。

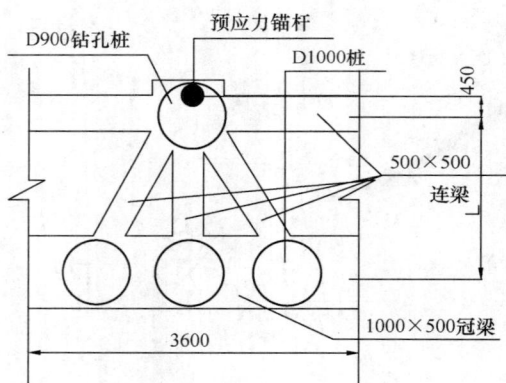

图 1.2-14 桩—预应力竖向锚索体系

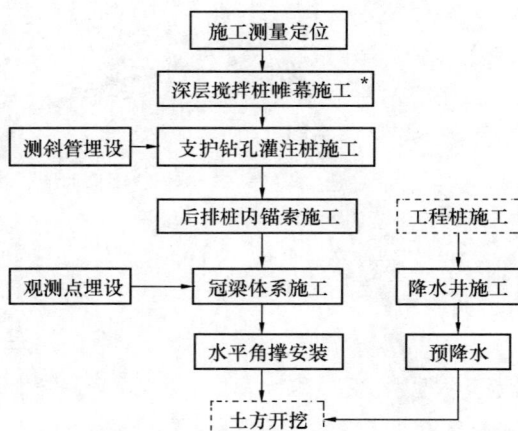

图 1.2-15 后排桩加设预应力竖向锚索支护
结构体系施工工艺流程图

* 为使支护桩能较好地与深层搅拌桩"咬合"，取得较
好的止水效果，深层搅拌桩应先于钻孔灌注桩施工。

2）预应力锚索的施工流程

预应力锚索采用 3ϕ15.2 的 1860 级高强低松弛钢绞线制作，在后排桩混凝土达到设计强度的 20% 后，钻 ϕ130 孔穿透全桩直至嵌入中风化岩层 4～8m（锚固段具体长度根据锚索拉力计算确定）。将钢绞线装好固定端锚头后，三根一束放至中风化岩孔的底部（有预应力监测的钢绞线要事先埋好应力传感器），放入的无黏结预应力钢绞线塑料保护套应确保完整无破损（若有局部破损应及时用胶带修补），钢绞线间无交叉。预应力钢绞线就位并固定后，用水泥砂浆进行压力灌浆（用 P.O42.5 水泥、水灰比 0.4 左右配制）。灌浆压力按 0.4～0.5MPa 控制。当水泥砂浆强度达到 30MPa 时进行张拉，张拉力按 $0.6f_{ptk}$ 控制。预应力锚索施工流程如图 1.2-16 所示。

3）预应力锚索的张拉

预应力锚具的锚固力应能达到预应力杆（索）体极限抗拉力的 95% 以上，且达到实测极限抗拉力时的总应变值应小于 2%。张拉时按二次循环张拉，张拉作业以控制张拉力为主，实际伸长值与计算值核对，即实际伸长值与计算伸长值偏差在 ±6% 范围内，若超出此值时应立即停止张拉，检查原因，采取措施排除偏差后才能继续张拉。张拉完毕后，预应力钢绞线离锚具端部不小于 400mm 处，用手提砂轮将多余预应力钢绞线切除。预应力锚索施工如图 1.2-17 所示。

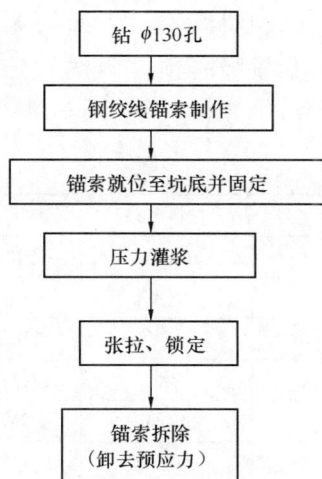

```
┌─────────────────┐
│   钻 φ130孔      │
└─────────────────┘
         ↓
┌─────────────────┐
│  钢绞线锚索制作   │
└─────────────────┘
         ↓
┌──────────────────────┐
│ 锚索就位至坑底并固定   │
└──────────────────────┘
         ↓
┌─────────────────┐
│   压力灌浆       │
└─────────────────┘
         ↓
┌─────────────────┐
│   张拉、锁定      │
└─────────────────┘
         ↓
┌─────────────────┐
│   锚索拆除        │
│ （卸去预应力）    │
└─────────────────┘
```

图 1.2-16　预应力锚索施工流程

4）预应力锚索的拆除

主体建筑基坑部分施工完毕后，为了避免后排桩在锚索竖向预应力的作用下产生沉降，应卸去锚索预应力，也可通过设置成可拆卸式锚索进行拆除，节约工程成本。

（5）其他技术与构造措施

1）优化土方开挖顺序

土方开挖顺序对基坑支护体系的变形有一定的影响，因此结合实际情况优化土方开挖顺序很重要。

土方开挖前先进行连续 7 昼夜的基坑预降水，将水位降至设计高度，然后再开挖。土方开挖分四个区、两层进行，阶梯形挖土后退，开挖从东至西逐段推进。开挖一个区，即进行该区的垫层、承台胎模等基础施工，然后进行下一个区的开挖施工，逐段向前推进。

2）加设角部支撑

为了减少基坑变形、增加支护体系的整体刚度及整体稳定性，在基坑四个角部冠梁顶及 −3.5m 处用 φ325 钢管设置了两层两道临时水平钢管角撑，支撑设置如图 1.2-18 所示。

（6）后置竖向预应力锚索悬臂双排桩深基坑支护体系施工所用的材料与设备

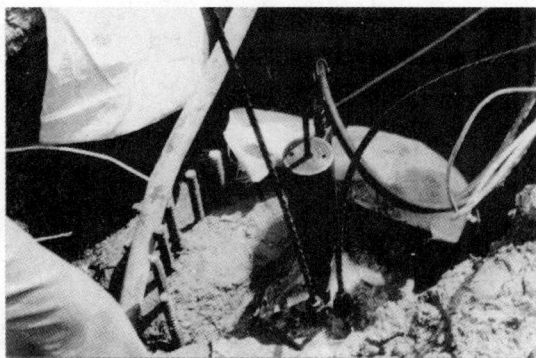

图 1.2-17　竖向预应力锚索施工

图 1.2-18　钢管水平角撑示意图

1）材料

后置竖向预应力锚索悬臂双排桩深基坑支护体系施工所用材料名称、规格见表 1.2-1。

本工法所用材料名称、规格 表 1. 2-1

序　号	材料名称	规　格、要　求	用　途
1	水泥	宜用 42.5MPa 的普通硅酸盐水泥	钢筋混凝土桩
2	粗骨料	采用碎石，颗粒级配采用连续级配，粒径 5～31.5mm	
3	砂	采用级配良好的中砂，细度模数为 3.4～2.3	
4	水	搅拌混凝土宜采用饮用水	
5	钢筋	主筋、加劲筋宜采用 HRB335 钢筋、螺旋箍宜采用 HPB235	
6	外加剂	减水缓凝剂	
7	预应力锚索	钢绞线常用 7×φ5（d＝15.24mm）型，强度标准值达 1860MPa	预应力锚索
8	预应力锚具	应符合现行国家标准《预应力筋用锚具、夹具和连接器》（GB/T 14370）的规定	

2）设备

后置竖向预应力锚索悬臂双排桩深基坑支护体系施工所用机械设备见表 1.2-2。

本工法所用施工机械设备 表 1. 2-2

序号	设备名称	规　格、要　求	用　途
1	回转钻机	选用 SPJ-300 型、GPS-15 型	钢筋混凝土桩
2	深层搅拌机	加强型	深层搅拌桩
3	锚杆钻机	可采用地质钻机、改型地质钻机等	预应力锚索
4	注浆泵		
5	预应力张拉设备	预应力锚索采用 ZB4-500 型电动油泵和配套的千斤顶进行张拉，常用千斤顶有 YC-60，300，YCL-120，YCQ-100，200，350 等	

（7）后置竖向预应力锚索悬臂双排桩深基坑支护体系施工质量控制

1）施工执行的标准和规范

①《建筑基坑支护技术规程》（JGJ 120—99）；

②《广东省建筑基坑支护技术规程》（DBJ/T 15-20—97）；

③《建筑工程施工质量验收统一标准》（GB 50300—2001）；

④《建筑地基基础工程施工质量验收规范》（GB 50202—2002）；

⑤《建筑地基基础设计规范》（GB 50007—2002）；

⑥《混凝土结构工程施工质量验收规范》（GB 50204—2002）；

⑦《建筑桩基技术规范》（JGJ94—94）；

⑧《岩土锚杆（索）技术规程》（CECS 22：2005）。

2）工程质量标准

钢筋混凝土桩质量检验标准见表 1.2-3。

钢筋混凝土桩质量检验标准 表 1.2-3

项目	序号	检 查 项 目	允许偏差或允许值		检 查 方 法
			单位	数值	
主控项目	1	桩位	见表 1.2-4		基坑开挖前量护筒，开挖后量桩中心
	2	孔深	mm	＋300	只深不浅，用重锤测，或测钻杆、套管长度，嵌岩桩应确保进入设计要求的嵌岩深度
	3	桩体质量检验	按《建筑基桩检测技术规范》。如钻芯取样，大直径嵌岩桩应钻至桩尖下 50cm		按建筑基桩检测技术规范
	4	混凝土强度	设计要求		试件报告或钻芯取样送检
	5	承载力	按基桩检测技术规范		按基桩检测技术规范
一般项目	1	垂直度	见表 1.2-4		测套管或钻杆，或用超声波探测
	2	桩径	见表 1.2-4		井径仪或超声波检测
	3	泥浆密度（黏土或砂性土中）	1.15～1.20		用比重计测，清孔后在距孔底 50cm 处取样
	4	浆面标高（高于地下水位）	m	0.5～1.0	目测
	5	沉渣厚度：端承桩 摩擦桩	mm mm	≤50 ≤150	用沉渣仪或重锤测量
	6	混凝土坍落度	mm	160～220	坍落度仪
	7	钢筋笼安装深度	mm	±100	用钢尺量
	8	混凝土充盈系数	＞1		检查每根桩的实际灌注量
	9	桩顶标高	mm	＋30 －50	水准仪，需扣除桩顶浮浆层及劣质桩体

钢筋混凝土桩的平面位置和垂直度的允许偏差见表 1.2-4。

钢筋混凝土桩的平面位置和垂直度的允许偏差 表 1.2-4

成孔方法		桩径允许偏差（mm）	垂直允许偏差（%）	桩位允许偏差（mm）	
				1～3 根、单排桩基垂直于中心线方向和群桩基础的边桩	条型桩基沿中心线方向和群桩基础的中间桩
泥浆护壁钢筋混凝土桩	D≤1000mm	±50	<1	D/6，且不大于 100	D/4，且不大于 150
	D>1000mm	±50		100＋0.01H	150＋0.01H

注：1. 桩径允许偏差的负值是指个别断面。

2. H 为施工现场地面标高与桩顶设计标高的距离，D 为设计桩径。

锚杆（索）工程质量检验标准见表 1.2-5。

锚杆（索）工程质量检验标准　　　　表 1.2-5

项目	序号	检验项目		允许偏差	检查方法
主控项目	1	锚杆杆体长度（mm）		+100 −30	用钢尺量
	2	锚杆拉力设计值		设计要求	现场抗拔试验
一般项目	1	锚杆位置（mm）		±100	用钢尺量
	2	钻孔倾斜度（°）		±1	测斜仪等
	3	浆体强度		设计要求	试样送检
	4	注浆量		大于理论计算浆量	检查计量数据
	5	杆体插入长度	全长黏结型锚杆	不小于设计长度的 95%	用钢尺量
			预应力锚杆	不小于设计长度的 98%	

3）基坑支护体系的监测

为了及时判断基坑支护体系的工作状况，施工对周边环境的影响程度，必须采用信息化施工技术指导深基坑工程施工，在有代表性的关键部位布置监控点。按确定的程序及时监测和反馈信息，以便采取必要的对策，将可能发生的突发事件消除在萌芽状态，确保基坑及周边环境的安全。监测项目一览见表 1.2-6。

监测项目一览表　　　　表 1.2-6

序号	监测项目	监测仪器	数据频率	监测目的
1	支护结构竖向各点位移	测斜仪		支护结构自身应力大小及分布情况
2	支护结构应力应变	钢筋计 频率计		
3	预应力锚索预拉力值	应力传感器		
4	支护结构沉降	水准仪	①开挖期间，1 次/d ②开挖完成后 7d：1 次/d ③稳定后：1 次/（2~5d）地下室底板完成后：1 次/10d ④出现异常情况或变形较大时，将对观测频率作适当加密	掌握支护结构和地表及周边环境的影响程度和范围
5	周围地表沉降			
6	周围建（构）筑物沉降			
7	地下管线沉降			
8	支护结构水平位移	全站仪		
9	周围建（构）筑物的倾斜			
10	周围建（构）筑物水平位移			
11	支护结构裂缝	钢尺		
12	基坑周围地表裂缝			
13	周围建（构）筑物裂缝			
14	地下水位	电测水位计	未达降水深度前，3 次/d；达降水深度且稳定后，1 次/d	掌握基坑需降水段地下水位情况

注：在基坑开挖过程中，可根据施工条件和沉降情况增加或减少观测次数，随时将监测信息报告给现场技术负责人，还要密切监视基坑侧壁、基坑坑底的渗水情况，遇渗水现象出现，立即查明原因，及时采取抢险措施。

　　各监测项目的预警值由建设单位组织设计、监理、施工、监测单位根据有关规范并结合基坑开挖深度、周边环境特点有针对性地设定,包括总量控制和增量控制。监测地点建筑物的报警值主要根据《建筑地基基础设计规范》GB 50007 的允许变形及差异沉降等控制。

　　(8)后置竖向预应力锚索悬臂双排桩深基坑支护体系施工安全措施

　　1)遵守《建筑安装工程安全技术规程》和地方有关施工现场安全生产管理规定。

　　2)认真贯彻"安全第一、预防为主"的方针,根据国家有关规定、条例,结合施工单位实际情况和工程的具体特点,组成专职安全员和班组兼职安全员以及工地安全用电负责人参加的安全生产管理网络,执行安全生产责任制,明确各级人员的职责,抓好工程的安全生产。

　　3)施工现场按符合防火、防风、防雷、防触电等安全规定及安全施工要求进行布置,并完善各种安全标识。

　　4)施工现场的临时用电严格按照《施工现场临时用电安全技术规范》JGJ 46 的有关规定执行。施工现场使用的手持照明灯使用 36V 的安全电压。

　　5)建立完善的施工安全保证体系,加强施工作业中的安全检查,确保作业标准化、规范化。

　　6)电缆线路应采用"三相五线"接线方式,电气设备和电气线路必须绝缘良好,场内架设的电力线路其悬挂高度和线间距除按安全规定要求进行外,将其布置在专用电杆上。

　　7)室内配电柜、配电箱前要有绝缘垫,并安装漏电保护装置。

　　8)对将要较长时间停工的开挖作业面,不论地层好坏均应做网喷混凝土封闭。

　　9)建立完善的施工安全保证体系,加强施工作业中的安全检查,确保作业标准化、规范化。

　　(9)后置竖向预应力锚索悬臂双排桩深基坑支护体系施工环保措施

　　1)成立对应的施工环境卫生管理机构,在工程施工过程中严格遵守国家和地方政府下发的有关环境保护的法律、法规和规章,加强对施工燃油、工程材料、设备、废水、生产生活垃圾、弃渣的控制和治理,遵守有防火及废弃物处理的规章制度,做好交通环境疏导,充分满足便民要求,认真接受城市交通管理,随时接受相关单位的监督检查。

　　2)将施工场地和作业限制在工程建设允许的范围内,合理布置、规范围挡,做到标牌清楚、齐全,各种标识醒目,施工场地整洁文明。

　　3)对施工中可能影响到的各种公共设施制定可靠的防止损坏和移位的实施措施,加强实施中的监测、应对和验证。同时,将相关方案和要求向全体施工人员详细交底。

　　4)设立专用排浆沟、集浆坑,对废浆、污水进行集中,认真做好无害化处理,从根本上防止施工废浆乱流。

　　5)定期清运沉淀泥沙,做好泥沙、弃渣及其他工程材料运输过程中的防散落与沿途污染措施,废水除按环境卫生指标进行处理达标外,并按当地环保要求的指定地点排放。弃渣及其他工程废弃物按工程建设指定的地点和方案进行合理堆放和处治。

　　6)优先选用先进的环保机械。采取设立隔声墙、隔声罩等消声措施降低施工噪声到允许值以下，同时尽可能避免夜间施工。

7）对施工场地道路进行硬化，并在晴天经常对施工通行道路进行洒水，防止尘土飞扬，污染周围环境。

8）认真执行国家、地方（行业）对减少施工噪声的要求，将混凝土施工噪声控制在允许范围之内。

（10）后置竖向预应力锚索悬臂双排桩深基坑支护体系施工效益分析

1）社会效益

后置竖向预应力锚索悬臂双排桩深基坑支护体系通过后排桩设置竖向预应力锚索、桩排间加深层搅拌桩止水帷幕并使之形成土拱、基坑降水等措施，改善了桩间土体力学性能，有效地提高了支护体系的抗侧向变形能力，保证了基坑支护体系及周边环境安全；较好地解决了深基坑周围有建筑物、不能采用锚拉支护体系的难题；在软土地基条件下，用悬臂式支护体系完成了 8.5～12.2m 的深基坑开挖，是对原有悬臂式支护体系的支护高度范围的重大突破，为其他城市旧城区改造建设中类似场地条件的深基坑工程设计与施工实践，提供了可借鉴的技术经验和方法，社会效益显著。

2）经济效益

后置竖向预应力锚索悬臂双排桩深基坑支护体系较地下连续墙支护方案或内支撑方案可节省工期及工程费用。根据佛山市中医院医疗综合大楼应用结果，该工程基坑原设计使用地下连续墙支护方案，预算成本约为 1340 万元，悬臂式双排桩深基坑支护体系的应用较地下连续墙支护方案节省工程直接费用 293 万元（基坑支护结算为 1047 万元），同时节约工期约 43d，取得了良好的经济效益。

4. 悬臂双排桩深基坑支护新体系施工技术的关键技术及创新

（1）关键技术

1）考虑桩土共同工作的支护体系

①在两排支护桩之间的 $\phi500$ 深层搅拌桩按桩中心距 300mm 布置，桩间结合良好（相割 200mm），局部形成 3～4 排深层搅拌桩与前排支护桩形成平面呈拱形的水泥土帷幕，不但起到了止水的效果，更重要的是加固了两排桩间的土体，改善土体的力学性质。

②按先施工深层搅拌桩后施工钻孔灌注桩的施工顺序，在成桩过程中形成了"硬咬软"的格局（即钻孔灌注桩成桩时可以切入低龄期的深层搅拌桩内，与之相割），支护桩与帷幕最关键部位紧密相贴，受力效果良好。

③通过冠梁的连接作用以及加固的桩间土体的共同工作，使支护体系抗主动土压力的侧向刚度大为提高。

④考虑桩土共同工作，将桩排之间的土体按有限元分析的方法，将土体视为若干相互联系的二力杆，整个支护结构转化为等代桁架的模式进行计算。

2）桩—预应力竖向锚索的支护体系

一般的桩锚支护结构都是水平的土层锚杆通过围檩将锚拉力传到支护桩上，从而起到控制支护结构的变形，减少桩身弯矩，提高支护体系的承载能力。由于土层锚杆的锚固力有限、蠕变大，对于开挖深度大的基坑就需要设置多层锚杆。本支护体系不同于桩锚体系：

①采用的竖向预应力锚索，巧妙地应用了无黏结预应力技术，将高强度低收缩钢绞线锚固于中风化岩层中，由于锚索蠕变量小、锚拉力损失小，因而通过张拉和锚固可获得较大的预应力。

②预应力通过后排桩和冠梁，将锚拉力传到前排桩上，这些构件的构造措施和施工质量是传递锚拉力的保证，特别是在后排桩设置竖向预应力，由于不受土压的干扰，保证了按确定的传力途径传力。

（2）实施效果

在基坑开挖和±0.000以下结构施工的全过程，选择了有代表性的关键桩位，对桩顶位移、桩身弯曲、钢筋应力、预应力锚索拉力进行了监测；对基坑降水、周边建筑物的位移、沉降和裂缝进行了全面的监测。监测结果表明：支护体系的桩顶位移、桩身变形、钢筋拉力都远小于允许值，锚索拉力也与预应力相符。在施工过程中未发生任何突发事件与险情，说明支护体系的工作可靠、实施效果良好，表明了支护体系的策划设计和技术模式符合实际情况。

值得注意的是：监测数据显示，在开挖达到6.5m时，支护结构的位移和变形极其微小，周边建筑的位移和沉降几乎可以忽略不计，继续开挖至8.5m深度时才有所发展，表明了支护体系在±0.000以下的工作性能极其可靠。

悬臂双排桩深基坑支护新体系较好地解决了深基坑周围有建筑物、不能采用锚拉支护体系的难题，所取得的直接经济效益显著，为其他城市旧城区改造建设中类似场地条件的深基坑工程设计与施工实践，提供了可借鉴的技术经验和方法。

（3）创新

1）计算模式的创新

根据特殊方式布置的水泥土拱加固双排桩间土体，可以提高支护体系抗侧向位移能力，按有限元方法将双排桩间土体视作若干相互关联的二力杆，按桩土共同工作的模式，对悬臂式支护体系按悬臂式等代桁架分析计算，设计的支护体系成功实施，说明在计算模式和体系设计方面的创新是成功的、有效的。

2）竖向锚索的应用

用无粘结预应力钢绞线作嵌岩的竖向锚索，通过后排桩、冠梁传递预应力，这种结构体系对原有的桩锚体系来说，属于重大突破和创新。

3）支护高度的突破

上述体系解决了在软土地基条件下，用悬臂式支护体系完成8.5～12.2m的深基坑开挖，这是对原有悬臂支护体系的支护高度范围的重大突破。

1.2.3 工程应用实例

佛山市中医院医疗综合大楼工程位于繁华的市中心，地基软土层厚，地下水位高，周围环境复杂，建筑群密集，距深基坑最近的建筑物只有1.7m，基坑周边的城市道路多、车流、人流量大，并埋设有多种市政管线，而且基坑挖深平均达到了9.45m，最深达到了12.2m。这种深基坑工程位于软土地基的密集建筑群地区，其软土层厚、地下水位高，基坑周边的城市道路多、车流、人流量大，并埋设有多种市政管网，基坑深。因此，在保证深基坑和周边环境安全、建设工期及节约成本的前提下，采用合理的深基坑支护体系，是工程施工的重点和难点。

结合工程实际，认真分析支护体系受力机理，使用竖向锚索，并对悬臂式支护体系按悬臂式等代桁架分析计算，采取先施工深层搅拌桩、后施工灌注桩的施工工艺，改变了土体的受力性能，提出了"桩土共同工作的悬臂式双排桩支护体系＋桩-预应力锚索支护体系＋基坑内布置降水井"相组合的悬臂双排桩深基坑支护新体系理论。检测结果表明：支护体系工作可靠、实施效果良好，较好地解决了密集建筑区的深基坑支护桩不能设置后斜锚杆的支护难题，为类似场地条件的深基坑工程施工提供了有益借鉴。

1. 工程概况

佛山市位于广东珠江三角洲腹地。佛山市中医院医疗综合大楼位于佛山市汾江中路与亲仁路交汇处，工程占地面积达 $13671m^2$，建筑面积约 $114000m^2$，建筑高度为 89.1m。地下 2 层，地下室总面积 $21000m^2$，地上 23 层，裙楼 5 层，结构形式为框架-剪力墙结构，场地地层土主要由杂填土、冲积成因的黏性土、淤泥质土、砂土、残积成因的粉质黏土，以及强风化、中风化、微风化泥岩组成。场地地下水位高、穿越淤泥软土和含水细砂层。基坑地质构造如图 1.2-19 所示。

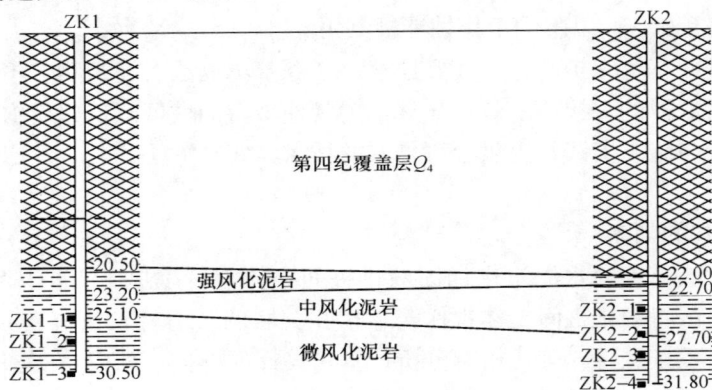

图 1.2-19 基坑地质构造示意图

基坑开挖范围东西长约 140.2m，南北宽平均约 72m，现场周围地面标高约 $-0.50m$。基坑平均挖深 9.45m，最深达 12.2m（电梯井处）。东北两侧紧邻建筑密集区，西南两侧紧靠城市主干道，施工用地十分窄小。基坑边与已建房屋最窄处只有 1.7m，施工时既不能对周边道路和建筑造成不利影响，还要不影响医院正常工作。医院地理位置及周边环境如图 1.2-20 所示。

2. 支护体系设计

根据悬臂双排桩深基坑支护新体系研究的分析成果，结合基坑开挖的实际情况：支护桩长近 20m（15.85～19.75m），确定桩间距、排距、锚索的锚固长度等相关参数。

钻孔灌注桩、深层搅拌桩及其相互位置如图 1.2-21、图 1.2-22 所示。

在基坑的东、西、南边采用桩土共同工作的双排悬臂桩支护体系，即用 $\phi900$ 钻孔灌注桩按排距 3.15m、桩距 2.2m 梅花形布置，两排桩间用两排 $\phi500$ 间距 300mm 的深层搅拌桩形成加固土体和止水帷幕，灌注桩桩顶放置纵向冠梁 1000mm×500mm，冠梁间设

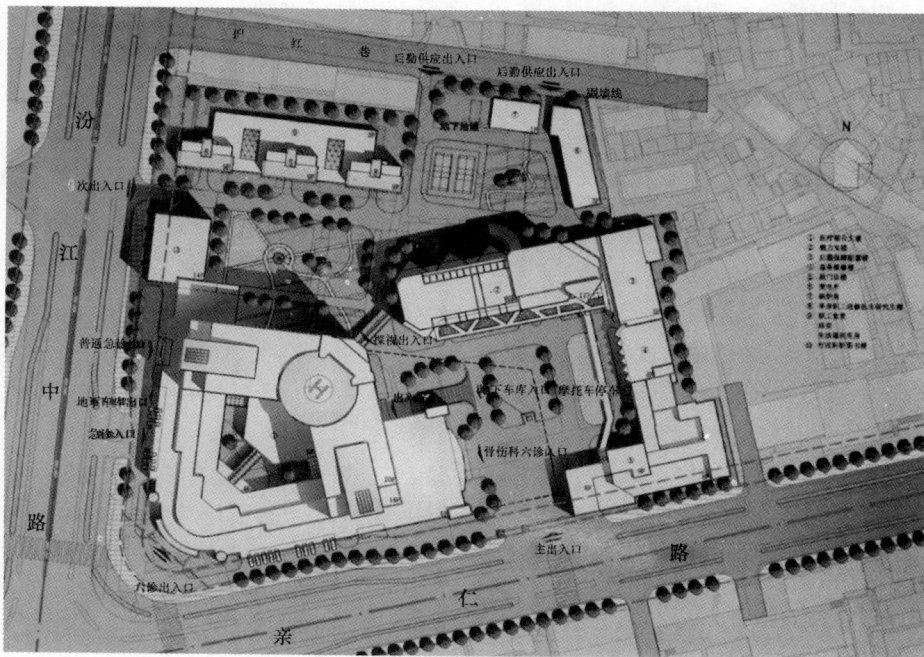

图 1.2-20 地理位置及周边环境图

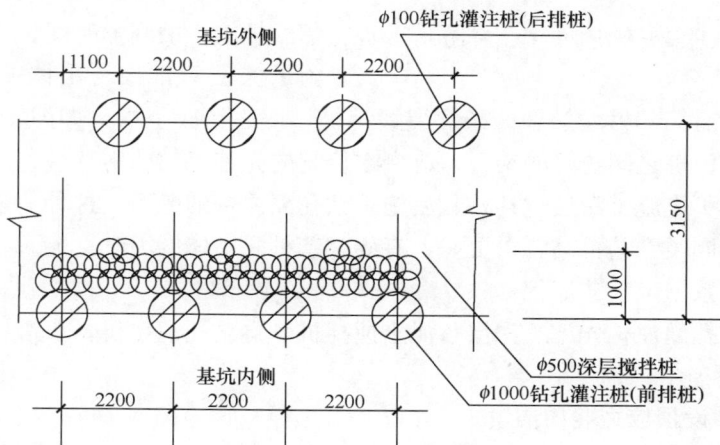

图 1.2-21 桩土共同工作的双排桩相互位置平面图

500mm×500mm 连梁。基坑北侧坑边与已有建筑物之间场地狭窄，采用了双排桩—预应力竖向锚索共同工作的悬臂支护体系，双排桩间距仅 1.1～2.1m，即前排桩为 $\phi1000$、桩距 1.2m 的钻孔灌注桩，后排桩按桩距 3.6m 布置，中间用两排 $\phi500$、间距 300mm 的深层搅拌桩作止水帷幕。在钻孔灌注桩顶设两条 1000mm×500mm 纵向冠梁，冠梁间用"M"形 500mm×500mm 梁连接，如图 1.2-23 所示。

3. 保证支护体系桩土共同工作的措施

支护最高达 9m 的桩土共同工作的双排悬臂桩支护体系是综合大楼施工的一项创新，

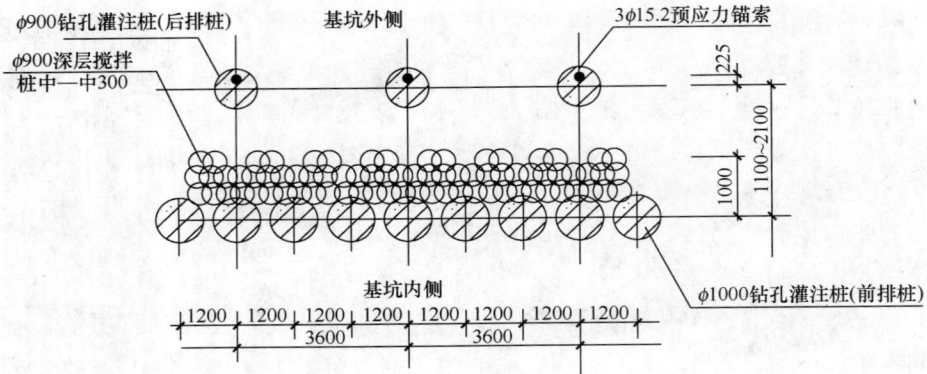

图 1.2-22 桩与预应力锚索共同工作的双排桩相互位置平面图

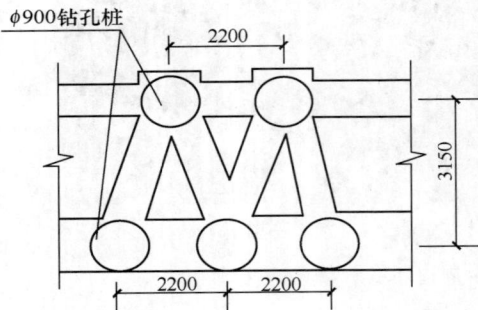

图 1.2-23 双排悬臂桩支护结构大样图

其要点在于桩土共同工作，因此应有以下措施保证创新设计的实现。

（1）深层搅拌桩帷幕拱

深层搅拌桩帷幕拱既有止水作用，又有加固土体、保证桩土共同工作的作用，必须保证桩身质量和桩与桩间搭接严密。需要控制好每根深层搅拌桩单位长度的水泥用量，控制提升搅拌速度和重复搅拌次数，控制好桩与邻近桩施工的间隔时间。

为了保证双排桩与土体的共同作用，在双排深层搅拌桩后局部另增加了两条深层搅拌桩，使之形成土拱，如图 1.2-11 所示。为了使搅拌桩与灌注桩之间更好的结合，改变了传统的先施工钻孔灌注桩、后施工深层搅拌桩的顺序，采用了先施工深层搅拌桩、后施工钻孔灌注桩的顺序，这种"硬咬软"的施工顺序使得两种不同类型的桩结合得更好，有效改善桩间土体的力学性能。

（2）支护体系施工工艺流程

对于双排钻孔灌注桩先施工深层水泥土搅拌桩，再钻孔灌注桩。双排桩施工工艺流程如图 1.2-12 所示。

4. 后排桩加设预应力竖向锚索

基坑北紧邻已有建筑，空间狭窄，只能布置 ϕ1000，间距 1.2m 双排桩、排距 1.1～2.1m。在临边环境严峻而场地比较狭窄的地段，双排桩排距不能满足设计要求，为了提高支护体系的稳定性、减小变形，采用桩—预应力竖向锚索体系。支护体系大样如图 1.2-14 所示。

（1）施工工艺流程

支护体系的施工工艺流程如图 1.2-12 所示。

（2）预应力锚索的施工工艺

预应力锚索的施工工艺流程如图 1.2-16 所示。

（3）预应力锚索的张拉及质量控制

1) 预应力锚索张拉

准备 380V、32A 电源箱，安装千斤顶，连接好油路系统，空机进行运转，确认机件正常后再张拉。

张拉时按二次循环张拉，第一次张拉 20％控制应力值，持荷 3min，第二次张拉控制 20％，控制应力值持荷 3min，第三次张拉以 $1.03\sigma_{con}$ 进行超张拉，持荷 2min 后，卸荷至预应力筋的张拉控制应力值。

张拉作业以控制张拉力为主，实际伸长值与计算值核对，即实际伸长值与计算伸长值偏差在-5％～10％范围内，若超出此值时应立即停止张拉，检查原因，采取措施排除偏差后才能继续张拉。

张拉完毕后，预应力钢绞线离锚具端部不小于 400mm 处，用手提砂轮将多余预应力钢绞线切除。

2) 质量保证措施

无粘结预应力钢绞线盘料应分类堆放，盘径不小于 2m，在通风干燥处，露天堆放时，不得直接与地面接触，并采取覆盖措施。

运料及吊装时，吊点要用麻包缠绕，轻装轻放，防止塑料外套破裂。

无粘结预应力钢绞线严格按设计要求下料，其长度允许偏差为 $\pm^{10}_{5}$ mm。检查塑料外套是否破裂。若发现破裂，及时用防水胶带缠绕修补。胶带搭接宽度不小于胶带宽度的 1/2，缠绕长度必须超过破损长度的一倍。

无粘结预应力钢绞线安装时，必须垂直，严禁交叉穿插，并保证足够 1m 的张拉长度。

组装承压板时必须平正，严禁倾斜。

严禁电弧焊接触无黏结预应力钢绞线及锚具。

无粘结预应力钢绞线张拉机具及仪表必须由专人使用和管理，并定期维修和校验。当张拉设备出现反常现象时或千斤顶检修后必须重新检验标定。

无粘结预应力钢绞线张拉完后，用砂轮锯切断超长部分，严禁用电弧切断或冲击锚具。

5. 其他技术与构造措施

（1）优化土方开挖顺序

土方开挖顺序对基坑支护体系的变形有一定的影响，因此结合实际情况优化土方开挖顺序很重要。

土方开挖前先进行连续 7 昼夜的基坑预降水，将水位降至设计高度，然后再开挖。土方开挖分四个区、两层进行，阶梯形挖土后退，开挖从东至西逐段推进。开挖一个区，即进行该区的垫层、承台胎模等基础施工，然后进行下一个区的开挖施工，逐段向前推进。

（2）加设角部支撑

为了减少基坑变形、增加支护体系的整体刚度及整体稳定性，在基坑四个角部冠梁顶及－3.5m 处用 ϕ325 钢管设置了两层两道临时水平钢管角撑，支撑设置如图 1.2-18 所示。

6. 基坑及支护体系的变形与沉降监测

为了及时判断基坑支护体系的工作状况，施工对周边环境的影响程度，深基坑工程必须按信息施工的原则，在有代表性的关键部位布置监控点，基坑监测点平面布置如图 1.2-24 所示。按确定的制度及时监测、及时反馈信息，以便采取必要的对策，将可能发生的突发事件消除在萌芽状态，确保基坑及周边环境的安全。

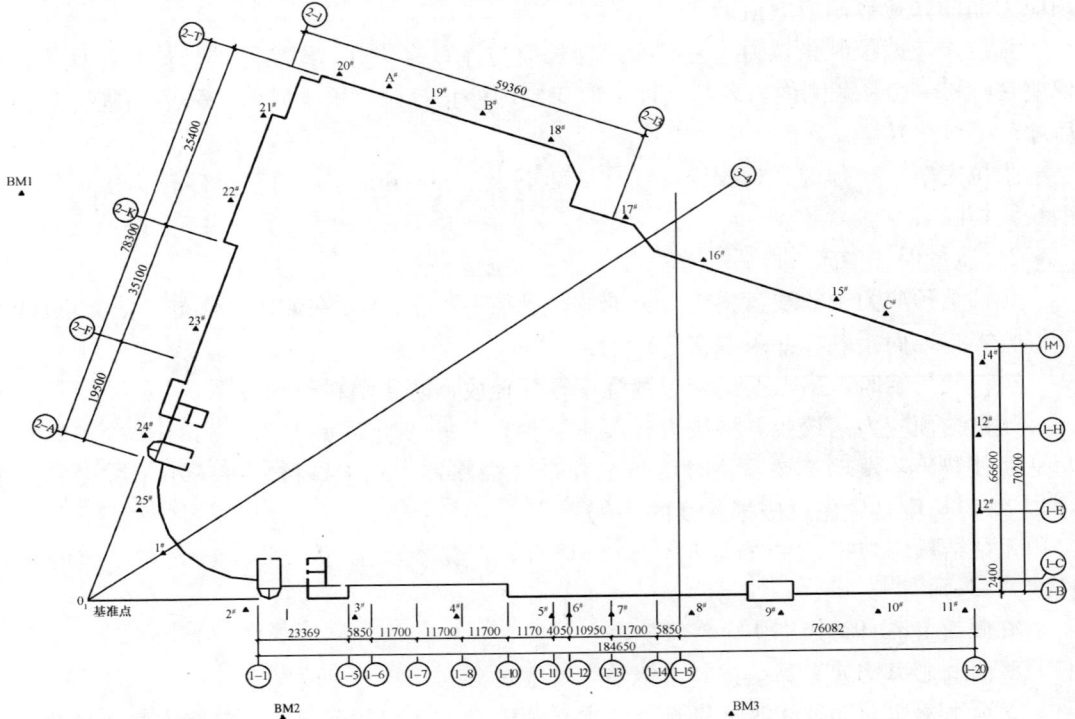

图 1.2-24 基坑监测点平面布置图

（1）监测内容与方法

1）用测斜仪进行支护结构变形的监测。

2）用钢筋计、频率计进行支护结构应力应变的监测。

3）用应力传感器进行预应力锚索预拉力值的监测。

4）用水准仪进行基坑支护结构沉降、基坑周围地表及建（构）筑物沉降、地下管线沉降的监测。

5）用全站仪进行支护结构水平位移、周围建（构）筑物的倾斜及水平位移、地下管线位移的监测。

6）用钢尺量度进行支护结构裂缝、基坑周围地表裂缝、周围建（构）筑物裂缝的监测。

（2）监测频次

土方开挖期间各项监测每天一次，开挖完成后 7d 内仍为每天一次，以后可放宽为 2～5d 一次；当地下室底板完成后调整为 10d 一次；若出现异常情况或变形较大时，将对观测频率作适当加密。

（3）监测控制标准与监测结论

根据监测报告，施工期间重要监测项目的监测结果见表 1.2-7。

对基坑和周围建筑物进行沉降、位移的动态监测结果　　　　表 1.2-7

序 号	监 测 项 目	标准（mm）		实 测 值	结 论
		报警值	控制值		
1	支护体系沉降	18	20	5mm（塔吊位置）	基坑支护体系及周边环境安全
2	支护体系位移	25	30	20mm（塔吊位置）	
3	支护体系挠曲变形			22mm（322 号桩）	
4	支护体系应力应变监测			13.897kN（367 号桩 15m 处）	
5	预应力垂直锚杆的应力监测			581.0kN（预拉应力 600kN）	
6	基坑周围建筑物沉降监测	18	20	7.3mm（宿舍楼 13 号点）	
7	基坑周围建筑物裂缝监测			16mm（宽度）2300mm（长度）	

由此表可以得出结论：通过基坑降水、桩排间加深层搅拌桩止水帷幕以及使之形成土拱、采用预应力竖向锚索等措施，改善了桩间土体力学性能，有效地提高了支护体系的抗侧向变形能力。另外，基坑监测表明：开挖对原有建筑的安全以及周围环境没有明显影响。

7. 实施效果

在基坑开挖和±0.000 以下结构施工的全过程，选择了有代表性的关键桩位，对桩顶位移、桩身弯曲、钢筋应力、预应力锚索拉力进行了监测；对基坑降水、周边建筑物的位移、沉降和裂缝进行了全面的监测。监测结果表明：支护体系的桩顶位移、桩身变形、钢筋拉力都远小于允许值，锚索拉力也与预应力相符。在施工过程中未发生任何突发事件与险情，说明支护体系的工作可靠、实施效果良好，表明了支护体系的策划设计和技术模式符合实际情况。

值得注意的是：监测数据显示，在开挖达到 6.5m 时，支护结构的位移和变形极其微小，周边建筑的位移和沉降几乎可以忽略不计，继续开挖至 8.5m 深度时才有所发展，表明了支护体系在±0.000 以下的工作性能极其可靠。

悬臂双排桩深基坑支护新体系较好地解决了深基坑周围有建筑物、不能采用锚拉支护体系的难题，所取得的直接经济效益显著，为其他城市旧城区改造建设中类似场地条件的深基坑工程设计与施工实践，提供了可借鉴的技术经验和方法。

参 考 文 献

1 齐志刚，王翠英，王家阳．预应力双排支护桩的计算理论研究及工程应用 ［J］．岩土力学，2008

2 郑刚，李欣，刘畅等．考虑桩土相互作用的双排桩分析 ［J］．建筑结构学报，2004

3 应宏伟，初振环，李冰河等．双排桩支护结构的计算方法研究和工程应用 ［J］．岩土力学，2007

4 平扬，白世伟，曹俊坚．深基双排桩空间协同计算理论及位移反分析 ［J］．土木工程学报，2001

5 崔宏环，张立群，赵国景．深基坑开挖中双排桩支护的三维有限元模拟［J］．岩土力学，2006

6 王军，王磊，肖昭然．双排桩支护排距的有限元分析与研究［J］．地下空间与工程学报，2005

7 尹建峰，李卫平，张宗胜等．双排桩支护结构受力特点与影响因素研究［J］．天津城市建设学院学报，2007

8 肖昭然，王磊，王军．双排桩等代刚度法的有限元分析［J］．河南工业大学学报（自然科学版），2007

1.3 深基坑逆作法施工技术

1.3.1 问题的提出

因工业化、城市化趋向，导致城市人口密度增大，生活与工作空间明显不足，因此开发地下空间不失为是较周全之举。但对于深度较大的多层地下设施建设，在城市中采用明挖顺作法施工会受到多方面的限制，周期长、工程造价高更是其缺憾。逆作法具有有效控制基坑变形、保护环境、最小限度占用施工场地、较妥善解决交通问题以及缩短高层建筑施工工期等优点，故而在开发地下空间时得到了广泛应用，并已成为当今在交通繁忙、建筑物密集的城市中心地区修建浅埋地铁车站及带多层地下室高层建筑的常用施工手段之一。但是，在采用逆作法时也要考虑施工过程中围护结构的内力、变形和稳定性，在软土地区还要考虑到结构差异沉降控制这一新情况。

上海环球金融中心位于上海陆家嘴金融贸易开发区的综合性多功能超高层建筑，工程紧邻浦东交通干线世纪大道、陆家嘴环路地下立交、东泰路及上海金茂大厦。该项目地下3层，地上裙楼6层，塔楼101层，高492m。地下室基坑平面呈不规则四边形，基坑面积约22468m²，大面积开挖深度17.85～19.85m。塔楼地下结构体系为框筒钢筋混凝土钢结构混合结构，裙楼地下结构为钢筋混凝土框架无梁板结构。

该项目及其基坑工程的特点有：

（1）基坑面积大，开挖深，且塔楼存在坑中坑。塔楼电梯井深坑面积达1946m²，开挖深度达25.85m，属于大型超深基坑工程。

（2）基坑周边环境比较复杂，工程周边环境要求非常高。该工程周边紧邻市政主干道、高耸建筑物及地下许多重要的管线。基坑边线距世纪大道道路红线仅3m，距φ600的浦东上水管仅9m，距金茂大厦基坑边线约40m等。相关单位要求基坑最大变形控制在30mm以内。

（3）基坑开挖范围内涉及上海第⑦层土承压水，承压水非常丰富，若不采取措施，可能引起坑底失稳。

（4）塔裙楼高差差异悬殊，且地面层以下不设任何一条沉降缝、防震缝，塔裙楼结构施工期间，两者之间沉降差异大，经理论计算达150mm。

（5）该工程工期较紧，合同总工期仅41个月，要求裙楼不得占用关键工期。

（6）该基坑工程防水等级较高，且1/3的地下连续墙内侧不设内衬墙。

（7）该基坑工程地质条件差。第③层淤泥质粉质黏土、第④层淤泥质黏土土质条件差，呈流态和半流态，渗水系数低，强度低。且该工程东西向有一个宽约 15～30m，深约 6～8m 的暗浜。地下墙成槽过程中，若不采取措施易引起塌方，土方开挖过程中易引起滑坡。

基于以上该项目及其基坑工程的特点，通过技术攻关，采取了塔楼顺作，裙房逆作的施工工艺。

塔楼顺作，裙房逆作大大缩短了施工总工期，确保塔楼施工工期，满足合同工期要求，同时有效保护了基坑周边环境。

1.3.2 创新与关键技术

1. 逆作法施工工艺原理

逆作法施工工艺原理如下：

(1) 沿建筑物地下室轴线或周围施工地下连续墙（或其他围护结构形式），作为地下室的边墙或基坑的围护结构。

(2) 同时在建筑物内部的有关位置（如柱子或隔墙相交处，根据中间支撑柱设置方式及需要经计算确定）施工中间支撑柱。

(3) 挖地下一层土方至地下一层楼板设计标高，支模浇筑地下一层顶面楼板和该层内的柱子及墙板结构的混凝土。楼板周围应与地下连续墙连成一体，作为地下连续墙的水平支撑系统。

(4) 挖地下二层土方到地下二层楼板底面标高，浇筑该层纵横梁及楼板，作为地下连续墙的第二道水平支撑系统，如此逆序往下施工。

(5) 完成地下一层楼板后即可同时施工上部楼层的主体结构。

(6) 如此重复进行，直至基础底板施工，同时可继续施工上部几层的主体结构（上部结构可施工的层数由设计决定）。

2. 逆作法施工的优缺点

与传统施工方法比较，逆作法施工有以下优缺点：

(1) 逆作法施工最大的特点是可以地下、地上同时施工，充分利用空间，加快施工进度，缩短施工工期。

(2) 充分利用了地下连续墙的挡土、防渗及承重功能，以及利用地下室结构作为临时支护结构，不必另作内支撑或锚杆拉结，节约了临时支护的大量投资。

(3) 由于利用地下室结构作为水平支撑，其刚度远大于临时支护结构，因而基坑变形小，对相邻建筑物、构筑物影响小。

(4) 用逆作法施工钢筋混凝土底板时，由于施工期间支撑点增多，跨度减少，从而使底板的隆起减少，较易满足抗浮要求，因而使底板设计趋向合理。

(5) 逆作法施工当能大量采用土模时，可节省模板，减少土方开挖量。封闭式逆作法施工还具有施工安全、受外界气候条件影响小等优点。

(6) 采用封闭式逆作法在地下施工时需加强通风、照明、通信等施工措施以改善施工作业条件，满足施工需要。

(7) 由于逆作法是利用地下结构本身作为施工时的临时支护结构，因而对挖土方案要求更严格，特别是不能采用机械大面积挖土，从而使土方开挖及运输更困难。

（8）地下结构墙柱的逆作法施工质量要求较高，混凝土搭接质量较难控制，如措施不力，易出现裂缝。

（9）当采用封闭式逆作法进行地上、地下立体交叉作业时，需合理解决劳动力、机械、材料等的调配及施工安全等问题。

3. 逆作法施工中地下结构的施工技术

（1）逆作法施工中上部荷载的支撑方式

逆作法施工中上部荷载的支撑方式主要有利用中间支撑柱与挡土墙共同支撑、仅用挡土墙支撑以及利用施工挖方过程中形成的土柱支撑三种方法。

第一种方法的核心技术是中间支撑柱的设计与施工。在利用中间支撑柱和挡土墙共同支撑上部荷载的逆作法施工中，根据中间支撑柱的设置和作用可分为临时性中间支撑柱和永久性中间支撑柱。临时性中间支撑柱的作用是在施工期间，当地下室底板未达到设计强度之前与地下连续墙一起承受地下和地上各层的结构自重和施工荷载；而永久性中间支撑柱不仅在施工期间具有与临时性中间支撑柱同样的作用，而且可在地下室底板达到设计强度后，与底板连成整体作为地下室结构的一部分，将上部结构及承受的荷载传递给地基。中间支撑柱的位置和数量，要根据中间支撑柱的类型、地下室的结构布置和制定的施工方案详细考虑后经计算确定。中间支撑柱所承受的最大荷载，是地下室已修筑至最下一层、而地面上已修筑至规定的最高层数时的荷载。

第二种方法又称悬吊工法，它是将施工中临时拼装的钢桁架斜撑与周围挡土墙连成整体，使上部荷载直接传至外部挡土墙上，不用中间支撑柱，因此该法仅适用于地铁等狭长基坑施工或一些小规模的施工现场。当不能单用外部挡土墙支撑上部荷载时，可在中央适当部位架设支柱，由于使用斜撑，可以相应减少中间支撑柱的数量，便于挖土作业和地下室主体结构施工。实际采用这种作法时还需要加固地下室结构，并应考虑施工时架设桁架的工期和费用。

第三种方法仅适用于土质强度较高、地质情况很好的地区（如我国的华北、东北等部分地区）。这种施工方法可以充分利用土体强度，利用土方开挖过程中形成的土柱作为施工时的临时支撑，通过土柱与地下室外墙、柱子之间力的转换，达到逆作目的。因此该法不仅可以大大降低工程的直接费用，还可充分利用土体作为地下室结构构件施工时的胎模，节省大量模板。但此种作法对土方开挖程序要求极高，必须经过认真周密地设计，严格施工，确保每个土柱体的稳定性。

在施工期间，要注意观察中间支撑柱的沉降和抬升。由于上部结构的不断加荷，会引起中间支撑柱的沉降；而基坑开挖导致的卸荷作用又会引起坑底土体的回弹，使中间支撑柱抬升。要事先精确计算中间支撑柱最终是沉降还是抬升，以及沉降或抬升的数值，目前还有一定的困难。

（2）地下室结构的支模方法

根据逆作法施工的特点，地下室的内部结构构件墙、柱、梁等都是由上而下分层浇筑的，浇筑混凝土用的模板要支撑在刚开挖的土层上。因此，一方面必须设法减少支撑的沉降和结构的变形；另一方面则要处理好构件的上下连接和混凝土的浇筑方法。

为了减少支撑的沉降和结构的变形，施工时需对土层采取临时加固措施。常用的加固方法主要有：1）在土层上浇筑一层素混凝土，以提高土层的承载能力，减少沉降，待混凝土浇筑完毕，开挖下层土方时再随土一同挖去，这种方法会额外耗费一些混凝土。2）在土层上铺设砂垫层，上铺枕木以扩大支撑面积。采用这种方法时，上层柱子或墙中的钢筋可插入砂垫层，以便于钢筋的连接。3）采用悬吊模板。如采用钢平台吊模施工，将顶板及中楼板钢平台支撑在中间支撑柱和周边地下连续墙上。

下部混凝土的浇筑方法通常采用鄂式浇筑和套筒式浇筑两种方法。鄂式浇筑由于混凝土是从顶部的侧面入仓，为便于浇筑和保证连接处的密实性，应对竖向钢筋间距适当调整，构件顶部的模板需做成喇叭形。套筒式浇筑是由上部混凝土结构中预埋的套管进行混凝土浇筑。一般来说，采用鄂式浇筑法混凝土密实性要较套筒式浇筑为好，当使用普通混凝土时，鄂式浇筑法的空隙约为 3mm 左右，而套筒式浇筑法约有 10mm 左右。

（3）地下室结构的逆接缝处理

采用逆作法施工时，地下室结构的垂直施工缝一般可留在每层柱子、墙的顶部和底部。由于上下构件的结合面在上层构件的底部，再加上地面土坡的沉降和刚浇筑混凝土的收缩，在结合面处易出现缝隙。因此，混凝土逆接缝的施工方法十分重要，如果承受垂直荷载的柱子和墙体接缝处混凝土不能浇捣密实，会直接影响结构的安全，地下室外墙还会产生渗漏水的现象。常用的逆接缝施工方法包括直接法、注入法、充填法。

1）直接法：施工简单，可减少水平施工缝。但由于后浇混凝土离析水的上升和混凝土自压密脱水，易在施工缝处产生空隙，因此，应在后浇混凝土初凝之前（浇筑混凝土后约 1～4h），进行二次振捣，以提高混凝土的强度和密实性。也可在后浇混凝土中掺加膨胀剂、控制离析的外加剂、自密实外加剂或其他具备多种功能的外加剂。

2）注入法：是在结合面处的模板上预留若干压浆孔，以便用压力灌浆（水泥膏及树脂膏等）消除缝隙，使上下混凝土构成一个整体，保证构件连接处的密实性。

3）充填法：即有意识地预留适当空隙（如用混凝土充填约留 1.0m 左右，用砂浆充填则可留 0.3m 左右），待下部混凝土成形并有一定强度后，再清除混凝土表面浮浆，用无收缩混凝土或渗入微膨胀剂的混凝土充填该空隙。采用该法施工时，由于缩小了接缝处的工作量，可以做到精工细作，且下部混凝土的沉陷和收缩已大部分完成，使接缝质量容易得到保证。对外墙接缝尚应加上止水条或采取其他适当措施，以满足接缝处的防渗要求。

4. 创新与关键技术

上海环球金融中心地下结构以先期施工的塔楼围堰为界，整个平面分为塔楼区和裙房逆作区两个大的施工区，塔楼区先施工，塔楼底板混凝土强度达到后开始裙房逆作区地下连续墙施工。裙房区结构逆作法施工，根据各层设计与施工特点，划分为若干小的施工区段，组织流水施工。地上结构也以塔楼和裙房间的变形缝为界，整个平面分为塔楼区和裙房区两个大的施工区，塔楼区先施工。

该工程的基坑工程逆作法施工的创新及关键技术如下：

（1）塔楼顺作，裙房逆作，既保证周边环境稳定，工程施工质量，又确保了工程施工合同工期，完全达到该工程预期的施工目标。

（2）采用大直径圆形围护体系，利用圆拱效应，充分发挥混凝土材料的抗压性能，对基坑变形控制相当出色。100m 直径的圆形围堰，仅靠三道围檩，无任何内支撑，土体开挖深度 17.85m，电梯井深坑达 25.85m，基坑最大变形仅 30.1mm。成功保障了周边建筑物、地下管线及围护结构的正常运行。

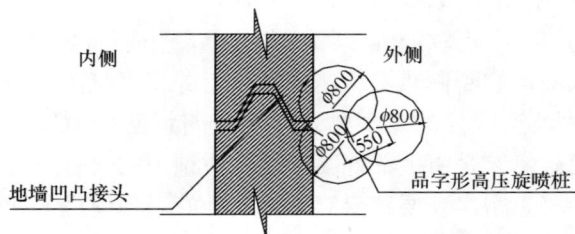

图 1.3-1　地下连续墙楔形锁口接头示意图

（3）地下连续墙楔形锁口接头（图 1.3-1），外侧劈裂注浆加强止水，大大提高地下连续墙间整体刚度、传力性能及止水性能。

（4）竖向结构预留插筋全部采用 SA 级套筒接头，且预留时充分考虑基坑变形对插筋偏位的影响，插筋时进行负偏差控制，有效确保预留插筋的成活率。该工程预留插筋成活率达到 95％以上。

（5）该工程底板与地下墙接头处除采用常规止水措施外，还采用预埋注浆管加强两者之间的止水（图 1.3-2）。若发现底板与地下墙之间有渗水，仅需要在相应的注浆管接头处进行压力注浆，充分填实之间的渗水毛细孔缝隙，止水效果双保险。

图 1.3-2　底板与地下墙间埋设注浆管

（6）柔性后浇带设置。既要保证裙楼支撑水平力有效对称传递至塔楼，又要保证塔楼、裙楼各自沉降不受约束。该工程通过在后浇带内设置传力钢支撑，有效解决这一难题。

（7）坑内设置降压水井。动态监测水头位置，在保证基坑土体稳定的前提下，尽量减少开启降水水井数量，将降压水对周边环境的影响降至最低。采取有效的封井措施，确保封井成功。

（8）在优化混凝土配合比的前提下，100m 直径范围内的超厚大底板混凝土平面范围内不设置纵横向施工缝或后浇带，利用设计原有的竖向抗剪暗柱的技术特点，竖向范围内分 3 次浇筑，采用常规两层麻袋两层薄膜蓄热养护，有效控制大体积混凝土温差裂缝，保证大底板整体性及施工质量。

1.3.3　工程应用实例

1. 工程概况

上海环球金融中心位于上海陆家嘴金融贸易开发区，工程紧邻浦东交通干线世纪大道、陆家嘴环路地下立交、东泰路及上海金茂大厦。该大厦为集商贸、展厅、办公、酒店、观光、公共设施为一体的综合性多功能超高层建筑，如图 1.3-3 所示。

该项目地下 3 层，地上裙楼 6 层，塔楼 101 层，高 492m。地下室基坑平面呈不规则四边形，长约 200m，宽 108～120m，基坑周长 614.1m，面积约 22468m²，大面积开挖深度 17.85～19.85m。由上到下层高依次为 5.5m，5.25m，6.5m。

该工程为桩筏板基础，ϕ700 钢管桩，塔楼底板厚 4.5m，裙楼底板厚 2m、2.5m。塔楼地下结构体系为框筒钢筋混凝土钢结构混合结构，裙楼地下结构为钢筋混凝土框架无梁板结构。裙楼地下室外墙采用"两墙合一"地下连续墙。

该工程地基土均属于第四系河口～滨海相、滨海相～浅海相沉积层，主要由饱和的黏性土、粉性土、砂土组成，场区地层分布在基坑开挖范围主要有上海地区第②～⑦₁ 地基土层。

图 1.3-3　上海环球金融中心建筑效果图

场地地下水属潜水类型，补给源以大气降水和地表径流为主，土层渗水系数为 1.07E-4～5.39E-6，基坑开挖范围内涉及上海第⑦层土承压水，承压水头埋深为 5.75～6.0m。

2. 总体施工区划分

地下结构以先期施工的塔楼围堰为界，整个平面分为塔楼区和裙房逆作区两个大的施工区，塔楼区先施工，塔楼底板混凝土强度达到后开始裙房逆作区地下连续墙施工。裙房区结构逆作法施工，根据各层设计与施工特点，划分为若干小的施工区段，组织流水施工。

地上结构也以塔楼和裙房间的变形缝为界，整个平面分为塔楼区和裙房区两个大的施工区，塔楼区先施工。

3. 基坑工程整体施工部署

为满足该工程合同工期，同时有效保护基坑周边环境，工程采取塔楼顺作，裙楼逆作的施工工艺：采用地下连续墙临时围堰将塔裙楼隔开，塔楼先期施工，顺作施工至 1FL 后，裙楼开始由 1FL 往下逆作法施工，分层分段拆除临时围堰，对接塔楼。为不影响塔楼材料运输及为塔楼提供重型钢结构构件转运场地，在塔楼边 1FL＋1.5m 高处设置面积约 2500m² 重型材料堆场。

4. 基坑围护设计

塔楼基坑面积 7855m²，采用直径 100m 的地下连续墙做临时围堰，内侧设置三道钢筋混凝土围檩，坑内不设支撑。地下墙厚 1m，深 29.5m，底部插入⑦₁层砂质粉土。接头采用圆形锁头管接头。塔楼区电梯井深坑采用 ϕ800@1000 钻孔灌注桩，有效桩长 12.25m。外侧旋喷桩止水加固，水平向设置二道钢支撑，采取放坡开挖。

裙楼基坑面积 14613m²，采用地下墙围护结构兼做地下室外墙，墙厚 1m、1.2m，地下墙有效深度 32～34m，插入⑦₁层砂质粉土，采取墙底注浆加固。地下墙各单元槽锻间采用楔形锁头管接头，外侧劈裂注浆加固。坑内被动区格栅式 ϕ650SMW 搅拌桩加固。利用永久结构的楼板梁兼做该工程基坑水平支撑，竖向荷载通过一柱一桩传递至工程桩，局部楼板缺失处（如车道、下沉式广场）设置临时支撑和加强圈梁，使其与结构梁板共同形成水平支撑体系。由于地下三层层高较高，裙楼底板采用中心岛施工法，在基坑周边设置抛撑，再施工环岛区。

5. 塔楼施工工况

塔楼顺作施工：临时围堰、坑内土体加固、深坑土体加固施工完成后在坑内均匀布置 40 口深井疏干井，沿顶圈梁在坑外均匀布置 14 口降压水井，在基坑内侧周边均匀布置 4 个取土平台。塔楼基坑土方开挖采用岛式分层开挖。基坑开挖遵循"对称、均衡、分层"，最大限度保证圆形围护结构均匀受力。提前 20d 进行土体预降水，挖土至－10.5m 时启动承压水井，土方开挖至大面积底板底，及时封闭加强垫层，局部深坑分两层开挖土方，施工完成后进行底板施工。底板分三层浇筑，每层浇筑高度 4～4.5m，水平向不留设施工缝和后浇带。底板完成后，地下结构采取常规模板满堂脚手架支撑体系顺作施工至 1FL。

具体施工工况如下：

◇工况一：临时围堰地下连续墙施工。

◇工况二：坑内土体加固及电梯深坑围护桩施工。

◇工况三：打设真空深井泵疏导地下水，布设承压水减压井及观测井，进行降水施工。

◇工况四：施工坑内四个取土平台。

◇工况五：采用岛式土方开挖方式进行分层土方开挖，穿插施工压顶梁及三道围檩。基坑开挖遵循"对称、均衡、分层"，最大限度保证圆形围护结构均匀受力。开挖至大面积底及时封闭加强垫层。

◇工况六：施工电梯井深坑压顶梁及首道钢管支撑，进行第五层土方开挖。

◇工况七：施工电梯深坑第二道支撑，进行第六次土方开挖，挖至深坑底。

◇工况八：施工基础底板，底板共分三层浇筑，每次浇筑 4～4.5m（底板完成后，插入裙房基坑围护工程）。

◇工况九：施工核心筒及筒外钢筋混凝土、钢结构混合结构，依次施工至 1FL。

◇工况十：施工塔楼重型钢构件转场（裙楼逆作法插入施工）。

◇工况十一：塔楼继续向上施工。

6. 裙楼施工工况

裙楼逆作法施工：塔楼底板完成后插入裙楼基坑围护工程，塔楼完成1FL，裙楼分四区及车道区由上往下逆作施工，分层分段爆破拆除临时围堰，对接主楼，如图1.3-4所示。施工顺序为一区、二区、三区、四区、车道区依次跳仓对称施工。每区先进行土方开挖，再施工对应的水平结构，依次交叉向下施工至底板，再从下向上依次顺作施工竖向结构。

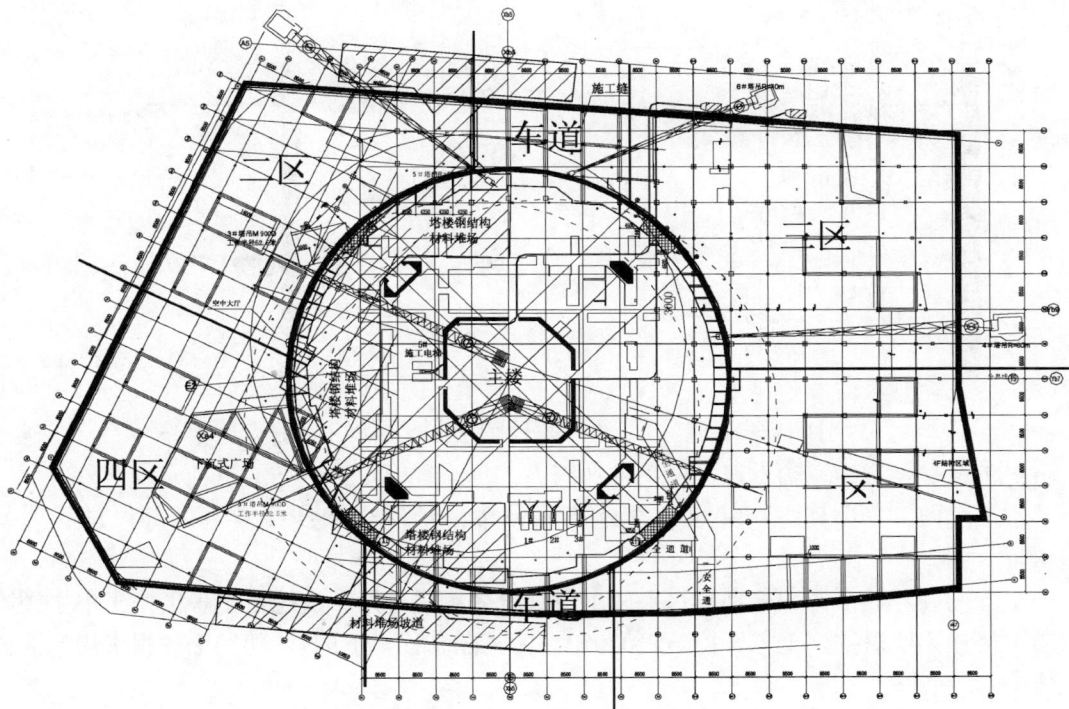

图 1.3-4　裙楼基坑施工分区平面示意图

降压水井利用塔楼原有的14口，坑内布置45口深井疏干井，每区提前20d进行基坑预降水。每区设3～4个取土口，土方采取分层盆式开挖，开挖深度同层高，坑边留土护壁。利用常规模板满堂脚手架支撑体系施工水平结构，同时兼做基坑水平支撑，结构达到设计强度85％后进行下一层土方开挖、结构施工，依次交叉向下施工至底板层。底板先施工中心岛区，在底板上向围护结构设置抛撑，再进行环岛区土方开挖及底板施工。水平结构施工完毕由下向上顺作施工竖向结构，封闭出土口，完成裙楼地下结构。

基坑竖向施工分层工况如图1.3-5所示，具体工况如下：

100m直径临时围堰内主楼出地面层后，裙房开始正式进行地下结构工程逆作法施工。

◇工况一：周边地下连续墙施工（围堰内底板完成且承压水井关闭后开始插入施工）。

◇工况二：新增立柱桩施工。

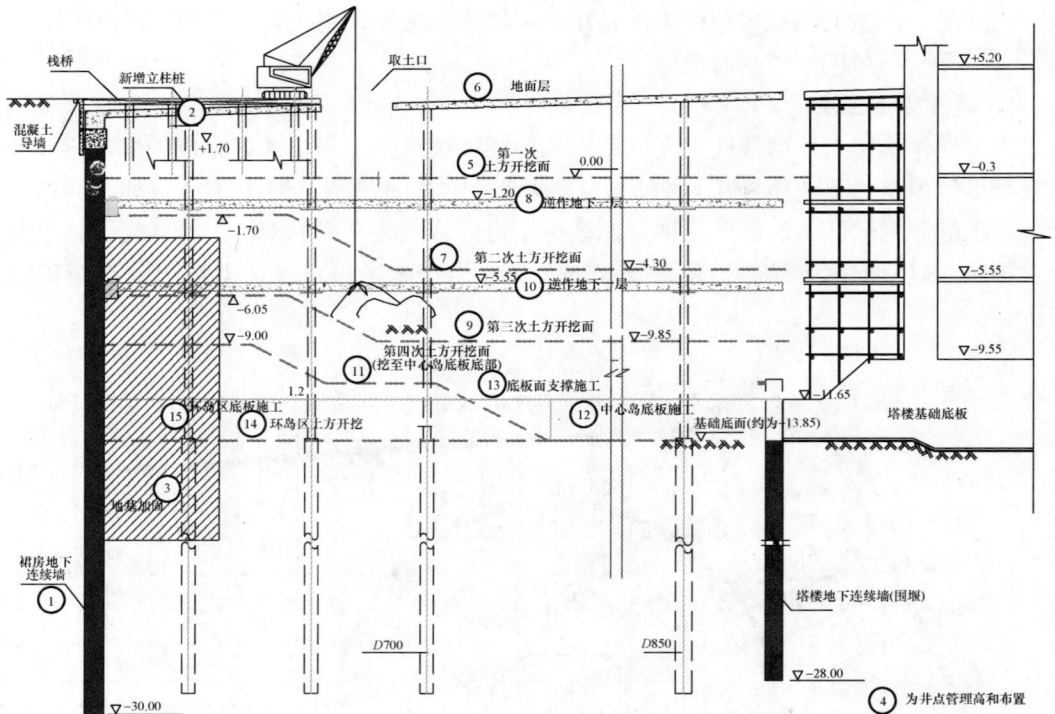

图 1.3-5 基坑竖向施工分区工况图

◇工况三：坑内三轴水泥土搅拌桩加固。

◇工况四：打设真空深井泵疏导地下水，布设承压水减压井及观测井，进行降水施工。

◇工况五：五个区域分别按水平施工段划分先后进行第一次挖土，各区挖土由主楼围堰向裙楼连续墙退挖，土方开挖至±0.000（为吴淞高程，下同），随挖土过程中浇筑混凝土垫层。

◇工况六：爆破拆除±0.000 以上塔楼临时围堰墙和围檩，利用常规钢管满堂脚手架体系进行首层楼板施工，并与塔楼首层楼板连接，结构开口处和后浇带设置临时钢支撑。

◇工况七：待首层结构楼板混凝土达到设计强度后，拆除首层楼板模板支架进行第二次挖土，土方采用盆式开挖，周边留土平台宽 10m，1：2 放坡，平台面标高为－1.70m，坡底标高－4.30m，真空深井降至地下二层楼板底。第二次爆破主楼临时围墙及围檩。

◇工况八：搭设常规满堂脚手架体系施工地下二层顶板施工，并与塔楼区地下二层顶板连接，结构开口处和后浇带设置临时钢支撑。

◇工况九：待地下二层顶板结构混凝土强度达到设计强度后，拆除支架，进行第三次挖土，采用盆式开挖，周边留土平台 10m，1：2 放坡，盆顶标高－6.05m，盆底标高－7.85m，爆破拆除－6.95m 以上主楼围护墙及围檩，随挖土进程浇筑混凝土垫层，真空深井泵降至底板底部。

◇工况十：常规满堂脚手架体系施工地下三层顶板施工，并与塔楼区地下三层顶板连接，结构开口处和后浇带设置临时支撑。

◇工况十一：地下三层顶板混凝土达到设计强度后，拆除模板支架，进行第四次挖土。东西车道区域分层开挖至标高−11.00m，拆除−11.00m以上主楼围护墙和圈梁和最下一道围檩，并设置东西向−10.55m临时钢支撑。南北围护墙周边10m宽范围内留土，并以1:2坡度放坡，坡顶标高−9.00m，坡底标高−11.00m。中心岛区域采用二级放坡挖土，坡顶标高−11.00m，留土宽度5m，放坡坡底即为坑底设计标高−13.85m，其余区域土方分层开挖至−13.85m坑底设计标高。拆除主楼围墙和围檩。随挖土进程浇筑混凝土垫层，开挖超深部位土方。

◇工况十二：施工裙房中心岛底板并与主楼底板设置后浇带及临时支撑。

◇工况十三：待底板混凝土达到设计强度后，抽条开挖周边护土至抛撑底和围檩底并设置地下墙围檩及抛撑。

◇工况十四：进行第六次挖土至-13.85m坑底设计标高，并随挖土进程浇筑混凝土垫层。

◇工况十五：浇捣环岛区底板混凝土并与中心岛混凝土底板结构连接。

◇工况十六：从下向上施工竖向结构及拆除局部水平施工洞口支撑，恢复水平结构。

◇工况十七：转入裙房地上结构施工，拆除施工栈桥及多余的临时竖向支撑。

◇工况十八：转入裙房地下粗装饰、机电工程施工。

7. 施工技术特点

塔楼顺作，裙房逆作大大缩短了施工总工期，确保塔楼施工工期，满足合同工期要求，同时有效保护了基坑周边环境。

(1) 圆形围堰基坑围护

塔楼采用直径100m圆形临时围堰，形成圆形围护体系，结合三道围檩，在没有任何内支撑的情况下，对基坑变形控制相当出色。圆拱效应下围护结构，充分发挥了混凝土材料的抗压性能，大大方便了基坑施工，缩短了施工工期。

基坑围护监测数据表明，挖土施工至大底板底，圆形地墙的最大变形量为30.1mm，与设计计算的28.32mm非常接近，满足该工程周边环境变化要求。

由于该基坑工程无内支撑，大大方便材料运输及施工。从基础深坑开挖开始，75d完成含电梯井深坑底板结构，105d完成地下三层非常复杂的地下室钢筋混凝土—钢结构混合结构。

(2) 主楼深坑开挖

该工程塔楼电梯井深坑面积达1946m²，周长210m，挖深达25.85m，为超深基坑，如图1.3-6所示。该工程设计了两套施工方案：

1) 基坑开挖至大面积底板底后，周边底板先行施工，再开挖深坑，安全系数高，但施工不方便，工期长。

2) 基坑开挖至大面积底板底后，表面浇筑加强垫层，再继续开挖深坑，完成后一起施工底板。经科学计算，基坑安全可行，施工方便，

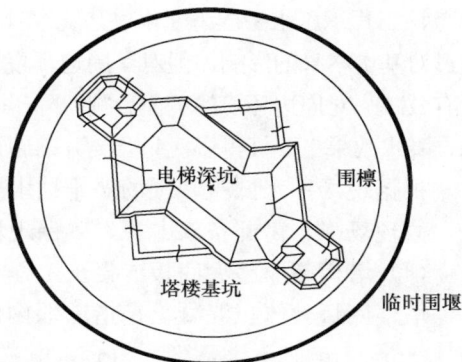

图 1.3-6 塔楼基坑平面示意图

工期大大缩短。

综合比较，考虑到塔楼区钢桩较密，刚度大，且第⑥、⑦层土塑性较强，该项目选择了方案㈡进行深坑土方开挖。周边垫层加厚到 500mm，且内配加强钢筋。电梯井深坑采用钻孔灌注桩围护，桩外搅拌桩止水帷幕，两道钢支撑对撑。土方分层放坡开挖，每层土由坑内挖机挖出，转至挖土平台下，长臂挖土机在挖土平台上直接将土装车，运出现场。

监测数据表明，桩体最大测斜仅 4.7mm，完全满足设计要求。

（3）深坑降承压水实施

该工程土方开挖范围涉及上海第⑦层承压水层，承压水头埋深为 5.75～6.0m。降水成败是该工程施工的关键。

根据该工程前期单井抽水试验情况得出的各相关参数，塔楼施工阶段坑外布置 14 口降压水井能满足施工需求。挖土至－10.5m 后，开启 3 口承压水井，随着挖土加深，施工至大面积底板底，增至 5 口，电梯井深坑开挖阶段增至 7 口。每口井的抽水流量约为 48t/h。抽出的水通过沿围檩设置的 400mm×600mm 排水明沟排向市政管网。

裙楼基坑工程施工时，根据塔楼承压水的施工经验，经计算利用原塔楼的降压水井能满足裙楼施工需求。裙楼分区施工，挖土至－10.5m 后，开始开启承压水井，随着挖土加深，承压水井开启数量逐步加大，最终开启了 5 口。由于裙楼主体结构施工，沿承压水井布置的排水管网已被破坏，直接在首层结构面布设采水软管，将水送至市政管网。

在降压水井运行阶段，采用动态监测土体承压水水位标高，实时调整开启降水井数量及分布，保证水头压力低于土体压力。在保证基坑稳定、土方开挖安全的前提下，尽可能减少抽水量，将降水对周边环境的影响降至最低。

监测数据表明：塔楼降压水井运行阶段对周边环境影响非常大，特别是开启承压水井的 1～2d，周边管线明显快速沉降，之后趋于稳定，沉降速度减缓。开启 7 口承压水井时，影响范围很大，甚至影响到距离塔楼基坑边缘 70m 远的陆家嘴环路立交，随着水位下降，地下管线、立交保持着较快的沉降速率。相对于塔楼来说，裙楼降压水井设置在坑内，开启数量大幅减少。存在一道地下墙，降承压水引起周边环境的影响程度也远小于塔楼区施工期间。但由于裙楼施工工期较长，降压水井运行时间较长，周边环境累计影响还是较大的。世纪大道上水管最大沉降达 92.4mm。

该工程承压水头压力变化对基坑本身和周边环境均有很大的影响，尤其对周边环境的影响超过对基坑本身的影响，但对其周边环境影响在一定程度范围内是可逆转的，只要控制得当，可有效减小对周边环境的负面影响。降压水井设置在坑内，对周边环境影响远小于设置在坑外的，降水效果也要好得多。只要封井措施得当，降压水井设置在坑内是可行的。

根据现场抽水试验，现场停止抽水 10min，水位即能恢复 8.8%，即影响工程基坑安全，故现场降水需配备双电源，确保现场降水井运行通畅。

（4）塔楼超厚超大底板混凝土工程实施

塔楼底板大体积混凝土是指围堰内的基础底板混凝土。浇筑面积 7850m²，厚度分别为 4.5m、4m、2m（局部 2.5m），电梯井部位深度为 12.14m，混凝土总方量 41150m³。底板混凝土设计强度为 C40，上、下层配筋各为双向 4 根 $\phi28@250$，在 4～4.5m 厚板中间设 3 层 $\phi12@200$ 钢筋网，每隔 1m 设置竖向抗剪暗柱，配筋为 8~10 根 $\phi28$，表面设双向 $\phi12@200$ 抗裂钢筋网片。

经计算分析：在优化混凝土配合比，减少单方水泥用量，合理掺加粉煤灰、矿粉，选用优质外加剂，充分利用混凝土 60d 龄期强度及表面加设抗裂钢筋的前提下，该工程底板混凝土纵横向均不设伸缩缝及后浇带，竖向范围内分 3 次浇筑（图 1.3-7），混凝土表面采用普通两层麻袋两层薄膜蓄热养护，能有效控制了大体积混凝土中心与表面的温差，避免混凝土出现温差、收缩裂缝。保证了大体积混凝土浇筑质量及底板受力整体性，同时方便施工，减少施工措施投入，节约了宝贵工期。

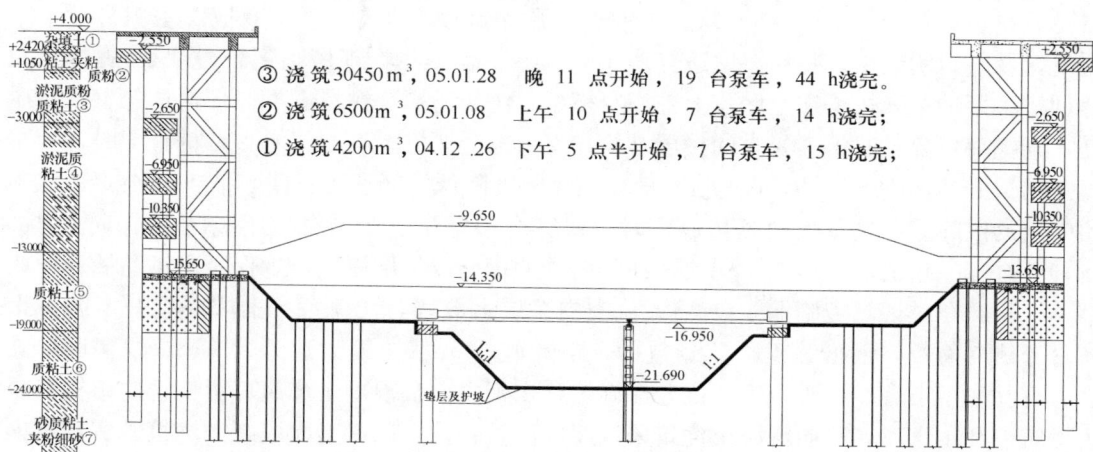

③ 浇筑 30450m³，05.01.28 晚 11 点开始，19 台泵车，44 h 浇完。
② 浇筑 6500m³，05.01.08 上午 10 点开始，7 台泵车，14 h 浇完。
① 浇筑 4200m³，04.12.26 下午 5 点半开始，7 台泵车，15 h 浇完；

图 1.3-7 塔楼底板混凝土分层浇筑示意图

（5）裙房逆作

结合工程的实际，科学部署，合理安排是逆作法工程顺利实施的关键。该工程遵循"对称、均衡、分层"施工原则，平面上分五区跳仓施工，竖向土方分五层开挖，土方开挖与结构施工依次交叉向下施工至底板层。底板先施工中心岛区，在底板上向围护结构设置抛撑，再进行环岛区土方开挖及底板施工。

每个施工区合理布设 3~4 个取土口，坑内采用小型挖机挖土、转土至取土口，利用大型长臂挖机挖至运输车，大大加快土方出土速度。挖土采用盆式挖土、坑边留土护壁，每层挖土同层高，由塔楼侧向基坑边退挖，便于结构施工的同时，减小基坑变形。临时围堰采取水平向爆破拆除，即保证塔楼永久结构安全，又加快施工工期。水平结构施工采用直接在垫层上搭设常规满堂脚手架支撑体系施工，施工时预留竖向结构插筋。底板完成后进行从下向上进行竖向结构顺作施工和车道、取土口施工。

裙房逆作，有效保护了基坑周边环境，且为施工现场提供大量施工材料堆场、材料运输通道，确保塔楼施工工期。利用永久结构水平梁板体系作为基坑水平支撑，节约工程造价。但同时也增加挖土和结构施工的难度。

该工程裙楼基坑近似四边形，长约 200m，宽 108~120m，若采用常规地下墙支护，内四道设置水平,根据陆家嘴地区工程施工经验,地下墙的变形量一般为80~120mm。该基坑围护监测数据表明,地下墙变形量一般为50~70mm,个别达到81.5mm,有效减小对周边环境的影响。

裙房逆作,几乎不影响塔楼施工工期。裙房逆作为主楼提供大面积的材料堆场及材料运输通道,裙楼地下结构施工完毕,塔楼已施工至60层,有效确保了该工程的整个工期。

利用永久结构各层水平楼板作为基坑工程围护支撑,降低造价。与工程顺作施工比较,逆作法施工省了围护支撑,增加竖向临时钢格构柱,增加土方开挖及结构施工难度。经与类似工程顺作法施工比较,逆作法施工总造价降低约6%左右,工期基本相当。

土方开挖时不仅要考虑疏干井将土体内含水疏干,还要阻止坑外水进入坑内。在1FL各个洞口边砌筑200mm高挡水坎。每区土方开挖要考虑土体"时空效应"组织力量集中抢挖,及时封闭垫层,垫层厚度适当加厚。在垫层搭设满堂脚手架需铺设跳板。抛撑及抛撑围檩采用抽条开挖,在土胎膜上铺设废模板,浇筑抛撑和抛撑围檩。任何情况下,每层土方开挖后也要及时施工相应的楼层结构,春节期间要安排得当。水平结构施工时,预留竖向结构插筋,用SA级钢筋连接套筒,最大限度降低钢筋预留长度,减少挖土施工对预留钢筋的破坏。在楼层板面测量放线时,要综合考虑基坑变形对后续竖向工程偏位的影响,要进行一定值的预偏差,建议增加竖向结构钢筋保护层厚度,确保竖向钢筋插筋的成活率。同时在距离爆破围堰20~30m范围内垫层上放线,还要考虑围堰爆破冲击波对土体带来侧向偏位,根据该工程监测数据,距围堰10m偏位最大达到22mm,故围堰爆破后方可在垫层上放线,进入下一道工序施工。水平向梁板混凝土浇筑时留设竖向结构混凝土浇筑口和出气口,竖向混凝土浇筑采取两次浇筑工艺,确保竖向混凝土浇筑密实且与梁板底有效咬合。从第二层土施工开始,利用风机向坑内送风,使坑内密闭环境内空气流通;在每层楼板底设置安全照明,大大改善工人操作施工环境。

(6) 塔裙楼沉降差异协调

该工程塔裙楼高差达95层,地下结构不留沉降缝,设计通过每层塔裙楼之间留设后浇带来协调两者之间的沉降差异。后浇带宽2~3m,沿塔楼环形布置,后浇带中间布置对撑钢梁的柔性传力带,既能确保裙楼基坑水平支撑力有效传递至主楼,又能有效协调塔裙楼之间的沉降差异,避免底板产生沉降裂缝。设计要求,根据塔裙楼沉降监测数据分析,塔裙楼沉降趋于稳定,方可封闭后浇带,且塔楼至少施工至50层。

该工程裙楼施工至底板时,塔楼施工至32层,塔楼最大沉降25.31mm。各层后浇带开始封闭时,塔楼施工至68层,最大沉降38.55mm,此时裙楼最大沉降3mm。塔楼施工至100层时,塔楼最大沉降98.34mm,裙楼最大沉降36mm。与理论计算相比,塔楼沉降值较接近,裙楼差距较大,裙楼未出现反拱现象。

后浇带削弱了承担水平力作用的各层楼板整体刚度,加大了围护体的变形总量,使得该工程相对于其他逆作法工程的变形稍大。

(7) 塔裙楼立体交叉施工

塔楼、裙楼同步立体交叉施工,施工区域的协调、施工场地、运输通道协调是关键。该工程在塔楼周边1FL+1.5m标高处特设计了由施工主干道跨越裙楼,通向塔楼的临时重车道、重型材料堆场,面积2500m²,将裙楼施工对塔楼影响降至最低。同时裙楼逆作首层楼面为塔楼施工提供大量的材料堆场、施工通道，保证了塔裙楼施工顺利实施。

塔裙楼立体交叉施工对高空安全坠落、物体打击、爆破震动等施工安全带来很大隐患。

裙楼与塔楼对接，在裙楼首层施工时完全暴露在塔楼下方，且塔楼已施工较高，只有做好塔楼临边安全防护措施，才能保证裙楼施工安全。

为加快施工速度，塔裙楼之间临时围堰及围檩采取爆破方式拆除，围堰紧靠塔楼，要保证塔楼永久结构不能受任何损伤，该工程采取密孔少药量，减小冲击力及振动波；加强防护棚，在围堰爆破对塔楼影响区域内覆盖模板、麻袋等方式对塔楼永久结构进行保护。

值得注意的是，逆作法楼面堆载要均衡、要限载。荷载既要在临时钢柱承载范围内，又不能引起钢柱发生不均匀沉降，以免拉裂楼板。同时要等楼板强度达85%方可堆载。

（8）基坑工程监测信息化指导施工

深基坑工程信息化监测是基坑施工安全的有力保证。通过对工程施工过程中地下墙测斜、坑外土体测斜，支撑应力、格构柱沉降、立柱垂直度、水压力、土压力及周边管线、建筑等进行全天候24h监测，并及时对监测数据进行分析。基坑周边环境监测点布置如图1.3-8所示。通过全天候24h监测，全面掌握基坑工程及周边环境的安全状态及变化趋势。遇到数据报警，增加监测频率，实时通报，绘制变化趋势图，信息化指导施工，及时调整施工工序，必要时启动应急预案，确保基坑稳定。

（9）基坑工程应急预案

基坑工程施工前要编制各项基坑工程危机预案，包含组织体系、启动关闭程序、信息保障、抢险措施等各项内容。根据基坑围护监测数据，适时启动预案。

在裙楼逆作法施工工程中，由于裙楼基坑施工时间长，承压水抽的较多，引起坑边世纪大道下的上水管累计沉降最大达−92.4mm，逼近其极限变形−100mm，立即启动周边管线沉降过大跟踪压密注浆预案，有效确保管线及基坑安全。

该项目由于车道处楼板缺失，水平支撑整体刚度不足，该处对应的地下墙测斜最大达81.5mm，地下一层、地下二层处支撑轴力最大达12000kN，立即启动支撑加固预案，果断增加支撑，确保基坑稳定。

该工程在地下三层土方开挖阶段遇到承压水击穿勘探孔向外涌水，立即启动预案，紧急启动周边2口降压水井，加大抽水量，使承压水头低于挖土面标高。再向勘探孔内填充遇水膨胀泥球，顶用水泥砂浆封堵，强度达到后关闭降压水井。由于及时封堵，未引起坑底管涌及流砂，确保了基坑稳定。

局部后浇带处传力支撑应力、应变较大，立即采用低强度等级混凝土临时封闭后浇带。

8. 管理经验

（1）大体量混凝土浇筑时，组织协调工作很重要。重点涉及搅拌站、场外交通、场内道路、现场施工劳动力、后勤保障等方面。该工程大底板第三次混凝土浇筑，30450m³，组织7家混凝土搅拌站，456台混凝土运输车、19台汽车泵，劳动力356人，利用星期六、星期日场外交通通畅，44h施工完毕。

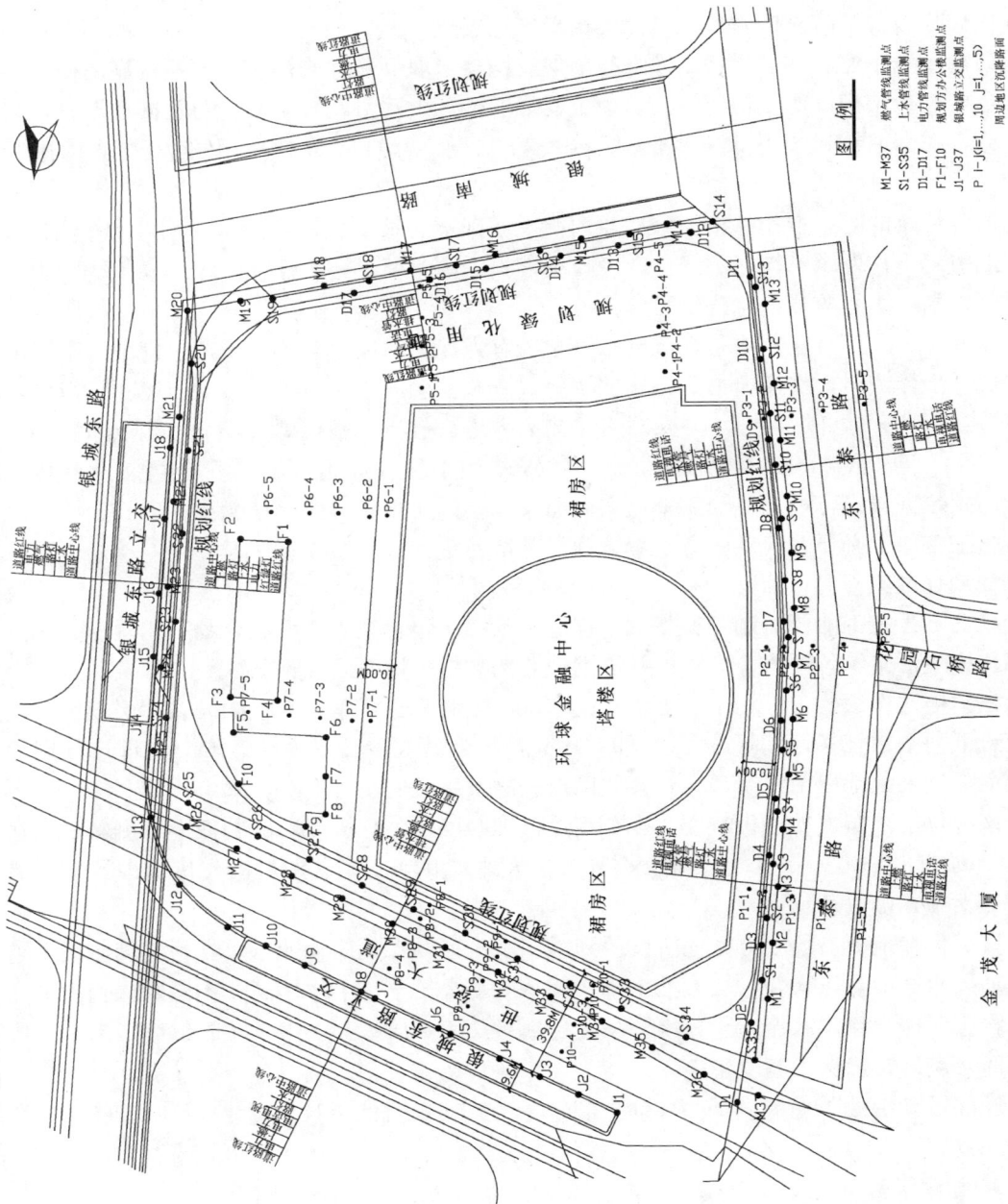

图 1.3-8 基坑周边环境监测点布置图

（2）监测信息化指导施工是基坑工程顺利实施的前提。该工程系统对基坑围护、周边环境进行全天候 24h 监测，将监测数据与预测数据进行比较，判断上一步施工工艺和参数是否达到预期要求，同时对下一步施工工艺及进度进行控制，信息化指导施工。有效确保基坑顺利实施。

（3）紧急预案是基坑工程实施的保障。该工程实施前编制了详细基坑工程各项危机预案，一旦基坑出现险情，立即启动，赢得宝贵的抢险时间。

（4）基坑工程施工与设计紧密联系在一起，相互渗透。施工必须按设计的工况进行施工，设计要及时根据现场施工实际各项参数的变化情况对设计参数进行修正，反馈至施工。

1.4 多层面超大面积钢筋混凝土地面无缝施工技术

1.4.1 问题的提出

1. 问题的提出

20 世纪 80 年代以来，随着我国国民经济的发展，人民生活水平的改善，对建筑物功能的要求正逐步提高。在高层、超高层建筑物不断增加的同时，平面尺寸超长、超宽的建筑物也在迅速涌现，用于大型公共建筑、工业厂房和商业中心等。鉴于建筑与结构的整体性、使用功能和建设工期的要求，此类建筑的地面（或楼面）大多要求为不设伸缩缝和后浇带，或伸缩缝间距超过现行规范要求。即对这类超大面积混凝土地面结构提出了无缝施工的要求。

与《混凝土结构设计规范》GB 50010—2002 中为避免结构混凝土产生温度收缩裂缝，规定钢筋混凝土结构伸缩缝的最大间距一样，《建筑地面设计规范》GB 50037—96 也同样对混凝土地面结构伸缩缝和后浇带作出了规定："室内地面的水泥混凝土垫层，应设置纵向缩缝和横向缩缝，纵向缩缝间距不得大于 6m，横向缩缝不得大于 12m"；"垫层底板长度超过 60m 时应设置后浇带，间距 30～40m，带宽 1000mm"。但对于下列情况如有充分依据和可靠措施，则可适当增大伸缩缝间距或取消伸缩缝和后浇带：1）采取专门的预应力措施；2）采取能减小混凝土温度变化或收缩的措施，要求在增大伸缩缝间距或取消伸缩缝和后浇带时，考虑温度变化和混凝土收缩对结构的影响。超大面积混凝土地面结构无缝施工技术属于第二种范畴，一方面采取措施释放部分混凝土温度收缩应力，以减小混凝土收缩变形；另一方面，采取措施提高混凝土的极限抗拉能力。

超大面积混凝土地面结构指地面混凝土垫层平面尺寸超长、超宽，即结构在平面两个方向均超过上述规范规定的不设置伸缩缝的最大间距，在设计和施工过程中必须考虑收缩温度应力等问题并采取一系列措施避免混凝土可能产生有害裂缝的混凝土的地面结构。超大面积混凝土地面结构通常有以下特点：

1）结构形式上呈现出平面尺寸超长、超宽的特点，但厚度较小，一般不超过 500mm。

2）混凝土浇筑后，由于内外温差以及季节温差的作用，超大面积混凝土地面结构内将产生较为可观的温度收缩应力，使得地面产生较大的收缩变形。

3）超大面积混凝土地面结构的裂缝主要由结构变形约束（温度、收缩、不均匀沉降）和外荷载共同作用引起。通常温度收缩应力是超大面积混凝土地面结构裂缝出现的主要因素。

超大面积混凝土地面结构无缝施工技术的核心问题在于对因变形约束应力过大而产生混凝土裂缝的控制。在过去几十年中，由于经济水平等原因，国内涉及超大面积混凝土结构的工程较少，超大面积混凝土地面结构的工程更少。因而对此类结构的裂缝控制理论研究不多。从而导致我国规范、规程乃至各种施工手册中都很难找到这类结构具体的设计和施工方法。使得工程技术人员缺少对此类结构定量的分析计算，而只能定性地按工程经验进行设计和施工，这种设计和施工的盲目性和不科学性，在工程中造成大量的浪费和不安全隐患。鉴于近年来超大面积混凝土结构无缝施工的应用越来越广泛，对这方面的工程理论研究还不够全面、系统和规范，还缺少一个简捷有效的设计与施工方法。特别是对施工阶段和使用阶段裂缝开裂验算缺少理论依据，对裂缝控制（包括设计控制、材料控制、施工控制、监测控制）缺少较成熟完善的工艺措施，因此以此为研究对象，其研究不仅具有一定的学术研究价值，而且具有重要的工程应用价值。

2. 研究背景

超大面积混凝土地面结构无缝施工技术以其简易的施工可操作性、优良的技术经济性和良好的使用性，正受到越来越多的国内外建筑师和业主的青睐，有着广阔的发展空间和应用前景。它增强地面结构的整体性；提高地面的使用性能（提高空气洁净度、地面防水、防潮等）；施工操作简易、容易掌握，只要施工中实际操作按规定严格落实，工程质量就容易得到保证；施工采用跳仓浇筑，只要跳仓浇筑的施工组织安排合理，较之设置后浇带可较大程度节约施工工期，这对工程项目特别是工业项目带来的经济效益是巨大的。

长沙卷烟厂联合工业厂房是湖南省十大重点工程和标志性工程之一，总投资 11.0 亿元人民币。该项目引进意大利先进生产设备，拟建达到世界领先水平的烟丝加工生产线，建成后年产卷烟 120 万箱。厂房的高起点、高规格从使用功能和建设工期上对厂房 20520m² 地面混凝土垫层提出了无缝施工的要求。

基于对超大面积混凝土地面结构无缝施工应用需要，中建五局以长沙卷烟厂联合工业厂房为依托，特成立专家组开展相应问题的研究工作。研究工作涉及工程施工方案的制定和可行性论证，进行了工程施工阶段和使用阶段地面混凝土开裂验算，现场监测试验的测试，获取了大量的第一手资料，为该技术问题的研究奠定了良好的实践基础。

超大面积混凝土地面结构无缝施工技术在长沙卷烟厂的实践取得了很大成功。"超大面积混凝土地面结构无缝施工技术"通过由中建总公司科技部组织专家组的科技成果鉴定，获得 2006 年中建总公司科技进步二等奖。

3. 国内外研究现状

根据超大面积混凝土地面结构的特点，解决其裂缝控制问题的关键在于妥善解决温度收缩应力问题。而温度收缩应力与混凝土的温度、收缩和徐变有关，与结构刚度和结构受约束的程度有关。即需要对结构在温度、收缩和徐变等共同作用下进行应力分析。但迄今为止国内外对温度收缩应力的研究仅限于大体积混凝土、压力容器和核反应堆外壳等结构工程，对超大面积混凝土地面结构温度收缩应力分析方面的研究资料较少。离工程应用还有相当的距离，但是关于一般钢筋混凝土结构的温度应力及混凝土收缩、徐变对结构的影响研究有大量的文献，下面简要介绍国内外这方面的研究成果。

（1）混凝土收缩、徐变对结构影响

国外对于混凝土收缩、徐变的研究，始于 20 世纪初。1905 年，I. H. Woolson 发现在高轴向应力作用下钢管中的混凝土有流动现象；1907 年，美国材料试验学会（ASTM）首先报道了钢筋混凝土梁的徐变资料。这些资料表明，混凝土具有一定的塑性。1915 年，F. R. Mcmillan 进行了混凝土加荷与不加荷载时性变形的试验，1917 年 E. B. Smith 在美国混凝土学会（ACI）杂志上发表了混凝土徐变与徐变恢复的试验成果，直到 1931 年，R. E. Davis 等人对混凝土的徐变性能进行了系统研究之后，人们对徐变性能才有了较明确的认识。混凝土收缩、徐变所导致的配筋构件或钢筋混凝土共同工作的超静定结构的内力重分布及其计算，在 20 世纪 30 年代 F. Dischinger 首先提出微分方程解。这种方法对于多层钢筋的配筋构件及多次超静定结构的计算，十分复杂。而且如果需要简化求解，则所作的假定常与实际有较大出入。1967 年，H. Trost 教授引入了当时他称为松弛参数的概念，提出了由徐变导致的应力变化与应变变化之间关系的代数方程表达式，使内力重分布计算从微分方程解法转变为代数方程的解法。这一方法不仅简化了计算，而且提高了精度。1972 年，Z. P. Bazant 对 H. Trost 的公式进行了严密的证明并将它推广应用到变化的弹性模量与无限界的徐变系数。Trost-Bazant 的按龄期调整的有效模量法与有限单元法相结合，使得混凝土结构的收缩、徐变计算能够采用更逼近实际的有限元逐步计算法。在 Trost-Bazant 理论基础上，1982 年，W. H. Dilger 教授提出了"徐变换算截面性质法"，使得构件内部配筋影响的计算获得很大简化。当然，上述的老化系数或按龄期调整的有效模量的计算，以及有限元逐步计算等都需借助于电子计算机的运算。

我国混凝土结构设计中考虑混凝土收缩、徐变的影响，始于 20 世纪 50 年代对预应力简支梁的预应力损失和上拱度计算。在 20 世纪 60 年代，对混凝土收缩、徐变性能进行了较系统的试验研究，提出了数学计算模式。朱伯芳教授提出了徐变应力分析的隐式解法、子结构法和简谐徐变应力分析的等效模量法，使大体积混凝土的徐变计算精度和效率得到了很大提高。国内关于超静定混凝土结构的收缩、徐变分析，以 1964 年劳远昌教授的专著与张忠岳研究员等的试验报告为最早，但应用于实际结构则在 20 世纪 70 年代中期以后。至 20 世纪 80 年代，我国建筑科学研究院陈永春研究员等在 Trost-Bazant 理论基础上，将混凝土应力－应变积分方程关系式用积分中值定理转化为代数方程，提出了中值系数法。近年来，超静定混凝土结构的发展与部分预应力理论的应用更促使收缩、徐变影响的计算成为结构设计所不可缺少的内容。我国的工程结构裂缝专家王铁梦教授在这方面做了大量的理论计算和施工技术研究工作。

进入 20 世纪 90 年代后，国内外学者和学术团体都对徐变和收缩的数学模型及结构分析理论进行了研究改进，例如根据统计学的原理对混凝土结构的收缩、徐变问题进行"不定性"分析的研究，对于卸载时徐变恢复的非线性问题的研究等。

（2）超大面积混凝土地面结构常用的无缝施工方法

尽管目前超大面积混凝土结构的温度收缩应力理论分析、设计方法和施工工艺还不完善，但随着对混凝土徐变和收缩认识的加深，温度和收缩作用对结构产生影响的试验与理论研究，加之工程实践经验积累，对超大面积混凝土地面结构无缝施工中裂缝控制也找到了一些较行之有效的方法。在这些方法中，新技术、新材料的应用成为解决温度收缩应力产生裂缝的关键，主要有：

1）采用预应力的无缝施工技术

采用预应力控制混凝土裂缝从理论上讲，是最安全最可靠的裂缝控制技术，也是在工程界为大多数人所认可的裂缝控制技术。但在实际施工过程中，超大面积的混凝土地面结构由于厚度较薄，而且地面结构通常层数较多（如：素混凝土垫层、防潮层、钢筋混凝土垫层、找平层等），加之中间柱网布置，使得预应力技术在实际施工过程中操作难度大。

2）采用膨胀加强带的无缝施工技术

为控制温度收缩应力，减少混凝土收缩，可以在混凝土中添加膨胀剂。但膨胀剂作用主要发生在早期，只能解决结构的早期裂缝，而且就目前我国的市场上的膨胀剂而言，大多是在有水的条件下或环境湿度较高的条件下才表现出膨胀特性，而在相对干燥的环境中，也就是结构正常使用条件下，常常表现出的不是膨胀而是收缩特性，这点在许多工程实践中已得到证实。这些限制了膨胀剂在我国超大面积混凝土地面结构中的推广应用。

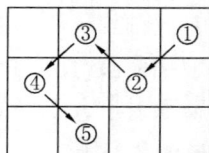

图 1.4-1 跳仓浇筑
示意图

3）采用短距离释放应力的无缝施工技术

短距离释放应力无缝施工技术指在混凝土地面按垂直方向设置施工缝，用施工缝将地面按一定尺寸分为若干块，相邻块间隔浇筑（跳仓浇筑）（图 1.4-1），待先浇筑混凝土经过较大收缩变形后，再连接浇筑成整体。这种短距离释放应力的无缝施工技术是根据温度收缩应力与结构长度呈非线性关系，利用混凝土早期（7～10d）温差及收缩变形较大，采用短距离释放应力的办法应对早期较大的收缩，待混凝土经过早期较大的温差和收缩后，各块浇筑连接成整体，以应对以后较小的收缩。即"先放后抗，抗放兼施，以抗为主"的辩证控制原则。这种无缝施工技术在实际工程中可操作性强，在施工组织安排合理的情况下，较之按规范设置后浇带可较大程度节省施工工期，这对工程项目特别是工业项目带来的经济效益是巨大的。

目前国内施工单位在采用短距离释放应力无缝施工技术时，其跳仓间距的确定、混凝土配合比的优化、地面结构在施工阶段和使用阶段混凝土开裂验算、施工中现场监测以实现动态养护等都缺少理论依据的指导。往往都是凭工程经验决定，造成了在许多工程中本可以避免的有害的裂缝的出现，影响结构的正常使用。超大面积混凝土地面结构无缝施工跳仓间距的计算，裂缝控制措施（包括设计控制、材料控制、施工控制、监测控制），施工阶段和使用阶段开裂验算等是超大面积混凝土地面结构无缝施工技术研究工作中急需解决的问题。对这些问题的研究，有利于规范超大面积混凝土地面结构工程设计与施工，提高混凝土质量，为其发展提供良好的外部环境，推动该技术的健康发展。

1.4.2 创新与关键技术

1. 技术设计思路

多层面超大面积钢筋混凝土地面无缝施工技术，关键是对地面结构裂缝的控制。要得到大面积钢筋混凝土地面结构一点裂缝都没有，是不现实的。"消除有害裂缝，减少无害裂缝"是大面积混凝土地面结构无缝施工过程中的指导思想。在这一思想指导下，根据温度应力与结构长度呈非线性关系，利用混凝土早期（7~10d）温差及收缩变形较大，把多层面超大面积钢筋混凝土地面按垂直方向设置施工缝，分为若干小块，每一块为一仓，施工期间实行分块跳仓浇筑。这种跳仓浇筑采用了短距离释放应力的办法应对较大的收缩，待混凝土经过早期较大的温差和收缩后（7~10d），各仓浇筑连接成整体，应对以后较小的收缩。即"先放后抗，抗放兼施，以抗为主"的辩证控制原则。这一原则与结构设计中一方面提高结构"抗力"，另一方面降低外来"作用力"原则是一致的。

按这一原则设计出的超大面积钢筋混凝土地面结构在取消了永久性伸缩缝、沉降缝和后浇带后，地面结构既不产生很大的变位，也不产生很大的应力；满足了承载力极限状态及使用极限状态的要求。

2. 计算分析理论基础

混凝土是由多种材料组成的非均质材料。在施工和使用过程中出现不同程度和不同形式的裂缝，是相当普遍的现象。混凝土裂缝并非都是事故，从功能上讲，裂缝分有害裂缝和无害裂缝。任何混凝土结构要想没有裂缝是不可能的，也是不现实的。因此对裂缝控制的指导思想应该是"消除有害裂缝，减少无害裂缝"。对于超大面积混凝土地面结构无缝施工，由于目前还没有完善成熟的设计和施工工艺，导致许多工程无法圆满解决其开裂问题。对于混凝土裂缝的出现过程，如图1.4-2所示。

从混凝土材性上讲，混凝土具有良好的抗压性能，但抗拉强度低，同时由于混凝土的抗拉变形能力也较低，因而混凝土在硬化过程中易产生裂缝。加之混凝土成型的施工环节

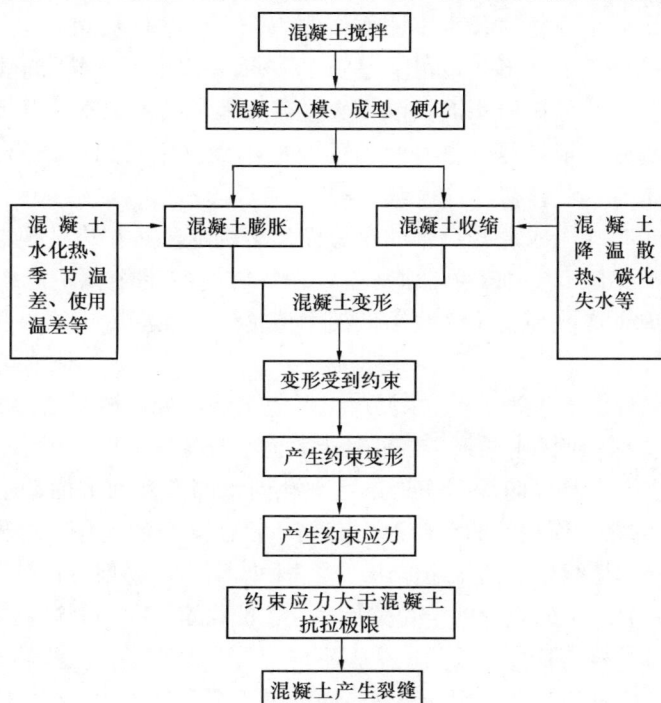

图 1.4-2 混凝土开裂过程

多，硬化时间较长，在混凝土未进入使用阶段时，其内部已经出现了微观裂缝，如采取措施不当，当外荷载作用及混凝土周围环境变化时，一旦构件中的拉应变大于混凝土的极限拉伸应变，这些微观裂缝就会发展成影响建筑物使用功能的有害裂缝。

混凝土裂缝的成因主要有两类：由外荷载的直接应力与次应力引起的裂缝和由变形变化引起的裂缝。根据国内外资料表明，工程实践中的裂缝原因，属于由变形变化为主引起的裂缝约占 80%，可见施工过程对工程裂缝控制的成败起着至关重要的作用。从工程施工过程来讲，混凝土的裂缝主要有：由应力作用（温度应力收缩应力、混凝土徐变等）引起的变形裂缝；施工中施工缝、后浇带处理不当以及混凝土材料、施工工艺等问题引起的施工裂缝。

以下主要对混凝土收缩、徐变和温度应力等因素产生变形裂缝进行分析，并从满足工程实际需要出发，对超大面积混凝土地面结构变形裂缝计算公式进行分析，及跳仓间距 $[L]$ 的计算以及裂缝开裂验算分析。

（1）收缩裂缝

1）收缩裂缝产生机理

混凝土的收缩是指混凝土在不受力的情况下，因变形产生的体积减小。收缩原因的理论解释有多种见解，目前最普遍认可的收缩机理是将混凝土收缩分为自生收缩、干燥收缩、塑性收缩、碳化收缩、温度收缩，在实际工程中最主要是考虑其中的两大类：干燥收缩和温度收缩。

自生收缩是混凝土在混凝土拌制及成型养护过程中，由于水泥颗粒不断水化，毛细管及各孔隙游离水逐渐与水泥矿物质水化，转化为凝胶及结晶形成水泥石，体积略有收缩。即水泥与水化合作用后生成物体积小于原物料体积，也称硬化收缩，这种收缩与外界湿度无关。自生收缩可能是正的变形，也可能是负的变形（膨胀），普通硅酸盐水泥的自生收缩是正的，即缩小变形，而矿渣水泥的混凝土自身收缩是负的，即为膨胀变形。掺用煤粉灰的自生收缩也是膨胀变形，尽管自身收缩的变形不大（$0.4 \times 10^{-4} \sim 1.0 \times 10^{-4}$），但是对混凝土的抗裂性是有益的。

干燥收缩是由于存在于水泥凝胶中的水分而发生的毛细管张力造成混凝土的收缩，即混凝土中存在极细的孔隙（毛细管），水从中逸出，在这些毛细孔中产生毛细管张力使混凝土产生变形，造成干燥收缩。干燥收缩最超大值是发生在混凝土第一次干燥后，应变最大曾经观测到约为 4.0×10^{-4}。

塑性收缩是在混凝土浇筑 3~4h，水泥水化反应剧烈，分子链逐渐形成，由于泌水的原因会在其内部形成很多毛细泌水通道，当混凝土表面水分蒸发速度大于水分向表面的迁移速度时，混凝土失水将由表及里向深处发展，毛细孔内水的弯液面的曲率也将随之逐渐增大（图 1.4-3）。由于水的张力作用使凹型弯液面有缩小自己面积的趋势，这种趋势造成的孔内负压将使毛细孔壁受到持续增长的压缩作用。当这种收缩作用受到来自基层、钢筋、模板等约束条件的限制时，混凝土的表面处于受拉状态。塑性收缩是在初凝过程中发生的收缩，故也称之为凝缩，此时骨料与胶合料之间也产生不均匀的沉缩变形，这些都发生在混凝土终凝之前，即塑性阶段，故也称塑性收缩。塑性收缩的量级很大，可达 1% 左右。

碳化收缩是大气中的二氧化碳与水泥的水化物发生化学反应引起的收缩变形，各种水

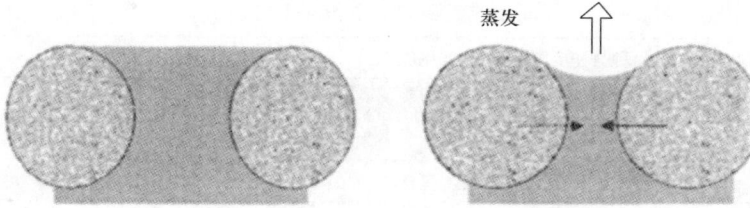

图 1.4-3 毛细孔内水液面曲率变化图

化物不同的碱度，结晶水及水分子数量不等，碳化收缩量也大不相同。碳化作用只有在适度的湿度，约 50% 左右才发生。碳化收缩在一般环境中通常不作专门计算，只是在特殊环境中的持久强度与表面裂缝分析中才应当加以考虑。

同时和其他材料一样，混凝土也会发生热胀冷缩、升温膨胀、降温收缩，当混凝土产生收缩变形，而这种变形又收缩约束时，就产生了收缩裂缝，对于超大面积混凝土地面结构，产生收缩裂缝的主要原因还是温度收缩裂缝，这将在后续的温度裂缝中加以分析。一般在超大面积混凝土地面结构的抗裂缝计算中，也主要是对温度收缩裂缝进行定量计算，对其他裂缝进行定性的构造防范或并入温度收缩裂缝应力计算中。混凝土的收缩与徐变一样，都是随时间进行的缓慢过程，混凝土收缩变形随时间的衰减见表 1.4-1。

混凝土各龄期的收缩系数   表 1.4-1

养护完毕后混凝土的龄期	15d 内	三个月内	一年内	最　后
完成总收缩的部分	25%～30%	50%～60%	75%～80%	1

2）收缩应变值的计算

混凝土体积收缩是一种必然现象，在完全自由的状态下，收缩只会引起结构构件的缩短，而不会产生裂缝，但实际上，由于结构的整体作用，每一构件都受到不同程度的约束，因此，混凝土收缩必然在结构中产生应力，甚至导致结构的开裂。

对于收缩变形值的理论计算，各种文献所给的计算公式也不尽相同，较为准确的计算方法是按照实际骨料状况、环境相对湿度、温度对混凝土进行短期收缩试验，用测定值推算其极限收缩值。目前也有大量的文献和试验数据对其进行探讨，如欧洲的模式规范 CEB-FIP 中都有较为准确的计算公式，其他国外的有关规范中也有一些修正系数和经验公式可以采用。在我国，裂缝专家王铁梦教授在《工程结构裂缝控制》中任意时间素混凝土（包括低配筋混凝土）收缩量计算公式，此公式有助于我们对混凝土的收缩变形产生原因有一个清晰的概念，也是目前工程界引用较多的计算方法，该公式如下：

$$\varepsilon_y(t) = \varepsilon_y^0 \cdot M_1 \cdot M_2 \cdots M_n(1 - e^{-bt}) \tag{1.4-1}$$

式中　　　$\varepsilon_y(t)$——任意时间的收缩，t（时间）以天为单位；

　　　　　b——经验系数一般取 0.01，养护较差时取 0.03；

　　　　　ε_y^0——标准状态下的极限收缩，$\varepsilon_y^0 = 3.24 \times 10^{-4}$；

M_1、M_2、$\cdots M_n$——考虑各种非标准条件下的修正系数，按表 1.4-2 取值，或查阅相关参考书。

混凝土收缩应变计算修正系数取值 表 1.4-2

M_1	水泥品种修正系数，普通水泥取 1.0
M_2	水泥细度修正系数，比表面积为 $3000cm^2/g$ 时取 1.0
M_3	混凝土骨料修正系数，按各种岩石划分
M_4	水灰比修正系数，按各种水灰比大小取值
M_5	水泥浆量修正系数，按照所含水泥浆量百分比取值
M_6	初期养护时间修正系数，按照养护时间取值
M_7	使用环境湿度修正系数，按照环境相对湿度取值
M_8	构件尺寸修正系数
M_9	不同操作条件修正系数
M_{10}	不同配筋率修正系数

标准状态是指：原 275 号普通水泥；标准磨细度（比表面积 $2500\sim3500cm^2/g$）；骨料为花岗岩碎石；水灰比为 0.4；水泥浆含量 P_T 为 20%；混凝土振动捣实；自然硬化；试件截面 20cm×20cm（截面水力半径倒数 $r=0.2$）；测定收缩前湿养护 7d；徐变试验为 28d 加荷；周围空气相对湿度为 50%；徐变试验应力为棱柱强度的 50%。

在式（1.4-1）计算中，构件截面尺寸对干缩的影响，可采用截面水力半径倒数或构件体表比 λ 的方法进行修正。这里分别介绍两种修正方法的计算：

① 水力半径倒数

水力半径倒数作为反映截面在大气中的暴露程度来表示。水力半径按水力学概念是河流横截面积与其润周之比（润周是水与土基接触的周边长度）。相对于混凝土构件的水力半径倒数，即构件截面的周长 L（与大气接触的边长）与该周边所包围的截面面积 F 之比。

$$r = \frac{L}{F} \tag{1.4-2}$$

式中 L——构件截面的周长 L（与大气接触的边长）；

F——周边所包围的截面面积 F。

② 构件体表比 λ

构件体表比表示构件截面尺寸对温度及收缩的应变敏感程度，用 λ 表示，λ 反映了构件的表面积和体积因素在外界温度和收缩的因素作用下对构件应变的影响程度，λ 越小构件的外界因素对应变影响越大：

$$\lambda = \frac{V}{S} \tag{1.4-3}$$

式中 λ——构件的体表比系数；

S——构件的表面积。

收缩变形值（应变）计算的最终目的是要得到收缩应力，目前工程中常用的方法是将收缩应力并入温度应力的计算中去，将所求得的混凝土收缩变形值除以混凝土的线膨胀系数得到等效温差 T（混凝土温度当量温差），即：混凝土收缩产生的变形，相当于引起同样变形所需要的温度。

$$T = \varepsilon_{cs}(t,t_s)/\alpha \tag{1.4-4}$$

式中　t ——混凝土龄期；

　　　t_s ——收缩开始时混凝土龄期；

　　　α ——混凝土线膨胀系数；

$\varepsilon_{cs}(t,t_s)$ ——混凝土收缩应变。

　　例如在东南大学华东预应力中心温度应力的弹性有限元分析中，就是将混凝土的收缩值换算成混凝土的等效温度作用后，与结构环境温差叠加得到结构计算温差，即可使用 SAP、ANSYS 等有限元程序来分析结构在温差作用下的应力。在前面提到王铁梦教授的《工程结构裂缝控制》一书中，有关混凝土结构内部最大收缩应力的计算公式，也是将混凝土的收缩变形代换成混凝土当量温差，得到综合温差后计算最大拉应力。

　　（2）温度裂缝

　　1）温度裂缝产生的机理

　　钢筋混凝土是由不同材料组成的多相非均质体，骨料与砂浆的线膨胀系数不同（一般砂浆的线膨胀系数为 $(1.0\sim2.0)\times10^{-5}/℃$，骨料为 $(0.6\sim1.2)\times10^{-5}/℃$）；而且钢筋与混凝土的线膨胀系数也不同。由于混凝土拌和后水泥的水化作用产生大量的水化热、太阳辐射、环境气温变化等影响，不同的线膨胀系数产生不同的变形，变形时混凝土内部的约束使混凝土内部产生温度应力。加之混凝土是一种热惰性材料，导热系数极低，这又加强了钢筋混凝土构件截面的不均匀温度场，当温度应变大于混凝土极限拉伸应变时，就产生了温度裂缝。对于超大面积混凝土地面结构，温度作用应考虑的情况包括：

　　①结构施工期间混凝土终凝时的温度与可能出现的季节（最高或最低）温度差；

　　②结构主体已完工，但没有围护结构，地面处于通风状态时的温差；

　　③已有围护结构，自然状态下的温差；

　　④主体完工后，结构使用时，室内空调使用时的温差。

　　2）温度裂缝的计算方法

　　目前，随着超大面积混凝土地面结构的增多，结构温度测算手段也不断提高。对温度作用也从过去的定性构造措施，开始向定量的温度应力计算转变，当混凝土构件内温度产生的拉应力超过混凝土极限抗拉强度时，混凝土的拉应变达到极限拉伸，裂缝从而在混凝土结构中产生。若要温度应力作用下混凝土构件不产生裂缝。则必须：

$$\sigma^* \leqslant R \quad (R = E_c\varepsilon_p) \tag{1.4-5}$$

　　钢筋混凝土结构温度应力计算方法，运用较普遍的是王铁梦教授于 1974 年提出的温度收缩应力计算公式。

$$\sigma^* = -E\alpha T \cdot \left[1 - \frac{\mathrm{ch}\beta x}{\mathrm{ch}\beta\dfrac{L}{2}}\right] H(t,\tau) \leqslant f_{tk} \tag{1.4-6}$$

式中　E ——混凝土弹性模量；

　　　T —— $T = T_1 + T_2 + T_3$（水化热温差、气温差、收缩当量差的代数和）；

　　　L ——结构允许长度；

　　　β —— $\beta = \sqrt{\dfrac{C_x}{HE}}$（$H$ 为地面结构的厚度，C_x 下层结构水平阻力系数）；

α——混凝土线膨胀系数；

$H(t,\tau)$——松弛系数；

f_{tk}——混凝土的极限拉伸；

x——大面积混凝土地面浇筑块任意点距中心点的距离。

在用上式进行温度收缩应力计算的时候，8 个参数中除了结构允许长度 L、地面结构厚度 H 和混凝土线膨胀系数 α 为已知的外，其他 5 个参数都还需要进行另外的计算，下面就重点详细介绍这 5 个参数的计算方法。

① 混凝土温度 T 计算

a. 混凝土绝热温升计算

混凝土绝热温升是指在混凝土四周无任何散热条件、无任何热损耗的条件下，水泥与水化合后产生的反应热（水化热）全部转化为温升后的温度值。

$$T_t = T_h(1 - e^{-mt}) \qquad (1.4\text{-}7)$$

式中　m——水泥水化速度系数（d^{-1}），

　　　　$m=0.43+0.0018Q$（普通硅酸盐水泥），

　　　　$m=0.63+0.0018Q$（早强水泥），

　　　　$m=0.55+0.0018Q$（矿渣水泥）；

　　　T_t——在 t 龄期时混凝土绝热温升（℃）；

　　　T_h——混凝土的绝热最高温升（℃），指全部水泥的水化热完全转化为使混凝土温升后的最高温度值。其计算式如下：

$$T_h = \frac{W \cdot Q}{c\rho} \qquad (1.4\text{-}8)$$

式中　T_h——混凝土绝热温升（℃）；

　　　Q——水泥水化热（J/kg）；

　　　W——每立方米混凝土中水泥的实际用量（kg/m³）；

　　　c——混凝土的比热（J/kg·℃），可取 0.97×10^3（J/kg·℃）；

　　　ρ——混凝土的密度（kg/m³），可取 2.4×10^3（kg/m³）。

b. 混凝土内部实际温度计算

在实际工程中，混凝土并不是处在绝热状态，混凝土浇筑后，就有一个初始温度（即入模温度）。随后一方面，水泥受水化热的影响，混凝土内部温度将逐渐上升，另一方面由于与周围介质进行热交换，热量不断向外散发，因此在非绝热状态下，混凝土的实际温度是一个由低到高，又由高到低的变化过程。直至各种初始因素（水化热、入模温度等）的影响逐渐消失后，温度才趋于稳定。

由于一般结构的散热边界条件复杂，要精确计算混凝土内部在不同龄期的实际温度甚为困难。在实际工程运用中，一般可按下式近似估算：

$$T_{m(t)} = T_j + \xi T_h \qquad (1.4\text{-}9)$$

式中　$T_{m(t)}$——龄期 t 时混凝土内部实际温度（℃）；

　　　T_j——混凝土的入模温度（℃）；

　　　T_h——混凝土最高绝热温升（℃）；

ξ——温降系数。随浇筑块厚度与混凝土龄期而异。

c. 混凝土表面温度计算

混凝土结构的表面温度受外界气温、养护方法、结构厚度及混凝土本身性能等许多因素的影响。可用下式近似估算：

$$T_{b(t)} = T_q + \frac{4}{H^2} h'(H-h')\Delta T_{(t)} \tag{1.4-10}$$

式中 $T_{b(t)}$——龄期 t 时混凝土的表面温度（℃）；

T_q——龄期 t 时的大气环境温度（℃）；

$\Delta T_{(t)}$——龄期 t 时，混凝土中心温度与外界气温之差（℃）， $\Delta T_{(t)} = T_{m(t)} - T_q$

H——混凝土结构的计算厚度（m），双面散热按 $H = h + 2h'$ 计算；

h'——混凝土结构单面散热时的虚厚度（m）；

$$h' = K\frac{\lambda}{\beta} \tag{1.4-11}$$

式中 λ——混凝土的导热系数，可取 $2.33\text{W/m} \cdot \text{K}$；

K——计算折减系数，根据试验资料可取为 0.67；

β——模板及保温层的传热系数（$\text{W/m}^2 \cdot \text{K}$）。$\beta$ 值的计算可按下式计算：

$$\beta = \frac{1}{\sum \dfrac{\delta_i}{\lambda_i} + \dfrac{1}{\beta_q}}$$

式中 δ_i——各种保温材料的厚度（m）；

λ_i——各种保温材料的导热系数（$\text{W/m} \cdot \text{K}$）；

β_q——空气的传热系数，可取 23（$\text{W/m}^2 \cdot \text{K}$）。

水化热温差 T_1 就是混凝土内部实际温度与表面温度的差，即：

$$T_1 = T_{m(t)} - T_{b(t)} \tag{1.4-12}$$

环境气温差 T_2 可通过收集当地的气温变化资料，计算时根据施工大致时间绘制出气温变化曲线。收缩当量的温差 T_3 见前面收缩应力计算，在温差项中以 T_1 影响最为显著。

② 混凝土弹性模量

弹性模量 E 是反映瞬时荷载作用下结构的应力应变性质的系数，混凝土浇筑初期处于升温阶段呈塑性状态，弹性模量很小，由变形变化引起的应力也很小，一般可忽略不计。但是经过数日，混凝土的弹性模量随时间迅速上升而显著增大，此时由变形引起的应力状态也显著增加，因此必须考虑混凝土弹性模量的变化规律。根据国内外有关资料分析，混凝土的弹性模量一般采用最终弹性模量修正系数法或双曲线函数表达式计算：

a. 双曲线表达式：

$$E_{(t)} = \frac{t}{2.50 + 0.915t} E_{(28)} \tag{1.4-13}$$

式中 $E_{(t)}$——任何龄期混凝土的弹性模量（MPa）；

$E_{(28)}$——28d 龄期的混凝土的弹性模量（MPa）。

b. 最终弹性模量修正系数

$$E_{(t)} = E_0(1 - e^{-0.09t}) \tag{1.4-14}$$

式中 $E_{(t)}$ ——任意龄期的弹性模量；

$\quad\quad E_0$ ——最终弹性模量；

$\quad\quad t$ ——混凝土浇筑后到计算时的天数。

③ 下层结构水平阻力系数

当两种物体沿水平面接触，并产生相对位移时，在水平接触面上由于摩擦和粘结阻力，必然产生剪应力。相对位移越大，剪应力亦越大。作为某种近似，土力学曾假定某点的剪应力与该点水平位移成正比，其比例系数便是引起单位位移的剪应力：

$$\tau = -C_x u \quad\quad\quad (1.4\text{-}15)$$

负号表示剪应力与水平位移相反，严格地说，C_x 不是常数，地面结构相对各种建筑材料以及土壤，剪应力与位移也并不是位移关系。但是采用线性关系的假定，解决了许多工程问题。根据抗滑稳定试验等方面的理论研究与试验统计资料，C_x 的经验值推荐如下：

a. 在钢筋混凝土梁上浇板：C_x 取 $60\sim100\times10^{-2}\mathrm{N/mm^3}$；

b. 在岩石、大块混凝土、大块钢筋混凝土上浇筑新混凝土：C_x 取 $60\sim100\times10^{-2}\mathrm{N/mm^3}$；

c. 砖石砌体上浇筑板：C_x 取 $60\sim100\times10^{-2}\mathrm{N/mm^3}$；

d. 在硬质黏土上浇筑混凝土：C_x 取 $60\sim100\times10^{-2}\mathrm{N/mm^3}$。

对其他的具体工程情况，可参考上面 C_x 取值。

④ 松弛系数

在混凝土温度应力的基础上考虑混凝土徐变松弛系数，由于混凝土徐变产生的变形是随着时间不断增长的，可以缓慢的使结构产生内力重分布，也就是降低了构件内的温度应力，相应就对温度裂缝的开展起到阻滞作用。

松弛系数：

$$H(t,\tau) = \frac{\sigma_x(t,\tau)}{\sigma_x(\tau)} \quad\quad\quad (1.4\text{-}16)$$

为松弛应力与弹性应力的比值，它与发生约束应力大小无关，而与发生约束变形时混凝土龄期 τ 有关，与其后至某一时间 t 的间隔时间长短有关。混凝土龄期越早（越小），经历时间越长，应力松弛越显著。

松弛系数的计算方法有许多，如有效模量法、徐变率法、流动率法、叠加法、绩效流动理论及龄期调整有效模量法等，如美国 ACI 徐变估算公式先计算徐变系数，然后根据松弛系数与徐变的相关性求得松弛系数，具体方法如下：

徐变系数：

$$\Phi(t,\tau) = \frac{(t-\tau)^{0.6}}{10+(t-\tau)^{0.6}}\Phi_\infty(\tau) \quad\quad\quad (1.4\text{-}17)$$

式中 $\Phi_\infty(\tau) = 2.35k_1k_2k_3k_4k_5k_6k_7$，其中 $k_1 = 1.27-1.006H$，H 为相对湿度；k_2 为加荷龄期修正系数，湿养护情况下 $k_2 = 1.25\tau^{0.118}$，蒸汽养护时取 $k_2 = 1.13\tau^{-0.095}$；k_3 为混凝土坍落度修正系数，取 $k_3 = 0.82+0.00264S_j$，S_j 为坍落度；k_4 为构件尺寸修正系数，当构件厚度 $h \geqslant 380\mathrm{mm}$ 时，取 $k_4 = 2(1+1.13e^{-0.0212(v/s)})/3$，其中 v/s 为体积与表面积之比；k_6 为混凝土砂率修正系数，取 $k_6 = 0.88+0.0024S/\alpha$，其中 S/α 为细骨料与粗骨料的

比值；k_7 为混凝土含气量修正系数，取 $k_7 = 0.46 + 0.09A'$，其中 A' 为含气量（%）。

求出徐变系数后，通过线性回归方程 $H(t,\tau) = 0.863 - 0.351\Phi(t,\tau)$ 可得到松弛系数的值。

可以看出松弛系数 $H(t,\tau)$ 按理论计算求解方程是较为复杂，在实际工程运用中，通常采用查表的形式取值，一般按表 1.4-3 取值；当忽略混凝土龄期影响时，按表 1.4-4 取值。

一般条件下应力松弛系数　表 1.4-3

$\tau_1 = 2d$		$\tau_1 = 5d$		$\tau_1 = 10d$		$\tau_1 = 20d$	
t	$H(t,\tau)$	t	$H(t,\tau)$	t	$H(t,\tau)$	t	$H(t,\tau)$
2	1	5	1	10	1	20	1
2.25	0.426	5.25	0.510	10.25	0.551	20.25	0.592
2.5	0.342	5.5	0.443	10.5	0.499	20.5	0.549
2.75	0.304	5.75	0.410	10.75	0.476	20.75	0.534
3	0.278	6	0.383	11	0.457	21	0.521
4	0.225	7	0.296	12	0.392	22	0.473
5	0.199	8	0.296	12	0.392	22	0.473
10	0.187	10	0.228	18	0.251	30	0.301
20	0.186	20	0.215	20	0.238	40	0.253
30	0.186	30	0.200	30	0.214	50	0.252
∞	0.186	∞	0.200	∞	0.210	∞	0.251

忽略混凝土龄期的松弛系数　表 1.4-4

$t - \tau_1$	0	0.25	0.5	0.75	1	3	10	20	40	∞
$H(t)$	1	0.667	0.626	0.617	0.611	0.570	0.462	0.347	0.306	0.283

⑤ 混凝土的极限拉伸

混凝土的抗拉能力取决于混凝土的极限拉伸值，根据国内的试验资料看，该值离散性很大，影响因素较多，因此针对每个工程，如何改善混凝土的非均匀性和提高混凝土的极限拉伸，必须综合各方面进行研究。

混凝土的极限拉伸与配筋有关，大量工程实践表明，合理的配筋可以提高混凝土的抗裂性，配筋后的混凝土极限拉伸值计算可采用经验公式：

$$\varepsilon_{p(t)} = 2\varepsilon_{pa(t)} = f_t\left(1 + \frac{\mu_p}{d}\right) \times 10^{-4} \cdot \frac{\ln t}{\ln 28} \tag{1.4-18}$$

式中　$\varepsilon_{p(t)}$——龄期为 t 的配筋混凝土极限拉伸值；

$\varepsilon_{pa(t)}$——龄期为 t 的混凝土瞬时极限拉伸值；

f_t——混凝土抗拉设计强度（MPa）；

μ_p——配筋率（不加百分数，如 0.3%，则 $\mu = 0.3$）；

d——钢筋直径（cm）。

（3）混凝土的徐变

1）混凝土徐变机理

混凝土的徐变也称蠕变，是混凝土结构在持续荷载作用下变形随时间不断增加的现象。徐变变形比瞬时弹性变形大 1～3 倍。混凝土初期徐变与内部吸附水及层间水的转移有关，而长期徐变则与水泥胶凝体连同胶体水的滞后弹性变形或黏稠变形有关。混凝土的徐变使得混凝土构件的应变随着时间的增大而增大，长期极限抗拉值增加一倍左右，较大程度地提高了混凝土的极限变形能力，但需很长时间才能稳定（表 1.4-5）。对超大面积混凝土地面结构而言，混凝土的徐变可以降低温度应力，抵消部分收缩。

混凝土 20 年内的徐变完成量   表 1.4-5

混凝土浇筑后时间	15d 内	三个月内	一年内	20 年
徐变完成量	18%～35%	40%～70%	60%～83%	100%

影响混凝土徐变的因素很多，基本上可以分为两类：内因和外因。内因包括设计强度、骨料弹性模量以及水泥品种、水灰比等；外因包括状态变量（如：温度、湿度、龄期、相对毛细压力等）、加载历史和荷载性质等。

2）混凝土徐变计算

对超大面积混凝土地面结构的裂缝控制，混凝土的徐变起着重要作用。目前，国际上主要采用两种数学表达式来计算徐变系数。其中一类是将徐变系数表达为一系列系数的乘积，每一个系数表示一个影响徐变值的重要因素；另一类则将徐变系数表达为若干性质互异的徐变分项系数之和。根据不同的工程情况，采用不同的表达式。

① CEB-FIP MC90 模式规范计算公式

模式规范 CEB-FIP MC90 中的混凝土徐变系数计算公式的适用范围为：应力水平 $\sigma_c/f_c(t_0) < 0.4$，暴露在平均温度 5～30℃和平均湿度范围为 $RH = 40\%～100\%$ 的环境中。混凝土的徐变系数为：

$$\varphi(t, t_0) = \varphi(\infty, t_0)\beta_c(t - t_0) \qquad (1.4-19)$$

式中名义徐变系数（徐变终值）$\varphi(\infty, t_0)$ 的计算式为：

$$\varphi(\infty, t_0) = \beta(f_c)\beta(t_0)\varphi_{RH} = \frac{16.7}{\sqrt{f_c}} \frac{1}{0.1 + t_0^{0.2}} \left[1 + \frac{1 - RH/100}{0.1(2A_c/u)^{1/3}}\right] \qquad (1.4-20)$$

式中 $\beta(f_c)$——混凝土抗压强度 f_c（MPa）计算的参数；

$\beta(t_0)$——取决于加载龄期 t_0（d）的参数；

φ_{RH}——取决于环境湿度的参数。

徐变应力持续时间的变化系数取为：

$$\beta_c(t - t_0) = \left[\frac{t - t_0}{\beta_H + (t - t_0)}\right]^{0.3} \qquad (1.4-21)$$

$$\beta_H = 1.5\left[1 + \left(1.2\frac{RH}{100}\right)^{18}\right]\frac{2A_c}{u} + 250 \leqslant 1500 \qquad (1.4-22)$$

式中 β_H——取决于相对湿度和构件尺寸；

A_c——混凝土构件的截面积；

u ——构件截面暴露在空气中的面积。

② 标准状态修正系数计算

计算为找出混凝土标准状态下最大徐变，任何处于其他状态下的最大徐变应用各种不同系数加以修正。表达式为：

$$\varepsilon_n(\infty) = \varepsilon_n^0(\infty) \cdot K_1 \cdot K_2 \cdots K_n \tag{1.4-23}$$

式中　　　$\varepsilon_n^0(\infty)$ ——标准状态下的最大徐变；

K_1、K_2、$\cdots K_n$ ——考虑各种非标准条件下的修正系数。

标准状态与前述收缩计算中标准状态一致。在超大面积混凝土地面结构设计中，应考虑混凝土徐变的影响。由于混凝土徐变与混凝土收缩原因近似相同，在工程计算中通常与收缩合在一起计算。如在王铁梦的《工程结构裂缝控制》一书中，也认为徐变变形的因素与影响收缩变形的因素是共同的，而把收缩变形与徐变变形的计算一并加以考虑。同样，东南大学华东预应力中心对于大面积混凝土结构的有限元计算方法中，考虑到混凝土徐变对结构温度应力的有利作用，对混凝土弹性模量进行折减，来计算徐变对结构变形的影响。

（4）施工裂缝

与普通混凝土结构施工过程中出现裂缝的原因相同，在超大面积混凝土结构施工过程中，施工措施不力对裂缝的影响更为显著。包括施工过程中施工缝处理、材料选择以及混凝土振捣养护等问题引起的施工裂缝。以下对于施工裂缝产生的主要原因进行简单分析。

1）由于材料的问题，包括砂石含泥量过高、含杂质多、水泥强度等级不够或混用、安定性不良等，妨碍了水泥与骨料的正常胶接，或者振捣不密实，水泥与骨料不能良好结合，都会使混凝土的抗拉强度降低，在收缩及温度应力作用时极易产生裂缝。

2）由于浇筑后养护不及时，混凝土表面水分散失过快，产生较大的干缩裂缝，而此时的混凝土强度又不足以承受较高的收缩应力也会产生裂缝。

3）随着我国现在建筑业竞争越来越激烈，建筑工期日益缩短，泵送混凝土的应用也日益普遍并迅速发展。为提高混凝土的施工性能，泵送时为防止堵管，混凝土的坍落度普遍较大，同时水灰比增大、水的含量增加、砂的含量增加、骨料粒径减小以及减水剂等外加剂的掺入，都会导致混凝土的水化温度增加、混凝土收缩增大。在钢筋混凝土构件抗拉强度几乎没有增加的情况下，泵送混凝土就极易产生裂缝，而且这种裂缝是随着混凝土成型而很快开展。

3. 超大面积混凝土地面结构无缝施工跳仓间距 [L] 计算分析

超大面积混凝土地面结构无缝施工由于其可以更好地满足使用要求，已得到越来越多广泛的使用，短距离释放应力的无缝施工技术首先应解决的问题就是跳仓间距的确定。通过建立合适的计算模型，推导出适用于超大面积混凝土地面结构跳仓间距计算的理论公式，并在跳仓浇筑不同阶段混凝土板不同的边界条件下，分别讨论其最大应力计算表达式，结合长沙卷烟厂联合工业厂房 2052m² 地面结构无缝施工跳仓间距的计算分析为例，从理论上指导超大面积混凝土地面结构无缝施工技术。

（1）跳仓间距 [L] 划分依据

超大面积混凝土地面结构无缝施工，关键是对地面结构裂缝的控制。短距离释放应力的无缝施工是在混凝土地面按垂直方向设置是施工缝，用施工缝把超大面积混凝土地面按一定尺寸分为若干块，相邻块间隔浇筑（跳仓浇筑），待先浇筑混凝土经过较大变形后，再连接浇筑成整体。根据温度收缩应力与结构长度呈非线性关系，利用混凝土早期（7～10d）温差及收缩变形较大，采用短距离释放应力的办法应对早期较大的收缩，待混凝土经过早期较大的温差和收缩后，各块浇注连接成整体，应对以后较小的收缩。这就要求分块后的混凝土在块内不得出现裂缝，也就是要求一次性浇筑块的裂缝最小间距得小于跳仓间距。

（2）跳仓间距计算理论公式

1）模型分析

根据大量工程裂缝的现场调查研究，超大面积混凝土地面结构从裂缝的发生时间、扩展过程、荷载影响和施工条件等方面的原因分析，裂缝是由于变形作用引起的，主要包括混凝土的收缩、水泥水化热、气温变化以及地下结构沉陷等，裂缝通常与约束主拉应力垂直。

对于超大面积混凝土地面结构（以下简称地面混凝土板）跳仓间距的计算，可以通过混凝土结构伸缩缝间距公式来找到依据。根据国内外大量试验、混凝土受拉时应力－应变关系接近线性关系，以及抗拉强度与极限拉伸的正比关系，可知地面混凝土板内最大水平应力 σ_{xmax} 达到抗拉极限强度时，结构长度为允许最大长度（伸缩缝许可间距），如果结构长度超过伸缩缝间距，那么伸缩缝间距就是裂缝间距，这个伸缩缝间距就是我们需要得到的跳仓间距。当水平应力 σ_{xmax} 达到抗拉极限强度时，混凝土的变形达到极限拉伸。

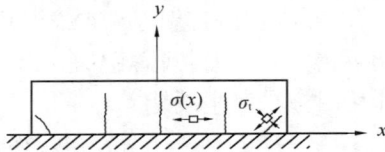

图 1.4-4 地基上长墙的典型裂缝

了解了裂缝发生发展的规律，进行计算分析还需要选择合理的计算模型，图 1.4-4 所示为地基上长墙受力模型，假定长墙结构产生温度收缩变形，在高度方向是自由的，但是纵向受到另一结构的约束，另一结构可能是地基、基础及其他结构（以下简称下层结构）。当长墙承受降温和收缩作用，必将产生缩短变形，受到下层结构约束，引起拉应力，当拉应力超过抗拉强度时便引起开裂，裂缝永远垂直于拉应力方向，故为竖向。当厚度（高度）小于或等于 0.2 倍的长度时，结构在温度收缩变形变化作用下，离开端部区域，靠近中部全截面受力较均匀（均匀受拉或受压）。因此"地基上的长墙"计算模型与工程中超大面积混凝土地面结构裂缝的机理是非常接近的。对其可建立下层结构上一长条混凝土板受力计算分析模型，混凝土板相对下层结构有一温差 T（约束体与被约束体间相对温差）时，混凝土板约束应力主要验算对贯穿性裂缝起控制作用的平均应力是否超过抗拉强度。

需要说明的是运用"地基上长墙"模型计算温度收缩应力，必须先做地基刚度的假定，过去的常规计算中多采用地基无限刚性假定，这样一来，温度收缩应力变成与结构尺寸无关，与事实是不相符合的。因而在超大面积混凝土地面结构温度收缩应力计算中有必要引入下层结构水平阻力系数 C_x 的概念。

当地面结构相对其下层结构有一温差 T（约束体与被约束体相对温差）时，计算地面结构内约束应力，根据混凝土的强度理论中主拉应力理论，主拉应力是控制混凝土板开裂的主应力，此时只考虑对贯穿裂缝起控制作用的平均拉应力（图 1.4-5）。以下的公式推导也是以均匀受拉应力产生中心贯穿裂缝作为计算状态。

2）计算推导

在地面混凝土板的任意点 x 处，截取一段 dx 长的微体，由于均匀受力假定，微体的高度取全高 H，其厚度为 t，承受均匀内力为 N（即 σ_x 的合力），混凝土板对下层结构剪力为 Q（τ 的合力）。取水平投影（忽略混凝土板对下

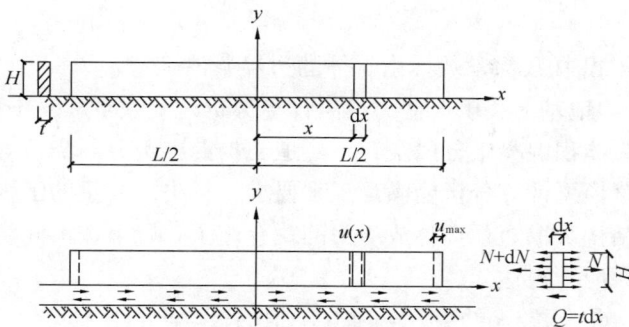

图 1.4-5　混凝土板受下层结构约束计算简图

层结构的垂直应力 σ_y），列出平衡方程 $\Sigma x = 0$；此平衡方程根据图 1.4-5 所示计算模型列为式（1.4-24），针对计算模型的受力微体列为式（1.4-25）。

$$N + dN - N + Q = 0 \tag{1.4-24}$$

$$Ht\, d\sigma_x + \tau t\, dx = 0 \tag{1.4-25}$$

$$\frac{d\sigma_x}{dx} + \frac{\tau}{H} = 0 \tag{1.4-26}$$

任意点的位移由约束位移与自由位移合成：

$$u = u_\sigma + \alpha T x \tag{1.4-27}$$

$$\sigma_x = E\frac{du_\sigma}{dx},\ \frac{du}{dx} = \frac{du_\sigma}{dx} + \alpha T \tag{1.4-28}$$

$$\frac{d^2 u}{dx^2} = \frac{d^2 u_\sigma}{dx^2},\ \frac{d\sigma_x}{dx} = E\frac{d^2 u_\sigma}{dx^2} = E\frac{d^2 u}{dx^2} \tag{1.4-29}$$

$$\tau = -C_x u \tag{1.4-30}$$

式中 u_σ 为 σ_x 产生的位移；α 为混凝土线膨胀系数；T 为构件与周围温度的温差；C_x 为下层结构对混凝土板的水平阻力系数，即混凝土板与下层结构产生单位相对位移时两者间剪应力。对给定的混凝土板，E, C_x, H 均为定值。将式（1.4-29）和式（1.4-30）代入式（1.4-26），得：

$$E\frac{d^2 u}{dx} - \frac{C_x u}{H} = 0 \tag{1.4-31}$$

设

$$\sqrt{\frac{C_x}{HE}} = \beta \tag{1.4-32}$$

将式（1.4-32）代入式（1.4-31），得：

$$\frac{d^2 u}{dx^2} - \beta^2 u = 0 \tag{1.4-33}$$

此微分方程的通解：

$$u = A\mathrm{ch}\beta x + B\mathrm{sh}\beta x \tag{1.4-34}$$

$$\mathrm{sh}\beta x \equiv \mathrm{sh}(\beta x)$$

$$\mathrm{ch}\beta x \equiv \mathrm{ch}(\beta x)$$

$$\cdots\cdots\text{以下类推}$$

边界条件定积分常数：$x = 0$，$u = 0$，$\mathrm{sh} = 0$，得 $A = 0$，所以有：

$$u = Bsh\beta x \tag{1.4-35}$$

式中 B 为常数，由具体的边界条件确定。

"地基上长墙"受力模型计算分析是王铁梦教授于 1976 年推导完成，在大型基础设备的大体积混凝土分段浇筑、隧道支护混凝土分段浇筑等工程中得到了广泛的应用，实践证明该模型计算分析能满足工程要求，解决了大量的工程实际问题。针对超大面积混凝土地面结构采取短距离释放应力的跳仓施工，以下按不同浇筑时段不同的边界条件分别讨论其最大应力表达式。

① 两端无约束——跳仓浇筑的板段（自由体）

边界条件 $x = L/2$，$\sigma_x = 0$。可得：

$$E\frac{\mathrm{d}u_\sigma}{\mathrm{d}x} = E\Big(\frac{\mathrm{d}u}{\mathrm{d}x} - \alpha T\Big) = 0$$

$$\frac{\mathrm{d}u}{\mathrm{d}x} = \alpha T，\frac{\mathrm{d}u}{\mathrm{d}x} = B\beta \mathrm{ch}\beta\frac{L}{2}$$

则：

$$B = \frac{\alpha T}{\beta \mathrm{ch}\beta\dfrac{L}{2}}$$

得位移 u 的表达式：

$$u = \frac{\alpha T}{\beta \mathrm{ch}\beta\dfrac{L}{2}}\mathrm{sh}\beta x \tag{1.4-36}$$

$$\sigma_x = E\Big(\frac{\mathrm{d}u}{\mathrm{d}x} - \alpha T\Big) = -E\alpha T \cdot \left[1 - \frac{\mathrm{ch}\beta x}{\mathrm{ch}\beta\dfrac{L}{2}}\right]$$

$$\tau = -C_x u = \frac{-C_x \alpha T}{\beta \mathrm{ch}\beta\dfrac{L}{2}}\mathrm{sh}\beta x$$

当 $x = 0$ 时，温度应力最大：

$$\sigma_x = \sigma_{x\max} = -E\alpha T\left[1 - \frac{1}{\mathrm{ch}\beta\dfrac{L}{2}}\right] \tag{1.4-37}$$

不同 C_x 下温度应力与结构长度的关系（图 1.4-6），从图中可看出伸缩缝（跳仓间距）只在较短的间距范围内（20~40m），对削减温度应力起显著作用。

② 跳仓两端有无限大刚性约束——混凝土板段两端的板块已浇筑完毕达一周以上（全约束）

当混凝土板段两端板块浇筑达一周以上，其强度可达 70%，对现在浇筑板段有较强的约束。为方便分析，可认为约束为刚性无限大，由此可得出 $\sigma_{x\max}$ 的上限，这是一个偏于安全的结论。当分段两端有无限大刚性约束时，代入其边界条件 $x = L/2$，$u = 0$，有 $B = 0$，即 $u = 0$。所以：

$$\sigma_x = E\frac{\mathrm{d}u}{\mathrm{d}x} = -E\alpha T \tag{1.4-38}$$

③ 板一端自由，一端有无限大刚性约束——板段两端弹性约束

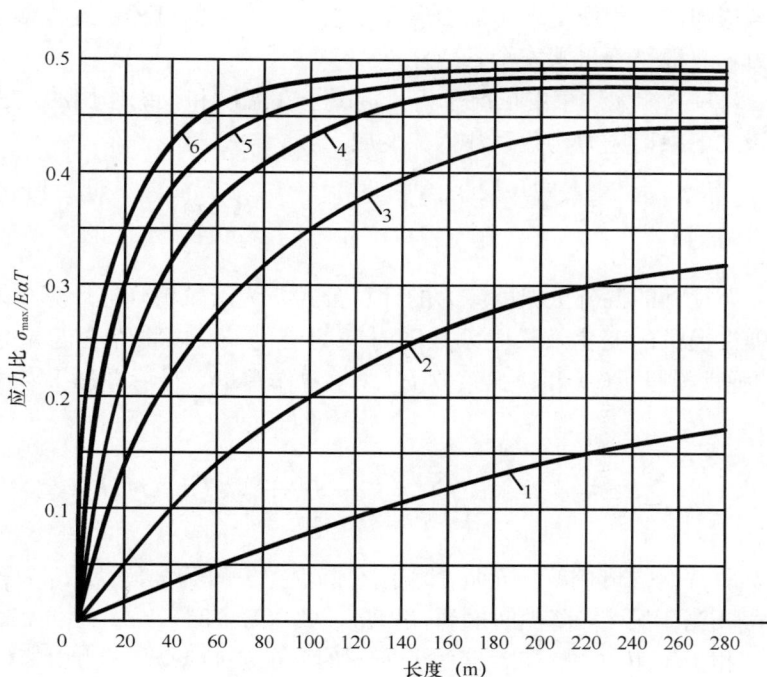

图 1.4-6　温度应力与结构长度的关系

1—$C_x = 3 \times 10^{-2} \text{N/mm}^3$；2—$C_x = 10 \times 10^{-2} \text{N/mm}^3$；3—$C_x = 30 \times 10^{-2} \text{N/mm}^3$；

4—$C_x = 60 \times 10^{-2} \text{N/mm}^3$；5—$C_x = 1 \text{N/mm}^3$；6—$C_x = 1.5 \text{N/mm}^3$

此时将坐标原点设在有约束端，边界条件为 $x = 0$，$u = 0$；$x = L$，$\sigma_x = 0$。其最大温度应力为：

$$\sigma_{x\max} = -E\alpha T \left[1 - \frac{1}{\text{ch}\beta L} \right] \tag{1.4-39}$$

拉应力最大处在固定端。

根据推导结果可得水平法向应力及剪应力分布如图 1.4-7 所示。

假定地面混凝土板与周围环境气温相同，均为初始温度，混凝土板温升较快，混凝土尚呈塑—硬性状态，热膨胀受到约束将产生较小的压应力，作为安全储备，升温应力忽略不计，则混凝土板水化热温升降至周围气温的温差 T 为负值，混凝土板产生水平应力为正值，σ_x 便为拉应力；如果后期升温，T 为正，σ_x 便为压应力。

因为混凝土板的温度分布是不均匀的，验算贯穿性裂缝时，只取截面中均匀降温差，为简化计算并偏于安全，取截面中部水化热升温作为全截面均匀温升，

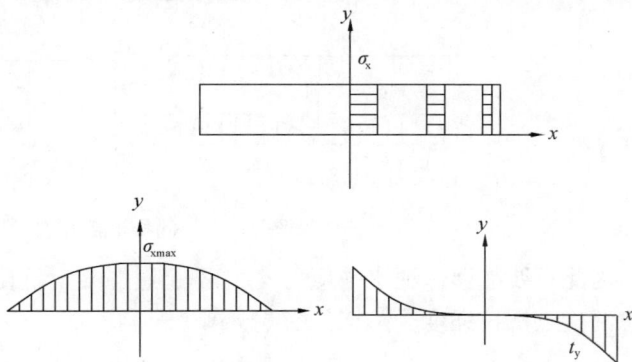

图 1.4-7　混凝土板的主要应力图形

该温度降至周围气温的过程便是产生地面混凝土板内拉应力的过程。这样偏于安全地取相对温差验算应力,一般可不再乘安全系数。

由式(1.4-37)两端无约束的情况分析,混凝土在温度和收缩作用的过程中伴随着徐变和松弛,在该式上乘以应力松弛系数得徐变应力:

$$\sigma_{xmax}^* = -E\alpha T\left[1-\frac{1}{\mathrm{ch}\beta\dfrac{L}{2}}\right]H(t,\tau) \tag{1.4-40}$$

这便是在前面提到的混凝土温度应力的计算公式。为了较精确地计算早期混凝土的温度应力,考虑弹性模量的变化及松弛系数随时间的变化,可以将综合温差分为许多区段 ΔT,将各段的弹性模量 $E(t)$ 和松弛系数 $H(t,\tau)$ 看作常量,最后叠加得考虑徐变作用的应力。

$$\sigma_{xmax}^* = \sum_{i=1}^{n}\Delta\sigma_i = -\frac{\alpha}{1-\mu}\sum_{i=1}^{n}\left[1-\frac{1}{\mathrm{ch}\beta_i\dfrac{L}{2}}\right]\Delta T_i E_i(t)H_i(t,\tau_i) \tag{1.4-41}$$

式中　ΔT_i——将综合温升的峰值至周围气温总降温差分解为 n 段,ΔT_i 为第 i 段温差;

$E_i(t)$——相当于第 i 段降温时的弹性模量[式(1.4-36),式(1.4-37)];

$H_i(t,\tau_i)$——相当于第 i 段龄期 τ_i 经过 $t\sim\tau_i$ 时间的松弛系数,i 为由峰值温度降至周围气温的时间,$H_i(t,\tau_i)$ 查表 1.4-3。

3)跳仓间距[L]的确定

如前所述,裂缝是材料的一种特征,裂缝控制应当以满足工程要求为原则。通常的方法有两种,一是控制拉应力小于允许抗拉强度;二是控制混凝土的极限拉伸不超过允许值。

当结构承受水平应力 σ_{xmax} 超过混凝土抗拉强度,结构中部将出现裂缝,分为两部分,各部分各自重新应力分布,其图形与先前完全相似,只是最大值由于结构长度减小了一半而减少,如果此时水平应力 σ_{xmax} 仍大于抗拉强度值,则结构出现第二批裂缝,如此继续下去,直到最后水平应力 σ_{xmax} 小于或等于抗拉强度,裂缝稳定不再发展,如图 1.4-8 所示。

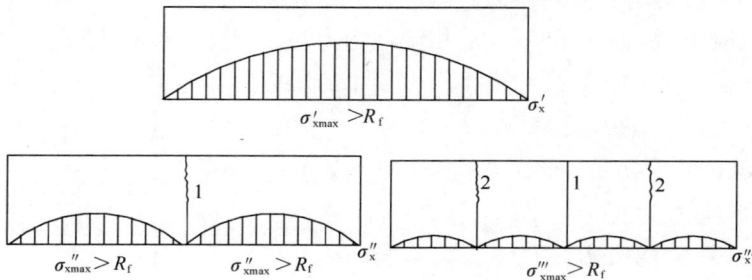

图 1.4-8　混凝土板开裂过程图

为此只要能够保证水平应力 σ_{xmax} 不超过混凝土抗拉强度,就能达到控制裂缝的目的。考虑混凝土抗拉强度受龄期的影响:

$$R_f(\tau) = 0.8R_{f0}(\lg\tau)^{2/3} \tag{1.4-42}$$

式中 R_{f0} 为 28d 抗拉强度,考虑一定的安全系数。

$$\frac{R_{\mathrm{f}}(\tau)}{\sigma_{\mathrm{xmax}}(\tau)} \geqslant m \tag{1.4-43}$$

式中 m 为抗裂安全系数，一般可取 1.15。

对超大面积混凝土地面结构无缝施工，跳仓间距设置必须保证在跳仓间距宽度内，混凝土不再出现裂缝。当混凝土的水平应力达到抗拉极限强度时，混凝土的拉伸变形即达到极限拉伸变形：

$$\sigma_{\mathrm{xmax}} = R, \ \varepsilon = \varepsilon_{\mathrm{p}}, \ R = E\varepsilon_{\mathrm{p}} \tag{1.4-44}$$

此状态下可裂裂缝最大间距 $[L_{\max}]$

$$\sigma_{\mathrm{xmax}} = E\varepsilon_{\mathrm{p}} = -E\alpha T + \frac{E\alpha T}{\mathrm{ch}\beta \dfrac{L}{2}}$$

$$\mathrm{ch}\beta \frac{L}{2} = \frac{E\alpha T}{E\alpha T + E\varepsilon_{\mathrm{p}}}$$

$$\frac{L}{2} = \frac{1}{\beta}\mathrm{arcch}\frac{\alpha T}{\alpha T + \varepsilon_{\mathrm{p}}}$$

$$[L_{\max}] = 2\sqrt{\frac{EH}{C_{\mathrm{x}}}}\mathrm{arcch}\frac{\alpha T}{\alpha T + \varepsilon_{\mathrm{p}}} \tag{1.4-45}$$

式中升温 T 为正值，极限变形为负，降温 T 为负值，极限变形为正，两项符号相反，为简便起见，以绝对值代入：

$$[L_{\max}] = 2\sqrt{\frac{EH}{C_{\mathrm{x}}}}\mathrm{arcch}\frac{|\alpha T|}{|\alpha T| - \varepsilon_{\mathrm{p}}} \tag{1.4-46}$$

该式建立在最大应力刚好达到抗拉强度 $\sigma_{\max} = R_{\mathrm{f}}$ 尚未开裂的依据之上。如稍超过则开裂，间距减少一半，得最小间距 $[L_{\min}] = [L_{\max}]/2$，因此最后得平均伸缩缝间距公式：

$$[L] = 1.5\sqrt{\frac{EH}{C_{\mathrm{x}}}}\mathrm{arcch}\frac{|\alpha T|}{|\alpha T| - \varepsilon_{\mathrm{p}}} \tag{1.4-47}$$

式中　　E——混凝土早期弹性模量；

$\quad\quad H$——混凝土板的厚度；

$\quad\quad C_{\mathrm{x}}$——下层结构的水平阻力系数；

$\quad\quad \alpha$——混凝土线膨胀系数；

$\quad\quad T$——混凝土综合温差（水化热温差，收缩当量温差，环境温差代数和）；

$\quad\quad \varepsilon_{\mathrm{p}}$——混凝土的极限拉伸。

在该式中混凝土极限拉伸 ε_{p} 值应考虑配筋及混凝土徐变影响。

应用这一公式，注意温差 T 包括水化热温差、气温差、收缩当量温差

$$T = T_1 + T_2 + T_3$$

式中　　T_1——水化热温差；

$\quad\quad T_2$——气温差；

$\quad\quad T_3$——收缩当量温差（见前述计算分析理论基础）。

如果结构物的长度小于 $[L]$ 或偏安全地取 $[L_{\min}]$，则结构物可不设置温度伸缩缝，即是取消伸缩缝的条件。同时这也就是超大面积混凝土地面结构无缝施工中跳仓间距划分的依据。

4. 超大面积混凝土地面结构无缝施工裂缝开裂验算分析

超大面积地面结构无缝施工与普通地面结构施工不同，其施工工艺突破规范要求，在施工方案制定时，除需进行施工跳仓间距计算外，还应对地面结构进行裂缝开裂验算分析，以此确定实际施工方案的可行性。超大面积混凝土地面结构无缝施工裂缝开裂验算包括施工阶段和正常使用阶段两个部分，施工阶段裂缝开裂验算主要指混凝土浇筑完成全部地面连接成一个整体后到以后的45d这期间内混凝土温度与收缩作用产生的应力是否大于混凝土抗拉强度。使用阶段开裂验算主要指结构在正常使用阶段由于季节温差作用，混凝土产生的收缩应力是否大于混凝土的抗拉强度。

结合长沙卷烟厂联合工业厂房的混凝土地面（平面尺寸 180m×114m 部分，地面结构的分层和做法如图 1.4-18 所示）作为工程实例，计算超大面积混凝土地面结构在施工阶段收缩应力，以及使用有限元程序 ANSYS 分析工程使用阶段受季节影响，环境温度变化地面结构产生的收缩应力，以此进行超大面积混凝土地面结构无缝施工裂缝开裂验算分析。

（1）工程施工阶段收缩应力理论计算分析

从前述混凝土水化热理论计算可以看出，混凝土板由于厚度较薄，水化热温升散失较快，水化热在浇筑完 1d 左右便已达到最高温升，随后混凝土板温度会迅速下降，并很快接近环境温度，以后的温度变化表现为随环境温度的变化而变化，从现场监测结果来看，也证实了上述结论。所以当全部跳仓块连接成一个整体后，水化热温升对应力的影响是很小的，可忽略不计。在应力计算分析时，只考虑收缩的影响。为简化计算，考虑最不利的情况，假定第 1 天，全部地面跳仓块间隔同时浇筑完毕，第 1 天到第 6 天为应力释放期，先浇筑块处于自由收缩状态，第 7 天，填充剩下块浇筑完毕连成整体。施工阶段收缩应力计算，为计算混凝土浇筑连成一块整体到以后的 45d 内的收缩应力，即计算混凝土第 7 天到第 45 天内的收缩应力是否超过混凝土的极限拉伸能力，以此来判定混凝土板是否开裂。这种假定相对工程实际来说是偏安全的，在实际工程中，由于施工条件的限制，通常第 1 天是不可能把所有跳仓浇筑完一遍的，第 7 天也不可能就把所有剩下的块连成整体。这样对混凝土应力更加充分的释放是有利的。

计算思路是把混凝土收缩产生的应变转化为混凝土产生同样应变的所需要的温度，即收缩当量温差，运用前述的计算公式（1.4-4）计算。

1）混凝土收缩当量温差

当量温差：

$$T_y(t) = \frac{\varepsilon_y(t)}{\alpha} \tag{1.4-48}$$

式中　　α——混凝土线膨胀系数；

　　　　t——由浇筑开始到计算时的天数；

　　$\varepsilon_y(t)$——任意时间的收缩（mm/mm），表达式为公式（1.4-1），即：

$$\varepsilon_y(t) = \varepsilon_y^0 \cdot M_1 \cdot M_2 \cdots M_n (1 - e^{-t\alpha})$$

$\varepsilon_y^0 = \varepsilon(\infty)$——最终收缩（mm/mm），标准状态下 $\varepsilon_y^0 = 3.24 \times 10^{-4}$；

　　M_1——水泥品种，普通硅酸盐水泥取 1.0；

M_2——水泥细度为 3000，取 1.0；

M_3——骨料为卵石，取 1.0；

M_4——水灰比为 0.5，取 1.21；

M_5——水泥浆量为 0.2，取 1.0；

M_6——自然养护 30d，取 0.93；

M_7——环境相对湿度 60%，取 0.92；

M_8——水力半径倒数 0.03，取 0.61；

M_9——机械振捣，取 1.0；

M_{10}——含筋率 0.73%，取 0.86。

$$\varepsilon_{45\text{天}} = 3.24 \times 10^{-4} \times 1.0 \times 1.0 \times 1.0 \times 1.21 \times 1.0 \times$$
$$0.93 \times 0.92 \times 0.61 \times 1.0 \times 0.86(1 - e^{-0.01 \times 45})$$
$$= 0.64 \times 10^{-4}$$

同理：

$$\varepsilon_{40\text{天}} = 0.58 \times 10^{-4}$$
$$\varepsilon_{35\text{天}} = 0.52 \times 10^{-4}$$
$$\varepsilon_{30\text{天}} = 0.46 \times 10^{-4}$$
$$\varepsilon_{25\text{天}} = 0.39 \times 10^{-4}$$
$$\varepsilon_{20\text{天}} = 0.32 \times 10^{-4}$$
$$\varepsilon_{15\text{天}} = 0.25 \times 10^{-4}$$
$$\varepsilon_{10\text{天}} = 0.17 \times 10^{-4}$$
$$\varepsilon_{5\text{天}} = 0.09 \times 10^{-4}$$
$$\varepsilon_{3\text{天}} = 0.05 \times 10^{-4}$$

代入公式计算当量温差：

$$T_y(t) = \frac{\varepsilon_y(t)}{\alpha}$$

$$T_{y45} = 0.64 \times 10^{-4}/1.0 \times 10^{-5} = 6.4\text{℃}$$
$$T_{y40} = 0.58 \times 10^{-4}/1.0 \times 10^{-5} = 5.8\text{℃}$$
$$T_{y35} = 0.52 \times 10^{-4}/1.0 \times 10^{-5} = 5.2\text{℃}$$
$$T_{y30} = 0.46 \times 10^{-4}/1.0 \times 10^{-5} = 4.6\text{℃}$$
$$T_{y25} = 0.39 \times 10^{-4}/1.0 \times 10^{-5} = 3.9\text{℃}$$
$$T_{y20} = 0.32 \times 10^{-4}/1.0 \times 10^{-5} = 3.2\text{℃}$$
$$T_{y15} = 0.25 \times 10^{-4}/1.0 \times 10^{-5} = 2.5\text{℃}$$
$$T_{y10} = 0.17 \times 10^{-4}/1.0 \times 10^{-5} = 1.7\text{℃}$$
$$T_{y5} = 0.09 \times 10^{-4}/1.0 \times 10^{-5} = 0.9\text{℃}$$
$$T_{y3} = 0.05 \times 10^{-4}/1.0 \times 10^{-5} = 0.5\text{℃}$$

各阶段收缩当量温差

$$\Delta T_{y5} = T_{y5} - T_{y3} = 0.9 - 0.5 = 0.4\text{℃}$$
$$\Delta T_{y10} = T_{y10} - T_{y5} = 1.7 - 0.9 = 0.8\text{℃}$$

$$\Delta T_{y15} = T_{y15} - T_{y10} = 2.5 - 1.7 = 0.8℃$$
$$\Delta T_{y20} = T_{y20} - T_{y15} = 3.2 - 2.5 = 0.7℃$$
$$\Delta T_{y25} = T_{y25} - T_{y20} = 3.9 - 3.2 = 0.7℃$$
$$\Delta T_{y30} = T_{y30} - T_{y25} = 4.6 - 3.9 = 0.7℃$$
$$\Delta T_{y35} = T_{y35} - T_{y30} = 5.2 - 4.6 = 0.6℃$$
$$\Delta T_{y40} = T_{y40} - T_{y35} = 5.8 - 5.2 = 0.6℃$$
$$\Delta T_{y45} = T_{y45} - T_{y40} = 6.4 - 5.8 = 0.6℃$$

2）混凝土各阶段弹性模量

浇筑初期混凝土升温且呈塑性状态，此时混凝土弹性模量很小。随着混凝土养护时间的推移，强度增加，弹性模量也增大。弹性模量一般按公式（1.4-14）计算，即

$$E_{(t)} = E_0(1 - e^{-0.09t})$$

式中　　$E_{(t)}$——任意龄期的弹性模量；

　　　　E_0——最终的弹性模量，取成龄弹性模量为 $2.8 \times 10^4 \mathrm{N/mm^2}$；

各阶段弹性模量为：

$$E_{(3)} = 2.8 \times 10^4(1 - e^{-0.09 \times 3}) = 2.8 \times 10^4(1 - 0.763) = 0.66 \times 10^4 \mathrm{N/mm^2}$$
$$E_{(5)} = 2.8 \times 10^4(1 - e^{-0.09 \times 5}) = 2.8 \times 10^4 \times 0.362 = 1.01 \times 10^4 \mathrm{N/mm^2}$$
$$E_{(10)} = 2.8 \times 10^4(1 - e^{-0.09 \times 10}) = 2.8 \times 10^4 \times 0.59 = 1.65 \times 10^4 \mathrm{N/mm^2}$$
$$E_{(15)} = 2.8 \times 10^4(1 - e^{-0.09 \times 15}) = 2.8 \times 10^4 \times 0.74 = 2.07 \times 10^4 \mathrm{N/mm^2}$$
$$E_{(20)} = 2.8 \times 10^4(1 - e^{-0.09 \times 20}) = 2.8 \times 10^4 \times 0.835 = 2.32 \times 10^4 \mathrm{N/mm^2}$$
$$E_{(25)} = 2.8 \times 10^4(1 - e^{-0.09 \times 25}) = 2.8 \times 10^4 \times 0.89 = 2.49 \times 10^4 \mathrm{N/mm^2}$$
$$E_{(30)} = 2.8 \times 10^4(1 - e^{-0.09 \times 30}) = 2.8 \times 10^4 \times 0.933 = 2.61 \times 10^4 \mathrm{N/mm^2}$$
$$E_{(35)} = 2.8 \times 10^4(1 - e^{-0.09 \times 35}) = 2.8 \times 10^4 \times 0.958 = 2.68 \times 10^4 \mathrm{N/mm^2}$$
$$E_{(40)} = 2.8 \times 10^4(1 - e^{-0.09 \times 40}) = 2.8 \times 10^4 \times 0.98 = 2.72 \times 10^4 \mathrm{N/mm^2}$$
$$E_{(45)} = 2.8 \times 10^4(1 - e^{-0.09 \times 45}) = 2.8 \times 10^4 \times 0.99 = 2.75 \times 10^4 \mathrm{N/mm^2}$$

3）混凝土各龄期混凝土松弛系数

当结构保持变形不变时，结构内的应力因徐变而随时间衰减的现象称松弛。龄期越早徐变引起的松弛越大，应力作用时间越长，松弛也越大。

应力松弛系数取 $H(t = 45\mathrm{d}, \tau = 5、10 \cdots 45\mathrm{d})$

$H_{(3)} = 0.186$　　$H_{(5)} = 0.208$　　$H_{(10)} = 0.214$　　$H_{(15)} = 0.233$

$H_{(20)} = 0.30$　　$H_{(25)} = 0.524$　　$H_{(30)} = 0.57$　　$H_{(35)} = 0.62$

$H_{(40)} = 0.70$　　$H_{(45)} = 1$

4）最大拉应力计算

根据前述的公式（1.4-40），最大拉应力为：

$$\sigma_{(t)} = \frac{\alpha}{1 - \mu}\left(1 - \frac{1}{\mathrm{ch}\beta_i \dfrac{L}{2}}\right)E_i(t)\Delta T_i H_i(t, \tau)$$

式中　　$\sigma_{(t)}$——各龄期混凝土所承受的温度应力；

　　　　$E_i(t)$——各龄期混凝土的弹性模量；

α —— 混凝土线膨胀系数 1.0×10^{-5}；

ΔT_i —— 各龄期综合温差，均以负值代入；

μ —— 泊松比，当结构双向受力时取 0.15；

$H_i(t,\tau)$ —— 各龄期混凝土松弛系数；

L —— 混凝土结构的长度，本例为 180m；

$$\beta \text{——} \sqrt{\frac{C_x}{HE_{(t)}}}$$

其中 H 为结构厚度（300mm），C_x 为阻力系数（混凝土垫层与下层间的水平剪切刚度），在本例中钢筋混凝土层与下层素混凝土层之间空铺 APP 改性沥青防水卷材，C_x 值较小，取 $C_x = 1.5 \times 10^{-2} \text{N/mm}^3$。

当第 5 天时代入公式：

$$\beta = \sqrt{\frac{1.5 \times 10^{-2}}{360 \times 1.01 \times 10^4}} = 6.42 \times 10^{-5} \text{N/mm}^3$$

$$\beta L/2 = 6.4 \times 10^{-5} \times 180 \times 10^3/2 = 5.78$$

查表 $x=5.78$，$\text{ch}x=161.99$

$$\therefore \quad \sigma_5 = \frac{1 \times 10^{-5}}{1-0.15}\left(1-\frac{1}{161.99}\right) \times 1.01 \times 10^4 \times 0.388 \times 0.208 = 0.008$$

同理

$$\sigma_{10} = \frac{1 \times 10^{-5}}{1-0.15}\left(1-\frac{1}{46.05}\right) \times 1.65 \times 10^4 \times 0.816 \times 0.214 = 0.033$$

$$\sigma_{15} = \frac{1 \times 10^{-5}}{1-0.15}\left(1-\frac{1}{28.36}\right) \times 2.07 \times 10^4 \times 0.776 \times 0.233 = 0.042$$

$$\sigma_{20} = \frac{1 \times 10^{-5}}{1-0.15}\left(1-\frac{1}{22.68}\right) \times 2.32 \times 10^4 \times 0.738 \times 0.3 = 0.057$$

$$\sigma_{25} = \frac{1 \times 10^{-5}}{1-0.15}\left(1-\frac{1}{19.86}\right) \times 2.49 \times 10^4 \times 0.702 \times 0.524 = 0.102$$

$$\sigma_{30} = \frac{1 \times 10^{-5}}{1-0.15}\left(1-\frac{1}{18.24}\right) \times 2.61 \times 10^4 \times 0.668 \times 0.57 = 0.111$$

$$\sigma_{35} = \frac{1 \times 10^{-5}}{1-0.15}\left(1-\frac{1}{17.39}\right) \times 2.68 \times 10^4 \times 0.635 \times 0.62 = 0.117$$

$$\sigma_{40} = \frac{1 \times 10^{-5}}{1-0.15}\left(1-\frac{1}{17.39}\right) \times 2.72 \times 10^4 \times 0.604 \times 0.7 = 0.127$$

$$\sigma_{45} = \frac{1 \times 10^{-5}}{1-0.15}\left(1-\frac{1}{16.62}\right) \times 2.75 \times 10^4 \times 0.575 \times 1 = 0.175$$

所以第 5 天到第 45 天缩产生的最大拉应力：

$$\Sigma\sigma_{max} = 0.008 + 0.033 + 0.042 + 0.057 + 0.102 + 0.111 + 0.117 + 0.127 + 0.175$$
$$= 0.77 \text{N/mm}^2 < f_t = [1.27 \text{N/mm}^2]$$

$K = 1.27/0.77 = 1.65 > 1.15$ 满足抗裂条件。

所以从理论上讲混凝土板不会开裂。

（2）工程正常使用阶段收缩应力分析

工程在正常使用阶段，因为混凝土的热胀冷缩性能，在经历季节性温差变化，温度上升时，产生膨胀，温度下降时产生收缩。混凝土抗压能力强，抗拉能力弱，膨胀时混凝土内将产生压应力，而混凝土地面平面内抗弯刚度可认为无穷大，平面外失稳可能性小，所以当温度上升混凝土膨胀时，地面破坏的概率较小。但当温度下降时，混凝土内将产生拉应力，在忽略竖直方向应力 σ_z 的情况下，平面内双向拉应力 σ_x 和 σ_y 共同作用的平面内二维应力，将在混凝土地面的中部产生一相当可观的拉应力，极有可能导致混凝土地面开裂。

此处利用有限元分析程序 ANSYS 对混凝土地面在正常使用阶段季节性温差变化产生的拉应力进行分析计算。分析基本过程如下：

1）定义单元类型与材料实常数；

2）利用轴对称关系，取 1/4 作为分析对象，建立平面有限元模型；

3）根据模型简化条件，定义边界条件，并划分网格（图 1.4-9）；

4）通过混凝土线膨胀关系把温度荷载等效为力荷载，施加于节点上；

5）求解，得到运算结果，还原其他 3/4 成全平面图。

分析结果如图 1.4-10～图 1.4-12 所示。

在计算过程中取 $VT = 25℃$。混凝土板内第一主拉应力和第二主拉应力的应力云图见图 1.4-11 和图 1.4-12，第一主拉应力最大值为 1.19MPa，第一主拉应力最小值为 -0.038MPa（为压应力）。第二主拉应力最大值为：0.49MPa，最小值为 -0.065MPa。均小于混凝土抗拉极限强度 1.27MPa。

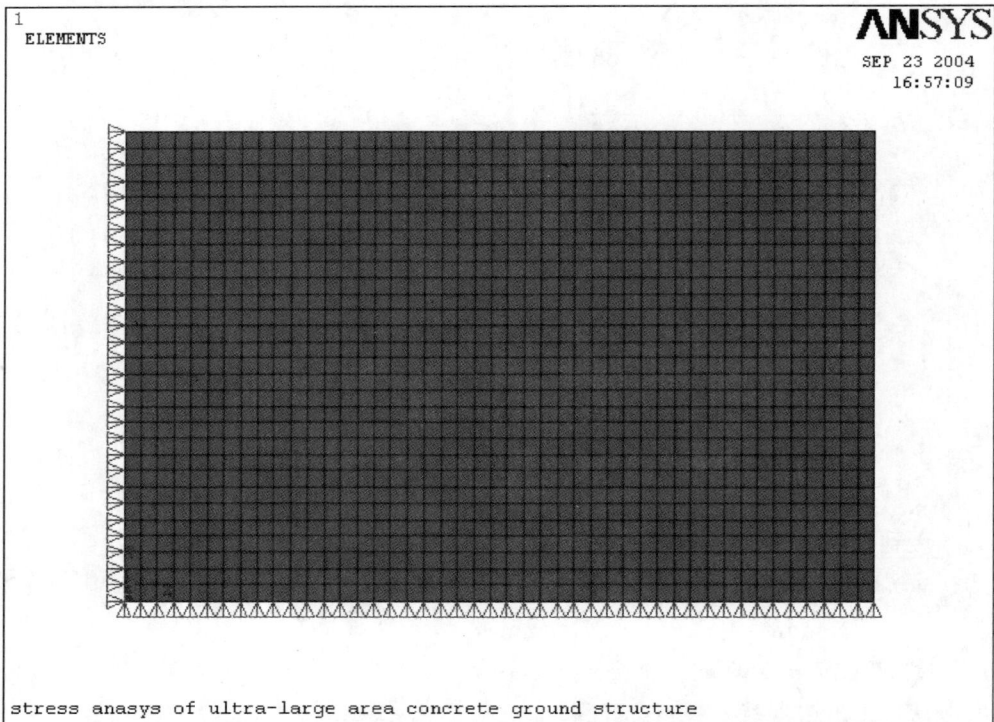

图 1.4-9   约束与网格划分平面图

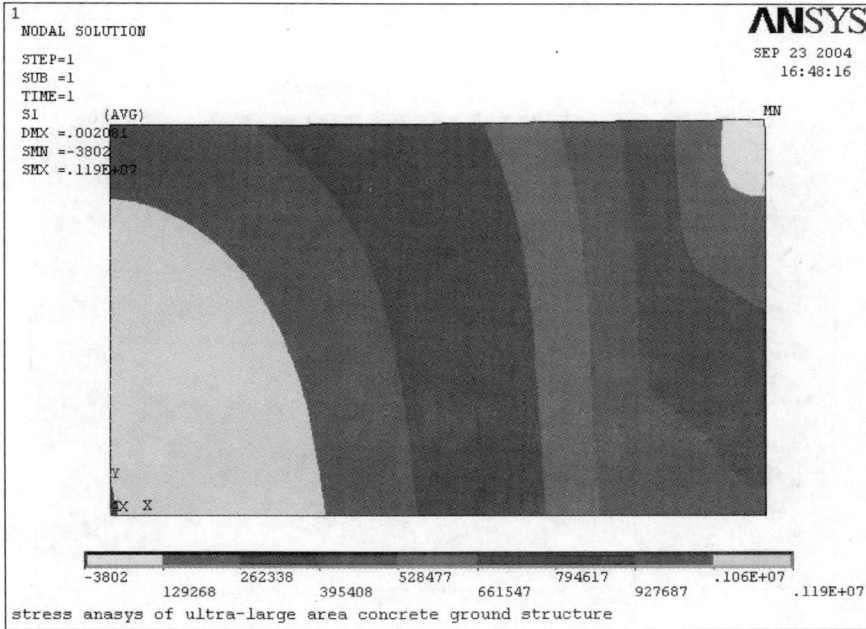

图 1.4-10 1/4 第一主拉应力分布图

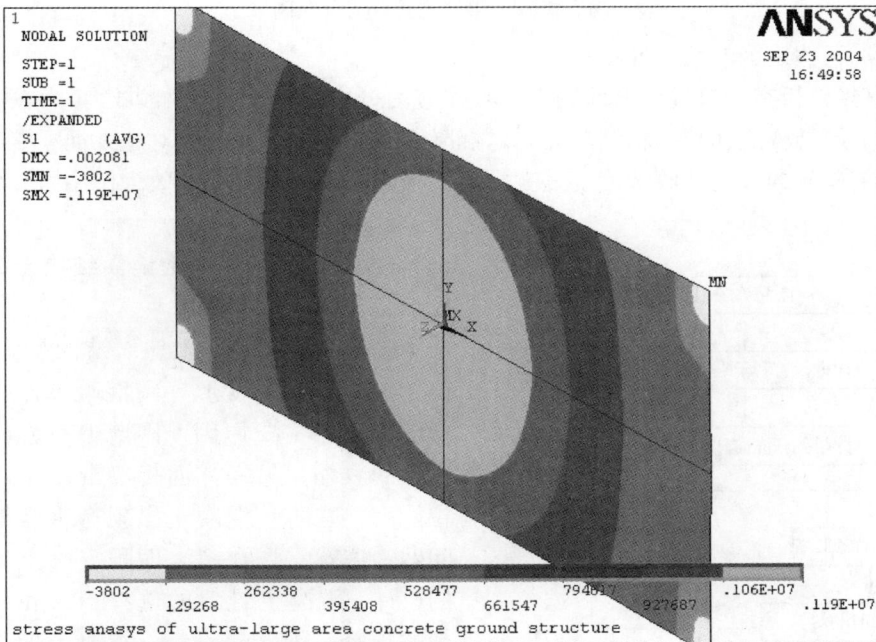

图 1.4-11 第一主拉应力分布图

分析中需注意的问题是：

1）对超大面积混凝土地面结构在季节性温差影响下 ANSYS 的有限元分析模型，从理论上讲，单元模型应为三维实体模型。但是，超大面积混凝土地面结构厚度与平面尺寸

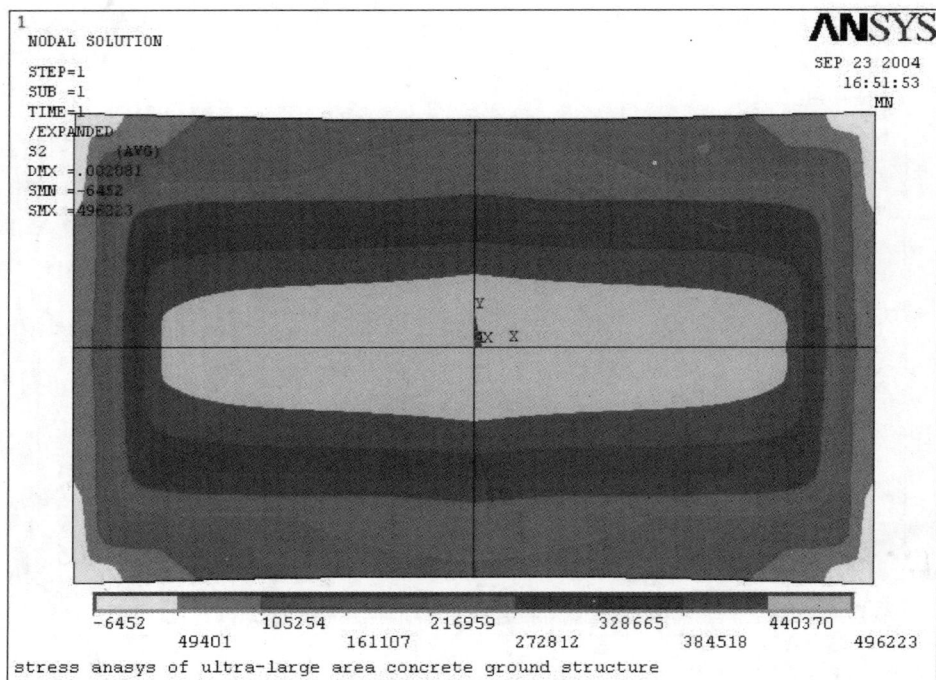

图 1.4-12 第二主拉应力分布图

相比很小，可假定为二维单元模型。

2）混凝土板在季节性温差作用下，收缩应力分析方法从理论上讲，应为在混凝土板的下部和下层结构之间建立粘结单元，对混凝土施加温差求得。但对超大面积混凝土地面结构，粘结单元的建立并收敛难度较大。故工程中可采用将温度等效为作用力，施加在节点的方法。

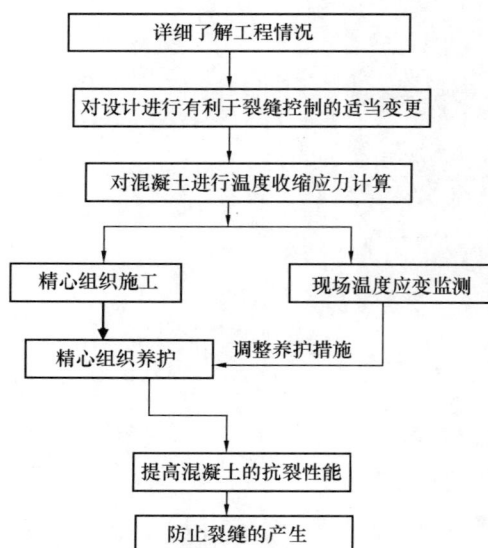

图 1.4-13 裂缝控制流程图

5. 超大面积混凝土地面结构无缝施工设计及工艺分析

在超大面积混凝土地面结构无缝施工中，由于混凝土收缩变形导致混凝土产生裂缝是裂缝形成的主要原因。因此，一方面减小混凝土的收缩，另一方面提高混凝土的极限抗拉能力，是防止混凝土出现有害裂缝的关键问题。这就需要在超大面积混凝土地面结构的设计、混凝土骨料的选择、掺和料及外加剂的选择、配合比设计、混凝土的拌制、运输、浇筑、养护及施工过程中混凝土温度和应变的监测等环节，采取一系列的技术措施。其裂缝控制流程如图 1.4-13 所示。为了对混凝土裂缝有效控制，这里主要从设计与施工工艺进行分析，包括设计控制、材料控制、施工控制和现场监测控制等方面对超大面积混凝土地面结构无缝施工裂缝控制分析。

（1）设计控制

1）利用混凝土后期强度

有关试验结果表明，无论是基准混凝土（不加入任何外加剂和掺合料），还是掺入不同掺和料的混凝土，其开裂程度（K 值）都随混凝土的水胶比的减少而增大，也就是随混凝土强度等级的增加而增大。试验试件的当量开裂长度（K）与混凝土 28d 强度（R_{28}）和 24h 强度（R_1）的关系（图 1.4-14）。

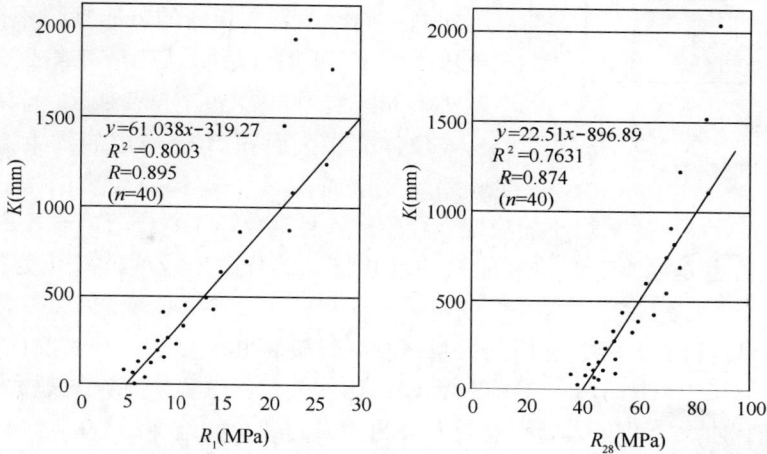

图 1.4-14　混凝土当量开裂长度（K）与混凝土 1d 28d 的强度（R_1/R_{28}）的关系

从图中可以看出，早期强度对混凝土开裂性能的影响比 R_{28} 更为重要，特别是在较恶劣的失水条件下更为明显。任何提高早强的技术措施不仅不能改善早期抗裂性，反而对其不利。这是由于在硬化初期，混凝土极限拉伸变形很低，虽然混凝土弹性模量有明显的增加，但混凝土抗拉能力提高并不大，在同等条件下，强度较高的混凝土产生的应力更大，更容易造成混凝土开裂；早期强度较高的混凝土，水泥用量多，水化速度快，收缩变形大，一旦收缩超过极限拉伸变形就会开裂；徐变与强度成反比，强度越高，徐变越小，对抗裂性不利。

所以，在设计超大面积混凝土地面结构的时候应尽可能地采用强度等级较低的混凝土。现在常用的方法就是利用混凝土的后期强度，即 60d 或 90d 的强度作为结构验算时强度，在施工过程中也以混凝土 60d 或 90d 的后期强度作为混凝土强度评定、工程交工验收及混凝土配合比设计的依据。在国内外的许多工程中，将混凝土后期强度作为混凝土配合比以及工程验收的依据都取得了很好的效果。

2）减小结构约束

约束是结构约束应力产生的必要条件，同时也是结构产生裂缝的必要条件。混凝土板的被约束程度可以用公式（1.4-49）表示：

$$Y = \frac{S}{L_s} \tag{1.4-49}$$

式中　Y——混凝土构件的约束比系数；

L_s——混凝土板周围约束的周长；

S——混凝土板的表面积。

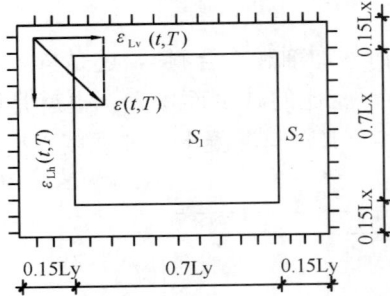

图 1.4-15 混凝土板在无变位约束下
$Y<1$ 时应力分布

研究表明：当板为双向受力构件时（长边/短边 $\leqslant 2$），Y 值越大，板在收缩应力作用下越容易开裂。从无变位约束条件下拉应变计算公式（1.4-28）可以看出，混凝土板由于无变位约束的关系，拉伸应变与收缩应变大小相等，方向相反，其值受自身配筋率的不同而不同，两者在板内的分布规律不同，当板的约束比率数 $Y<1$ 时，近似认为应变集聚在面积相等的两块不同区域内，如图 1.4-15 所示。收缩应变区面积 $S_1=$ 拉伸应变区面积 S_2。当板的约束系数 $Y>1$ 时，收缩应变区面积 $S_1>$ 拉伸应变区面积 S_2，拉伸区钢筋的平均应变 $\varepsilon_2(t,T)>$ 平均压缩应变 $\varepsilon_1(t,T)$，且 $\varepsilon_2(t,T)/\varepsilon_1(t,T)=S_1/S_2=S/L_s>1$。这个过程实际上是混凝土的收缩能做功，并将一部分收缩应变能转化为拉伸应变能的结果。

根据中国建筑科学院混凝土所的大量试验统计资料和大量的工程实践证明了混凝土结构的开裂程度与其约束比 $M_{11}=Y=L/S$ 成正比的关系。这就要求在对超大面积混凝土地面结构无缝施工时，尽可能的减小混凝土板的约束。减小的地面结构的约束主要表现在以下几个方面：

① 减小混凝土板与周边墙体约束

根据工程实际情况，可考虑将混凝土板浇筑时与周边墙体隔断，让周边混凝土相对于周边墙体来说，成为能够自由收缩的板，这样可较大程度地减少混凝土板收缩时的约束。施工时也只需在墙体上垫上泡沫板即可（图 1.4-16）。

② 减小混凝土板与柱子间约束

在结构允许的条件下，可考虑板在浇筑的时候在柱子周边与柱子隔断。若混凝土板与

图 1.4-16 板与周边墙体断开浇筑

柱子间紧密浇筑，一方面当板在各种效用作用下收缩，柱子内将产生较大的剪应力，这种剪应力使柱子产生附加弯矩，影响结构的安全；另一方面因为柱子的约束，限制了板的收缩变形，加剧裂缝的开展。柱子周边板与柱子隔断浇筑，施工做法与混凝土板与周边墙体隔断相似，只需在混凝土浇筑的时候用泡沫板挡在柱子的四周即可。

③ 减小混凝土层间约束

大量的工程实践表明，混凝土板的层间约束力大小，在超大面积混凝土地面结构裂缝控制中起决定性作用。通常的地面结构主要有级配砂石基层、素混凝土垫层、钢筋混凝土垫层和面层等。结构的主要受力层钢筋混凝土层的开裂与否，决定了整个地面结构的开裂与否。如何有效保护钢筋混凝土层便成为解决地面结构裂缝的主要矛盾之所在。减小层间约束的有效方法之一就是在素混凝土层和钢筋混凝土层之间，设置"滑动层"。这种"滑动层"可由防水材料充当，其一方面作为结构防水的主要防线，另一方面可明显减少结构层间约束产生的剪应力，从而降低钢筋混凝土层的约束应力。当结构不需要设置防水层时，也可采用塑料薄膜代替。需要注意的是防水材料（如 APP 改性沥青防水卷材），在施工时应采用空铺法，也就是在素混凝土垫层上直接铺设防水卷材，而不需要任何粘结材料（图 1.4-17）。

图 1.4-17 空铺防水卷材

3）配筋设计

① 配筋对混凝土极限拉伸的影响

混凝土结构是非均质材料，当结构承受拉力作用时，截面中各质点受力是不均匀的，有大量的不规则的应力集中点，这些点由于应力首先达到抗拉强度极限，引起了局部的塑性变形，如这些点的附近没有钢筋，则继续受力，最后便在应力集中处出现裂缝。但如果有适当配置的钢筋，钢筋将约束混凝土的继续变形，从而分担混凝土的内应力，推迟混凝土裂缝的出现，即提高了混凝土极限拉伸。大量的工程实践也证明了适当的配筋是能够提高混凝土的极限拉伸，其关键是"适当"二字。以适当的构造配筋控制混凝土的温度收缩裂缝。

所谓"适当"，简而言之，配筋应该做到细、密。反应这一关系的有如下经验公式：

$$\varepsilon_{pa} = 0.5R_f\left(1 + \frac{p}{d}\right) \times 10^{-4} \tag{1.4-50}$$

式中　　ε_{pa} ——配筋后的混凝土极限拉伸；

　　　　R_f ——混凝土抗裂设计强度；

　　　　p ——100μ，μ 为截面配筋率；

　　　　d ——钢筋直径（cm）。

② 钢筋对混凝土收缩应力的影响

根据工程实践，在混凝土结构中适当地配置构造钢筋，无论对于温度应力或收缩应力，都能提高结构的抗裂性。钢筋混凝土考虑钢筋的影响收缩应力按弹性徐变理论可按下式计算：

收缩作用（对称配筋）引起的钢筋应力：

$$\sigma_{ay}^*(t) = -\frac{\varepsilon_y(t)E_a}{1+\mu n(t)} + \mu E_a\int_{\tau_1}^t \sigma_{ay}(\tau)\frac{\partial}{\partial\tau}\left[\frac{1}{E(\tau)} + C(t,\tau)\right]\frac{d\tau}{1+\mu n(t)} \tag{1.4-51}$$

混凝土应力：

$$\sigma_{by}^*(t) = \frac{\mu\varepsilon_y(t)E_a}{1+\mu n(t)} + \mu E_a\int_{\tau_1}^t \sigma_{by}(\tau)\frac{\partial}{\partial\tau}\left[\frac{1}{E(\tau)} + C(t,\tau)\right]\frac{d\tau}{1+\mu n(t)} \tag{1.4-52}$$

公式（1.4-50）和式（1.4-51）中第一项为弹性应力，第二项为徐变应力。$\varepsilon_y(t)$ 为收缩变形，见式（1.4-1）。关于徐变度据试验取：

$$C(t,\tau) = \left[\frac{4.82}{\tau_1} + 0.9\right]\left[1 - e^{-0.026(t-\tau_1)}\right] \times 10^{-5} \tag{1.4-53}$$

超大面积钢筋混凝土结构配筋的设计较普通钢筋混凝土结构钢筋直径应遵循小直径、小间距的原则。在配筋率不变的情况下，采用小直径小间距的钢筋，相当于增加了钢筋与混凝土接触的表面积，有利于混凝土结构的裂缝控制。一般情况下，采用 $\phi8\sim14$mm 的钢筋和 $100\sim150$mm 间距是比较合理的。同时还应注意增配构造筋，特别是对空洞和预埋管道处，是裂缝控制的薄弱环节。全截面的配筋率宜不小于 0.3%。

4) 施工跳仓间距设计

跳仓间距也就是混凝土板在不设置伸缩缝的情况下，不会出现裂缝的最大浇筑长度，选择合理的施工跳仓间距是裂缝控制成败的前提。在详细了解工程情况后，根据选用的水泥水化热、结构特点、设计要求、气候条件和现场施工状况以及施工单位管理状况，按照公式（1.4-46）计算施工缝间距，以长沙卷烟厂联合工业厂房（B 区段地面为混凝土结构，地面做法如图 1.4-18 所示）工程 $300\sim500$mm 厚钢筋混凝土垫层为例，无缝施工跳仓间距 L 的计算过程如下。

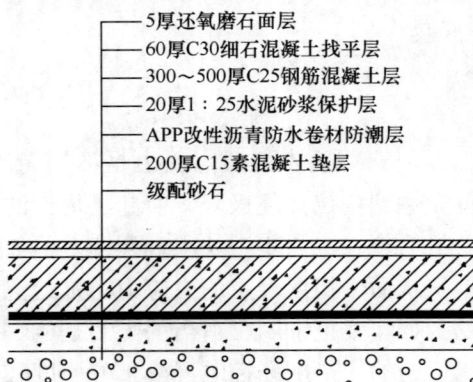

　　　　5厚还氧磨石面层
　　　　60厚C30细石混凝土找平层
　　　　300～500厚C25钢筋混凝土层
　　　　20厚1：25水泥砂浆保护层
　　　　APP改性沥青防水卷材防潮层
　　　　200厚C15素混凝土垫层
　　　　级配砂石

图 1.4-18　地面做法示意图

① 混凝土跳仓间距计算采用的基本参数

a. 下层结构水平阻力系数:

在本工程中钢筋混凝土层的下空铺 APP 改性沥青防水层，故水平阻力系数较小，$C_x = 2.5 \times 10^{-2} \text{N/mm}^3$。

b. 混凝土的弹性模量:

混凝土采用 C25，考虑混凝土的早期弹性模量，$10 \sim 15\text{d}$ 时约为 $1.2 \times 10^4 \text{MPa}$。

c. 混凝土的极限拉伸:

$$\varepsilon_p = 0.5 R_f (1 + p/d) \times 10^{-4}$$

混凝土的极限拉伸早期偏低 $30\% \sim 50\%$，$R_f = 0.6\text{MPa}$；

$p = 100\mu = 0.73$（μ 为配筋率）；

钢筋直径 $d = 1.2\text{cm}$；

极限拉伸

$$\varepsilon_p = 0.5 \times 0.6 \times \left(1 + \frac{0.73}{1.2}\right) \times 10^{-4} = 0.48 \times 10^{-4}$$

考虑混凝土徐变的影响，通常只考虑正常徐变变形的一半。

最终极限拉伸 $\varepsilon_p = 1.5 \times 0.48 \times 10^{-4} = 0.72 \times 10^{-4}$。

② 温差计算

a. 混凝土绝热温升:

$$T_{max} = \frac{WQ_0}{\rho C} + \frac{F}{50} \tag{1.4-54}$$

式中　T_{max} ——混凝土绝热温度；

　　　W ——每立方米混凝土水泥实际用量，取 $310 \times 10^3 \text{kg/m}^3$；

　　　Q_0 ——每千克水泥水化热，取 300J/kg；

　　　C ——混凝土比热，取 $0.96 \times 10^3 \text{J/(kg} \cdot \text{℃)}$；

　　　ρ ——混凝土的密度，取 $2.4 \times 10^3 \text{ kg/m}^3$；

　　　F ——每立方米混凝土煤粉灰用量，取 67.5kg/m^3；

$$T_{max} = \frac{310 \times 300 \times 10^3}{0.96 \times 10^3 \times 2.4 \times 10^3} + \frac{67.5}{50} = 41.7\text{℃}$$

混凝土施工时处于散热条件，考虑上下表面的一维散热，当厚度为 0.3m 时，应用差分法计算结果，散热影响系数取 0.2，水化热温升 $T_{max} = 0.2 \times 41.7 = 8.34$，预算混凝土垫层中心最高温度 $30 + 8.34 = 38.34\text{℃}$（$30\text{℃}$ 为入模温度）。

b. 水化热温差:

周围平均气温为 30℃，取分布图形的平均值，如图 1.4-19 所示:

$$T_1 = (38.34 - 30) \times \frac{2}{3} = 5.5\text{℃}$$

c. 收缩当量温差，根据公式（1.4-1）

$$\varepsilon_y(t) = \varepsilon_y^0 \cdot M_1 \cdot M_2 \cdots M_n (1 - e^{-t})$$

$\varepsilon_y^0 = \varepsilon(\infty)$ ——最终收缩（mm/mm），标准状态下 $\varepsilon_y^0 = 3.24 \times 10^{-4}$；

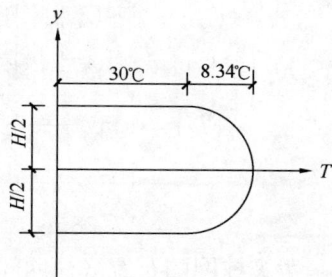

图 1.4-19　混凝土板内温度
　　　　　　分布近似假定

t——由浇筑开始到计算时的天数；

M_1——水泥品种，普通硅酸盐水泥取 1.0；

M_2——水泥细度为 3000，取 1.0；

M_3——骨料为卵石，取 1.0；

M_4——水灰比为 0.5，取 1.21；

M_5——水泥浆量为 0.2，取 1.0；

M_6——自然养护 30d，取 0.93；

M_7——环境相对湿度 60%，取 0.92；

M_8——水力半径倒数 0.03，取 0.61；

M_9——机械振捣，取 1.0；

M_{10}——配筋率 0.73%，取 0.86。

$$\varepsilon_{y(t)} = 3.24 \times 1.0 \times 1.0 \times 1.0 \times 1.21 \times 1.0 \times 0.93 \times 0.92$$
$$\times 0.61 \times 1.0 \times 0.86(1 - e^{-0.01 \times 15})$$
$$= 0.25 \times 10^{-4}$$

收缩当量温差：

$$T_y(t) = \frac{\varepsilon_y(t)}{\alpha}$$

α——混凝土线膨胀系数，取 1.0×10^{-5}；

$$T_y(t) = \frac{0.25 \times 10^{-4}}{1.0 \times 10^{-5}} = 2.5℃$$

d. 综合温差：

$$T = T_1 + T_2 + T_3 = 2.8 + 2.5 + 5 = 10.3℃(T_3 \text{ 为环境气温差，取}5℃)$$

③最大跳仓间距计算，根据公式（1.4-47）

$$[L] = \frac{3}{2}\sqrt{\frac{EH}{C_x}}\text{arcch}\frac{|\alpha T|}{|\alpha T| - \varepsilon_p}$$

E——混凝土弹性模量，取 $1.2 \times 10^4\text{MPa}$；

T——综合温差，$T = T_1 + T_2 + T_3 = 10.3$（水化热温差、气温差、收缩当量差的代数和）；

H——地面结构的厚度，取 300mm；

C_x——下层水平阻力系数，$C_x = 1.5 \times 10^{-2}\text{N/mm}^3$；

ε_p——混凝土极限拉伸，取 1.51×10^{-4}。

$$[L] = 1.5\sqrt{\frac{1.2 \times 10^4 \times 300}{1.5 \times 10^{-2}}}\text{arcch}\left(\frac{1.0 \times 10^{-5} \times 10.3}{1 \times 10^{-5} \times 10.3 - 1.51 \times 10^{-4}}\right)$$
$$= 1.5 \times 1.55 \times 10^4 \cdot \text{arcch} - 2.15$$
$$= 17.28\text{m}$$

考虑柱网的布置（柱网间距为 30m），施工期间实际取 30m 跳仓间距。同理，对 200 厚素混凝土垫层、60mm 厚细石混凝土垫层施工跳仓间距分别为 30m、15m。

（2）材料控制

1) 水泥的技术要求

水泥作为混凝土的主要胶结材料，其质量好坏直接影响到混凝土的质量，水泥的选择是超大面积钢筋混凝土地面结构裂缝控制的取得成功的必要条件，根据工程特点选择一种合适的水泥对施工阶段和使用阶段裂缝的控制都有事半功倍的效果。水泥的选择主要表现在以下几个方面：

① 水泥品种

对超大面积混凝土地面结构，在考虑混凝土后期强度（60d 或 90d）的情况下，混凝土的强度等级通常在 C20～C35 之间。水泥的品种可选普通硅酸盐水泥、矿渣水泥或煤粉灰水泥。水泥品种的选择的主要参考参数是水泥细度（或比表面积）和安定性。因为水泥细度的大小直接关系到混凝土收缩程度的大小，工程实践表明水泥的细度越细，水泥水化后形成混凝土收缩越大。使用在超大面积混凝土地面结构中的水泥其比表面积不得超过 3500m/kg。除此之外水泥还应具有质量稳定、含碱量低、活性好、标准稠度用水量小、均匀性、和易性好，水泥与外加剂之间适应性良好。在选择的时候还应考虑工程的经济性，通常优选普通硅酸盐水泥或矿渣水泥。对同一工程或工程同一区域应使用同一生产厂家的同一批号的水泥。水泥的用量应进行控制，当地面结构强度在 C25～C35 之间并采用利用混凝土后期强度后，每立方米混凝土水泥用量在 270～300kg。

② 水泥水化热

水泥水化热是混凝土结构产生温度应力的主要原因，因此控制混凝土温升就必须控制水泥的水化热，常用水泥的水化热见表 1.4-6 所示。

水 泥 水 化 热 量　　　　　　　　　　　　　　表 1.4-6

水泥品种	水泥标号	每千克水泥的水化热（kJ/kg）		
		3d	7d	28d
普通硅酸盐水泥	525	314	354	375
	425	250	271	334
	325	208	229	292
矿渣硅酸盐水泥	425	180	256	334
	325	146	208	271

注：此表为原水泥品种、标号试验下的数据，仅供参考。

超大面积混凝土地面结构施工过程中应控制水化热的温升，混凝土中心温度与外表面的最大温差不得高于 25℃。混凝土地面结构几何表面积大，应控制混凝土的降温速度不能过快。这就要求在超大面积混凝土地面施工前，对可选择的水泥进行水化热试验测定，水泥水化热测定按现行国家标准《水泥水化热实验方法（直接法）》GB/T 2022 测定，要求配制混凝土所用水泥 7d 的水化热不大于 25kJ/kg。同时还宜对施工阶段混凝土浇筑块体的温度、温度应力进行验算，确定施工阶段混凝土浇筑块体的温升、里外温差及降温速度的控制指标，以制定施工的技术措施。

2) 骨料的技术要求

超大面积混凝土地面结构混凝土粗骨料选用的原则：粒径较大、强度高、连续级配良好、线膨胀系数小、产地、规格必须一致，连续级配的多棱角石灰岩碎石或卵石。粒径应根据结构厚度和钢筋间距确定，尽可能选用较大粒径，因为增大骨料粒径，减少了用水量，混凝土的收缩和泌水随之减少，同时由于水泥用量的减少，水泥的水化热减少，降低了混凝土的温升。但若骨料粒径过大，容易引起混凝土的离析。石子的含泥量应严格控制在 1% 以内，大于 5mm 泥块含量不大于 0.5%。骨料针片状颗粒含量不大于 10%，骨料不得带有杂物。因为若砂、石含泥量超过规定，不仅增加了混凝土的收缩，同时又降低了混凝土的抗拉强度，对混凝土抗裂极为不利。混凝土的线膨胀系数是由水泥浆膨胀系数和骨料线膨胀系数加权平均得到，所以骨料的线膨胀系数对混凝土的抗裂能力影响极大，根据试验测得，混凝土线膨胀系数越小，温度变形越小，抗裂能力越高。碎石与卵石相比，碎石可使混凝土温度变形系数减小，有利于提高抗裂性，特别对于石灰岩温度变形系数减小尤为明显。所以在条件容许的前提下，优先采用碎石。

细骨料宜选用中、粗砂，细度模数在 2.5 以上，含泥量控制在 3% 以内，大于 5mm 的泥块含量小于 1%，有害物质按重量计大于 1.0%。中、粗砂与细纱比较，每立方米混凝土可减少用水量 20～25kg，水灰比不变，水泥用量相应减少 8～35kg，从而降低混凝土的干缩，对混凝土抗裂有利。

3）外加剂的技术要求

外加剂的选择关键是与水泥的适应性，因为其影响混凝土拌合物的性能，对改善混凝土的孔隙结构、提高混凝土的密实度，从而提高混凝土抗裂性有着重要作用。

① 减水剂

减水剂作为混凝土的第五组分，在混凝土的生产中已经大量使用。随着减水剂研究的发展，减水剂的种类也日益丰富，从开始的萘磺酸盐甲醛缩合物、多环芳烃磺酸盐甲醛缩合物和三聚氰胺磺酸盐甲醛缩合物三种发展到目前的磺化聚苯乙烯、马来磺酸盐聚氧乙烯酯等多种类型。这些新型减水剂的出现，使得混凝土的工作性能更好，坍落度损失减小。减水剂的减水原理是当混凝土没有掺用减水剂时，各种生料加水拌合后，水泥颗粒即被水膜包裹，由表及里，由浅入深地使硅酸钙矿物质（主要成分是 C_3S 和 C_2S 等）开始水化和水解，生成硅酸钙水化物和 $Ca(OH)_2$。这些新生物逐渐凝聚，而这种凝聚力远大于对水泥颗粒内部的浸润能力，使水化和水解产生阻滞作用。新生物环绕于水泥颗粒周围，减少了水泥颗粒的水化表面和水化深度。当加入减水剂时减水剂通过吸附分散作用、润滑作用和湿润作用，吸附分散作用使"水泥—水"体系处于相对稳定的悬浮状态，同时在水泥颗粒表面产生一层溶剂水膜，使水泥絮凝状体内的游离水释放出来，达到减水的目的。

研究表明：掺减水剂除能有效地降低混凝土的单位用水量，降低水泥的水化热，提高混凝土拌合物的和易性和流动性。在相同混凝土强度的条件下，还可以减少水泥用量。

② 纤维

混凝土结构裂缝的原因主要有三种：外荷载作用下结构中产生的应力而引起的裂缝；外荷载作用下产生次应力引起的裂缝；由变形引起的裂缝，如温度、收缩、膨胀和不均匀沉降等因素引起的裂缝。其中尤以变形引起的裂缝最多，占 80% 以上。通过适当增加构造配筋可有效抵抗外荷载引起的裂缝，但对于第三种裂缝，尤其是塑性收缩裂缝是无效的。

但掺入纤维后，由于纤维在混凝土中呈三维随机分布，混凝土在未出现裂缝前，按照纤维复合料的混合律原理，可认为纤维和混凝土材料共同承担拉应力，而混凝土出现裂缝后，混凝土集体退出工作，纤维阻止混凝土塑裂的机理具体表现在两个方面：①塑性裂缝总是从混凝土表面的原生微裂缝处开始扩展，当微裂缝的长度大于纤维的间距时，纤维将跨越裂缝起到传递荷载的桥梁作用（图1.4-20），裂缝原来由混凝土机体承受的拉应力转移给纤维，同时使混凝土内的应力场更加连续和均匀，微裂缝尖端的应力集中得以钝化，裂缝的进一步扩展受到约束。②纤维具有良好的延性，极限拉伸变形值大，长度小于纤维间距的原生裂缝扩展遇到纤维时，纤维将迫使其改变延伸方向或跨越纤维生成更微细的裂缝场（图1.4-20），显著增大了微裂缝扩展的能量消耗。

单就纤维的阻裂效应而言，在单位混凝土体积内纤维的根数越多，纤维的间距越小，纤维的阻裂效果越好。或者说单位体积混凝土内纤维分散后的表面积越大，阻裂效果越好。由于纤维的表面积随纤维细度的增大而增大，因此，可采用纤维细度作为描述纤维阻裂能力的主要性能参数。纤维细度对其阻裂能力的影响可通过图1.4-21加以描述。从图1.4-21可见，随着纤维细度的增大，在相同的体积掺量下，纤维的间距明显减小，对裂缝的约束能力也显著增强。

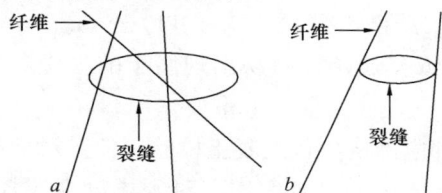

图1.4-20　纤维对不同长度裂缝的
约束机理

图1.4-21　相同掺量不同细度纤维
对裂缝的约束能力比较

上述分析可知，纤维的抗裂作用一方面表现在延缓了第一条塑性收缩裂缝的出现时间，同时另一方面阻断已有裂缝限制新裂缝的出现，以达到抗裂的作用。

4）掺合料的技术要求

由于掺合料的显著特点，在混凝土中掺入掺和料已是现代混凝土发展的一个趋势，就我国目前建筑市场而言，在超大面积混凝土地面结构中掺合料应用最为广泛的是煤粉灰。通过实验室试验测得和大量的工程实践证实：煤粉灰主要填充水泥颗粒孔隙，具有增强混凝土的和易性，能有效降低混凝土的收缩值；掺量越高，或者水胶比越大，收缩降低的幅度越多；早期收缩降低的幅度高于中、后期。由于煤粉灰的反应速度相当缓慢，因此取代熟料水泥后，减少自身收缩的效果十分明显，即使在后期，仍有一定的抑制效果。水胶比越低，改善效果越差，一是因为水胶比越低，颗粒间距减小，煤粉灰越容易被激发参与反应；二是低水胶比比熟料水化条件差，煤粉灰取代后，熟料水化程度提高。即煤粉灰在低水胶比水泥浆中强度贡献相对较大。粉煤灰的水化热远小于水泥，7d龄期约为水泥的1/3，28d龄期约为水泥的1/2。掺加掺水泥量的15%的粉煤灰减小水泥用量可降低水化热约15%。粉煤灰表面比较光滑，需水量小，可以使相同水灰比条件下的水泥浆体中保留相对较多的自由水，从而降低自收缩，同时还有减水作用，可降低混凝土的单位用水量和水泥用量，以减小混凝土的自生体积收缩，有的还略有膨胀，有利于防裂。煤粉灰掺量一般不超过胶结料总量的25％。

（3）施工控制

1）混凝土拌制

为严格控制混凝土搅拌质量，减小因交通运输造成坍落度损失，影响混凝土的均匀性，混凝土在拌制过程中应遵循以下原则：

① 严格执行同一配合比，即是保证原材料不变（同产地、同规格、主要性能指标接近）、水胶比不变（误差在允许范围内）。

② 控制混凝土搅拌时间。搅拌时间长短直接关系到混凝土的强度、和易性等指标，混凝土搅拌时间比普通混凝土搅拌时间延长15～20s。

③ 根据气温条件、浇筑时间（白天或夜间）、砂石含水率变化、混凝土坍落度损失等情况，及时适当地对原配合比（水灰比）进行微调，以保证混凝土浇筑时的坍落度严格控制在规定范围内，混凝土不泌水、不离析，确保混凝土供应质量。

2）混凝土运输与浇筑

① 混凝土运输

超大面积混凝土地面结构对混凝土坍落度要求严格，必须控制在140±20mm，工程施工地点离商品混凝土搅拌站运输距离在1h以上或交通条件差易出现堵车的工程，宜采取在施工现场设立搅拌站。

不论是采用商品混凝土还是现场设立搅拌站都应严格执行混凝土检验制度。对商品混凝土，初始施工时每车检查坍落度，质量稳定后，2～4h检查1次。对现场设立搅拌站，对入泵和出泵应派检验人员定时检查，检查的内容有：入泵温度、入泵坍落度、出泵温度、出泵坍落度。在混凝土输送过程中，对混凝土输送管宜采用麻袋覆盖，并洒水保湿。

② 混凝土浇筑

浇筑前，清理浇筑部位的垃圾、泥土、木屑等杂物，清理钢筋上的污染物，并检查钢筋保护层垫块是否放好。对之前浇筑的块周边宜当作施工缝处理办法来处理。即戳掉松动薄弱的砂石层并清理干净，浇水充分湿润但不得有积水存在。雨天严禁浇筑。

混凝土振捣质量直接影响到混凝土成型后密实度以及混凝土表面质量，充分恰当的振捣可较大程度地提高混凝土抗裂能力，在浇筑振捣过程中宜采用措施：

a. 混凝土下料均匀，振动棒采用"快插慢拔"，均匀的"梅花形"布点，并使振动棒在振捣过程中上下略有抽动，振动均匀，使混凝土中的气泡充分上浮消散，这样可提高混凝土的密实性。同时振点应分布均匀，振动时间一致。

b. 振动棒移动间距宜控制在200mm左右，并注意尽量不接触找平控制钢筋，对施工缝和预留空洞等薄弱环节应充分振动，以确保混凝土密实，对设备基础等钢筋密集的部位不得出现漏振、欠振或过振。

c. 控制好每块混凝土折返前进浇筑的间歇时间，保证在块内不出现施工缝，做到紧凑而有序的作业。

d. 掌握好混凝土振捣时间，过长易造成混凝土离析，过短混凝土振捣不密实，一般以混凝土表面呈水平并出现均匀的水泥浆、不再有显著下沉和大量气泡上冒时即可停止，混凝土振捣时间一般控制在每个点 15~20s。

e. 在混凝土振捣过程中,采用分区定人振捣方式,为浇筑处配备 2 台振动泵,每台振动棒配备两个工人,防止工人因过度疲劳影响振捣质量。

3) 混凝土养护

对超大面积混凝土地面结构混凝土的养护主要分为两个阶段:混凝土初凝后水泥水化热温升的保温和降温过程中混凝土的保温保湿养护。施工中合理安排各施工环节(如混凝土施工时其屋盖已施工完毕),让混凝土养护时处于室内养护为宜。

① 混凝土保温

具有保温性能良好的材料均可以用于混凝土的保温养护中,在超大面积混凝土结构施工时,可因地制宜地采用保温性能好、经济的材料作保温养护。常用的保温材料有塑料薄膜、草袋和麻袋等。保温覆盖层的厚度宜根据温控指标的要求计算。其计算一般是根据固体的发热系数,保温材料的热阻参数,把保温层厚度虚拟成混凝土的厚度进行计算。

a. 多种材料组成的保温层总阻热(考虑最外层保温层与空气的热阻)

$$R_s = \sum_{i=1}^{n} \frac{h_i}{\lambda_i} + \frac{1}{\beta_u'} \tag{1.4-55}$$

式中　R_s——保温层总阻热($m^2 \cdot h \cdot ℃/kJ$);

　　　h_i——第 i 层保温材料厚度(m);

　　　λ_i——第 i 层保温材料的导热系数[$kJ/(m^2 \cdot h \cdot ℃)$];

　　　β_u'——固体在空气中的放热系数[$kJ/(m^2 \cdot h \cdot ℃)$],可按表 1.4-7 取值。

固体在空气中的放热系数　　　　表 1.4-7

风速 (m/s)	β_u		风速 (m/s)	β_u	
	光滑表面	粗糙表面		光滑表面	粗糙表面
0	18.4422	21.0350	5.0	90.0360	96.6019
0.5	28.6460	31.3224	6.0	103.1257	110.8622
1.0	35.7134	39.5989	7.0	115.9223	124.7461
2.0	49.3464	52.9429	8.0	128.4261	138.2954
3.0	63.0212	67.4959	9.0	140.5955	151.5521
4.0	76.6124	82.1325	10.0	152.5139	164.9341

b. 混凝土表面向保温介质放热的总放热系数(不考虑保温层的热容量)

$$\beta_s = \frac{1}{R_s} \tag{1.4-56}$$

式中　β_s——总放热系数[$kJ/(m^2 \cdot h \cdot ℃)$];

　　　R_s——意义同前。

c. 保温层相当于混凝土的虚厚度

$$\delta = \frac{\lambda}{\beta_s} \tag{1.4-57}$$

式中　δ——虚的混凝土厚度(m);

β_s——总放热系数$[kJ/(m^2 \cdot h \cdot \mathbb{C})]$；

λ——混凝土的导热系数$[kJ/(m^2 \cdot h \cdot \mathbb{C})]$。

按保温层相当于混凝土的虚厚度，进行超大面积混凝土浇筑块体温度应力计算，验证保温层厚度是否满足温控指标的要求。

② 混凝土保湿

对超大面积混凝土地面结构的洒水保湿，应有专人负责。确保混凝土在湿润的条件下养护14d以上。

（4）现场监测控制

超大面积混凝土地面结构现场监测主要表现为对混凝土温度和应变以及钢筋的应力应变。在监测过程中根据测得的数据，分析钢筋和混凝土的受力和约束情况，若发现温度或应变出现突变或发生异常，则应及时调整养护措施，如增加覆盖麻袋的层数或增加洒水的频率等。通过现场监测来指导的养护，实现混凝土的动态养护。

1）测试元件要求

① 钢筋测试元件

钢筋测试元件要求能测试钢筋的应变和应力，元件应变测试精度要求不大于$1\mu\varepsilon$，量程要求在$\pm1500\mu\varepsilon$以上；应力测试精度要求不大于0.1MPa，量程在±400MPa以上。要求绝缘性能好，防水耐用，稳定性好，抗干扰能力强，信号长距离传输不失真，能实现长期观测等。

② 混凝土测试元件

混凝土测试元件要求能测试混凝土的温度和应变，温度测试精度要求不大于0.5℃，量程要求在$-20\sim+110℃$；应变测试精度要求不大于$1\mu\varepsilon$，量程要求在$\pm1500\mu\varepsilon$。同样要求绝缘性能好，防水耐用，稳定性好，抗干扰能力强，能实现长期观测等。

③ 测试元件安装及保护

测试元件安装位置应准确，固定牢固，混凝土测试元件要求与结构钢筋及固定架金属体绝热，钢筋测试元件要求与钢筋连接可靠，元件与钢筋接头处应采取措施消除应力集中。所有测试元件的引出线应尽量集中布置，并加以保护。在混凝土浇筑过程中，下料时不得直接冲击测试元件及其引出线，振捣时，振动泵不得触及测试元件及其引出线。

此外所有的测试元件的合格率应在95%以上，避免出现过多测点测试误差过大或元件失效而无法获得所需数据。

2）测点布置原则

测试测点布置应根据工程混凝土地面的平面尺寸、几何图形、结构的厚度等具体情况确定，以能真实反映出钢筋应力应变以及混凝土温度和应变变化情况为原则，一般可按下列原则布置：

① 混凝土温度和应力测点的布置以所选混凝土浇筑平面图对称轴线的半条轴线为测温区（对矩形应选取较长的对称轴线），在测温区温度测点呈平面布置。

② 钢筋应力和应变测点的布置以选择所选混凝土浇筑平面对称轴线的一条钢筋为测试对象，钢筋应力应变测试元件取代钢筋后应与原钢筋处于相同的受力状态。

③ 在混凝土测试区内，温度和应变监测的位置与数量可根据混凝土浇筑块体内温度场的分布情况以及应变的控制的要求确定。

④ 在混凝土地面平面半条对称轴线上，混凝土和钢筋的测点的点位均宜不少于 5 点，沿混凝土浇筑块体厚度方向，混凝土温度和应变测点数量宜不少于 2 点。

⑤ 混凝土的表面温度，应以混凝土表面 50～100mm 内的温度为准，混凝土表面应力应以表面 50～100mm 内的应力为准，混凝土贯穿性裂缝控制应力应以混凝土厚度的中心处应力为准。

3）监测周期要求

混凝土的温度变化和徐变收缩是一个相对长期的过程，在施工期间混凝土的温度应变和钢筋的应力应变监测也是一个相对较长期的过程，在结构施工条件允许的情况下，应尽可能长时间的监测，并且监测时间不得少于 45d。在监测过程中，针对测试初期混凝土温度和应变变化较大，中期和后期变化趋势相对缓慢的特点，测试工作在前期测读间隔时间应比中期和后期小。一般可按以下原则安排测试计划：

① 1～3d 每 4h 测读一次；

② 3～14d 每 6h 测读一次，以后每 12h 测读一次；

③ 若遇温度突变或温度过高应记录一次。

4）预期效果

超大面积混凝土地面结构混凝土温度应变和钢筋应力应变的监测的目的一方面是及时了解混凝土的应力变化情况，以便及时调整施工养护措施，防止混凝土裂缝开展。另一方面通过分析总结混凝土温度应力变化规律，以指导以后的超大面积混凝土地面结构设计与施工，主要表现在：

① 监控混凝土板施工阶段早、中期温差的发展规律，以便及时调整养护措施，保证混凝土不出现有害裂缝；

② 得到测试区板的应变分布情况，以及应变随实践变化的曲线，从而分析整块板的收缩是否均匀，是否可能开裂；

③ 通过测试的温度、应力、应变，分析混凝土板的约束状况，以指导超大面积混凝土地面的设计与施工；

④ 将理论计算结果与实际工程中测得的数据对比，验证超大面积混凝土地面结构理论计算的可靠性。

5）裂缝处理措施

因为超大面积混凝土地面结构裂缝的机理十分复杂，对某些复杂条件下的超大面积混凝土地面结构工程仍然可能出现可见裂缝，对于这类质量问题，应有正确的处理原则。这类裂缝大多对结构安全不构成威胁，但从使用功能要求和用户心理接受出发，宜对裂缝采取措施进行修补。可采用如下方法：

① 沿裂缝@300mm 钻直径为 ϕ10、深为 10mm 的孔，然后沿缝两侧 100mm 范围内清洁干净晾干；

② 用还氧胶泥带细丝扣的灌浆嘴固定在孔内，裂缝表面用还氧浆及玻璃纤维布封闭；

③ 涂肥皂水加气试验，检验是否漏气，如有漏气必须重新封闭；

④ 如无漏气即可进行灌浆，各灌浆点依次进行灌浆，若发现相邻灌浆嘴有浆液喷出，即用胶管封闭，然后依次灌浆直到全部完毕。

1.4.3 工程应用实例

1. 工程概况

长沙卷烟厂联合工业厂房为白沙集团长沙卷烟厂"十五"技改项目一期工程的主体工程，是湖南省重点工程和十大标志性建筑工程之一，位于长沙市曙光南路，属大型工业厂房，主厂房为单层，辅房为 2～4 层框架结构。工程总占地面积 38519.1m²，总建筑面积 51169.6m²，总投资约 11.0 亿元人民币，如图 1.4-22 和图 1.4-23 所示。

图 1.4-22 联合工业厂房效果图

图 1.4-23 联合工业厂房施工现场鸟瞰图

厂房共分为七个区段，如图 1.4-24 所示，其中厂房 B 和 C 区段地面为钢筋混凝土结构，共 20520m²，其地面做法详见图 1.4-25 所示。原设计为按规范设置伸缩缝和后浇带施工，但设置伸缩缝和后浇带将影响结构的整体性以及先进精密生产设备的使用性能；后浇带需待两边混凝土收缩基本稳定（一般为 45～60d）后才能进行膨胀混凝土浇筑，工程在业主要求的 45 天内将不能完成，势必延长工期；而且后浇带浇筑时的清理工作难度大，极易造成在后浇带部位出现双裂缝。

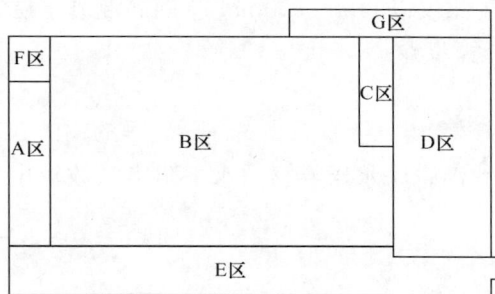

图 1.4-24 工程分区图

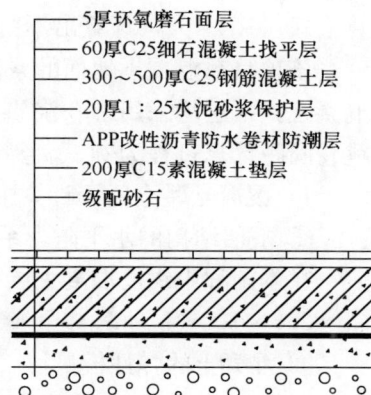

图 1.4-25 地面做法示意图

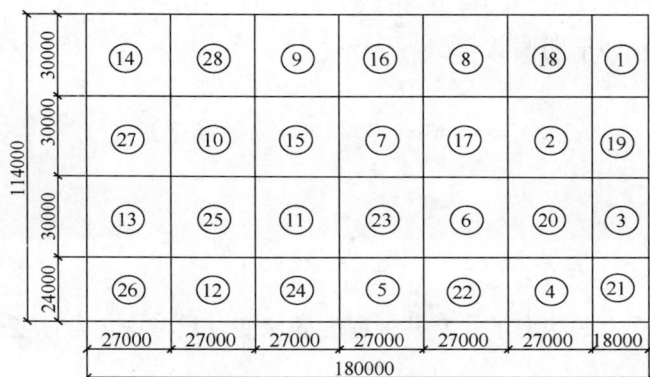

- 5厚环氧磨石面层
- 60厚C25细石混凝土找平层
- 300～500厚C25钢筋混凝土层
- 20厚1：25水泥砂浆保护层
- APP改性沥青防水卷材防潮层
- 200厚C15素混凝土垫层
- 级配砂石

图 1.4-26 钢筋混凝土层混凝土跳仓浇筑顺序图

厂房的高规格、高起点，精密的生产设备从使用功能上对地面结构各混凝土垫层提出了无缝施工的要求，同时为缩短施工工期，实现项目利益的最大化，经各方专家现场研究论证决定，取消原设计设置的伸缩缝和后浇带，采用短距离释放应力的无缝施工技术。跳仓间距经计算并考虑柱网的布置，300～500mm 厚钢筋混凝土层尺寸为 30m×27m（部分为 30m×18m），整个区域被分为 28 个网格，网格间进行跳仓浇筑，浇筑顺序如图 1.4-26 所示。混凝土采用现场搅拌泵送混凝土。60mm 厚细石混凝土找平层分仓尺寸为 15m×13.5m，整个区域分为 112 块，混凝土采用现场搅拌机搅拌，手推车运输。所有跳仓块在每一施工块内一次性浇筑完毕，不允许出现冷接缝。相邻两块混凝土浇筑间隔 7d 以上。

2. 无缝施工设计

（1）无缝施工设计思路

多层面超大面积钢筋混凝土地面无缝施工，关键是对地面结构裂缝的控制。施工期间实行分块跳仓浇筑，即"先放后抗，抗放兼施，以抗为主"的辩证控制原则。一方面提高结构"抗力"，另一方面降低外来"作用力"。

（2）跳仓间距的计算

无缝施工设计的关键是对跳仓间距的设计，运用地基上混凝土板的平均伸缩缝间距计算公式（1.4-46），计算出不留伸缩缝的间距，也就是跳仓施工的跳仓间距。

该项目对混凝土地面的素混凝土垫层、300～500mm 厚钢筋混凝土层、60mm 厚细石混凝土找平层均采用跳仓浇筑的无缝施工技术，在此仅以 300～500mm 厚钢筋混凝土层跳仓间距计算过程为例，简要说明跳仓间距 L 的计算步骤：

1) 混凝土跳仓间距计算中采用的基本参数

① 下层结构的水平阻力系数

在本工程中钢筋混凝土层下面为空铺 APP 改性沥青防水层卷材，水平阻力系数较小 $C_x=2.5\times10^{-2}\mathrm{N/mm^3}$。

② 混凝土的弹性模量

混凝土采用 C25，考虑混凝土的早期弹性模量，10～15d 时约为 $0.6\times10^4\mathrm{MPa}$。

③ 混凝土的极限拉伸

$$\varepsilon_p = 0.5R_f\,(1+p/d)\times10^{-4}$$

混凝土的极限拉伸早期偏低 30%～50%

取　　　　　　　　　　　　　　$R_f=0.6\mathrm{MPa}$

$$p=100\mu=0.73\ (\mu\ 为配筋率)$$

钢筋直径 $d=1.2\mathrm{cm}$；

极限拉伸

$$\varepsilon_p = 0.5\times0.6\times\left(1+\frac{0.73}{1.2}\right)\times10^{-4}=0.48\times10^{-4}$$

考虑混凝土在受力的状态下，有某种程度的徐变，只考虑正常徐变变形的一半，即增加 50%。

最终极限拉伸

$$\varepsilon_p = 1.5\times0.48\times10^{-4}=0.72\times1^{-4}$$

2) 温差计算

① 混凝土绝热温升

$$T_{max}=\frac{WQ_0}{\rho C}+\frac{F}{50}$$

$$=\frac{310\times300\times10^3}{0.96\times10^3\times2.4\times10^3}+\frac{67.5}{50}$$

$$=41.7℃$$

混凝土施工时处于散热条件，考虑上下表面的一维散热，当厚度为 0.3m 时，应用差分法计算结果，散热影响系数取 0.2，水化热温升 $T_{max}=0.2\times41.7=8.34℃$，预算钢筋混凝土层中心最高温度 30+8.34=38.34℃（30℃为入模温度）。

② 水化热温差

周围平均气温为 30℃，取分布图形的平均值（图 1.4-19）：

$$T_1 = (38.34-30)\times\frac{2}{3}=5.5℃$$

③ 收缩当量温差

$$\varepsilon_y\,(t) = \varepsilon_y^0 \cdot c \cdot M_2 \cdots M_n\,(1 - e^{-t})$$

$$= 3.24 \times 1.0 \times 1.0 \times 1.0 \times 1.21 \times 1.0 \times 0.93 \times 0.92 \times 0.61 \times 1.0 \times 0.86\,(1 - e^{-0.01 \times 15})$$

$$= 0.25 \times 10^{-4}$$

收缩当量温差：

$$T_y\,(t) = \frac{\varepsilon_y\,(t)}{\alpha}$$

α——混凝土线膨胀系数，取 1.0×10^{-5}；

$$T_y(t) = \frac{0.25 \times 10^{-4}}{1.0 \times 10^{-5}} = 2.5℃$$

④ 综合温差

$$T = T_1 + T_2 + T_3 = 5.5 + 2.5 + 5 = 13℃\,(T_3\ 为环境气温差，取\ 5℃)$$

3）最大跳仓间距计算

$$[L] = \frac{3}{2}\sqrt{\frac{EH}{C_x}}\,\text{arcch}\,\frac{|\alpha T|}{|\alpha T| - \varepsilon_p}$$

$$= 1.5\sqrt{\frac{1.2 \times 10^4 \times 300}{2.5 \times 10^{-2}}}\,\text{arcch}\,\left(\frac{1 \times 10^{-5} \times 13}{1 \times 10^{-5} \times 13 - 0.72 \times 10^{-4}}\right)$$

$$= 32.94\text{m}$$

考虑柱网的布置（柱网间距为 30m），施工期间实际取 30m 跳仓间距。同理，对 200mm 厚素混凝土垫层、60mm 厚细石混凝土垫层施工跳仓间距分别取 30m、15m。

（3）跳仓间距、跳仓顺序的确定

在计算出每层混凝土跳仓间距后，考虑实际柱网情况确定混凝土实际跳仓间距。精心组织每块的浇筑时间，在组织过程中保证每相邻两块浇筑间隔时间在 7 天以上。

本工程 B、C 区段平面尺寸为 114m×180m，考虑其柱网的分布，按垂直施工缝分仓，300～500mm 厚钢筋混凝土层尺寸为 30m×27m（部分为 30m×18m），整个区域被分为 28 个网格，网格进行跳仓浇筑，浇筑顺序如图 1.4-26 所示。混凝土采用泵送混凝土。

60mm 厚细石混凝土找平层分仓尺寸为 15m×13.5m，整个区域分为 112 块，混凝土采用现场搅拌机搅拌，手推车运输。

在每一施工区域内，一次性浇筑完毕，不允许出现冷缝。相邻两块混凝土浇筑间隔时间不得少于 7d。多层面超大面积钢筋混凝土地面无缝施工要求对每一道工序都做到精益求精。

3. 无缝施工综合技术

多层面超大面积钢筋混凝土地面无缝施工是在传统的留置后浇带和伸缩缝的基础上发展而来的新型施工技术，是一项综合性技术，以"先放后抗，抗放兼施，以抗为主"实现混凝土特性的有机运用。多层面超大面积钢筋混凝土地面无缝施工采用的混凝土属于高性能混凝土，是对抗裂性能有严格要求的混凝土。当混凝土的强度等级为 C20 以上时，经设计单位同意，可利用混凝土 60d 的后期强度作为混凝土强度评定、工程交工验收及混凝土配合比设计的依据。后期强度其实已在国际上通用，在许多工程中作为混凝土配合比以及工程验收的依据取得了良好的效果。本工程地面混凝土采用 C25 就考虑了混凝土的后期强度。

（1）混凝土拌合物的制备技术

1）工作性能

本工程中泵送混凝土和现场搅拌斗车输送的混凝土都必须满足现场的混凝土使用要求，在混凝土运输、浇筑以及成型过程中不离析、易于操作，具有良好的工作性能。

① 坍落度

混凝土浇筑以泵送为主，必须严格控制坍落度在 $140\pm20mm$，现场搅拌手推车运输的混凝土坍落度控制在 $30\sim50mm$。根据气候条件、浇筑时间（白天或夜间）、砂石含水率变化和坍落度损失等情况，及时适当地对原配合比进行微调，以确保混凝土浇筑时坍落度既在规定范围内，又能满足顺利生产的需要。

② 和易性

为了保证混凝土在浇筑过程中不离析，要求混凝土有足够的黏聚性，在泵送过程中不泌水、不离析。《混凝土泵送施工技术规程》JGJ/T 10 规定泵送混凝土 10s 时的相对泌水率不得超过 40％，因此要求混凝土泌水速度要慢，以保证混凝土的稳定性和可靠性。

③ 初凝时间

为了保证混凝土浇筑不出现冷缝，要求混凝土的初凝时间 $3\sim5h$。当气候变化时，根据情况及时调整。

2）经济性

经济性是混凝土配合比设计要着重考虑的问题，在满足混凝土各项性能要求的前提下，应尽可能保证混凝土的低成本。

3）混凝土原材料的选择

多层面超大面积钢筋混凝土地面无缝施工中混凝土的配制需要通过原材料的优选和质量控制、配合比的优化设计以及生产过程的有效控制，才能生产出达到要求的混凝土拌合物，多层面超大面积钢筋混凝土地面无缝施工混凝土对混凝土拌合物原材料主要有以下几个方面的要求。

① 水泥

水泥的选用是保证混凝土性能的基础，选用的水泥应具有质量稳定、水化热低、含碱量低、活性好、标准稠度用水量小，均匀性、安定性好，富余强度高，水泥与外加剂之间适应性良好。同时针对工业地面还应具有良好的耐磨、耐冻、耐腐蚀及抗渗性能。通过大量的对比试验，本工程选用湖南益阳绍峰水泥厂同一批熟料生产的原 P·O32.5 普通硅酸盐水泥，其主要技术参数见表 1.4-8。

水泥的主要技术指标　　　　　　　　　　表 1.4-8

标准稠度 （％）	细度（80μm 筛余％）	比表面积 （m²/kg）	化 学 成 分			
			MgO（％）	SO₃（％）	烧失量（％）	安定性
26	—	5.0	3.5	2.4	4.0	合格
凝结时间（min）		抗折强度（MPa）		抗压强度（MPa）		
初凝	终凝	3d	28d	3d		28d
3：30	5：00	4.0	8.3	18.5		42

② 骨料

粗骨料选用卵石，选用的原则：强度高、连续级配好、产地、规格必须一致，而且含泥量严格控制在 1% 以内，大于 5mm 的泥块的含量小于 0.5%，骨针片状颗粒含量不大于 10%，骨料不得带有杂物。

细骨料选用中粗砂，细度模数在 2.5 以上，含泥量控制在 3% 以内，大于 5mm 的泥块含量小于 1%，有害物质按重量计不大于 1.0%。

本工程砂石选用长沙市天心区中远砂石场的卵石和中粗砂，石子最大粒径为 25mm，砂的细度模数为 2.7。

石、砂的主要性能和筛分析结果见表 1.4-9 和表 1.4-10。

石的主要性能和筛分结果　　　　　　　　　　　　　　　　表 1.4-9

主要性能	松散体积密度（kg/m³）	压碎指标（%）		针片状含量（%）		泥块含量（%）		含泥量（%）	
	—	8.4		2.4		0.5		0.9	
筛分结果	筛孔尺寸	31.5	26.5	19	16	9.50	4.75	2.36	
	实际累计筛余（%）		3.6	31.4	56.6	76.4	96.8	100	
结论	符合 5～25mm 颗粒级配								

砂的主要性能和筛分析结果　　　　　　　　　　　　　　　　表 1.4-10

主要性能				筛分析结果						
细度模数	泥块含量（%）	含泥量（%）	100mm 以上颗粒含量（%）	筛孔尺寸	4.75	2.36	1.18	0.6	0.3	0.15
2.7	0.2	0.5	—	实际累计筛余（%）	7.6	16.5	36.5	57.5	81.3	100
					中　　砂					

③ 掺合料

由于掺合料的显著特点，在混凝土中掺入掺合料已经是现代混凝土发展的一个趋势。本工程根据多层面超大面积钢筋混凝土地面混凝土的性能要求，通过试验选用Ⅱ级粉煤灰作为掺合料。

粉煤灰主要填充水泥颗粒孔隙，使胶凝材料加水硬化后的密度和强度提高，具有增强混凝土的和易性，提高混凝土的流动性和抗裂性。掺粉煤灰不仅可以改善混凝土性能，而且还节约水泥，减小水泥用量的同时就减小了水化热，降低了温度裂缝的形成。混凝土中粉煤灰强度的增长速度，虽然一般仍能满足设计和施工需要，但粉煤灰一般不超过胶结料总量的 25%。本工程选用湘潭电力粉煤灰公司生产的磨细Ⅱ级粉煤灰，主要性能符合国家标准《粉煤灰混凝土应用技术规程》GBJ 146，其主要技术指标见表 1.4-11。

粉煤灰主要技术指标　　　　　　　　　　表 1.4-11

项目	细度 (%)	比表面积 (cm²/g)	0.045mm 筛余 (%)	需水量比 (%)	碱含量 (%)	含水量 (%)	三氧化硫 (%)	烧失量 (%)	活性指数 (%)	
									7d	28d
指标	18.0	4500	12	90	0.5	0.12	0.27	4.0	75	100

④ 外加剂

外加剂的选择关键是与水泥的适应性，因为其影响混凝土拌合物的性能。外加剂中高效抗裂防水剂具有微膨胀作用，可改善混凝土的孔隙结构，提高混凝土的密实度，减少混凝土的收缩裂缝。通过对几个厂家产品的试验比较，外加剂选用江西武冠新材料股份有限公司生产的 WG-HEA 高效抗裂防水剂，性能见表 1.4-12。

WG-HEA 高效抗裂防水剂主要技术指标　　　　表 1.4-12

项目	净浆 安定性	泌水率比 (%)	凝结时间差初凝 (min)	抗压强度比（%）			渗透高压 比（%）
				3d	7d	28d	
指标	合格	39	74	109	124	108	21

为增强细石混凝土的抗裂能力，在混凝土中添加聚丙烯纤维。其抗裂原理是当裂缝扩展到基体界面时，在界面上会产生对裂缝起约束作用的剪应力并使裂缝趋向于闭合，从而抑制裂缝或裂纹的出现，阻止基体中原生缺陷或微裂纹的进一步扩展；形成微纤维水泥结晶交织结构，提高基体的力学性能；提高基体的抗变形能力，改善混凝土的延性和韧性，提高抗冲击和抗磨蚀能力；提高混凝土的温度变形性能，预防混凝土产生早期热裂缝，是具有优良性能的混凝土"次要加强筋"。故本工程中在混凝土中添加聚丙烯纤维，对地面裂缝设置一道坚固的防线。工程选用北京金比林科技有限责任公司生产的束状单丝聚丙烯纤维，其性能见表 1.4-13。

聚丙烯纤维主要技术指标　　　　　　　　表 1.4-13

项目	纤维类型	断裂拉伸率 (%)	长度 (mm)	拉伸强度 (MPa)	工称直径 (µm)	杨氏弹性模量 (MPa)
指标	束状单丝	10～12	14	＞500	45	3500

RF-7A 主要技术指标　　　　　　　　　　表 1.4-14

项目	提高粘结力 (%)	抗剪强度，室温养护 14d（MPa）	抗拉强度，室温养护 14d（MPa）	耐水性，室温养护 14d， 浸水 7d（MPa）
指标	45～65	2.88	0.21	2.86

针对本工程中细石混凝土层只有 60mm 厚，极容易产生空鼓、开裂等质量通病，在 300～500mm 厚钢筋混凝土层和细石混凝土层之间涂刷界面剂，可有效增强层间的粘结力。界面剂具有较高的耐水、耐热、抗冻性能。混凝土界面剂采用长沙市混凝土外加剂厂生产的 RF-7A 混凝土界面剂，其主要性能见表 1.4-14。

4）混凝土配合比设计优化

混凝土的配合比设计应使混凝土在满足强度要求、减小水化热温差、减小混凝土收缩的前提下具有良好的施工性能。本工程主要从坍落度、和易性、水胶比、砂率、含气量、坍落度损失和强度等方面进行反复的试验调整，以此来确定混凝土的配合比，确定混凝土的生产工艺参数及性能指标。

① 原材料选择

根据混凝土强度设计要求，对混凝土用原材料进行考察后，选取满足工程需求的混凝土基本材料。

② 生产工艺参数及性能指标确定

根据混凝土的性能要求以及技术指标要求初步选择混凝土的配合比，试验中调整混凝土的配合比，最终确定混凝土的生产工艺参数及性能指标。

a. 水胶比：降低混凝土的水胶比可以提高混凝土的密实度，但如果太低，则可能出现自收缩现象。混凝土拌合物流动性在满足施工要求的前提下，用水量应尽可能减小，以求最高的密实度，以提高混凝土的抗裂性能。水泥用量也应尽可能减小，减小水泥用量，不但可以减少水泥水化热，而且可以减少混凝土温度收缩。初步确定水胶比为 0.40。

b. 砂率：在满足混凝土强度以及工作性能的前提下，砂率尽可能低，因为在水泥浆量一定的情况下，砂率主要影响新拌混凝土的和易性，砂率越大，混凝土越容易开裂。初步确定砂率为 40%。

③ 优化配合比

混凝土的配合比经过多次试配，经业主、设计、监理最终确认后的配合比作为多层面超大面积钢筋混凝土地面混凝土正式施工的配合比，见表 1.4-15～表 1.4-17。

C20 素混凝土配合比 表 1.4-15

强度等级 C20		坍落度（cm） 18～20		砂率（%） 43	
材料名称	普通 32.5 水泥	水	中砂	卵石 5～31.5mm	WG-HEA 高效抗裂防水剂
单方用量（kg）	279	155	811	1074	31

C25 混凝土配合比 表 1.4-16

强度等级 C25			坍落度（cm） 14～16		砂率（%） 40	
材料名称	普通 32.5 水泥	水	中砂	卵石 5～25mm	WG-HEA 高效抗裂防水剂	掺合料Ⅱ级 粉煤灰
单方用量（kg）	310	155	700	1114	34	67.5

C25 细石混凝土配合比 表 1.4-17

强度等级 C25		坍落度（cm） 3～5		砂率（%） 31	
材料名称	普通 32.5 水泥	水	中砂	卵石 5～16mm	聚丙烯纤维
单方用量（kg）	400	180	564	1256	0.70

（2）混凝土施工技术

混凝土施工质量是多层面超大面积钢筋混凝土地面质量的决定因素，混凝土质量的好坏直接影响到混凝土的密实度以及裂缝开展程度，混凝土的施工从混凝土的拌制、运输、浇筑、振捣、养护、季节性施工措施、成品保护等各个环节进行控制。

1）混凝土施工的技术要求

多层面超大面积钢筋混凝土地面施工的混凝土除满足一般混凝土的技术要求外，还必须满足以下技术要求。

① 每一块混凝土必须连续浇筑，避免产生施工冷缝，影响地面质量。

② 控制好预拌混凝土的质量，保证混凝土性能的同一性。

③ 控制好混凝土的浇筑、振捣质量，提高混凝土的密实度，以控制裂缝的产生。

④ 作好混凝土的养护，并制定季节性施工措施，提高混凝土的抗裂性能。

⑤ 采取合理有效的措施，作好钢筋和混凝土的成品保护。

2）混凝土预拌

① 预拌混凝土的质量控制

为更严格控制混凝土搅拌质量，减小因交通运输造成坍落度损失，影响混凝土的均匀性，本工程现场设置了具有自动上料和自动称量系统的混凝土搅拌站（图 1.4-27）。

a. 严格执行同一配合比，即保证原材料不变（同产地、同规格、主要性能指标接近）、水胶比不变（即是严格控制误差在允许范围内）。

b. 控制好混凝土搅拌时间，搅拌时间长短直接关系到混凝土的强度、和易性等指标，本工程混凝土搅拌时间比普通混凝土搅拌时间延长 15～20s。

c. 根据气温条件、浇筑时间（白天或夜间）、砂石含水率变化、混凝土坍落度损失等情况，及时适当地对原配合比（水灰比）进行微调，以保证混凝土浇筑时的坍落度严格控制在规定范围内，混凝土不泌水、不离析，确保混凝土供应质量。

② 混凝土输送

泵送混凝土对混凝土输送管采取麻袋覆盖，并浇水保湿（图 1.4-28）。对现场搅拌斗车运输的混凝土，斗车派专人管理调配，使用后应清洗干净。

图 1.4-27 混凝土现场搅拌站　　　　　　图 1.4-28 混凝土输送管

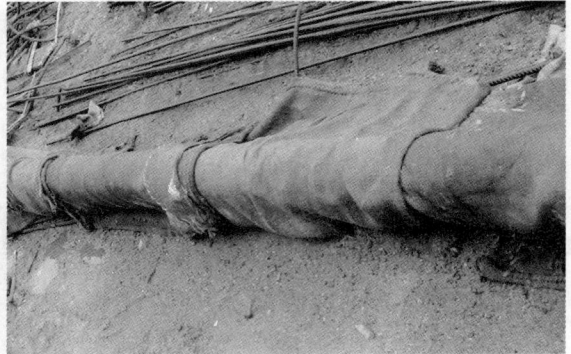

③ 混凝土质量检查

严格执行混凝土检验制度，对入泵、出泵混凝土派检验人员定时检查，检查的内容有：入泵温度、入泵坍落度、出泵温度、出泵坍落度。初始施工时每小时检查一次，质量稳定后 2～4h 检查一次。

3) 混凝土浇筑

由于多层面超大面积钢筋混凝土地面对混凝土成型后抗裂性的要求，因此浇筑除满足普通混凝土的浇筑要求外，还应注意以下问题。

① 浇筑前准备

a. 混凝土浇筑前在自检工作完成后会同监理等有关部门人员进行隐蔽工程验收，并重点检查钢筋保护层、垫块数量、钢筋绑扎间距、预留预埋、施工缝处理等，确认合格并检查现场水、电、管线及材料设备齐全完好后，才能开始浇筑混凝土。

b. 浇筑前要清理浇筑部位并检查保护层垫块。对之前浇筑的混凝土块周边要当作施工缝处理。即凿掉松动的砂石层并清理干净，浇水充分湿润但不得有积水存在。

c. 合理安排调度，浇筑混凝土要做好计划和协调，避免在浇筑过程中因人为原因造成堵管而出现冷接缝。

d. 合理安排施工流水，尽量安排在白天浇筑。以免夜间因工人疲劳影响浇筑质量。

② 素混凝土垫层浇筑

混凝土浇筑采用现场搅拌站搅拌、混凝土输送管泵送的方式，铺设应从一端开始，由内向外铺设，混凝土应连续浇筑，分仓块之间做成企口缝，浇筑时应相互紧贴。表面平整度控制在 10mm 以内。

③ 300～500mm 厚钢筋混凝土层浇筑

混凝土浇筑采用现场搅拌站搅拌、混凝土输送管泵送的方式。

图 1.4-29　混凝土浇筑前进示意图

混凝土浇筑从分仓块一端向另一端进行，采取折返向前，如图 1.4-29 所示。混凝土流淌坡度不应过大，浇筑时不得碰到标高控制钢筋（图 1.4-30）。铺设厚度略大于标高控制厚度，振捣完毕后压实、刮平。

混凝土跳仓浇筑现场如图 1.4-31 所示。

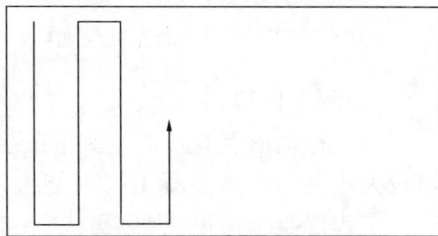

图 1.4-30　混凝土浇筑

图 1.4-31　混凝土跳仓施工现场

④ 60mm 厚细石混凝土找平层浇筑

60mm 厚细石混凝土找平层的浇筑顺序同图 1.4-29 所示。混凝土采用现场搅拌机搅拌，手推车运输。

浇筑前应在基层贴好标高控制的灰饼，并搭设人行栈道（图 1.4-32）。浇筑时由一端开始用"赶浆法"，连续折返浇筑向前，浇筑与振捣必须紧密配合，铺设厚度略大于标高控制厚度，振捣完毕后压实、刮平。

细石混凝土跳仓浇筑现场如图 1.4-33 所示。

图 1.4-32　细石混凝土浇筑现场　　　　　图 1.4-33　细石混凝土跳仓施工

4）混凝土振捣

混凝土振捣质量直接影响到混凝土成型后密实度以及混凝土表面质量，充分恰当的振捣可较大程度地提高混凝土抗裂能力，是多层面超大面积钢筋混凝土地面裂缝控制的关键。本工程混凝土振捣主要采取以下控制措施：

① 现场浇筑混凝土时均匀下料，振动棒采用"快插慢拔"，均匀的"梅花形"布点，并使振动棒在振捣过程中上下略有抽动，振动均匀，使混凝土中的气泡充分上浮消散，这样可提高混凝土的密实度。同时振点应分布均匀，振动时间一致。

② 振动棒移动间距控制在 200mm 左右，并注意不得接触找平控制钢筋，对施工缝和预留空洞等薄弱环节应充分振动，以确保混凝土密实，对设备基础等钢筋密集的部位不得出现漏振、欠振或过振。

③ 控制好每块混凝土折返前进浇筑的间歇时间，保证在块内不出现施工缝，做到连续而有序的作业。

④ 掌握好混凝土振捣时间，过长易造成混凝土离析，过短混凝土振捣不密实，一般以混凝土表面呈水平并出现均匀的水泥浆、不再有显著下沉和大量气泡上冒时即可停止，混凝土振捣时间一般控制在每个点 15～20s。

⑤ 为提高混凝土的密实性，减少内部微裂缝，对施工缝处等薄弱环节采用二次振捣工艺，即当混凝土浇筑后即将凝固时，在适当的时间内再振捣。但必须掌握好二次振捣的时间间隔（2h 为宜），否则会破坏混凝土内部结构，适得其反。

⑥ 在混凝土浇筑中，不得撞击各种埋件，不得振捣模板（快易收口网）、钢筋等，以防止对钢筋模板等造成破坏。

⑦在混凝土振捣过程中，每台振动棒配备两个工人，防止工人因过度疲劳影响振捣质量。

5）混凝土的找平

本工程细石混凝土地面找平层平整度要求控制在 5mm/2m 之内，平整度越高越有利于环氧磨石面层的施工和平整度控制，在面积高达 20520m² 细石混凝土层的找平施工中满足平整度要求是有难度的。

中国建筑第五工程局第三建筑安装公司项目部专门针对地面的平整度控制问题进行了技术攻关，通过多次召开技术研讨会，向有关专家咨询，现场技术人员及施工人员积极讨论，最终确定了地面的平整度控制方案。

针对 300～500mm 厚钢筋混凝土层、60mm 厚细石混凝土层的特点，分别制定了平整度控制方案。

① 300～500mm 厚钢筋混凝土层平整度控制

混凝土浇筑前在双层钢筋上焊接竖向 $\phi14$，其顶面标高为混凝土层控制标高，每 2m 设置一根标高控制杆（图 1.4-34、图 1.4-35）。

标高控制杆的标高由施工人员用水准仪校核，见图 1.4-36。

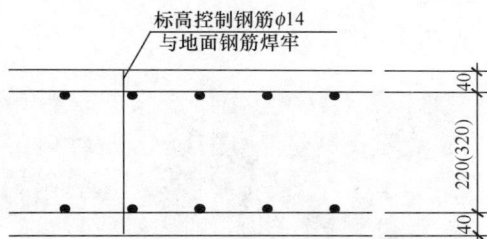

图 1.4-34 标高控制示意图

图 1.4-35 施工现场标高控制杆

振动棒充分振捣混凝土后，用 3m 长刮尺，根据标高控制钢筋刮平（图 1.4-37），在混凝土浇筑完成后 2～3h 到初凝前表面用木抹子搓平进行二次压光（图 1.4-38），有效防止混凝土早期塑性裂缝的出现。经检测平整度误差在 0～5mm 范围内，超过了规范要求。

图 1.4-36 标高校核

图 1.4-37 混凝土表面刮平

② 60mm 厚细石混凝土层平整度控制

60mm 厚细石混凝土层平整度由基层贴好的灰饼来控制，灰饼做成四棱台型（图 1.4-39），其顶面跟控制平面重合，每 1.33m 设置一个（图 1.4-40）。

图 1.4-38　混凝土二次压光

图 1.4-39　灰饼制作

细石混凝土经充分振捣后，用 3m 长刮尺，根据灰饼控制的标高刮平，表面用木抹子搓平进行二次压光。

控制标高的灰饼由施工人员用水准仪校核，见图 1.4-41。

图 1.4-40　控制平整度的灰饼

图 1.4-41　灰饼标高校核

6) 标高及表面平整度现场实测

用水准仪在现场量测 B 、C 区段地面细石混凝土标高（图 1.4-42），测量方格网为 2.66m×2.66m，测量回转半径为 30m，将量测结果表示在 B 区地面细石混凝土找平层标高实测成果图上。根据实测数据，B、C 区段 114m×180m 共 20520m² 地面上标高误差在 −3～+4mm 范围内。

同时，用 2m 靠尺检查细石混凝土找平层的表面平整度（图 1.4-43），平整度误差在 0～3mm 范围内。

图 1.4-42　地面标高测量

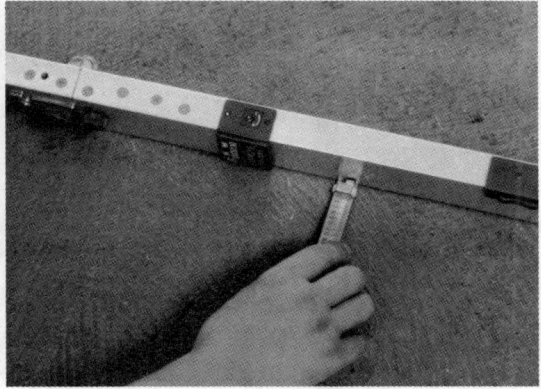

图 1.4-43　平整度标高测量

以上实测结果说明细石混凝土找平层表面平整度效果极好，超过了预期的平整度要求。

7）混凝土养护

本工程超大面积混凝土地面主要为平面构件，为保证养护效果，采取覆盖塑料薄膜和麻袋，与洒水养护相结合的养护方案。在混凝土压实抹平后立即用塑料薄膜包裹，边角接槎严密压实，然后在外覆盖 2 层麻袋，养护之前和养护过程中都要洒水保持湿润，养护时间不得少于 14d。

8）雨期施工

根据工期安排，本工程地面混凝土浇筑时，正处在夏季，最高气温接近 40℃，每周降雨量均在 50mm 左右，为消除高温和降雨对混凝土强度增长以及混凝土表面质量的影响，本工程对雨期施工采取了以下控制措施。

① 雨期施工，时刻关注气象台天气预报和天气变化情况，确保混凝土浇筑后到终凝期间内不会遭到雨水袭击，雨天严禁浇筑。

② 对素混凝土层、300～500mm 厚钢筋混凝土层和 60mm 厚细石混凝土层每分仓块的四个角位置设置 50mm×50mm×50mm 的积水坑，相邻四周均浇筑完毕后，若有积水便于清除。

9）成品保护

多层面超大面积钢筋混凝土地面施工的最后环节，也是最重要的环节就是成品保护，屋面网架安装、墙面抹灰、周转材料搬运等后续工序稍不注意就会损坏成品，前面的心血也将会付之东流。为了最大限度的消除和避免混凝土在施工过程中的污染和损坏，在施工中采取如下措施：

① 拆模时保证不损坏混凝土结构，不乱扒乱撬，模板均要在混凝土满足强度要求后拆除，拆模前应先退出绑扎的铁丝和固定的扣件，拆下的模板应轻放。

② 钢筋绑扎完后，非工作人员不得在上面踩踏，防止钢筋变形和移位。应有明显的提示标识（图 1.4-44）。细石混凝土层的钢筋在未搭设栈道前不得上人。

③ 细石混凝土层的标高控制灰饼贴好后，应拉绳子围起保护，防止绊踢损坏。建立

相应的惩罚制度，加强教育，避免人为损坏。

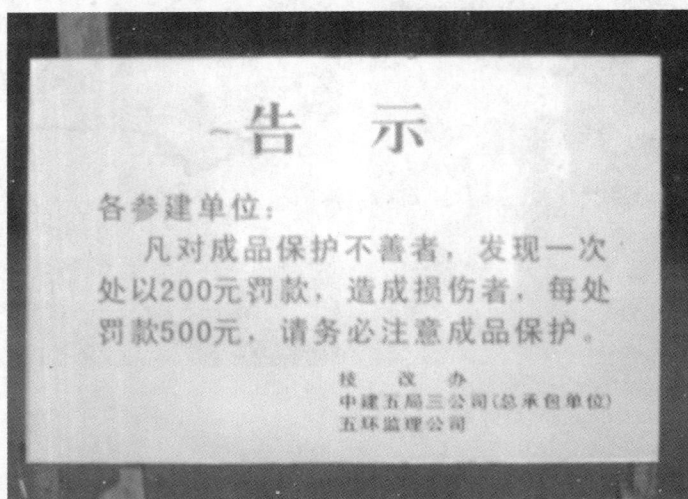

图 1.4-44　成品保护警示牌

（3）模板工程和钢筋工程

1）模板工程

多层面超大面积钢筋混凝土地面结构要求钢筋为不截断连续绑扎，本工程中对 300～500mm 钢筋混凝土层模板采用快易收口网，规格为 250mm×2500mm。快易收口网是新型的永久性模板，是薄形热浸镀锌钢板为材质，经加工成为单向立体网格的模板，具有力学性能好、自重轻、操作简便等优点。快易收口网新型模板的使用如图 1.4-45、图 1.4-46 所示。

图 1.4-45　快易收口网

图 1.4-46　快易收口网安装

细石混凝土层模板采用木方上开槽的形式。因为厚度较小，混凝土浇筑时侧压小，木模采用角钢固定后，用膨胀螺栓将角钢固定于混凝土上，便于混凝土达到强度后模板的拆除，如图 1.4-47、图 1.4-48 所示。

2）钢筋工程

钢筋混凝土板的钢筋配置宜采用小直径小间距的方式，有利于防止裂缝和控制裂缝发展。本工程对原设计的 300～500mm 厚钢筋混凝土层的配筋进行了调整，采用等强度代

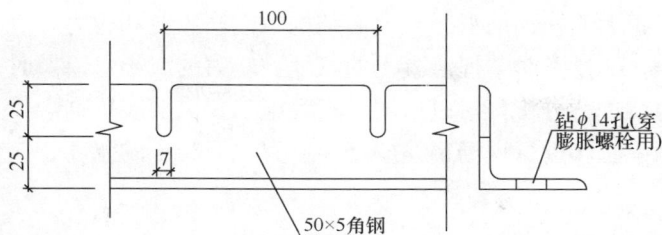

图 1.4-47 模板角钢固定示意图

图 1.4-48 细石混凝土层模板

换的原则由 $\phi14@150\times150$、$\phi16@150\times150$ 改为 $\phi12@100\times100$、$\phi14@100\times100$。调整之后把配筋率从原来的 0.53% 提高到 0.73%，这对裂缝控制是非常有利的。

① 300～500mm 厚钢筋混凝土层钢筋采用绑扎搭接，搭接长度符合设计要求和施工规范要求，接头位置要错开，同一截面钢筋接头不超过 50%。双层钢筋网片之间加 $\phi16$ 马凳铁（图 1.4-49），间距 1.5m，呈梅花形布置，保证上部钢筋位置准确。分仓施工各板块间钢筋连续绑扎不断开。

② 细石混凝土找平层内钢筋网片为 $\phi5@100$ 冷轧带肋钢筋，要保证钢筋网片放置在细石混凝土层表面以下 20mm 位置，钢筋网片下加 $\phi8$ 马凳铁，间距 1.5m，呈梅花形布置，保证钢筋位置准确。钢筋绑扎时采用钢筋马凳，如图 1.4-49 所示。加强成品保护，设专人看护，钢筋绑好后不准踩在上面行走，应放跳板行走，以保证钢筋位置准确，浇混凝土时派钢筋工专门看守修理。

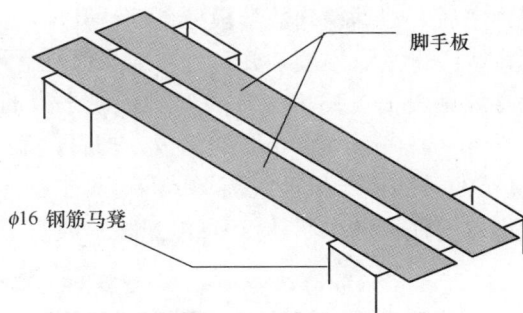

图 1.4-49 钢筋马凳示意图

因为施工缝处是地面开裂的薄弱环节，在施工缝处设置宽度为 300mm 的钢板网，作为地面防止开裂的又一道防线。

（4）现场温度、应力、应变的监测与分析

为准确地了解超大面积钢筋混凝土地面结构中钢筋应变和应力，混凝土的温度、应力和应变的变化规律。通过及时掌握混凝土的温度、应力的大小，以及时指导施工过程中的养护，并对结构约束进行分析，对以后同类工程施工提供实践依据，特委托湖南大学土木工程学院工程检测中心，进行现场钢筋应变和应力，混凝土的温度、应变测试，以及混凝土板的收缩测定。

1) 监测仪器的选择

混凝土温度应变检测仪器采用长沙数码高科技实业有限公司生产的 JMZX-215 型埋入式智能弦式数码应变计。钢筋应力应变采用 ZX-400 弦式数码钢筋应力计，如图 1.4-50 和 1.4-51 所示。混凝土板的收缩采用百分表测量。

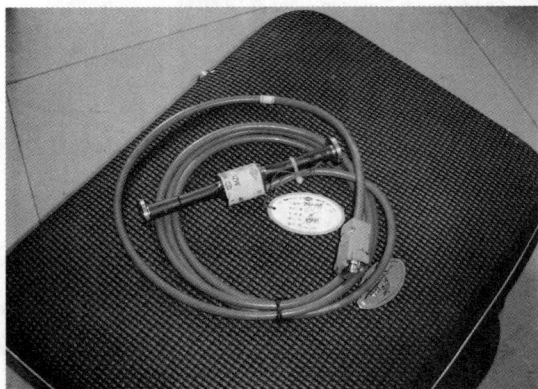

图 1.4-50　混凝土应变计

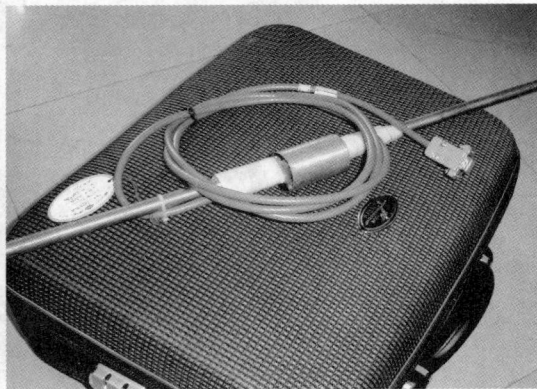

图 1.4-51　钢筋应力计

① 测试原理

混凝土温度应变计和钢筋应力计均采用振弦理论设计制造，为均竖式弦结构，与 ZMZX—2001 型多功能电脑检测仪配套使用。当被测结构体混凝土产生应变或内部钢筋承受应力时，混凝土应变计和钢筋应力计将应变或应力转换为频率信号，ZMZX-2001 测定频率后，根据精确数学模型自动计算出应变和应力。同时混凝土应变计内置温度传感器可直接测量测点温度，并自行对应变值进行温度修正。混凝土应变计和钢筋应力计主要技术参数见表 1.4-18 和表 1.4-19。混凝土板的收缩测定利用水泥浆在混凝土表面粘结一块 100mm×100mm×10mm 的钢板，把百分表磁性支座吸附在钢板上，以柱子作为不动点（浇筑的时候柱子和板脱离 20mm，每根柱子底部设有承台，承台下为 4 根人工挖孔桩，故可以把柱子考虑不动点），测量板的收缩。

混凝土应变计主要技术参数　　　　　　　　　　　　表 1.4-18

直径（mm）	12	应变量程（$\mu\varepsilon$）	±15000
长度（mm）	600	温度量程（℃）	−10～+70℃
使用环境温度	10～+70℃	准确度	0.5%FS～1%FS
测量标距	157mm	分辨率	0.5%FS
灵敏度	0.5℃	温度影响系数	≤0.025%FS
精　度	±1℃		

钢筋应力计主要技术参数　　　　　　　　　　　表 1.4-19

尺寸参数		性能参数		
连接杆直径（mm）	12	量　程	拉　伸	400
钢套断面积（m²）			压　缩	400
长度（mm）	600	准确度	0.5％FS～1％FS	
温度影响系数	≤0.025％FS	分辨率	0.01％FS	

② 应变计和应力计性能特点

a. 具有高灵敏度、高精度、长期高稳定性；

b. 应变（力）计内置智能芯片，全数字检测，信号长距离传输不失真，抗干扰能力强；

c. 应变计内置温度传感器可直接测量测点温度，同时在受温度影响下可对应变值进行修正；

d. 采用脉冲激振方式激振，测试速度快；

e. 导线绝缘能力好，防水耐用，可实现长期观测。

2）测点的布置

测点布置的思路是在平面的长半轴方向布置，但因为检测试验合同的签署是在施工过程中进行的，当检测试验合同签订后，现场混凝土块已经浇筑了部分，并考虑施工进程中的一些实际情况，因此试验选择有代表性的 3 个测区，在 3 个测区中共预埋 9 个混凝土应变计和 9 个钢筋应力计，为测量混凝土板与柱之间的位移，在板与柱之间安装百分表。测区及百分表布置如图 1.4-52 所示，各测区测点布置如图1.4-53所示。

图 1.4-52　测区及百分表布置图

3）监测仪器的安装

① 混凝土应变计

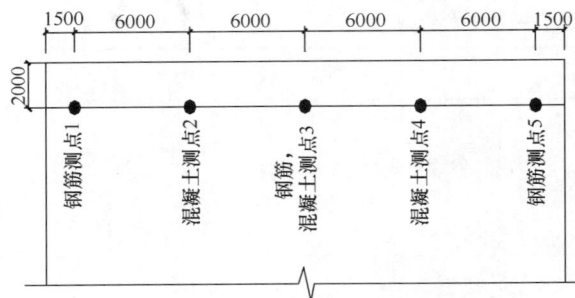

图 1.4-53 各测区测点布置

混凝土应变计平行混凝土板长度方向安装，采用细匝丝捆绑在混凝土板的上层钢筋上，细匝丝捆绑的位置应在应变计受力柄内侧 5mm 处。测试导线沿混凝土钢筋引出，并绑扎好。其中，应变计与测试导线应捆绑在结构钢筋底端侧面，以免振捣时应变计方向改变或将应变计和导线损坏。应变计安装剖面图如图 1.4-54 所示。

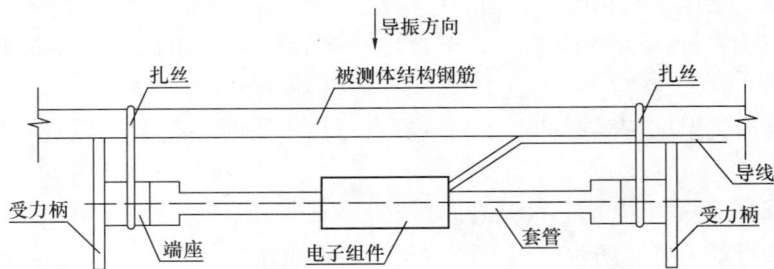

图 1.4-54 应变计安装剖面图

② 钢筋应力计

在混凝土板长度方向选择上层钢筋网的一根通长钢筋作为钢筋应力监测对象，将应力计平行结构应力方向安装，在测点布置位置锯断应力计长度相应的钢筋，然后将应力计两端焊接在结构钢筋上，焊接时先点焊固定钢筋应力计，在节点处实施绑条焊。应力计安装实景如图 1.4-55 所示，应力计安装剖面图如图 1.4-56 所示。在焊接过程中应将应力计传感器部分（中间段）浸泡在水中，以免过热损坏应力计，测试导线沿结构钢筋引出。应力计与测试导线应避开混凝土振捣方向，以免振捣时应力计方向改变或将测试导线损坏。

图 1.4-55 应力计安装实景图

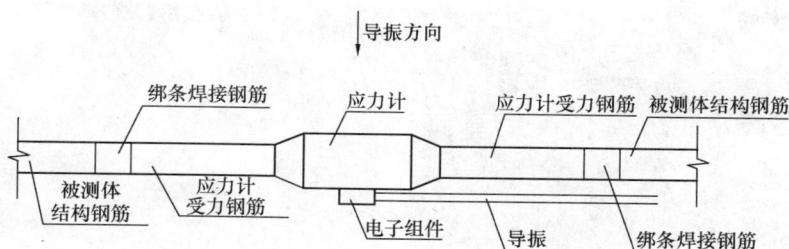

图 1.4-56 应力计安装剖面图

③ 百分表

百分表安装前，将作为不动点的柱子上百分表表针接触位置去除浮尘和薄弱层，在百分表布点位置混凝土表面清理干净并湿润，用水泥浆粘结一块 100mm×100mm×10mm 的钢板，待数小时粘结牢固后，将百分表磁性底座吸附在钢板上，触头抵在柱子上处理后的位置，调整后记录百分表初始读数，如图 1.4-57 所示。因为在试验测试期间还有其他多种作业在交叉施工，为保护百分表在监测期间触头不被其他外来作用力晃动，在百分表安装调整完成后，在其外部设置一个带锁保护箱，如图 1.4-58 所示。

图 1.4-57 百分表安装实景

图 1.4-58 百分表保护箱

4）测试周期

试验测试周期计划 2 个月，但因施工工期紧，在混凝土地面施工完毕后需紧接着进行还氧磨石面层施工，实际测量周期在 45～50d。在混凝土浇筑时，当测点被覆盖，振捣、抹平后记录混凝土初始温度（入模温度），以及混凝土应变计与钢筋应力计初始读数，1～3d 每 4h 测读一次，3～14d 每 6h 测读一次，以后每 12h 测读一次，若遇温度突变或温度过高应记录一次。应变计（应力计）测试接头及数据测试，如图 1.4-59、图 1.4-60 所示。

5）测试结果与分析

本工程由于各施工环节安排合理，地面混凝土垫层混凝土施工时，厂房屋盖已施工完毕，混凝土养护基本为室内养护，对混凝土裂缝控制创造了良好的外部条件。

图 1.4-59 应变计（应力计）测试接头

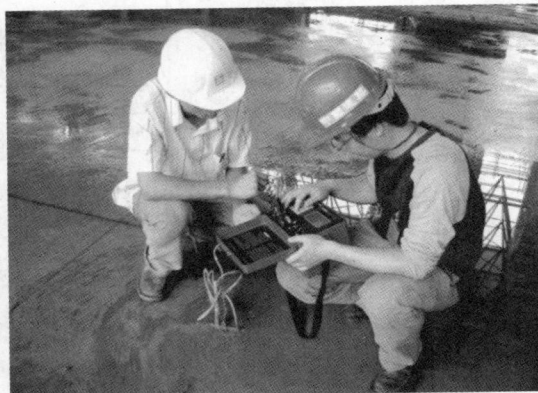

图 1.4-60 应变计（应力计）数据测试

① 混凝土温度

各测区混凝土测点温度变化大致相同，在此仅以测区Ⅱ各测点混凝土温度变化为例，说明混凝土温度变化规律，变化曲线如图 1.4-61 所示。

② 混凝土应变及钢筋应力

混凝土应变-时间及钢筋应力—时间变化曲线，如图 1.4-62～图 1.4-67 所示。

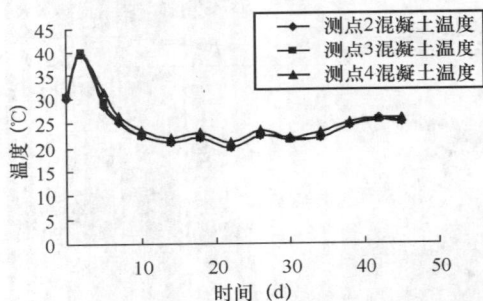

图 1.4-61   测区Ⅱ混凝土温度—时间曲线

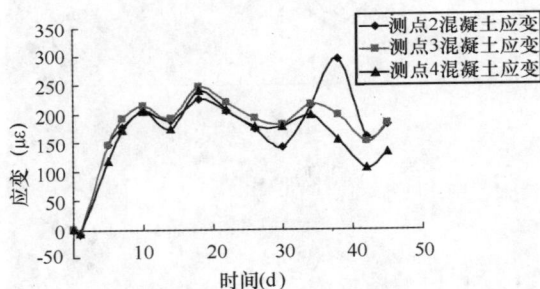

图 1.4-62   测区Ⅰ混凝土应变—时间曲线

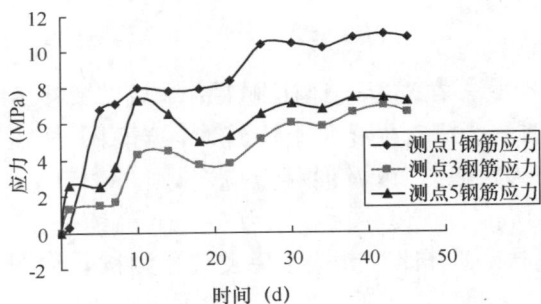

图 1.4-63   测区Ⅰ钢筋应力—时间曲线

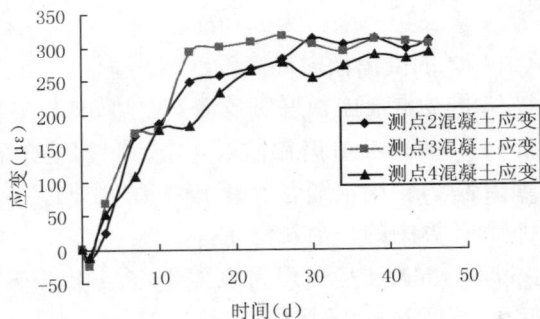

图 1.4-64   测区Ⅱ混凝土应变—时间曲线

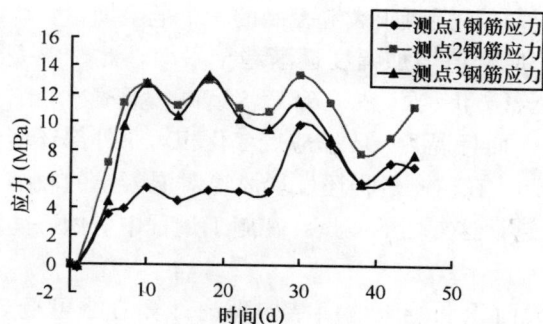

图 1.4-65 测区Ⅱ钢筋应力—时间曲线

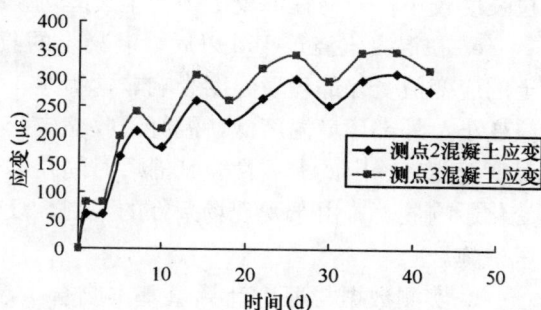

图 1.4-66 测区Ⅲ混凝土应变—时间曲线
注：测区Ⅲ测点 4 混凝土传感器因故损坏

③ 混凝土收缩

混凝土收缩-时间变化曲线，如图 1.4-68 所示。

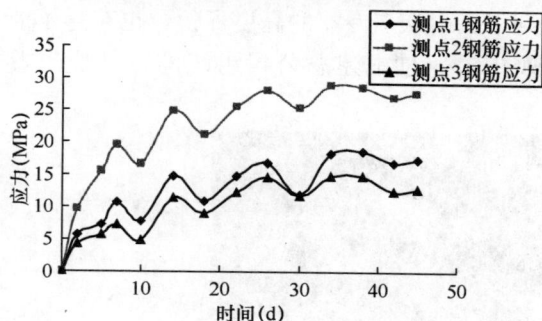

图 1.4-67 测区Ⅲ钢筋应力—时间曲线

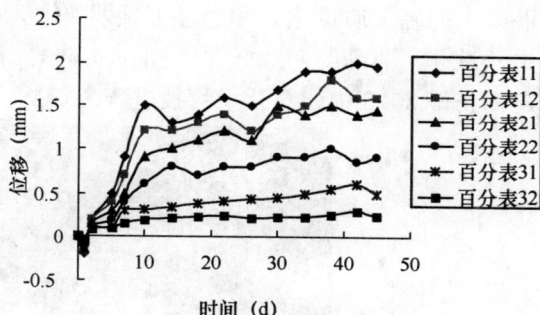

图 1.4-68 各测点混凝土位移—时间曲线
注：百分表 11 表示测区Ⅰ第 1 个百分表读数

从以上数据中，混凝土板内温度变化规律与大体积混凝土温度变化规律相似，即温度先上升，后逐渐下降，只是最高温度较大体积混凝土偏低；混凝土板内应力分布呈中间大，向周边逐渐减小；混凝土收缩值为中间最小，往周边逐渐增大，最大收缩值发生在混凝土板长边边缘，为 2.0mm。

a. 混凝土板内最高温度值为 40.5℃（理论计算值为 41.7℃），发生在浇筑后的 1d 左右，因为混凝土板厚度较薄，散热较快，约 7d 后温度变化表现为随环境温度变化而变化。

b. 混凝土在升温阶段，混凝土有一个短暂的膨胀过程，在混凝土中形成压应力，但此压应力较小，随着混凝土温度的下降，压应力迅速消失，但此压应力可以作为混凝土拉应力计算中的一个安全储备。

c. 混凝土应变最大值为 $342\mu\varepsilon$，发生在混凝土板中部，相当于应力约 0.958MPa（理论计算值为 0.77 MPa），这主要的因为理论计算模型考虑的是混凝土为单向受拉应力状态，而实际混凝土为双向受拉，故实测值比理论计算值偏大。但当理论公式计算中取 1.15 的安全系数时，可大致相当于双向受拉应力状态时应力值。

d. 混凝土在浇筑后的 3～5d，混凝土中的拉应力迅速显著增大，而此阶段因混凝土抗拉强度较小，容易在混凝土中产生裂缝，是地面结构混凝土裂缝控制的一个危险期。

e. 在混凝土浇筑 15d 以后，混凝土的收缩应变值增加幅度逐渐趋于平缓，此时混凝土的应变值受外部环境温度影响非常明显，每天循环一次，外部环境温度高，混凝土收缩应变小，外部环境温度低，混凝土收缩应变大。而且混凝土收缩应变变化相对于外部环境温度变化有一定的滞后性，其滞后时间在 2～5h。在监测过程还发现风速对混凝土的收缩变化影响显著，由于受现场条件的限制，没有进行这方面的测试，在施工过程中应做好防风措施。

f. 实测数据与理论计算值基本吻合，超大面积混凝土地面结构理论计算方法可行，计算精度能满足工程需要。

（5）实施效果

超大面积混凝土地面结构无缝施工技术在长沙卷烟厂的实践取得了很大成功。工程超大面积混凝土地面无缝施工完毕后，混凝土表面平整，整个地面标高控制在 3/1000 以内，20520 ㎡ 的混凝土地面在不设置一条伸缩缝和后浇带的情况下，没有出现一条可见裂缝。混凝土的施工质量达到和超过了预期要求，得到了国内众多专家的高度评价，也获得了业主、设计、监理的一致好评（图 1.4-69）。该项技术通过中建总公司组织的科技成果鉴定，获得 2006 中建总公司科技进步二等奖。

图 1.4-69 多层面超大面积钢筋混凝土无缝地面实施效果

参 考 文 献

1 罗刚，重庆大学硕士学位论文，2004
2 王铁梦. 工程结构裂缝控制 [M]. 北京：中国建筑工业出版社，1997
3 李文峰. 广东奥林匹克体育场超大面积混凝土底板裂缝控制 [J]. 混凝土，2002
4 左志坚，张平. 地下室底板混凝土超长结构无缝施工技术 [J]. 中外建筑，2001
5 杨中源，程建军，汪仲琦. 超长大面积混凝土楼面结构无缝施工技术 [J]. 施工技术，2004；
6 游宝坤，陈富银等. UEA 水泥砂浆与混凝土长期性能的研究，第二届全国混凝土膨胀剂学术交流会论文集 [M]. 北京：中国建材工业出版社，1998

7　吕联亚. 混凝土裂缝的成因和治理技术 [J]. 混凝土，1998

8　王铁梦. 钢筋混凝土结构的裂缝控制 [J]. 混凝土，2000

9　陈士良，徐伟，潘延平. 现浇楼板的裂缝控制 [M]. 北京：中国建筑工业出版社，2003

10　陈海明. 大面积梁板无缝施工的混凝土配制应用 [J]. 福建建设科技，2001

11　American Concrete Institute. Designing for creep and shrinkage. 1982

12　朱伯芳. 混凝土极限拉伸变形与龄期及抗拉、抗压强度的关系 [J]. 土木工程学报，1996

13　M. Kalimur Rahman，Mohammed H. Baluch. Modeling of shrinkage and creep stresses in concrete repair. ACT Materials Journal，September-October 1999

14　Robert J. Froseh. Another look at cracking and crack control in reinforced concrete. ACI Structural Journal，May-June 1999

15　张克杰. 建筑工程混凝土施工期裂缝控制 [J]. 建筑技术，1997

16　熊小刚，王铁梦. 深圳市人民广场地下停车库大面积钢筋混凝土施工 [J]. 施工技术，2004

2 建筑结构工程施工

2 建筑结构工程施工

2.1 倾斜钢结构、超大悬臂钢结构工程施工变形测控技术

2.1.1 问题的提出

1. 研究现状

始建于 1173 年的意大利比萨塔，最初作为教堂的钟楼设计。在修建过程中，由于地基的不均匀沉降而发生倾斜，在此后的 800 多年间倾斜程度不断发展，并因此成为闻名于世的一大建筑奇观。比萨斜塔高约 54m，塔顶偏离 4.6m，与竖直平面的倾斜角约 4.9°。倾斜建筑给人以强烈的视觉震撼，更容易吸引公众的注意力。现代建筑师由此受到启发，设计出一批具有独特视觉效果的倾斜建筑。较为著名的有：现代第 1 幢倾斜建筑——西班牙马德里的"欧洲之门"姊妹塔、巴塞罗那通讯塔，以及 CCTV 新台址倾斜双塔加超长悬挑的主楼等。

倾斜建筑是对地球引力的公然对抗，由于施工过程中不断增加的荷载对结构造成的附加弯矩作用引起的结构变形不可忽略，因而必须考虑结构的几何非线性和 $P-\Delta$ 效应。并且，施工过程中每一步构件的定位和加工尺寸的确定，都与施工方案密不可分。对这类结构必须进行施工全过程动态分析，才能保证最终的位形满足设计要求。倾斜高层结构的建造及合理的施工组织方案具有较大的难度。倾斜结构高层工程的施工初始位形、分步安装位形、加工预调值等关键问题都需要进行研究，并找出解决这类问题的思路及实施方法。

常规建筑工程的施工和安装测量，主要依靠经纬仪、水准仪、钢尺、激光铅直仪、全站仪等光电测量技术设备进行施工测量控制与放样工作。在高层建筑施工中，主要通过内控点采用吊锤法、激光铅直仪投点法和精密天顶基准法进行平面基准传递；由经纬仪和全站仪控制轴线；采用钢尺垂直量距、全站仪垂直测高实现高程基准传递。这些方法对环境条件有特定要求，可以满足一般高层建筑结构工程的施工测量质量控制需要。但是，随着建筑总高度的升高，其平面基准与高程基准的传递误差累积增加，作业难度加大，受施工环境影响和干扰较多，垂直度偏差控制的精度较低，完全依靠逐层传递的施工测量成果精度无法进行科学的定量评价。另外，更为突出的问题是采用常规测量方法无论是从理论上还是技术上，都很难保障超高层建筑、复杂结构形体的三维空间动态变形控制与实时性施工需要。

测量机器人（Measurement Robot，也称测地机器人，Georobot）是一种能代替人进行自动搜索、跟踪、辨识和精确照准目标并获取角度、距离、三维坐标以及影像等信息的智能型电子全站仪。它是在全站仪基础上集成步进马达、CCD 影像传感器构成的视频成像系统，并配置智能化的控制及应用软件发展而形成的。测量机器人通过 CCD 影像传感

器和其他传感器对现实测量世界中的"目标"进行识别，迅速做出分析、判断与推理，实现自我控制，并自动完成照准、读数等操作，以完全代替人的手工操作。测量机器人再与能够制定测量计划、控制测量过程、进行测量数据处理与分析的软件系统相结合，完全可以代替人完成许多测量任务。最新型号的 TCA2003 具有测角精度为 $\pm 0.5''$，测距精度为 $\pm 1mm + 1ppm$，同时采用快速跟踪测量的方法，具有 0.3s 的观测采样率，能够适应动态结构物体快速定位安装放样的需要。如果进行精密定点观测，一个目标点也仅仅是十几秒的观测时间，在非常短的时间内，可以完成所有观测点的测量任务。

同时，该仪器具有自动功能，进行无人干涉的 24h 连续周日监测，利用 Leica 的 mointoring 变形监测软件，全自动对视场所有监测点进行观测。在观测过程中，智能全站仪 TCA 2003 先进行学习，人工对监测点的目标进行观测，并将观测数据保存在 learned 文件中进行记忆。然后，设置观测时间及时间间隔，在时间设置好后，进入观测程序，测量机器人根据设置便进行全自动观测，整个观测期间不需要人工干预。观测工作完成后，在室内利用 PC 机与智能全站仪 TCA 2003 连接，由 Leica 的数据通讯软件将所有监测数据导出到电脑中，以文本格式保存。利用该功能，可以实施倾斜建筑施工期的 24h 连续周日变形监测。

测量机器人最早应用于地铁、大坝等在运营期间需要随时关注其变形情况的工程中，主要是利用其自动监测功能，近年来在桥梁工程施工中也有应用，而在房屋建筑工程中还未见使用。

2. 工程难点

中央电视台新台址工程 CCTV 建于朝阳路和东三环路交界处的 CBD 中央商务区内。西侧紧邻东三环中路，北侧为朝阳路，南侧是光华路。其建筑高度 234m，是国内最大的单体钢结构工程，钢结构用钢量达 12.5 万 t。其中钢结构主要分布在塔楼 1、塔楼 2、悬臂、裙楼四个部分，此外在塔楼 1 的西侧还有一个大型桁架结构（图 2.1-1）。

CCTV 新台址主楼两塔楼双向倾斜 6°，顶部通过"L"形大悬臂相连，整个结构形成一个不规则"空间门式"结构体系，具有"塔楼倾斜"、"空间连体"及"大悬臂"的构成特点，总建筑面积 47 万 m^2。结构体系由核心筒、内柱及外框筒组成。内部结构垂直布置，以承受竖向荷载为主，外框筒由分布在裙房、塔楼及悬臂四周的柱、梁和斜向支撑组成，是结构的主要抗侧力体系。塔楼采用高空散装的方法进行安装，悬臂段采用无支撑胎架悬伸的安装方案，施工过程中先安装两个斜向塔楼，再逐步逐段悬伸安装大悬臂。大悬臂分别从两塔楼伸出，在高空正交对接合拢。施工过程中结构在自

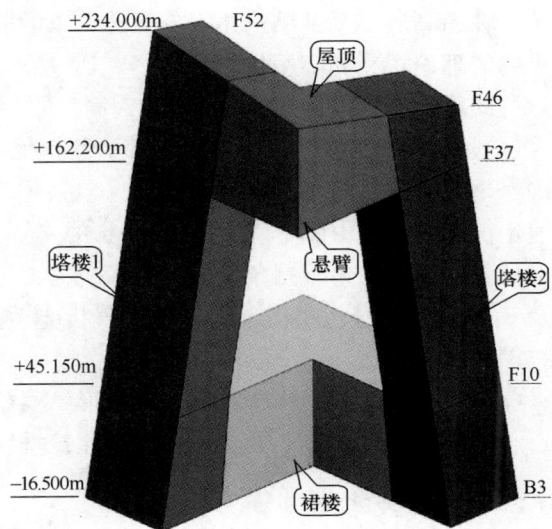

图 2.1-1 CCTV 新台址外形

重和附加弯矩的共同作用下，悬臂结构合拢前两塔楼独立变形，合拢后两塔楼连为一体协调变形，合拢前后变形的变化有着本质不同。

对于 CCTV 新台址主楼的施工，设计对结构的几何形态有以下几点要求：（1）竣工时两塔楼顶点的水平位形与设计位形的偏差须在一定范围内；（2）竣工时悬臂底部在结构自重及恒荷载（包括楼板混凝土、装饰和幕墙等荷载）作用下悬臂底部必须保持水平或稍微上翘；（3）施工过程中电梯等设备要能够顺利安装，并在使用阶段能够正常运行；（4）竣工时各楼面的倾斜度要控制在一定范围内，否则将影响结构的使用；（5）幕墙和装饰等附属结构能够顺利安装，且在使用阶段能够满足相关功能要求。

对于像 CCTV 新台址主楼这种倾斜高层建筑物，施工过程中已装结构在不断地变形，未装结构的安装位形未知且与设计位形存在一定差别。从理论上讲，各构件只有按照特定的位形进行加工和安装，才能确保施工的顺利进行，且竣工时的结构位形才能满足上述设计和施工的要求。因此，施工过程中结构位形的控制是 CCTV 新台址最大的技术难题之一，直接关系到结构能否顺利施工，悬臂段能否顺利合拢，以及竣工时的结构位形能否满足要求。对于刚性结构而言，施工过程中结构位形控制的手段主要为对施工过程中的结构设置变形预调值。如何保证在施工过程中准确的测量定位，保证构件安装满足事先计算的施工变形预调值要求，是施工中遇到的一大难点。同时施工已完成结构的整体变形是否与施工变形预调值计算相符也尚待验证，钢结构在日照、风力等外界环境因素的影响下整体变形如何，有无规律也是尚未研究的内容。

3. 问题的提出

为了确保 CCTV 新台址主体工程上部结构施工的质量和工期，克服上述传统的常规测量技术作业的局限性，有必要采用现代测绘领先技术设备——测量机器人，开展有针对性和现实性的基础理论研究和应用研究，重点解决超高层建筑复杂结构形体平面基准与高程基准的传递控制，垂直度偏差控制，轴线控制，日照、温差、风荷载、自振等动态变形所引起的三维空间结构形体变化的实时监控等关键性问题。课题研究工作对现代工程测量新技术在超高层、复杂结构建筑施工建设中的应用和推广及建筑施工测量技术的发展均具有重要的理论意义和实用价值。

为此，主要进行以下研究：

（1）研究基于测量机器人的 CCTV 新台址主楼工程钢结构安装过程的质量控制技术，为确保钢结构安装施工三维空间位置（包括垂直度、高程传递和平面轴线控制）的准确、快速定位提供技术保障。

（2）研究大仰角观测条件下，测量机器人三维坐标测量法的大气折光影响及规律性，以及 CCTV 新台址主楼工程区域的大气折光改正模型，为实时、快速、精确定位提供理论技术基础。

（3）研究倾斜钢结构建筑因日照变形、温差变形、风载摆动、自振、竖向变形等实时动态空间多源信息的获取方法，为倾斜建筑垂直度偏差、轴线控制提供技术支撑。

2.1.2　关键技术与创新

本课题坚持针对性、实用性、前瞻性和利用性，利用先进的测量技术装备，以解决倾斜钢结构、超大悬臂钢结构安装施工过程相关的重大测量技术问题为立足点，重点研究倾斜建筑、超大悬臂钢结构形体变形测控中，影响工程质量、安全、进度和成本的关键问题与技术，提供基于测量机器人倾斜钢结构、超大悬臂钢结构安装过程质量控制的测量技术保障。本课题主要解决以下关键技术问题：

1. 倾斜、悬臂钢结构形体三维空间位置的快速、准确定位

（1）变形监测网的建立

基于 TCA2003 全站仪的自动变形监测系统，以自动搜索目标的 TCA2003 全站仪为测量工具，并配备有 GPH1A 单棱镜，采用极坐标的测量方法，测定各变形点的三维坐标。同时将采集的数据传入控制计算机，计算机对所采集的数据进行分析处理，输出变形点的变形及相关信息，便于有关人员及时掌握变形情况。其主要硬件构成如图 2.1-2 所示。

一般的变形监测点都有测站点（仪器的架设点）、参考点（为了得到变形体上点的变形量而选取的参考点）和目标点（用来观测变形体变形而选定的有代表性的点）三部分组成。本系统主要就是在观测站架设仪器，通过对参考点和目标点的观测来得出变形体的变形趋势，采用一台测量机器人和计算机以及通讯电

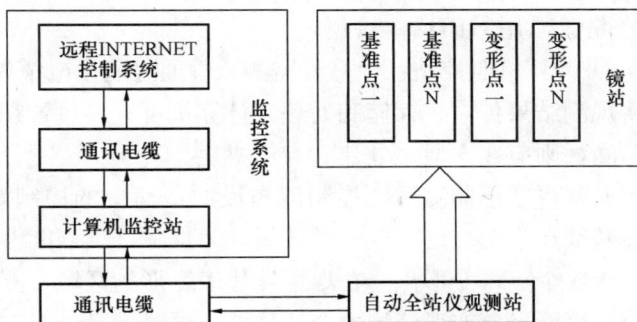

图 2.1-2 测量机器人变形监测网

缆建立基站，将棱镜安置在需要观测变形的变形点和为了得到变形点的变形量而选定的比较稳定的基准点上，通过对基准点和变形点的持续的周期性观测结果进行比较、实时改正，从而得出变形点的三维变形量，进行安全和稳定性等分析，得到所需要的数据成果。

在所有的仪器设备都已经建立连接完成之后，按照预先设置的程序，通过计算机与测量机器人之间的双向通信，由计算机发出指令给测量机器人，测量机器人根据计算机发出的指令，按照一定的时间顺序和观测步骤对相应的基准点和变形点进行观测，并保存数据到测量机器人中的数据池中，如果观测中出现意外错误，例如误差超限、目标被遮挡等则系统自动报警，并进行相应的延迟处理或重复执行等操作，在所有的测量过程都顺利完成之后则通过相应的指令将数据读取到计算机中，同时对原始观测数据进行实时改正，得到差分处理后的数据结果，并可以根据用户要求输出观测成果或观测处理后的成果。所有的过程都不需要人来手工操作仪器，通过人直接控制计算机就可以完成所有的测量过程，整个过程节约了人力、财力和克服了恶劣自然条件下的各种困难，从而实现整个测量过程的自动化。在自动变形监测中，对于基准点和变形点的选取等应注意下面的几点：

1）基站：基站就是用来作为极坐标测量的原点，全站仪自动观测站，用来架设全站仪的点。全站仪采用高精度、自动目标识别（ATR）的 TCA2003 全站仪，自动识别全站仪内置自动跟踪目标装置，当由全站仪发射出的红外光光束被棱镜反射回来之后，自动跟踪目标装置通过对反射光中心的分析，驱动望远镜照准棱镜中心，从而达到精确照准棱镜

的目的, 此类全站仪具有完善的自动重复测量功能, 使测量效率更高、更快、更好, 把测量人员从疲惫的体力劳动中解放出来, 对于一站多点的测量项目具有无可比拟的效果。全站仪观测站的任务是负责对变形点、基准点进行观测, 并将测量数据传送到计算机监控站。该点一般要求具有良好的通视条件, 一般应选择在稳定处, 特殊情况下也应选在相对稳定处。

2) 镜站: 包括参考点和目标点。参考点即基准点 (三维坐标已知) 应位于变形区域之外的稳固不动之处, 点上放置正对基站的单棱镜 (采用强制对中装置), 参考点一般应有 3 ~4 个, 且要求覆盖整个变形区域。参考系除了为极坐标系统提供方位外, 更重要的是为系统数据处理时的距离及高差的差分计算提供基准数据。根据需要, 目标点一般较均匀地布设于变形体上能体现区域变形的部位, 目标点与参考点上均应放置正对基站的棱镜, 一般放置与全站仪配套的棱镜, 例如 TCA2003 全站仪一般配套使用 GPH1A 棱镜。

3) 计算机监控站: 计算机监测软件通过通讯电缆控制测量机器人作全自动变形监测, 并将观测结果传输、存储和处理。计算机可直接放置在基站上, 但若要进行长期的无人值守监测, 则应在方便之处建立专用机房。

通常将变形监测系统控制网布设成最简单的控制网形式, 即极坐标测量控制网的形式, 基准点应选在远离变形的区域, 为保障基准点能够提供可靠的基准, 基准点的数目应不少于 3 个点, 变形点选在尽可能代表变形的区域。测站点应选在能与基准点、变形点通视, 尽可能远离变形区域的合适位置, 同时满足 ATR 的 "视场" 要求。

极坐标测量的简单控制网中包含三类点: 基准点、测站点和变形点。其中的测站点可以是基准点, 也可以是工作基点。测站点上的全站仪对各基准点进行极坐标测量, 形成基准网。测站点上的全站仪对各变形点进行极坐标测量, 就构成了变形网。

自动变形监测系统主要是由命令传输, 点位观测, 数据采集和数据处理几个方面的模块组成, 其具体的结构如图 2.1-3 所示。

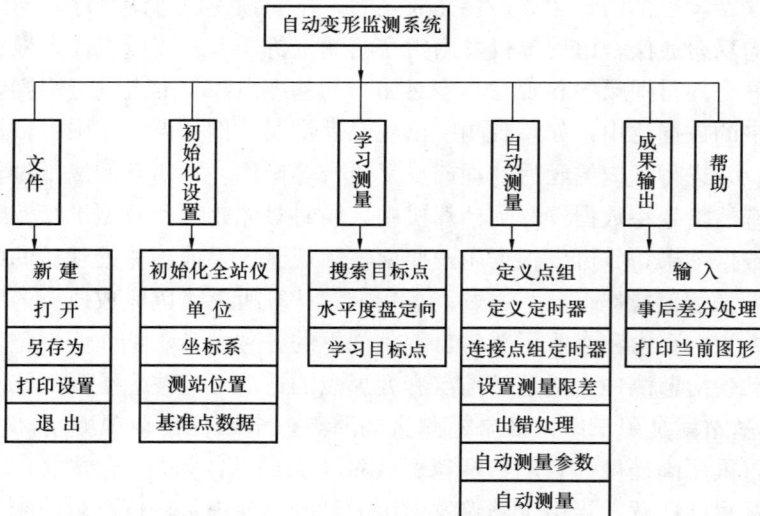

图 2.1-3　自动变形监测系统结构

（2）监测网精度计算

测量机器人监测网的构成可分为单机系统网和多机系统网两大类。

1）单机系统

单机系统由一台仪器、反射棱镜（或特殊棱镜装置）及计算机和数据处理软件构成。将仪器设置在以测站作为原点、垂直方向为 Z 轴、水平为 XY 平面的右手空间直角坐标系下，利用空间极坐标定位原理求目标点的空间直角坐标 (X, Y, Z)，见式(2.1-1)。

$$\left.\begin{array}{l} X = S \cdot \cos\beta \cdot \cos\alpha \\ Y = S \cdot \cos\beta \cdot \sin\alpha \\ Z = S \cdot \sin\beta + \dfrac{1-K}{2R} \cdot S^2 \end{array}\right\} \quad (2.1\text{-}1)$$

式中，α、β 分别是水平角和垂直角；S 是斜距；K 是大气折光系数；R 是地球曲率半径。Z 的第二项是球气差的影响，当距高较短时，该项可忽略。根据误差传播定律，目标点坐标分量精度指标为：

$$\left.\begin{array}{l} m_X^2 = (\cos\beta \cdot \cos\alpha)^2 \cdot m_s^2 + \left[\dfrac{S \cdot \sin\alpha \cdot \cos\beta}{\rho}\right]^2 \cdot m_\alpha^2 + \left[\dfrac{S \cdot \sin\beta \cdot \cos\alpha}{\rho}\right]^2 \cdot m_\beta^2 \\[3mm] m_Y^2 = (\cos\beta \cdot \sin\alpha)^2 \cdot m_s^2 + \left[\dfrac{S \cdot \cos\alpha \cdot \cos\beta}{\rho}\right]^2 \cdot m_\alpha^2 + \left[\dfrac{S \cdot \sin\beta \cdot \sin\alpha}{\rho}\right]^2 \cdot m_\beta^2 \\[3mm] m_Z^2 = \sin^2\beta \cdot m_s^2 + \left[\dfrac{S \cdot \cos\beta}{\rho}\right]^2 \cdot m_\beta^2 + \left[\dfrac{S^2}{2R}\right]^2 \cdot m_K^2 \end{array}\right\} \quad (2.1\text{-}2)$$

对于高精度仪器，测距固定误差为 1mm，比例误差为 1×10^{-6}，测角精度为 $0.5''$。忽略球气差影响，用 $\alpha = 45°$、$\beta = 20°$、$s = 100m$ 代入式（2.1-2），得 $m_X = 0.69mm$，$m_y = 0.69mm$，$m_z = 0.41mm$。

单机系统的特点是：构成简捷，工作方便，效率高，费用低，在短距离内可达到 mm 级精度。其缺点是需要棱镜作为合作目标，并且受测距精度的限制，难以达到 0.1mm 的超高精度要求。

2）多机系统

多机系统由两台或两台以上的测量机器人、计算机及软件构成，其合作目标可以是人工目标，也可以是自然特征点。常见的形式是由两台仪器组成的全自动系统（图 2.1-4），其中一台作为主机，另一台作为从机。

取主机横轴与竖轴交点作为原点 A，过原点的铅垂向上方向为 Z 轴，到从机两轴交点、在过 A 点水平面上的投影 B 的方向为 X 轴，按右手法则确定 Y 轴，

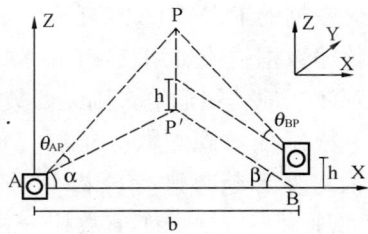

图 2.1-4 多级测量机器人系统

这就建立了 A-XYZ 测量坐标系。首先对仪器进行绝对定向和相对定向，求得初始参数（A 到 B 的基线长 b 和高差 h，A 与 B 连线方向的方位），然后主机照准目标点，其 CCD 摄像机获取目标区图像，并将此数字图像传至计算机。另一台作为从机的仪器也将摄取的图像传至计算机进行图像相关分析，分析图像相关系数 K，如果当 K 大于设定值时，就认为两者找到了相同位置；如果 K 小于设定值，从机继续搜索其他区域，直至 K 大于设定值，研究快速逼近搜索法是关键技术。找到相同点后，两机自动照向该点测量水平角和

垂直角，按空间交会原理，可得目标点 P 的坐标为：

$$\left.\begin{array}{l} X_{\mathrm{P}} = b \cdot \dfrac{\cos\alpha \cdot \sin\beta}{\sin(\alpha+\beta)} \\[2mm] Y_{\mathrm{P}} = X_{\mathrm{P}} \cdot \tan\alpha \\[2mm] Z_{\mathrm{P}} = \dfrac{1}{2}\left(\dfrac{X_{\mathrm{P}}}{\cos\alpha} \cdot \tan\theta_{\mathrm{AP}} + \dfrac{Y_{\mathrm{P}}}{\sin\beta} \cdot \tan\theta_{\mathrm{BP}} + h\right) \end{array}\right\} \qquad (2.1\text{-}3)$$

根据误差传播定律，目标点坐标分量精度指标为：

$$\left.\begin{array}{l} m_{\mathrm{X}}^2 = \left(\dfrac{X_{\mathrm{P}}}{b}\right)^2 \cdot m_{\mathrm{b}}^2 + X_{\mathrm{P}}^2[\tan\alpha+\cot(\alpha+\beta)]^2 \cdot \left(\dfrac{m_\alpha}{\rho}\right)^2 + X_{\mathrm{P}}^2[\cot\beta-\cot(\alpha+\beta)]^2 \cdot \left(\dfrac{m_\beta}{\rho}\right)^2 \\[4mm] m_{\mathrm{Y}}^2 = \left(\dfrac{X_{\mathrm{P}}}{b}\right)^2 \cdot m_{\mathrm{b}}^2 + X_{\mathrm{P}}^2[\cot\alpha-\cot(\alpha+\beta)]^2 \cdot \left(\dfrac{m_\alpha}{\rho}\right)^2 + Y_{\mathrm{P}}^2[\cot\beta-\cot(\alpha+\beta)]^2 \cdot \left(\dfrac{m_\beta}{\rho}\right)^2 \\[4mm] m_{\mathrm{Z}}^2 = \left(\dfrac{Z_{\mathrm{P}}-h/2}{b}\right)^2 \cdot m_{\mathrm{b}}^2 + \{Z_{\mathrm{P}}^2\cot^2(\alpha+\beta)+(Z_{\mathrm{P}}-h)^2[\cot\alpha-\cot(\alpha+\beta)]^2\}\left(\dfrac{m_\alpha}{\rho}\right)^2 + \\[4mm] \{Z_{\mathrm{P}}^2[\cot\beta-\cot(\alpha+\beta)]^2+(Z_{\mathrm{P}}-h)^2\cot^2(\alpha+\beta)+(Z_{\mathrm{P}}-h)^2\cot(\alpha+\beta)^2\}\left(\dfrac{m_\beta}{\rho}\right)^2 + \\[4mm] \left[\dfrac{Z_{\mathrm{P}}}{\sin(2\theta_{\mathrm{AP}})}\right]^2\left[\dfrac{m_{\theta_{\mathrm{AP}}}}{\rho}\right]^2 + \left[\dfrac{Z_{\mathrm{P}}-h}{\sin(2\theta_{\mathrm{BP}})}\right]^2 + \dfrac{1}{4}m_{\mathrm{h}}^2 \end{array}\right\} \qquad (2.1\text{-}4)$$

式中，m_{b} 为基线 b 的中误差，m_{h} 为两仪器高差的中误差，m_α、m_β 为水平角中误差，$m_{\theta_{\mathrm{AP}}}$ $m_{\theta_{\mathrm{BP}}}$ 为垂直角中误差。

多机系统特点是：需两台以上仪器，对软件要求高，需进行绝对定向和相对定向，但不必使用棱镜，能实现全自动化观测，精度易达到 0.1mm 甚至更高，可用于高精度的二维工业测量。

（3）变形数据的获取与处理

TCA2003 的数据传输需要人工进行，实时性差；数据通讯方法是，把仪器中安装的存储数据的 PCMCIA 卡插入笔记本电脑或者读卡器，通过复制、粘贴或文件移动的方法来传输数据；或者用长度约一米的 Y 电缆传输数据，而这种数据传输方式有局限性。变形观测场地若很危险，则需要数据远程传输。

根据变形观测数据绘制变形过程曲线，可以直观的了解变形的过程与趋势，要更深入对变形趋势进行分析并对未来变形进行预报，就要研究变形数据分析与变形预报的理论与方法。变形数据分析与预报的范畴较广，属于多学科的交叉。有关的理论与方法也较多，常用的分析理论包括：确定函数法、多元线性回归分析、趋势分析法、模糊线性回归、自适应过滤法、时间序列分析、马尔柯夫模型、卡尔曼滤波、灰色系统理论、突变理论等。其中灰色系统模型可针对小数据量的时间序列，对原始数列采用累加生成法变为生成数列，因此有减弱随机性、增加规律性的作用，它适用于贫信息条件下的分析和预报。时间序列分析中的自回归滑动平均模型 ARMA 适合于平稳时间序列。按照时间序列分析理论，对于任意一个平稳的时间序列，可以用 ARMA 模型逼近到我们所希望的近似程度。

对于测定的变形数据，采用某一分析理论，可能达不到所要的效果，通常可采用多种模型的组合。比如，趋势分析＋时序分析、GM 模型＋时序分析、GM 模型＋马尔柯夫模型、GM 模型＋突变模型等。因此，建立非平稳时间序列的组合模型有以下步骤：①根据时间序列的特征，用一定的函数形式拟合序列的确定性组成部分，直至剩余序列平稳为止；②对剩余序列拟合适应的 ARMA 模型；③将两者结合起来，以其参数作为初始值，用非线性最小二乘估计组合模型参数，得到最终的组合模型。

2. 基于测量机器人的大仰角三维坐标测量法的大气折光影响改正模型

大气折光作为一种大气物理现象对大地测量各类精密观测里产生不可避免的影响，是最不稳定的误差源之一。大气折射的影响及其变化，因受气压、温度及其梯度、湿度、风速等多个气象因素及其随机起伏的综合制约。

对于高精度的测量工作来讲，用传统的将在测站测量的气象元素代入经验型气象改正公式中对观测值进行气象改正所造成的气象代表性误差，以及大气折光对角度测量尤其是垂直角测量所造成的影响都将成为不可忽视的因素。对于变形监测来讲，这些影响就变得尤为突出。这主要是因为大多数变形监测都不能够进行传统的对向观测的方法，因为变形观测的点一般选定在不适合设站架设仪器的变形体上，如建筑物上或者其他变形体，取往返高差的平均值来削弱大气折光对测量结果影响的方法彻底行不通了，而现实中实时准确地求定折光系数值难度极大，因此不能采用加折光改正的方法来直接消除折光系数对观测值的影响；而另一方面，现代工程中对变形监测的精度要求越来越高，有的为了确保工程的稳定安全性精度要求达到亚毫米级，这就给测量工作带来了严峻的考验，因此必须要求科研工作者能够提出好的解决方案，使气象因素对观测结果的影响减少到最低，尽可能地提高观测精度。

针对这个问题，一般比较有代表性的方案有两种：一种是通过实测测距频率、气压、温度的方法来提高传统气象和频率改正的精度，并且通过距离交会的方法来避开角度测量，从而进一步减小气象因素对测量结果的影响。试验证明，在变形监测中对于削弱气象因素造成的误差是一个可行方案；另一种解决的方案就是多重差分改正的方法，就是在对变形点进行观测的同时也对选定的基准点进行观测，通过对基准点的观测值以及已知数据进行比较得出的差值即认为是气象因素造成的影响，根据距离比例求出改正比例系数，然后通过对各个不同基准点的比例系数求平均值，按照距离比例对观测值进行改正。之所以称为多重差分，是因为同时对距离、方位角和角度都采用同样的方法。在一些场合实践证明具有比较好的效果，也被称为基线自校准法。由于利用测量机器人来建立的自动变形监测的实时性比较强，一个好的实时差分改正模型可以很好的削弱大气因素的影响，更准确的得出变形量和变形趋势。而比较典型的采用的方案有两种：一种方案就是利用测频仪测定测距激光频率、气压温度传感器分别测定测站和镜站的气压温度以便用来改正测距结果，用三测站进行距离交会来避免角度测量时折光误差的影响，这主要是利用了测距精度比较高的特点；另外一种就是基准线自校准法（极坐标多重差分法），就是通过对选定的稳定点（基准点）和变形点的同时观测，认为测站点与基准点的观测值与理论值之间的差值就是气象因素影响造成的观测误差。然后按照距离比例对变形点的观测值进行改正即可。多重的含义都是用同样的方法来改正变形点的观测距离、角度和高程值。基准点的选择可以根据实际情况选择 3~5 个，取其平均值来避免单一基准点的气象影响不具有代表性的特点，从而更好地对观测值进行改正。具体改正模型如下：

(1) 斜距的差分改正

在极坐标变形监测系统中，必须要考虑大气条件的变化对于距离测量的影响，理论上对于气象因素对测距的影响，可以通过测定大气中的气象元素来求得距离的大气折射率改正系数，但是在自动测量系统中为了更快速的得出变形趋势结果，往往通过对已知基准点的观测值来对变形点的观测值进行实时的改正。测站点与其他基准点一样选定在比较稳定的岩石上，与其他基准点构成了一个基准网。假设测站点与某基准点的已知距离为 d_j^0，某周期观测距离值为 d_j'，两者之间的差别可以认为是气象因素引起的误差，那么就可以得到斜距的比例改正系数为：

$$\Delta d = \frac{d_j' - d_j^0}{d_j'} \tag{2.1-5}$$

为了得出更可靠的距离比例改正系数值可以取多个基准点的改正比例系数的平均值作为斜距的改正系数。如果同一时刻测得的某变形点的斜距为 d_p'，则改正后的斜距为：

$$d_p = d_p' - \Delta d_p' \tag{2.1-6}$$

(2) 高差的差分改正

对于变形点与测站点高差的观测，主要的影响因素为球气差的影响。对于基准点的高差一般是通过精密水准测量来求的。因此，测站点与基准点之间的高差 Δh_0 为已知的。假设某一时刻观测高差为 h_j

$$h_j = d_j \sin\alpha + i_h - a_h \tag{2.1-7}$$

上式中，α 为垂直角；i_h 为仪器高；a_h 为棱镜高。那么球气差 C 的修正系数为：

$$C = \frac{\Delta h_0 - h_j}{d_p^2 \cos^2\alpha} \tag{2.1-8}$$

从而可以得出测量点修正后的高差为：

$$\Delta h_p = d_p \sin\alpha + C d_p^2 \cos^2\alpha + i_h - a_h \tag{2.1-9}$$

至此可以求出测点差分改正后的平距为：

$$D_p = \sqrt{d_p^2 - \Delta h_p^2} \tag{2.1-10}$$

在自动变形监测系统运行中，从全站仪中自动观测采集的数据传输到计算机中存储入库，然后用改正模型对数据进行差分改正，从而得到变形点的变形信息。其具体数据流程如图 2.1-5 所示。

在自动变形监测运行过程中，计算机利用自动变形监测软件来控制全站仪在设定之间对特定点进行观测后，保存角度和距离等原始数据到全站仪的数据池，通过命令的调用传输到计算机中，并存储到用户设定的数据库文件中，并利用观测数据和已知的基准点数据来计算观测点包括变形点和基准点的原始坐标，而且可以同时计算出原始数据的变形量并进行存储；而同时观测的原始数据经过差分模型改正后生成了差分改正数据也存储到了相应的数据库文件中，利用这些差分改正后的观测值就可以计算改正后的三维坐标值和变

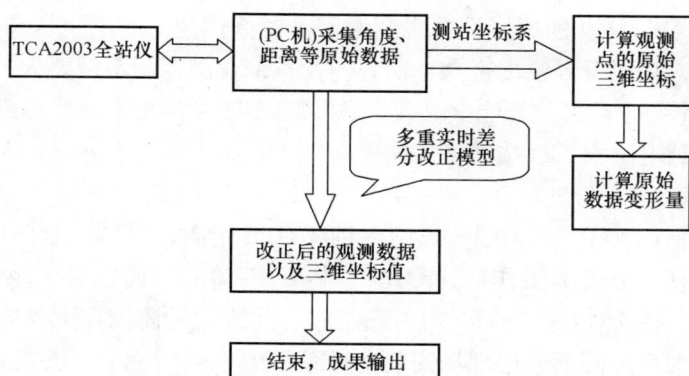

图 2.1-5 自动变形监测系统数据流程图

形量等数据。

3. 倾斜钢结构建筑的日照、温差、风载等影响下的变形规律性研究

（1）研究目的

日照作用是指同一天太阳照射在结构不同部位引起的温差作用。由于太阳照射强度随着建筑物所在的地理位置、方位、朝向以及所处地区气候变化而改变，并且建筑物的内外表面之间，还不断地以辐射、对流、传导等方式与周围空气介质进行热交换，因此建筑物在日照作用下温度计算十分复杂。在混凝土结构中，太阳辐射引起结构向阳面和背阳面之间存在着温度变形和应力的差别，造成该作用下的温度效应所引起的结构开裂、破坏。在现有对建筑物日照变形的研究中主要集中于混凝土结构，且大多集中于混凝土结构使用阶段，研究的主要目的也是为了防止日照温度应力造成屋顶开裂。

在钢结构建筑中，尤其在钢结构施工期中，日照温度引起的变形及应力有所不同。根据相关资料在北京地区施工阶段钢结构箱形截面柱受晒两相对面最大温差也只有 6℃，而在深圳地区混凝土结构建筑受晒两相对面最大温差可以达到 37.4℃，郑州地区夏季该温度可以达到 16.4℃。二者相差很大的原因其一是钢材的热传导率比混凝土的热传导率大；其二是施工期间结构与使用期结构温度计算基础不一致，施工期结构在外围维护体系还没有形成时，内外温度一致，都是环境温度。而建筑物使用阶段内部温度肯定比外部环境温度低，造成构件温差大。因此在进行钢结构施工中，我们所关心的更多的是日照引起的构件变形，从而了解其对施工垂直度的影响，而相对应的日照温度应力影响并不大。尤其在倾斜结构中，由于日照变形引起的 $P-\Delta$ 效应是否更明显是我们所更关心的内容。

（2）研究方法

测量机器人（Measurement Robot，也称测地机器人，Georobot）是一种能代替人进行自动搜索、跟踪、辨识和精确照准目标并获取角度、距离、三维坐标以及影像等信息的智能型电子全站仪。

在监测中充分利用该仪器的自动功能进行无人干涉的 24h 连续周日监测，利用 Leica 的 mointoring 变形监测软件，全自动化对视场所有监测点进行观测。在观测过程中，智能全站仪 TCA 2003 先进行学习，人工对监测点的目标进行观测，并将观测数据保存在 learned 文件中进行记忆。然后，设置观测时间及时间间隔，在时间设置好后，进入观测程序，测量机器人根据设置便进行全自动观测，整个观测期间不需要人工干预。观测工作完成后，在室内利用 PC 机与智能全站仪 TCA 2003 连接，由 Leica 的数据通讯软件将所有监测数据导出到电脑中，以文本格式保存。

（3）监测方案

在外围的控制点（GP4）上固定设站，后视 GP3 定向，对塔 1、塔 2 部分可视的变形监测点，开展周日变形监测工作，其测站与塔 1、塔 2 的平面位置关系见图 2.1-6。其中，测站点 GP4 和后视定向点 GP3 均为强制归心观测墩，监测点上均安装有固定的小棱镜。所有监测点平面观测值采用现场安装坐标系下的平面坐标（x 正方向为正东、y 正方向为正北），垂直方向的观测值 z 用测站至测点的高差表示。

观测时间为 2007 年 3 月 12 日、4 月 13 日、5 月 12 日、6 月 21 日、8 月 15 日、7 月 9 日、11 月 28 日以及 12 月 6 日，共计八次，基本跨越了春夏秋冬四个季节。

时间间隔及观测频次：设置每间隔 15min 观测 1 次，为了更好地了解建筑物一天的变形规律，观测时间都大于 24h，一般达到 25h 以上，每一周日观测数大于 100 次。

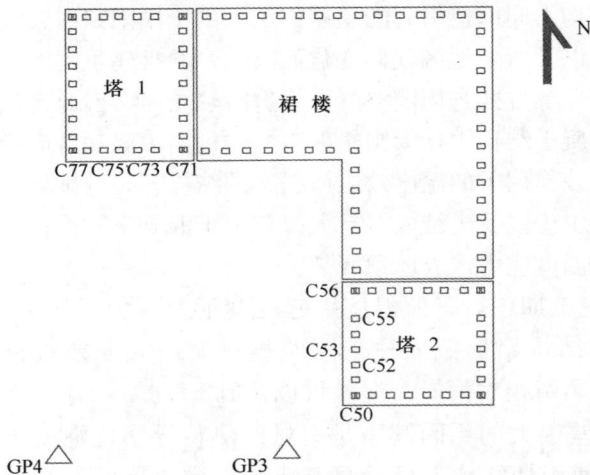

图 2.1-6　监测网布置图

观测目标：塔 1、塔 2 如图 2.1-6 所示观测范围内柱，每四层设一个观测点（小棱镜）。为便于区分和记录，对监测点采用如下编号规则：塔号（以 T 开头）＋层数（以 F 开头）＋外柱柱号（以 C 开头）。

（4）监测结果

在监测过程中对塔楼 1（简称 T1）和塔楼 2（简称 T2）进行了前后 7 次监测，且每次对可见范围内基本按每四层选取有相应的观测柱。根据对数据的归纳总结，我们发现倾斜钢结构建筑的周日变形规律比较明显。由于篇幅限制，下面只重点选取有代表性的数据进行分析。

在本文中采用 6 月 21 日观测数据作为分析对象，这是因为 6 月天气状况较好，无大风天气，同时 6 月份中央电视台新台址工程塔楼 2 已经安装到 40 层（即悬臂下部）。

为直观明了起见，以实测时间为横轴，测点坐标方向观测值（单位为 m）为纵轴，对所有监测点的三维周日变化趋势作变形过程线图。

1）监测点 T2F06C50 和 T2F06C56 的监测结果（图 2.1-7）

以实测时间为横轴，测点坐标方向观测值（单位为 m）为纵轴。

数据分析：塔楼 2 C50 柱、C56 柱第 6 层点位由于其所处高度不高，变形不是很明显；同时由于其楼层较低，幕墙及土建施工易影响观测点位处棱镜，故存在个别可能的粗差点。C50 柱位于塔楼 2 西北角，其 24h 内 X 方向最大变形为 0.006m，发生于下午 15 点 30 分左右；Y 方

T2F06C50 x方向(2007-6-21 6:00~6-22 8:00)

T2F06C56 x方向(2007-6-21 6:00~6-22 8:00)

T2F06C50 y方向(2007-6-21 6:00~6-22 8:00)

T2F06C56 y方向(2007-6-21 6:00~6-22 8:00)

T2F06C50 H方向(2007-6-21 6:00~6-22 8:00)

T2F06C56 H方向(2007-6-21 6:00~6-22 8:00)

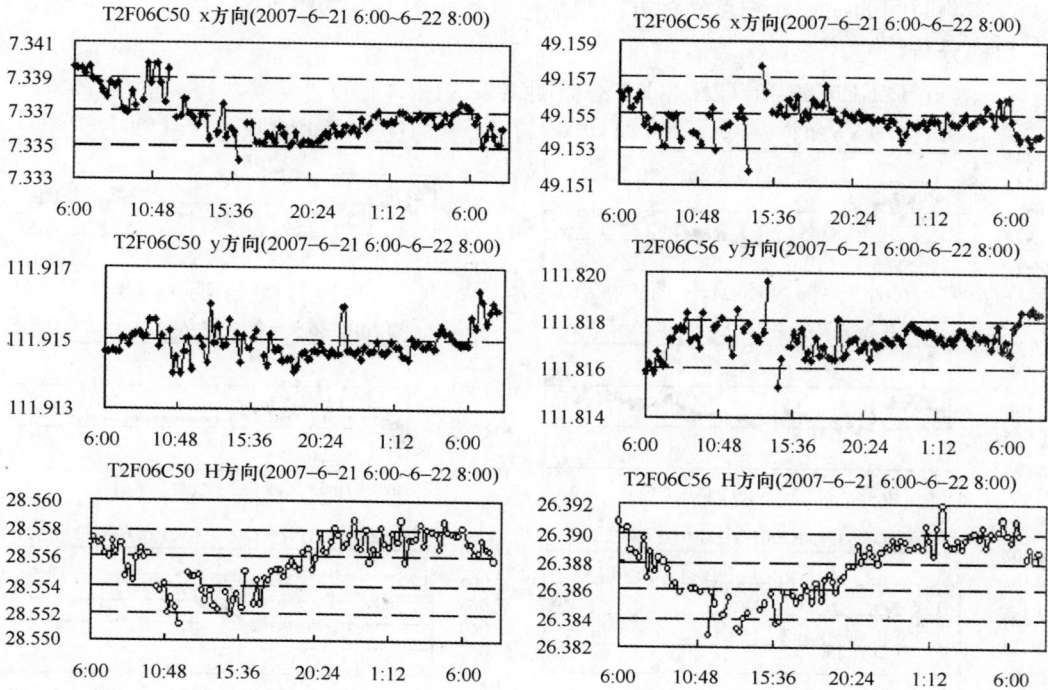

图 2.1-7　监测点 T2F06C50 和 T2F06C56 的监测结果

向变形最大为 0.002m，发生于中午 13 点左右；H 方向最大变形为 0.007m，也发生于下午 15 点左右。由于施工正在进行，上部荷载不断增加，所测点位在 24h 后未恢复原位。

2）监测点 T2F10C43 和 T2F10C56 的监测结果（图 2.1-8）

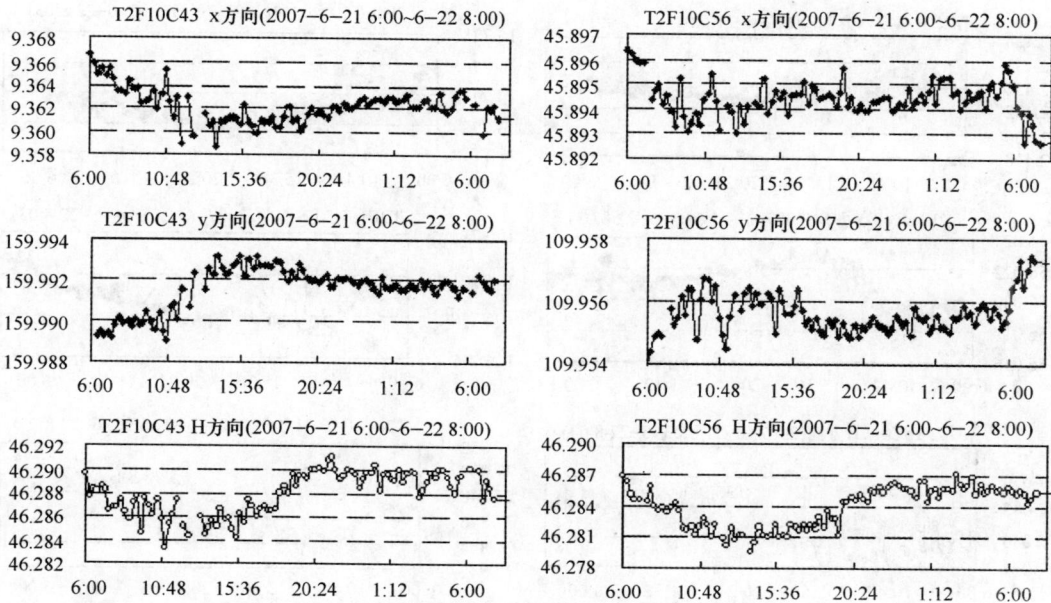

T2F10C43 x方向(2007-6-21 6:00~6-22 8:00)

T2F10C56 x方向(2007-6-21 6:00~6-22 8:00)

T2F10C43 y方向(2007-6-21 6:00~6-22 8:00)

T2F10C56 y方向(2007-6-21 6:00~6-22 8:00)

T2F10C43 H方向(2007-6-21 6:00~6-22 8:00)

T2F10C56 H方向(2007-6-21 6:00~6-22 8:00)

图 2.1-8　监测点 T2F10C43 和 T2F10C56 的监测结果

以实测时间为横轴，测点坐标方向观测值（单位为 m）为纵轴。

数据分析：略。

3）测点 T2F12C50 和 T2F12C56 的监测结果（图 2.1-9）

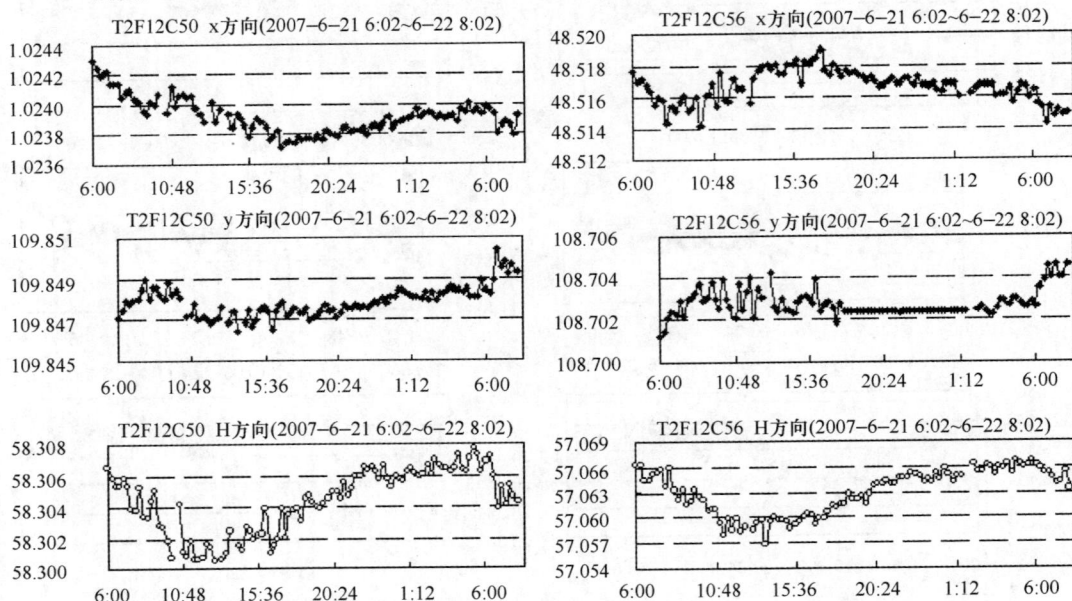

图 2.1-9 测点 T2F12C50 和 T2F12C56 的监测结果

以实测时间为横轴，测点坐标方向观测值（单位为 m）为纵轴。

数据分析：略。

4）监测点 T2F16C43 和 T2F16C50 的监测结果（图 2.1-10）

以实测时间为横轴，测点坐标方向观测值（单位为 m）为纵轴。

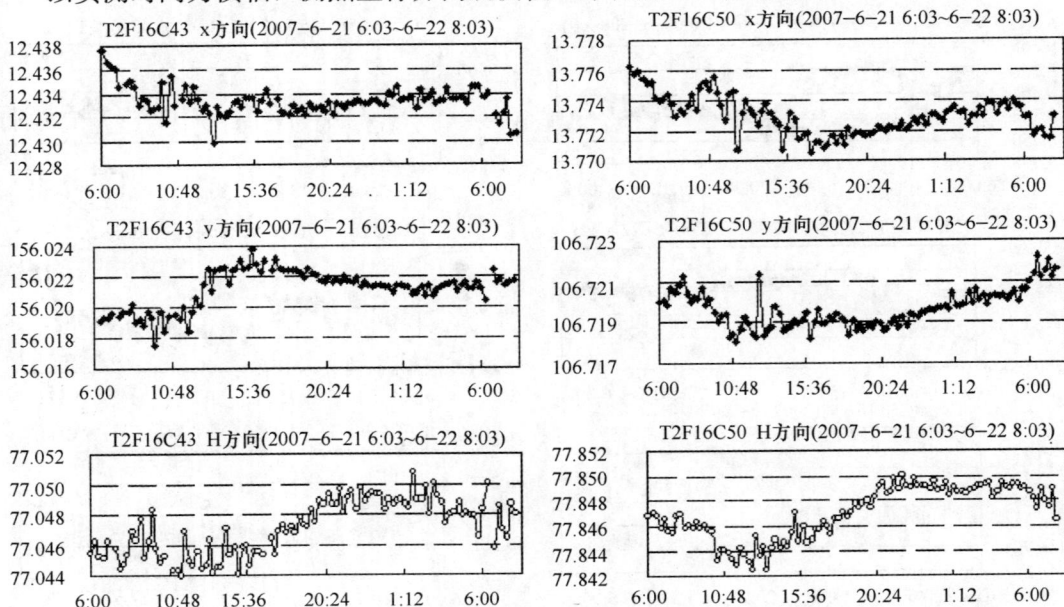

图 2.1-10 监测点 T2F16C43 和 T2F16C50 的监测结果

数据分析：略。

5）监测点 T2F20C43 和 T2F20C50 的监测结果（图 2.1-11）

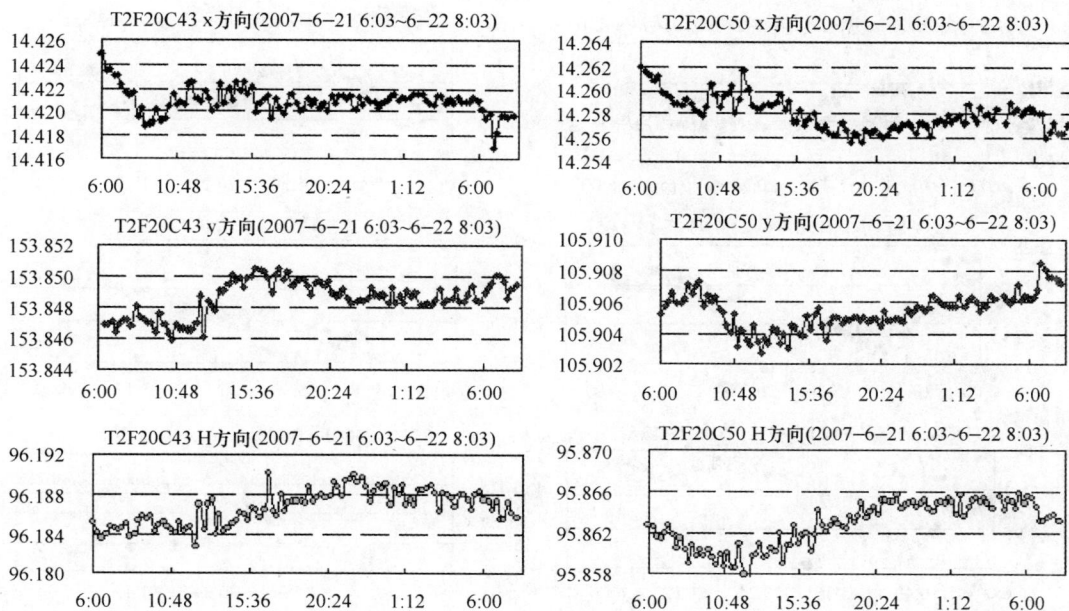

图 2.1-11 监测点 T2F20C43 和 T2F20C50 的监测结果

以实测时间为横轴，测点坐标方向观测值（单位为 m）为纵轴。

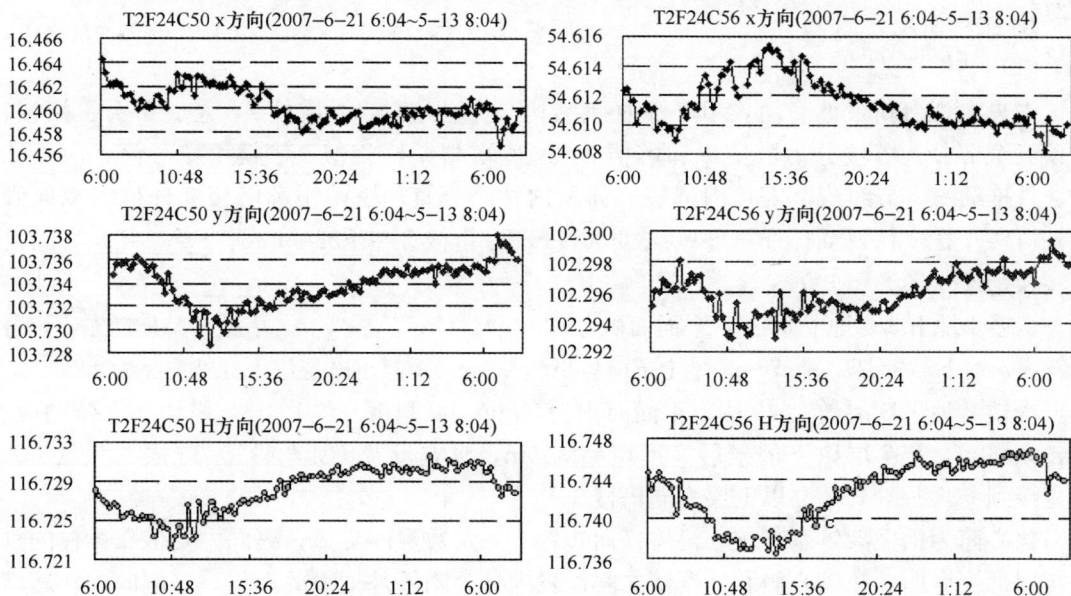

数据分析：略。

6）监测点 T2F24C50、T2F24C56 的监测结果（图 2.1-12）

以实测时间为横轴，测点坐标方向观测值（单位为 m）为纵轴。

图 2.1-12 监测点 T2F24C50、T2F24C56 的监测结果

数据分析：略。

7）监测点 T2F28C50 和 T2F28C56 的监测结果（图 2.1-13）

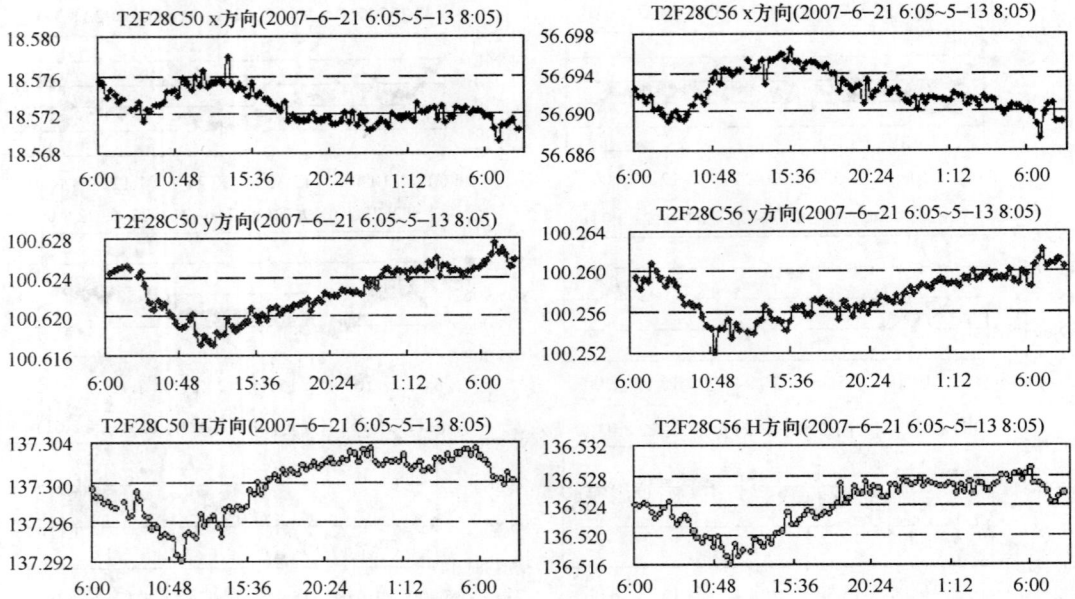

图 2.1-13 监测点 T2F28C50 和 T2F28C56 的监测结果

以实测时间为横轴，测点坐标方向观测值（单位为 m）为纵轴。

数据分析：略。

2.1.3 工程应用与实例

1. 工程概况

（1）结构形式

中央电视台新台址工程 CCTV 主楼钢结构分布在塔楼 1、塔楼 2、悬臂部分、裙楼、屋顶五个部分。塔楼分为塔楼 1 和塔楼 2，两座塔楼结构相似。塔楼由核心筒、内部结构、外框筒三部分组成。塔楼内部核心筒及内柱为竖直，塔楼 1 和塔楼 2 外框筒双向倾斜。塔楼 1 在 F21～F23、F28～F30、F36～F38，塔楼 2 在 F22～F24、F36～F38 之间设有转换桁架（图 2.1-14）。

塔楼 1 地下 3 层地上 52 层，平面面积为 58m×44.14m，高 234m，塔楼 1 整体向东、南各倾斜 6°，地下 B2 层高为 5.75m，地上 F10 以下为 5.0m 层高，F10 层以上标准层高为 4.25m。

塔楼 2 地下 3 层地上 49 层，平面面积为 50m×44.14m，高 194m，塔楼 2 整体向西、北各倾斜 6°，F37 层以下的楼层高度调整为 5m，没有设置 F33/34/35/36 层，并从 F32 层直接到 F37 层，F37 层以上层高同塔楼 1。

核心筒为钢框架体系，核心筒体横向布置有一定数量的支撑，纵向主要依靠梁柱的刚接作用抵抗弯曲。在核心筒和外框筒之间设置内柱，随着外框筒的倾斜，一侧的内柱逐渐减少，而另一侧的内柱逐渐增加。核心筒及内柱结构在施工中存在预先定下的偏差值，但

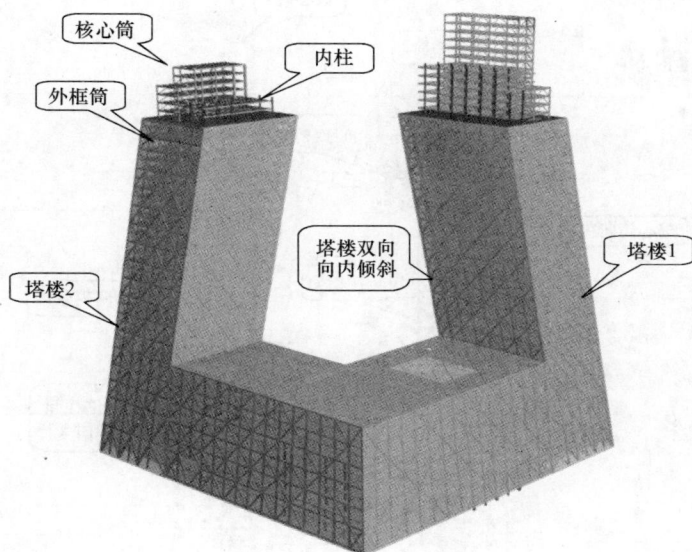

图 2.1-14 CCTV 新台址大楼结构示意图

在最终完成时应为竖直状态。

塔楼 1 的核心筒地下部分平面面积为 13.75m×50m，平面内布置钢柱 3×7 共 21 根（图 2.1-15）。塔楼 2 的核心筒地下部分平面面积为 40m×13.75m，平面内布置钢柱 3×6共 18 根（图 2.1-16）。

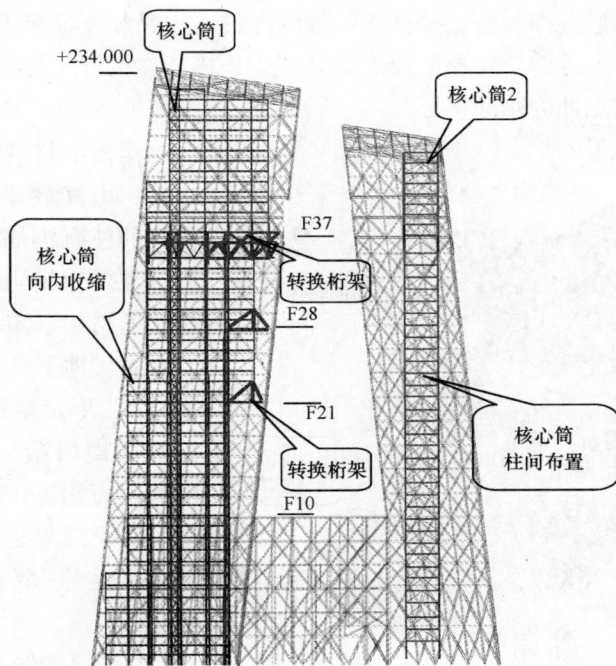

图 2.1-15 塔楼 1 核心筒详图

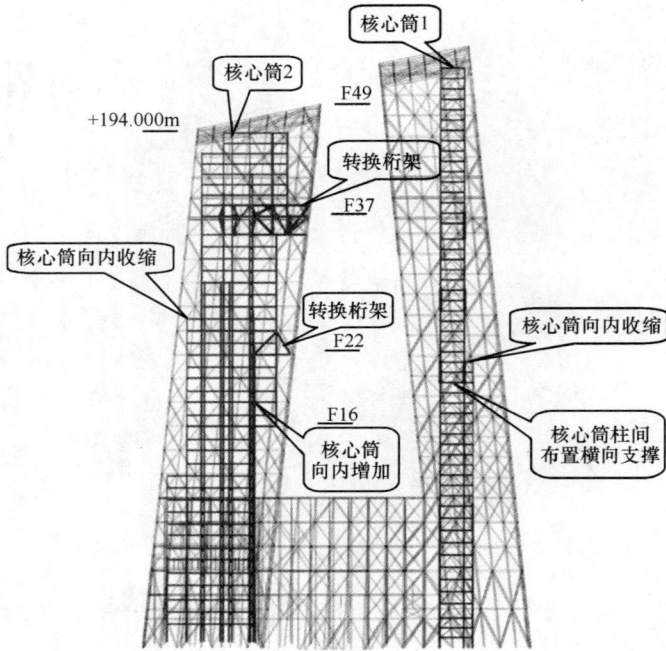

图 2.1-16 塔楼 2 核心筒详图

外框筒由水平边梁和双向倾斜柱、支撑形成的单元组合而成三角形模块（图2.1-17），塔楼1、塔楼2、裙楼、悬臂、屋顶部分的外框筒连接成整体，形成 CCTV 主楼的主要抗侧力结构体系。外框钢柱在两个平面都倾斜6°，柱子是钢柱和型钢混凝土组合柱。在受力较大的部位，三角形支撑加密。外框筒每隔两层柱、边梁和支撑交于一起。外框筒立柱从地下室基础开始向上延伸，与核心筒之间有钢梁连接，连接方式为刚性连接和铰接连接隔层分布，在外框节点处为刚性楼层。

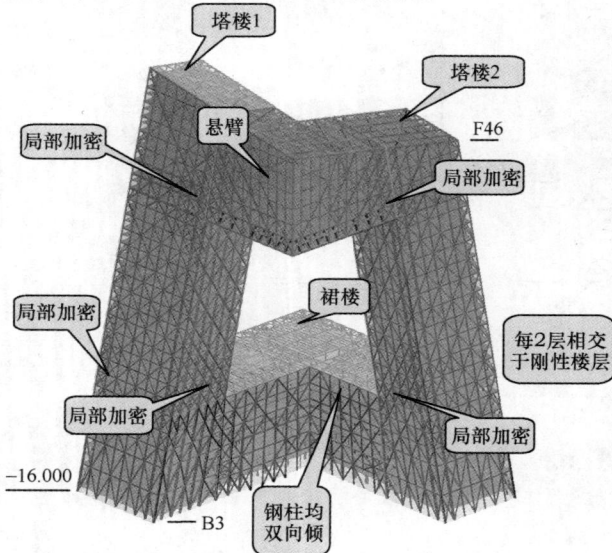

图 2.1-17 CCTV 新台址外框筒

裙楼由与塔楼类似的网格状外框柱、内框柱梁和转换桁架组成，裙楼的柱有钢筋混凝土柱、钢柱和型钢混凝土组合柱，首层以上主要是全钢结构（图 2.1-18）。

裙楼地下3层地上9层，平面呈"L"形。裙楼顶为平屋面，覆盖了裙楼的第9层并与塔楼第10层的楼面相连。裙楼屋面与建筑顶部的斜屋顶都是周边框筒体系的一部分，为整个建筑提供侧向稳定性。

塔楼 1 侧裙楼面积为 118m×58m，塔楼 2 侧裙楼面积为 118m×

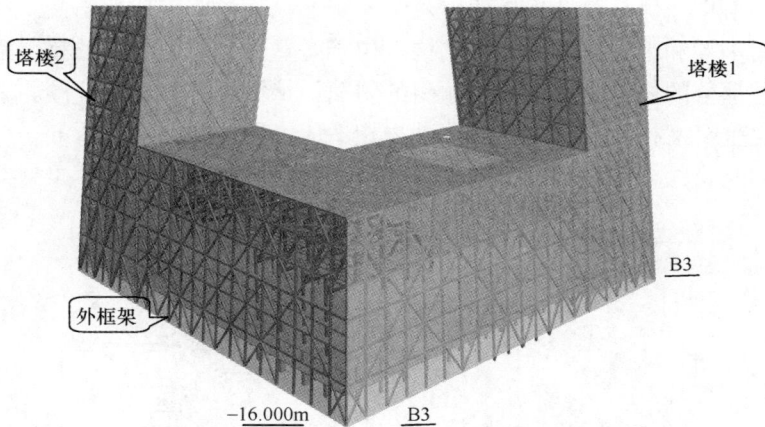

图 2.1-18　CCTV 新台址裙楼

50m，楼顶标高＋46.450m。地下室部分为劲性钢柱、混凝土梁，地上部分为钢框架结构，裙楼外框钢柱为共 43 根，内柱 85 根，地上二层开始布置组合式楼面板，内部设有大空间的演播厅，结构形式主要为框架结构，并包含布置在大跨度空间内的桁架结构，桁架最大跨度 38m，重量近 203t。

塔楼 1 和塔楼 2 外框筒双向向内倾斜，并在顶部外伸形成折形门式结构体系。悬臂结构从塔楼 37 层至顶层外伸，悬臂底面为水平，顶面与两座塔楼的顶面位于同一个倾斜面内。塔楼 1 悬臂外伸 67.165m，塔楼 2 悬臂外伸 75.165m，悬臂底标高 162.200m，共有 14 层，悬臂宽 39.1m。悬臂部分总重量为 13949t，其中 37 层～39 层部分为 4395t。悬臂部分钢结构主要由外框筒、底部转换桁架和内框架组成（图 2.1-19）。

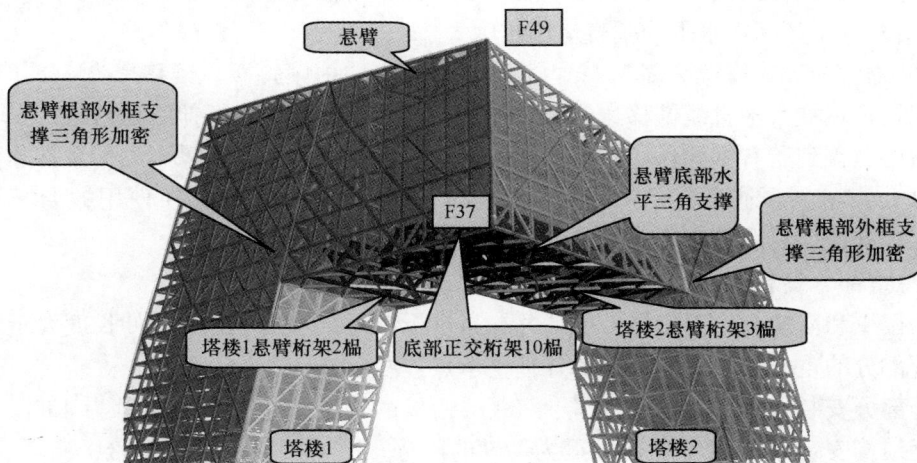

图 2.1-19　CCTV 新台址悬臂钢结构

外框筒：由四片平面桁架、底面支撑结构和屋面构件构成的网状结构，主要由斜柱、水平梁和斜撑组成。

底部两层转换桁架：位于悬臂部分底部 F37 至 F39 层，桁架高度为 8.5m，塔楼 1 侧悬臂 2 榀桁架，塔楼 2 侧悬臂 3 榀桁架，悬臂相交处纵横各 5 榀桁架正交，共 15 榀。

内框架：由钢梁和钢柱组成的框架结构，位于悬臂部分外框筒内的整个空间。

塔楼和悬臂部分的屋顶为一个整体倾斜的斜面，从塔楼 1 向塔楼 2 倾斜下来，倾斜的屋顶在平面上也呈交叉格状，用以与整体外框相适应。因此在斜屋面下的一层须设置斜的内柱支撑屋顶的交叉网格。在塔楼 1 的屋顶还有一个直升机平台（图 2.1-20）。

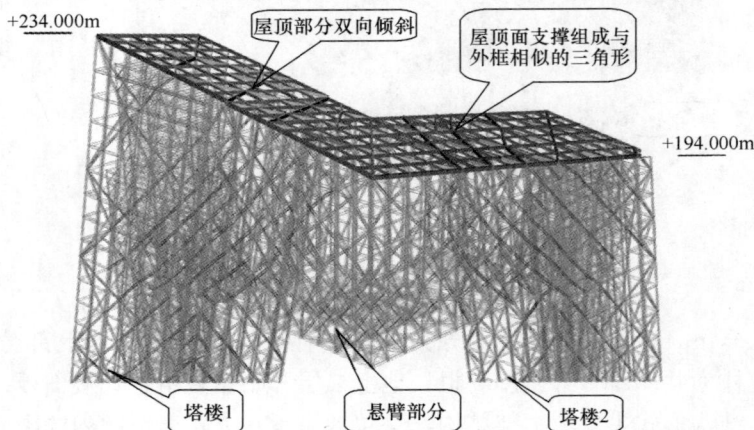

图 2.1-20 CCTV 新台址屋顶钢结构

（2）钢结构施工特点与重点

1）钢结构工程量大、分布范围广

CCTV 新台址钢结构总重量为 12.18 万 t，钢构件数量 41456 件，安装过程中将使用高强螺栓 115 万套，压型钢板 29.6 万 m^2，栓钉 227.5 万套，防火涂料 56.7 万 m^2。钢结构呈立体分布，地下三层，地上五十二层，水平投影面积为 162.5m×162.6m。

2）结构倾斜超高，水平和垂直运输难度大

塔楼 1 高 234m，塔楼 2 高 194m，两座塔楼双向向内倾斜 6°，偏移率为 148.6/1000，从柱底到柱顶钢柱水平直线偏移达到 36.955m，塔楼 1 悬臂部分外伸距离为 75.165m。为了能够始终覆盖到所有钢构件并满足起重要求，起重运输设备必须采用大型设备并分次移位。面对 CCTV 新台址中拥有大量的重量超过 10t 以上的钢构件，所使用大型塔吊的起重能力和提升速度将会成为塔楼施工进度的重量影响因素。

3）悬臂部分安装关键

从塔楼 1 和塔楼 2 上部整体外挑，并在高空折形对接，由于悬臂外伸长度大于塔楼长度，悬臂部分的重心已超出两塔楼的外框支承点连线以外。

悬臂部分安装的重点是底部 37 层～39 层桁架的安装，这部分总重量为 4395t，转换桁架层钢结构安装是 CCTV 新台址最为关键的部分。

4）结构变形控制要求高

在施工各阶段包括主体钢结构、楼面混凝土、幕墙、内装饰、机电设备等工程施工，随着结构自重、活荷载、温度荷载、风荷载、柱的徐变和收缩及基础相对沉降等不断变化，将对塔楼产生不同的作用效应，特别是在悬臂部分施工的各个阶段。预设调整值和变形测控在整个施工中至关重要，也是保证结构最终状态的关键。

5）钢结构深化设计复杂

钢结构深化设计采用 XSTEEL 软件整体建模，构件深化图中考虑所有预调值；节点深化设计，在满足节点强度要求外，还应充分考虑材料的使用、加工制作的合理性、焊接残余应力控制等因素。

6）钢结构材料采购品种多

CCTV 新台址主要钢材品种分 5 大类，其中用量较大的 Q345 和 Q390 的规格又分几十种，根据钢材的材质、等级、厚度、交货状态，选择相应的钢材生产厂家，结合材料的供货进度、加工地点等要求组织钢结构材料的采购。施工高峰期间钢材供货约 1.2 万 t/月。钢材的品质和供货工期是保证整个工程质量和工期的第一个目标。

7）钢结构加工复杂

CCTV 新台址钢结构构件截面形式复杂多样，大量采用低合金高强厚钢板，需要采用多种专用生产线生产；节点数量多，杆件角度变化大，组装精度要求高，大量的构件需要采用端部铣平、精密制孔；工厂组装焊接后的构件内应力大，需要采用构件整体退火工艺。

8）测量控制要求高

由于主体为不对称分布钢结构，外框部分大量的钢构件双向倾斜，并在顶部有悬臂结构高空对接合拢，随着钢结构安装进行的每一步，结合结构自重、风荷载、日照和温差等天气变化的影响，钢结构构件在三维方向上不断发生变化，对运用合理的测量控制方法、保证测量精度、实时监测结构变形提出了非常高的要求。

9）焊接工作量大、质量要求高

钢结构焊接工作量大且形式复杂，绝大部分焊接部位钢板厚度达到 40mm 以上，最厚钢板达到 110mm，使用钢材 Q390、Q420、Q460 强度较高，焊接拘束度高。

节点部位焊接量大焊缝集中，复杂接头的焊缝金属填充量达到了节点重量的 15%，控制焊接变形、消除残余应力、防止层状撕裂是 CCTV 新台址钢结构焊接的重点内容。

10）安全防护要求高

大量倾斜的单根构件在形成框架前为需采用临时支撑加固措施保证其稳定。倾斜构件和悬臂部分构件为悬空安装，安全防护操作平台搭设困难，这部分的安全措施设置尤其重要。

2. 钢结构安装总体部署

CCTV 新台址工程的钢结构施工以两个塔楼钢结构安装为主导线路，从地下室钢结构安装开始，塔楼钢结构的安装连续进行，直至塔楼顶部，再安装悬臂部分钢结构，最后连接延迟构件，完成塔楼所有构件的安装。在塔楼施工期间，穿插裙楼钢结构的安装。

钢结构安装现场共布置 7 台塔吊进行安装，塔楼 1 布置 M1280D、M760D 动臂式内爬塔吊各一台，塔楼 2 和塔楼 1 相同。裙楼布置 2 台 M440D 动臂固定式塔吊和 1 台 K50/50 平臂固定式塔吊。

基础底板分层浇筑期间，在施工−16.000m 以下底板时埋入钢柱脚锚栓和塔吊基础锚栓，在施工−16.000m～−14.500m 底板时安装塔吊，吊装首节钢柱。

在地下室施工和地上施工阶段，分别设置钢平台、钢栈桥作为运输通道。工地现场临时中转场地设置为 56m×100m，采用 150t 和 100t 履带吊各一台负责到场构件卸车和现场转运装车。钢构件采用平板车由中转场地转运到吊装区域，由塔吊卸车到钢平台上。

塔楼 1 和塔楼 2 钢结构安装同步进行，从地下室到顶部不间断连续施工，塔楼钢结构依核心筒、内柱、外框筒的顺序从内向外阶梯式逐步进行安装。塔楼内两台塔吊每两层爬升一次，分先后爬升，保持钢构件吊装的连续性。塔楼钢柱梁、转换桁架采用散件安装的方法。

塔吊的使用以钢结构安装为主，白班进行钢结构安装，晚班吊运土建、机电和幕墙材料等。少量超大超重的设备吊装可以安排在白班进行。

由于外框筒构件的倾斜，在钢结构施工到 28 层后，塔楼 1 内 M760D 塔吊向内侧换位重新安装，钢结构安装到顶部后，悬臂吊装前再使用 M760D 塔吊将 M1280D 塔吊拆除后向悬臂方向换位重新安装。塔楼 2 的两台塔吊的使用情况与塔楼 1 相同。

裙楼地下钢结构滞后塔楼钢结构安装，裙楼分三个区域同时进行钢结构安装。裙楼地下室钢柱安装采用临时支撑固定，与混凝土结构穿插施工；地上钢结构安装为钢框架结构，连续施工。

两座塔楼钢结构安装到顶部后安装悬臂钢结构。悬臂结构采用块体扩大高空散件安装的方法进行安装。

悬臂施工完成后，安装裙楼后浇带、裙楼与塔楼的连接角部、悬臂腋部的钢结构延迟构件。再安装 M440D 塔吊到塔楼顶部，拆除 M1280D 塔吊；安装 30t 桅杆式起重机拆除 M440D 塔吊；30t 桅杆式起重机解体后，由屋顶擦窗机吊运至地面。

施工步骤：

第一步：搭设钢栈桥和钢平台，安装塔吊（图 2.1-21）。

第二步：两个塔楼同时开始钢结构安装，裙楼滞后塔楼开始钢结构安装，塔楼钢结构连续施工出地面层后，裙楼钢结构施工到地面层（图 2.1-22）。

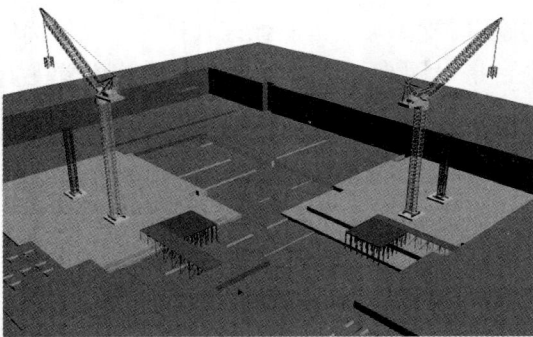

图 2.1-21 钢结构安装步骤一

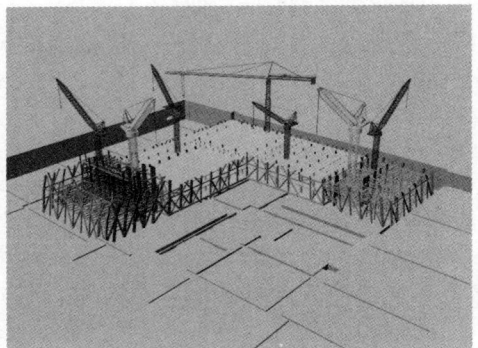

图 2.1-22 钢结构安装步骤二

第三步：塔楼钢结构继续安装，裙楼钢结构安装到屋面（图 2.1-23）。

第四步：塔楼继续安装到顶部，并将悬臂第一跨的构件安装（图 2.1-24）。

第五步：悬臂构件块体扩大安装，第 37~39 层正交桁架对接合拢（图 2.1-25）。

第六步：悬臂底部正交桁架以上内柱梁和外框构件安装（图 2.1-26）。

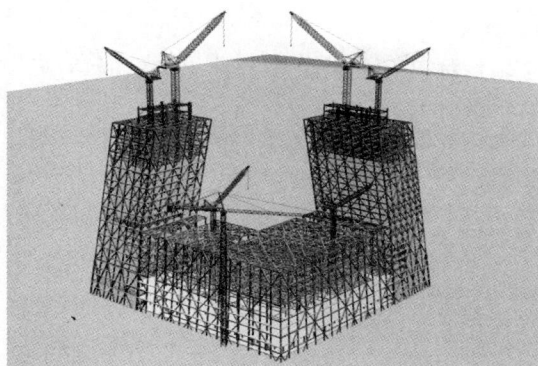

图 2.1-23 钢结构安装步骤三

图 2.1-24 钢结构安装步骤四

图 2.1-25 钢结构安装步骤五

图 2.1-26 钢结构安装步骤六

第七步：塔楼和裙楼延迟构件安装。所有塔吊拆除（图 2.1-27）。

第八步：塔楼、悬臂、裙房钢结构安装完成（图 2.1-28）。

图 2.1-27 钢结构安装步骤七

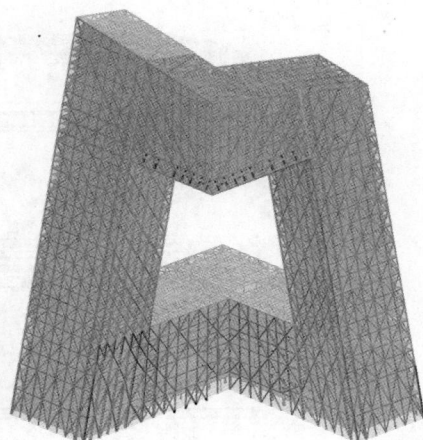

图 2.1-28 钢结构安装步骤八

3. 施工测量方案

（1）钢结构测量工作的主要内容

平面和高程控制基准的垂直引测，钢柱倾斜放样及预控数据库的建立与实时更新，位移变形观测，转换桁架测量，悬臂的预控及施工缝的观测。

（2）测量工作的难点与重点

每节钢柱吊装完后的平面和高程基准的重复测放，不同标高处钢柱轴线和标高偏差的反复倾斜放样及测量，预控数据的不断更新，工作量大。

（3）测量控制的准备工作

测量仪器的检定与各主要轴线正交关系的校正。

全站仪必备弯管目镜以适应高程传递的要求。目标自动识别与马达驱动功能有助于远距离瞄准目标棱镜。垂准仪精度要求足够高，以减少累积误差和垂直传递的接力次数。

测量人员准备

由于 CCTV 工程测量的难度和工作量都非常大，为确保 CCTV 新台址优质高速的完成，钢结构测量人员将配备 20 人。

内业人员要注意钢柱倾斜放样及预调值的计算与整理。熟悉图纸，理解测量控制的规范要求。明确六个施工工序，灵活掌握不同施工工序对测量预控的特殊要求及对实时监测的测量成果进行分析。

（4）平面和高程控制测量的具体操作步骤

1）主控制轴线点的布置与测放 CCTV 新台址平面控制轴线共分为三级控制。首级控制为勘测院测设于 CCTV 新台址外围不受沉降影响的工程定位桩（埋设于地表冻土层以下），次级控制为按 CCTV 新台址建筑坐标与大地坐标的关系方程式在首级控制的基础上换算出的如下所示的主控制轴线点，三级控制为在主控制轴线点的基础上根据主控制轴线与建筑轴线的相对位置关系加密出各建筑轴线。控制点布置及引测立体作业见图 2.1-29。

2）主控制轴线点的垂直引测：分别架设激光垂准仪于首层标示的主控制轴线点上，将

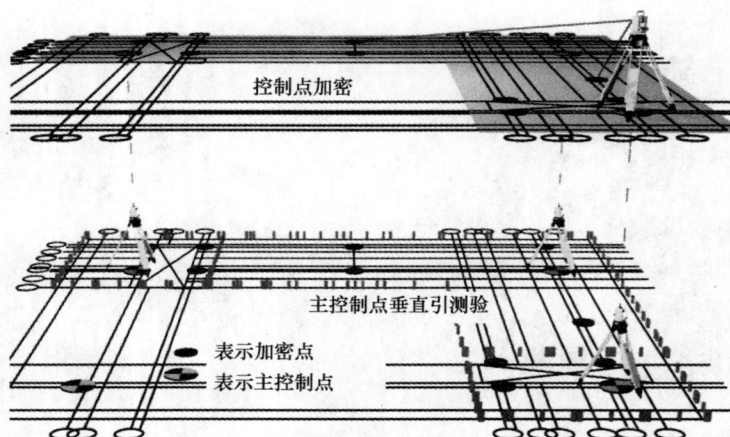

图 2.1-29　控制点布置与引测作业

主控制轴线点逐一垂直引测至同一目标高度，以便目标层的建筑轴线测放（图 2.1-30）。

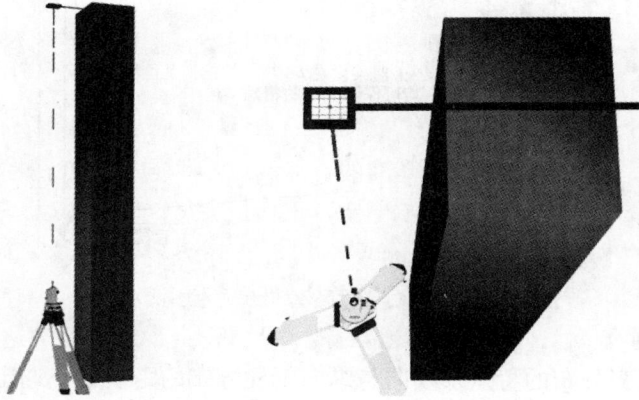

图 2.1-30 主控制点位垂直引测示意图

3）激光点位捕捉方法：为了提高控制轴线垂直引测的效率及减少垂直接力过程中所带来的累积误差负面影响，工程中引用高精度日本原装 TOPCON 垂准仪，摒弃传统的平面控制轴线累计竖向传递的方法，一次性直接将控制点投测到目标高度而不需中间接力。这种仪器的中心光斑在 200m 左右的直径大小不到 10mm，夜间作业时更小，完全满足本工程测控的要求。

为了提高光斑发散状态下控制点位捕捉的精度，拟采用如图 2.1-31 所示的操作方法。

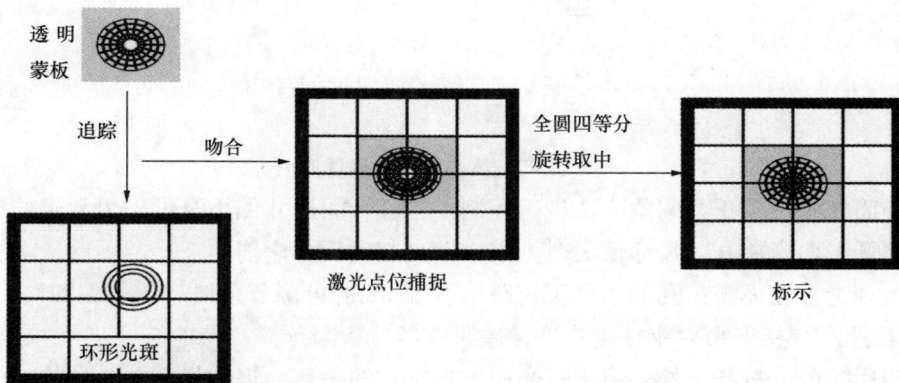

图 2.1-31 激光点位捕捉示意图

4）标高控制测量的具体操作步骤：

① 布设水准基点组：考虑到基础沉降和建筑物压缩变形的实时监控需要，在建筑物外围远离沉降影响的范围外建立一闭合水准路线。该路线上水准点数目视场地通视和地质稳定条件布置至少 4 个以上组成水准基点组（闭合差$\leqslant \pm 1 \sqrt{n}$，n 为测站数）作为全部标高测量的基准。

② 标高控制网的垂直引测：在高程传递的过程中，使用测量机器人进行高程传递。全站仪进行高程传递的具体方法示意如图 2.1-32 所示。

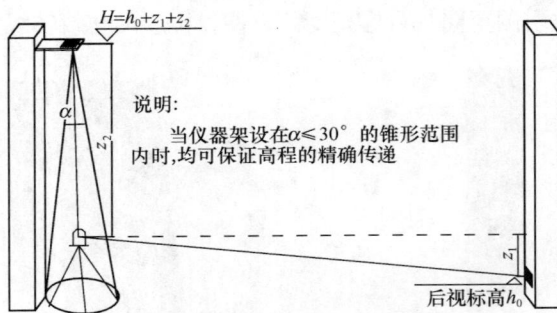

图 2.1-32 全站仪标高基准点垂直引测示意图

5）钢柱的测量

结合钢柱呈正交分布的特点及横向与纵向钢柱分布的跨度数，选定核芯筒钢柱为主要控制目标，对其进行四方位缆风绳校正加固，采用"测量机器人＋反射贴片"进行测量校正。示意如图 2.1-33 所示。

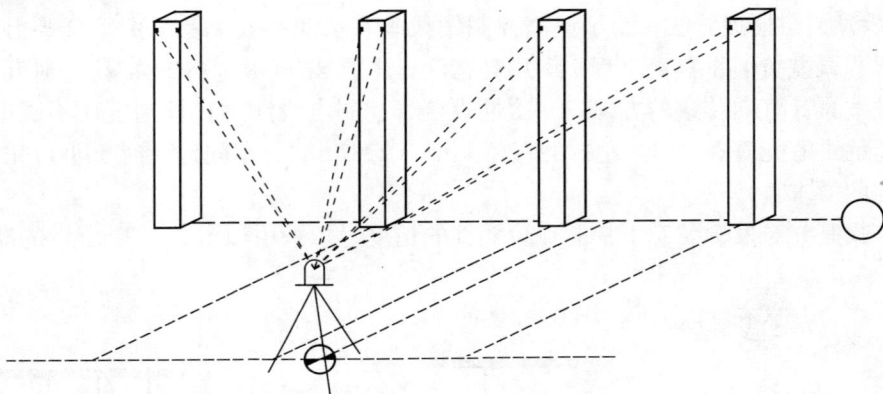

图 2.1-33 核心筒钢柱测量校正

对外筒柱采用校正开间的方法进行控制。当柱开间尺寸偏小时可采用常规方法直接用千斤顶顶开。而当柱开间尺寸偏大时则需借助自制的反力盒辅助工具及千斤顶将柱开间尺寸收小。理论上在无需扩孔的条件下每跨度有 8mm 的可调节余地（图 2.1-34）。

6）日照和焊接变形对钢柱垂直度偏差影响的分析与预控

日照影响的分析与预控：由于日光照射在钢柱的一侧，钢柱将会向背光的一侧发生附加的倾斜位移。尤其是上午 9：00～10：00 和下午 2：00～3：00 时，北京地区柱两侧温差在 3～8℃，这时可考虑对钢柱按如下理论公式 $\Delta = a \cdot \Delta t \cdot L^2 / 2h$（其中 Δ：柱顶因温差影响产生的位移值、a：钢材的线膨胀系数、Δt：柱两面的温差、L：钢柱的长度、h：温差方向柱截面的厚度）进行预偏，预偏方向与太阳光照方向相反（图 2.1-35）。

7）关于焊接收缩变形影响的分析与预控

钢柱校正完后，钢柱垂直度和轴线位置都校正正确的情况下，如果不考虑焊接收缩影响时往往会发生较大的焊接变形。施工经验证明，梁——柱焊缝收缩一般约为 2mm，柱——柱焊缝收缩一般约为 3.5mm，每节柱由于焊接造成的柱顶垂直度位移值约为 2.5mm，故在测量校正时除中心柱外尤其是对边缘柱均应考虑焊接变形对钢柱进行预控。

图 2.1-34 外筒柱测量校正方法示意图

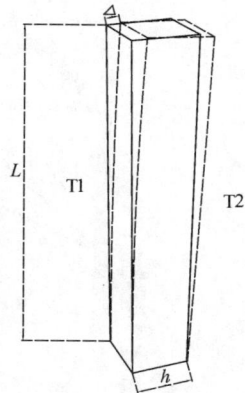

图 2.1-35 日照对钢柱的影响效果示意图

具体做法：在钢柱的四面沿对接缝上下各焊接一块马板，根据千分表的大小及在监测的同时满足焊接操作的需要，设置马板的大小及上下间距。对称摆放千分表于优先焊接的柱两侧对应的下面马板上，调节千分表钨钢针与上面的马板顶紧，固定旋钮，即可开始焊接准备。具体做法参见图 2.1-36。在焊接的过程中定时观察千分表表盘的读数，比较两读数差值，套用相应的计算公式即可知钢柱由于不对称施焊所造成的焊接变形。

图 2.1-36 焊接变形监测方法示意图

8）转换桁架测量

直线度和垂直度测量：架设全站仪于测设的测量观测点上，根据测量放线草图，结合当日气象值设置好坐标参数及气象改正，准确无误后分别照准仪器于构件上的反射贴片，得出构件空间位置的实测坐标，通过捯链调节桁架跨中的直线度和垂直度至规范允许范围内。

转换桁架下挠度测量：转换桁架安装完成后，架设全站仪于任意位置，直接照准反射贴片中心得出此时高度坐标并做好记录，待悬臂上部荷载增加后用同样的方法，再观测相同位置的高度坐标，比较两次高差即得出转换桁架下挠值，并做好记录。转换桁架测量校正方法示意如图 2.1-37 所示。

9）悬臂测量

悬臂标高控制：根据设计计算的悬臂底部转换桁架起拱预调值进行标高控制，以避免在建筑恒荷载及活荷载作用下会出现整体向下的挠度。悬臂预调值详见施工结构稳定验算及预调值计算书。

悬臂外筒柱轴线控制：同样根据悬臂钢柱的预调值成果采用测量机器人对钢柱进行测量校正。根据悬臂施工方案里各构件的吊装顺序，特布置如图 2.1-38 所示控制点。

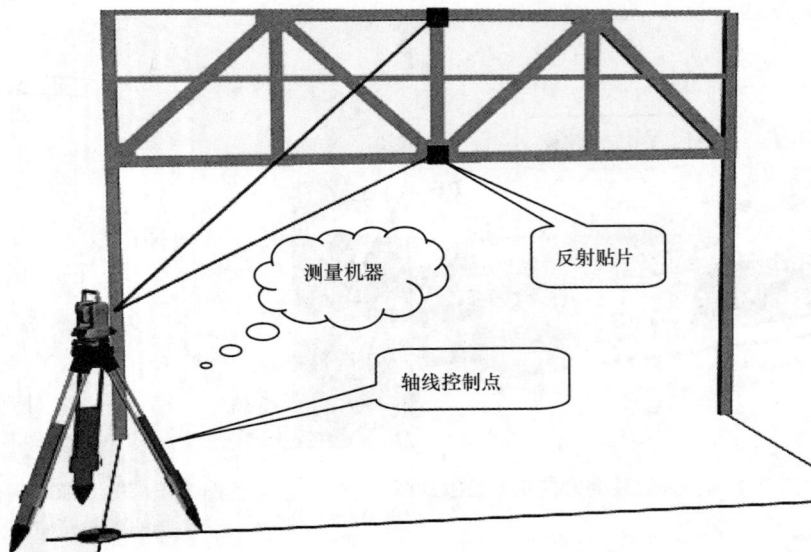

图 2.1-37 转换桁架测量校正示意图

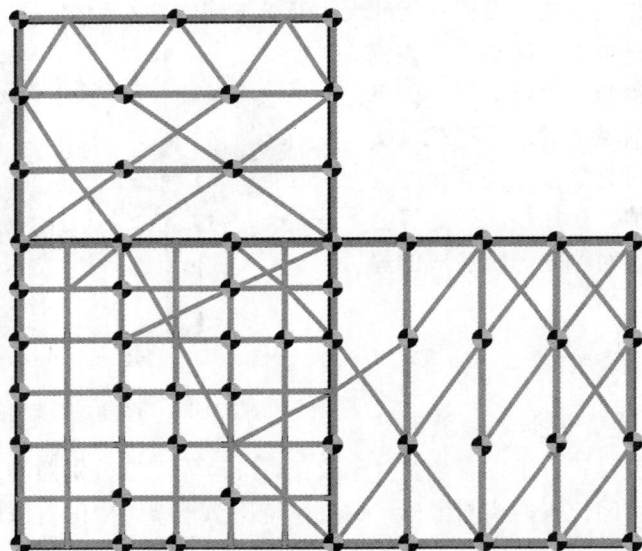

图 2.1-38 悬臂施工控制点位布置示意图

施工缝测量：为控制结构中的锁定内力，通常在悬臂应力或裙楼的角部应力集中部位的某些杆件需要进行延缓缝施工如裙楼两侧及两塔楼在悬臂的对接处。在延缓缝封闭之前需对布置在延迟节点两侧的观测点进行位移观测。由于此时钢结构已加载完毕，因此导致此时延缓缝变形的主要因素应为日照温差影响。故观测时选择从早到晚每隔 1h 观测一次，并做好"时间－间距变化"记录及不同时间段的温度记录，对测量仪器的大气值进行适时的修正。绘制"时间－间距变化"曲线。观察变形曲线，分析曲线上下波动的平均位置，求出此位置施工缝的大小及所对应的时间段。报设计及监理进行成果表审批，从而指导延缓缝施工（图 2.1-39）。

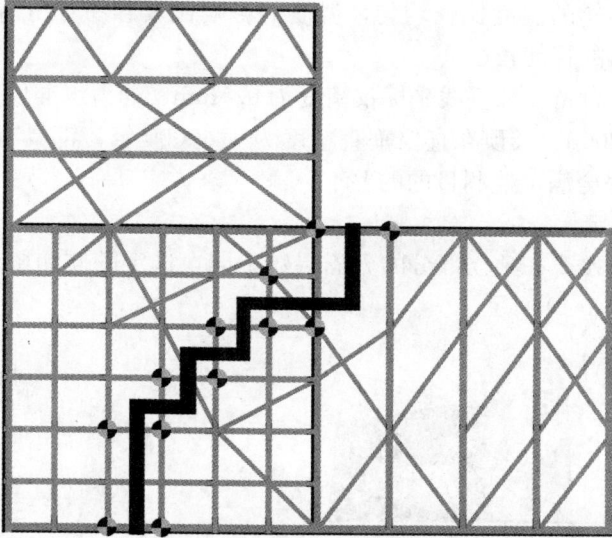

图 2.1-39 悬臂施工缝观测点位布置

4. 施工监测方案

（1）监测准备工作

1）监测的任务

施工监测的主要任务为：在本工程施工的各个阶段，根据我单位采用的监测方法和高精度的监测仪器，对两塔楼楼层、悬臂、基础筏板、后浇带等部位的变形进行实时监测，提供准确的数据，为后序的结构预调值计算、钢结构安装、幕墙安装等提供依据；对应力集中部位，进行应力测试，跟踪杆件的应力变化。

2）测量方法

基础筏板的沉降采用静力水准仪进行测量；平动变形采用全站仪进行测量。楼层控制点变形采用垂线坐标仪进行测量；楼层其他测点变形采用全站仪进行测量。钢材应力采用振弦式钢筋应变传感器进行测量。温度和湿度采用温度和湿度传感器直接测量。首层组合楼板采用精密水准仪（铟钢尺）进行测量。

3）测点变形数据的获得方法

测点变形数据的获得方法有两种，其一，采用多次相对变形叠加的方法，即多级分布测量法；其二：通过全站仪直接测出测点的三维变形值，即全站仪直接测量法。直接测量法通常采用全站仪对基准点和测点分别扫描后，经软件计算处理得到。

4）测试结果的相互校核

对所有外框筒测点的测试结果采用不同的数据传递方式求取后，进行校核比较，提高监测结果的可信度和准确度。

5）选择合理的测试时机

影响测试精度的主要因素是仪器精度和现场环境，因此合适的测试时机的选取也十分重要。初定的测试时间为：清晨 6：00～8：00（具体情况，可随日出时间而定，夏季早些，冬季可晚些。可在日出前 40min 开始，尽量在日出 30min 内完成）。这是因为经历了一个夜晚后，整体结构的温度比较均匀，温度的影响比较容易分析清楚；此时施工人员少、施工设备对仪器的扰动较小。

采用的主要测试设备，如垂线坐标仪精度为 0.1mm、静力水准仪为 0.3mm、全站仪为智能全站仪 TCA2003、天顶准直仪垂直精度为 1/40000 等，都具有高精度，均在毫米（mm）级或以下，完全满足监测目的的要求。

（2）监测楼层选定

由于塔楼 1 和塔楼 2 在独立部分的分隔层数不同，选定的监测楼层也应分塔楼进行，具体监测楼层如图 2.1-40 所示。

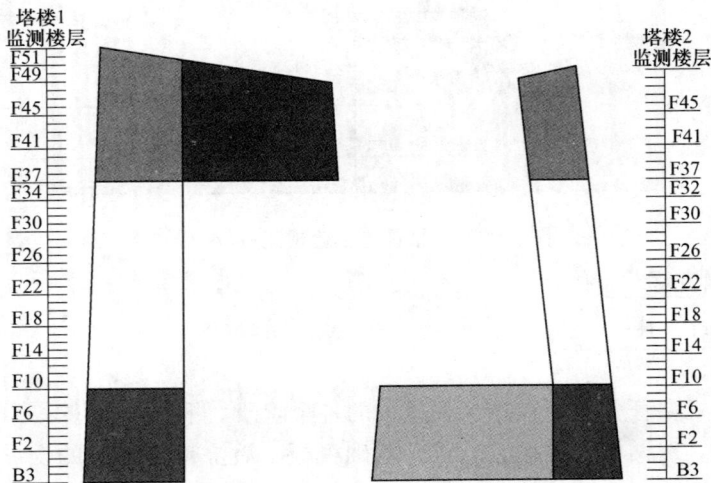

图 2.1-40　监测楼层示意图

（3）监测主要部位与内容

要达到较好的测试精度，必须突出测试的重点部位，以达到在关键部位布设高精度的测试仪器的目的。经对设计要求作研究分析后，确定如下测试重点内容：

筏板的竖向变形情况，包括两个塔楼所在的筏板竖向变形，以及不同筏板之间的相对沉降变形；

每 4 层楼层之间的相对平动变形值及相对竖向变形值；

部分重要楼层的测点相对本层基准点之间的竖向变形值，如第 37 层悬臂层、塔楼个别中间层（塔楼 1 的第 24 层和塔楼 2 的第 22 层）；

悬臂部分未连接成一体前的施工缝之间宽度的变化测试。

（4）测试方法

本次监测任务采用的测试方法大致包含如下方面：建筑上测点的实际变形测量——采用多级分步测量法和全站仪直接测量法；建筑物筏板之间及两端悬臂合拢前的相对变形测试——直接测相对变形法。

1）多级分步测量变形法（建筑物上多测点变形测试）

建筑物的建造过程是由下至上进行的，建筑物中某一楼层上某一测点的变形的测定通常必须经过多次相对换算获得。

先测出筏板相对于建筑物外围的控制点之间的变形，从而可明确筏板的具体变形情况；

测出需监测楼层的控制点相对于筏板之间的变形，从而可明确楼层控制点的变形情况；

测出需监测楼层的其余测点相对于本层控制点之间的变形，从而可明确本楼层测点的变形情况。

建筑物测点变形测试流程如图 2.1-41 所示。

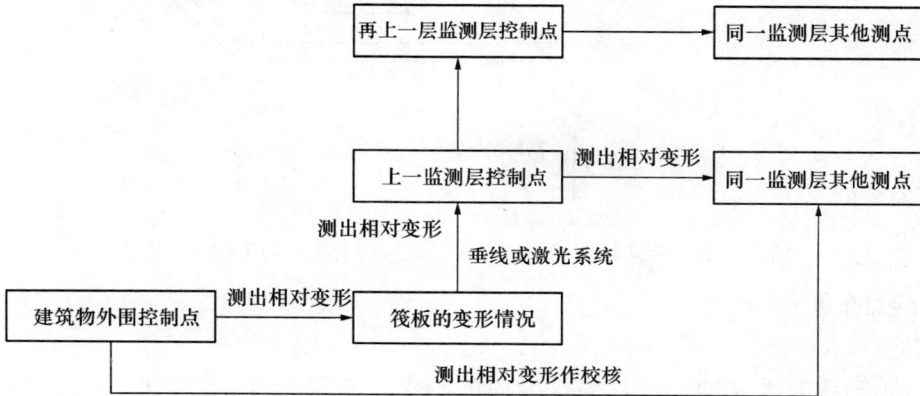

图 2.1-41　建筑物测点变形测试流程

2）智能全站仪直接测量变形法（实时差分测量系统）

① 差分测量系统能解决的问题

影响三维极坐标测量精度的主要因素有仪器的测量精度，观测点的斜距及垂直角。后两者涉及大气的气象改正、水平折光、垂直折光等许多复杂的因素，故很难精确求出，从而降低了点位的测量精度。然而根据变形监测的特点，需要测量的只是相对变化量，若采用建立基准站进行差分的方法，极坐标法测量点位的位移精度可达到亚毫米精度甚至更高。

② 差分测量系统原理

自动极坐标实时差分测量系统主要采用差分技术，它实际上是在一个测站上对两个观测目标进行观测，将观测值求差；或在两个测站上对同一目标进行观测，将观测值求差；或在一个测站上对一个目标进行两次观测求差，求差的目的在于消除已知的或未知的公共误差，以提高测量结果的精度。在该系统中，控制计算机通过电缆与监测站上的自动化全站仪相连，全站仪在计算机的控制下，对建筑物外围的基准控制点及被监测物上的变形点进行测量，观测数据通过通讯电缆实时输入计算机，用软件进行实时处理，结果按用户的要求以报表的形式输出，监测人员能实时地了解全站仪的运行情况。

差分测量系统流程及工作原理如图 2.1-42、图 2.1-43 所示。

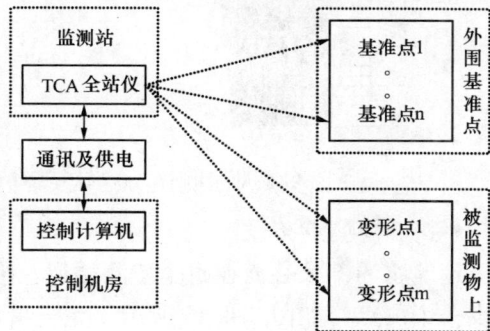

图 2.1-42　全站仪直接测量法（差分测量系统）的流程示意图

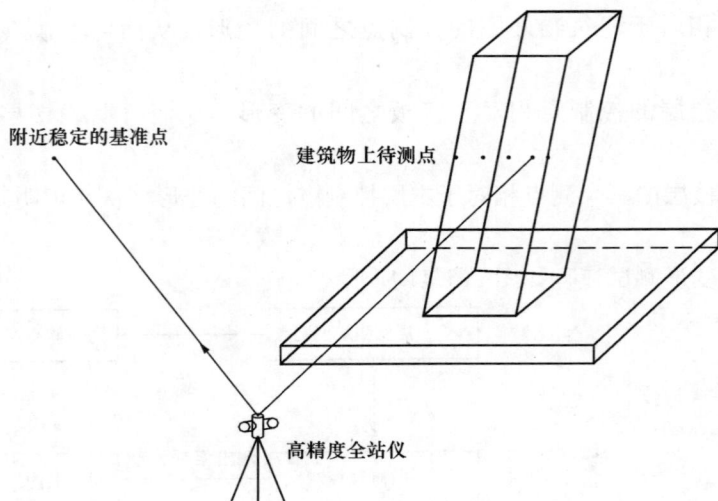

图 2.1-43 全站仪直接测量法（差分测量系统）的工作示意图

③ 测点布设

◆ 立面测点布设：

CCTV 主楼的外立面测点（即外框筒的测点）布设位置，如图 2.1-44、图 2.1-45 所示。

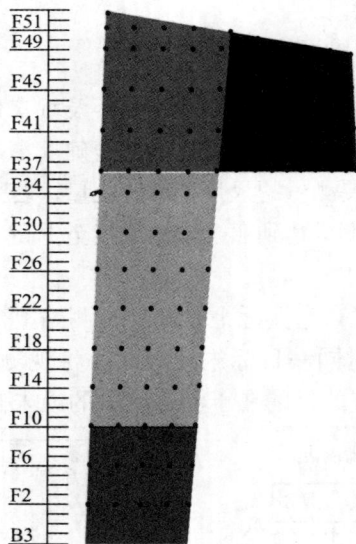

图 2.1-44 外立面 1 的测点布设示意图

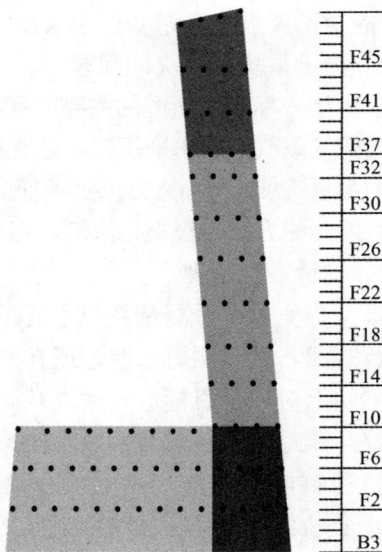

图 2.1-45 外立面 2 的测点布设示意图

◆ 核心筒测点布设：

建筑物内部核心筒在每个监测楼层，沿长度方向布置五个测点，宽度方向每根钢柱处布设一个测点，如图 2.1-46 所示，完全满足设计要求。

◆ 合拢前悬臂部分测点布设：

合拢前悬臂部分测点布置如图 2.1-47 所示。

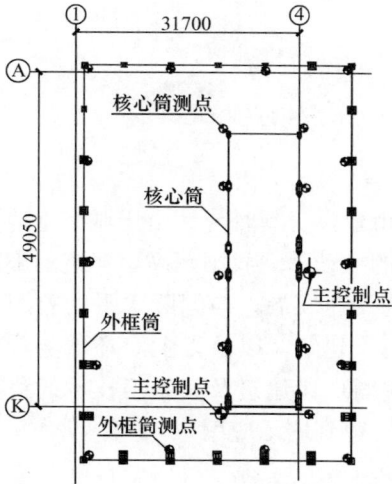

图 2.1-46　核心筒测点布设示意图

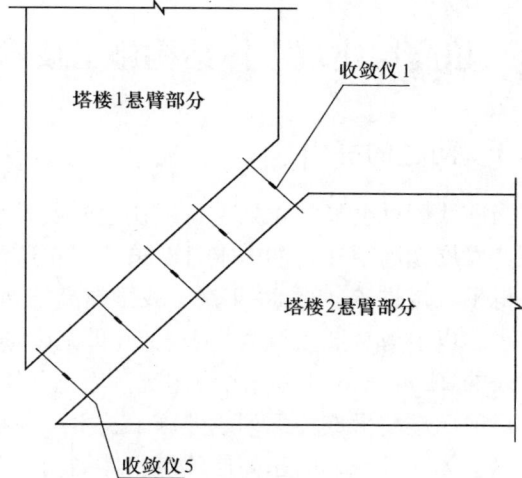

图 2.1-47　合拢前悬臂部分测点布设示意图

5. 实施效果

通过本课题的实施，CCTV 新台址工程成功地进行了倾斜钢结构、超大悬臂钢结构施工的变形测控，顺利完成了主体结构的施工安装，确保了施工的质量和工期，取得了良好的经济效益和社会效益。

同时顺利完成了如下三项创新技术：

（1）基于测量机器人的倾斜钢结构、大悬臂钢结构的安装过程质量控制技术，为确保钢结构安装施工三维空间位置（包括垂直度、高程传递和平面轴线控制）的准确、快速定位提供了技术支持。

（2）研究了大仰角观测条件下测量机器人三维坐标测量法的大气折光影响及规律性，建立了 CCTV 新台址工程区域的大气折光改正模型，为实时、快速、精确定位提供理论技术基础。

（3）研究了倾斜钢结构建筑施工期日照变形、温差变形等实时动态多源信息获取方法，为倾斜建筑垂直度偏差、轴线控制提供技术支持。

以上三项技术经过了工程实践检验，具有良好的推广价值，为我国钢结构施工测控技术的进步作出了贡献。

参 考 文 献

1　郭彦林，董全利. 倾斜高层建筑施工关键问题及实施. 施工技术，2006，12(35)：6～9

2　郭际明，梅文胜等. 测量机器人系统构成与精度研究. 武汉测绘科技大学学报，2000，10(5)：421～424

3　尤相骏. 测量机器人自动测量系统的应用与研究. 同济大学硕士学位论文

4　张海玲. 基于 TCA2003 全站仪的自动变形监测系统的研制. 山东科技大学硕士论文

5　沈祖炎等. 高层钢结构施工中的温度变形分析. 结构工程师，1990，1(2)：17～21

6　李鸿猷. 高层建筑结构日照影响的研究. 工程力学，1990，8(7)：65～82

7　殷文彦，黄声享等. 超高层倾斜建筑周日变形监测数据分析. 测绘信息与工程，2008，33(2)：19～21

2.2　超高层建筑主体结构施工技术

2.2.1　问题的提出

当前我国社会经济正处于持续快速发展时期，城市建设日新月异。由于城市土地资源有限，发展超高层建筑的需求日益迫切。在这种需求的推动下，我国超高层建筑的施工水平取得了长足进步，近 20 年来，我国超高层建筑得到飞速发展，与国际水平的差距也越来越小。以上海金茂大厦为代表的 20 世纪晚期的超高层建筑，以及以上海环球金融中心为代表的 21 世纪初期的超高层建筑，均充分体现了我国现代建筑及其施工技术的科技水平。目前已逐步形成一系列成熟施工技术，并在海内外得到广泛应用。

以下为几种成熟的超高层建筑主体结构施工技术。

1. 整体滑模法

超高层建筑施工中采用整体滑模法，有利于主体结构的整体性；可减少附着、运转、管网敷设等工作；节省架设工具、模板装置费用；减少高空交叉作业，有利于安全、文明施工；扩大了施工作业面，加快了施工速度。

2. 整体爬模法

超高层建筑的筒体结构，常用整体爬模法施工。先将配备整层高度的大模板经若干个千斤顶通过支架及横梁整体平稳顶升到位后校正，再浇筑混凝土；待模板下口到达上层楼面标高后，再进行水平结构的施工。

3. 钢结构施工技术

钢结构具有强度高，生产制作工业化程度高，施工速度快的特点，因此在超高层建筑中得到广泛应用。超高层建筑钢结构安装有赖于大型塔吊，塔吊起重能力越大钢结构安装效率就越高。超高层建筑钢结构安装一般采用散件吊装、高空拼装方法。随着塔吊起重能力的增加，构件分段长度和重量加大，可以将小构件在地面拼装以后再进行吊装以提高安装效率，如混合块体吊装法和大型单元楼面吊装法，在金茂大厦塔尖钢结构安装中采用了低位拼装双机抬吊就位的安装方法，将重达 30 多吨的塔尖钢结构一次安装到位。工程技术人员还积极探索采用整体提升技术安装超高层建筑（高塔）的重型钢结构（巨型桁架和塔尖）。东方明珠广播电视塔采用计算机控制同步整体提升法将地面拼装的长 118m 重 450t 的钢桅杆整体提升到 350m 的设计标高。

4. 超高层建筑的混凝土泵送技术

超高层建筑的混凝土强度高，体量大，国内均为泵送混凝土。为保证浇筑工效，不仅要求泵送混凝土具有恰当的配合比，还必须使用相当量的混凝土泵机和布料机。泵送流程为：现场布置混凝土泵机→配备混凝土输送直管和弯管→固定输送管→泵送水泥浆或水泥砂浆→泵送混凝土。泵送时应注意：每车混凝土出料前应高速搅拌 1min 左右，保证其均匀性；必须配足混凝土罐车，保证一个施工段的混凝土连续浇筑；泵送期间经常检查混凝土的坍落度，保证泵送质量；高温季节泵送时，输送管须覆盖遮阳并向泵管上喷洒冷水降温；低温季节泵送时，对混凝土泵进行挡风处理，用保温材料包裹输送管进行保温。

5. 钢—混凝土组合施工技术

钢—混凝土结构很好地利用了高强度钢与混凝土的各自特长，因而具有刚度大、抗震性能好、节省钢材、降低造价、施工方便等一系列优点。目前在工程中应用较多的为组合板、组合梁、钢管混凝土柱，钢骨混凝土梁、柱、剪力墙以及钢—混凝土混合结构体系。

在一些重要的超高层建筑施工中，施工企业与有关科研院所合作，经过事先策划，在实施中取得了重大的科技新成果，例如钢—混凝土组合结构的上海环球金融中心塔楼主体结构工程和预应力钢筋混凝土结构的武汉国际贸易中心工程就取得非常好的施工技术创新成果。

2.2.2　工程应用实例

1. 上海环球金融中心塔楼主体结构施工

（1）工程概况

上海环球金融中心位于作为亚洲国际金融中心而备受瞩目的上海市浦东新区陆家嘴金融贸易中心区 Z4－1 街区，与金茂大厦相邻。是一幢以办公为主，集商贸、宾馆、观光、展览及其他公共设施于一体的大型超高层建筑。塔楼地上 101 层，地面以上高度为 492m，地下 3 层，地块面积 30000m²，建筑占地面积 14400m²，总建筑面积 381600m²。

主体结构采用由巨型柱、巨型斜撑以及带状桁架构成的三维巨型框架结构、钢筋混凝土核心筒结构和构成核心筒和巨型结构柱之间相互作用的伸臂钢桁架组成的三重结构体系。整个建筑物顶部由三维支撑结构支撑，三维支撑结构也充当压顶桁架，用以连接整个巨型结构，如图 2.2-1 所示。

（2）工程实施

1）总体施工流程

① 总体施工区划分

地下结构以先期施工的塔楼围堰为界，整个平面分为塔楼区和裙房逆作区两个大的施工区，塔楼区先施工，塔楼底板混凝土强度达到要求后开始裙房逆作区地下连续墙施工。裙房区结构逆作法施工，根据各层设计与施工特点，划分为若干小的施工区段，组织流水施工。

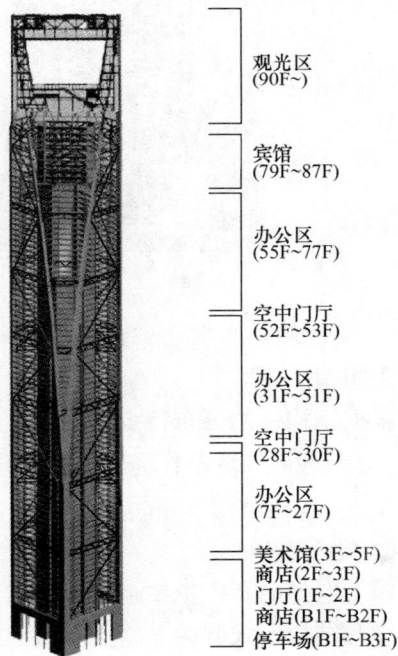

图 2.2-1　上海环球金融中心主体效果图

地上结构也以塔楼和裙房间的变形缝为界，整个平面分为塔楼区和裙房区两个大的施工区，塔楼区先施工。

② 塔楼主体混凝土结构和钢结构施工顺序

混凝土结构和钢结构协调同步进行，互为依托，相互配合、穿插；核心筒结构、巨型结构、核心筒内外楼面结构按"不等高同步攀升"组织流水施工。核心筒结构先上，核心筒外巨型结构、钢梁、钢柱和筒内钢柱、钢梁安装落后于核心筒，钢结构作业层下为巨型柱、巨型斜撑内灌混凝土及巨型柱外包混凝土和楼面钢筋混凝土作业层。

塔楼核心筒结构施工至 30 层时，塔楼 32 层混凝土楼板完成后，插入砌体施工及电气、空调、卫生等机电安装，玻璃幕墙在结构混凝土楼面施工至 38 层时插入。室内初装饰随砌体工程插入后展开，精装饰工程待各功能楼层室外幕墙装饰板块安装完后插入施工，如图 2.2-2 所示。

图 2.2-2　上海环球金融中心施工

2）关键设备的配置

① 塔吊配置

根据钢构件的分布特点以及重量、楼层需要吊运材料的工作量，采用 2 台 M900D 塔吊和 1 台 M440D 塔吊作为主要吊装设备（图 2.2-3）。3 台塔吊开始安装时均布置在核心筒内。

② 施工电梯

施工电梯的布置主要是为施工人员提供上下交通及散体材料的垂直运输。受工程的建造高度和结构形式制约，施工电梯不能到达建筑物的建造高度，因此，施工电梯必须采取"接力"的形式，通过转运才能将材料和人员运送到施工楼层。

a. 由于核心筒要先期施工，且其他电梯无法达到爬模平台，因此在内筒电梯井道内布置 2 台"宝达牌"（SCD200/200V）单笼施工电梯，主要是供爬模施工时的施工人员及材料能够垂直运输直接到达爬模平台。

b. 在大楼西侧布置 3 台"宝达牌"（SCD200/200V、SCD300/300V）施工电梯使施工人员及材料能够垂直运输直接到达 60 层、92 层、94 层以下的各施工楼层。

c. 94F 以上通过布置在消防电梯井道内的两台"宝达牌"（SCD200/200V）单笼施工电梯运输施工人员及材料。

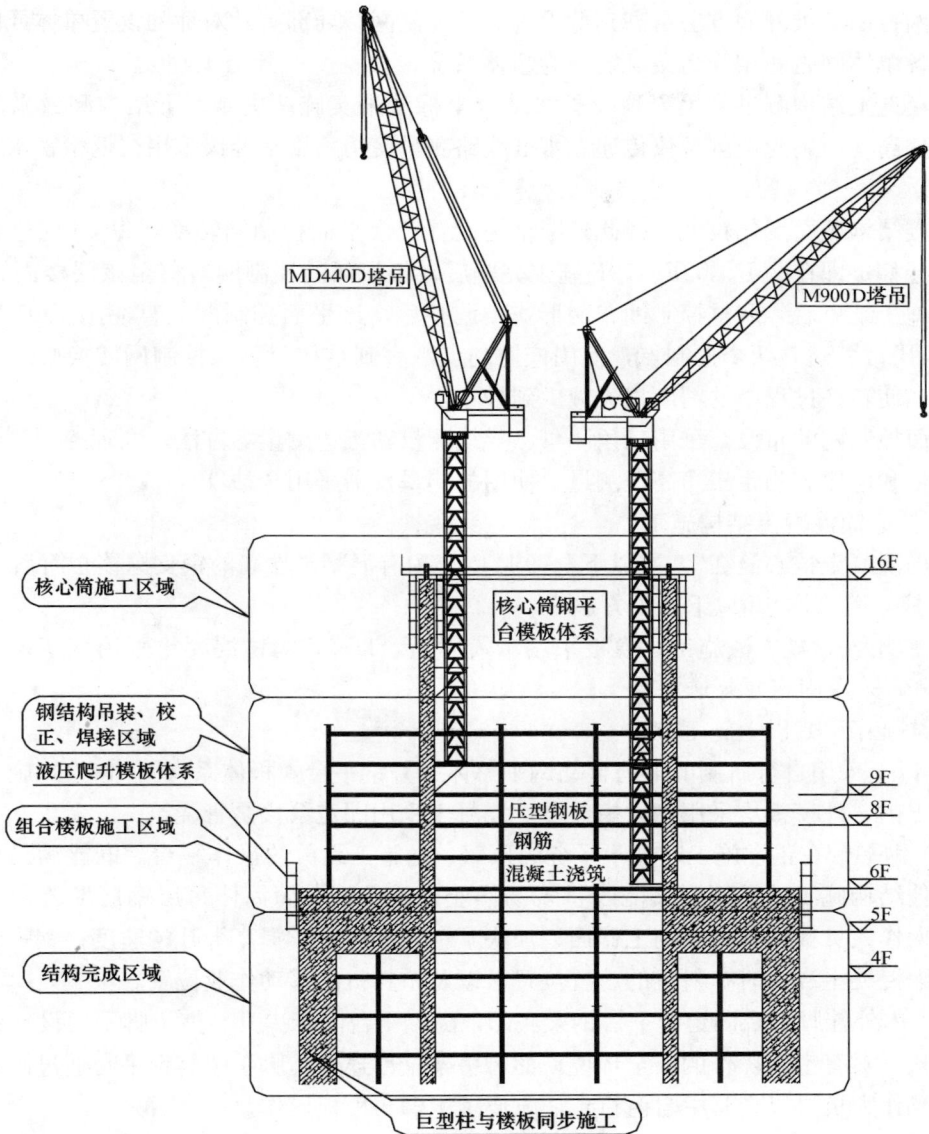

图 2.2-3 上海环球金融中心塔吊配置

③ 混凝土输送泵

根据设计图纸，工程不同强度等级混凝土泵送高度为：C60 混凝土泵送高度为289.550m、C50 混凝土泵送高度为 344.300m、C40 混凝土泵送高度为 492m。

根据混凝土的不同泵送高度，确定在主楼 250m 以下混凝土输送泵采用"三一重工"HBT90CH-2122D 型，250m 以上采用"三一重工"HBT90CH－2128D 型。

3）关键分项工程和关键部位的施工方法

① 施工测量及建筑物的垂直度控制

上海环球金融中心是 101 层的超高层建筑物，施工测量和建筑物垂直度的控制是至关重要的。按照施工单位在超高层建筑施工测量中形成的经验，对工程的平面测量控制网按照高级网控制低级网的方法由高到低设置3级控制网,局部有针对性的设置单体或区块控制网,各单体网之间相互衔接,统一为整体系统。

主楼地上结构测量采用天顶投影法结合坐标法来实施。主楼地下结构测量采用坐标法,主楼高程使用光电测距仪传递。水准线路测量使用精密水准仪采用往返精密水准的测量方法。

主楼结构截面变化较大,因此外围结构设置三次平面控制网转换,每26层进行一次控制网迁移。即在26F、53F、79F施工完毕后,将下部的控制网转移至该层楼面。在79层楼面施工结束后,调整控制网布网形式,调整后,该平面控制网一直使用至91层。随后在91层楼面建立两个控制点,使用该控制点一直到结构封顶。控制网转换必须严格控制精度,使转换过程中的精度损失减少到最小。

平面控制网的布设,采用三角测量、导线测量和三边测量等方法,高程控制测量采用水准测量和电磁波测距三角高程测量,使用的测量仪器采用全站仪。

② 核心筒混凝土结构施工

钢筋混凝土核心筒在79层以下,79层以上为有混凝土端墙的钢支撑核心筒系统。

a. 核心筒筒体9F以下施工方法

9F以下按常规方法施工,模板采用木模体系,1F-5F筒体混凝土采用汽车泵悬臂浇筑,5F-9F采用固定泵泵送混凝土。

b. 核心筒9F以上施工方法

9F以上采用自行研制的电脑自动调平整体提升钢平台模板体系(图2.2-4)施工,筒体混凝土内、外模板均采用钢大模体系,混凝土采用固定泵接泵管浇筑。

(a) 钢平台在正常施工时处于系统的顶部,是施工人员的操作平台。既能满足核心筒先于其他结构施工的需要,又能改善现场作业条件;核心筒筒体每层钢筋堆放在钢平台上,为操作人员提供了足够的工作面,加快了钢筋的运输,提高绑扎的速度;钢平台设计时还考虑混凝土浇捣时布料机的放置位置,以及布料机的移动作业位置。

(b) 内外挂脚手架固定于平台钢梁底部,随钢平台同步提升。整个脚手架设计成全封闭拼装式,具有室内操作的安全环境。而脚手架全部连通,脚手架与钢平台通过固定扶梯连接,操作人员可以在其中自由行走,方便了运输与模板操作。

(c) 劲性格构柱是搁置钢平台的承重构件,采用格构式钢柱形式逐层向上对接,浇捣于核心筒筒体内。单个劲性格构柱的承载力为30t,整体钢平台、挂脚手通过承重销搁置于劲性格构柱上;升板机动力部分也通过承重销布置在劲性格构柱上。每节劲性格构柱高度有标准和非标准尺寸等不同规格,可以适应不同层高和转换升模需要。

③ 巨型柱混凝土施工方法

a. 7F以下巨型柱模板采用普通模板体系。7F以上A型柱采用液压爬升模板体系,99F以上A型柱截面变化较复杂,采用普通脚手模板体系。B型柱外侧采用液压爬升模板体系,B型柱7F~31F内侧模板采用钢框中大模板,B型柱31F以上内侧模板采用普通木模板。

b. 7F以上巨型柱混凝土与核心筒外围压型钢板楼板混凝土同时浇捣。采用混凝土泵

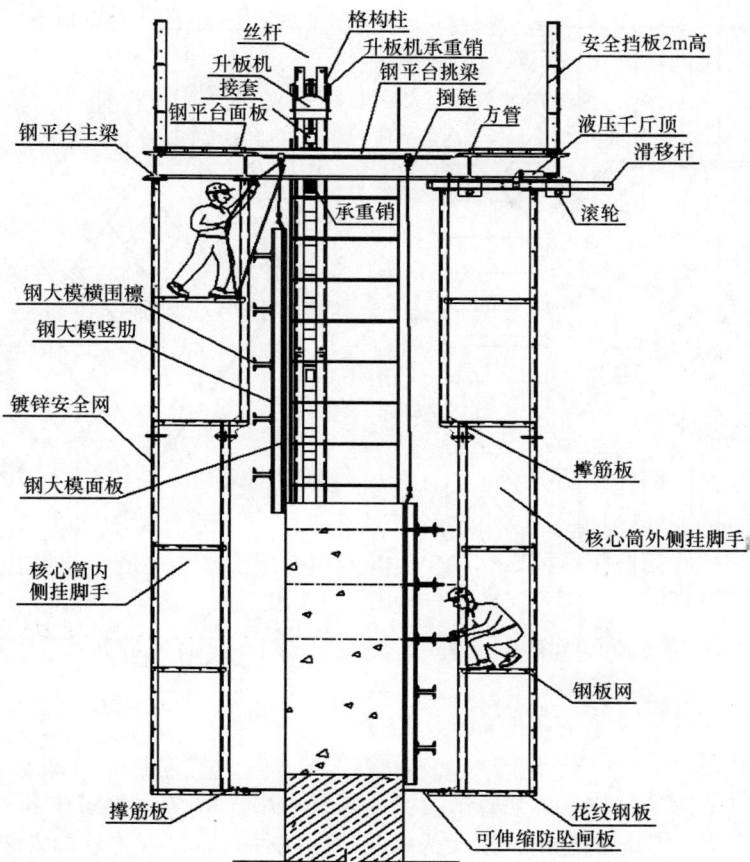

图 2.2-4 整体提升钢平台模板体系

直接泵送混凝土。巨型柱与楼板界面处用钢丝网拦阻，保证不同强度等级混凝土不混为一体。先浇捣柱内混凝土，再浇捣楼板混凝土。

④ 巨型柱的钢结构安装

a. 巨型柱吊装分段

巨型柱位于建筑物角部，为 SRC 结构。有两个角的巨型柱为垂直柱，从 B3～TOP OF TOWER；另两个角的巨型柱从 B3～F43 后变成四个角，并从 24F 开始倾斜变成斜柱直至 91F 结束。

地下室巨型柱分二节安装，地上巨型柱分二～三层一节，分节安装。巨型柱（含地下室二节）至 F91 分 35 节，至顶层分 41 节。基本长度为 12～16.95m。

b. 吊装平面分区

F1～F78 吊装平面分区：逐区完成外围钢柱、梁的吊装；核心筒内先完成 D1、D3、C2 轴线上钢柱、梁（或桁架）的吊装和定位，再安装其他主、次梁，如图 2.2-5 所示。

F79 以上吊装平面分区：钢结构安装先吊 1、2 区，再吊 3、4 区（F97 以上楼层没有 3、4 区），最后吊两侧 5、6 区并与 1～4 区的巨型柱和中部柱、梁连成一体，保证结构平面整体稳定，如图 2.2-6 所示。

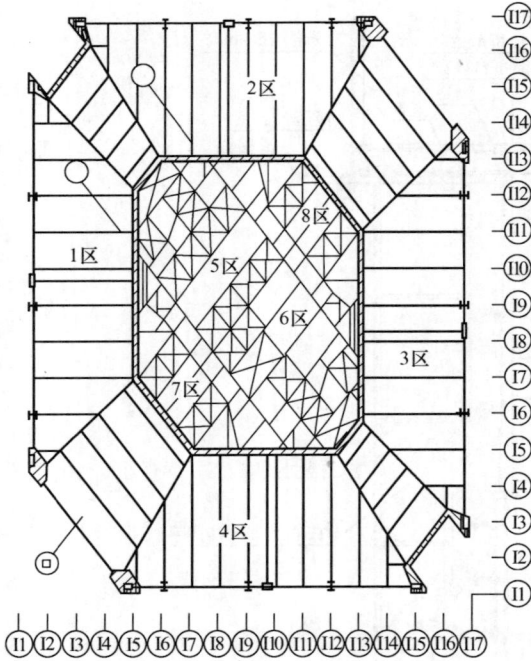

图 2.2-5 F1～F78 吊装平面分区图　　　　图 2.2-6 F79 以上吊装平面分区图

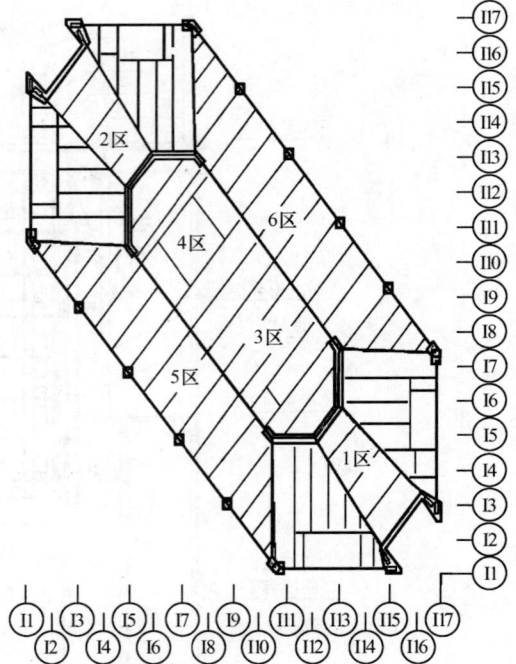

c. 巨型柱吊装

巨型钢构件的安装采用 M900 塔吊为主吊设备；用一台 100t 履带吊和一台 50t 履带吊在地面配合，负责卸车、拼装构件以及为塔吊递送构件。巨型钢构件的安装按柱节段从下往上进行，每节段柱间的巨型构件的安装顺序见下图序号。巨型柱安装从右往左按自然顺序分节吊装。先吊第一、二根直立柱，然后吊柱间顶层梁，使立柱平面稳定。再自下而上吊装柱间梁，第三根柱按相同顺序吊装。

（3）技术创新及应用效果

1）钢结构安装技术

钢结构安装形成了超高层复杂体系巨型钢结构安装成套技术，并成功应用于上海环球金融中心工程，取得了卓越效果，其主要内容如下：

① 超高层巨型柱、带状桁架、巨型斜撑安装控制技术；

② 考虑内外筒竖向变形差异影响的伸臂桁架安装技术；

③ 400～492m 高空大跨度巨型桁架施工技术；

④ 34t、12 分支大型铸钢件及过渡段综合施工技术；

⑤ 超高层钢结构综合测量控制技术；

⑥ 超高层钢结构施工安全和质量控制综合技术；

⑦ 具有自主知识产权的超高层钢结构远程验收系统及其应用技术。

该成套技术的研究与成功应用，确保了工程钢结构安装的顺利完成。结构最大形心偏差为 32.8mm，顶点偏差仅为 26mm；现场一级焊缝一次焊接合格率 98.60%；施工过程安全无伤亡事故。该成套技术提升了我国建筑钢结构行业的施工技术水平。

2）混凝土研制及施工技术

塔楼混凝土结构施工过程中，针对设计院设计的高强度等级混凝土、大流态混凝土等进行了研究，形成了混凝土研制及施工技术，并成功应用于上海环球金融中心工程，其主要内容如下：

① 高性能混凝土的研制技术；

② 自密实大流态混凝土的配制与施工技术；

③ 厚大体积混凝土的施工技术；

④ 高度达 492m 的混凝土泵送技术。

该技术的研究与成功应用，确保了上海环球金融中心工程混凝土的施工质量，并具有一定的借鉴作用。

3）模板体系的开发与应用技术

塔楼核心筒施工采用自行研制的电脑自动调平整体提升钢平台模板体系施工，筒体混凝土内、外模板均采用钢大模体系。

4）测量及监测技术

① 超高层建筑垂直度控制技术；

② 复杂空间结构施工快速、准确定位测控技术；

③ 超高层建筑结构变形监测技术。

5）信息化技术

远程质量验收技术：在验收指挥中心，验收人员只要坐在大屏幕显示器前，通过局域网终端，操作远程验收软件，控制现场摄像机来进行验收工作。其他人员可以通过授权的局域网终端，来观看验收情况，如图 2.2-7 所示。

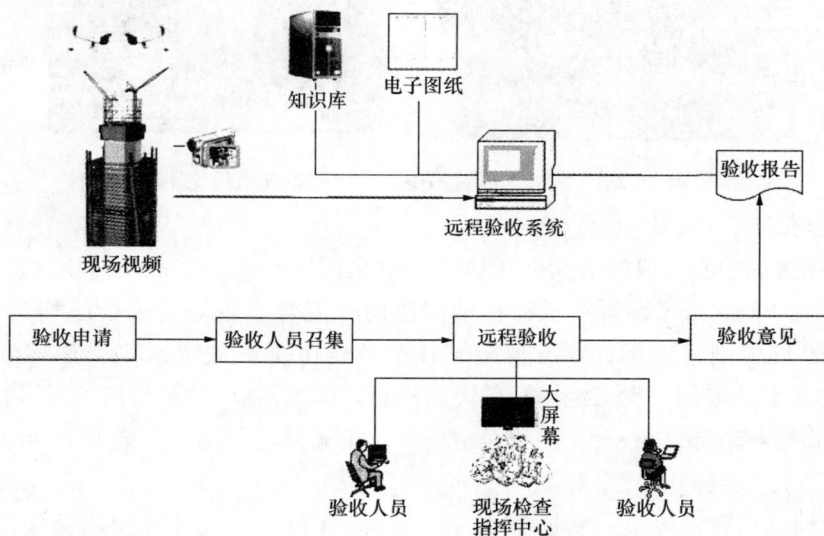

图 2.2-7 上海环球金融中心信息系统示意图

6）垂直运输技术

① 大型内爬塔吊的附着设计及安装、爬升、高空移位、拆除技术；

② 超高、超大吨位施工电梯的设计、附着、安装技术。

2. 武汉国际贸易中心大厦主体结构施工技术

(1) 工程概况

武汉国际贸易中心大厦是一座地下 2 层、地上 55 层的超高层建筑，高 211.8m，总建筑面积超过 13 万 m²。大厦为钢筋混凝土筒中筒结构，内筒和四角均为剪力墙结构，外筒为框架，水平结构为无粘结预应力密肋梁楼板，梁宽 200mm，梁高 550～650mm，间距 800～850mm，每层密肋梁数量为 144 根。内筒及角部板厚 100mm，密肋板 70mm，内筒剪力墙厚 650～300mm，框架梁、柱宽 1350～550mm。混凝土强度等级：11 层以下为 C55，12～23 层为 C50，24～35 层为 C45，36 层以上为 C40。采用墙、柱、梁整体液压滑模施工技术，如图 2.2-8 所示。

图 2.2-8　武汉国际贸易中心大厦的整体滑模施工

(2) 工程实施

武汉国际贸易中心大厦的滑模面积属于当时全国第一，一次滑模面积 2300m²，采用 6 吨位千斤顶、F48×3.5 钢管支承杆在结构体内外混合布置等滑模措施均为国内首创，且体外采用工具式钢管支承杆，滑模施工技术达到了国际先进水平。整体液压滑模从 ±0.000 开始起滑，采用 "滑二浇一" 的方法进行，即先滑 n 层墙、柱、梁，后滑 $n-1$ 层楼板，然后 n 层剩余部分与 $n+1$ 层连续滑模，施工缝设在每层密肋梁下 200mm。

滑模施工工艺为：

① 剪力墙和框架柱以上、密肋梁下 200mm 高度范围内（标准层为楼面以上 2.75m 处）按一般滑模方法进行，以 145～170mm/h 的滑升速度将混凝土浇至密肋梁下 200mm 处，如图 2.2-9、图 2.2-10 所示；

② 框架柱与剪力墙同步滑升，当混凝土浇至框架梁底标高处，解除框架柱、梁插板与滑升模板的连接；

图 2.2-9　滑模平台

图 2.2-10　密肋梁滑模平台布置

③ 当模板上口滑至框架梁底下 800mm 处时（标准层为楼面以上 1.2m 处），开始支框架梁底模板，随着滑模上升，绑扎框架梁的底部钢筋、箍筋、腰筋，直至完成；

④ 当模板上口滑至框架梁底标高以上 300mm 时，浇筑框架梁混凝土，浇至密肋梁下200mm 止；

⑤ 采用空滑措施，在 4h 内将模板滑升 200mm，使模板脱开混凝土，模板上口提升至密肋梁底标高处；

⑥ 在 n 层墙、柱滑模的同时，进行 $n-1$ 层的支模、扎筋、浇筑混凝土并养护等工作；

⑦ 当墙及框架梁的混凝土浇至施工缝标高时，在提升架横梁下提前绑扎密肋梁钢筋，在 $n-1$ 层的密肋梁上支撑 N 层密肋梁底模，梁的钢筋放入底模上，并将全部模板滑升到梁底标高以上 200mm；

⑧ 开始第二次浇筑混凝土，先浇墙、柱及框架梁 400mm 高度的混凝土，再浇一部分密肋梁的混凝土（200mm），当模板上口滑升至楼板底标高时，进行密肋梁第二层混凝土（约 280mm）及墙和框架梁剩余部分的浇筑，如图 2.2-11、图 2.2-12 所示；

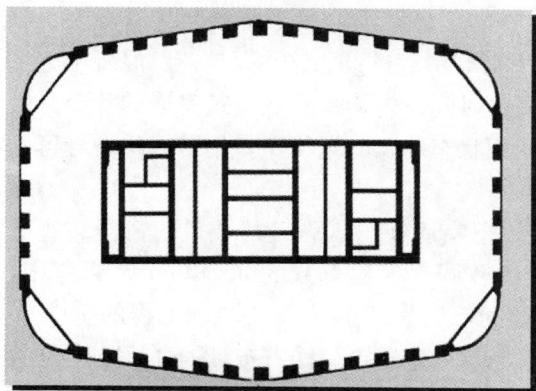

图 2.2-11　竖向结构滑模施工混凝土浇筑

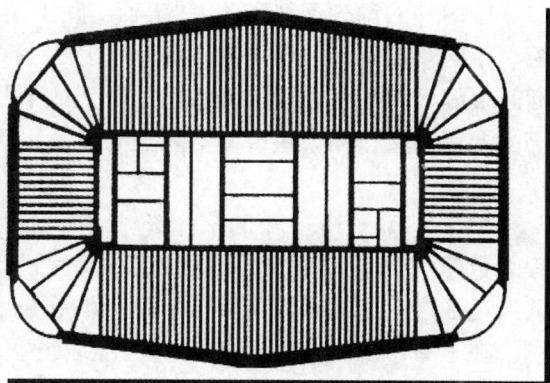

图 2.2-12　楼层结构滑模施工混凝土浇筑

⑨ 从第二层浇筑后 4h 起，密肋梁（包括梁高范围内的墙及框架梁）浇筑时间控制在 24h 内，滑升速度平均 55mm/h；

⑩ 在梁滑模的同时，绑扎上一层模板高度范围内的墙、柱钢筋，当梁的混凝土浇筑完成后，接着继续上一层的浇筑和滑模。

（3）实施效果

武汉国际贸易中心大厦混凝土结构工程采用整体液压滑模施工，创造了国内滑模平台面积最大（2300m²）、滑模高度最高、滑模难度最大（竖向结构与 144 根预应力密肋梁水平结构同时采用滑模工艺）的滑模新技术。

该成果获中建总公司科技进步一等奖、国家科技进步三等奖、全国新技术科技示范工程金奖。

参 考 文 献

1 胡世德. 10 年来世界超高层建筑发展趋势. 建筑技术[J]. 2007，（5）
2 戴复东. 高层超高层建筑的产生与发展及今后趋向预计. 中国工程科学[J]. 1999，（2）
3 陈颖辉，黄明. 浅谈高层建筑的发展. 昆明大学学报(综合版)[J]，2005，（1）：48～51
4 顾锡明，李勇等. 武汉国际贸易中心大厦墙、柱、梁整体滑模施工. 施工技术[J]. 1995，（4）
5 鲍广鉴，王宏. 深圳地王大厦主楼超高层建筑钢结构安装施工. 施工技术[J]. 1996，（2）
6 鲍广鉴. 钢结构施工技术及实例[M]. 北京：中国建筑工业出版社，2005

2.3   基于全过程控制的预拌混凝土长墙结构裂缝控制技术

2.3.1   问题的提出

1. 预拌混凝土结构施工期裂缝问题现状

现浇混凝土结构在正常使用前，即在施工期间经常产生裂缝（除特别说明外，文中所指裂缝均指通常条件下混凝土结构产生的肉眼可见裂缝），此时，结构通常尚未承受正常使用情况下的全部荷载，这种裂缝多因间接作用，例如，非荷载变形（收缩、温度等）引起。国内外的调查资料表明："工程实践中结构物的裂缝原因，属于变形变化（温度、收缩、不均匀沉陷）引起的约占 80％以上；属于由荷载引起的约占 20％左右"。混凝土施工期间裂缝多发生在混凝土浇筑后的数天或十几天的时间段内，也有在浇筑完毕的几个月后仍主要因间接作用产生裂缝的，但与后续正常使用状态的长时期相比，施工期间裂缝可称作"早期裂缝"。

根据 1991～1996 年的统计资料，高层建筑地下室底板出现裂缝的数量约占被调查工程总数的 10％，地下室外墙出现裂缝的数量约占被调查工程总数的 85％以上。近年来，武汉地区进行的调查表明，地下室外墙在施工期间产生裂缝的约占被调查工程的 70％左右。在上海市的另一项调查中，发现地下室外墙产生裂缝的工程占被调查工程的 68％，其中绝大多数裂缝发生在施工期间，在拆模时即发现。

虽然以上调查数据并不完全相同，但均可以说明现浇混凝土结构产生施工期间间接裂缝已经成为较为普遍的现象。

施工期间主要因间接作用引起的混凝土开裂与在结构正常使用期间因荷载作用引起的开裂在成因、危害及防治措施等方面均不相同。对于施工期间因变形引起的混凝土开裂在近几年才受到关注。有关研究多集中在某单一环节，对诸多因素综合考虑的研究还不多。

2. 问题的提出及研究意义

混凝土产生裂缝，可理解为混凝土的"局部断裂破坏"，是混凝土结构劣化病变的宏观体现，也会进一步引起其他病害的发生与发展。

混凝土构件施工期间产生裂缝主要的可能危害有以下几个方面：

（1）对建筑使用功能的影响，如地下室混凝土底板、墙体渗漏等；

（2）对结构耐久性能的影响，如裂缝导致钢筋在局部可能失去混凝土的保护作用，导致钢筋腐蚀等；

（3）对结构承载能力的影响，混凝土承受正常使用荷载以前存在的裂缝对混凝土的强度、变形和破坏性能有直接影响，会影响荷载裂缝的萌生过程，从而对结构承载能力产生潜在的影响。

另外，也可能虽然以上三种影响均没有明显发生，但对人造成心理影响，如商品房业主对裂缝的敏感性等。

混凝土结构产生裂缝后，长期找不到确切原因，没有办法有效处理的工程事例也非常多。特别是某些较为复杂的裂缝问题或由诸多因素复合诱发的裂缝问题，不容易发现其主要矛盾所在，原因不能确定，也很难有好的处理效果。此外，某些混凝土结构因客观条件所限，原已潜存有导致裂缝产生的隐患，但一发现裂缝未经有效调查分析就先指责某方（多是施工方、混凝土供应方）责任的有欠公允的工程事例也时有发生。

因此，探究混凝土施工期间间接裂缝形成的原因，在工程实践的基础上，从原材料优选、配合比优化、结构设计及构造、施工过程控制、管理等方面综合分析研究，提出有效措施预防、控制裂缝的产生，同时对有害裂缝采取修补、补强等，具有较大的理论意义及工程实用价值。

2.3.2　创新与关键技术

1. 预拌混凝土长墙结构施工期开裂机理分析

可以较粗放地将预拌混凝土施工期间开裂简单描述如下：混凝土主动收缩、温度变形等作为"作用"使处于一定约束条件下的混凝土结构或构件产生效应（内力和变形），当此作用效应超出混凝土结构或构件所能承受效应的能力（结构抗力）时，可以认为混凝土即开裂。

细部区分，预拌混凝土施工期间裂缝主要可分为三大类，各类裂缝的研究尺度、机理、防治措施有不同。

（1）初始微裂缝

混凝土凝结硬化过程中，由于胶凝材料水化，浆体中的固体和液体绝对体积减少以及水化热散失冷却会引起水泥石胶体体积缩小，这种体积缩小受阻于体积稳定的骨料，可能在骨料间的水泥石中引起拉应力，其中，部分拉应力可因胶体的流动而消解，另一部分则可能在固态的水泥石中或界面处产生裂缝。这些裂缝大多很短小，并且不连续，呈弥散状态，只存在于混凝土材料内部（图 2.3-1），肉眼并不可见，对混凝土的受力性能影响不大，但这些裂缝可能是混凝土结构中以后裂缝发展的基础。

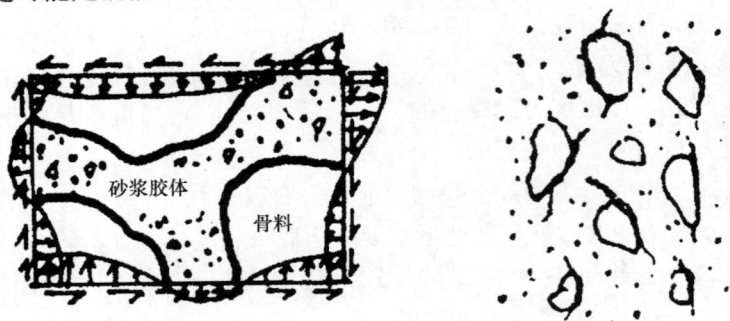

图 2.3-1　混凝土中的内应力及裂缝

（2）塑性收缩、沉降收缩等引起的裂缝

混凝土在终凝前处于可塑状态时，水分从混凝土表面迅速蒸发；同时，如果混凝土保水性能不良混凝土可能泌水，水分也会从混凝土的下部迅速上升。混凝土表面水分蒸发、泌水水分上升，混凝土表面干燥收缩，体积缩小，会使混凝土表面开裂，这种裂缝细小，分布较密，多在混凝土表面，也可能深入到混凝土内部。

墙体构件中由于混凝土组分比重不同产生的沉降也可能引起开裂（图 2.3-2）。墙体侧面的混凝土，裂缝沿着水平钢筋的方向。裂缝的深度一般从混凝土表面到达钢筋的外表面。

（3）混凝土墙由于温度、收缩应力过大引起的开裂

混凝土主动收缩、温度变形等作为"作用"使处于一定约束条件下的混凝土结构或构件产生效应（内力和变形），当此作用效应超出混凝土结构或构件所能承受效应的能力（结构抗力）时，可以认为混凝土即开裂（图 2.3-3）。

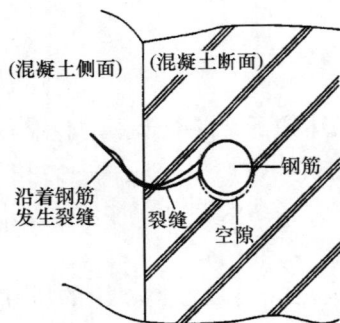

图 2.3-2　墙体混凝土由于沉降
沿钢筋侧面发生的裂缝

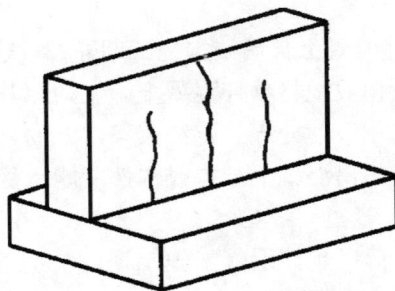

图 2.3-3　下部受约束墙体收缩裂缝

现浇混凝土结构在施工期间开裂，有些是由单一因素引起的，如使用与环境条件：环境温度、湿度变化等；结构及外力：对温度、收缩等变形作用引起的应力考虑不足，没有

采取构造措施或采取不当等；原材料及配合比：混凝土配合比不合理，各种原因导致的混凝土过大收缩变形等；施工过程：养护方案不合理等。但更多的裂缝不是由单一因素引起，而是上述多种原因的综合作用形成。

2. 基于全过程控制的预拌混凝土长墙结构施工期裂缝控制关键技术

预拌混凝土施工期间间接裂缝可在事前、事中从结构及构造优化设计、原材料优选、施工配合比抗裂优化设计、施工过程控制及施工过程监测等多方面采取措施进行综合预防控制。混凝土结构中裂缝的存在具有一定的绝对性，所谓"预防控制"只是应将其控制在符合规范要求的范围内，以不致发展成有害裂缝。

出现裂缝后则要对裂缝进行评估，有些需要采取修补或加固、补强等措施处理。其综合预防及处理思路如图 2.3-4 所示。

综合相关工程实践调查、试验室试件基础试验、工程实际构件原位试验及初步分析计算结果，预拌混凝土施工期间间接裂缝综合防治有以下关键点：

① 预拌混凝土施工期间间接裂缝的防治必须从以上各方面综合采取措施，不能忽略其中任何一个方面。只要其中一个环节没有做好，其他环节做得再好，也可能导致裂缝控制效果不理想。裂缝控制效果不是取决于哪些方面做得好，而是取决于哪个环节没有做好。

② 与传统混凝土相比，现代预拌混凝土收缩总量变大；收缩早期发展快；弹性模量早期发展迅速，强度发展相对较慢，这三方面特性是导致目前预拌混凝土施工期间较多发生早期裂缝材料方面的主要原因。必须重视这一新发展，进行结构及构造优化设计（如进行专门的混凝土抗裂计算分析），进行施工过程有效监控，以有效控制裂缝的发生、发展。

③ 墙体原位试验及分析计算表明，周边构件的约束情况及施工方法、施工顺序的不同极大地影响由于混凝土收缩产生的应力大小，直接影响裂缝的产生。必须根据工程具体情况采取合宜的措施。

（1）预拌混凝土施工期间开裂预防思路建议

预拌混凝土早期收缩开裂简单描述如下：混凝土主动收缩变形作为"作用"使处于一定约束条件下的混凝土结构或构件产生效应（内力和变形），当此作用效应超出混凝土结构或构件所能承受效应的能力（结构抗力）时，可以认为混凝土即开裂。

影响预拌混凝土早期收缩开裂的三个基本要素为：约束条件、混凝土收缩变形、结构抗力。进行预拌混凝土早期裂缝防治也不外从以上三个方面着手：①减小混凝土收缩量，即减小外作用；②改善内、外约束条件；③提高混凝土抵抗开裂

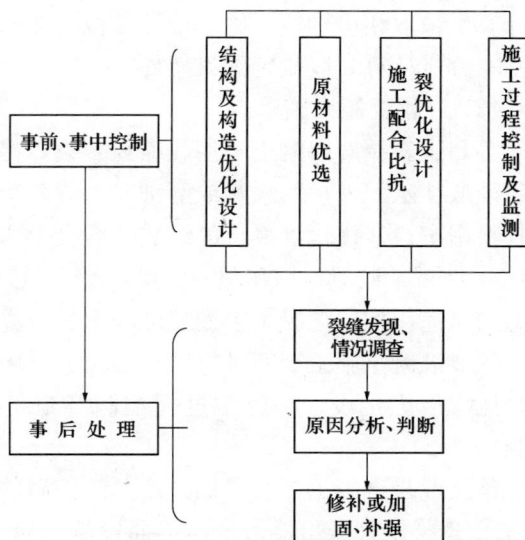

图 2.3-4 预拌混凝土施工期间间接裂缝预防及处理技术思路

的抗力。

另外，只从技术角度考虑，建设工程参与各方中混凝土材料提供方（如商品混凝土公司）、施工单位及设计单位三方对混凝土施工期间早期开裂问题有重要影响，是解决预拌混凝土施工期间早期开裂问题的基本三方，而且需要三方密切配合，缺一不可。

结构及构造优化设计、原材料优选、施工配合比抗裂优化设计、施工过程控制及施工过程监测等综合控制措施按上述参与方分类，参见表 2.3-1。

如表 2.3-1 所示，为解决混凝土收缩早期开裂问题，混凝土提供方的主要工作为：①从原材料及配合比等方面采取措施减小混凝土的收缩变形；②从原材料及配合比等方面采取措施提高混凝土的抵抗开裂的能力；③积累数据、提供混凝土收缩——时间关系曲线，供力学分析、计算。

预拌混凝土早期收缩裂缝控制措施按参与方分类　　　　　　　　表 2.3-1

	减小混凝土收缩	改善约束条件	提高抗裂能力
结构及构造优化设计	—	设计方	设计方
原材料优选	混凝土提供方	—	混凝土提供方
配合比抗裂优化设计	混凝土提供方	—	混凝土提供方
施工过程控制	施工方	施工方	施工方
施工过程监测	施工方（组织）		

施工单位主要应采取措施提供良好的施工条件以降低混凝土的收缩变形、提高混凝土的抵抗开裂能力，同时，采取合理的施工顺序，改善约束条件，如地下室底板、竖向构件（墙、柱）和顶板的施工顺序对底板、墙、顶板等的约束产生影响。

有些施工期间开裂不需要进行力学计算，不需要采取结构措施，如沉降收缩裂缝，微裂缝等，只要混凝土方和施工方采取措施即可。另一些，如墙体收缩开裂，则需要进行力学计算，采取相应构造措施。设计单位可在掌握混凝土收缩性能、施工条件的基础上，进行基本分析计算，以改善约束条件，并提高混凝土的抗开裂能力。

（2）过程控制措施

冯乃谦教授对混凝土早期收缩与开裂，提了三条对策：①原材料及其选择，建议选用普通硅酸盐水泥外掺粉煤灰或磨细矿渣等矿物掺合料，骨料选用河砂、河卵石，适当提高粗骨料用量；②优化混凝土的组成，混凝土水灰比一般为 0.45 左右，单方混凝土用水量 $\leqslant 185 kg/m^3$，胶凝材料用量 $\leqslant 550\ kg/m^3$；③控制施工环境，建议根据施工时相对湿度、气温与风速，控制混凝土表面温度与湿度，浇筑成型后加强湿养护等。

预拌混凝土施工期间裂缝可在事前、事中从结构及构造优化设计、原材料优选、施工配合比抗裂优化设计、施工过程控制及施工过程监测等多方面采取措施进行综合预防控制。

预拌混凝土施工期间早期开裂预防控制的总体思路建议如下：

① 按早期开裂可能带来的负面影响（建筑功能、结构安全、耐久性、用户心理等方面），综合评估建筑防裂的重要性，可将其重要性分为三个等级，该重要性程度可主要由建设单位（业主）根据实际需要提出。

Ⅰ级：严格要求施工期间不出现早期裂缝的结构（构件）；

Ⅱ级：一般要求施工期间不出现早期裂缝的结构（构件）；

Ⅲ级：允许施工期间出现早期裂缝的结构（构件）。

② 区分建筑物防裂不同的重要性程度，分别进行不同内容的抗裂设计，见表2.3-2，其中要求对严格要求施工期间不出现早期裂缝的结构（构件）进行必要的抗裂计算分析。

不同防裂等级的抗裂设计内容　　　　　表 2.3-2

	Ⅲ级抗裂要求	Ⅱ级抗裂要求	Ⅰ级抗裂要求
构造优化设计	—	✓	✓
抗裂计算分析	—	—	✓
原材料优选	✓	✓	✓
配合比抗裂优化设计	—	✓	✓
施工过程控制	✓	✓	✓
施工过程监测	—	—	✓

注：1. "✓"表示应进行该项抗裂工作；"—"表示可不进行该项抗裂工作；

2. 各项抗裂具体内容后详。

1) 结构及构造优化设计建议

结构及构造优化设计是预防控制预拌混凝土施工期间早期开裂的重要措施之一，但在目前的早期开裂防治问题中，结构及构造设计方面所做的工作很少。虽然构造及设计优化措施不能减小混凝土的绝对收缩量，但可以起到改善混凝土约束条件及提高混凝土抗裂能力的作用。

设计方可在掌握混凝土收缩性能、施工条件的基础上，进行基本分析计算，以改善约束条件，并提高混凝土的抗开裂能力。

在混凝土结构安全方面，设计方与施工方、混凝土提供方的联系可以靠单一指标——强度来进行，即设计方提出要求的强度等级，混凝土提供方及施工方采取相应措施达到此指标要求即可，而且强度指标的确定也有相对固定的时间点——28d龄期，但混凝土收缩对其早期开裂的影响与强度对结构安全的影响有很大不同：①目前对收缩性能的研究及了解远不如对强度性能的研究及了解；②强度对结构安全的影响一般仅体现在对强度的量值要求上，即设计及规范对强度的要求一般是"不低于"即可，但收缩对早期开裂的影响除了有量值大小外，收缩随时间发展的变化规律也有重要的主导性影响。

对收缩引起的预拌混凝土施工期间早期开裂而言，外作用（混凝土收缩）、约束条件（如混凝土弹性模量的间接影响）及抵抗开裂的能力均是时间的函数，而且，时间的影响是关键性的，不能忽视。对收缩开裂问题的力学计算分析要比对强度引起的结构安全问题复杂。

预防控制预拌混凝土施工期间早期开裂时，对于重要性较高的有防裂要求的建筑（Ⅰ级及Ⅱ级），应在常规结构设计的基础上，另外进行结构抗裂设计，主要设计内容为以下三个方面：

① 一般要求（"概念设计"）

a. 要求混凝土具有足够的强度，较小的早期收缩变形及良好的抗裂能力；

b. 对较长的建筑结构在设计时可采取分割措施。按设计规范要求结合工程经验设置伸缩缝（也可称收缩缝），其间距应合适。处于不利条件下的混凝土结构应当减小伸缩缝间距。当采取可靠措施后，也可适当放宽伸缩缝间距。

《混凝土结构设计规范》GB 50010—2002 中提及的伸缩缝，主要是为了释放建筑平面尺寸较大的房屋因温度变化和混凝土干缩产生的结构内力，也称温度缝。此处提到的伸缩缝，也可称为收缩缝，主要是为了释放施工期间混凝土早期收缩产生的结构内力。收缩变形引起的开裂与混凝土的绝对收缩量、结构体系的约束条件、环境条件、施工状况等直接有关。混凝土收缩应变差别较大，约在百万分之 $10(10 \times 10^{-6})$ 到百万分之 $1000(1000 \times 10^{-6})$ 之间，确定收缩缝间距时应充分考虑这一变化幅度的影响。原有规范规定的伸缩缝间距一定程度上没有充分考虑混凝土收缩变化的影响。现实中有一些工程确因违反规范规定的最大间距规定而发生严重开裂的，但也有一些工程突破了规范的伸缩缝最大间距而未发生开裂的，同时还有一些工程没有违反规范规定的间距规定仍发生开裂的。虽然目前还不能就此总结出扩大伸缩缝最大间距的可靠经验，但仍可以得出以下结论：混凝土施工期间早期开裂问题的影响因素复杂，涉及混凝土原材料、配合比、施工过程状况、约束条件、环境条件等多方面，应当从以上方面综合采取措施进行施工期间裂缝控制，留置伸缩缝仅是其中一个方面的措施，且不具有关键性的影响；现规范在防治混凝土收缩裂缝方面关于伸缩缝间距的规定有不尽完善的地方，可以在理论分析、试验研究、工程经验方面对此进行重新积累，以期完善。

c. 合理设置后浇带

为了减少混凝土早期收缩的影响，设计时可合理设置后浇带。合理设置后浇带可适当增大伸缩缝间距，但后浇带不能完全代替伸缩缝。

后浇带的设置间距及浇筑混凝土的间隔时间应结合具体混凝土的收缩变形规律并考虑结构、施工条件合理确定。后浇带一般 30～40m 一道、宽度 800～1000mm，浇筑混凝土的间隔时间不早于 1～2 个月。也可以在后浇带区段的中部设置一条膨胀混凝土加强带，以达到减少整个区段混凝土收缩量的目的。

d. 避免相邻构件刚度变化过大。相邻构件刚度突变，会在相邻构件间产生较大的约束从而产生较大的收缩约束应力。

② 必要的结构计算

按照预估或预先专门试验得出的混凝土收缩曲线，结合混凝土施工条件，对抗收缩开裂的配筋量及配筋模式进行必要的分析计算。

③ 具体构造措施

a. 在板的收缩应力较大区域（如跨度较大并与混凝土梁及墙整浇的双向板的角部和中部区域；现浇单向板垂直于跨度方向的长度较长，如大于 8m 时，沿板长度方向的中部区域等）宜在板未配筋表面配置控制收缩裂缝的构造钢筋。控制收缩裂缝的钢筋可利用板内原有的钢筋贯通布置，也可另外设置构造钢筋网，并与原有钢筋可靠连接或在周边构件中锚固。控制收缩裂缝的钢筋宜采用直径细间距密的方法配置。其间距及配筋率按工程经验及上述②计算结果确定。

b. 较长的现浇钢筋混凝土墙体是收缩裂缝的高发区，墙体中的钢筋除应满足强度要求外，应充分考虑混凝土收缩而加强，应有足够的配筋率，适宜的钢筋直径及钢筋间距。

c. 腹板高度较大的梁，其两侧面应沿高度方向配置纵向构造钢筋，每侧纵向构造钢筋（不包括梁上、下部受力钢筋及架立钢筋）的截面面积不应小于腹板截面面积 bh_w 的 0.1%，且其间距不宜大于 200mm。其中腹板高度对矩形截面，取为有效高度；对 T 形截面，取为有效高度减去翼缘高度；对 I 形截面，取为腹板净高。

2）原材料优选

为控制预拌混凝土施工期间收缩裂缝的发生，应对混凝土原材料进行优化选择。

① 从控制裂缝的角度考虑，水泥品种优先选择的次序宜为：低碱水泥、硅酸盐水泥、普通硅酸盐水泥；大体积混凝土宜选用低热水泥。无特殊要求时，不宜选用早强水泥、含碱量较大的水泥、较细的水泥。有条件的宜对水泥进行抗裂性能试验和评价（圆环法）。

② 宜在混凝土中加入一定量的粉煤灰或磨细矿渣（部分替代水泥），掺量通过配合比设计、试验确定，以改善混凝土的抗裂性能。当混凝土中掺入矿粉时，矿粉细度宜与水泥的细度接近。掺加硅灰时，应有可靠的技术措施。有条件的也宜对混凝土掺合料进行抗裂性试验和评价。

③ 掺加合适的外加剂有利于裂缝的防治，选择外加剂时，应注意外加剂之间的相容以及与水泥的相容性。对于抗裂性要求高的混凝土，合适条件下宜选用具有减缩抗裂性能的外加剂。

④ 宜选用级配良好的粗、细骨料。

⑤ 在混凝土中掺入一定量的纤维、有机聚合物，可提高混凝土的抗裂性能。有机纤维如聚丙烯、尼龙类纤维，能提高混凝土塑性抗裂性能；钢纤维能提高塑性抗裂性能和硬化后混凝土抗裂性能。在纤维分散度良好的情况下，混凝土抗裂性能随着纤维掺量的提高而提高。

3）配合比抗裂优化设计

对严格要求施工期间不出现早期裂缝的结构（构件）或一般要求施工期间不出现早期裂缝的结构（构件），应在优选原材料和常规配合比设计的基础上，进行抗裂配合比优化设计，使混凝土除具有符合设计和施工所要求的性能外，还具有抵抗收缩开裂所需要的性能。

混凝土常规配合比设计本质上是"粗略计算—试配调整"的过程。我国现行的混凝土配合比设计方法主要考虑满足结构安全要求的强度指标和施工方便要求的和易性指标，而没有考虑混凝土收缩抗裂等其他性能。设计计算时主要考虑三个基本参数：水灰比、单位用水量及砂率，分别控制混凝土的强度和和易性指标。

其中，水灰比主要用于控制混凝土的强度，按水灰比强度公式，可塑状态混凝土水灰比的大小决定混凝土硬化后的强度，并影响硬化后混凝土的耐久性，混凝土的强度与水泥强度成正比，与水灰比成正比，目前预拌混凝土几乎均掺用矿物掺合料，此处的"灰"指所有胶凝材料。

单位用水量和砂率主要用于控制混凝土拌合物的和易性。在水灰比一定的情况下，用水量反映胶凝材料浆体与骨料的组成关系，是控制混凝土拌合物流动性的主要因素。砂率表示细骨料（砂）和粗骨料（石）的组合关系，对混凝土拌合物的粘聚性和保水性有很大影响。

掺加外加剂和矿物掺合料时一般是在常规配合比设计的基础上进行调整。

上述计算得出的配合比仅是粗略的结果，尚应进行试配调整，调整仍主要围绕硬化混凝土的强度和混凝土拌合物的和易性两个指标进行。首先试拌检查混凝土拌合物的和易性，在保证水灰比不变的情况下调整用水量或砂率，和易性满足要求时得到"基准配合比"。检验强度指标并校正混凝土密度后得到"设计配合比"。该"设计配合比"在考虑砂、石含水率的影响后得到"施工配合比"，直接用于指导施工。

在进行抗裂配合比优化设计时应遵循以下原则：

① 最小单位用水量或最小胶凝材料用量原则

在满足混凝土强度和工作性能的前提下，选择最小胶凝材料用量，增大骨料体积。

② 最大骨料堆积密度原则

使骨料堆积密度最大：控制骨料的合理级配，减小骨料空隙率，以减少胶凝材料用量。

③ 适当水灰比原则

水灰比过大或过小时均可能导致收缩加大、抗裂性能降低，应选择合适的水灰比，满足强度和耐久性的要求，不过大或过小。

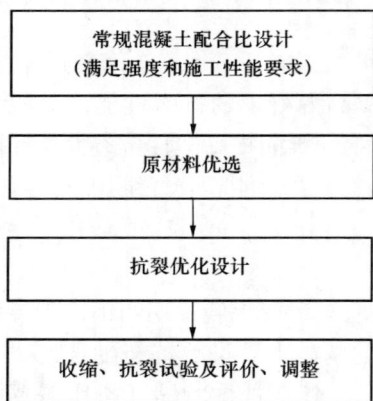

配合比抗裂优化设计的过程如图 2.3-5 所示，具体设计步骤如下：

假定混凝土已经经过常规配合比设计及调整，原材料用量及性能确定，设原混凝土配合比参数为：水泥用量、表观密度分别为 $C(\mathrm{kg/m^3})$、ρ_c；矿物掺合料用量、表观密度分别为 $F(\mathrm{kg/m^3})$、ρ_f；用水量为 W $(\mathrm{kg/m^3})$；外加剂用量为 $A(\mathrm{kg/m^3})$；粗骨料用量、表观密度分别为 G、ρ_g；细骨料用量、表观密度分别为 S、ρ_s。

a. 称量、计算原配比粗骨料堆积密度

将原骨料分三层装入 10L 容量筒，在振动台上分层振实、刮平，测定其质量 m_0，计算其堆积密度 $\rho_{0,\mathrm{g}}$ $(\mathrm{kg/m^3})$；

图 2.3-5　混凝土配合比抗裂优化设计过程

b. 试配确定粗骨料优化级配

将两种或两种以上的单粒级粗骨料分别组合若干组，按上述方法分别测定其堆积密度，取其中堆积密度最大的一组为优化级配，其堆积密度计算为 $\rho_{0,\mathrm{g}}^{\mathrm{y}}(\mathrm{kg/m^3})$；

c. 计算粗骨料的空隙率 α

原级配骨料：

$$\alpha_\mathrm{g}=\frac{\rho_\mathrm{g}-\rho_{0,\mathrm{g}}}{\rho_\mathrm{g}} \tag{2.3-1}$$

优化级配骨料：

$$\alpha_\mathrm{g}^{\mathrm{y}}=\frac{\rho_\mathrm{g}-\rho_{0,\mathrm{g}}^{\mathrm{y}}}{\rho_\mathrm{g}} \tag{2.3-2}$$

d. 计算优化级配后粗骨料体积

$$V_g^y = V_g \times \frac{1-\alpha_g^y}{1-\alpha_g} \tag{2.3-3}$$

e. 确定优化后配合比

优化后和优化前胶凝砂浆体积之比为：

$$\xi = \frac{(V_c + V_f + V_w + V_s + V_a) - (V_g^y - V_g)}{(V_c + V_f + V_w + V_s + V_a)} \tag{2.3-4}$$

式中　V_a——混凝土中气体体积；

优化后水泥用量为：　　　　　　$C^y = C \times \xi \tag{2.3-5}$

优化后矿物掺合料用量为：　　　$F^y = F \times \xi \tag{2.3-6}$

优化后外加剂用量为：　　　　　$A^y = A \times \xi \tag{2.3-7}$

优化后用水量为：　　　　　　　$W^y = W \times \xi \tag{2.3-8}$

优化后粗骨料用量为：　　　　　$G^y = V_g^y \times \rho_g \tag{2.3-9}$

优化后细骨料用量为：　　　　　$S^y = S \times \xi \tag{2.3-10}$

优化后选定的配合比尚应进行收缩、抗裂试验及评价。按此进行配合比抗裂优化设计的混凝土可以改善其收缩、抗裂性能。

4）施工过程控制及监测

施工过程控制及监测是预防控制预拌混凝土施工期间早期收缩开裂的重要措施。从混凝土分项工程的工作内容看，现场施工阶段也占了大部分工作内容。裂缝控制是从原材料优选、配合比抗裂优化设计到施工过程控制及监测、构造及结构优化设计的系统过程，其中任一环节控制不良，均可能导致裂缝控制达不到效果。所有控制措施也最终集中反映在现场施工阶段，应改变过去只从某一个或某几个方面采取措施控制裂缝并不理想的状况，精心组织、精心施工，将平时施工中不易做到、做好的工作一一落实到实处，以达到良好的裂缝控制效果。

① 结合构造及结构优化设计的内容，在编制施工组织设计、专项施工方案及进行技术交底时，明确控制混凝土裂缝的技术措施。

② 合理确定混凝土施工性能指标，加强施工组织。合理控制坍落度等施工性能指标，坍落度不宜过大。加强混凝土浇筑（包括振捣）工人的施工组织、管理工作。

③ 选择合理的浇筑方案，减少相邻混凝土构件的相互约束，并保证混凝土浇筑的连续、顺利进行。结构较长或面积较大时推荐采用分块跳仓浇筑，以尽量减少混凝土收缩的影响。采用分块跳仓浇筑时应结合工程实际情况计算确定分块大小、跳仓间距及浇筑时间间隔。地下室混凝土浇筑施工时合理确定底板、墙及柱等竖向构件、顶板浇筑顺序及时间间隔，尽量降低彼此的温度、约束影响。

④ 对约束条件复杂的底板基础等构件，施工中应采取措施减少外约束对收缩开裂的影响。

⑤ 对混凝土基础底板或墙体可预先计算，在预计可能产生裂缝的地方设置诱导缝，使变形能释放在指定位置处，用以控制裂缝产生。

⑥ 加强混凝土振捣。混凝土必须分层分段振捣，有效排除混凝土内的泌水，消除混凝土内部孔隙，确保混凝的高密度，增加混凝土与钢筋的粘结力，增加混凝土材质的连续性和整体性，提高混凝土的强度，尤其要提高混凝土的抗拉强度。

⑦ 及时和充分养护。养护是防止混凝土产生裂缝的重要措施，应充分重视，制定养护方案，派专人进行养护工作。墙体混凝土浇筑完毕，混凝土达到一定强度（1～3d）后，必要时可松动两侧模板，离缝3～5mm，在墙体顶部慢水喷淋养护；或带模养护，采用木模板，对两侧模板浇水养护。拆除模板后，可考虑在墙两侧覆挂麻袋或草帘等覆盖物，避免阳光直射墙面，连续喷水养护时间应足够长。提早松动模板淋水养护时，应注意浇水时机，不宜在墙体温度达到峰值时浇水，以免温度较高的混凝土被冷水喷淋引起混凝土开裂。

⑧ 加强施工监测。可进行混凝土温度、收缩变形等数据的监测，及时反馈，指导施工。

5）其他生产组织模式

如前所述，目前预拌混凝土施工期间早期开裂现象较多也与目前的混凝土生产组织形式有关。预拌混凝土的大量推广使用，在一定程度上催生了混凝土生产与使用分离的组织管理模式，增大了混凝土工程施工组织管理的难度，从而更容易产生施工期间开裂等质量问题。

预拌混凝土技术是现浇混凝土技术的重大进步，但这种生产管理模式将本来有机统一的混凝土生产、施工过程割裂开来，这种模式下，混凝土原材料选择、配合比设计、搅拌、运输等过程一般由混凝土预拌企业完成，而构件的模板搭设、混凝土的浇筑、养护、模板拆除等过程由建筑企业承担，过程割裂，主体方责任划分不明，加大了混凝土生产、施工的组织管理难度，不利于混凝土裂缝控制。

另外，目前水泥等胶凝材料基本性能变化大，生产过程中的内掺料也不明朗，在一定程度上影响了混凝土预拌企业对混凝土质量的可靠控制，亦不利于混凝土施工期间裂缝的控制。

建议混凝土生产组织模式在以下两方面改进：

① 粉料粉磨、混凝土生产一体化

一些实力强、规模大的混凝土预拌企业可要求水泥生产厂家只提供水泥生产熟料，自行粉磨加工生产水泥，以有效控制水泥矿物成分，保证水泥性能稳定。

② 混凝土生产、施工一体化

组织专业混凝土工程公司，统一进行混凝土原材料选择、配合比设计、搅拌、运输、混凝土的浇筑、养护等工作，也可包括模板搭设、拆除工作。专业混凝土工程公司作为专业分包单位在施工总承包单位的统一管理、协调下独立进行混凝土生产及施工作业，责任划分明了、单一，有利于整个混凝土质量的控制。

裂缝控制是一项复杂的系统工程，其中任一环节出现问题，都可能导致混凝土裂缝控制效果不理想、出现开裂现象。发现裂缝后，可按"情况调查→原因分析、判断→修补及加固、补强"的思路进行"事后处理"。

（3）发现裂缝及情况调查

　　及时发现裂缝并跟踪观察对分析裂缝发生的原因、判断裂缝是否需要处理以及如何进行处理非常关键。要求混凝土构件拆模后即仔细观察，保证裂缝的及时发现。裂缝的检查主要以肉眼及放大镜等为主，有需要时可辅以地质雷达等检测手段。

　　情况调查是要获得裂缝情况的资料，用以推断裂缝发生的原因，并判断有无修补、加固补强的必要，以及选择相应的修补、加固补强的方法。

　　对于预拌混凝土施工期间主要由收缩引起的开裂，其调查内容主要包括裂缝现状、裂缝附近情况、裂缝开展情况、设计资料、施工记录等情况。裂缝情况应做好记录，记录时可在结构物表面画方格并结合建筑平面图、立面图等一起对照进行，也可辅以照片。

　　其主要内容如表 2.3-3 所示。

　　裂缝宽度是裂缝调查的一项重要内容，一般来说，因开裂带来的有害影响会随着裂缝宽度的增加而加剧。如将裂缝宽度控制在一定范围内，则开裂基本上不会带来有害的影响。

　　裂缝宽度一般是指在混凝土表面量测的、与裂缝方向相垂直的宽度。但实际裂缝宽度经常表里不一，沿长度方向位置不同裂缝宽度也经常不同，调查时应注意这方面情况的表述。另外，裂缝宽度会随温度、湿度的变化而不同，要注意裂缝宽度随时间的变化。在进行裂缝原因分析时，裂缝宽度情况应详细调查，在判断是否需要进行修补和加固、补强时，可主要着眼于裂缝的最大宽度。裂缝宽度一般可采用带刻度的放大镜量测，也可采用接触式应变计等方法量测。

　　有时，为了分析开裂原因也需要调查裂缝的开展路径。裂缝不是同时全面展开，微观上看，必有开展路径，找出裂缝的开展路径，也就找出了应力方向，有助于裂缝原因的分析。

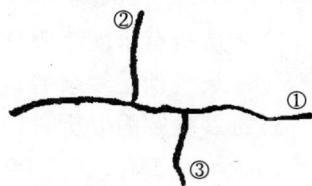

图 2.3-6　裂缝开展路径

　　可以依据裂缝宽度判断裂缝的开展路径，裂缝由较宽一端向较细一端开展。另外，如图 2.3-6 所示裂缝，一般裂缝①先于裂缝②、③出现。

混凝土裂缝情况调查的主要内容　　　　　　　　　　　　　　表 2.3-3

项　　目		主　要　内　容
裂缝现状		裂缝形式、宽度、长度、是否贯通、末端位置等
裂缝开展情况		开裂或发现开裂的时间、开裂过程等
是否影响使用的情况		有无漏水、外观损伤等
设计资料		施工图纸、结构计算书等
混凝土生产及施工情况	原材料及混凝土拌合物	水泥：品种、强度等级及相关检验数据
		砂、石：种类、产地、规格、颗粒级配、含泥量、针片状颗粒含量、有害物质、坚固性、强度、空隙率等
		掺合料：种类、等级、强度、细度、活性、需水比等
		外加剂：种类、使用量、与水泥、掺合料等的相容性等
		水：种类、水质等
	混凝土配合比	设计配合比、施工配合比、试配资料
	搅拌	搅拌方法、搅拌时间、加料顺序等

续表

项　目		主　要　内　容
混凝土生产及施工情况	运输	运输工具、运输时采取的措施、运输时间、停放时间等
	浇筑	浇筑时间、速度、顺序及方向、浇筑方法、振捣方法、施工缝处理、抹光方法等
	养护情况	养护方法
	相关试验、检验数据	平板抗裂试验，试验室条件收缩试验，工程实体收缩变形检测等
	地基情况	
	模板情况	模板种类、支撑变形等
	环境条件	混凝土浇筑及养护期间施工现场的温度、湿度、风速及风向、有无暴晒、降雨、降雪情况等

（4）原因分析、判断

分析开裂原因对于修补及加固、补强裂缝非常重要。不同原因导致的裂缝，其对建筑功能及结构安全的影响是不一样的，应该加以区分采取不同的处理方法。原因分析不准确，做出错误的判断，往往导致修补及加固、补强无效而不得不再次进行修补及加固、补强。

必须从所有角度综合分析开裂原因，有的开裂原因比较容易分析，有些则难以判断。混凝土开裂机理是复杂的，多数情况下裂缝由多方面原因引起，这些原因可能相互影响。

进行裂缝原因分析时，一般需要先将裂缝分类，将其开裂原因初步估计为与材料性质有关的、与施工有关的、与使用及环境条件有关的、与结构及外力有关的四大类，然后再结合裂缝形式（开裂时间、有无规律性、形态等）进行。

按裂缝类型进行原因分析见表 2.3-4。

按裂缝类型进行原因分析　　　　　　　　　　　　表 2.3-4

裂缝类型			可能的开裂原因
开裂时间	规律性	形态	
数小时至一天	有	网状	搅拌时间不合适，过长或过短；运输时间过长，浇筑时加生水、改变配合比等
		表层	搅拌时间不合适，过长或过短；运输时间过长，浇筑时加生水、改变配合比等；浇筑速度过快；支撑下沉；模板接缝不严密，漏浆、渗水
		贯通	搅拌时间不合适，过长或过短；运输时间过长，浇筑时加生水、改变配合比等；浇筑方案不合理，产生裂缝；施工缝处理不当；支撑下沉
	无	网状	养护不及时，或养护不当，浇筑初期过快失水
		表层	胶凝材料（水泥及掺合料）非正常凝结；浇筑速度过快；浇筑后硬化前受到振动等荷载作用；养护不及时，或养护不当，浇筑初期过快失水；模板变形
		贯通	浇筑方案不合理，产生裂缝；施工缝处理不当

裂缝类型			可能的开裂原因
开裂时间	规律性	形态	
数天	有	网状	
		表层	断面及钢筋用量不足、配置不当；胶凝材料的水化热；过早拆模
		贯通	胶凝材料的水化热；支撑下沉
	无	网状	骨料含泥量大；早期冻害
		表层	浇筑后硬化前受到振动等荷载作用；早期冻害
		贯通	
数十天及以上	有	网状	各种原因导致的混凝土过大收缩变形——干缩；搅拌时间不合适，过长或过短；运输时间过长，浇筑时加生水、改变配合比等
		表层	混凝土中的氯化物；各种原因导致的混凝土过大收缩变形——干缩；搅拌时间不合适，过长或过短；运输时间过长，浇筑时加生水、改变配合比等；混凝土初凝后终凝、硬化前钢筋扰动；钢筋混凝土保护层不足
		贯通	环境温度、湿度变化；结构构件各区域（面）温度、湿度差异过大 反复冻融、冻胀；火灾或表面受高温，酸、盐类的化学作用；各种原因导致的混凝土过大收缩变形——干缩；搅拌时间不合适，过长或过短；运输时间过长，浇筑时加生水、改变配合比等；浇筑方案不合理，产生裂缝；施工缝处理不当
	无	网状	反复冻融、冻胀；火灾或表面受高温，酸、盐类的化学作用；胶凝材料（水泥及掺合料）非正常膨胀（游离 CaO 等）；骨料含泥量大；碱活性——碱骨料反应；掺合料拌合不均匀；早期冻害
		表层	反复冻融、冻胀；火灾或表面受高温，酸、盐类的化学作用；胶凝材料非正常膨胀（游离 CaO 等）；骨料含泥量大；骨料级配不良、空隙率过高、质量低劣；碱活性——碱骨料反应；振捣不密实，过振或欠振；早期冻害
		贯通	浇筑方案不合理，产生裂缝；施工缝处理不当

（5）修补或加固、补强处理

在进行混凝土裂缝处理时应注意不能混淆裂缝与结构安全的关系，不能混淆裂缝与混凝土强度的关系，切忌盲目处理裂缝。应根据调查结果及原因分析，结合建筑物使用功能、结构耐久性、安全性、美观等条件的考虑，确定是否需要采取修补、加固或补强的措施。修补及加固、补强的一般方法简介如下。

1）修补

修补的目的是恢复混凝土结构因开裂而受损伤的外观形象、防水性、耐久性等功能。应考虑开裂原因、修补范围、环境条件、安全性、工期、经济性等因素，选择适合的修补方法。修补施工时应按说明认真计量、拌合，认真进行基底处理，选择合适的注入量。修补后应根据需要采取一定的方法检查修补效果。一般情况下修补可分为表面处理、灌浆、填充等处理方法。

预拌混凝土施工期间早期裂缝一般只需要修补处理。

① 表面处理

当裂缝宽度较小（一般宽度小于 0.2mm）、钢筋未受锈蚀时一般采用表面处理的方法。主要用来提高结构的防水性和耐久性。这种方法的缺点是无法深入到裂缝内部以及对延伸裂缝难于追踪变化。对于宽度变化大的裂缝，应设法使用有伸缩性的材料。大面积处理时应注意防止空鼓、起皮。

表面处理所用材料因修补目的及建筑物所处环境的不同而异。一般可用弹性涂膜防水材料、聚合物灰浆等。

施工时，先用钢丝刷清除混凝土表面附着物，表面打毛，用水冲洗后充分干燥，再将裂缝及周边部分均匀涂抹，施工后注意成品保护。

② 灌浆

灌浆是将环氧树脂或水泥类材料在一定压力下注入裂缝内部。为保证处理效果，常采用压力灌浆。压力灌浆分为低压注入和高压注入两种方式。低压注入时注入量可以控制，裂缝不会因压力过大而变宽，粘结材料易于渗入裂缝内部，适用于裂缝宽度较小，深度较浅的裂缝。对于宽度较大，深度很深的裂缝，低压注入无法达到效果，宜采用高压注入的方式。高压注入时，如压力过大，可能导致裂缝宽度加大。

灌浆使用的材料以环氧树脂为主。施工时注意选择合适的气温。

③ 填充

填充法适合于修补比较宽的裂缝（一般宽度大于 0.5mm）。施工时沿裂缝处凿开混凝土，在该处充填修补材料。当钢筋已经腐蚀时，应先将钢筋除锈并作防锈处理后再作填充。

2）加固、补强处理

加固补强处理的目的在于恢复因裂缝降低的混凝土建筑物的承载力。与修补处理不同，加固处理涉及建筑物的结构安全和使用功能的改变，因此必须在确认安全的基础上计算承载力，提出合理且详细的方案。国内目前使用的加固补强方法有很多种，如粘结钢板法、粘结碳纤维布法、预应力法、增加断面积法等。

① 粘结钢板法

粘结钢板法常在钢筋用量不足时采用。施工时将钢板作为补强材料通过结构胶粘贴在混凝土表面，主要是粘贴在受拉侧的表面，使其与被加固混凝土结构形成一体共同受力，提高结构的承载力。

粘贴钢板法使用的材料主要包括钢板和结构胶。利用结构胶的粘结力来传递混凝土与钢板间的剪应力，将钢板作为受拉钢筋的一部分，行使受拉钢筋的功能。由于钢板粘贴在构件表面，腐蚀环境下应注意其防腐问题。结构胶的强度和在各种环境下的耐久性以及钢板的腐蚀都直接关系到最终的加固效果。

② 粘贴碳纤维布法

粘贴碳纤维布法是使用碳纤维配套树脂将碳纤维布作为补强材料粘贴在混凝土结构表面，共同受力以提高承载力的加固方法。粘贴碳纤维布法与粘贴钢板法加固机理基本相似，但更高强高效、施工方便、具有极好的耐腐蚀性能及耐久性能。

③ 预应力法

预应力法是借助所施加的预应力减少构件中的拉应力，给构件施加压应力，使裂缝闭合或减少裂缝宽度，增加结构物的承载能力及刚度。预应力法不仅可以用于局部加固补强，还可以改变构件或整个结构的受力状态，但施工比较复杂。

④ 增加断面积法

在已有构件中补浇混凝土，使其增加断面提高承载能力。施工中注意采取措施使新旧混凝土结合紧密。

2.3.3 工程应用实例

1. 东莞玉兰大剧院超长曲面纤维混凝土墙体裂缝控制应用实例

（1）工程概况

东莞玉兰大剧院工程地下室一层外墙长达 420m，整个地下室外墙以及后浇带分为四个施工段组织混凝土施工，最长施工段曲面墙体长达 198m（图 2.3-7），经科技查新，是目前国内一次整浇最长的混凝土曲面墙体，裂缝控制难度大。

图 2.3-7 东莞玉兰大剧院

（2）创新及关键技术

实施前认真分析了当前地下室混凝土曲面墙体裂缝出现的主要原因，强调综合控制，不忽略任何一个环节，从结构设计及优化、原材料优选、配合比优化设计到施工过程有效控制，包括施工环境（温度、湿度及风速、日照等）的选择综合采取防治措施，充分利用裂缝控制的有利条件，改变了过去只从某一个或某几个方面采取措施控制裂缝并不理想的状况，精心组织、精心施工，将平时施工中不易做到、做好的工作——落实到实处，混凝土墙体未出现肉眼可见裂缝，经雷达检测，混凝土均匀密实，未发现缺陷、裂缝，达到了裂缝控制的理想效果。

1）结构设计及构造优化

在建筑设计中认真处理构件中"抗"与"放"的关系。所谓"抗"就是处于约束状态下的结构，没有足够的变形余地时，为防止裂缝所采取的有力措施；而所谓"放"就是结构完全处于自由变形无约束状态下，有足够变形余地时所采取的措施。

设计中尽量避免结构断面突变带来的应力集中。此外重视构造钢筋的作用，重视构造钢筋的配置，特别是构造钢筋直径和数量的选择。

2）原材料优选

优化选择混凝土原材料。

水泥：选用华润 P.Ⅱ42.5 水泥并掺粉煤灰外掺料，降低并延迟水化热高峰期的到来，有利于混凝土的后期强度增长，避免温度应力过大而产生裂缝。

碎石：选用级配较好且压碎指标小于12％的碎石，粒径为25～40mm。砂：选用级配较好的中粗砂。

外加剂：掺加缓凝剂、膨胀剂，掺量严格按照配合比来进行。

利用聚丙烯纤维提高混凝土的综合性能，在外墙抗渗混凝土中掺入杜克裂单丝纤维（每立方米混凝土中掺入纤维0.9kg）（图2.3-8），有效提高混凝土的抗裂能力和综合性能。

3）混凝土配合比优化设计

根据具体施工环境的不同，进行混凝土配合比的优化设计，确保商品混凝土满足以下的技术参数要求：

① 水灰比控制在0.45～0.5，坍落度控制在140～160mm；

② 初凝时间不少于8h；

③ 砂率控制在40％～45％；

④ 强度满足设计要求；

⑤ 掺加外加剂，外加剂能起到降低水化热峰值及推迟峰值热出现的时间，延缓混凝土凝结时间，减少混凝土水泥用量，降低水化热。减少混凝土的干缩，提高混凝土强度，改善混凝土和易性；

⑥ 掺入0.9kg/m³混凝土体积率的聚丙烯单丝纤维，直径及长度为48μm/19mm，以提高混凝土的抗拉能力，有利于混凝土的裂缝控制；

⑦ 掺加适量粉煤灰，以降低水化热；

⑧ 抗渗等级：P6～P8。

在拌制混凝土时，利用各种优质材料，如优质水泥、性能稳定的粉煤灰、建筑复合外加剂等，确保混凝土在搅拌后1h内坍落度没有损失。

4）施工过程有效控制

该工程地下室一层弧形长墙总长约420m，地下一层底板、外墙按后浇带划分为四段施工，弧形墙最长段达198m（图2.3-9）。

图2.3-8 掺加了聚丙烯纤维的混凝土试件

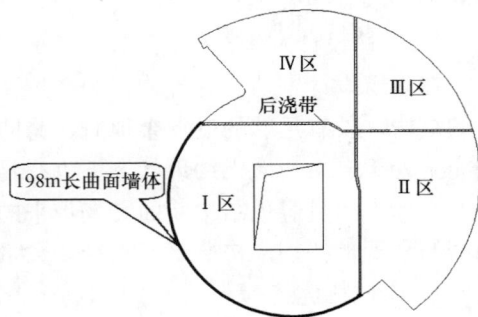

图2.3-9 地下室曲面墙体施工段划分

外墙模采用 18mm 厚木胶合板，模板竖楞采用 50mm×100mm 的木枋，横楞采用 ϕ48mm×3.5mm 的钢管；模板支撑采用 ϕ48mm×3.5mm 钢管。为保证模板的侧向刚度，在模板中间加设 ϕ14 的对拉螺杆，对拉螺杆带 50mm×50mm、4mm 厚的钢板止水片，对拉螺杆的纵横向间距按 600mm×600mm 布设。

由于剪力墙与支护间间距较小，不利于进行支撑，为保证剪力墙的垂直度，加强支撑，在底板上沿地下室内侧四周距墙内边线 1500mm 处留设一圈钢筋头，上套钢管支撑顶在外墙模板中部，如图 2.3-10 所示。

图 2.3-10 模板支设

在混凝土浇筑前，先将与下层混凝土结合处凿毛，并注意在混凝土斜向浇筑前应在底面先均匀浇筑 50mm 厚与混凝土配合比相同的水泥砂浆，砂浆下料时间应根据混凝土浇筑速度掌握，浇筑时分层推进，分层振捣，每次推进控制在 1000mm 左右。地下室曲面墙体总体浇筑顺序为Ⅰ段→Ⅲ段→Ⅱ段→Ⅳ段。采用两台混凝土输送泵同时配合浇筑，防止施工缝处理不好。

外墙后浇带处均设钢板网模板，其间安装止水钢板。由于宽度小且高度大，后浇带处模板加固较困难，施工时用短钢筋网片与钢板网和墙主筋焊接加固，效果良好。

后浇带混凝土在主体完成后采用 C35、P8 补偿收缩混凝土封闭，并加厚 200mm 作为附加层。

混凝土浇筑完毕后，常温下在 12h 之内浇水（小水）养护。遇高温时 6h 之内浇水养护。墙体采用涂刷养生液养护，保证这些关键构件始终处于湿润状态，养护时间为浇筑后不少于 15d，并加强施工中养护的监督，保证混凝土在早期时不产生收缩裂缝和温度裂缝。

5）效果检测

东莞玉兰大剧院超长曲面墙体工程，通过应用裂缝综合控制技术，并经过精心组织、精心施工，未发现肉眼可见裂缝（图 2.3-11）。

超长曲面墙体工程施工完毕之后，委托中南大学土木工程检测中心利用地质雷达检测。地质雷达测线沿外剪力墙水平方向距地面 1.5m、3m 各布置 1 条，共布置测线 2 条。剪力墙总长为 420m，本次雷达检测范围为每条测线长 404m，检测剖面总长为 404×2m＝808m。

通过对东莞玉兰大剧院地下室外剪力墙 2 条雷达测线资料分析：在测线控制范围内，混凝土均匀密实，未发现缺陷、裂缝（图 2.3-12）。

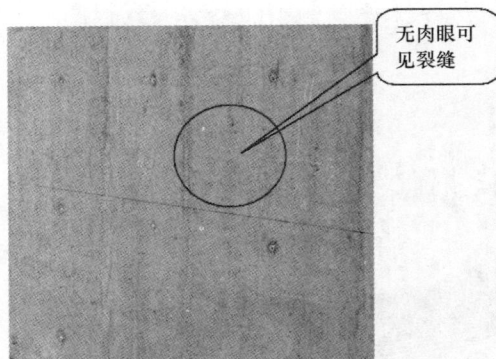

无肉眼可见裂缝

图 2.3-11　墙体混凝土外观效果　　　图 2.3-12　距地面约 3.0m 高测线雷达图像

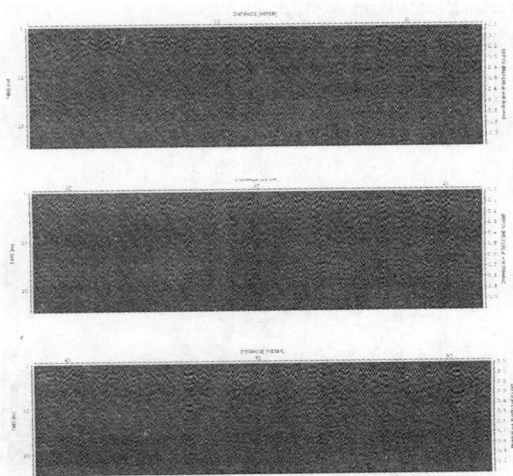

另外需要说明的是，东莞市属亚热带海洋季风气候，长夏无冬，日照充足，雨量充沛，终年温暖、湿润，温差变化幅度小；最冷年平均气温为 23.1℃，最暖年平均气温为 23.6℃。这些有利的气候条件有利于混凝土的浇筑与养护，减少了混凝土裂缝的产生。

（3）实施效果

东莞玉兰大剧院地下室超长曲面墙体施工，在没有采取预应力的情况下，通过采取裂缝综合控制的思路和措施，并经过精心组织、精心施工，一次整浇曲面墙体长度达 198m，为国内整浇长度最长的曲面墙体，且未出现肉眼可见裂缝，达到了裂缝控制的理想效果。

2. 武汉市第三医院综合病房大楼地下室混凝土防裂应用实例

（1）工程概况

武汉市第三医院综合病房大楼平面呈"L"形（图 2.3-13、图 2.3-14），建筑面积

图 2.3-13　武汉第三医院病房大楼外景　　　图 2.3-14　平面简图

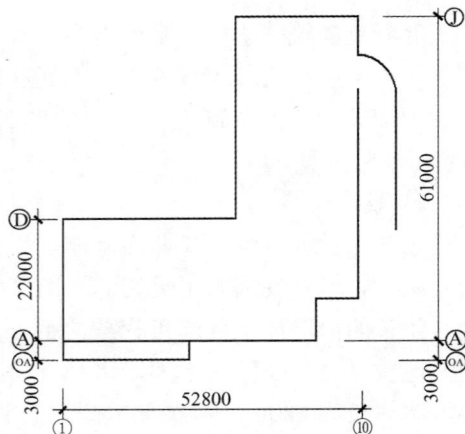

26542m²。建筑地面以上 11 层，地下一层，总高度为 41.8 m，地下室层高 5.1m，坐落在天然地基上。主体为框架剪力墙结构。

地下室底板混凝土强度等级为 C35，钢筋采用 HPB235（Φ），HRB335（Φ），钢筋连接采用直螺纹连接方式。地下室底板及底板基础下设 100mm 厚 C15 素混凝土垫层，地下室底板厚均为 400mm。虽然底板混凝土厚度不大，混凝土工程量不大，但约束条件复杂，具有明显的大体积混凝土性质（图 2.3-15）。

图 2.3-15　地下室底板俯瞰图

（2）创新及关键技术

1）基于施工期间裂缝控制的长墙结构分析

武汉市第三医院综合病房大楼地下室施工前，进行了相关力学分析，优化构造措施及相应施工方案。力学分析针对以下两种情况进行。

① 墙体底端为固定支座，两侧有柱约束，不考虑顶板约束

对应混凝土施工顺序：底板混凝土先浇筑，养护一段时间后，再同时浇筑墙体和两侧柱混凝土，墙体混凝土养护一段时间后，浇筑顶板混凝土。采用该混凝土浇筑顺序时，不考虑顶板对混凝土墙体的约束。变形如图 2.3-16 所示，最大主应力如图 2.3-17 所示。

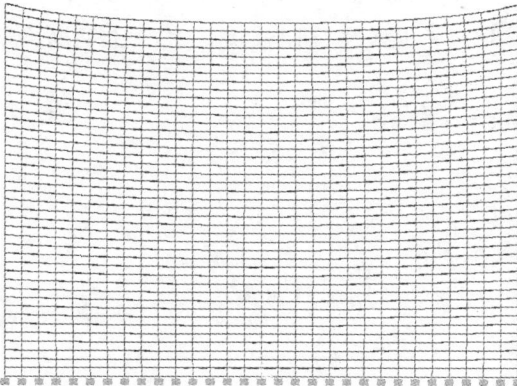

图 2.3-16　墙体变形示意图（比例因子：1000；底板固定约束，两侧柱约束，无顶板约束）

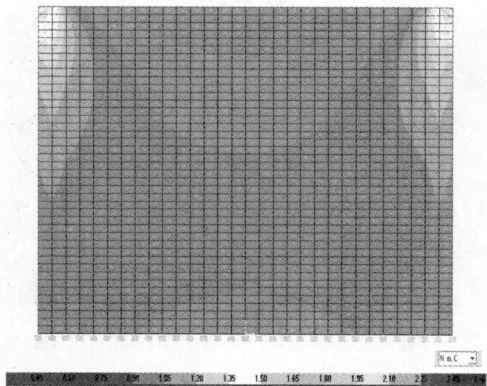

图 2.3-17　墙体最大主应力（底板固定约束，两侧柱约束，无顶板约束）

② 墙体底端为固定支座，两侧有柱约束，考虑顶板约束

对应混凝土施工顺序：底板混凝土先浇筑，然后同时浇筑墙体、两侧柱和顶板混凝土。这种混凝土浇筑顺序时，应考虑顶板对混凝土墙体的约束。变形如图 2.3-18 所示，最大主应力如图 2.3-19 所示。

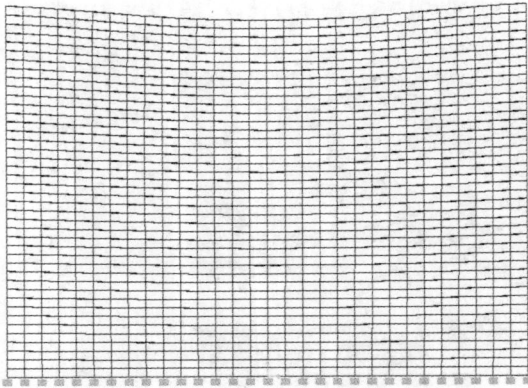

图 2.3-18　墙体变形示意图（比例因子：1000；底板固定约束：两侧）

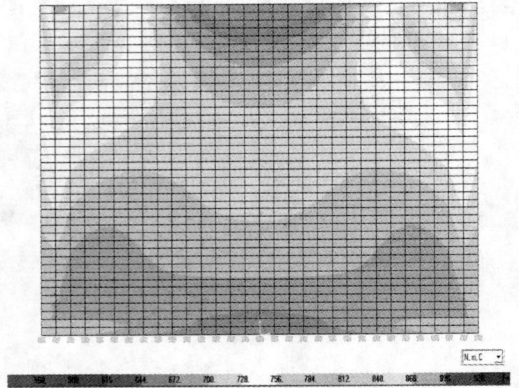

图 2.3-19　墙体最大主应力（底板固定约束，两侧柱约束，有顶板约束）

对比可以看出，有无顶板约束，即顶板混凝土是与墙体混凝土一起浇筑还是后浇筑，墙体由于收缩引起的最大主应力差别很大，会直接影响裂缝的产生。顶板混凝土在墙体混凝土后浇筑时（无顶板约束）墙体由收缩引起的最大主应力接近 2.4N/mm²，几乎达到 C40 混凝土抗拉强度值，开裂可能性大。武汉市第三医院综合病房大楼地下室墙体施工时采用先底板混凝土浇筑，再墙体混凝土浇筑，最后进行顶板混凝土浇筑。

2）收缩、体积稳定性试验及评价

武汉市第三医院综合病房大楼地下室墙体混凝土配合比确定前进行了收缩、体积稳定性试验。

① 主要试验检测性能指标、配合比及原材料性能

主要试验检测性能指标如下：混凝土拌合物坍落度、坍落扩展度；3d、7d、14d、28d、60d 立方体抗压强度；3d、7d、14d、28d、60d 劈裂抗拉强度；混凝土初凝至 30d 早期收缩变形；平板抗裂性能评价等。

配合比及原材料性能如表 2.3-5 所示。其中：

a. 组为基准组，指工程常用典型配合比；

b. 组是在基准组的基础上用磨细矿渣部分替代水泥；

c. 组是在基准组的基础上用磷渣部分替代水泥；

d. 组是在基准组的基础上，不掺加Ⅱ级粉煤灰，改用Ⅰ级粉煤灰；

e. 组是在②组的基础上掺加钢纤维（70kg/m³）；

f. 组是在②组的基础上掺加杜拉纤维（5kg/m³）；

g. 组是在②组的基础上掺加 WHDF 减缩剂（9kg/m³）；

h. 组为传统组，不掺加外加剂及掺合料。

原材料性能及试验配合比（kg/m³）   表 2.3-5

| 组别 | 水 | 水泥 | 矿物掺合料 | | | | 砂 | 石 | 减水剂 | 纤维 | | WHDF | 水胶比 |
			粉煤灰Ⅰ	粉煤灰Ⅱ	矿粉	磷渣				钢纤维	杜拉		
①	175	390	—	90	—	—	690	1080	9.5	—	—	—	0.36
②	170	290	—	90	100	—	690	1080	10.0	—	—	—	0.35
③	175	290	—	90	—	100	690	1080	9.5	—	—	—	0.36
④	175	280	200	—	—	—	690	1080	9.5	—	—	—	0.36
⑤	180	290	—	—	100	—	850	990	9.5	70	—	—	0.38
⑥	170	290	—	90	100	—	690	1080	9.5	—	5	—	0.35
⑦	175	290	—	90	—	—	690	1080	9.0	—	—	9.0	0.36
⑧	190	480	—	—	—	—	690	1080	—	—	—	—	0.40

说明：水：自来水；水泥：华新，普通硅酸盐水泥 42.5，细度 0.6%；

Ⅰ级粉煤灰：比表面积 484m²/kg，需水比 96%，活性 68%（28d）；

Ⅱ级粉煤灰：青山，比表面积 445m²/kg，需水比 99%，活性 76%（28d）；

磷渣：自加工，比表面积 596m²/kg，需水比 99%，活性 93%（28d）；

矿粉：鄂钢，比表面积 476m²/kg，需水比 99%，活性 90%（28d）；

砂：天然巴河砂，Ⅱ区中砂（细度模数 2.6），含泥量 0.6%；

石：碎石，连续粒级，含泥量 0.4%；

减水剂：中建三局，FDN—5R 缓凝型，减水率 23.1%；

WHDF：武汉，抗缩剂。

② 混凝土早期收缩性能测试

a. 测试方法

试验用试模用有机玻璃粘接而成，试模内底衬有特氟纶，长方向的内侧衬有可抽式的侧板，端板留有安装预埋测头的孔。也可以测量自收缩，密封盖与试模之间设有密封垫，以保证测定自收缩时，试件与外界无介质交换。

可以认为混凝土早期收缩测试试件处于六方均无约束状态。

收缩测量采用精度为 0.01mm 的百分表。

测试过程：试件模具准备→试件成型→初凝后抽出长方向及端部侧板，同时安装百分表→读初始读数，开始正式测试。

混凝土试件成型前小心准备好模具，清理干净，安放好底衬特氟纶板、长方向及端部可抽式的侧板，安装好测头（图 2.3-20，图 2.3-21）。

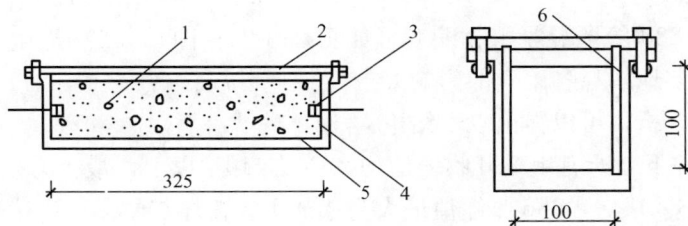

图 2.3-20 混凝土收缩测量装置

1—混凝土；2—密封盖；3—测头；4—橡胶垫；5—特氟纶垫板；6—可抽式侧板

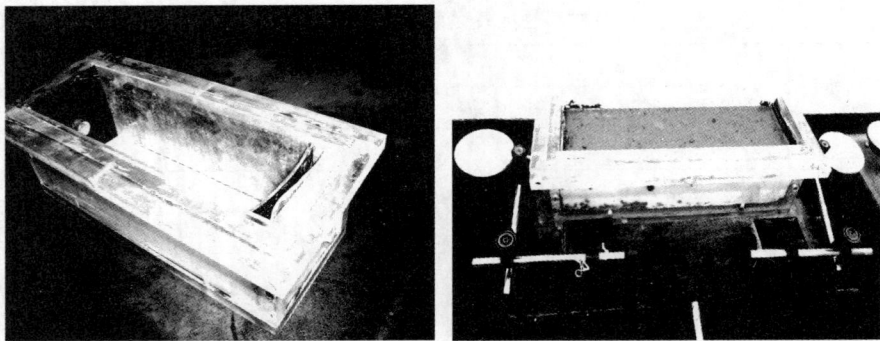

图 2.3-21　混凝土收缩测量装置（实景）

　　试件成型时注意仔细插捣，保证混凝土密实。试件成型后立即放入标准条件试验室。

　　收缩试验在标准条件下进行：恒温恒湿室：$20\pm2℃$，$60\%\pm5\%$。试验环境如图 2.3-22 所示。试件放入标准条件试验室后保持随时观察，掌握好模具长方向及端部可抽式侧板的拔出时机。根据试验具体组别，混凝土在加水拌合约 12h 初凝，此时应及时、小心地抽拔出模具侧板，并立即安装两端测头的百分表，同时读出百分表的初始读数。模具的长方向两侧及两端头可抽取式侧板和上述操作可以保证混凝土初凝后即可开始混凝土收缩的量测。

图 2.3-22　收缩试验实况

　　正式读数时，$0\sim24h$ 龄期内，每 4h 读数一次；$24\sim72h$ 龄期内，每 8h 读数一次；$3\sim7d$ 龄期内，每 12h 读数一次；7d 以后每 24h 读数一次。读数时同时记录环境温度、湿度，注意保持试验室标准条件。

　　b. 测试结果及分析

　　加水搅拌至 28d 龄期混凝土收缩变形如图 2.3-23～图 2.3-25 所示。下面对试验结果的分析中，不过多地解释各因素的影响。

　　从试验结果分析，可以得出以下结论：

　　（a）标准条件下，所有组 28d 收缩值均在 200×10^{-6} 以上，最小为掺加钢纤维的⑤组，28d 收缩值为 218×10^{-6}。28d 收缩值最大为掺加 I 级粉煤灰的④组，达 489×10^{-6}，其次为高水灰比的传统配合比⑧组，28d 收缩值为 480×10^{-6}，掺加矿粉的②组 28d 收缩值也达 473×10^{-6}；

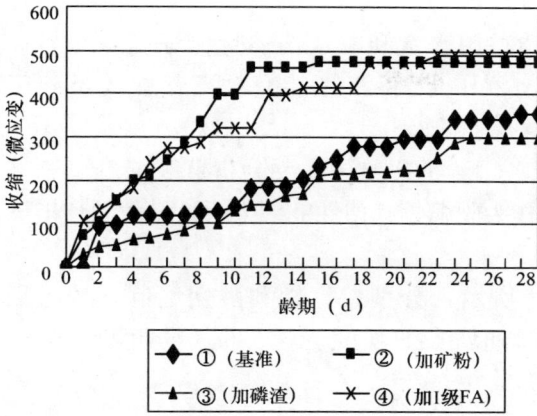

图 2.3-23　②～④与①组早期收缩

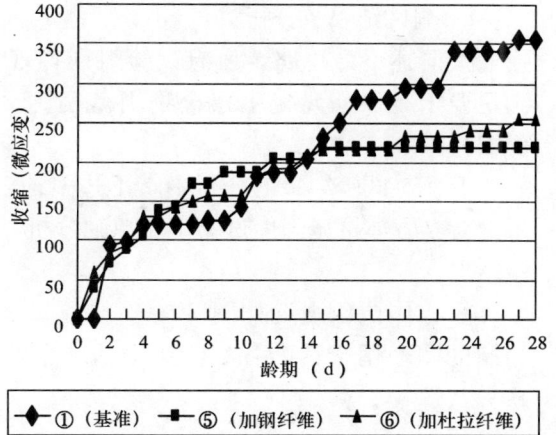

图 2.3-24　⑤、⑥组与①组早期收缩

(b) 收缩在早期发展较快，特别在 1～3d 龄期发展尤为迅速，3d 收缩值多数在 90×10^{-6} 以上，最大达 224×10^{-6}，而这段时间由于多数养护措施尚不到位，混凝土强度不高，是施工期间裂缝的高发时段，这也与工程实际相吻合；

(c) 掺加矿粉或 I 级粉煤灰后，混凝土早期收缩明显加大，但对混凝土早期抗拉强度没有明显影响，对混凝土早期裂缝控制不利；

(d) 掺加磷渣可以有效减小混凝土早期收缩，同时对混凝土早期强度没有明显影响，综合平板试验结果，可以认为掺加磷渣可以在一定程度控制混凝土施工期间早期裂缝的产生；

(e) 掺加钢纤维和杜拉纤维并不能

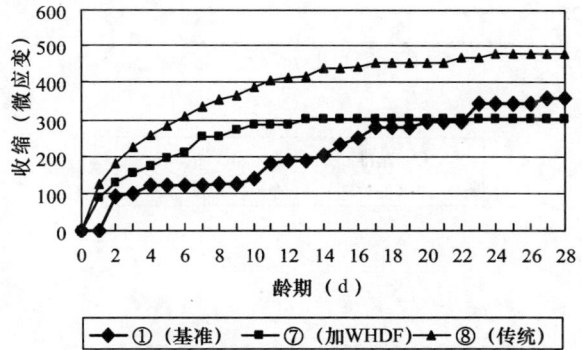

图 2.3-25　⑦、⑧组与①组早期收缩

降低混凝土 14d 以前的绝对收缩值，虽然 14～28d 收缩明显降低，但掺加纤维可以提高混凝土的早期抗拉强度，并可以改善混凝土塑性阶段抗裂性能，总体上看，掺加以上纤维对混凝土早期裂缝防治有利；

(f) 不加减水剂的传统配合比混凝土，水灰比较大，早期收缩明显比基准组大，平板试验显示其塑性阶段抗裂性能较差，不宜采用；

(g) 掺加纤维不能减小混凝土的绝对收缩量，但对收缩可以起到分散作用，使局部由于约束收缩产生的应力下降，进而提高混凝土抗裂性能，所以加纤维仍可以起到抗裂的作用。

③ 混凝土主要施工性能及力学性能测试

a. 测试方法

混凝土拌合坍落度、坍落扩展度按《普通混凝土拌合物性能试验方法标准》GB/T 50080—2002 进行；立方体抗压强度和劈裂抗拉强度按《普通混凝土力学性能试验方法标准》GB/T 50081—2002 进行。

b. 测试结果及分析

按前述设计思路，所有试验组别均现场调整用水量和减水剂掺量保证施工和易性满足要求，保证混凝土拌合物坍落度为 $200\pm20mm$，保水性能及粘聚性能满足施工要求。

下面对试验结果的分析中，不过多地解释各因素的影响，简要分析劈裂强度试验结果。对立方体抗压强度试验不作单独分析，只作为收缩等其他性能的分析背景附图列出试验结果。

立方体抗压强度如图 2.3-26～图 2.3-29 所示，分别按组别和龄期绘制，按组别绘制的图表用于其余各配合比与基准组的随龄期增长的强度比较（⑥、⑧组 60d 强度缺失）。

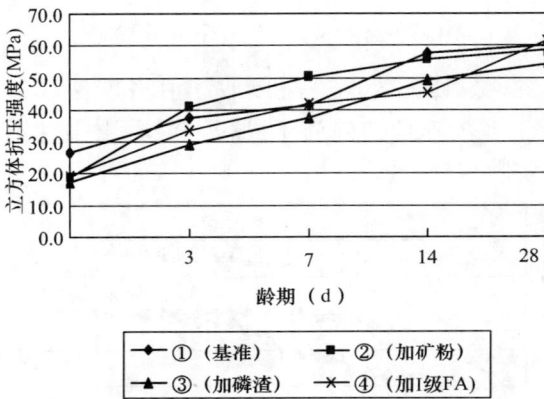

图 2.3-26 ②～④组与①组立方体抗压强度比较

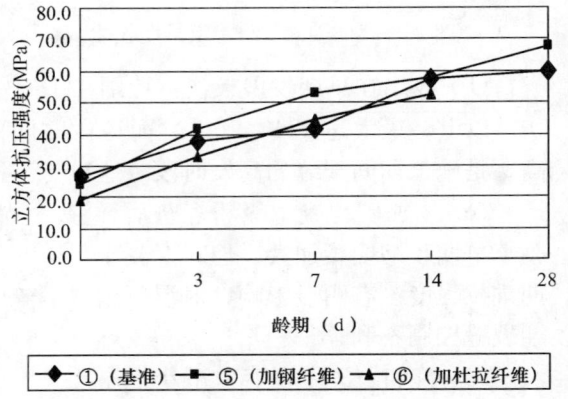

图 2.3-27 ⑤⑥组与①组立方体抗压强度比较

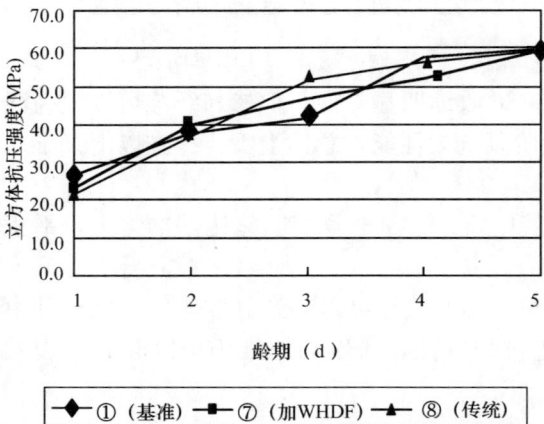

图 2.3-28 ⑦⑧组与①组立方体抗压强度比较

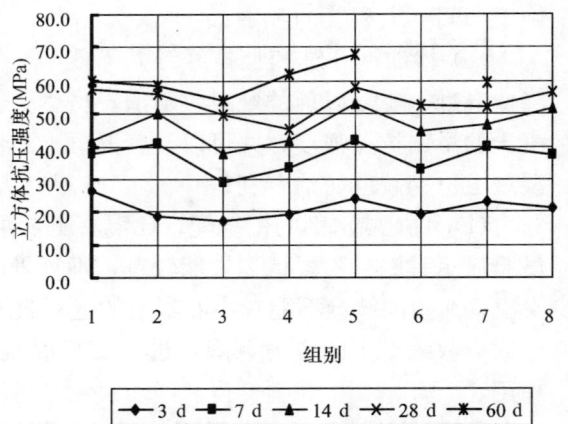

图 2.3-29 各时期立方体抗压强度比较

劈裂抗拉强度如图 2.3-30～图 2.3-33 所示，同样分别按组别和龄期绘制（⑥、⑧组 60d 强度缺失）。

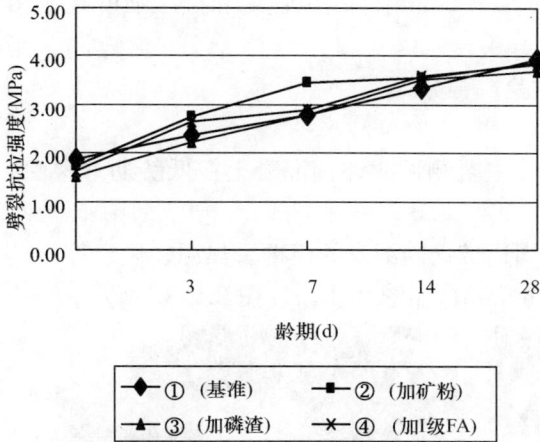

图 2.3-30 ②~④组与①组劈裂抗拉强度比较

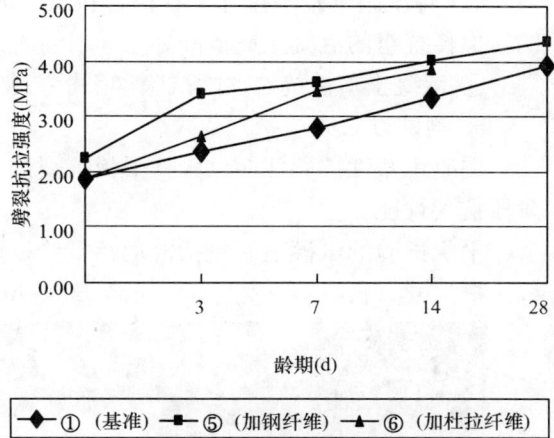

图 2.3-31 ⑤⑥组与①组劈裂抗拉强度比较

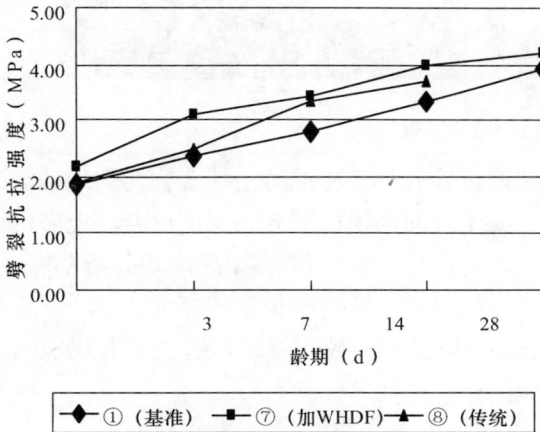

图 2.3-32 ⑦⑧组与①组劈裂抗拉强度比较

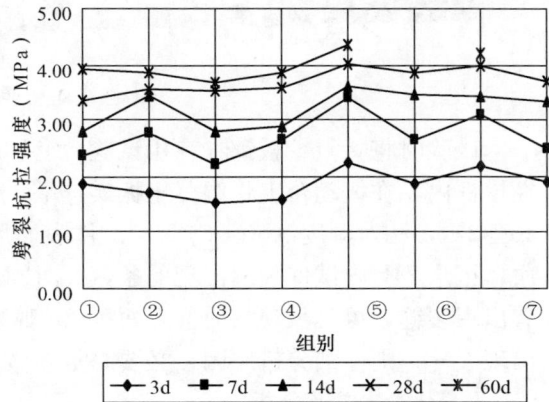

图 2.3-33 各龄期劈裂抗拉强度比较

　　试验结果可以得出以下结论，在该批试验中：

　　（a）矿粉、磷渣、Ⅰ级粉煤灰等矿物掺合料、纤维掺加物及外加剂等对混凝土抗压强度和抗拉强度的影响并不相同，不同的龄期阶段影响也不一样；

　　（b）掺加矿粉、磷渣、Ⅰ级粉煤灰使混凝土 3d 抗压强度和劈裂抗拉强度均降低，对混凝土早期裂缝防治不利；28d 抗拉强度，这三组与基准组没有明显差别，但 28d 抗压强度比基准组多有降低；

　　（c）掺加钢纤维对混凝土的抗拉强度提高明显，也能提高抗压强度；掺加杜拉纤维对混凝土 3d 龄期抗拉强度没有明显影响，可以提高 3d 以后的抗拉强度，但提高效果没有钢纤维好，掺加杜拉纤维对混凝土抗压强度影响不明显；

　　（d）掺加 WHDF 抗缩剂可以明显提高混凝土抗拉强度，对抗压强度影响不大；

　　（e）从提高混凝土早期抗拉强度的角度考虑，可以掺加一定量的钢纤维、WHDF 抗缩剂，也可以掺加杜拉纤维（但从试验结果看，效果没有钢纤维好）。不宜掺加矿粉、磷渣、Ⅰ级粉煤灰等矿物掺合料；

（f）传统组（指不掺加矿物掺合料及外加剂）与基准组的抗拉强度和抗压强度基本相同，但传统组的混凝土成本高。

④ 混凝土塑性抗裂性能试验（平板抗裂试验）

a. 测试方法

混凝土塑性抗裂性能试验（平板抗裂试验）主要测试、评价混凝土在低龄期（塑性）阶段抗裂性能。

平板试验的试模主要包括滑动特氟纶板、周边带钢筋约束的模框、热源、风扇等，模框内框尺寸，长×宽×高：600mm×600mm×60mm，如图 2.3-34、图 2.3-35 所示。

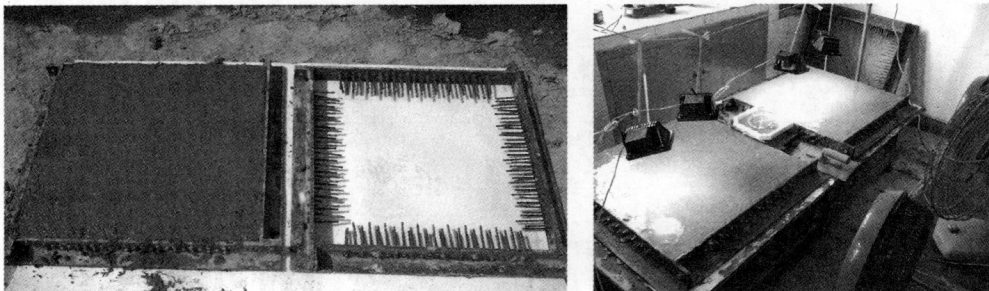

图 2.3-34　平板抗裂试验实况

试验时将特氟纶板铺在专用试验台上，安装好试验模具。将混凝土拌合物均匀地铺放在模框内，在振动台上将混凝土振实抹平，使混凝土表面与模框平齐。保证试验环境温度 20±2℃，相对湿度（60±5）％，试件表面风速约 5m/s。0～24h 龄期内每 30min 观察一次，记录 24h 内试件裂缝出现的条数、时间、部位以及每条裂缝的长度与宽度。若 24h 没有出现裂缝，再延长观察时间，每隔 2h 观察一次，但最长不超过 72h。超过 72h 仍没有出现裂缝，则仔细分析原因，必要时重新做试验测试。

b. 测试结果及分析

平板抗裂试验主要测试、评价混凝土在塑性阶段的抗裂性能，并不是反映单一强度指标或是收缩指标，是混凝土在塑性阶段收缩性能、抗裂性能、外约束等情况综合作用结果的反映。

试验结果如图 2.3-36～图 2.3-41 所示。

混凝土塑性抗裂性能试验结果的合理分析、评价对正确评价、分析混凝土早期开裂性能、进而采取合理、有效的防治措施具有非常重要的意义。目前，尚没有完全精确、完善的方法定量分析评价平板收缩试验结果。本工程试验中综合用以下四个定量指标并用文字描述裂缝形式等情况进行分析评价。

（a）首条裂缝发现时间（t）

t 从混凝土加水搅拌后以小时/分计。时间越长塑性抗裂性能越好。

（b）单位面积的裂缝条数（n）

$$n = \frac{N}{A} \tag{2.3-11}$$

式中　n——单位面积的裂缝条数（条/m²）；

　　　N——裂缝总条数；

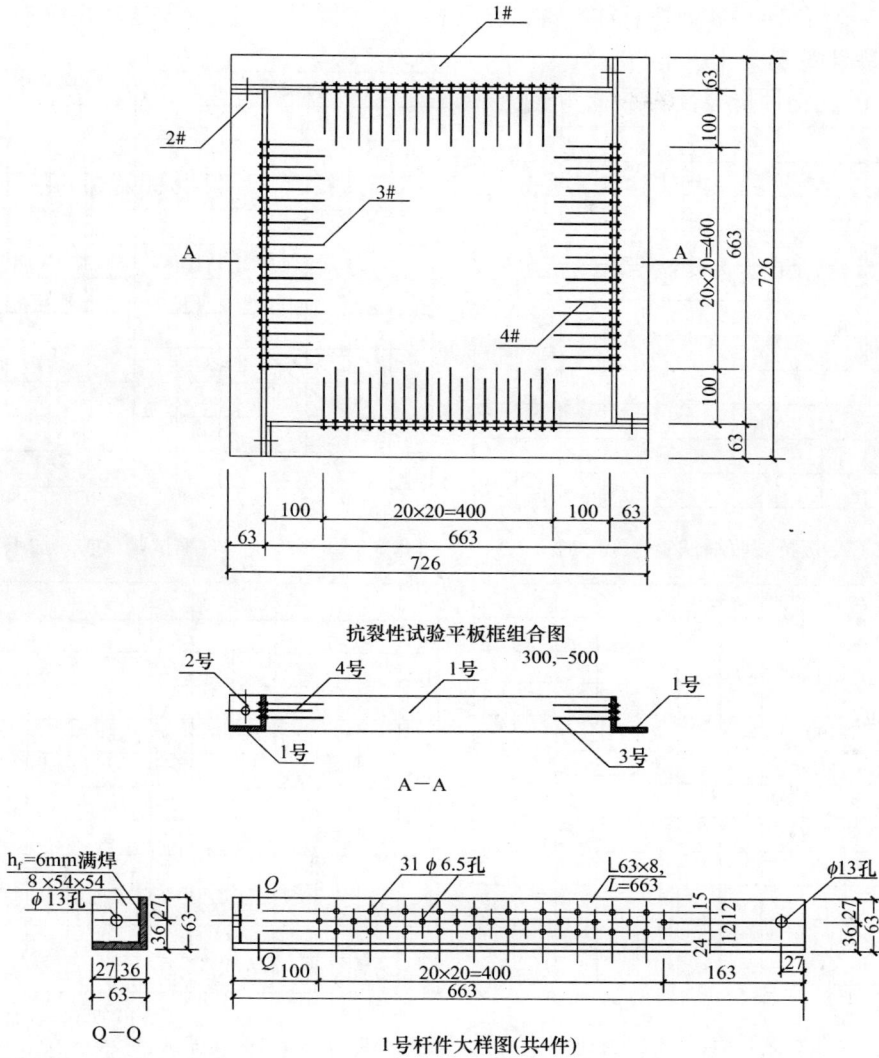

图 2.3-35 平板抗裂试验模具

A——平板表面积（0.36 m²）。

（c）每条裂缝的平均开裂面积

$$\overline{A} = \frac{1}{2N} \sum_{i=1}^{k} W_i L_i \tag{2.3-12}$$

式中 $\overline{A}$——平板试验每条裂缝平均开裂面积（mm²）；

N——裂缝总条数；

W_i——第 i 条裂缝的最大宽度（mm）；

L_i——第 i 条裂缝的长度（mm）；

同条件下，$\overline{A}$ 越小，塑性抗裂性能越好，反之越差。

（d）单位面积的裂缝总面积

$$c = \overline{A} \cdot n \tag{2.3-13}$$

式中 c——单位面积的裂缝总面积（mm^2/m^2）；

其余符号同上。

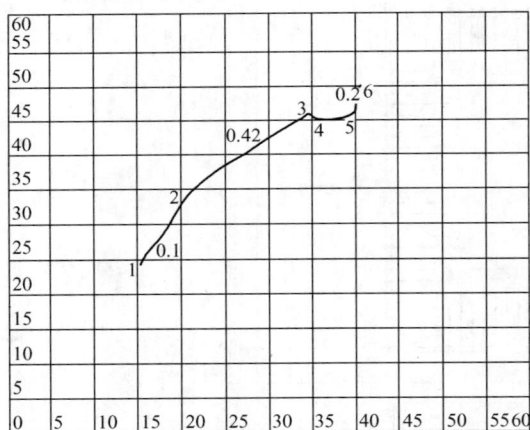

图 2.3-36　平板抗裂收缩试验（③—加磷渣）

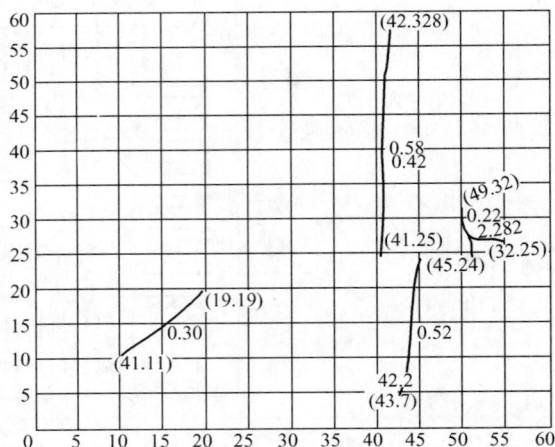

图 2.3-37　平板抗裂收缩试验（④—加Ⅰ级 FA）

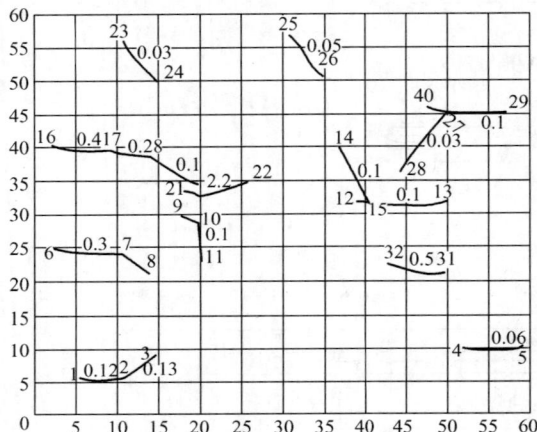

图 2.3-38　平板抗裂收缩试验（⑤—加钢纤维）

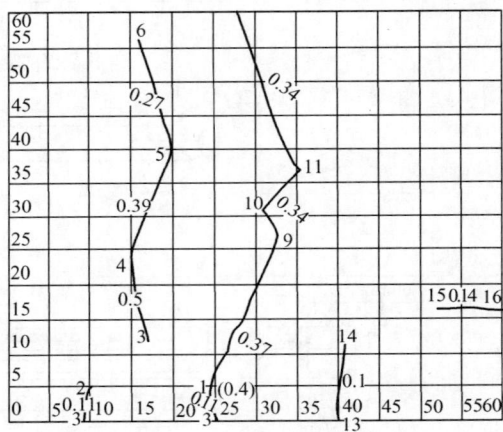

图 2.3-39　平板抗裂收缩试验（⑥—加杜拉纤维）

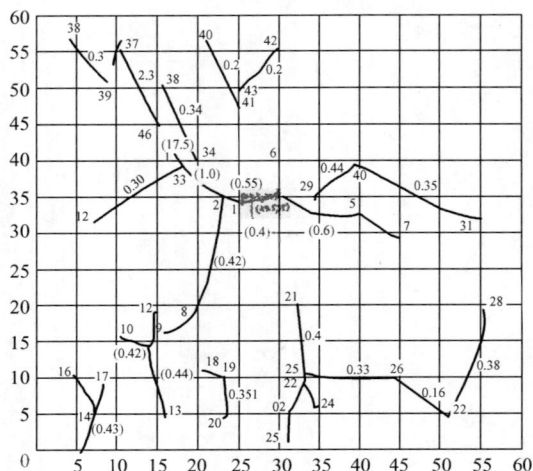

图 2.3-40　平板抗裂收缩试验（⑦—加 WHDF）

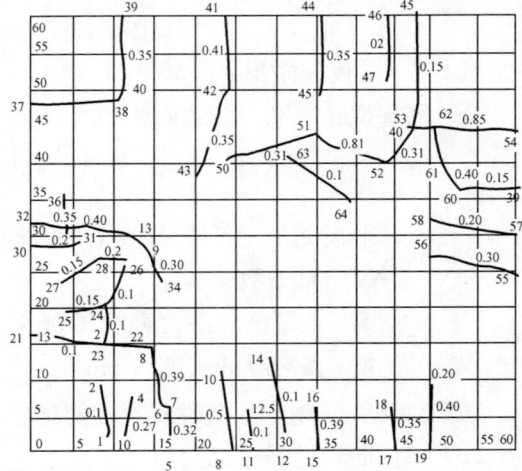

图 2.3-41　平板抗裂收缩试验（⑧—传统）

试验结果分析评价指标如表 2.3-6 所示。

从裂缝形式及分布上看，基准组裂缝条数较少，但裂缝较宽，主裂缝宽度接近 1mm；掺加矿粉后裂缝条数与基准组基本相当，但裂缝宽度下降；掺加磷渣后，只有一条裂缝，但裂缝较宽，施工中应避免出现这种裂缝；掺加Ⅰ级粉煤灰后，裂缝条数减少，但宽度明显加大，施工中也应避免这种情况出现；掺加钢纤维后，裂缝条数基本没有变化，但裂缝宽度明显下降，裂缝较细，可以看出，掺加钢纤维可以有效控制混凝土早期裂缝的宽度；杜拉纤维对塑性阶段裂缝的控制效果不明显；本次试验中，WHDF 抗缩剂对塑性阶段裂缝的控制有负面效果；传统配合比的混凝土裂缝较条数较多，但裂缝宽度不大。

从出现时间看，掺加矿粉、Ⅰ级粉煤灰、磷渣等矿物掺合料及钢纤维、杜拉纤维等均可以推迟裂缝出现的时间。

平板抗裂试验结果评价　　　　　　　　　　　　　　　　　　**表 2.3-6**

组　别	t（h/min）	n（条/m²）	$\overline{A}$（mm²）	c（mm²/m²）
①（基准）	4/40	22	37.6	827.2
②（加矿粉）	7/30	28	21.7	607.6
③（加磷渣）	8/00	3	68.7	206.1
④（加Ⅰ级粉煤灰）	8/15	11	61.3	674.3
⑤（加钢纤维）	7/35	31	6.6	204.6
⑥（加杜拉纤维）	9/00	14	41.1	575.4
⑦（加 WHDF 抗缩剂）	4/00	39	32.4	1265.3
⑧（传统）	4/30	67	17.5	1171.9

注：表中 t—首条裂缝发现时间；n—单位面积的裂缝条数；$\overline{A}$—平板试验平均开裂面积；c—单位面积的裂缝总面积。

3）原材料优选及配合比优化

优化后的武汉市第三医院综合病房大楼地下室墙体采用 C40、P8 混凝土，配制时采用 60d 强度代替 28d 强度，保证 28d 达 C35；配合比及相关指标见表 2.3-7。

墙体混凝土配合比及相关指标　　　　　　　　　　　　　　**表 2.3-7**

水泥（kg/m³）	粉煤灰（kg/m³）	矿粉（kg/m³）	水（kg/m³）	砂（kg/m³）	石（kg/m³）	减水剂（kg/m³）	砂率	水胶比	浆骨比
290	90	90	180	710	1080	9.9	40%	0.38	34.5：65.5

注：水：自来水；

　　水泥：亚东，普通硅酸盐水泥 42.5，细度 0.6%；

　　Ⅱ级粉煤灰：青山，比表面积 445m²/kg，需水比 99%，活性 76%（28d）；

　　矿粉：亚东，比表面积 476m²/kg，需水比 99%，活性 90%（28d）；

　　砂：天然湖南砂，Ⅱ区中砂（细度模数 2.6），含泥量 0.6%；

　　石：碎石，连续粒级，含泥量 0.4%；

　　减水剂：中建三局，FDN—5R 缓凝型，减水率 23.1%。

4）施工过程有效控制

①施工段的划分

为了有效地控制施工期间地下室混凝土由于温度、收缩引起的裂缝，地下室底板及墙、柱、顶板混凝土浇筑时，综合考虑，采用跳仓浇筑（图 2.3-42）。地下室底板分为三块，第一块：⑩A-Ⓓ轴交 ①-⑤ 轴＋4400mm；第二块：Ⓐ-Ⓔ轴＋3400mm 交 ⑤ 轴＋4400mm-⑩轴；第三块：⑦-⑩轴交Ⓔ轴＋3400mm-Ⓙ轴。

混凝土浇筑顺序按：跳仓第一块 → 跳仓第三块 → 跳仓第二块进行。第一块和第三块底板混凝土浇筑后 7d，待混凝土收缩完成部分后，浇筑第二块底板混凝土。

②施工缝的留置

地下室底板及墙体竖向施工缝按跳仓分块留设。底板竖向施工缝设钢板止水带。

柱水平施工缝：底板顶面、顶板梁底；

外墙水平施工缝：底板面上 500mm，设钢板止水带一道；顶板梁下施工缝设止水胶条一道；

内墙水平施工缝：底板面、顶板梁底。施工缝处理严格按规范要求进行。

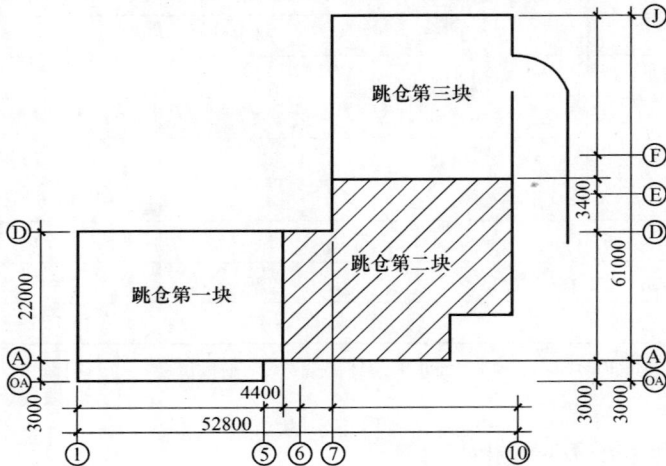

图 2.3-42 混凝土跳仓浇筑示意图

③混凝土跳仓浇筑施工顺序

地下室底板、墙体在跳仓分块内连续浇筑，其施工顺序如图 2.3-43 所示。

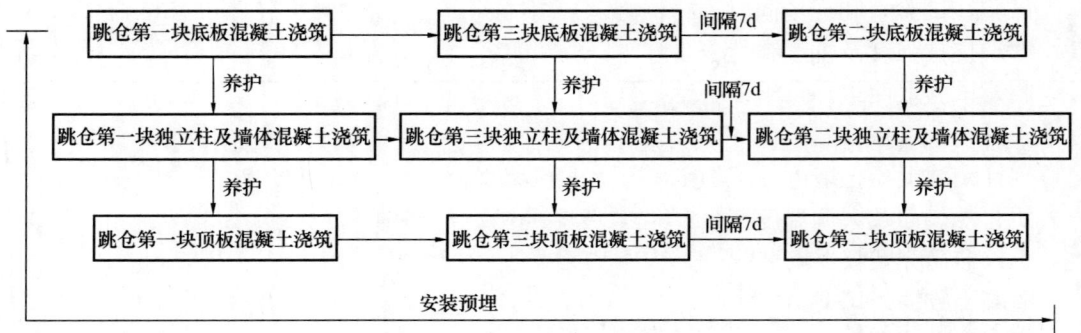

图 2.3-43 混凝土跳仓浇筑施工顺序

④加强构造措施

在混凝土保护层内配置钢筋网片，控制混凝土收缩裂缝（图 2.3-44）。

图 2.3-44　墙体混凝土保护层内配置钢筋网片

⑤加强养护措施

墙浇筑完毕后在墙外测用"小水慢淋"的方式洒水淋湿模板（图 2.3-45），保持相对湿润的环境（相对湿度在 80%以上），带模养护，养护时间不少于 14d。

5）墙体原位施工试验及监测

为保证墙体防裂效果，并积累施工基础数据，在地下室墙体混凝土施工中进行了有效的施工监测。

监测方案配合实际情况经多次调整、

图 2.3-45　墙体混凝土淋水养护

完善，分三部分进行：①试验室常规试件收缩试验，分标准条件和自然条件进行，同时进行了塑性抗裂试验（平板试验）和力学性能指标的检测；②现场条件，"参考墙体"早期收缩监测；③现场条件，实际工程墙体早期收缩监测。

所有试验用混凝土全部统一原材料、统一配合比、统一生产工艺。

试验在试验室和现场同时进行。测定混凝土 3d、7d、14d、28d 及 60d 立方体抗压强度、劈裂抗拉强度及抗压弹性模量。

收缩试验取两组，每组 3 个试件（长×宽×高：325mm×100mm×100mm）。一组在标准条件，一组在自然条件，分别测试其初凝至 28d 内的早期收缩变形。

现场测试混凝土墙体 28d 内沿水平方向的早期收缩变形，同时测定混凝土墙体内部、内表面、外表面及大气温度。

①仪器简介及仪器安装

混凝土收缩采用 BGK-4200 型振弦式应变计量测（图 2.3-46、图 2.3-47）。

应变测量采用振弦原理：一定长度的钢弦张拉在两个端块之间，端块牢固置于混凝土中，混凝土的变形使得两端块相对移动并导致钢弦张力变化，这种张力的变化通过钢弦谐振频率的改变来测量混凝土的变形。仪器的信号激励与读数通过位于靠近钢弦的电磁线圈

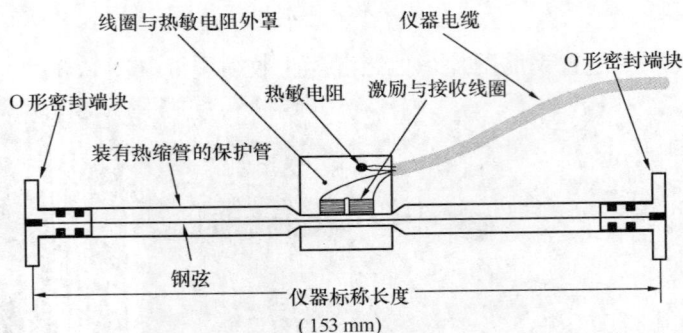

图 2.3-46 BGK-4200 型振弦式混凝土应变计

完成。采用便携式读数仪进行数据采集。

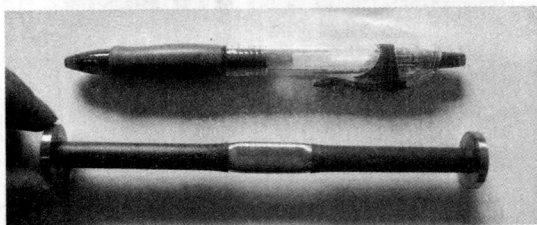

图 2.3-47 BGK-4200 型振弦式混凝土应变计实样

该应变计采用不锈钢制造,有很好的防水性能和耐腐蚀性能,采用专用的四芯屏蔽电缆传输信号,具有较好的抗干扰性能。测量量程为 3000×10^{-6},灵敏度达 $0.5 \sim 1.0 \times 10^{-6}$,内置温度传感器可以同时测量混凝土内部温度。

混凝土应变计沿墙体水平方向安装,用于测定墙体水平方向混凝土的收缩变形。预先将仪器绑扎在钢筋上,为了缓冲悬挂点的任何振动,在绑扎点一定范围内用一层自硫化橡胶带缠绕包裹,再用扎丝捆扎,然后在预定位置用扎丝将短钢筋与墙体钢筋绑扎(图 2.3-48)。

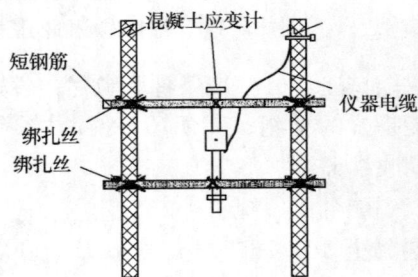

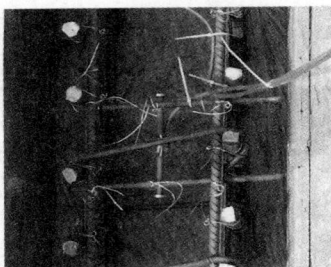

图 2.3-48 混凝土应变计安装

另外,采用 BGK3700 温度计进行混凝土监测,如图 2.3-49 所示。

②实施过程

试验主要过程如下:(墙体钢筋已经绑扎并校正完毕,保护层内网片安放完毕,墙体内侧模板支设完毕,外侧模板尚没有支设)仪器准备、安装 → 导线引出、仪器调试,初始读数 → 墙体外侧模板支设 → 在墙体模板及地下室顶板模板相应位置做仪器位置标记,做好仪器保护工作 → 混凝土浇筑 → 第一次读数,检查仪器 → 正式读数,持续至浇筑后 28d(图 2.3-50)。

a. 测点布置

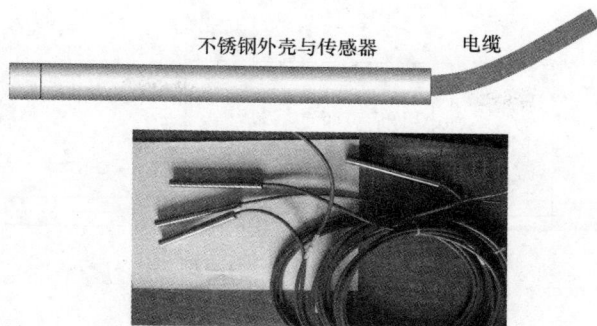

图 2.3-49 BGK3700 温度计

图 2.3-50 墙体测试现场

现场墙体共布置有混凝土应变计 6 个，沿墙体水平方向分别布置在柱边和跨中，沿墙体厚度居中布置，沿墙体竖向分别布置在靠近底板处、中部及靠近顶板处三处（图 2.3-51）。分别考察墙体竖向底板、顶板约束对收缩的影响；考察墙体水平方向两侧柱约束对收缩的影响。

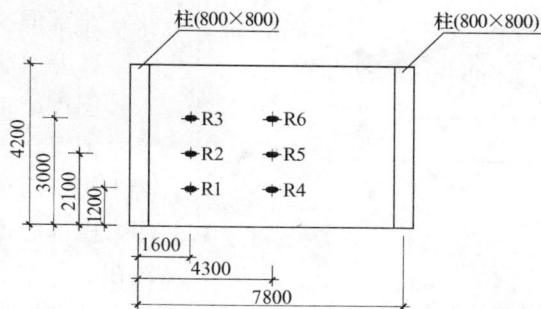

图 2.3-51 混凝土应变计布置示意图

温度计 11 个，墙体厚度中部埋置 9 个（图 2.3-52），墙体内侧及外侧各一个。

另外，在参考墙体中，居中埋置有一个温度计和一个混凝土应变计（图 2.3-53）。

b. 混凝土浇筑

混凝土墙体采用预拌混凝土，由搅拌运输车运至现场及试验室。浇筑混凝土时注意事

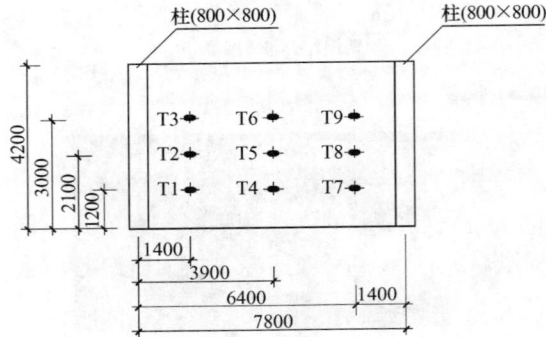

图 2.3-52 温度计布置示意图

图 2.3-53 参考墙体混凝土应变计和温度计布置

先标记出的仪器安装位置，防止混凝土直接冲击仪器。采用插入式振捣器振捣，插入点避开仪器安装位置。

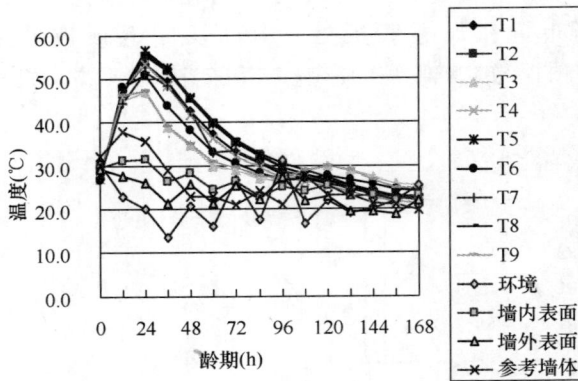

图 2.3-54 墙体混凝土温度曲线

墙体开始浇筑时，底板混凝土已经浇筑完毕。墙体混凝土浇筑后，浇筑顶板。

墙体混凝土分层浇筑，分层振捣，全部混凝土在 5h 内浇筑完毕。

c. 墙体温度测试结果

温度结果如图 2.3-54 所示。

混凝土入模温度 27～28℃，混凝土浇筑后由于胶凝材料的水化作用，内部温度上升较快，内部温度约在 24h 左右达到峰值，混凝土内部与外部最大温差 27.3℃，达到峰值后混凝土内部温度逐渐降低，约在 7d 前后降低到与环境温度相同。参考墙体内部温度峰值到达时间更短，由于其尺寸较小，内部温度变化受环境影响更大，变化情况与环境温度相似。

墙体的温度变化与一般大体积混凝土有明显不同，从墙体温度曲线可以得出以下结论：

（a）厚度不大的墙体（350mm）混凝土温度曲线与其他大体积混凝土温度曲线走向相似，但上升段更陡，即温度上升梯度更大，也更快地达到温度峰值，由于混凝土掺加缓凝剂等因素的影响，混凝土温升较纯胶凝材料滞后；

（b）混凝土内外最大温差比传统认识中的大，超过 25℃，最大温差发生在内部温度峰值前后，虽然没有采用特别的保温养护措施，但降温段的内外温差不大，在可接受的范围内。最大温差出现时间提前，与一般的大体积混凝土有明显不同；

（c）实际工程中，对墙体较少采用覆盖保温养护，所以其温度下降曲线也明显较养护条件好的大体积混凝土陡，即降温更快；

（d）混凝土浇筑后 12～60h 范围内，混凝土维持较高温度 40℃以上，高出环境温度约 10～15℃，会加大混凝土干燥收缩的早期发展，更易导致混凝土的早期开裂。

对于一般大体积混凝土基础而言，温度的影响起主导作用，收缩的影响程度较小。而对厚度不大的混凝土墙体而言，收缩和温度作用均有较大的影响，同时，温度对收缩的早期发展也有一定的影响，会间接影响到混凝土墙体的施工期间开裂问题，这一点在墙体裂缝控制中受到的关注和重视程度还不够。

温度对混凝土墙体施工期间开裂的影响主要体现在以下四个方面：

（a）墙体混凝土浇筑初期胶凝材料水化热导致的墙体内外温差和后期降温过程中墙体内外温差的影响；（b）养护后期墙体均匀降温的影响；（c）较长时间、较高温度对混凝土干燥收缩早期发展的影响；（d）厚基础底板保温养护对墙体带来的影响等。

d. 混凝土早期收缩变形

混凝土收缩变形如图 2.3-55、图 2.3-56 所示（横坐标以上数值代表收缩，横坐标以下数值代表膨胀）。

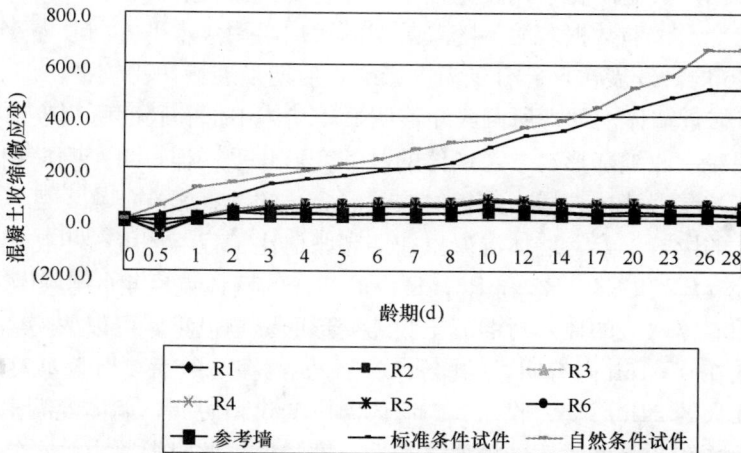

图 2.3-55　试件及墙体混凝土收缩总曲线

可以看出，在原材料、配合比相同，生产工艺相同的情况下，工程墙体测得的混凝土早期收缩值明显小于试验室试件测得的混凝土早期收缩值，其主要受到浇筑（包括捣实）方法、湿度、温度、风速及构件形状、尺寸、配筋情况的影响。混凝土浇筑（包括捣

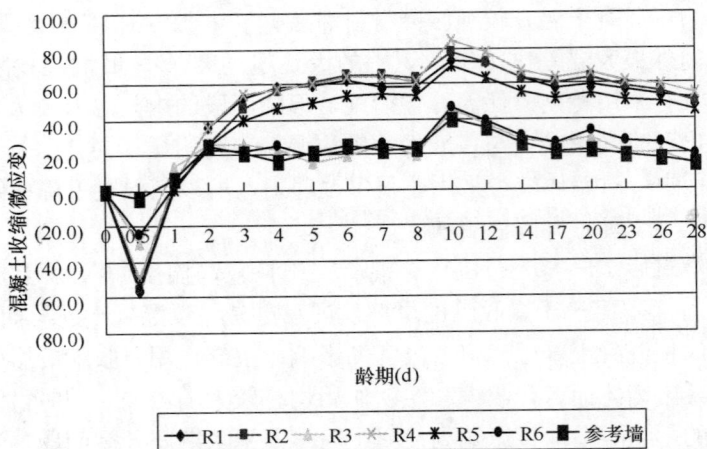

图 2.3-56 墙体混凝土收缩曲线（0～28d）

实）效果好，可以有效减小混凝土收缩；湿度小，收缩偏大；温度高，收缩偏大；风速大导致混凝土水分散失加快，收缩加大；构件表面积/体积比越大，收缩越大；配筋在一定程度上可以抑制收缩的发展。

另外，与试验室试件不同的是，工程墙体混凝土在初期（浇筑后约 1d 内）有明显的膨胀变形，这主要是受墙体混凝土水化温升的影响。如前所述，墙体混凝土浇筑后，受水泥水化放热的影响，其温度在初期较大幅度上升，混凝土受热体积膨胀。

混凝土收缩变形试验数据表明，随着龄期的增加，墙体水平方向收缩逐渐变大，初期（浇筑后 24～48h 内）发展快，部分受温度影响，后期发展慢，比较平稳。

R3 和 R6（靠近墙体上部）所测收缩值明显较墙体中部和底部所测收缩值小，墙体靠近顶端部位的混凝土收缩变形与参考墙体的收缩变形几乎一样，由于配筋相同，墙体顶端混凝土的内约束与参考墙体一样，底板对该处混凝土的约束影响很小，可以忽略不计；受构件形状、尺寸的影响，参考墙体混凝土初期膨胀值比工程墙体混凝土初期膨胀值小。

同一标高处（R1 和 R4；R2 和 R5；R3 和 R6）的墙体混凝土收缩变形几乎一致，水平方向约束（如墙体两边的柱）对混凝土收缩变形的影响极小，可以忽略。

墙体混凝土在 0～16h 内有明显的膨胀变形，大约在浇筑后 12h 膨胀变形最大，其后逐渐减小，并在大约 24h 后变为收缩。与墙体温度变化相协调，墙体混凝土浇筑后 24h 内温度逐渐升高，并在 24h 前后达到峰值，其后温度降低。此时混凝土已经终凝，开始具有一定强度，混凝土与钢筋粘结较为牢固，二者可以协调变形，混凝土在此基础上的收缩受到钢筋约束，容易产生较大的应力并开裂。

（3）实施效果

武汉市第三医院综合病房大楼地下室混凝土墙体无缝施工，基于全过程控制，从结构及构造优化设计、原材料优选、施工配合比体积稳定性优化设计、施工过程控制及施工过程监测等多方面采取措施进行综合预防控制，取得了良好的控制效果，经武汉大学专门机构检测，"剪力墙中混凝土的收缩和膨胀都在允许的范围内，所监测墙体没有发现肉眼可见裂缝。"

参 考 文 献

1　王铁梦．工程结构裂缝控制[M]．北京：中国建筑工业出版社，1997
2　徐有邻，周氏．混凝土结构设计规范理解与应用[M]．北京：中国建筑工业出版社，2006：48
3　刘匀．钢筋混凝土地下室外墙施工中的裂缝控制研究[D]．上海：同济大学：24
4　陈士良等．现浇楼板的裂缝控制[M]．北京：中国建筑工业出版社，2003：2
5　王晓锋，徐有邻．混凝土结构裂缝的类型及判断[A]．见何星华，高小旺．建筑工程裂缝防治指南[M]．北京：中国建筑工业出版社，2005：102～111
6　戎君明，何星华．混凝土收缩成因与裂缝控制[J]．工程质量，2002，增刊(上)：7～11
7　徐有邻，程志军等．混凝土结构裂缝机理及构造缝的设计[A]．见何星华，高小旺．建筑工程裂缝防治指南[M]．北京：中国建筑工业出版社，2005：195～202
8　冯乃谦，顾晴霞等．混凝土结构的裂缝与对策[M]．北京：机械工业出版社，2006
9　巴恒静，邓洪卫，高小建．高性能混凝土微裂缝与显微结构的研究[J]．混凝土．2000，1
10　覃维祖．混凝土的收缩、开裂及其评价与防治[J]．混凝土，2001，7：3～27

2.4　特细砂高性能混凝土超高泵送施工关键技术

2.4.1　问题的提出

特细砂是指按《建筑用砂》GB/T 14684—2001 规定方法检验所得细度模数为 0.6～1.5 的天然河砂。由于特细砂具有粒度细，比表面积大，空隙率高，级配差的特点，因此用传统的方法配制的特细砂混凝土，只能是低砂率（20%～28%）、低坍落度（如普通特细砂混凝土的坍落度宜在 50mm 以内）和低用水量（一般不超过 200kg/m³），这种"三低"现象，只能用于低流动性混凝土或干硬性混凝土工程，而不适用于有大流动性的泵送高性能混凝土。为了解决特细砂高性能混凝土的超高泵送问题，采用"双掺"法（掺粉煤灰、磨细矿渣粉等矿物掺合料、掺高效减水剂），通过系列试验、试配，得出优化的配合比，解决了特细砂混凝土强度偏低、流动度小的问题，配出了适于泵送的高性能特细砂混凝土。

在配制特细砂高性能混凝土时，掺加粉煤灰可以起到积极的作用。因为粉煤灰密度小，体积相对较大，高掺粉煤灰能够增加灰浆体积；粉煤灰的圆形球体结构在混凝土中相当于滚珠作用，这些均对改善特细砂混凝土的和易性和泵送性能有利。此外，质量好的粉煤灰和其他矿物掺合料还有参加水化作用的效果，对提高混凝土强度和耐久性有很重要的贡献。

此外，在特细砂混凝土中掺加高效减水剂，能极大改善混凝土的和易性，降低水泥用量，满足超高泵送施工的要求。

高性能混凝土是指以耐久性为基本要求并用常规材料和常规工艺制造的水泥基混凝

土。为了保证特细砂高性能混凝土的耐久性，在配制混凝土时通过掺加合格的矿物掺合料和高效减水剂，取用较低的水胶比和较少的水泥用量，并在制作上通过严格的质量控制，使其达到良好的工作性、均匀性、密实性和体积稳定性。

为了满足特细砂高性能混凝土超高泵送的要求，采用前述优化后的配合比配制特细砂混凝土，既可满足施工和易性的要求，又能满足可泵性的要求。在泵送过程中，通过严格控制泵管接头的密封性等措施，保证了特细砂高性能混凝土一次泵送高度达到 230m，而无泌水、堵管等现象的发生。

2.4.2　创新与关键技术

（1）充分利用地方特产资源，可降低成本、节约能源。

（2）针对特细砂配制的高强高性能混凝土超高泵送施工困难的问题，研究采用了新工艺，克服了特细砂高强高性能混凝土泵送难、易开裂等难题，取得了易泵送、不易发生收缩裂缝的理想效果。

（3）采用新工艺、新方法配制的特细砂高强高性能混凝土，有良好的施工性能、易泵送、不泌水或泌水少，混凝土拌合物体积稳定，便于在混凝土工程应用，对于细砂配制高性能泵送混凝土也有参考价值。

2.4.3　工程应用实例

1. 工程概况

重庆中华新城项目总建筑面积达 56 万 m^2，其混凝土工程全部采用特细砂混凝土，包括地下三层、地上 5～6 层裙楼、3～10 号楼共 8 栋塔楼，其中 6 号楼为 37 层高档酒店式公寓写字楼，为框架—剪力墙结构；7 号楼为 54 层（结构高度为 232m）的超高层写字楼和五星级酒店，为框架—核心筒结构，如图 2.4-1、图 2.4-2 所示。工程所用特细砂高性能混凝土强度等级为 C30～60。

2. 特细砂高强高性能混凝土超高泵送施工工艺流程

特细砂高强高性能混凝土超高泵送施工工艺流程如图 2.4-3 所示。

3. 特细砂高强高性能混凝土的配制

《普通混凝土用砂、石质量及检验方法标准》JGJ 52—2006 将细度模数 μ_f 为 1.5～0.7 的混凝土用砂称为特细砂，用特细砂拌制的混凝土称为特细砂混凝土。

图 2.4-1　重庆中华新城效果图

重庆特细砂的特点是：粒度细（长江、嘉陵江产特细砂，细度模数在 1.0 以下），比表面积大，空隙率高，级配差。根据这些特性配制的混凝土，只能是低砂率、低坍落度和低用水量，这种"三低"现象，只能用于低流动性混凝土或干硬性混凝土工程，而不适用于有大流动性的泵送混凝土。

如何用特细砂配制高强高性能混凝土，用于中华新城的超限超高层建筑的泵送施工，

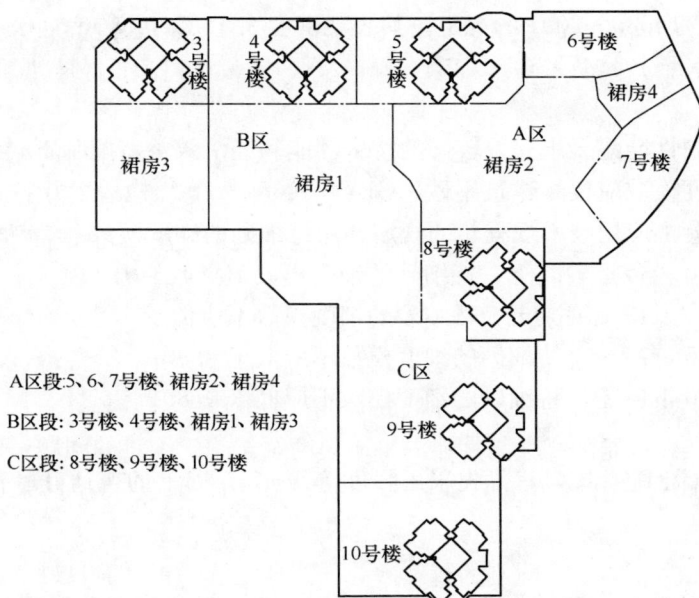

图 2.4-2 工程平面图

A区段: 5、6、7号楼、裙房2、裙房4
B区段: 3号楼、4号楼、裙房1、裙房3
C区段: 8号楼、9号楼、10号楼

是课题组必须解决的问题，因而必须要求对特细砂混凝土泵送问题开展研究。课题组通过分析比较，提出了解决特细砂混凝土泵送问题的两种主要方案。第一种方案是对特细砂改性，提高其细度模数，如在特细砂中掺加中粗砂混合使用，或用5mm以下的石屑与特细砂混合使用，或采用石灰石破碎轧制成的人工砂。第二种方案是以特细砂混凝土为基础，用配制的方法解决流动度小的问题，即"双掺"法（掺高效减水剂、粉煤灰）。

经过进一步论证发现，第一种方案由于加工、配料等问题，会加大施工难度，经济效益差；第二种方案则比较适用，但必须解决特细砂高强高性能泵送混凝土的两个明显的缺陷，即泌水多、塑性收缩严

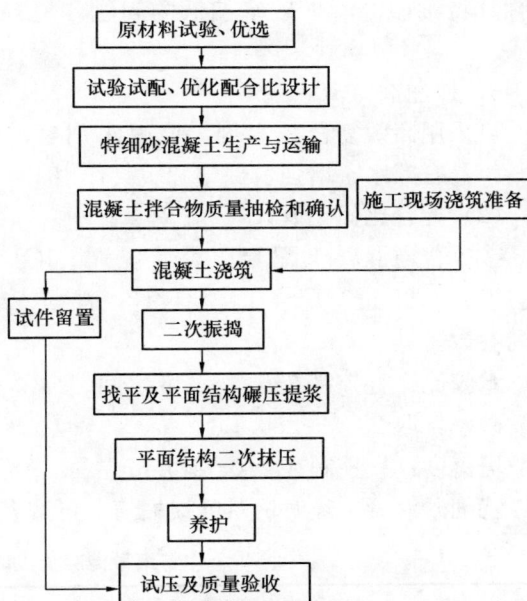

图 2.4-3 施工工艺流程图

重，如处理不好会产生裂缝、质量不均匀等现象，对受力、抗渗、耐久性不利。针对上述问题，课题组研究采用了新的施工工艺，克服了收缩裂缝，取得了易泵送、不发生收缩裂缝的效果。

（1）优选原材料

1）粗骨料选用

特细砂高性能混凝土中粗骨料宜采用二级配或三级配，质量标准应符合《建筑用卵

石、碎石》GB/T 14685—2001 的规定。其表观密度大于 2500kg/m³，松散堆积密度大于 1350kg/m³，空隙率小于 47%。

2）细骨料

为使特细砂高性能混凝土获得较好的技术性能和经济效益，配制不同强度等级混凝土所用特细砂的细度模数应按《建筑用砂》GB/T 14684—2001 检验，并可参照重庆市地方标准《特细砂混凝土应用技术规程》的规定选用特细砂的细度模数：

强度等级 C60 及以上混凝土，特细砂的细度模数不应低于 1.1；

强度等级 C40 及以上混凝土，特细砂的细度模数不应低于 1.0；

强度等级 C35 混凝土，特细砂的细度模数不应低于 0.90；

强度等级 C30 混凝土，特细砂的细度模数不应低于 0.80。

3）水泥

根据设计混凝土配合比，宜优先采用强度等级 42.5 以上的普通硅酸盐水泥、硅酸盐水泥。

4）掺合料

可选用Ⅱ级粉煤灰，掺量为 90～110kg/m³。粉煤灰在特细砂混凝土中具有形态效应，能改善特细砂混凝土的和易性，降低泌水性，提高拌合物的粘聚性和保水性，并能弥补特细砂混凝土砂率偏低的问题，是特细砂高性能混凝土能泵送施工的关键措施之一。

5）外加剂

可采用高效复合减水剂，该减水剂对水泥的适用性、相容性均很好，减水率超过 20%，具有减水、增强、保塑和缓凝作用。

（2）配合比优化设计

按《普通混凝土配合比设计规程》JGJ 55—2000 及《混凝土泵送施工技术规程》JGJ/T 10—95 进行配合比优化设计，根据特细砂高性能泵送混凝土的特点，可参考应用下列参数。

水胶比：宜控制在 0.4～0.6 之间。

砂率：取 22%～28%。

坍落度：宜控制在 210±10mm 左右。

特细砂混凝土经时坍落度损失值，可按表 2.4-1 确定。

特细砂混凝土经时坍落度损失值　　　　　　　　　　　　　　表 2.4-1

大气温度（℃）	10～20	20～30	30～35
特细砂混凝土经时坍落度损失值（经时 1h）	5～25	25～35	35～50

4. 特细砂高强高性能混凝土的计量、搅拌与运输

特细砂高强高性能预拌混凝土严格按照配合比进行配制，混凝土搅拌生产前，应对其自动计量设施进行零点校核。计量采用电脑化控制。

特细砂高强高性能混凝土的运输要实行专车专用，运输途中，拌筒以 1～3r/min 速度进行搅拌，以避免高强高性能混凝土发生离析。搅拌车卸料前使拌筒以 8～12r/min 快速搅拌1～2min，使混凝土搅拌均匀后再卸料入泵。坍落度的测试分别在出站前和泵送前进行，坍落度损失应不大于 20mm。

5. 特细砂高强高性能混凝土的可泵性控制

特细砂高强高性能泵送混凝土的原材料、计量允许偏差、生产质量水平、试件留置等除按相应的普通混凝土有关标准及规范规定执行外，还应进行可泵性控制。

按《混凝土泵送施工技术规程》JGJ/T 10—95规定，用压力泌水试验结合施工经验进行控制（图 2.4-4）。对于特细砂泵送混凝土，其 10s 压力泌水率宜控制在 50％～60％，以免堵管。特细砂高强高性能泵送混凝土的可泵性除用压力泌水试验外，还应结合施工经验进行判断，即在检测坍落度时观察粘聚性和保水性外，还应根据初次泵送时泵管末端排出的混凝土束来判断其可泵性：可泵性好的混凝土在管口排出顺畅，拌合物软硬合适，

图 2.4-4 特细砂泵送混凝土压力泌水试验

颜色一致，排出连续均匀，无石子单独散落，混凝土束表面光滑，有粘稠浆液。

6. 特细砂高强高性能混凝土浇筑

（1）准备工作

1）计划浇筑路线并布放管路；

2）联系并协调预拌混凝土供应情况，使配备的搅拌车数量、市内交通状况和供应密度与施工现场需要量相匹配，做到不积压，不中断。

（2）坍落度检测和选定

坚持每车均做坍落度检验测定，对检验不合格者不得入泵，按退货处理。特细砂混凝土坍落度的选用宜按《混凝土泵送施工技术规程》JGJ/T 10—95 执行，在此基础上增加 20mm。

图 2.4-5 框架柱根部凿毛处理

（3）竖向结构接合界面凿毛

柱、墙等竖向结构施工缝处由于粗骨料下沉、粉煤灰浆液上浮，使该处出现泛浆现象，如凿开混凝土检查发现，厚1～2cm 范围内无粗骨料，且砂浆较松软，若不处理，继续施工时会形成软弱层。对此用手钻及风镐对界面凿毛（图 2.4-5），清除软弱层至界面露石后清除残渣，湿润界面，铺垫砂浆后再继续浇筑混凝土。可克服泌水泛浆造成的软弱层，保证结构质量。

（4）混凝土撒布与振捣

撒布及振捣特细砂高强高性能混凝土时采用长 6m 软管，先远后近，退步浇筑。对竖向结构，每层浇筑厚度为 0.4～0.6m，以能振实为准。在浇筑柱及剪力墙竖向结构混凝土时，自由倾落高度控制在 2m。在平面结构中，撒布不宜过宽和分散，以不形成裂缝为宜。特细砂高强高性能混凝土采用机械振捣，振捣须均匀密实，快插慢拔，每处振捣时间以不超过 10s 为宜，振捣标准以粗骨料下沉、拌合物表面泛浆为度，不漏振也不过振，分层振捣时，振捣棒必须插入下层拌合物 3～5cm。振捣棒不得振碰钢筋、模板和预埋件等。

浇筑过程中应注意泵压变化，正常情况下泵压不宜超过 18MPa，若是较高的泵压则说明入模的混凝土坍落度损失较大，在钢筋密集处将难以保证混凝土的密实，应及时予以调整。

特细砂高强高性能混凝土由于其水泥、矿粉的颗粒直径较小，为保证其最大限度地混合，应采用插入式高频振捣器。振捣时，快插慢拔，插点沿梅花型逐点按顺序进行，振捣时间以混凝土表面呈现浮浆和不沉落、不冒气泡为度。混凝土一次振捣后，其内仍存在着相当数量的空隙和气泡，粗骨料和钢筋下面还存在少量积水，影响混凝土内部粘结。在浇筑上层混凝土时，先对下层混凝土进行二次振捣，这样可使二层混凝土结合良好，保证混凝土的均质连续性，从而提高混凝土的密实度，如图 2.4-6 所示。

图 2.4-6　特细砂高强高性能混凝土浇筑

（5）搓平及碾压

振捣完后采用 2m 长木尺对特细砂高强高性能混凝土表面进行搓平、赶浆，然后用重 60kg 的滚筒在拌合物表面上往复滚动三次，使混凝土更加密实均匀并提浆，可消除因混凝土不均匀而形成收缩不一致的情况。

（6）二次抹压

滚筒碾压后，特细砂高强高性能混凝土拌合物将进入凝结阶段，此时是收缩的高峰阶段，拌合物表面可能开始出现塑性收缩裂缝，此时应进行二次抹压。用木抹子先来回搓拭，再用铁抹子拍打抹压，以消除塑性裂纹。第二次抹压必须掌握好时间，在临近拌合物凝结时进行，不宜过早，亦不宜过晚，否则难以收到弥合塑性裂纹的效果。

7. 特细砂高强高性能混凝土养护

养护是特细砂高强高性能混凝土施工工艺的重要环节。特细砂高强高性能混凝土在施工过程中其前期强度增长较快，若混凝土养护工作滞后或不及时，特细砂高强高性能混凝土易产生裂缝，最终影响工程质量。

由于胶凝材料的不断水化，混凝土强度随龄期的增长而增大，而水化速度与环境的温度和湿度有关。因此，加强养护对保证特细砂高强高性能混凝土强度增长以及防止由于内外温差而产生裂缝是十分重要的。

二次抹压完后应立即采取养护措施，对平面结构可洒水养护；对竖向结构初期带模养护，脱模后喷洒养护液养护，养护时间不少于 14d。养护是防止特细砂泵送混凝土不出现收缩裂缝的重要措施之一，养护的标准是"早、好、足"。"早"是及时，"好"是保持结构表面湿润，"足"是必须养护 14d。

楼板混凝土施工完抹平后，立即用塑料布盖严（图 2.4-7），再压 1 层～2 层草袋或麻袋洒水养护，这样可以提高混凝土的后期强度。对于混凝土墙体，可以推迟模板拆除时间进行带模养护，或用小水慢淋的方式进行充分养护。

8. 质量控制

为保证特细砂高性能混凝土的施工质量，在施工过程中应从以下几个方面进行重点控制：

（1）特细砂高性能混凝土结构的施工

图 2.4-7 楼板混凝土的覆膜养护

顺序应经仔细规划，如墙、板分段分块的施工缝位置与浇筑顺序和后浇带的设置等，以尽量减少新浇混凝土硬化收缩过程中的约束拉应力与开裂。

（2）为保证钢筋保护层厚度尺寸及钢筋定位的准确性，宜采用工程塑料制作的保护层定位夹或定型生产的纤维砂浆块。浇筑混凝土前，应仔细检查定位夹或保护层垫块的位置、数量及其紧固程度，并应指定专人作重复性检查以提高保护层厚度尺寸的施工质量保证率。构件侧面和底面的垫块应至少 4 个/m²，绑扎垫块和钢筋的铁丝头不得伸入保护层内。

（3）为保证特细砂高性能混凝土的均匀性，混凝土的搅拌宜采用卧轴式、行星式或逆流式搅拌机并严格控制拌和时间。插入式振捣棒需变换其在混凝土拌合物中的水平位置时，应竖向缓慢拔出，不得放在拌和物内平拖。泵送下料口应及时移动，不得用插入式振捣棒平拖驱赶下料口处堆积的拌合物将其推向远处。

（4）在炎热气候下浇筑混凝土时，应避免模板和新浇混凝土受阳光直射，入模前的模板与钢筋温度以及附近的局部气温不应超过 40℃。应尽可能安排傍晚浇筑而避开炎热的白天，也不宜在早上浇筑以免气温升到最高时加速混凝土的内部温升。

（5）在特细砂高性能混凝土浇筑后的抹面压平工序中，严禁向混凝土表面洒水，并应防止过度操作影响表层混凝土的质量。

（6）现浇特细砂高性能混凝土应有充分的潮湿养护时间。在整个潮湿养护过程中，应根据混凝土温度与气温的差别及变

图 2.4-8 特细砂高强高性能混凝土施工质量效果

化，及时采取措施，控制混凝土的升温和降温速率。

9. 施工效果

施工结束，构件的实际质量情况是检验施工成功与否的重要标准，工程在全部高强高性能混凝土施工结束后通过标准养护试块、同条件养护试块等方法对构件的强度进行了检测，检测结果表明本工程结构施工质量良好，强度均达到要求，混凝土表面无肉眼可见裂缝，达到了预期的目的，如图 2.4-8 所示。

参 考 文 献

1　张德榆. 特细砂混凝土泵送施工工艺实践. 建筑技术，2002，(1)

2　黄煜镔，陈剑雄，熊出华. 配制特细砂高性能混凝土的两点经验. 建筑技术开发，2001，(1)

3　重庆市地方标准. 特细砂混凝土应用技术规程(DB50/5028—2004)

4　沈培荣，卢宗福，张中奇. C50 特细砂泵送混凝土的研究与应用[J]. 混凝土，1997，(3)

5　何育文. 特细砂混凝土配合比设计及应用. 人民珠江，2006，(3)

6　陈宗虎. 论特细砂混凝土在施工中的质量控制. 建筑技术开发，2005，(4)

7　陈安峰. 特细砂混凝土性能研究及应用. 福建建筑，2005，(4)

8　张远海，王利平. 特细砂混凝土应用的技术要点. 建筑技术，1997，(1)

9　蒲心诚，严吴南，王冲，万朝均，白光，何桂. 特细砂超高强高性能混凝土的配制技术[J]. 重庆建筑大学学报，1999，(1)

10　王文全，黄绪通. 特细砂混凝土配合比设计原则及施工应用. 四川水利，2004，(3)

3 基于特殊功能需要的建筑工程施工技术

3 基于特殊功能需要的建筑工程施工技术

3.1 12 英寸 90 纳米芯片厂高洁净度控制集成技术

3.1.1 问题的提出

集成电路（IC）是现代信息产业和信息社会的基础。IC 制造技术飞速发展，主要体现为两个方向：高集成度——特征尺寸持续缩小，硅片刻线宽度越来越细；增加产量，降低制造成本——大直径化，如图 3.1-1 所示。

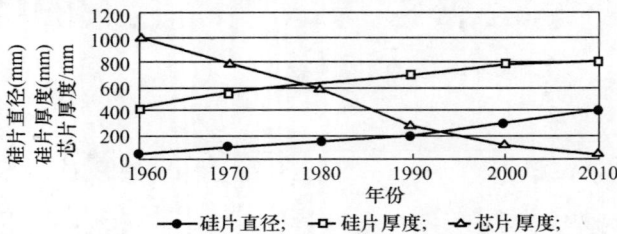

图 3.1-1 硅片直径和厚度的发展趋势

新一代 IC 要求高品质的硅片，即要求硅片具有高的面形精度和表面完整性。例如，采用特征 $0.1\mu m$ 的生产技术，要求 300mm 硅片的平整度 $<0.1\mu m$，在 $25mm \times 40mm$ 区域内的局部平整度 $<0.07\mu m$，表面粗糙度达到亚纳米级，表面和亚表面无损伤，无过分应力集中，

具有高的机械强度。尺寸增大后，硅片容易产生翘曲变形，面形精度和表面粗糙度要求不易保证，加工效率低，现有常规的加工工艺和设备难以满足要求，大尺寸硅片的应用对硅片的超精密加工技术提出新的挑战，也对超精密加工的支撑环境——厂房建设提出了更高、更快、更复杂的发展要求。

武汉新芯集成电路厂制造 12 英寸 90 纳米级集成电路芯片，月产量 15000 片，属超大规模超精密加工厂房。超精密加工对工作环境的要求非常苛刻，其一体现为对工业厂房洁净度的高要求上。本工程生产区域净化等级最高要求为 ISO4.5 级（Class100@$0.3\mu m$），主要洁净室面积超过 2 万 m²，是目前国内同类厂房中洁净度要求最高、洁净面积最大的，如图 3.1-2、图 3.1-3 所示。

高等级、大面积的洁净需要，对厂房的总体设计、建筑设计、空调系统设计、施工安装、运行管理等多方面提出了严格、复杂的要求，极大地增加了设计与施工方面的难度，课题组从规划、建筑设计、土建施工、安装等多方面全过程参与、指导，很好地解决高洁净度控制问题，并形成关键技术。

12 英寸 90 纳米芯片制造工作支撑环境主要包括空气环境、温湿度环境、振动环境、噪声环境、静电环境、光环境、电磁波环境等。本子课题主要针对空气洁净度控制进行研究。

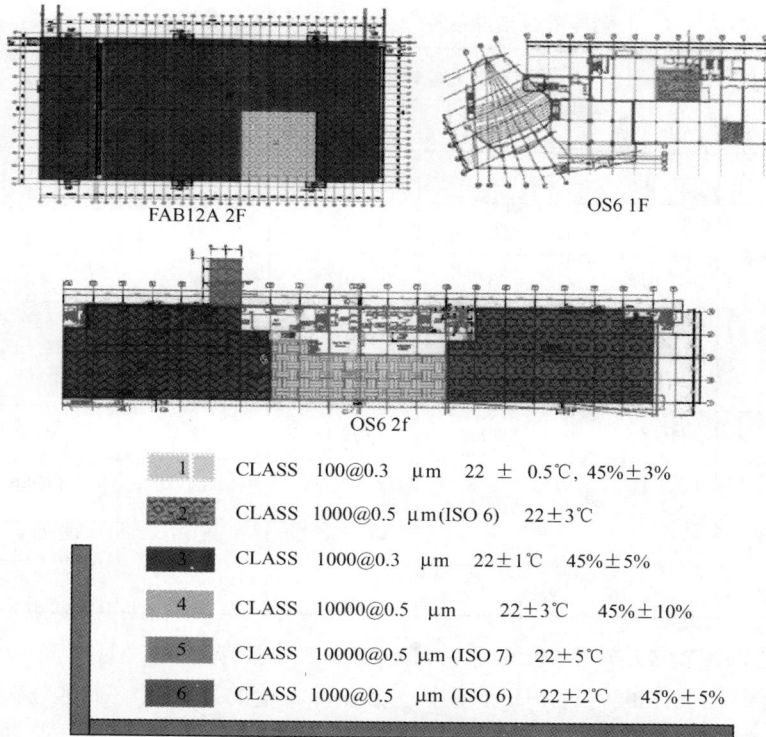

FAB12A 2F

OS6 1F

OS6 2f

1	CLASS	100@0.3　μm　22 ± 0.5℃, 45%±3%
2	CLASS	1000@0.5　μm(ISO 6)　22±3℃
3	CLASS	1000@0.3　μm　22±1℃　45%±5%
4	CLASS	10000@0.5　μm　22±3℃　45%±10%
5	CLASS	10000@0.5　μm (ISO 7)　22±5℃
6	CLASS	1000@0.5　μm (ISO 6)　22±2℃　45%±5%

图 3.1-2　武汉新芯集成电路厂洁净分区简图

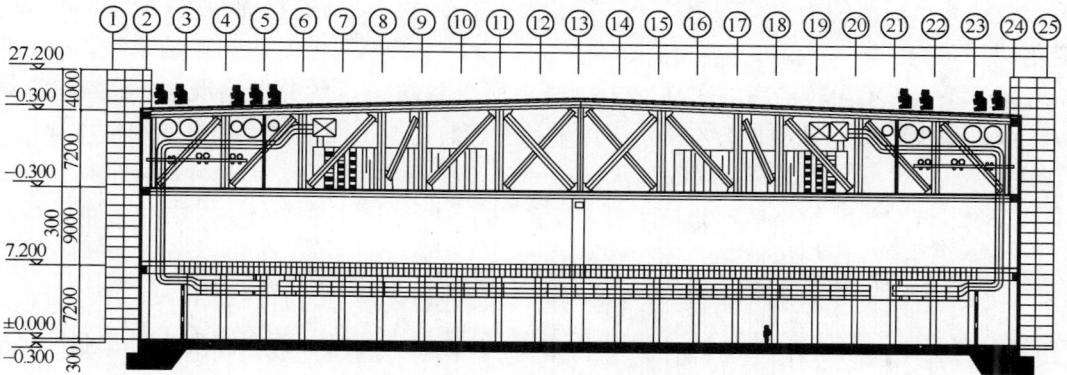

图 3.1-3　武汉新芯集成电路厂洁净室剖面图

3.1.2　基本原理

1. 空气洁净度概念及标准

空气洁净度是洁净环境中空气含悬浮粒子量的多少，通常空气中含尘浓度高则空气洁净度低，含尘浓度低则空气洁净度高。国家标准《洁净厂房设计规范》GB50073关于洁净室及洁净区内空气洁净度等级等同采用国际标准 ISO 14644—1 中的有关规定，以单位体积空气中的悬浮粒子粒径及其浓度确定。

洁净室及洁净区空气中悬浮粒子洁净度等级见表 3.1-1，本工程洁净等级在表中以黑体字加粗表示。

洁净室及洁净区空气中悬浮粒子洁净度等级　　　　　　　　　　表 3.1-1

空气洁净度等级（N）	大于或等于表中粒径的最大浓度限值（pc/m³）					
	0.1μm	0.2μm	0.3μm	0.5μm	1μm	5μm
1	10	2				
2	100	24	10	4		
3	1000	237	102	35	8	
4	10000	2370	1020	352	83	
5	100000	23700	10200	3520	832	29
6	1000000	237000	102000	35200	8320	293
7				352000	83200	2930
8				3520000	832000	29300
9				35200000	8320000	293000

2. 空气洁净度对 12 英寸 90nm 芯片超精密加工的影响

日常生活中和工作的空气介质环境中，存在着大量的悬浮颗粒。这些颗粒包括无机性微粒如金属尘粒、矿物尘粒、其他建材尘粒等；有机性微粒如植物纤维，动物毛、发、角质、皮屑，化学燃料和塑料等；有生命微粒如单细胞藻类、菌类、原生动物、细菌和病毒等。微粒大小的范围为 $10^{-9} \sim 10^{-3}$ m，随着大小的变化，微粒的物理性质和规律均会发生变化。

图 3.1-4 所示为较洁净的居住室内空气中所含颗粒粒径的分布情况，可以看出 1μm以下的占绝大多数，其中也含有 10μm 以上的大颗粒粉尘。

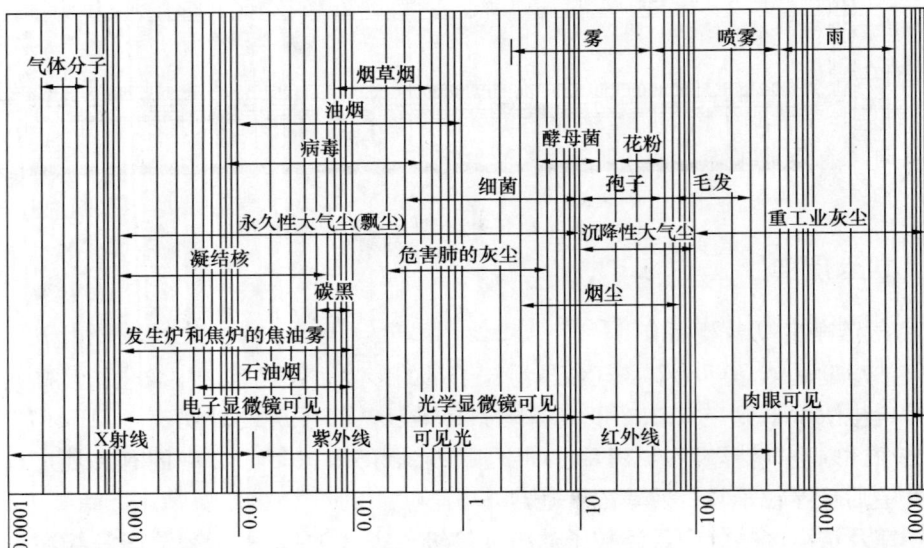

图 3.1-4　室内微粒的尺寸和范围（μm）

　　武汉新芯集成电路厂生产工艺已达到90纳米的国际前沿技术水准，其主要生产工序包括：清洗、氧化/扩散、CVD沉积、光刻、去胶、干法刻蚀、CMP抛光、湿法腐蚀、离子注入、溅射、检测等，如图3.1-5所示。

　　很显然，空气中微粒的尺寸大小已经会对芯片制造产生本质影响。如在研磨中所使用的很细的 SiO_2 磨料粒径为 $0.05\mu m$，而空气中所含 $0.5\mu m$ 粒径的尘埃微粒要比磨料的粒径大10倍，这样大的尘埃若参与了研磨、抛光，将不可避免地使被加工表面产生划伤。集成电路

图 3.1-5　12英寸90纳米芯片生产工艺

制造过程中，如果在硅片上混入了空气中的尘埃杂质，可能会在后续工序中成为不可控制的扩散源而严重地影响产品质量，尤其在本工程12英寸90纳米超大规模集成电路中，其图形线条宽度只有90纳米，即使只有一粒 $0.1\mu m$ 的尘埃落在复杂的线路网或者元件上面的任何一点，就可能造成断路或短路，造成图形缺陷，整个电路的作用就会被破坏，则芯片整体报废，影响巨大。

3. 洁净度控制的基本方法和措施

（1）实现空气洁净的基本途径

1）控制污染源，减少发尘量

　　主要指可能发生污染的设备的设置与管理和进入洁净室的人与物的净化。尽量避免带尘埃进入洁净室，人是最主要的粉尘源，进入洁净室的人数必须严格控制，进入室内前，必须通过风淋（必要时尚需水浴），并换穿无尘工作服、工作鞋。进入洁净室的工具、物品等，一定要进行严格的清洗或除尘，并由特设的物品传送箱送进洁净室。在净化区域内还应尽量缩短操作人员的作业路线，不做多余无用的动作，限制尘埃的产生。放在洁净室的机械、器具等要采取严格的防锈措施，或使用耐腐蚀性材料，防止产生粉尘。

　　2）及时、有效地排除尘埃

　　主要涉及室内的气流组织，是体现洁净室功能的关键。洁净室只要有作用操作，就不可避免地有尘埃产生。重要的是不让产生的尘埃停留和扩散，及时排除。内部装修材料应尽量选用难以积存尘埃的不易带静电的材料，防止微粒尘埃吸附停留。排出的切屑，使用过的磨料或其他破损物以及多余的物品要迅速搬出室外。在容易产生尘埃微粒的区域附近进行排气，防止尘埃扩散形成二次污染。

　　3）供给洁净的空气，阻止室外污染颗粒侵入室内

　　防止室外的污染微粒侵入室内是洁净室控制污染的最主要途径，主要涉及空气净化处理、室内压力等。高洁净度洁净室需要使用超高性能的过滤器，以保证过滤 $0.5\mu m$（或更小）以上的微粒，保证输入洁净的空气。洁净室对相邻环境应维持一个正的静压差（简称正压），以保证洁净室的洁净度不受相邻低洁净度要求区域的污染。另外，虽然洁净室

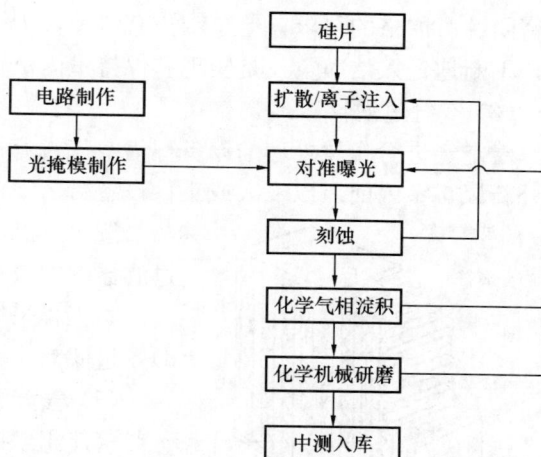

的密闭性有严格的要求，但总难免有泄漏，为了保持与外界有一定的压力差和及时排除尘埃，不断地送入洁净空气是实现和保持室内洁净度的最基本条件。

（2）空气过滤器

对空气进行净化处理的设备称为空气过滤器。空气过滤器大都采用过滤的方法除去由室外新风、室内回风以及人或工件设备带入室内的尘埃，保证洁净室的洁净度。

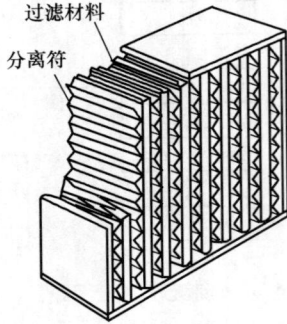

图 3.1-6 超高性能空气过滤器

按照过滤器的过滤效率不同，空气过滤器可分为初效过滤器、中效过滤器、高效过滤器、超高性能过滤器等几类。本工程采用超高性能（ULPA）空气过滤器（图 3.1-6），过滤效率不低于 99.99995%。

（3）气流组织

气流组织的主要作用是把室内已有的尘埃及时有效地排出去，并阻止外界尘埃侵入。此过程中要防止尘埃二次飞扬，以减少尘埃对工艺过程的污染。

洁净室气流组织主要有乱流方式、层流方式、辐流方式等几种方式。

乱流方式，是将净化的空气由顶棚送进室内，再由地面或接近地面的墙壁处回气，气流自上而下，与尘埃的重力沉降方向一致（图 3.1-7）。

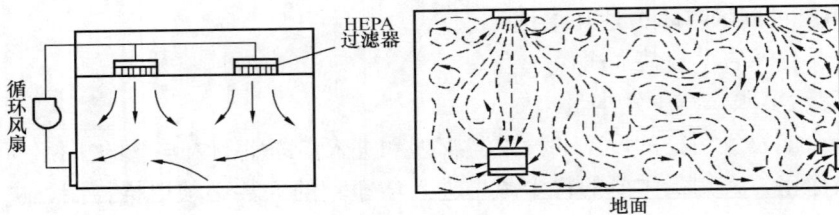

图 3.1-7 乱流方式

它是用洁净的空气稀释室内尘埃的浓度，逐渐排出室内尘埃而达到净化要求，由于空气流向不同而称作乱流方式。乱流方式受到送风口和回风口布置和结构的限制，尘埃可能乱流向任一地点扩散，只能维持洁净度 1000～100000 级的水平。

层流方式，是使室内的气流流线几乎平行，以均匀的速度向一个方向流动，没有涡流产生。层流方式中净化的空气直接流过作业区冲洗尘埃，可得到非常高的洁净度（达 100级或更高）。层流方式又可分为水平层流方式和垂直层流方式。

水平层流方式是在一侧的整个墙面上布置高效过滤器，将相对的另一侧墙面作为回风口。送入室内的洁净气流以水平方式通过洁净室断面，完成排出尘埃的作用（图 3.1-8）。水平层流方式气流方向与尘埃沉降方向不一致，所以其断面风速应略大于垂直层流方式气流的断面风速，以减轻尘埃沉降现象的影响。室内沿气流方向和从上到下方向洁净度逐渐降低，在加工作业安排与布置时应加以考虑。

垂直层流方式是在洁净室整个顶棚上安装高效过滤器，整个地面布满回风口，送入室内的洁净空气充满整个洁净室断面，流速均匀，像"活塞"一样，把室内的尘埃迅速压下排走，如图 3.1-9，图 3.1-10 所示。

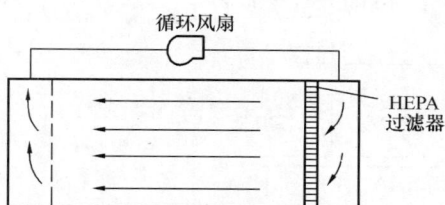

图 3.1-8　水平层流方式

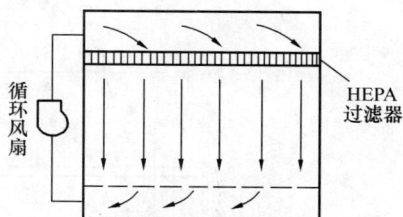

图 3.1-9　垂直层流方式

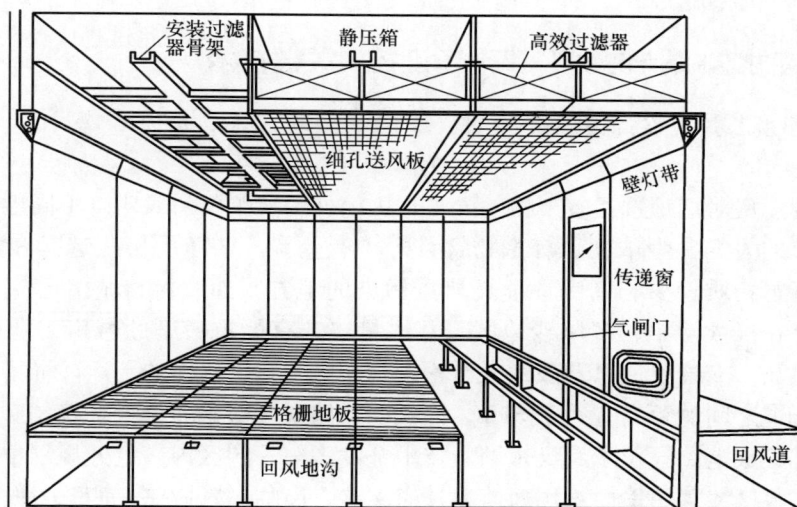

图 3.1-10　垂直层流方式洁净室透视图

辐流方式，是晚于乱流方式和层流方式多年后出现的具有节能意义的新型洁净方式。它的空气流线既不单项也不平行，流线不发生交叉，洁净不是靠混掺作用，仍靠推出作用，只是不同于层流的"平推"，而是"斜推"，如图 3.1-11 所示。

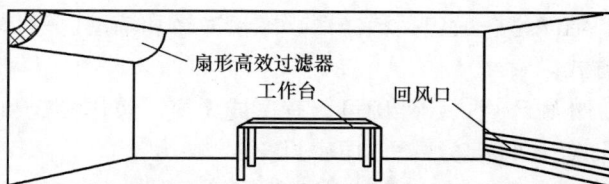

图 3.1-11　辐流方式

（4）正压控制

外部低洁净度空气渗入洁净室是影响室内洁净度的重要原因。为了保持室内环境的洁净度和温湿度，防止未经处理的外界空气侵入，需要室内保持一定的正压。室内正压是靠送入风量大于排出风量实现的，如图 3.1-12 所示。

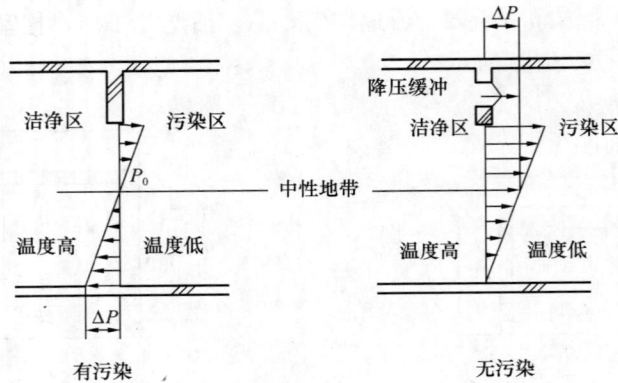

图 3.1-12 正压控制

3.1.3 12 英寸 90 纳米芯片厂高洁净度控制关键技术

1. 高洁净度芯片厂设计关键技术

（1）厂址选择

高洁净度厂房对厂址选择有严格的要求。国内外的实测资料表明，不同地区、不同环境和不同季节的大气含尘浓度、有害物含量等均有差异。洁净厂房应选择在大气含尘浓度、空气中有害物质较少和周围环境无严重污染的地方，如农村、城市远郊、水域之滨等，不宜选择在气候干旱、多风沙地区，并尽量避开有严重污染的城市工业区，远离铁路、码头、机场、交通要道以及散发大量粉尘、烟气和有害气体的工厂、堆场等，与交通频繁的交通干道之间的距离宜大于 50m，以减少道路灰尘对洁净生产环境的影响。

武汉新芯集成电路厂位于武汉东湖新技术开发区东一园区内，地处规划中的三线东南侧以外，原江夏区流芳镇境内；场地西靠长通南路，南临高新四路，西北方向为大舒村及武汉工程学院流芳校区，西南方向与竹林舒湾自然村隔路相望，交通便捷；远离城市工业区、远离铁路、码头、机场以及散发大量粉尘、烟气和有害气体的工厂、堆场。

（2）洁净室的平面布局

洁净室一般包括洁净区、准洁净区和辅助区三部分。洁净室的平面布置可以有以下几种方式。

外廊环绕式：外廊可以有窗或无窗，兼作参观和放置一些设备用，有的在外廊内设值班采暖。外窗必须是双层密封窗。

内廊式：洁净室设在外围，而走廊设在内部，这种走廊的洁净度级别一般都较高，甚至和洁净室同级。

两端式：洁净区设在一边，另一边设准洁净和辅助用房。

核心式：为了节约用地、缩短管线，可以洁净区为核心，上下左右被各种辅助用房和隐蔽管道的空间包围起来，这种方式避开室外气候对洁净区的影响，减少了冷热能耗，利于节能。

根据各类用地性质分区的原则，武汉新芯集成电路厂总平面构成分为三大区域：办公厂前区、生产区及动力辅助区。

办公厂前区——整个工厂的重要部分之一，是生产管理、行政办公和对外联系的窗口，具有展示厂容厂貌和树立企业形象的重要功能，对其位置和布局进行了重点规划。

办公厂前区分为办公区、停车场地和厂区集中绿地三部分。办公区主要建筑为 OS6 布置在地块的南侧面向火炬东路，利用入口广场、停车场地、建筑外立面的形象以及成簇布置的观赏树木，构成了优美的的厂区空间景观。

生产区——整个项目的核心，位于一期用地的中部。生产区主要由 FAB12a、FAB12b 组成。根据使用功能和人流组织分析结果，将办公及支持厂房和生产厂房通过连廊连成一体，按照工艺的要求设计出入口，满足生产需要。

动力辅助区，位于本期用地的北部，包括动力厂房（CUB6）、化学品库（CW6）、柴油发电机房（DG6）、变电站（PS6）、锅炉房（BH6）、硅烷站（SiH4）以及油罐区（DT）等。动力厂房布置在 FAB12 的北侧，工艺所需管道通过管桥连廊连接，既满足生产需求，同时达到管线短捷、节省能耗的目的。

武汉新芯集成电路厂主要生产厂房布置在厂区中央，单独建设的动力厂房与洁净厂房之间留有足够距离，其建筑布局如图 3.1-13 所示。

（3）人身净化路线

为了在操作中尽量减少人活动产生的污染，应有合理的人身净化路线。人员在进入洁净区之前，必须更换洁净服并吹淋、洗澡、消毒。这些措施即"人身净化"简称"人净"。人净用房中更换洁净服的房间应予送风，并对入口侧等其他房间保持正压，对厕所、淋浴保持少许正压，而厕所、淋浴应保持负压。

（4）物料净化路线

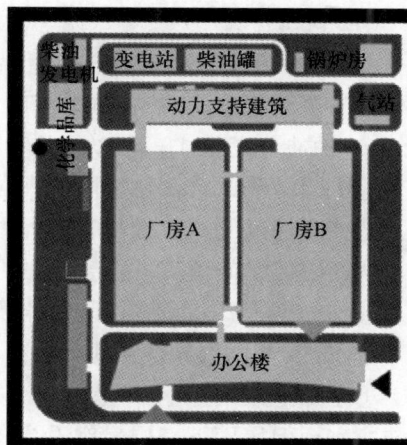

图 3.1-13 武汉新芯集成电路厂建筑布局

各种物件在送入洁净区前必须经过净化处理，简称"物净"。物料净化路线与人净路线应分开，如果物料与人员只能在同一处进入洁净室，也必须分门而入，物料并先经过粗净化处理。对于生产流水线不强的场合在物料路线中间可设中间库。如果生产流水线很强，则采用直通式物料路线，有时还需要在直通路线中间设多次净化、传递设施。在系统设计上，物净用房的粗净化和精净化阶段由于会吹落很多生微粒，所以相对洁净区应保持负压或零压，如果污染危险性大则对入口方向也要保持负压。

（5）管线组织

洁净室的管线非常复杂，所以对这些管线均采用隐蔽组织方式。具体隐蔽组织方式有以下几种。

顶部技术夹层，在这种夹层内一般因送、回风管的断面最大，故作为夹层内首先考虑的对象。一般将其安排在夹层的最上方，其下安排电气管线。当这种夹层的底板可承受一定重量时，可以在上面设置过滤器及排风设备等。

房间技术夹层，这种方式和只有顶部夹层相比，可以减少夹层的布线与高度，可以省去回风管道返回上夹层所需的技术夹道。在下夹道内还可设回风机动力设备配电等，某层洁净室的上夹道可以兼做上一层的下夹道。

技术夹道（墙），上下夹层内的水平管线一般都要转向为竖向管线，此竖向管线所在的隐蔽空间即技术夹道。技术夹道还可以放置不宜在洁净室内的一些辅助设备，甚至还可以作为一般回风管道或静压箱，有的可安设光管型散热器。这类技术夹道（墙）由于大多采用轻质隔断，所以当工艺调整时，可方便地进行调整。

技术竖井，如果说技术夹道（墙）往往不越层，则需要越层时即用技术竖井，并且经常作为建筑结构的一部分，具有永久性。由于技术竖井把各层串通起来，为了防火，内部管线安装完成后，要在层间用耐火极限不低于楼板的材料封闭，检修工作分层进行，检修门必须设防火门。

不论技术夹层、技术夹道还是技术竖井，当直接兼作风道时，其内表面必须按洁净室的内表面的要求处理。

（6）机房位置

空调机房最好靠近要求送风量大的洁净室，力求风管的线路最短。但从防止噪声和振动来说又要求把洁净室与机房隔开。这两方面都要予以考虑，隔开方式有：

1）构造分离方式，分以下几种：

①沉降缝隔开式，使沉降缝在洁净室与机房之间通过，起分割作用。

②夹壁墙隔开式，机房紧临洁净室，不是公用一面墙作隔墙，而是各自有各自的隔墙，两面隔墙之间留有一定宽度的夹缝。

③辅助室隔开式，在洁净室与机房之间设辅助室，起缓冲作用。

2）分散方式，分以下几种：

①屋面上或吊顶上分散方式，现在常把机房设在最上层屋面上的做法，使之远离下面的洁净室，但屋面下一层最好设为辅助或管理室层，或者作为技术夹层。

②地下分散式，把机房设于地下室。

3）独立建筑方式。在洁净室建筑之外单独建立机房，但其离洁净室最好很近。机房要注意隔振、隔声问题，地面应全部做防水处理，并有排水措施。隔振：应在振源的风机、电机、水泵等的支架、底座作防振处理，甚至有必要时将设备安在混凝土板块上，再用防振材料支撑该板块，该板块的重量应为设备总重量的 $2\sim3$ 倍，隔声：除去系统上安装消声器外，大型机房可考虑在墙壁上贴附有一定吸声性能的材料，要装隔声门，切忌在与洁净区的隔墙上开门。

（7）安全疏散

由于洁净室是密闭性很强的建筑，其安全疏散成为非常重要和突出的问题，和净化空调系统设置也有密切关系。一般应注意以下几点：

每一生产层防火区或洁净区至少设 2 个安全出口，只有面积小于 $50m^2$，人员少于 5 人时，可允许只设一个安全出口。人净入口不应作疏散出口。因为人净路线往往迂回曲折，一旦烟火迷漫，要求人员很快跑到室外是很困难的事。

风淋室不能作为一般出入通道，由于这种门常为两扇联锁或自动，一旦出现故障，非常影响疏散，一般均在风淋室设旁通门，工作人员多于 5 人时必须设此门。平时工作人员出洁净室时不应走风淋室而应走旁通门。

　　洁净区内各洁净室的门，考虑到维持室内压力状况的需要，其开设方向要朝向压力大的房间，因为要靠压力把门压紧，这显然和安全疏散的要求相反。为了考虑平时洁净和紧急疏散时的两方面要求，规定洁净区和非洁净区之间的门、洁净区与室外的门作为安全疏散门对待，其开启方向一律朝向疏散方向，单设的安全门也是如此。

　　此外，洁净室的建筑布局和净化空调系统有密切关系，净化空调系统既要服从建筑总体布局，建筑布局也要符合净化空调系统的原则，才能充分发挥相关功能的作用。净化空调的设计者不仅要了解建筑布局以考虑系统的布置，而且要给建筑布局提出要求，使其符合洁净室原理。

2. 芯片厂高洁净度控制的主体结构及装饰施工关键技术

（1）武汉新芯集成电路厂总体施工安排

　　考虑结构特点、进度、高洁净度控制等要求，本工程施工分为厂房主体段、连廊工程及道路工程三大施工段。FAB12A厂房钢筋混凝土主体段施工过程中将A区分为3个施工区域，B区分为12个施工区域。划为A1～A3；B1、B4、B7、B10；B2、B5、B8、B11；B3、B6、B9、B12四个施工段，各施工段平行施工。FAB12A厂房主体1F混凝土工程完成后，进行2、3层的钢结构施工；厂房主体施工过程中插入道路工程，厂房主体施工完后再进行连廊工程施工，见图3.1-14及图3.1-15。

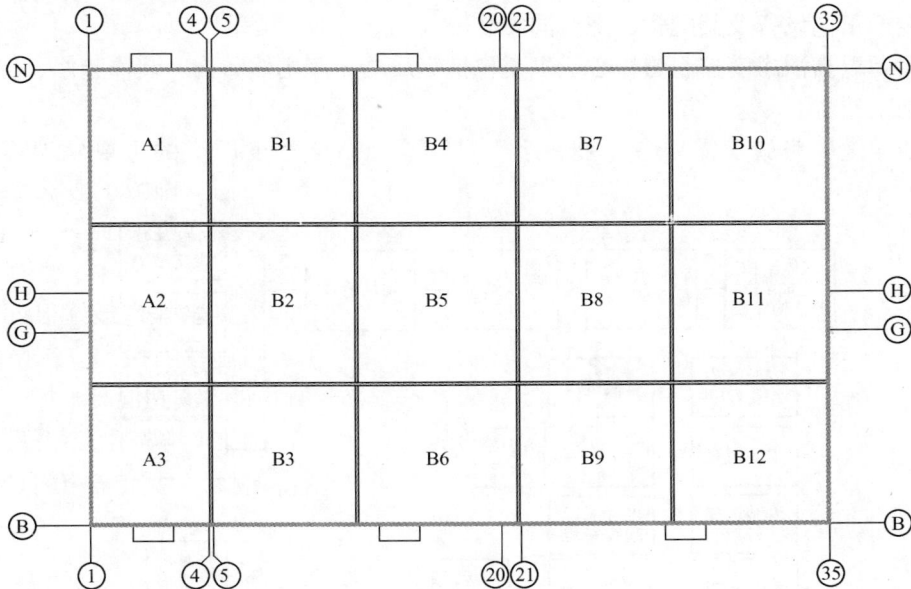

图 3.1-14　钢筋混凝土结构施工分区示意图

（2）洁净室施工程序及主要施工内容

　　芯片厂洁净室的施工内容主要包括厂房主体结构施工；建筑装饰装修（含回风地板等）施工；净化空调系统及其风管、过滤器的施工安装；高纯水系统及其管线的安装；高纯气体系统（含特种气体供应等）及其管线安装；化学品供应系统及其管线的安装；各种排风和排气系统及其处理设备的安装；消防安全报警系统及其控制设备的安装；变配电、

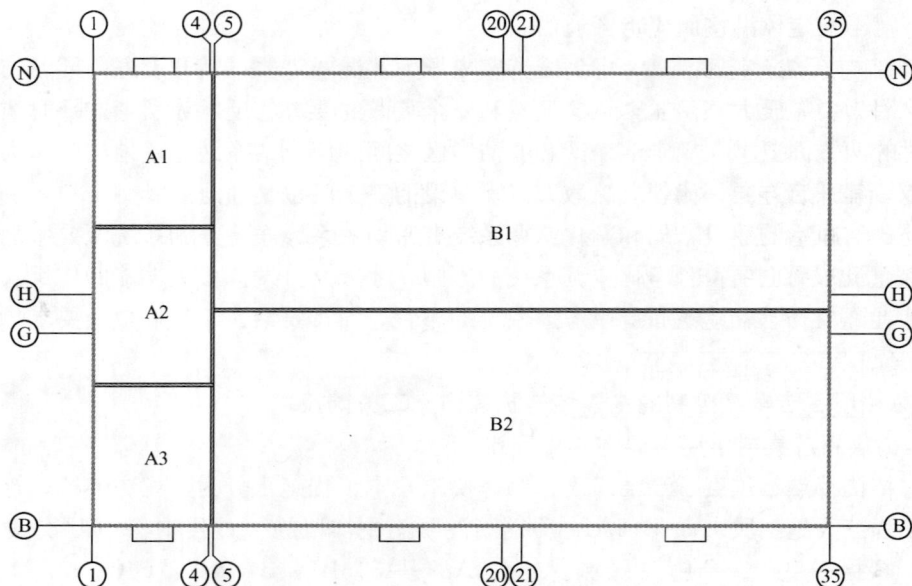

图 3.1-15 B 区钢结构施工分区示意图

电气系统及其配管、配线的安装；照明系统及灯具的安装；智能监控系统；防微振装置的安装；生产工艺设备及其配管、配线的安装等。

本课题以高洁净度控制为核心，主要包括集成洁净厂主体结构、装饰装修、空调系统安装等施工技术。

高洁净度厂房施工需要各专业、多工种配合。高洁净度厂房的主要施工程序如图3.1-16 所示。

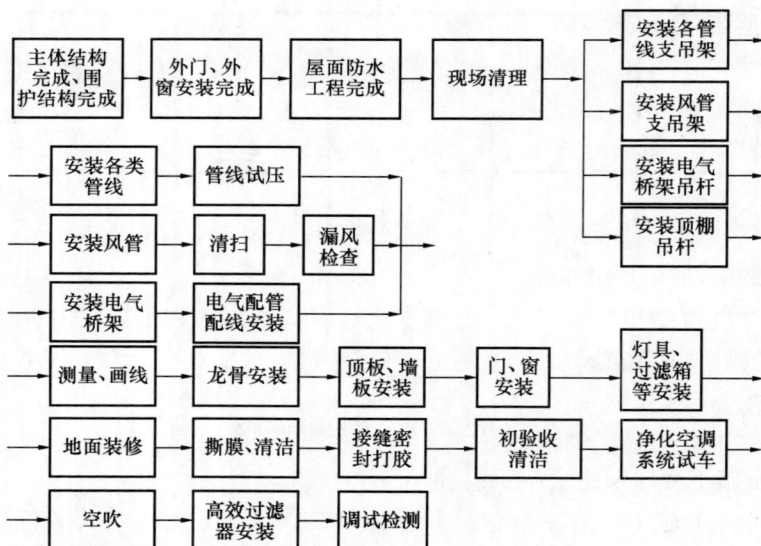

图 3.1-16 高洁净度厂房的主要施工程序

（3）洁净室主体结构施工

主体结构混凝土施工质量对洁净度控制有极大的影响。高洁净度厂房在混凝土裂缝控制、耐久性、外观质量等方面较普通厂房建筑有更高的要求。在裂缝的控制上较一般工程要更为严格，要求达到无肉眼可见裂缝，杜绝贯穿裂缝等有害裂缝的存在。

武汉新芯集成电路厂所采用的混凝土，按普通混凝土高性能化的技术路线，进行原材料优化选择、配合比优化设计、施工过程有效控制，确保混凝土的高质量要求。混凝土配合比抗裂优化设计过程如图 3.1-17 所示。

混凝土塑性阶段抗裂性能试验如图 3.1-18 所示。

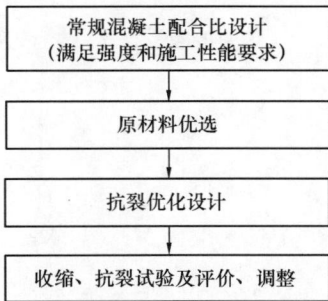

图 3.1-17　混凝土配合比抗裂优化设计过程　　　　图 3.1-18　混凝土塑性阶段抗裂试验

高质量普通混凝土主体结构的耐久性必须满足规范和设计的规定，还应考虑高洁净度需要，满足更严格的耐久性要求。

1）抗渗性能：在设计使用期内，普通混凝土能够抵抗侵蚀性介质的侵入腐蚀而不致使混凝土的结构性能和表观质量劣化，影响混凝土的寿命。

2）抗碳化性：在目标使用期内，普通混凝土结构不因碳化导致钢筋锈蚀、混凝土开裂，影响混凝土结构的安全，甚至可能危及其使用和表观质量。

3）抗化学腐蚀性：在设计使用期内，由 SO_4^{2-}、Cl^-、Mg^{2+} 等离子导致的化学腐蚀程度，不影响普通混凝土的耐久性能要求。

4）抗冻融性能：普通混凝土能承受循环冻融破坏，在规定寿命期限内，不能产生冻胀破坏。

5）抗收缩裂缝性能：普通混凝土在使用期内应该保持其结构性能的稳定，防止因收缩产生裂缝而影响结构使用性能。

由于高洁净度需要和工艺、设备管线布置的要求，本工程洁净室采用承载能力大、空间布置灵活的密孔楼板（图 3.1-19），这种楼板能很好地满足芯片生产的设备管线安装布置及洁净度要求。

密孔楼板施工采用圆孔华夫模板（图 3.1-20，图 3.1-21）。华夫板是现浇混凝土楼板的一种工具式模板，强度高、刚度大、底面可节约装饰层，能保证较好的光洁度。

华夫板定型模板，其安装平整度要求很高，3m 内允许偏差±3mm 因而华夫板底的木模板及支撑的平整度和刚度要求高。该层层高 7.3m，净高 6.6m，楼板模板同时具有高支模，大荷载的特点，其支撑如图 3.1-22 所示。

图 3.1-19   密孔楼板

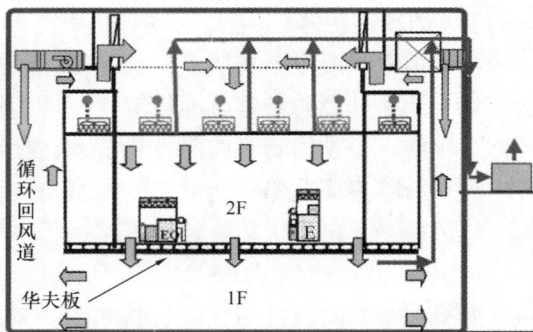

图 3.1-20   华夫板楼盖空气净化循环剖面示意图

图 3.1-21   华夫模板（准备浇筑混凝土）

二层华夫板面需直接做超洁净环氧地坪，因而对板面混凝土密实度和表面强度要求严格，板面平整度 3m 内±3mm，表面原浆压光，一次成型。

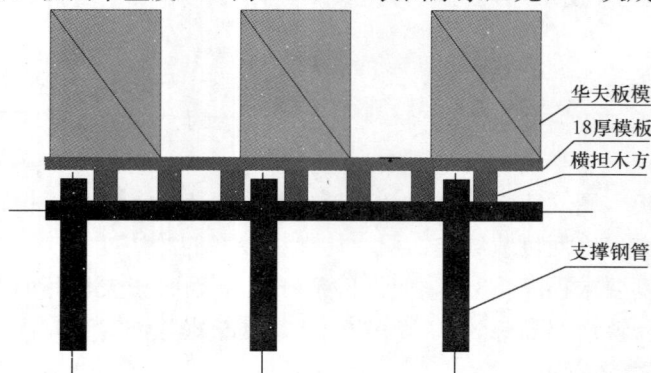

图 3.1-22   华夫板支撑示意

目前，尚无华夫板国家或行业的工程质量检验评定标准，根据业主要求、工程特点以及相关国家规范，项目部编制了华夫板施工的质量要求。

华夫板本身强度、刚度在施工过程中变形小于 3mm；上部圆孔盖的安装平整度误差小于 3mm；华夫板安装时圆孔中心线误差小于 3mm；华夫板安装控制线误差小于2mm。

（4）洁净室装饰装修施工

洁净室的建筑装饰施工应在厂房屋面防水工程和外围护结构完成、外门、外窗安装完毕进行。洁净室可采用金属壁板装配式结构，也可以采用砌筑墙或现浇混凝土墙抹灰等形式。

洁净室建筑装饰施工应采用不起尘、不开裂的材料，在施工过程中特别要注意各种接缝处的处理措施，防止开裂、起尘，并在接缝处采用密封胶填塞，接缝处的缝隙不应大于0.5mm。建筑装饰及门窗的缝隙应在洁净室的正压面密封。

为了保证高洁净度，武汉新芯集成电路厂墙面、部分地面采用环氧涂料，保证洁净要求。环氧树脂自流平地坪施工程序如下：原地面处理：对所施工地板进行全面打磨、修补、除尘 → 底涂层，将底涂材料用滚筒滚涂或镘刀刮涂 → 铺设石英砂浆层 → 中涂层，待砂浆层固化，打磨、除尘后用镘刀刮涂调配好的中层材料 → 面涂层：把中涂层打磨、吸尘，再将面涂材料镘涂于中涂之上，使之自平流展。环氧树脂自流平地坪见图3.1-23。

图3.1-23　环氧树脂自流平地坪

内墙环氧乳胶漆施工在室内门窗、灯具安装完毕之后进行。先做顶棚，再做墙面，最后做分色线，其施工程序如下：

基层处理 → 刷底胶（木质及油漆面除外）→ 木质基层封闭 →局部补腻子 → 满刮腻子 → 刷底层涂料 → 刷面涂料 → 保洁和保护。

室内装饰施工往往会有其他工种的交叉作业，应注意涂料工程的成品保护。已经施工的墙面如受到污染，可用干净的湿抹布轻轻擦洗，污染严重时应重新涂刷。如果不慎沾上油漆，应在油漆干燥前，用稀释剂将其擦去。涂层干后，在交工前不得长时间浸水，以免发生质量事故。涂刷工具用毕应及时清洗干净并妥善保管。

柱、墙、梁阳角均抹圆处理（防碰坏落灰，或积灰），踢脚线不超出墙、柱平面，防止积灰（图3.1-24）。

为了通风及设备安置需要，二楼洁净室采用高架地板。其主要施工工艺如下：

1）放样

根据施工图，用经纬仪在现场上放出X、Y轴线，用镭射仪放出水平基准线。每个区域中部放一基准轴线和水平基准线．并放一些辅助轴线和水平标高线（图3.1-25）。

2）基准排铺设

沿着X、Y轴基准线，各铺设六排地板，调整使其与轴线对齐，与标高相平，以该六排作为基准排（图3.1-26）。

3）大面铺设、调平

沿着基准排，逐排铺设大面地板，将脚架摆放于相应位置，一般区脚架为φ48管，加强区

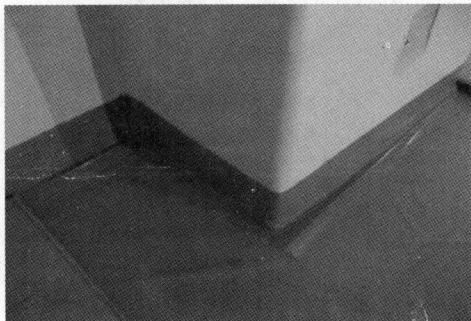

图3.1-24　柱角抹圆、踢脚线高洁净度处理

图 3.1-25 洁净室高架地板放样

脚架为 φ60 管。利用镭射仪调整上基座至接近地板下之高度位置（粗平），见图 3.1-27。

　　脚架调平后，开始抹胶，胶应均匀地涂抹于底盘上。为了保证抹胶均匀，抹胶工作由专业技术人员负责进行。

图 3.1-26 基准排铺设

图 3.1-27 洁净室高架地板基座（粗平）

　　将抹好胶的脚架置于地面的同时，摆放纵横向的横梁，一般区为 25mm×25mm×558mm 的门形横梁，加强区为 25mm×25mm×558mm 方形横梁且中间加一支 25mm×25mm×776mm 的加强斜梁。锁横梁螺钉、横梁螺钉的规格为 M6×12 的十字沉头螺钉。

　　敲导电垫片，并铺地板。利用镭射仪调整上基座，使地板表面高度与水平标高线相平（精平），在大面施作时，每 50 排需用经纬仪检验 X、Y 轴之垂直适合位移，随时进行调整修正，最后应进行收边处理。铺设及精平如图 3.1-28 所示。

图 3.1-28 地板铺设及精平

（5）洁净室施工过程管理

高洁净度厂房施工不同于一般的工业厂房，需要有严格的管理。半洁净阶段及洁净阶段的生产管理如图 3.1-29 及图 3.1-30 所示。

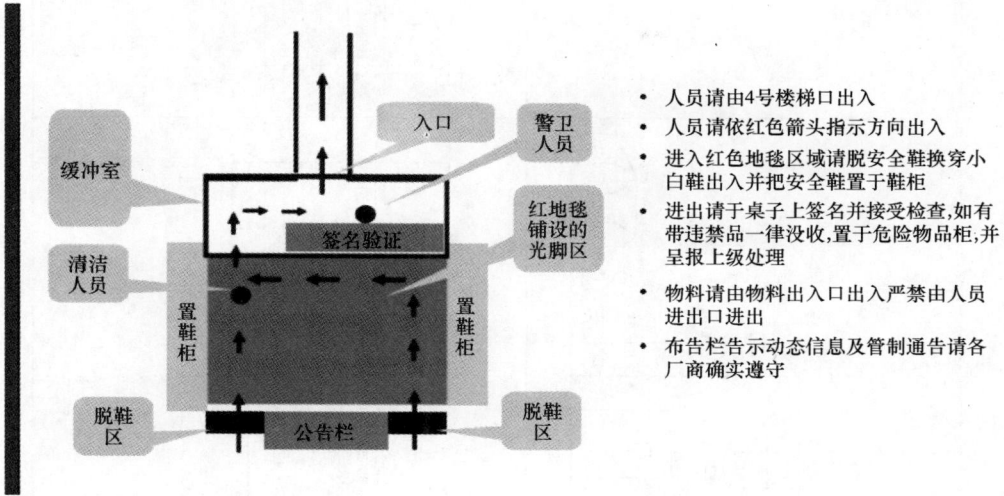

- 人员请由4号楼梯口出入
- 人员请依红色箭头指示方向出入
- 进入红色地毯区域请脱安全鞋换穿小白鞋出入并把安全鞋置于鞋柜
- 进出请于桌子上签名并接受检查,如有带违禁品一律没收,置于危险物品柜,并呈报上级处理
- 物料请由物料出入口出入严禁由人员进出口进出
- 布告栏告示动态信息及管制通告请各厂商确实遵守

图 3.1-29　洁净室半洁净阶段生产管理

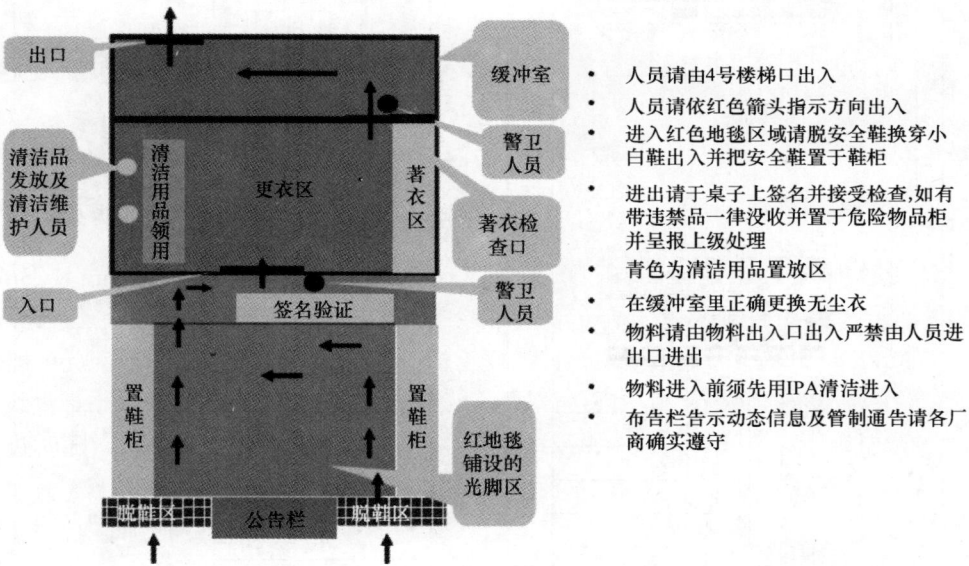

- 人员请由4号楼梯口出入
- 人员请依红色箭头指示方向出入
- 进入红色地毯区域请脱安全鞋换穿小白鞋出入并把安全鞋置于鞋柜
- 进出请于桌子上签名并接受检查,如有带违禁品一律没收并置于危险物品柜并呈报上级处理
- 青色为清洁用品置放区
- 在缓冲室里正确更换无尘衣
- 物料请由物料出入口出入严禁由人员进出口进出
- 物料进入前须先用IPA清洁进入
- 布告栏告示动态信息及管制通告请各厂商确实遵守

图 3.1-30　洁净室洁净阶段生产管理

3. 高洁净度芯片厂空调及管道系统安装关键技术

净化空调及管道系统的施工安装是高洁净厂房施工的最重要组成部分,必须按照高洁净厂房的整体施工要求、进度安排和洁净室特有的施工程序进行组织。

（1）洁净室原理

洁净室原理如图 3.1-31 所示。

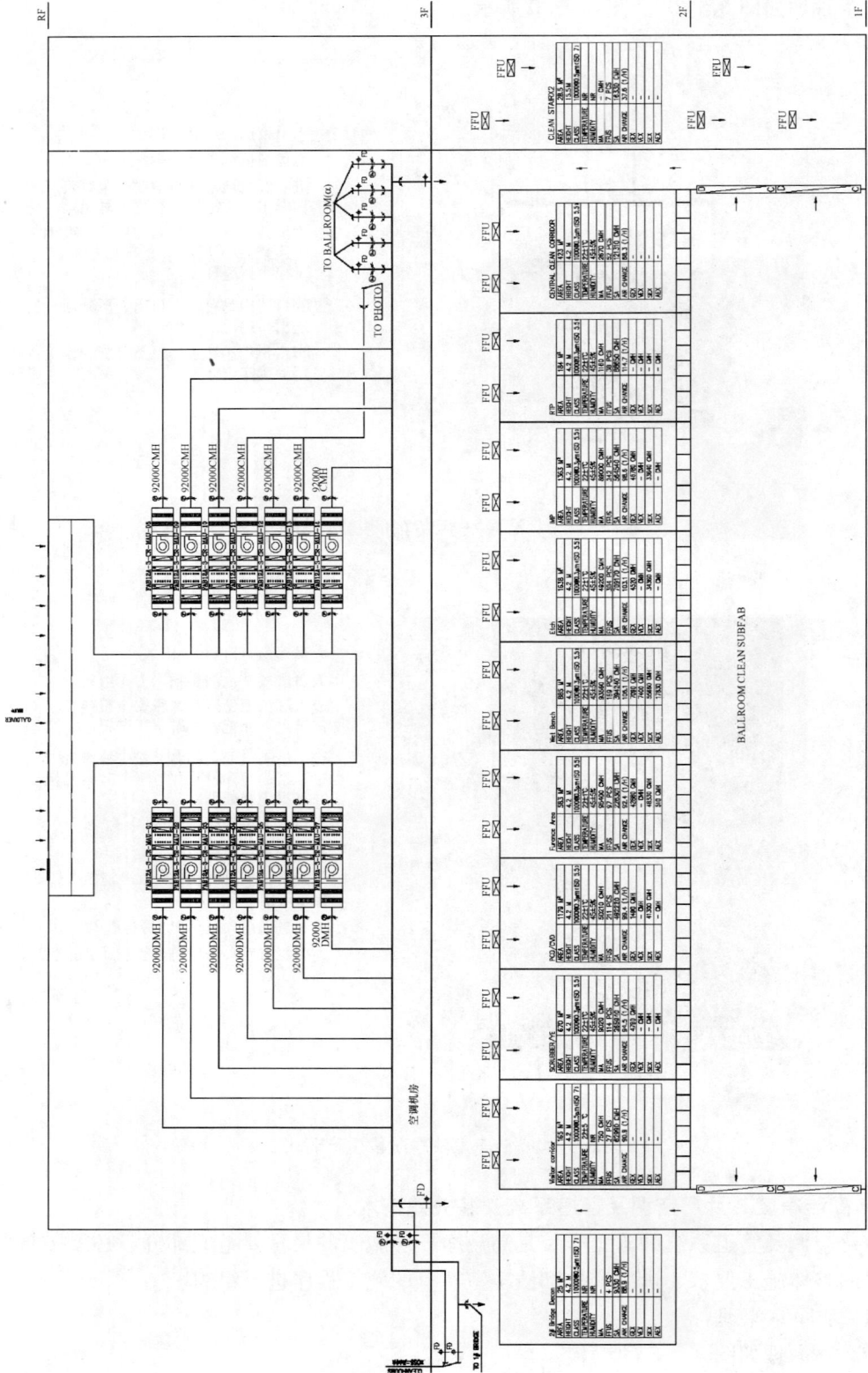

图 3.1-31 洁净室原理

（2）风管施工安装

管径2000mm以下风管：工厂加工（半成品）→ 运至预制厂组装成成品→ 运至现场清洁→ 吊装漏光实验→保温；

管径2000mm以上风管：工厂加工（半成品）→ 运至预制厂组装加固 →现场清洁→吊装 → 漏光实验→保温。

采用自动剪板机对铁皮进行下料，如图3.1-32所示。

咬口及折弯后组装成成品，如图3.1-33所示。

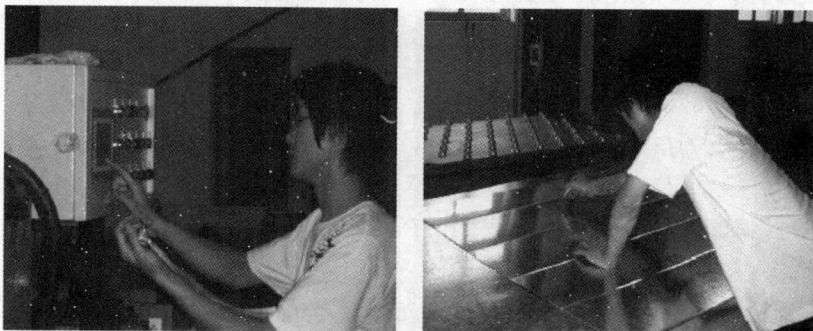

图 3.1-32 自动剪板机进行风管铁皮下料

图 3.1-33 风管组装成品

风管连接现场放线如图3.1-34所示。

风管安装及保温处理如图3.1-35所示。

（3）管道安装

图 3.1-34 风管连接现场放线

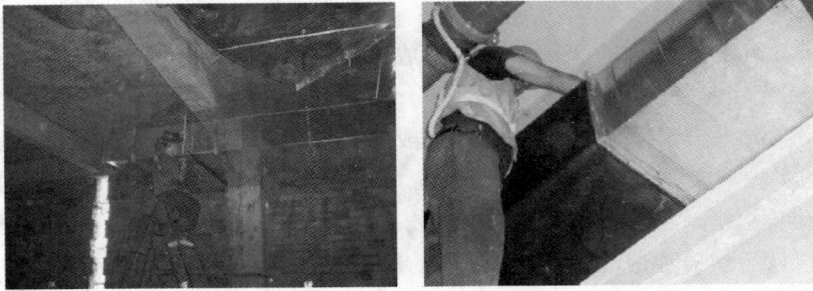

图 3.1-35　风管安装及保温处理

1）支吊架预制及安装

根据施工图及现场情况，绘制安装的支吊架制作大样图，经甲方确认后开始制作。支吊架安装须按照《通风与空调工程施工质量验收规范》GB 50243—2002 执行。洁净室区域采用镀锌型材。镀锌型材在焊接完成后，在焊缝处喷涂一遍镀铬喷漆。支吊架的预制须遵循"先主后次，先主管、后支管，先大管，后小管"的施工程序。考虑到生产区 FAB 三层管道系统工程量大，管径大的特点，故先预制和安装 FAB 三层的支吊架。往下依次为办公区 OS6 二层、生产区 FAB 一层、办公区 OS6 一层及动力厂房 CUB。

2）管道制作及吊装

管道制作如图 3.1-36 所示。

图 3.1-36　管道制作

首先货车将进场管子拉到现场吊装孔处，用吊车将每一楼层需要的管子吊到该层。考虑到在安装过程中的安全性，针对 FAB 三层和大口径管道的安装，吊装选用手拉葫芦和卷扬机相结合的方式。在管道系统的端部搭投一个临时吊装架，先用手拉葫芦或卷扬机将管子提到吊装架上（如条件允许，可用吊车直接将管子吊至吊装架上），然后用卷扬机在另一端用水平拉力牵引，将管子拉上支架固定。其他楼层则根据现场情况选用合适的吊装方式。

3）管道安装

本工程中所使用之管材，镀锌钢管居多。其次是不锈钢管，再次是 U-PVC 管。镀锌钢管 $DN>50mm$ 以上者，采用焊接，$DN \leqslant 50mm$ 时，采用螺纹连接；不锈钢管全部采用氩弧焊；PVC 管采用胶水粘结。

管道的焊接（电焊）：管子在拼对时，应打磨坡口，坡口形式为 V 形。焊缝宽度以盖过管坡口两端约 1～2mm 为宜。焊缝的加强高度宜为 2±1mm，具体高度根据管道尺寸而定。

管道螺纹连接：螺纹连接时，应在管段螺纹外面敷上填料（聚四氟乙烯带或一氧化铅和甘油制成的黏稠混合物），用手拧入 2～3 扣，再用管子钳一次装紧，不得倒回，装紧后应留有丝尾 2～3 扣。

胶水粘结：PVC 管在粘结前，用砂纸（或砂布）将管端及管件内部清洁打磨粗糙，然后将胶水涂抹在需粘结的管件及管端，将管子用力插入管件的承口内，至标准深度再旋转 60°～90°，待胶水基本凝固后，将管子放上支架固定。

氩弧焊焊接：首先用堵头将两端堵住，往管内注入氩气。注入氩气量视管子大小而定，但一定要起到保护作用。在焊缝处用"美纹纸"将其封住，待焊接时撕开。焊接完成后用酸洗膏将焊口洗净。

管道在安装完成后进行气压及水压试验。承压管道的试验压力按工作压力 1.5 倍计，冷凝水管做通水试验。

做水压试验时，先应仔细检查管路、管路配件及焊口有无完成。考虑到水压试验时各楼层的环氧地坪已做到中涂，故应尽量避免有水滴到地面上。如无法避免，应及时做好防护措施。在水压试验过程中，应逐步加压检查，发现问题及时解决。管路中应不低于两个压力表，读数时以最末端的压力表为准。试压完成后，将试验压力降至工作压力稳压 24h，压力降不大于 0.05MPa 为合格。

安装完成后的通风管道见图 3.1-37。

4）管道保温

本工程管道系统保温全部采用难燃性橡塑保温材料。保温厚度按图纸规定。

在施工过程中注意事项：风管表面清洁，胶水涂抹均匀；不留任何死角；粘贴严密；表面平整；接缝严密。

4. 实施效果与创新点

武汉新芯集成电路厂课题组以系统、集成的思路，优化总体设计、优化建筑设

图 3.1-37 安装后的管道

计、空调设计与安装、厂房施工安装等全方面，综合采取措施，取得了良好的洁净度控制效果。

其主要创新点如下：

（1）以武汉新芯集成电路厂为工程依托，以系统、集成的思路，从厂址优化选择、洁净室平面优化布置、人身净化路线优化布置、物料净化路线优化布置、管线优化组织等设计优化方面以及主体结构、装饰施工及过程管理、空调及管道系统安装施工及过程管理等诸方面，综合采取措施，取得了良好的高洁净度控制效果，检测结果表明，洁净度效果完全满足了设计及 12 英寸 90 纳米制造工艺的要求。

（2）武汉新芯集成电路厂是同类厂房中洁净面积最大、洁净度要求最高、控制难度最

大的工程。

武汉新芯集成电路厂高洁净度控制关键技术的形成必将对同类高洁净度要求的工业厂房建设提供重要的借鉴及指导，并提升企业生产水平和行业生产水平，也必将进一步促进高精密加工制造技术的发展。

参 考 文 献

1 中华人民共和国信息产业部.《洁净厂房设计规范》GB 50073—2001. 北京：中国标准出版社，2001
2 陈霖新等. 洁净厂房的设计与施工[M]. 北京：化学工业出版社，2003

3.2 芯片厂防微振关键技术

3.2.1 问题的提出

在近十几年的时间里，集成电路加工工艺水平一直在快速发展。目前国际上主要的集成电路代工厂可规模化生产的加工水平已经到 $0.13\mu m$，像 Intel、AMD 及 IBM 公司的加工工艺水平已经达到 65nm 甚至 45nm。

我国的集成电路产业经过 10 多年的高速发展，从集成电路线宽方面来看，批量生产已达到 $0.18\sim0.13\mu m$。集成电路产品的飞速发展，带动了各行各业的快速进步，特别是在高科技领域，如计算机技术、信息技术、航空航天、军事工业等。

正在建设中的武汉新芯集成电路制造有限公司 12 英寸厂项目将进行 12 英寸 90 纳米集成电路芯片制造，产品是国家加速发展的集成电路产业，特别是 12 英寸集成电路生产线的重点发展项目，产品方向符合国家产业导向，并且是国家高新技术产业目录指导发展产业。

集成电路生产过程中，由于线宽尺寸越来越小，受制于环境的因素也越来越多，如空气中的尘埃、工业气体中的杂质、水中的微生物、人身上的细菌及尘埃、电磁干扰、噪声振动等所产生的污染，都会对集成电路的生产造成影响，微振动问题是集成电路生产厂设计与施工中需要解决的一个重大问题。集成电路制造过程中，从一块硅片开始到一块芯片产出，中间要经过几百道物理、化学的加工工序，其间如果遭受任何污染，就会产生大量问题产品，如光刻工序，很小的微振动会引起对焦不准，曝光后的线路模糊，降低产品的成品率。因此，集成电路制造工厂设计与施工的核心是微污染特别是微振动控制技术。

武汉新芯集成电路制造有限公司 12 英寸 90 纳米集成电路芯片制造工艺对微振动要求非常严格。

所谓防微振就是通过对场地选择、地基土处理、建筑结构振动控制、建筑物内外振源隔振、精密设备隔振及对精密设备的微振动主动控制等综合措施，使振动值减少到低于精密设备的容许振动值，使精密设备正常工作，如图 3.2-1 所示。

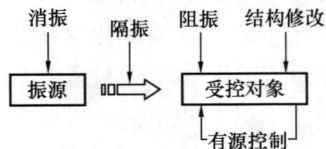

图 3.2-1 微振动控制过程示意图

武汉新芯集成电路工厂如何达到上述防微振的要求，既是业主关心的问题，也是施工方所关心的问题。因为施工质量的好坏，直接影响到防微振要求的实现，并最终影响到产品质量和业主投资意图的实现。通过对芯片厂防微振的各种要求的把握，如场地的选择和场地的振动特性测试和分析、地基与基础的选择与处理、上部结构形式的选择及微振动反应测试和分析以及对精密设备采取各种防微振的具体措施，并通过精心施工使各种要求得以实现，从而达到防微振的预期目标。

3.2.2　创新与关键技术

（1）通过各种防微振措施的集成应用，特别是提高厂房基础和上部结构的刚度，大大提高了整个厂房的抗微振效果，改变了过去只从某一方面（如仅对精密设备隔振）采取措施效果不十分理想的情况。

（2）注重前期的各种微振动测试和分析，优化设计并指导施工，对提高防微振效果和降低造价作用明显。

3.2.3　工程应用实例

1. 工程概况

武汉新芯集成电路厂位于武汉市东湖新技术开发区光谷大道特 2 号，其主体建筑为两跨并排的厂房，总长度 126m，单跨宽 46m，总宽度为 92m，主体三层。一期厂房建筑面积 86944.92m²，中建五局总承包管理建筑面积达 166667.11m²。考虑 12 英寸 90 纳米芯片生产工艺的需要，工程有很高的防微振控制要求。

2. 场地的振动特性测试和分析

集成电路厂房环境振动的影响因素多，传递途径复杂，单纯靠计算是无法得到准确结果的，必须通过试验分析和实测，得出实际的环境振动参数，为设计提供依据。主要调查拟建场地的环境振动参数，厂区周围公路、铁路等交通运输工具所产生的振动影响，评估拟建场地是否可行，并根据实测参数选择厂房结构形式，以抵御环境振动对厂房结构的影响，保证所采用的厂房结构形式使场地的环境振动在结构上不至于增大。环境振动的物理量，应根据精密设备对物理量的要求相应确定，主要是振动加速度、振动速度及振动位移。

在本工程测试现场，共获得了十二个测点的振动数据。测点位置能体现周围振动环境。所有的三维 1/3 倍频带频谱数据位于 VC-E 之下（$3.2\mu m/s$ 或 $125\mu in/s$），如图 3.2-2 所示。

3. 防微振模型测试和分析

根据集成电路厂房环境振动，建立了防微振模型，并测试了垂直振动、水平振动和加速度等。

（1）垂直振动

数据根据典型地板间隔的基本共振频率，以 1/3 倍频带频谱速度表现出来，如图 3.2-3 所示。

（2）水平振动

类似垂直振动的测试，被列出的水平测试速度是 1/3 倍频带频谱的最大值，这一个模态通常支配地板的水平行为。不像垂直的基本模态，水平的模态在非常低的频率发生，如图 3.2-4 所示。

（3）加速度

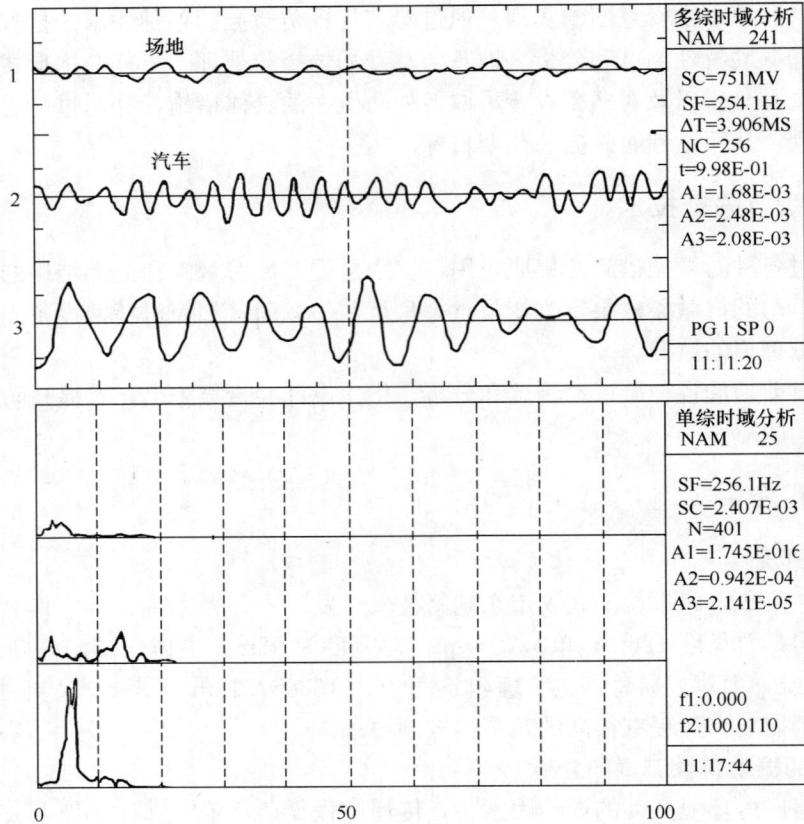

图 3.2-2 场地环境振动实测时、频域波形

加速度曲线是一种频谱，以单位力表现加速度反应。通过关联，加速度的预测值能被转换为速度 $v(\omega)$。如图 3.2-5 所示。

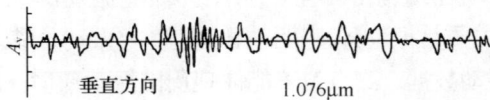

图 3.2-3 垂直方向位移时程曲线

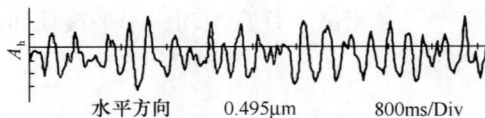

图 3.2-4 水平方向位移时程曲线

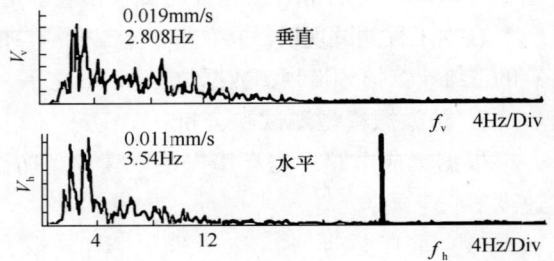

图 3.2-5 速度幅频图

4. 场地选址和总平面布置

（1）场地选址

本项目位于武汉东湖新技术开发区东一园区内，地处规划中的三线东南侧以外，武黄高速公路以南，原江夏区流芳镇境内；场地西靠长通南路，南临火炬东路，西北方向为大舒村及武汉工程学院流芳校区，西南方向与竹林舒湾自然村隔路相望，交通便捷；水、电、气等基础设施齐全。

1）地形地貌

12英寸芯片厂场区（以下简称场区）位于武汉东湖新技术开发区火距东路与长通南路交汇处。场地经过人工平整，地形呈缓坡状，地势西高东低，地面高程21.99～26.15m，相对高差4.15m；地貌单元属长江Ⅲ级阶地垄岗区。

2）地层岩性

场区出露地层主要为第四系黏性土和二叠系龙潭组灰岩段灰岩、炭质泥岩和砂岩组成。

场区出露地层岩性相对单一。根据野外钻探显示，场区下伏基岩岩芯较完整，不存在严重漏水、掉钻等现象，故该场地灰岩岩溶不发育，不存在岩溶对拟建物产生的不良影响。场地地基稳定，适宜建筑。

3）水文地质条件

场地地下水类型为上层滞水，赋存于表层素填土中，其主要补给来源为大气降水，受季节和气候影响，其水位变化幅度不大。勘察期间实测场地地下水稳定水位为自然地面下0.40～2.60m。其余各地层可视为相对隔水层。

据水质分析成果可知，该场地地下水对混凝土不具腐蚀性，对钢结构具弱腐蚀性。

4）地震

①抗震设防烈度

根据《建筑抗震设计规范》GB 50011—2001规定：本地区抗震设防烈度为6度，设计基本地震加速度为0.05g，设计地震分组为第一组。

②场地土类型及建筑场地类别根据在ZK2、ZK10、ZK45实测剪切波速$V_{se2}=193m/s$、$V_{se10}=160m/s$、$V_{se45}=146m/s$，场地土类型为中软场地土，属建筑抗震一般地段；由于场地覆盖层厚度大于3m，小于50m，故建筑场地类别属Ⅱ类。

③场地地基土的自振频率及卓越周期

根据《武汉新芯集成电路制造有限公司一期工程剪切波及地脉动测试报告》，场地地基土的自振频率及卓越周期见表3.2-1，本地的卓越周期0.27s。

地脉动测试成果表　　　　　　　　　　　　　　　　　　表3.2-1

测点位置	东西水平方向		南北水平方向		垂直地面方向	
	F（Hz）	T（s）	F（Hz）	T（s）	F（Hz）	T（s）
ZK45孔附近	3.71	0.27	3.71	0.27	3.76	0.27

④场地地基土的地震液化评价

场地不存在饱和粉土、粉砂，故可不考虑场地地基土的地震液化对拟建物产生的不良影响。

（2）总平面布置

根据各类用地性质分区的原则，本期工程总平面构成分为三大区域：办公厂前区、生产区及动力辅助区。

1）办公厂前区

办公厂前区是整个工厂的重要部分之一，是生产管理、行政办公和对外联系的窗口，具有展示厂容厂貌和树立企业形象的重要功能，因此对其位置和布局进行了重点规划。

办公厂前区分为办公区、停车场地和厂区集中绿地三部分。办公区主要建筑为OS6

布置在地块的南侧面向火炬东路，利用入口广场、停车场地、建筑外立面的形象以及成簇布置的观赏树木，构成了优美的的厂区空间景观。

2）生产区

生产区是整个项目的核心，位于一期用地的中部。生产区主要由 FAB12a、FAB12b 组成。根据使用功能和人流组织分析结果，将办公及支持厂房和生产厂房通过连廊连成一体，按照工艺的要求设计出入口，满足生产需要。

3）动力辅助区

动力辅助区位于本期用地的北部，包括动力厂房（CUB6）、化学品库（CW6）、柴油发电机房（DG6）、变电站（PS6）、硅烷站（SiH4）以及油罐区（DT）等。动力厂房布置在 FAB12 的北侧，工艺所需管道通过管桥连廊连接，既满足生产需求，同时达到管线短捷，节省能耗的目的。

综上所述，在厂区总平面布置方面，主要生产厂房布置在厂区中央，单独建设的动力厂房与洁净厂房之间留有足够距离。

厂房的平面布置：工艺生产线布置在中间核心区，两侧布置空调、冷冻、纯水等站房以及工艺用泵房等，即在核心区（防微振区）周围有众多振源，如图 3.2-6 所示。

厂房竖向布置：顶层为空气洁净及送风层（上技术夹层），中间层为工艺生产层，底层为回风层（下技术夹层），顶层及底层都有较大的空间，如图 3.2-7 所示。

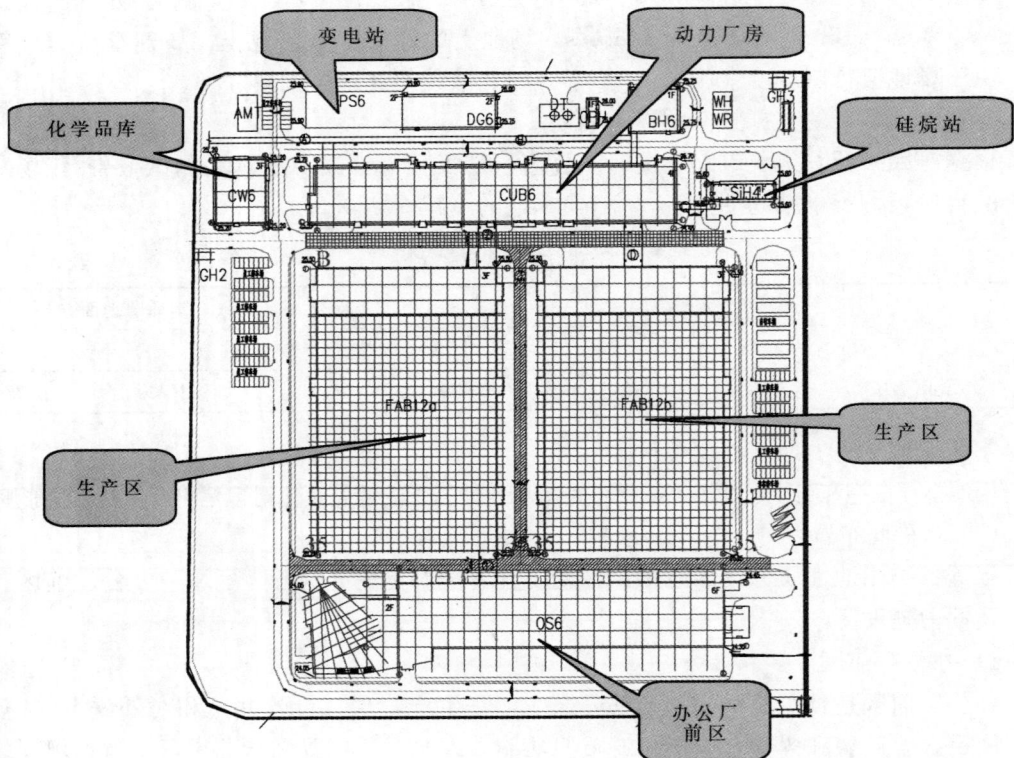

图 3.2-6　厂区总平面布置图

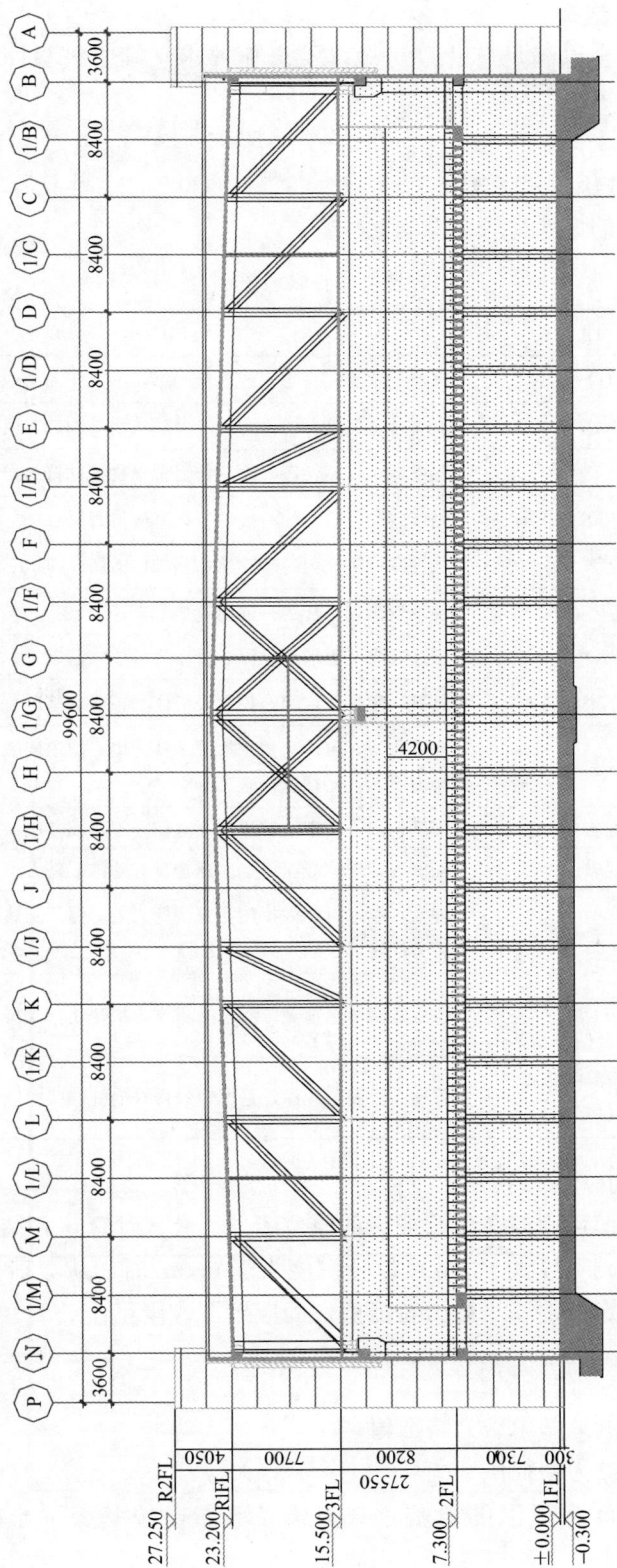

图 3.2-7 厂房剖面图（竖向布置）

5. 地基与基础的选择

采用桩基筏板组合以满足芯片厂房地基抗微振要求，其中筏板面积 30000m²，厚度 0.9~2.5m，桩共 1396 根。

（1）地基的特点

1）地基岩性的性质

场地各地层岩性的性质如表 3.2-2。

地基岩性性质表　　　　　　　　　　　表 3.2-2

岩性编号	岩　性	岩　性　性　质
①	素填土（Q^{ml}）	属新近填土，尚未完成自重固结，不宜作为场地基础的持力层
②-1	粉质黏土（Q_4^{al+pl}）	具有一定强度，可作为低轻型建筑物基础持力层
②-2	粉质黏土（Q_4^{al+pl}）	强度低，压缩性高，不宜作为拟建物基础持力层
②-3	粉质黏土（Q_4^{al+pl}）	强度较高，可作为一般建筑物基础持力层
③	黏土（Q_3^{al+pl}）	强度高，可作为一般建筑物基础持力层
④-1	含碎石粉质黏土（Q^{al+pl}）	强度较高，可作为一般建筑物基础持力层
④-2	碎石土（Q^{dl}）	强度较高，但埋藏较深，可作为拟建物基础持力层的下卧层
⑤	黏土（Q^{el}）	具有一定强度，埋藏较深，可作为拟建物基础持力层的下卧层
⑥	灰岩（P_{2L}^2）	埋藏较深，可作为拟建物桩端持力层。但该层属可溶性岩石，当以其作为持力层时，必须进行施工勘察
⑦-1	强风化炭质泥岩（P_{2L}^1）	强度较高，但埋藏较深，不宜作为拟建物基础持力层
⑦-2	中风化炭质泥岩（P_{2L}^1）	强度高，埋藏较深，是拟建物良好的桩端持力层
⑧	灰岩（P_{2L}^1）	埋藏较深，可作为拟建物桩端持力层。但该层属可溶性岩石，当以其作为持力层时，必须进行施工勘察
⑨-1	强风化粉砂岩、含炭泥岩互层（P_{2L}^1）	强度较高，但埋藏较深，不宜作为拟建物基础持力层
⑨-2	中风化粉砂岩、含炭泥岩互层（P_{2L}^1）	强度高，埋藏较深，是拟建物良好的桩端持力层

2）地基的承载力

地基承载力特征值可由载荷试验或其他原位测试、公式计算，并结合工程实践经验等方法综合确定。当基础宽度大于 3m 或埋置深度大于 0.5m 时，从载荷试验或其他原位测试、经验值等方法确定的地基承载力特征值，尚应按下式修正：

$$f_a = f_{ak} + \eta_b \gamma (b-3) + \eta_d \gamma_m (d-0.5)$$

式中　f_a——修正后的地基承载力特征值；

　　　f_{ak}——地基承载力特征值；

　　η_b、η_d——基础宽度和埋深的地基承载力修正系数，按基底下土的类别查表 3.2-3 取值。

承载力修正系数　　　　　　　　　　　　　　　表 3.2-3

土 的 类 别		η_b	η_d
淤泥和淤泥质土		0	1.0
人工填土 e 或 I_L 大于等于 0.85 的黏性土		0	1.0
红黏土	含水比 $\alpha_w > 0.8$	0	1.2
	含水比 $\alpha_w \leqslant 0.8$	0.15	1.4
大面积 压实填土	压实系数大于 0.95、黏粒含量 $\rho_c \geqslant 10\%$ 的粉土最大干密度大于 $2.1 t/m^3$	0	1.5
	的级配砂石	0	2.0
粉 土	黏粒含量 $\rho_c \geqslant 10\%$ 的粉土	0.3	1.5
	黏粒含量 $\rho_c < 10\%$ 的粉土	0.5	2.0
e 及 I_L 均小于 0.85 的粘性土		0.3	1.6
粉砂、细砂（不包括很湿与饱和时的稍密状态）		2.0	3.0
中砂、粗砂、砾砂和碎石土		3.0	4.4

（2）基础形式的选择

1）桩基础的选择

由于该建筑物场地 5m 以上主要分布着结构松散的第①层素填土，中偏高～高压缩性的②—1 层、②—2 层粉质黏土，中等压缩性的②—3 层粉质黏土，均不宜作为建筑物基础持力层，因此拟建物不能采用浅基础，同时由于建筑物荷载较大，同时对防微振要求高，即竖向位移要控制在微振范围内，故采用地基加固处理不适宜，只能采用桩基础。且基础的持力层在中风化岩内，这样才能保证桩端有足够的端阻力，减少桩测阻力，见表 3.2-4。

场区建筑物基础形式及持力层的选择　　　　　　　表 3.2-4

编号	建筑物名称	基 础 形 式	持 力 层
1	办公支持厂房	独立基础或桩基	⑥层灰岩和⑨-2 层中风化粉砂岩、含炭泥岩互层
2	生产厂房	筏板或桩筏基础	⑨-2 层中风化粉砂岩、含炭泥岩互层
3	生产厂房	筏板—桩基础	⑦-2 层中风化炭质泥岩、⑧层灰岩和⑨-2 层 中风化粉砂岩、含炭泥岩互层
4	动力厂房	筏板—桩基础	⑦-2 层中风化炭质泥岩、⑧层灰岩和⑨-2 层 中风化粉砂岩、含炭泥岩互层
5	化学品库	独立基础或桩基	⑨-2 层中风化粉砂岩、含炭泥岩互层
6	变电站	独立基础或桩基	②-3 层粉质黏土和③层黏土共同作为基础持力层
7	柴油机房	独立基础或桩基	②-3 层粉质黏土作为基础持力层
8	锅炉房	独立基础或桩基	④-1 层含碎石粉质黏土作为基础持力层
9	硅烷站	独立基础或桩基	④-1 层含碎石粉质黏土作为基础持力层
10	柴油泵房	独立基础或桩基	②-3 层粉质黏土作为基础持力层
11	柴油储罐区	独立基础或桩基	②-1 层粉质黏土作为基础持力层
12	门卫 1	独立基础或桩基	②-1 层粉质黏土作为基础持力层
13	门卫 2	独立基础或桩基	②-1 层粉质黏土作为基础持力层
14	门卫 3	独立基础或桩基	②-1 层粉质黏土作为基础持力层
15	废品库	独立基础或桩基	②-3 层粉质黏土作为基础持力层
16	废品回收库	独立基础或桩基	②-1 层粉质黏土作为基础持力层
17	氨氮处理站	独立基础或桩基	②-1 层粉质黏土作为基础持力层

2）桩基础的施工

由于桩端持力层为基岩，可选用人工挖孔桩和钻孔灌注桩等嵌岩的桩型。但钻孔桩受到可钻性的限制（钻机钻进灰岩较困难），加之基岩有三种不同的岩性，钻孔桩很难确定哪一种岩性在桩孔内所占的比例，给设计带来很大困难，偏于安全考虑，设计时在岩石分界线附近按较差岩石取值，而且钻孔桩费用较高，而人工挖孔桩有直观鉴定，质量可靠和施工灵活（对灰岩可采用爆破）等优点，因此采用人工挖孔桩基础。

3）筏板基础的选择

为了提高基础刚度，增强防微振效果，生产厂房 FAB12a、FAB12b、动力厂房 CUB6 采用了筏板或桩筏基础。

（3）筏板基础的施工

筏板基础厚度 900～2500mm，面积约 15000m²，内配双层双向钢筋网片，混凝土强度等级为 C30。筏板基础表面直接做环氧地坪，因而要求原浆压光，一次成型，业主对整个筏板基础的表面平整度、光洁度、裂缝控制都有及严格的要求。特别是裂缝的产生将会影响整个筏板基础的整体刚度，从而影响防微振效果，因此控制裂缝进而确保筏板基础的整体刚度是施工质量控制的重中之重。

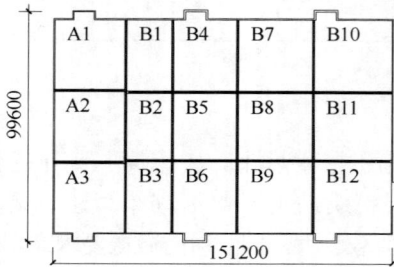

图 3.2-8　筏板基础混凝土
浇筑平面划分示意图

1）确定施工流程

整个筏板基础共设 6 条后浇带，将整个筏板基础划分为 15 个区块，分区块连续浇筑，如图 3.2-8 所示。前面工序每提供出一块浇筑作业面即开盘浇筑，形成区块浇筑流水作业。混凝土浇筑以横向每三个区块为一个单元，例如 B10～B12 为一个单元，架设两台地泵在 B10 外侧，自 B12 向 B10 退行浇筑，一台汽车泵于外侧负责外围条形深基础浇筑，如图 3.2-9 所示。

单区块内连续浇筑，遵循自西向东，自中部起浇、向南北两侧退行的浇筑顺序，区块内浇筑作业结束于后浇带或外围模板，避免形成施工缝。

2）混凝土浇筑

由于筏板基础厚度达 900～2500mm，因而各区块内采取全面分层浇筑、分层捣实的浇筑方式，同时明确混凝土上下层覆盖的时间间隔不得超过 2h，必须保证上下层混凝土在初凝之前结合好，避免形成施工缝。混凝土振捣时，由于泵送混凝土流动性大，应控制好浇筑厚度及振捣后的坡度。配备 ϕ70 振动棒，振捣时应做到快插慢拔，要求浇上层混凝土时，需插入下层混凝土 10mm，使上下层混凝土紧密结合。振捣器在每一位置振捣的持续时间，应以拌合物停止下沉不再冒气泡并泛出水泥砂浆为准，不宜过振。

混凝土浇筑略高于设计标高，便于人工刮平。浇筑过程中应特别注意对标高控制钢筋的保护，避免因泵管冲击等人为因素造成不必要的误差。

3）混凝土裂缝控制

本筏板基础最薄处达 900mm，属于超厚大体积混凝土，结构截面大，水泥用量多，水泥水化所释放的水化热会产生较大的温度变化和收缩作用容易导致裂缝产生，且本阶段

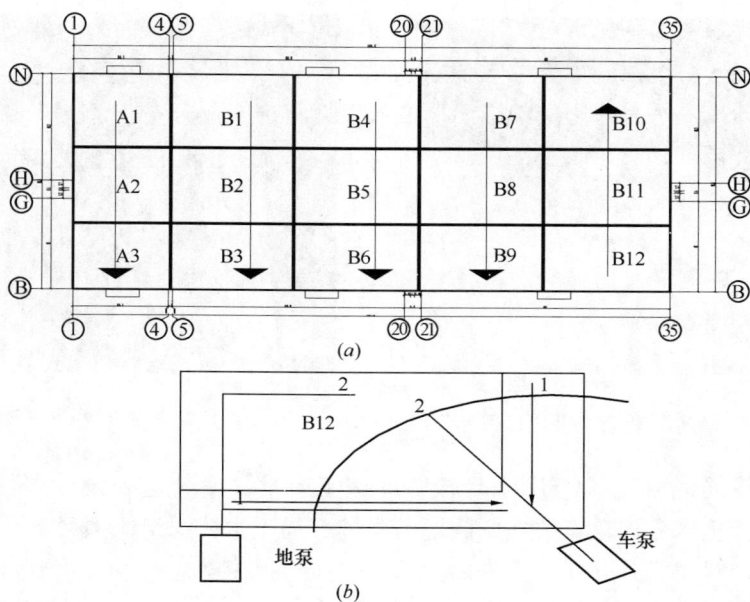

图 3.2-9 混凝土浇筑顺序示意图

(a) 钢筋混凝土结构施工分区; (b) B12 浇筑顺序

施工处于秋冬季节, 内外散热条件差异大, 不利于控制温度梯度。

针对上述不利因素, 中建五局凭借多年施工大体混凝土的成熟的施工技术、施工经验和组织管理措施, 通过采取各种综合措施, 如优选原材料、优化混凝土配合比、加强养护和测温工作 (图 3.2-10), 最终达到了裂缝控制的理想效果, 保证了筏板基础的整体刚度, 从而满足了筏板基础的防微振要求。

6. 密柱、楼盖形式的布置与施工

为了满足防微振的要求, 12 英寸集成电路生产厂一层地面设 900mm 厚的现浇钢筋混凝土板以抑制地面随机振动对上部结构的输入; 第二层是生产设备层, 布置工艺生产设备。二层楼面为 700mm

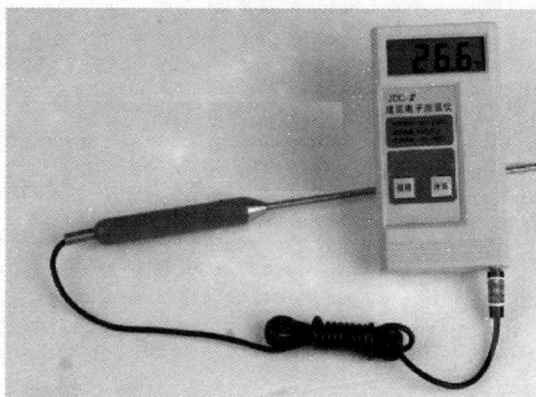

图 3.2-10 混凝土测温仪

厚的现浇钢筋混凝土 "CHEESE 板" (密孔楼板) 满足生产工艺的前提下增强楼面的整体刚度, 其开孔率达到 25% 左右, 孔洞直径为 350mm。穿孔楼板上安装 600mm 高的铸铝开孔活动地板, 以满足回风的要求, 如图 3.2-11 所示。生产区和支持区上部结构均设缝断开以使支持区动力设备的振动不直接影响生产区; 支持区有振动的设备均须采取减振措施。

为保证生产层的刚性, 满足净化生产的防微振要求, 支持二层穿孔楼板结构的加密柱网 4.2m×4.2m，如图 3.2-12 所示。

图 3.2-11 现浇钢筋混凝土"CHEESE 板"

图 3.2-12 底层 4.2m×4.2m 加密柱网

如何保证钢筋混凝土"CHEESE 板"的施工质量，使其达到设计要的防微振效果，是中建五局及其土木公司重点关注的问题。中建五局土木公司组织项目部最精干的技术人员和管理人员，对"CHEESE 板"的施工质量进行重点控制：

（1）华夫模板铺排

由于钢筋混凝土"CHEESE 板"是用华夫模板施工，而华夫模板圆孔的位置精度要求非常高，体现在水平和平面尺寸。因在楼面有高架地板，华夫板铺设时绝对不能产生累积误差，如偏差过大，将给配管和高架地板质量等后续施工带来问题。

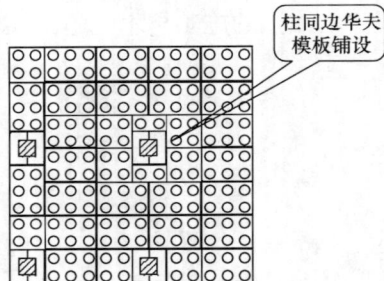

图 3.2-13 柱周边华夫模板铺设

华夫模板以每 8.4m×8.4m 为一单元进行铺排。

1）模板加工制作时在底部翻边上设置有安装中心线，根据放出的轴线（同时也是柱中心线、异形板安装中心线）拼铺 E 型异形板，从而完成柱周边华夫模板铺设，如图 3.2-13 所示。

2）接着拼铺两孔板，然后依次为四孔板、六孔板。

3）单元内铺设完毕，复核外围华夫板模板边缘与轴线是否吻合（华夫板制作设计时即作此考虑）。若出现误差则应符合附近轴线距离，掌握并根据轴线偏差情况争取将误差消化在临近单元内，切忌将误差累积。

4）铺设一定区域并经复核后（通常为一个区块），采用自攻螺钉将模板法兰边固定，用密封胶填缝模板法兰边间缝隙，再用阻燃树脂和 300 毡的玻纤布进行积层。积层需 1h 固化，此期间应避免人员踩踏，并在玻纤上用一至两个燕尾夹固定，待固化后取下。

采用此法优于使用胶带纸密封，可以很好的防止混凝土漏浆问题，如由于钢筋绑扎施工时将胶带纸拉破造成漏浆的施工问题，如图 3.2-14 所示。

（2）钢筋绑扎

华夫板孔间主次梁纵横方向间隔 250mm 满布，且主次梁交接处箍筋加密间距为 100mm；柱帽处纵横方向共有 6 条主次梁通过，且柱帽本身上下均设有双向 ϕ25 的钢筋网

片，表面钢筋多达 5 层。缝宽仅 250mm，
而高度达 700mm，在如此狭小的空间内
安装绑扎如此密布的钢筋难度很大，即便
勉强施工，速度也将无法达到进度要求。
然而如将全部格子梁钢筋均绑扎后再放入
梁内则钢筋重量很大，要整体放入梁内比
较困难，加之华夫板亦承受不了如此大的
荷载。

图 3.2-14 华夫模板铺排

柱帽处梁主筋的摆放层次同时影响施
工速度和保护层厚度，如何寻求二者最佳结合点的施工方法至关重要。

钢筋具体绑扎方法如下：

1）华夫板的井字梁密集，而圆筒间净宽仅 250mm，高度却达 700mm，因而必须架
空绑扎；但整体架空又几乎无法落放，因而必须分区段绑扎；小区段内主次梁节点处钢筋
密集，为方便穿筋并确保保护层厚度必须分方向分主次梁进行绑扎落位。

2）对框架梁与井字梁的布设叠放，主筋叠为三层，从底向上依次为横向框架梁、纵
向框架（井字）梁、横向井字梁；

3）绑扎各梁均从端支座往另一端方向铺开，纵向方向即为 35 轴往 5 轴，横向梁可2～4跨
做交错，分别从 1/M 轴往 1/B 轴和其反向开始绑扎，最后的主筋连接接头采用绑扎接头；

4）梁筋绑扎采取架空逐根绑扎完毕后落放入模的方法，架空采取在华夫板盖板间架
立木方悬挂梁面筋，摆底筋，穿箍筋成型。将同一方向的梁全部完成后即同此法绑扎另一
方向的梁。

5）腰筋的绑扎，因纵横梁绑扎需要穿主筋，腰筋先不绑，待梁绑扎就位后穿筋绑扎；

6）保护垫块，华夫板的板沿有翻边可控制梁筋的保护层，现场根据梁的下挠情况在
底部加设 2cm 厚垫块，如图 3.2-15、图 3.2-16 所示。

图 3.2-15 华夫板钢筋绑扎过程中

图 3.2-16 华夫板钢筋绑扎完成后

（3）混凝土质量控制

1）混凝土浇筑顺序

混凝土浇筑根据后浇带划分分区块进行，自 35 轴向 5 轴方向，如图 3.2-17 所示。每
三块为一个单元，以 B10、B11、B12 该单元为例：架设两台地泵于 B12 外侧，从 B10 起

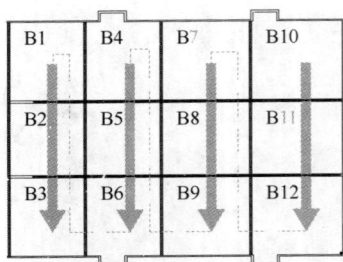

图 3.2-17 混凝土浇筑顺序

浇，向 B12 退行浇筑；一台汽车泵于外围扫边浇筑。单区块内混凝土浇筑结束于后浇带或者外墙侧，避免区块内形成施工缝。协调各专业工种进度，形成区块浇筑流水作业，一鼓作气连续浇筑完成整个华夫楼板的浇筑。

2）标高控制

由于华夫楼板面上直接做超洁净环氧地坪，上部还有高架地板。因而对板面平整度有严格要求。经过反复权衡并借鉴经验，决定在下料粗平和混凝土沉实精平分阶段使用前述的两种方法作为平整度的标高控制依据：

混凝土下料振捣和粗平时以华夫模板筒面标高作为控制依据。混凝土浇筑高于筒面 3～5mm 作为沉实和泌水的厚度损失。精确找平磨光时参照标高控制点埋设的插筋（间距 6m×6m 焊出楼面高 600mm）上的 +20cm 标示，满带通线。模板施工与交接验收中已反复控制标高平整度，故此时最大标高误差一般在 5mm 内，采取补料或减料，满足3mm/m 的平整度要求。

3）混凝土浇筑

本工程华夫板厚达 700mm，因而各区块内采取全面分层浇筑、分层捣实的浇筑方式，同时明确混凝土上下层覆盖的时间间隔不得超过 2h，必须保证上下层混凝土在初凝之前结合好，避免形成施工缝。混凝土振捣时，由于泵送混凝土流动性大，应控制好浇筑厚度及振捣后的坡度。振捣时应做到快插慢拔，要求浇上层混凝土时，需插入下层混凝土内 10mm，使上下层混凝土紧密结合。振捣器在每一位置振捣的持续时间，应以拌合物停止下沉不再冒气泡并泛出水泥砂浆为准，不宜过振，如图 3.2-18 所示。

图 3.2-18 混凝土浇筑完成

4）混凝土养护

本工程华夫楼板施工期间正处于武汉市的冬季，因而需注意进行表面保温养护。在压光完成混凝土表面可以上人后（4～6h），对华夫楼板湿水并覆盖一层薄膜，浇筑达到 2d 时，在薄膜面再铺盖一层麻袋，进行浇水保湿养护。

7. 防微振墙设置与施工

12 英寸集成电路厂设置了部分现浇钢筋混凝土墙，如图 3.2-19 所示。其目的是增大防微振结构水平向的刚度，减弱平台水平向振动。测试表明，设置了防微振墙的结构，平台水平向振动基本不增大，而不设防微振墙的结构，水平向振动增大了 25%～28%，可见防微振墙对减弱平台水平向振动有明显作用，且工程造价增加不大。

（1）钢筋绑扎

先焊接绑扎柱的钢筋，需分两次接长的先完成下一段绑扎后用钢管穿柱带钢丝绳拉于内架，再接长上段钢筋。墙体钢筋绑扎过程中，用铁丝 3m 间距绑扎钢筋网于内架防钢筋网外倾，绑扎点在 4m 和三层楼面高度设两排。封模时逐段拉固模板后拆除围护杆，如图 3.2-20 所示。

图 3.2-19 钢筋混凝土防振墙

图 3.2-20 墙体钢筋绑扎

（2）模板安装

墙内模拼装过程不得随意破坏钢筋网与内架拉固的铁丝，剪断前将内模先用铁丝拉于内架。模板加固时，拧紧穿墙螺杆，将内模外钢楞（钢管）与内架连接成整体。模板加固后，内架每跨与内模钢管做斜撑不少于三道。

（3）混凝土浇筑

混凝土输送采用汽车泵设于 35 轴外道路。严格分层浇筑，每层高度控制在 2m 以内，均匀布料。分层振捣，振动棒振捣上层混凝土时插入下层混凝土满足 30cm 即可。

由于充分注意了防微振墙混凝土的浇筑与振捣，保证了混凝土墙体的密实性与侧向刚度，从而提高了混凝土墙体的防微振效果。

8. 精密设备的隔振措施

集成电路厂房土建竣工，厂房内动力设备安装完毕并试运行时，需测试精密设备位置处的振动值，以判断是否满足防微振要求，当不能满足时，应对精密设备采取隔振措施。

在精密设备与平台之间，设置隔振器或隔振装置，较理想的隔振元件是空气弹簧隔振装置，装置由空气弹簧隔振器、阻尼器、高度控制阀及控制柜组成，气源可利用厂房内已有的洁净压缩空气、隔振器与精密设备之间设置台座。图 3.2-21 为其隔振安装示意图。

9. 工程实施效果

武汉新芯 12 英寸芯片厂防微振问题的

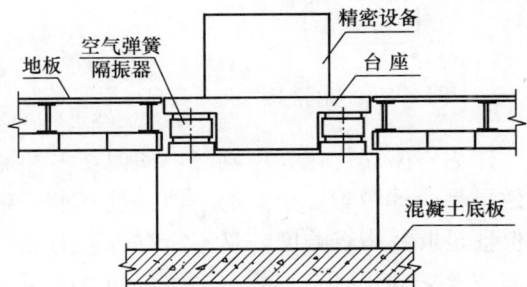

图 3.2-21 精密设备的隔振措施

解决，首先通过对拟选场地进行环境振动的测试和分析，得到拟建场地的环境振动参数，为优选场地提供了科学依据。其次通过防微振工程设计，如对芯片厂的微振动控制值的确定，优化总平面图的布置，地基与基础形式的选择与处理，动力区与生产区分开设置，密柱、楼盖形式的布置，设置防微振墙，精密设备的隔振措施，通过精心施工并进行各种微振动测试，结果表明完全达到 12 英寸 90 纳米芯片加工对微振动环境的严格要求，并为今后类似厂房的建设提供了借鉴作用。

参 考 文 献

1　郑华山. 防微振设备基础的设计研究[J]. 建筑结构，2007，（6）

2　俞渭雄，陈骝. 现代科技发展中的防微振技术[J]. 洁净与空调技术，2002，（2）

3　李海姣，张维锦. 振动时间对无阻尼单自由度简谐振动共振时振幅的影响[J]. 工程建设与设计，2005，（2）

4　季新强，李爱群. 精密仪器防微振方法及其研究进展. 特种结构，2005，（2）

5　吴邦达. 高精密车床基础防微振的新尝试. 建筑结构，2001，（5）

6　郑佳明，杨光明，李卫，黄文胜，张建润. TFT-LCD 厂房防微振系统的数值仿真研究. 工程建设与设计，2008，（10）

7　俞渭雄，陈骝，娄宇. IC 工厂的防微振设计[J]. 洁净与空调技术，2007，（1）

8　俞渭雄，陈骝，娄宇. IC 工厂的防微振设计[J]. 洁净与空调技术，2006，（4）

3.3　大剧院声学模拟试验及声学设计与施工技术

3.3.1　问题的提出

东莞市玉兰大剧院系广东省规模最大、功能最全和声学要求极高的特大型剧院工程，其规模、使用功能处于国际、国内领先水平，如图 3.3-1 所示。该工程包括一个 1606 座歌剧院和一个 409 座的多功能实验剧院及配套设施和中西餐厅、文化酒吧、艺术商场等公众文化设施，采用智能化机械舞台，可作平移、升降、倾斜和旋转等变换，可满足各种形式、各种规模歌舞剧、话剧、戏曲等艺术演出形式和大型报告、会议等的要求。

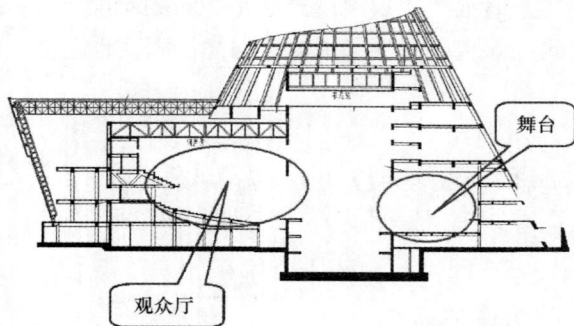

图 3.3-1　东莞玉兰大剧院观众厅剖面图

作为一座现代化大型剧院，如何在多种形式、多种规模演出情况下，均达到优良的音质效果是设计中难度很高的一项关键技术。对于大剧院而言，当用于大型歌剧演出时，既要保证足够的声音响度，又不能有过长的混响，以确保歌唱及音乐层次清晰、透明度好；而当演奏交响乐时，则要有足够长的混响时间，以保证交响乐气势浑厚、丰满而有力度。为了满足这种多功能剧场不同使用功能的音质要求，就给大剧院观众厅的建筑声学设计提出了更高的要求和极大的难度。

基本思路是：在初步设计的基础上，进行计算机声学模拟和缩尺模型声学模拟等试验研究，将试验结果与初步设计的各参数对比，对初步设计进行必要的修改，并确定选材和构造，为施工图设计等建筑声学设计提供准确的依据，从而达到高起点、高标准、高质量的建设目标。

其操作步骤为：初步设计→计算机声学模拟→缩尺模型声学模拟和施工图设计→施工→竣工调试。

3.3.2 创新与关键技术

（1）通过计算机声学模拟分析，对东莞玉兰大剧院的设计方案，尤其是体形设计进行了科学的验证。

（2）通过声学缩尺模型的测试，对东莞玉兰大剧院的声学设计，包括体形设计、材料选择等进行了科学的验证。

（3）东莞玉兰大剧院在可调混响装置的设计上分别采用了百叶式、转筒式和垂直升降帘幕式三种不同的形式。在混响装置控制的设计上采用了先进的分布式控制系统，由计算机全程控制，可以通过鼠标的点击来完成混响调节，代表了国内混响调节技术的最先进水平。

（4）东莞玉兰大剧院在空调通风系统的消声设计方面采用了多种消声技术，如在大观众厅下的静压箱内采用了专门设计的折回式消声室消声技术，在回风通道内采用了纵向迷宫式消声技术，在系统和位置都受到严格限制的条件，达到了良好的消声效果。

（5）通过一系列全新的声学施工技术，使大剧院的各种声学设计指标得到了最完美的体现。

3.3.3 工程应用实例

1. 工程概况

东莞大剧院坐落于东莞市文化中心，为东莞市标志性建筑，系广东省规模最大、功能最全和声学要求极高的特大型剧院工程。大剧院外形新颖、动感，富于舞蹈韵味，立面为优美舞姿摆线造型，平面由四段圆弧呈扇形组成，东西长约114m，南北长约117m。剧院设施功能齐全，设备选型国际先进，国内一流，室外景观丰富，自然和谐。该工程占地36010m²，总建筑面积43997m²，建筑高度59m，总投资6.18亿元，包括一个1606座歌剧院和一个409座的多功能实验剧院及配套设施。

2. 东莞玉兰大剧院声学模拟试验研究

大剧院是一项极为重要、极有影响的文化建设工程，技术要求高，设计难度大，建筑声学设计更是成败关键。为了使建筑声学设计更具科学性和把握性，在整个设计过程中，特别是在初步设计之后，先后开展了观众厅声场计算机模拟分析及观众厅1/10缩尺模型试验两项科学研究工作，目的是分析观众厅的平剖面体形是否合理、检查观众厅内是否存在回声、聚焦等声缺陷，预测不同使用功能条件下的厅内混响时间及声场分布特性及模拟计算观众厅内有关音质评价的声学参量等,为技术设计和施工图设计提供准确的依据。

(1) 计算机声学模拟

计算机声场模拟分析特别适用于分析体形设计,其方法是在电脑中建立观众厅的三维模型,在设定声源点和接收点、确定声反射要求次数及计算取定时间后,即可通过专用声学设计软件做出混响时间特性、声场分布图及声反射序列图,并可计算出早期衰减时间、语言清晰度、音乐透明度、声场力度及侧向反射声系数等音质参量。

通过计算机声学模拟确定了剧场的体形和布局,并建立了缩尺模型。

■ 基本情况

1) 模拟对象:东莞玉兰大剧院歌剧厅

2) 模拟软件:比利时 LMS 公司 RAYNOISERev3.0

3) 计算机模型主要参数:体积:15465m³;总内表面积:5521m²;平均自由程:11.8m。建立计算机模型时舞台仅保留音罩部分,上述各项均包括音罩在内。

4) 模拟条件:见表 3.3-1。

5) 模拟声源:采用无方向性点声源,位于大幕线后 1m 的中央位置,高度 1.6m,为自然声情况。

歌剧厅模拟条件 表 3.3-1

部 位			材 料	部 位		材 料
音罩	顶板	演出音乐时	强反射材料	观众席		强吸声材料
		演出歌剧时	全吸声材料	观众厅侧墙	台口附近前区	强反射材料
	侧板	演出音乐时	强反射材料		后区	半吸声材料
		演出歌剧时	半吸声材料	观众厅后墙		强吸声材料
	后板		强反射材料	观众厅吊顶		反射材料
				观众厅内矮墙		反射材料
舞台地面			反射材料	挑台及包厢拦板		反射材料

■ 模拟内容

倍频程声场分布;直达声到达后 100 内反射声分布图谱。

■ 模拟结果

模拟结果以分布图的形式给出,总共有四个部分:

1) 演出音乐时 125~4000Hz 倍频程声场分布。

2) 演出歌剧时 250Hz、1000Hz 和 4000Hz 倍频程声场分布。

3) 演山音乐时观众厅内 8 个代表性接收点的直达声到达后 100ms 反射声分布图。

4) 演出歌剧时观众厅内 8 个代表性接收点的直达声到达后 100ms 反射声分布图。

接收点位置见测点布置如图 3.3-2 所示,测点号与反射声图中的 POINT 号对应见表 3.3-2。

歌剧厅测点号与反射声图中的 POINT 号对应表   **表 3.3-2**

测点号	POINT	测点号	POINT
P1	357	P7	1137
P2	352	P8	1246
P3	84	P9	1838
P4	561	P10	1678
P5	677	P11	1547
P6	800		

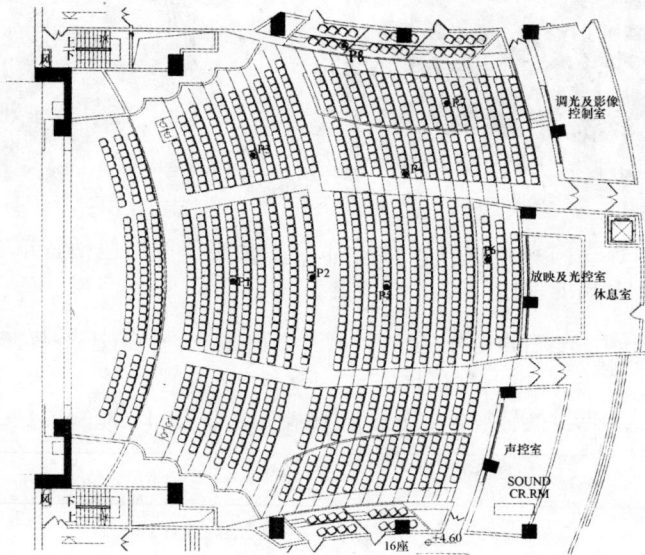

图 3.3-2　歌剧厅测点布置图

第一部分　演出音乐时倍频程声场分布图（图 3.3-3～图 3.3-6）

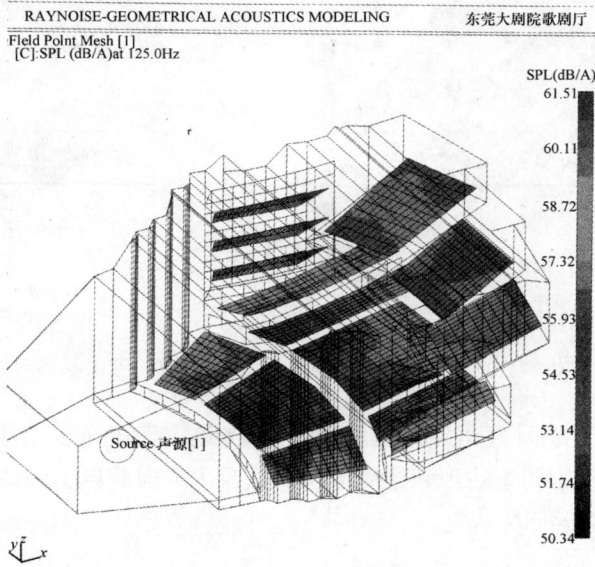

图 3.3-3　演出音乐时倍频程声场分布图 1

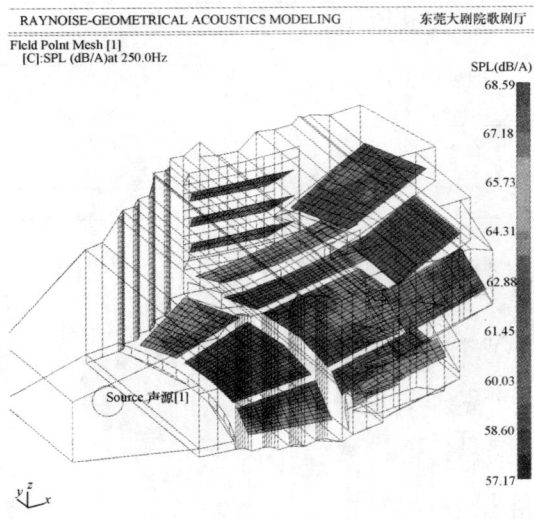

图 3.3-4 演出音乐时倍频程声场分布图 2

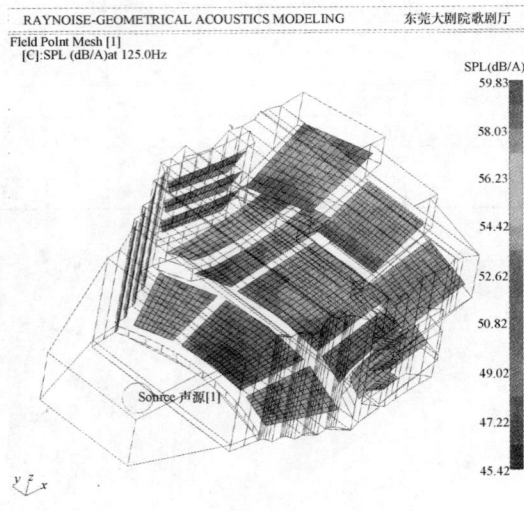

图 3.3-5 演出音乐时倍频程声场分布图 3

第二部分 演出歌剧时倍频程声场分布图（图 3.3-7～图 3.3-10）

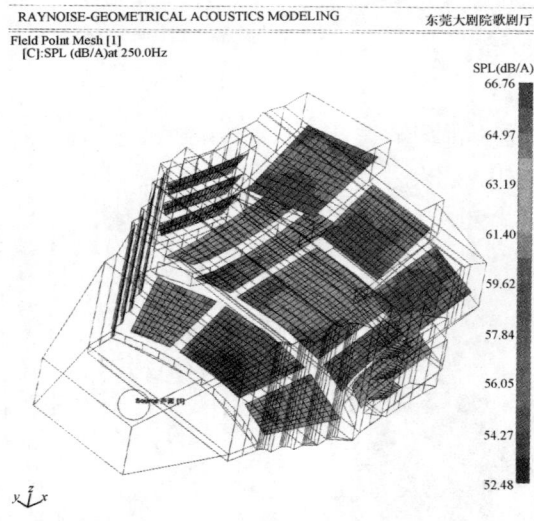

图 3.3-6 演出音乐时倍频程声场分布图 4

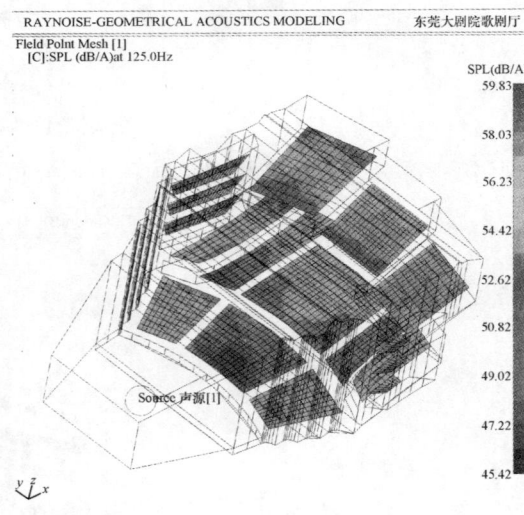

图 3.3-7 演出歌剧时倍频程声场分布图 1

第三部分 演出音乐时直达声到达后 100ms 内反射声分布图（图 3.3-11、图 3.3-12）

第四部分 演出歌剧时直达声到达后 100ms 内反射声分布图（图 3.3-13、图3.3-14）。

（2）缩尺模型声学模拟

1）概况

东莞玉兰大剧院为多用途演出厅，主要功能为演出歌剧、交响乐、戏曲、话剧、室内乐及小型古典乐等。观众厅的体积为 $15465m^3$，总内表面积为 $5521m^2$，平均自由程为 $11.8m$，观众厅容量约为 1470 座，每座容积为 $10.5m^3/$人。

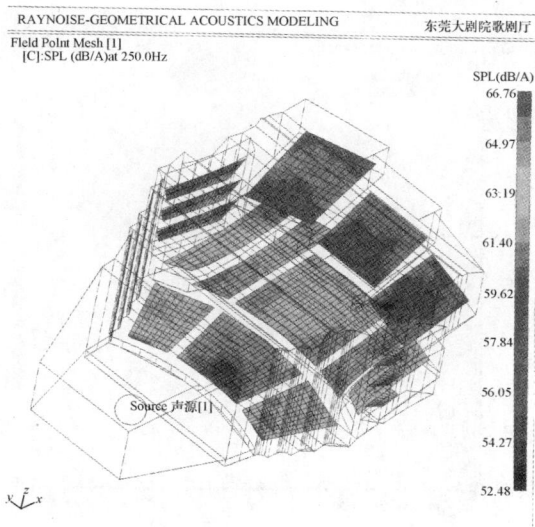

图 3.3-8　演出歌剧时倍频程声场分布图 2

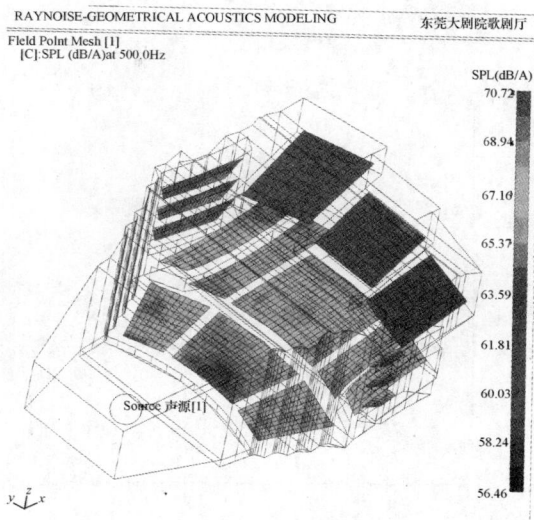

图 3.3-9　演出歌剧时倍频程声场分布图 3

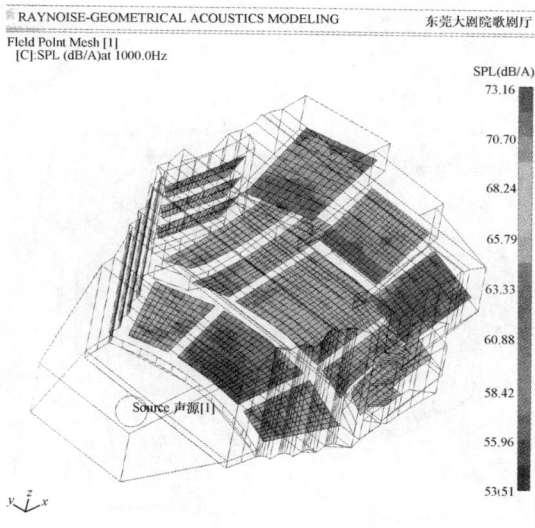

图 3.3-10　演出歌剧时倍频程声场分布图 4

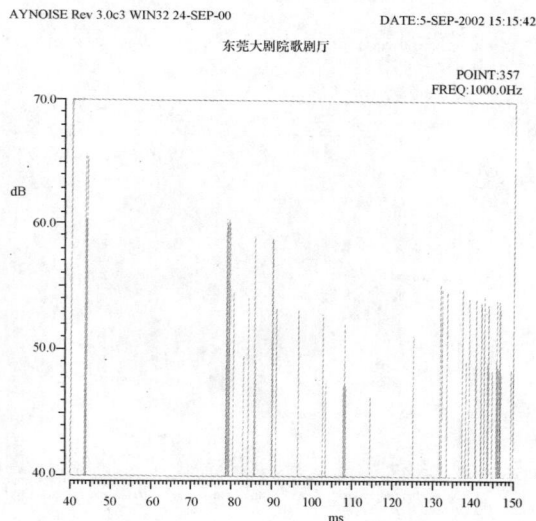

图 3.3-11　演出音乐时直达声
到达后 100ms 内反射声分布图 1

声学缩尺模型的比例为 $1：10$。缩尺模型中使用的材料按频率提高 10 倍的吸声系数对实际厅堂的装修材料进行模拟（主要是中频、低频和高频有一定偏差）。模型中舞台周墙做强吸声处理，并制作了活动音罩，测量时分为两种情况，一种为演出自然声音乐的情况，在舞台上放置音罩，使观众厅和音罩形成一个整体；一种为演出歌剧和其他文艺节目的情况，舞台上不放置音罩。在进行声学模型测试时，主要模拟自然声的情况，剧场的平剖面图如图 3.3-15～图 3.3-17 所示，声学缩尺模型的内景照片如图 3.3-18、图 3.3-19 所示。

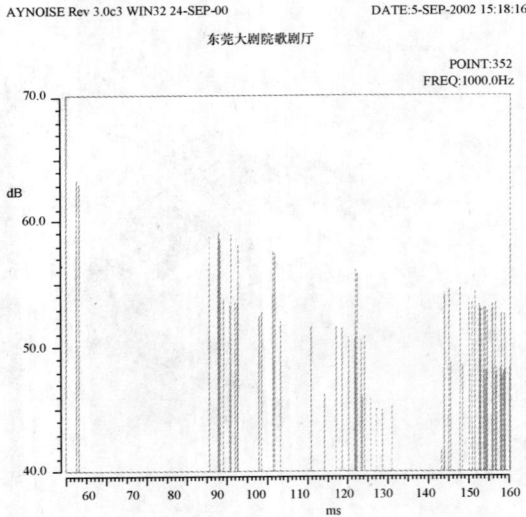

图 3.3-12　演出音乐时直达声
到达后 100ms 内反射声分布图 2

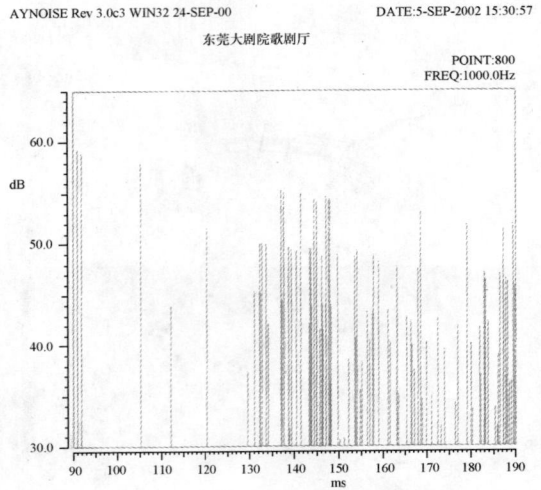

图 3.3-13　演出歌剧时直达声
到达后 100ms 内反射声分布图 1

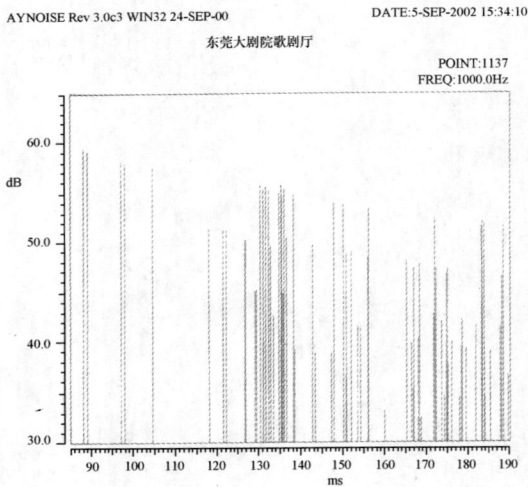

图 3.3-14　演出歌剧时直达声
到达后 100ms 内反射声分布图 2

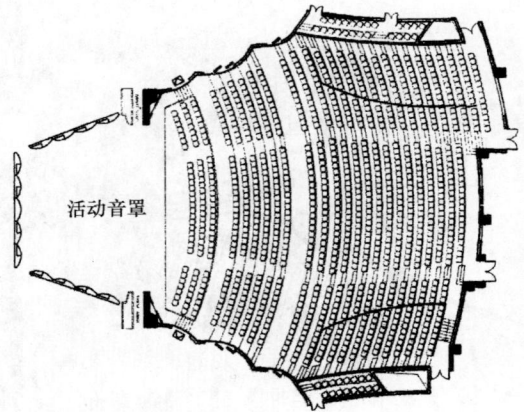

图 3.3-15　大剧场首层平面图

2）早期反射声序列（Reflectogram）测量

早期反射声序列是通过脉冲测量获得，主要是观察观众厅内不同位置处反射声的分布情况，可以得出 100ms（在缩尺模型中为 10ms）内早期反射声序列图。测量时声源为电火花发生器，声源位置位于舞台正中大幕线后 1m（在缩尺模型中为 0.1m）处，高度为

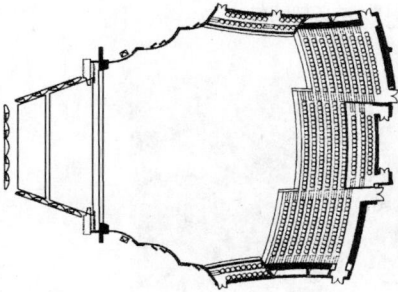

图 3.3-16 大剧场二层平面图

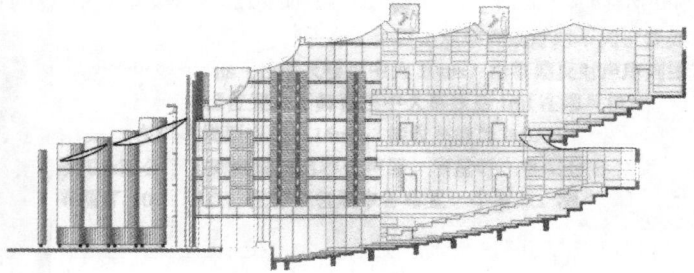

图 3.3-17 大剧场剖面图

图 3.3-18 大剧场缩尺模型内景 1

图 3.3-19 大剧场缩尺模型内景 2

1.6m（在缩尺模型中为 0.16m）；接收系统为 ASAW 声学测量工作站，传声器为丹麦 B&K 公司 1/8″测量用电容传声器。测量时在首层布置了 27 个测点，在二层楼座布置了 10 个测点，在每个包厢中各布置一个测点。测点布置如图 3.3-20、图 3.3-21 所示。

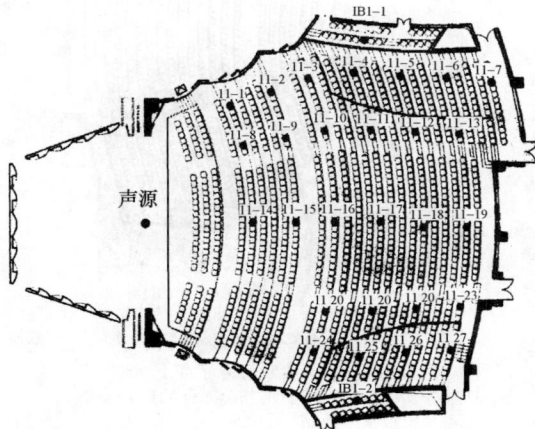

图 3.3-20 一层脉冲测点布置图

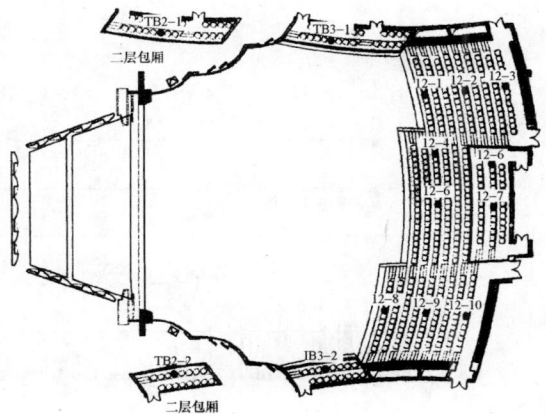

图 3.3-21 二层楼座及包厢脉冲测点布置图

脉冲测量在两种状态下进行，即音乐演出状态（有音罩）和歌剧演出状态（无音罩）。图 3.3-22～图 3.3-30 给出了主要测点反射声序列图（有音罩情况下）。

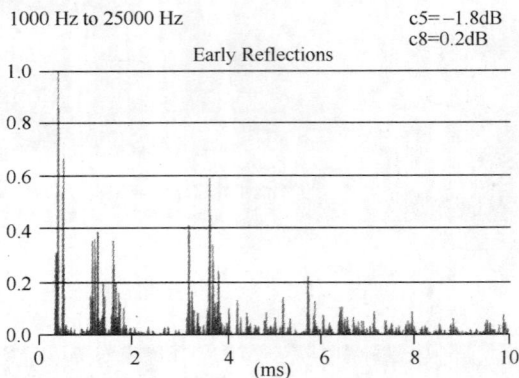

位于池座第2排边上，在10ms至20ms之间和30ms至40ms之间有较丰富的早期反射声，主要来自音罩及耳光侧墙，但50ms到100ms之间的反射声较少，早期反射声初始延迟间隔Δ_{t1}为100ms。

图 3.3-22 1-1 点反射声序列图（有音罩）

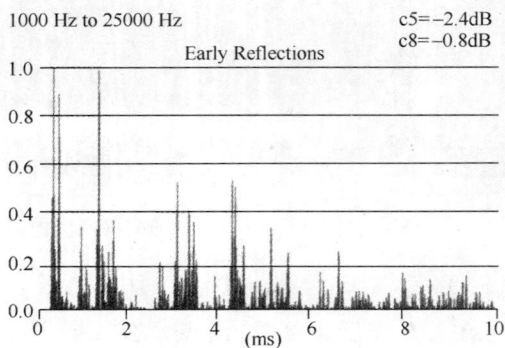

位于池座第6排边上，在10ms附近有很强的早期反射声，有助于加强直达声的强度，50ms以内的早期反射声丰富，音质良好，早期反射声初始延迟间隔D_{t1}为100ms

图 3.3-23 1-2 点反射声序列图（有音罩）

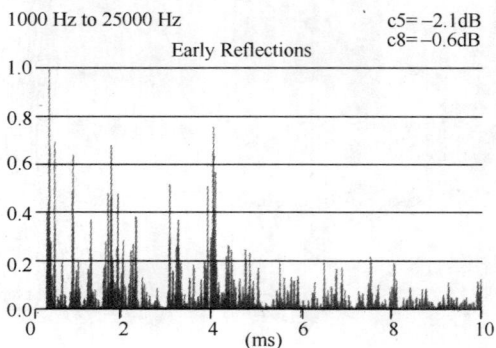

位于池座第8排边上，50ms以内的早期反射声密集而且强度较大，早期反射声初始延迟间隔Δ_{t1}为5ms，除了观众厅侧墙外，位于其后的池座升起部分的挡板为其提供了丰富的早期反射声。

图 3.3-24 1-3 点反射声序列图（有音罩）

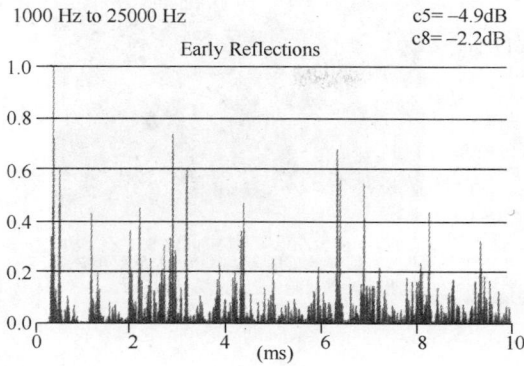

位于池座升起部分第7排边上，100ms以内的早期反射声丰富而且强度较大，早期反射声初始延迟间隔Δ_{t1}为10ms。

图 3.3-25 1-5 点反射声序列图（有音罩）

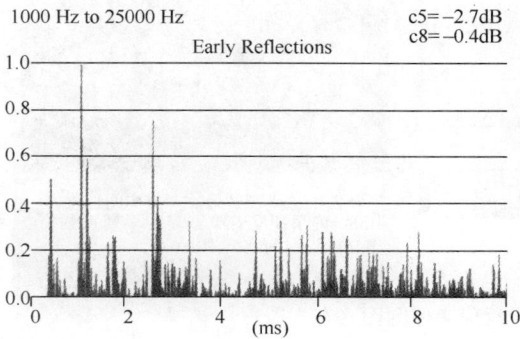

位于池座升起部分倒数第1排，在10ms附近有很强的早期反射声，30ms以内有较丰富而且强度较大的早期反射声。早期反射声初始延迟间隔Δ_{t1}为8ms.

图 3.3-26 1-7 点反射声序列图（有音罩）

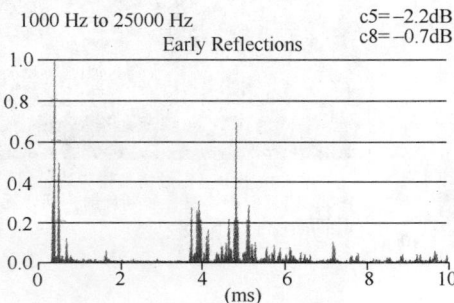

位于池座第6排中间位置，早期反射声初始延迟间隔Δ_{t1}为40ms。在50ms附近有较强的反射声。

图 3.3-27 1-15 点反射声序列图（有音罩）

图 3.3-31～图 3.3-33 给出了部分有代表性的测点在有音罩和无音罩情况下反射声序列的比较。

3）明晰度测量

1000 Hz to 25000 Hz   c5= −4.8dB
c8= −2.0dB

Early Reflections

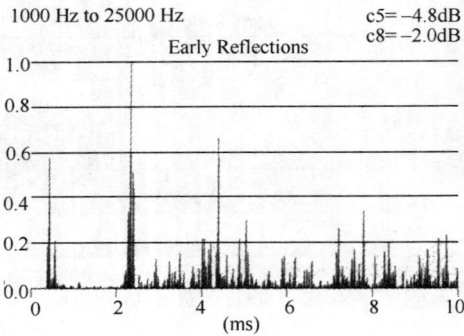

位于楼坐左区第1排中间位置，在25ms附近有很强的反射声，100ms内反射声较多，早期反射声初始延迟间隔Δ_{t1}为25ms。

图 3.3-28   2-1点反射声序列图（有音罩）

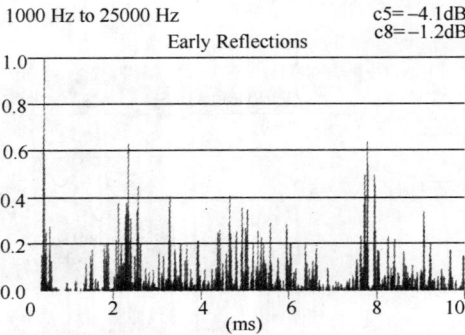

1000 Hz to 25000 Hz   c5= −4.1dB
c8= −1.2dB

Early Reflections

位于楼坐左区最后一排中间位置，100ms内早期反射声丰富，早期反射声初始延迟间隔Δ_{t1}为8ms。

图 3.3-29   2-3点反射声序列图（有音罩）

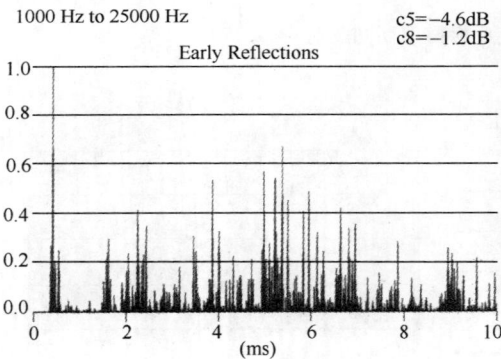

1000 Hz to 25000 Hz   c5= −4.6dB
c8= −1.2dB

Early Reflections

位于楼坐中区倒数第二排旁边位置，100ms内反射声丰富，早期反射声初始延迟间隔Δ_{t1}为15ms。

图 3.3-30   2-5点反射声序列图（有音罩）

明晰度是用于评价声音的明晰程度，其定义为

$$C_{80} = 10\lg \frac{\int_0^{80ms} P^2(t)\mathrm{d}t}{\int_{80}^{\infty} P^2(t)\mathrm{d}t} \quad (\mathrm{dB})$$

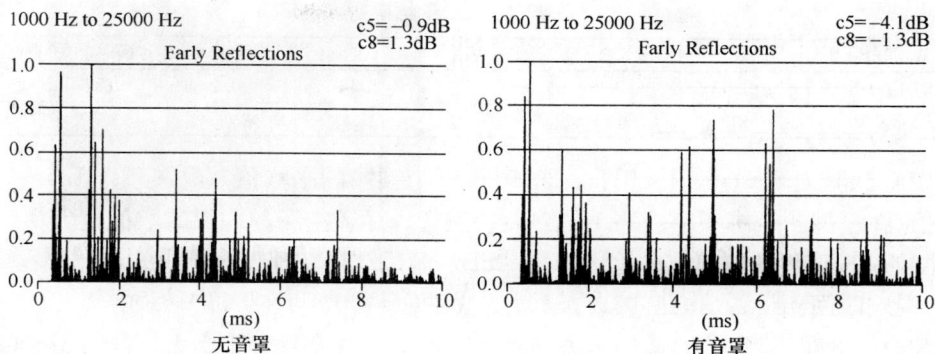

图 3.3-31　1-4 点反射声序列图比较

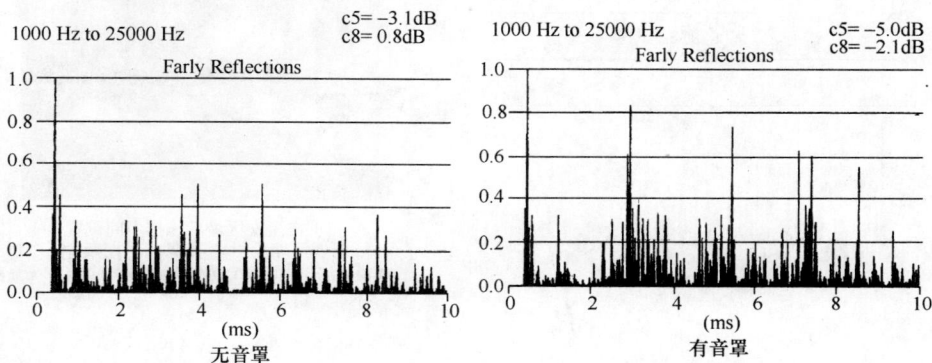

图 3.3-32　1-6 点反射声序列图比较

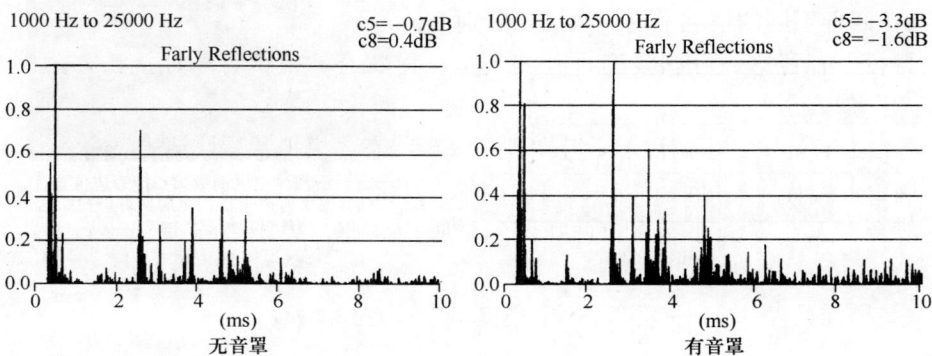

图 3.3-33　1-9 点反射声序列图比较

（说明：式中 80ms 的积分限在 1/10 声学缩尺模型测量中为 8ms）

　　明晰度是通过脉冲测量获得，测量方法与测点的布置与早期反射声序列的测量相同，表 3.3-3 为明晰度测量结果。

明晰度 C_{80} 测量结果　　　　　　　　　　　　　　　　表 3.3-3

频率（Hz）	125	250	500	1000	2000	$C_{80}(3)$	$C_{80}(5)$
有音罩时 C_{80}（dB）	−2.03	−2.20	−1.22	1.44	−0.24	−0.66	−1.38
无音罩时 C_{80}（dB）	−0.59	−1.61	0.61	3.26	2.16	0.75	1.06

表中 $C_{80}(3)$ 为 500Hz、1000Hz、2000Hz 三个频段的平均值，$C_{80}(5)$ 为 125～2000Hz 的平均值（在模型测试中频率提高 10 倍），一般音乐厅较空场的理想的取值范围为−4～−1dB，歌剧院较理想的取值范围是−2～+2dB，测试结果在理想区域内。

4）混响时间测量

混响时间测量声源为 12 面体无方向性点声源，放置在舞台正中大幕线后 1m（在缩尺模型中为 0.1m）处，高度为 1.6m（在缩尺模型中为 0.16m）；接收系统为 ASAW 声学测量工作站，传声器为丹麦 B&K 公司 1/8″测量用电容传声器。测量在 11 个具有代表性的位置进行，其中池座 5 个，楼座 3 个，包厢 3 个，测点详见图 3.3-34 和图 3.3-35 所示。

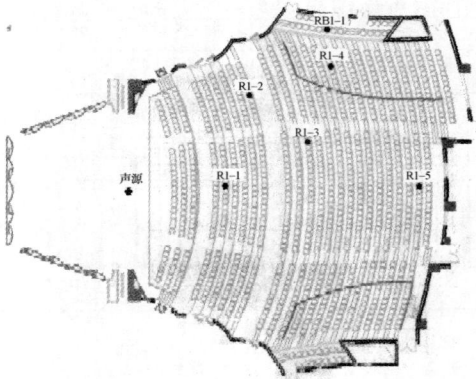

图 3.3-34　池座混响时间测点布置　　　　　图 3.3-35　楼座混响时间测点布置

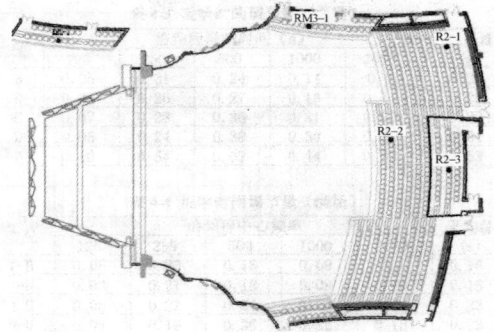

混响在四种不同的情况下进行测试，分别为：

A. 舞台上有音罩、可调混响百叶调到全反射状态，模拟音乐厅演出，为混响最长情况。

B. 舞台上有音罩、可调混响百叶调到全吸声状态，模拟音乐厅演出。

C. 舞台上无音罩、可调混响百叶调到全反射状态，模拟歌剧院演出。

D. 舞台上无音罩、可调混响百叶调到全吸声状态，模拟歌剧院演出，为混响最短情况。

测试结果详见表 3.3-4～表 3.3-7 和图 3.3-36、图 3.3-37。

混响时间测试结果（空场）　　　　　　　　　　　　　　表 3.3-4

情　况	倍频程中心频率					BR
	125	250	500	1000	2000	
A	2.48	2.39	2.47	2.07	1.47	1.07
B	2.42	2.09	2.23	1.94	1.49	1.08
C	2.41	2.11	2.11	1.76	1.42	1.17
D	2.37	1.85	1.85	1.64	1.28	1.21

混响时间测试结果（满场） **表 3.3-5**

情况	倍频程中心频率					BR
	125	250	500	1000	2000	
A	2.19	2.09	1.98	1.73	1.24	1.15
B	2.14	1.86	1.82	1.64	1.26	1.16
C	2.14	1.86	1.74	1.51	1.21	1.23
D	2.10	1.67	1.56	1.42	1.10	1.27

混响时间调节量（空场） **表 3.3-6**

情况	倍频程混响时间（s）					中频平均值（s）
	125	250	500	1000	2000	
A-B	0.05	0.31	0.24	0.14	−0.01	0.23
C-D	0.04	0.26	0.27	0.13	0.14	0.22
A-C	0.07	0.28	0.36	0.31	0.05	0.32
B-D	0.05	0.24	0.38	0.30	0.21	0.31
A-D	0.10	0.54	0.62	0.44	0.20	0.53

混响时间调节量（满场） **表 3.3-7**

情况	倍频程中心频率					平均值（s）
	125	250	500	1000	2000	
A-B	0.05	0.23	0.16	0.09	−0.01	0.16
C-D	0.03	0.21	0.18	0.09	0.10	0.16
A-C	0.05	0.22	0.24	0.22	0.04	0.23
B-D	0.04	0.19	0.26	0.22	0.15	0.22
A-D	0.09	0.43	0.42	0.31	0.14	0.39

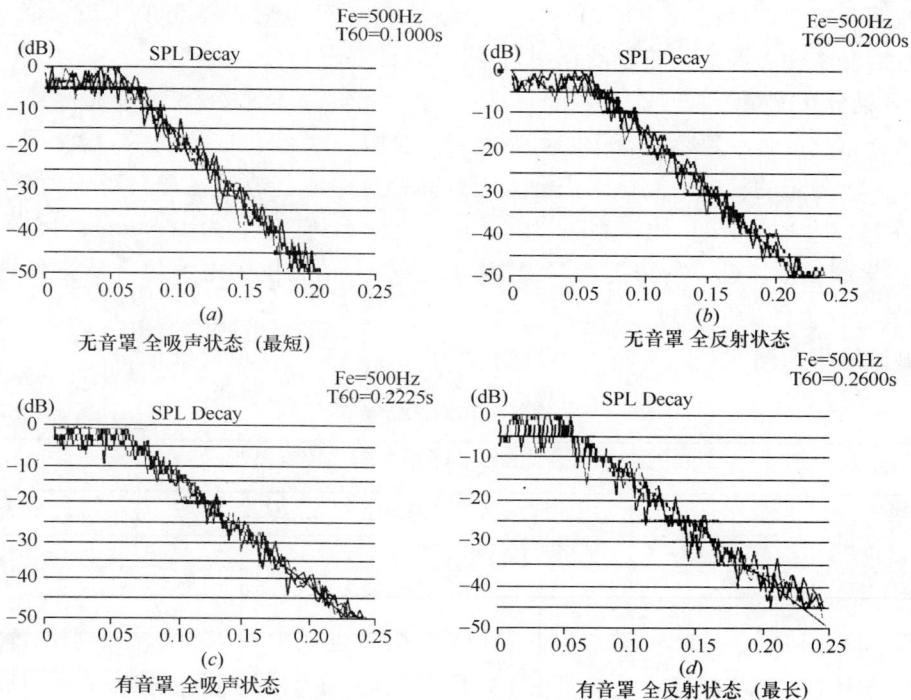

图 3.3-36　R1-1 点 500Hz 混响时间衰减曲线比较

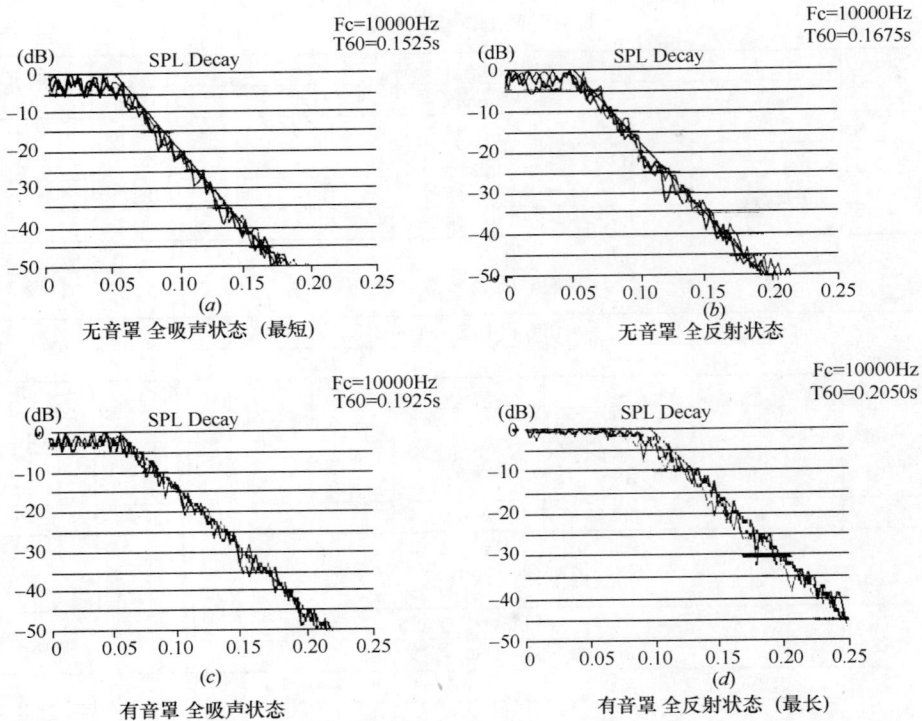

图 3.3-37 R1-1 点 1000Hz 混响时间衰减曲线比较

由于材料模拟和高频空气声吸收问题，混响时间的模拟以中频的准确度较高，而低频和高频的误差较大，从图表中可以看出，中频混响时间的调节幅度在 0.5s（满场 0.4s）左右（包括音罩和可调混响装置的作用），满足设计要求。

5）声场分布测量

声场分布测量是在舞台有音罩，可调装置为全吸声状态下进行，主要检测用自然声演出情况下声场分布的状况。测试时声源为无方向性点声源，放置在舞台正中大幕线后 1m（在缩尺模型中为 0.1m）处，高度为 1.6m（在缩尺模型中为 0.16m）；接收系统为 ASAW 声学测量工作站，传声器为丹麦 B&K 公司 1/8″测量用电容传声器。测量在观众席 66 个具有代表性的位置进行，其中池座 37 个，楼座 18 个，包厢 11 个。表 3.3-8 为声场分布测试结果，图 3.3-38～图 3.3-41 分别为 125～1000Hz 声场分布图。

声场分布测试结果 表 3.3-8

区 域	1/3 倍频程最大声压级差（dB）				
	125	250	500	1000	2000
池座	7.0	9.9	3.7	4.6	6.2
楼座	8.3	5.2	2.8	2.2	2.7
包厢	6.4	7.9	6.8	5.5	3.9
观众厅	10.0	10.3	7.1	8.9	7.3

从表 3.3-8 和图 3.3-38～图 3.3-41 可以看出，在池座中除 250Hz 在个别位置较差外，其余频率的声场分布均较均匀，楼座由于距声源较远，声压级稍低于池座，而包厢的声压级普遍较高。

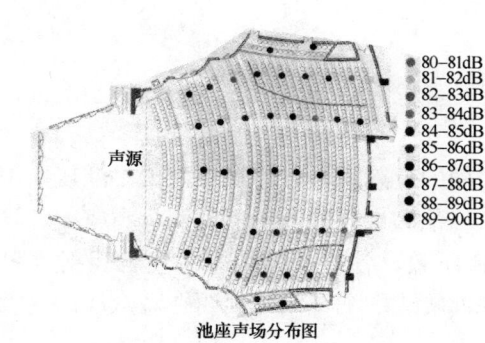

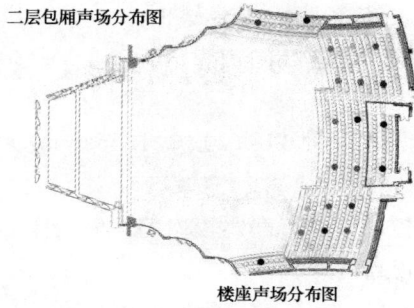

图 3.3-38 125Hz 声场分布图

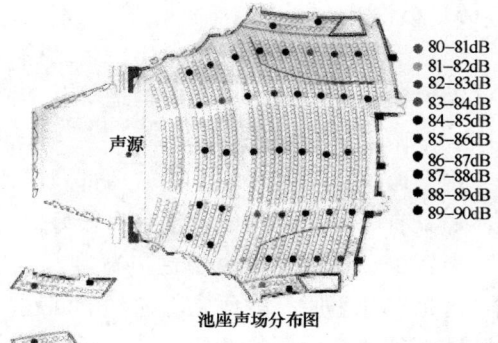

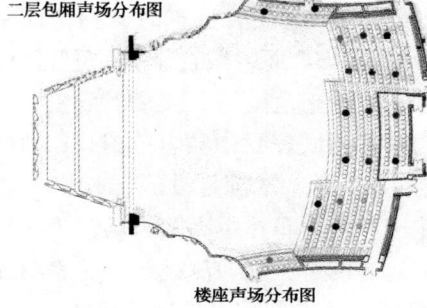

图 3.3-39 250Hz 声场分布图

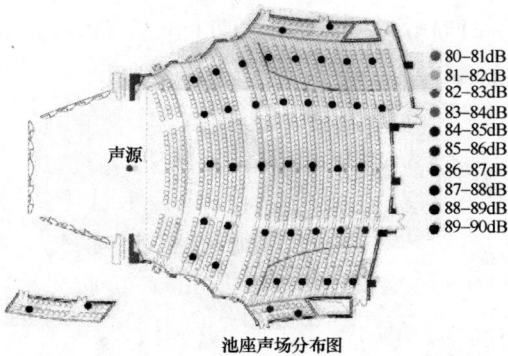

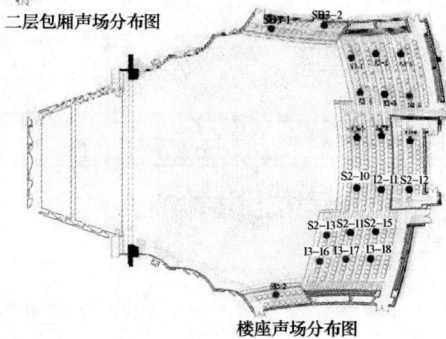

图 3.3-40 500Hz 声场分布图

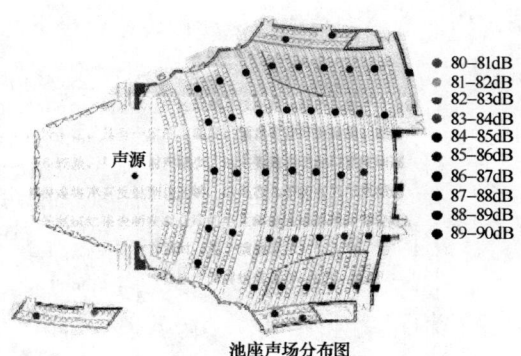

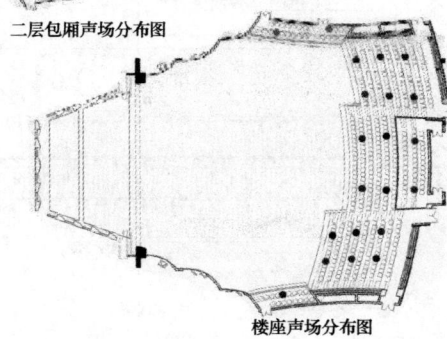

图 3.3-41 1000Hz 声场分布图

6）结论

通过上述测试结果可以得出以下结论：

缩尺模型的体形、布局、构造等基本满足设计要求，存在以下缺陷，在施工图设计及二次装修施工中予以完善。

观众席池座两侧区域、中区后部及楼座和包厢的反射声分布情况较好，早期反射声较丰富，具有一定的丰满度，预计有较好的音质，在池座中区的前部反射声分布较差，早期反射声较少，这主要是由于台口宽度和高度较大所致，各界面都很难将声音反射到该区域，这是在几乎所有的厅堂都遇到的问题。但脉冲响应的测试结果表明在观众厅的绝大部分区域都预计有较好的音质。

明晰度指数 C_{80} 在有音罩时（用于演奏音乐）为 -1.38dB，无音罩时（由于演出歌剧）时为 1.06dB，而一般音乐厅的理想值是 $0 \sim -4$dB，歌剧院的理想值为 $+2 \sim -2$dB，所以二者都在理想范围内。

混响时间测试表明中频（500Hz）满场混响时间最长为 1.98s，最短 1.56s，最大调节幅度为 0.42s，基本满足设计要求。

自然声声场分布在中高频声场较为理想，在池座和楼座分布都比较均匀，但楼座的声压级低于池座的声压级，测试结果还表明在包厢内有较高的声级。

3. 东莞玉兰大剧院声学施工技术

（1）浮筑地面

东莞玉兰大剧院地面为浮筑隔声减振地面设计，与原有结构通过减振垫层脱开，有效地隔绝声音撞击结构地板后再传递至楼下。浮筑地面构造如图 3.3-42 所示。

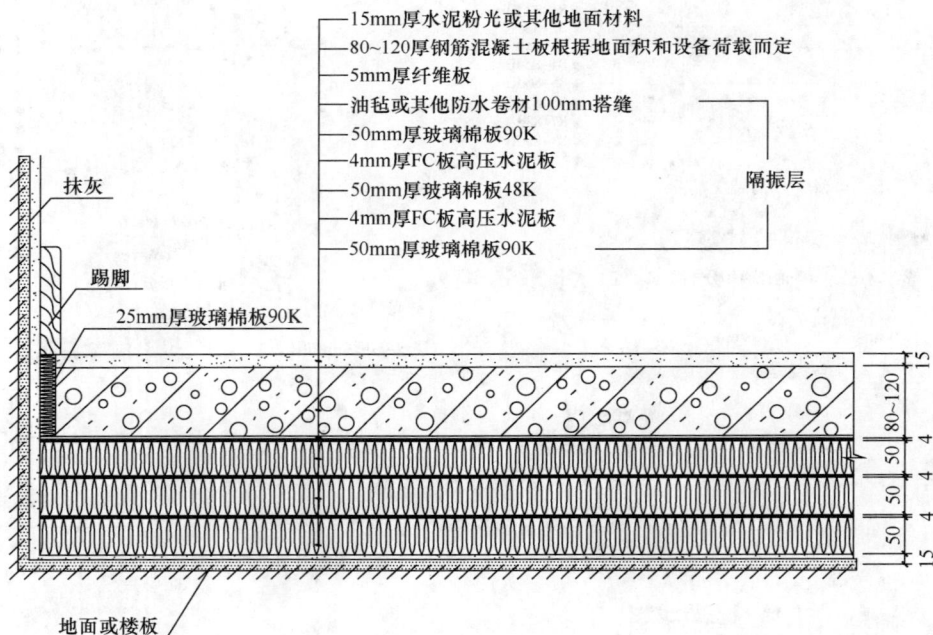

图 3.3-42　浮筑地面构造

在浮筑地面做法中，50mm厚玻璃棉板为主要隔声材料，它能吸收上层楼面传来的声音。

铺玻璃棉板前利用墙上50cm线检查楼面混凝土标高，如标高偏差较大应进行处理，以免因玻璃棉板上的FC板高压水泥板过薄而开裂。铺玻璃棉板时由里往外，当局部角落不能利用整块玻璃棉板时，应用碎棉板将其铺满。然后再在上面铺设4mm厚FC板高压水泥板。待玻璃棉板和高压水泥板铺满后，即开始在其上面满铺沥青油毡。铺沥青油毡是为防止地面水分浸透玻璃棉板（因为玻璃棉板遇水再干燥后会紧缩硬结成块，降低吸音隔声的效果）。油毡采用干铺，纵横搭接宽度不小于10cm，油毡铺到墙边时卷上墙面10cm，其作用是防止水分从墙边渗入并将混凝土面层与墙面断开，以免地面振动通过墙体传至楼下，尽可能减少固体传音。油毡满铺完毕并经检查合格后，再满铺5mm厚纤维板，然后即可浇筑细石混凝土面层。细石混凝土面层随铺随抹，压光后养护28d。

采用上述做法，整个细石混凝土地面与结构地面和墙完全脱离而"悬浮"在玻璃棉上，隔声效果良好。

（2）设备消声、隔振（减振）措施

1）冷冻机房、水泵房、空调机房、通风机房内贴吸声材料。

2）组合式空调箱均设消声段或送回风主管上设管道式消声器。

3）冷冻机组、水泵下设弹簧减振器，如图3.3-43所示。

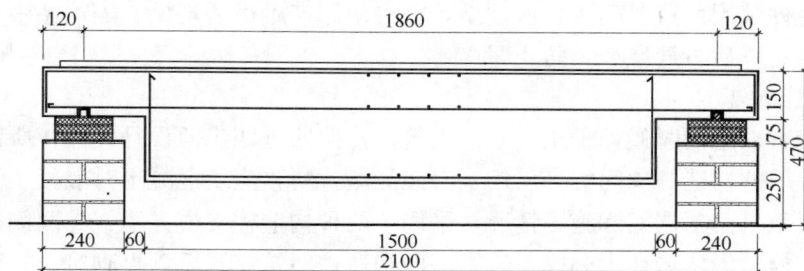

图3.3-43 柔性设备基础

4）风机进、出口、防排烟系统设非燃性软接头，通风系统设帆布软接头。

5）冷水机组、水泵进出口装可挠曲橡胶接头。

6）吊装的空调器、风机均设减振吊架。

7）所有空调机组基础为钢筋混凝土质量块，质量块之下放置弹簧减振器，隔振层下局部地面应加高5cm，如图3.3-44所示。

8）机房内壁及顶棚采用15mm厚水泥木丝板吸声处理，后面能留空腔效果更佳，以降低室内噪声。

9）所有送风、回风管道穿越机房墙壁时，必须把预留洞口的四周除水泥堵塞外，必要时还须用沥青麻丝嵌密，防止漏声。

10）机房门的隔声量不宜小于35dB。

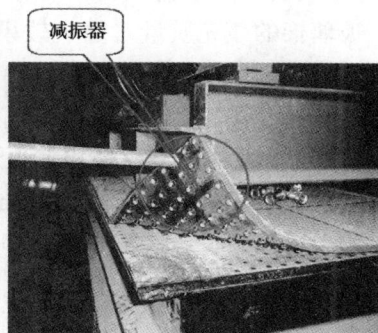

图3.3-44 安装了减振器的设备基础

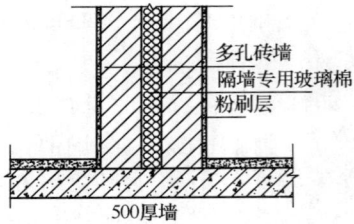

图 3.3-45 隔声墙剖面

11）充分利用土建空间作消声处理，所有竖井风道四周用 5cm 玻璃棉（25kg/m³）包贴，表面用表面粗糙度低的材料，如玻璃丝布或金属穿孔板（穿孔率大于20%），减少了气流阻力损失。

（3）墙体隔声、吸声措施

本工程大部分墙体采用了多孔砖夹隔声棉的新型隔声墙体施工技术，如图 3.3-45 所示。

1）材料选择

砖的棱角不完整、翘曲及尺寸不统一等问题，会影响隔音效果和墙体砌筑后的观感。因此，在砌筑前，要精心选砖，并加强成品保护，把尺寸相近的用于相邻位置。实心砖在砌筑前要用水浇透，多孔砖要浇水湿润。

砂浆严格按照施工配合比，实行定人定机责任制采用砂浆搅拌机进行机械拌制，其搅拌时间不得少于 2min。其稠度控制在 60～80mm，防止在打倒口灰的时候流入多孔砖内，影响隔声效果。

2）砖墙砌筑

在砌筑过程中，将光滑的砖面置于墙体外侧，严格跟线砌筑，并随时用靠尺检查墙体表面的垂直度和平整度。双墙砌筑时先砌一面，灰缝随砌随勾，两边勾缝，及时清理回收落地灰，以免砂浆因使用时间过长而硬结，在夹层内产生声桥现象。隔声墙中有管线穿越时，需在安装完毕后将缝堵严，防止漏声。

3）构造柱的处理

在砌筑构造柱边的时候，采用实心砖砌筑。按照四进四出留设马牙槎，所留的马牙槎先退后进，相邻的构造柱中间的夹层用实心砖封堵，防止浇筑混凝土时混凝土流入夹层中间，影响隔音效果。根据实际施工情况，采用了两种构造柱支模方案：①两侧构造柱同时施工，用泡沫板作为构造柱内侧模；②在一侧构造柱浇筑完毕后，再砌筑第二面墙，制作构造柱。由于要防止声桥现象的产生，构造柱的支模及其混凝土的浇筑工艺要求比较高，施工质量要求很严格。因此，在构造柱支模前将接触砖面上的油污、灰尘等杂物清理干净；内侧模在砌筑时支设，支模时保证支撑稳固、密闭，防止爆模和漏浆产生声桥。

构造柱支模方案如图 3.3-46 所示。

4）玻璃棉的填充

玻璃棉的填充质量对隔声效果有很大的影响。在施工中，严格把关，砌筑时，先砌240（200）mm 墙至圈梁位置或梁下、板下适当位置，再在另外一侧砌 500mm 高的 120（200）mm 砖墙，然后在夹层内按照要求填放玻璃棉并压实（图 3.3-47），上下层玻璃棉搭接 50mm。待做好圈梁后再按上述施工顺序向上砌筑。向上砌筑时，对已填的玻璃棉表面进行遮盖，防止砂浆掉落，污染玻璃棉，并在夹层内硬结产生声桥现象。

隔声墙体施工通过精心组织和先进的工艺措施，达到了良好的效果：隔声墙密实、内部平整；隔音棉铺贴整齐、清洁；构造柱处理时对多孔砖和隔声棉无损伤，确保了墙体的良好隔声效果。

（4）声反射罩系统

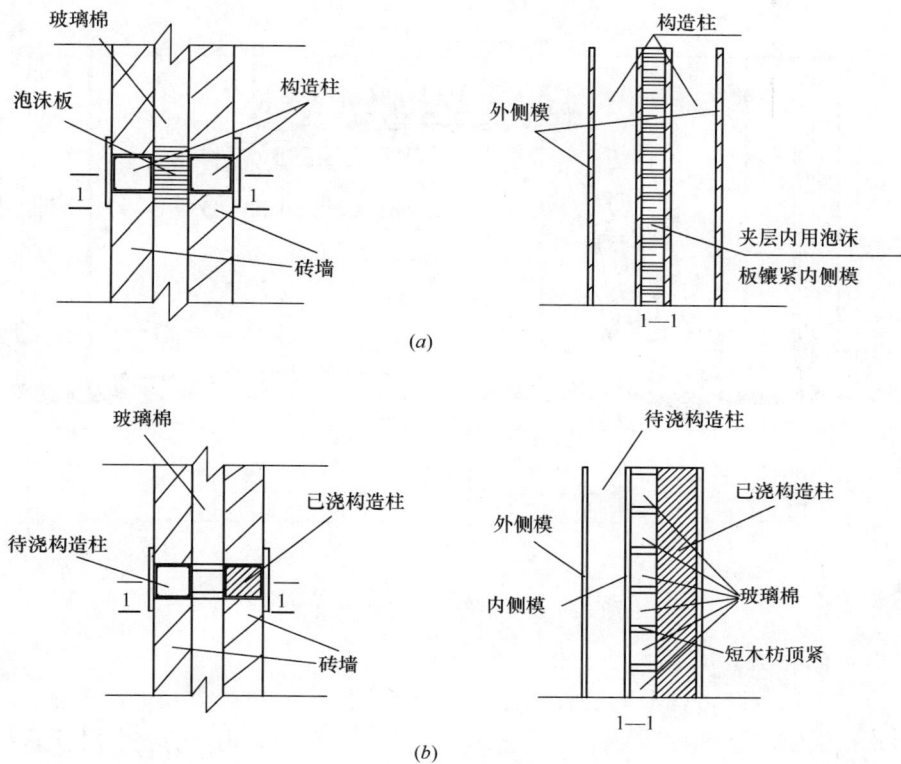

图 3.3-46 隔声墙构造柱支模示意图

(*a*) 隔声墙构造柱支模（一）；(*b*) 隔声墙构造柱支模（二）

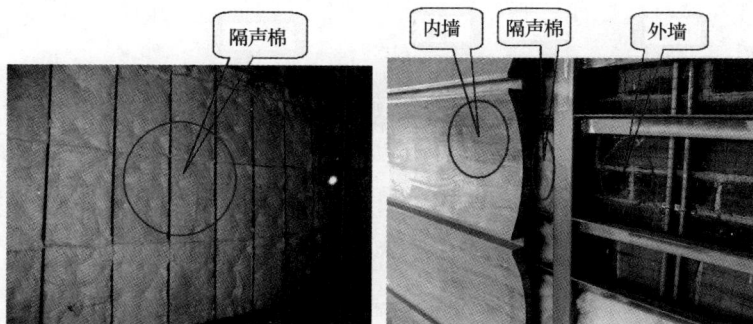

图 3.3-47 隔声棉填充

声反射罩系统为室内大型交响乐演出创造自然声学环境，使剧场具有音乐厅的效果。

声反射罩置于主舞台上部，由顶部声反射板（前后各一块），左右侧反射板（每侧四块），后面反射板（竖直四块），总体尺寸宽×高×深＝16m×10m×11.6m，可满足 120人大合唱和管弦乐队（至少 3 管制）的演出空间。声反射罩在声乐节目中使声音有效地反射到观众席的各个角落。顶反声板前后各一块，垂直承放于主舞台上空，使用时将其整体翻转为顶棚。侧反声板、后反声板每块设于小车上，可向任意方向推拉，平时在侧台存放。如图 3.3-48 所示。

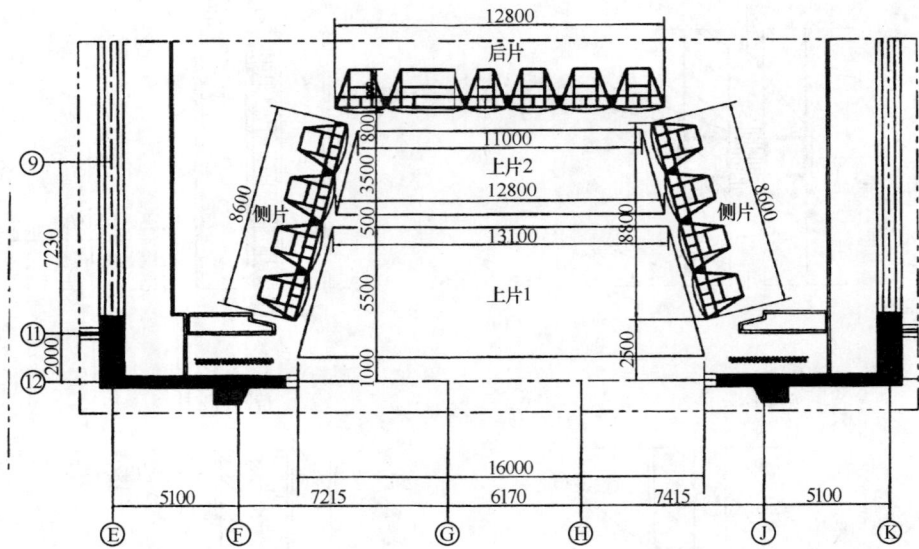

图 3.3-48 声反射罩系统布置图

（5）可调混响调节技术

东莞玉兰大剧院在可调混响装置上分别采用了百叶式、转筒式和垂直升降帘幕式三种不同的形式。混响装置的控制采用了先进的分布式控制系统，由计算机软件全程控制，可以通过鼠标的点击来完成混响调节，代表了国内混响调节技术的最先进水平。

分布式计算机调控系统由计算机控制系统和机械传动系统两大部分组成。计算机控制系统是由主控计算机及其软件和智能混响控制器组成。主控计算机及其软件完成对系统内所有设备的管理与控制。智能控制器接受主机的指令，完成对相应设备的控制。主机与智能控制器之间采用 RS-232～RS485 串口通信，波特率为 1200～9600 之间，每个设备（转体等）上安装一套，机械传动部分实现对转体、升降体、帘幕、翻板的转动与传动，以实现调控可变吸声结构的目的。

（6）空调通风系统消声技术

东莞玉兰大剧院在空调通风系统的消声方面采用了多种消声技术，如在大观众厅下的静压箱内采用了专门设计的折回式消声室消声技术，在回风通道内采用了纵向迷宫式消声技术，在系统和位置都受到严格限制的条件，达到了良好的消声效果。

观众厅采用了阵列式空调调控技术，每个坐椅均有独立的空调调节能力以满足个人不同的温、湿度要求。在观众席下混凝土静压箱内，顶面和底面吸声可用预制 5cm 厚超细玻璃棉（25kg/m³）框，便于安装固定。静压箱至第一风口如距离小于 3m 时作特殊声学处理。

以上各种声学施工技术及声学构造措施，在整个施工过程中，每道工序都强调了过程监控，施工质量良好，没有返修，符合规范的要求，达到了降噪、隔振及其他各种声学设计指标的要求。

参 考 文 献

1 刘光云，谭青，胡跃军，覃云华. 东莞玉兰大剧院声学设计与施工[J]. 施工技术，2006，(5)

2 钱明光，殷波. 泰州广播电视中心 800m² 演播厅声学设计与施工[J]. 广播与电视技术，2005，(7)

3 田玉江. 体育馆声学设计与施工[J]. 山西建筑，2006，(5)

4 黄杭娟. 音乐厅建筑声学设计与实测结果的比较分析[J]. 艺术科技，2008，(3)

5 王峥，陈金京. 深圳保利文化广场大剧院计算机模拟、缩尺模型和现场声学测量结果的比较分析[J]. 演艺设备与科技，2008，(3)

6 程谦. 剧场建筑设计与施工中的有关问题浅探[J]. 城市，2007，(1)

7 李运江. 音乐厅声学参量测试与评价研究[J]. 四川建筑科学研究，2007，(3)

8 黄深，陈卫峰. 高品质音乐厅的施工技术[J]. 建筑施工，2005，(10)

9 石宇熙. 体育馆声学设计与施工[J]. 建筑技术开发，2004，(7)

4　复杂结构定位测控技术

4 复杂结构定位测控技术

4.1 高层建筑 GPS 测控技术

在高层建筑施工中，定位基准传递和轴线、垂直度控制是建筑施工质量控制的重点之一，其观测速度、精度和可靠性直接影响着工程的整体施工进度和质量。

GPS 技术作为一种全新的定位手段，在工程控制测量中已逐步得到使用，其技术的先进性、优越性已为众多的工程技术人员所认同，但在建筑工程中应用甚少，对其进行深入研究，对提高建筑工程施工的高新技术含量具有特别重要的意义。GPS 定位技术的优点主要体现在不存在误差积累，精度高、速度快，全天候，无需通视，点位不受限制，并可同时提供平面和高程的三维位置信息。GPS 定位技术的基准传递平面精度为 ±5mm，高程精度为 ±8mm。

4.1.1 GPS 技术简介

GPS（Navigation by satellite timing and ranging/Global positioning system，即"卫星测时测距导航/全球定位系统"）是以卫星为基础的无线电导航定位系统，具有全能性（陆地、海洋、航空和航天）、全球性、全天候、连续性和实时性的导航、定位和定时功能，能提供精密的三维坐标、速度和时间参数。GPS 计划自实施以来，共经历了方案论证（1974～1978 年）、系统论证（1979～1987 年）、生产实验（1988～1993 年）三个阶段。论证阶段共发射了 11 颗叫做 BLOCK I 型的试验卫星，生产试验阶段发射了多颗 BLOCK II 型、BLOCK II A 型和第三代 BLOCK II R 型 GPS 卫星，GPS 系统以此为基础改建而成。

GPS 系统组成包括三大部分：空间部分——GPS 卫星星座；地面控制部分——地面监控系统；用户设备部分——GPS 信号接收机。

1. GPS 工作卫星及其星座

GPS 卫星星座（图 4.1-1），其基本参数为：卫星数 21＋3，平均分布在 6 个轨道平面。各轨道平面升交点的赤经相差 60°，每个轨道平面内各颗卫星之间的升交角距相差 90°，一轨道平面上的卫星比西边相邻轨道平面上的相应卫星超前 30°。卫星高度 20200km，轨道倾角 55°，卫星运行周期为 11h58min（恒星时 12h），对于地面观测者来说，每天将提前 4min 见到同一颗 GPS 卫星，载波频率为 1575GHz 和 1227GHz。卫星通过天顶时，可见时间为 5h。在地球表面上任何地点任何时刻，在高度角 15°以上，平均可同时观测到 6 颗卫星，最多可达 9 颗卫星。在用 GPS 信号导航定位时，为了解算测站的三维坐标，必须观测 4 颗 GPS 卫星，称为定位星座。

GPS 工作卫星的外部形态（图 4.1-2），GPS 卫星的主体呈圆柱形，直径约 1.5m，

GPS 工作卫星的在轨重量是 843.68kg，其设计寿命为 7.5 年。当卫星进入轨道后，星内机件由太阳能电池和镉镍蓄电池供电。每颗卫星有一个推力系统，以便使卫星轨道保持在适当的位置。GPS 卫星通过 12 根螺旋形天线组成的阵列天线发射张角大约为 $30°$ 的电磁波束，覆盖卫星的可见地面。卫星姿态的调整采用三轴稳定方式，由四个斜装惯性轮和喷气控制装置构成三轴稳定系统，致使螺旋天线阵列所辐射的波束对准卫星可见地面。

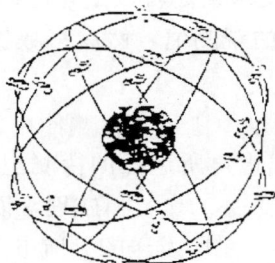

图 4.1-1　GPS 卫星星座　　　　　图 4.1-2　GPS 工作卫星

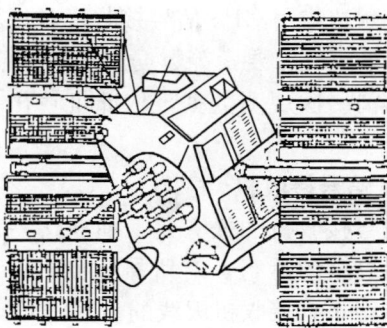

卫星的核心部件是高精度的时钟、导航电文存储器、双频发射和接收机以及微处理机。每颗 GPS 卫星装有 4 台高精度原子钟（2 台铷钟和 2 台铯钟），原子钟将发射标准频率，为 GPS 提供高精度的时间标准。

2. 地面监控系统

对于导航定位来说，GPS 卫星是一动态已知点。卫星的位置是依据卫星发射的星历——描述卫星运动轨迹及其轨道的参数算得的。每颗 GPS 卫星所播发的星历，是由地面监控系统提供的。卫星上的各种设备是否正常工作，以及卫星是否一直沿着预定轨道运行，都要由地面设备进行监测和控制。地面监控系统另一重要作用是保持每颗卫星处于同一标准时间——GPS 时间系统。这就需要地面站监测各颗卫星的时间，求出钟差，然后由地面注入站发给卫星，卫星再由导航电文发给用户设备。

GPS 的地面监控部分目前主要由分布在全球的 5 个地面站所组成，其中包括一个主控站、三个信息注入站和五个卫星监测站（图 4.1-3）。

主控站设在美国本土科罗拉多（Colorado Springs）。主控站的任务是收集、处理本站和监测站收到的全部资料，编算出每颗卫星的星历和 GPS 时间系统，将预测的卫星星历、钟差、状态数据以及大气传播改正编制成导航电文传送到注入站。主控站还负责纠正卫星的轨道

图 4.1-3　GPS 地面监控站分布

偏差，必要时调度卫星，让备用卫星取代失效的工作卫星。另外还负责监测整个地面监测系统的工作，检验注入给卫星的导航电文，监测卫星是否将导航电文发送给了用户。

三个注入站分别设在印度洋的迭戈加西亚岛、大西洋的阿松森岛和太平洋的卡瓦加

兰岛。注入站的任务是将主控站推算和编制的卫星星历、钟差、导航电文和其他控制指令等注入相应卫星的存储器。并监测注入信息的正确性。每天注入三次，每次注入14d 的星历。此外，注入站能自动向主控站发射信号，每分钟报告一次自己的工作状态。

五个监测站除了位于主控站和三个注入站之处的四个站以外，还在夏威夷设立了一个监测站。监测站是在主控站直接控制下的数据自动采集中心，为主控站提供卫星的观测数据。每个监测站均用 GPS 信号接收机对每颗可见卫星每 6min 进行一次伪距测量和积分多普勒观测，采集气象要素等数据。在主控站的遥控下自动采集定轨数据并进行各项改正，每 15min 平滑一次观测数据，依此推算出每 2min 间隔的观测值，然后将数据发送给主控站。

3. GPS 信号接收机

GPS 信号接收机的任务是：捕获按一定卫星高度截止角所选择的待测卫星的信号，并跟踪这些卫星的运行，对所接收到的 GPS 信号进行变换、放大和处理，以便测量出 GPS 信号从卫星到接收机天线的传播时间，解译出 GPS 卫星所发送的导航电文，实时地计算测站的三维位置，甚至三维速度和时间。

GPS 用户设备由接收机机体、机内软件和 GPS 数据后处理软件包构成。GPS 接收机机体结构分为天线单元和接收单元两大部分。天线单元由接受天线和前置放大器两个部件组成，接受单元由信号波道、存储器、计算与显示器等组成。对于测地型接收机来说，观测时将天线单元安置在测站上，接收单元置于测站附近适当的地方，用电缆将两者连接成一个整机，也有的将天线单元和接收单元制作成一个整体，观测时将其安置在测站点上。GPS 接收机一般用蓄电池作电源，甚至采用机内和机外两种直流电源。设置机内电池的目的是更换外电池时不中断连续观测。在用机外电池的过程中，机内电池自动充电。关机后，机内电池继续为 RAM 存储器供电，以免数据丢失。

目前，国内引进了各种类型的 GPS 测地型接收机，其双频接收机的精密相对定位精度可达 5mm＋1ppm. D，单频接收机在一定距离内定位精度可达 10mm＋2ppm. D。各种类型的 GPS 接收机体积越来越小，重量越来越轻，便于野外作业。

4.1.2 GPS 卫星定位基本原理

GPS 采用空间距离后方交会原理确定点位。GPS 卫星发射测距信号和导航电文，导航电文中含有卫星的位置信息。用户用 GPS 接收机在某一时刻同时接收三颗以上的 GPS 卫星信号，测量出测站点（接收机天线中心）P 至三颗以上 GPS 卫星的距离并解算出该时刻 GPS 卫星的空间坐标，据此利用距离交会法解算出测站 P 的位置（图 4.1-4）。设在时刻 t_i 在测站点 P 用 GPS 接收机同时测得 P 点至三颗 GPS 卫星 S1，S2，S3 的距离 ρ_1，ρ_2，ρ_3，通过 GPS 电文解译出该时刻三颗 GPS 卫星的三维坐标分别为（X_j，Y_j，Z_j），$j＝1$，2，3。用距离交会的方法求解 P 点的三维坐标（X，Y，Z）的观测方程为：

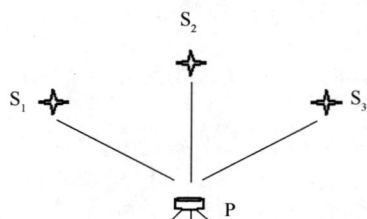

图 4.1-4 GPS 卫星定位原理

$$\begin{cases} \rho_1 = (X - X_1)^2 + (Y - Y_1)^2 + (Z - Z_1)^2 \\ \rho_2 = (X - X_2)^2 + (Y - Y_2)^2 + (Z - Z_2)^2 \\ \rho_3 = (X - X_3)^2 + (Y - Y_3)^2 + (Z - Z_3)^2 \end{cases} \quad (4.1\text{-}1)$$

定位方法主要有伪距法定位、载波相位测量定位、差分 GPS 定位等。实际应用中，为了减少卫星的轨道误差、卫星钟差、接收机钟差以及电离层和对流层的折射误差的影响，常采用载波相位观测值的各种线性组合（即差分值）作为观测值，获得两点之间高精度的 GPS 基线向量（即坐标差）。

4.1.3　基于 GPS 的高层建筑施工定位技术研究

1. 高层建筑施工定位的特点

（1）由于建筑层数多、高度高，结构竖向偏差直接影响工程受力情况，要求施工测量竖向投测精度高，所用仪器和测量方法要适应结构类型、施工方法和场地情况。

（2）由于建筑结构复杂（尤其是钢结构），设备和装修标准较高，以及高速电梯的安装等，要求定位精度至毫米。

（3）由于建筑平面、立面造型复杂多变，要求定位放线能因地、因时制宜，灵活实用，并需配备功能相适应的专用仪器和采取必要的安全措施。

（4）由于工程量大，多为分期施工且工期长，为保证工程的整体性和各局部施工的精度要求，在开工前要建立足够精度的场地平面和标高控制网。这项工作是保证整个施工定位顺利进行的基础，也是施工定位中难度最大的工作。

（5）由于采取立体交叉作业，施工项目多，为保证工序间的相互配合、衔接，施工定位工作要与设计、施工等各方面密切配合，并要事先充分做好准备工作，制定切实可行的与施工同步的定位放线方案。

（6）为了确保工程质量，防止因定位放线的差错造成损失，必须在整个施工的各个阶段和各主要部位做好验线工作，并要在审查定位放线方案和指导、检查定位放线工作等方面认真组织实施。

2. 高层建筑施工定位放线工作的基本准则

（1）遵守国家法令、政策和规范。

（2）遵守先整体后局部和高精度控制低精度的工作程序。即先建立整体的施工控制网，再以控制网为依据进行局部的定位、放线和标高测设。

（3）在定位精度满足工程需要的前提下，进行施测方法的优化，做到省工、省时和省费用。

（4）严格审核原始资料（设计图纸、定位起始点位、数据等）的正确性。

（5）一切定位、放线工作经自检、互检合格后，方可申请主管部门验线，使定位作业与计算工作步步有检核，为施工的安全进行提供保障。严格执行安全、保密等有关规定，用好、管好设计图纸和有关资料。实测时要当场做好原始记录，测后要及时保护好桩位。

4.1.4 GPS 测量方案的确定

在高层建筑施工中，测量基准传递和轴线、垂直度控制是建筑施工质量控制的重点之一，其测量速度、精度和可靠性是满足工程设计的必要条件，同时，也直接影响着工程的整体施工进度和质量。

目前，高层建筑施工测量一般是将平面和高程分开进行。在高层建筑施工平面基准传递的常用方法有：吊锤法、经纬仪交会法、激光铅直仪投点法和精密天顶基准法等；高程基准传递的主要方法有：几何水准测量、钢尺垂直量距、三角高程测量、全站仪垂直测高等。重庆大学主教学楼高+121.30m，为超高层建筑。吊锤法基准传递受风力和建筑物自振等因素的干扰，其精确度受到影响；经纬仪交会法自下而上逐层进行传递，存在误差积累问题；激光铅直仪投点法随建筑物高度的增加，光斑和光斑轨迹所形成的近似圆逐步增大，确认其垂心可靠性变差；精密天顶基准法对施工环境的光线、通视等的要求高。高程测量方法也一样，要保证其测量放样的精确度或施工环境的要求，采用上述方法，需要采用一些附加措施，这无疑会对整个工程的施工进度、质量、成本等造成影响。因此，有必要寻求新的、有效的、便捷的建筑测量技术与方法，以满足高层建筑施工的需要，同时也可为原有施工测量方法提供可靠的验证。

GPS 技术作为一种全新的测量手段，在工程控制测量中已逐步得到使用，其技术的先进性、优越性已为众多的工程技术人员所认同。GPS 定位技术的优点主要体现在不存在误差积累，精度高、速度快，全天候，无需通视，点位不受限制，并可同时提供平面和高程的三维位置信息。GPS 定位技术的基准传递任何高度绝对位置平面精度为±5mm，高程精度为±8mm。为此我们尝试将 GPS 技术应用于高层建筑施工中，在高层和超高层建筑施工中探索一种全新的更科学、更合理、更准确的建筑测量定位方法。

为了保证本工程质量和工期要求，提高测量定位工效和观测精度，重庆大学主教学楼施工 GPS 测量的方案设计主要包括测量准备工作、测量基准传递设计与实施、GPS 日照变形监测、GPS 动态变形监测等内容。高层建筑施工 GPS 定位前的准备工作如下。

1. 了解设计意图、熟悉和校核图纸

（1）了解工程总体布局、定位与标高情况

通过对总平面图和设计说明的熟悉以及设计交底，了解工程总体布局、工程特点和设计意图。首先应了解工程所在地区的红线桩位置及坐标、周围环境、与原有建筑物的关系、现场地形及拆迁情况；其次应了解建筑物的总体布局、朝向、定位依据、定位条件及建筑物主要轴线的间距及夹角；再其次应了解水准点位置及标高、建筑物首层室内地坪±0.000的绝对标高、整个场地的竖向布置、绿化及道路、地上地下管线的安排等。

（2）熟悉与校核图纸

熟悉建筑施工图，以便对建筑物的平、立、剖面的形状、尺寸、构造有全面的了解。这是整个工程施工放线的依据，在此过程中，要特别注意轴线尺寸及各层标高与总图中有关部分的对应关系，从结构图中要着重掌握轴线尺寸、层高、结构尺寸。熟悉图纸时要以轴线图为准，对比基础、非标准层及标准层之间的轴线关系；还要注意对照建筑图，查看两者相关联部位的轴线、尺寸、标高是否对应。熟悉设备图要结合土建图进行，尤其要注意设备安装对结构工程精度的要求，如预留件、预留孔洞等。在熟悉图纸时，要对图纸上的全部尺寸进行核对，着重核算总平面图和各单幢建筑的四周边界轴线尺寸。

（3）了解设计对定位放线精度的要求

通过熟悉和校核图纸，在了解建筑物的总体和各部分情况的基础上，要明确设计对施工定位精度的要求（如电梯安装对结构竖向精度的要求，铝合金门窗对柱间距的要求等），以便使定位放线精度达到设计要求。

2. 了解施工部署，制定定位放线方案

（1）了解施工部署

一般应从施工流水段的划分、开工次序、进度安排和施工现场暂设工程布置等方面了解。

暂设工程的布置，直接关系到整个场地测量平面和标高控制网的布设及点位的长期保留。因此，在现场施工总平面图布置时，要与各方协调一致，选好点位，防止事后互相干扰，保证控制网中主要点位能长期、稳定的保留。

根据施工流水段的划分与工程进度安排，明确测量放线的先后次序、时间要求以及测量放线人员的安排。

（2）制定定位放线方案

根据设计要求和施工部署，制定切实可行的定位放线方案。它是保证定位放线工作顺利进行的重要措施。定位放线方案应包括如下内容：

1）工程概况。包括场地面积与工程位置；建筑面积、层数与高度；平面与立面的特点；结构类型与施工方案要点等。

2）对测量放线的基本要求。包括场地与规划红线的关系、定位条件及工程对测量精度与进度的要求。

3）场地测量准备工作。根据设计总平面与施工现场布置总平面，确定拆迁次序与范围，测定应保留的地下管线、地上建（构）筑物与名贵树木的树冠及根系范围。场地平整与暂设工程定位放线。

4）起始依据的校测。若起始依据是规划红线与水准点，则应校算与校测。若起始依据为原有建（构）筑物，则应与建设单位、设计单位共同到现场进行具体位置的确认，以防发生差错。

5）场地控制网的测设。根据场地情况、设计与施工的要求，按照便于控制全面有能长期保留的原则，测设场地平面控制网与标高控制网。

6）建筑物定位和基础工程测量放线。包括建筑物的定位放线与主要轴线的控制；护坡桩、桩基的定位与监测；基础开挖与±0.000以下各层的施工放线、抄平等工作。

7）±0.000以上的测量放线。包括首层、非标准层与其上的各标准层的测量放线、竖向控制与标高传递等。

8）特殊工程项目的测量工作。如钢结构、玻璃幕墙、高速电梯、旋转餐厅等的安装测量以及高耸构筑物（如水塔、烟囱等）的施工测量。

9）竣工测量与变形观测的要求与测法。

10）验线工作。要明确各分项工程在测量放线后，应由哪一级验线和验线的内容，以明确责任，保证精度，防止错误。

11）编制测量放线工作进度计划、仪器器材和记录表册需要量计划，并对测量人员的配备进行安排。定位放线方案是施工组织设计中的一部分，经批准后，即应按方案实施。

（3）仪器的选择、检验及维护

1）仪器选择

GPS接收机是完成测量任务的关键设备，其性能要求和所需的接收机数量与测量的精度有关，根据本工程的具体情况，采用了 Trimble GPS 4600ls（标称精度 5mm+1ppm）GPS接收机 3 套、Ashtech Pro Mark2 GPS接收机（标称精度 5mm+1ppm）4 台、Ashtech 双频接收机 4 台。

2）仪器检验

观测中使用的所有接收设备，都必须对其性能与可靠性进行检验，合格后方能参加作业。接收机全面检验的内容，包括一般性检视、通电检验和试测检验。

主要检查接收设备的各部件及其附件是否齐全、完好，紧固部件有否松动与脱落，设备的使用手册及资料是否齐全。另外，天线底座的圆水准器和光学对中器，也都要在每年出测前进行检验和校正。对于作业中所使用的气象测量仪表（通风干湿表、气压表、温度计），也要定期送气象部门检验，以保证其正常工作。

通电检验的主要项目包括：设备通电后的有关信号灯、按键、显示系统和仪表的工作情况，以及自测试系统的工作情况。当自测试正常后，按操作步骤进行卫星捕获与跟踪，以检验其工作情况。

3）仪器维护

GPS接收机属贵重的精密电子仪器，为了确保设备的安全和正常工作，用户必须制定严格的使用、运输与保管办法，并认真加以维护。

在外业期间，GPS接收机应制定专人保管，运输时应专人押运。并应采取防震、防潮、防晒和防尘等措施。带有软盘驱动器的微机在运输中应插入保护片或废磁盘。

接收机的接头和连接器应保持清洁，连接外电源时，应检查电压是否正确（符合仪器电源要求），电池正负极严禁接反。天线电缆不应有扭转，不得在硬度大的表面或粗糙面上拖拽。每半年应检查一次天线电缆的性能。接收机不使用时，应存放在有软垫的仪器箱内，仪器箱应放置于通风良好的阴凉处，以防潮及防霉。当防潮剂呈现粉红色时，应及时更换。接收机在室内存放期间，应每隔 1～2 个月通电检查一次，电池应在充满电的状态下保存。每隔 1～2 个月应充电一次，并应检查电池电容量。严禁任意拆卸接收机的各部件，如发生故障，应做记录并交专业人员维修或更换部件。

4.1.5 高层建筑施工 GPS 定位的技术设计

高层建筑施工 GPS 定位的技术设计是进行高层建筑施工 GPS 定位的最基本的工作，它是依据国家有关规范（规程）及建筑施工要求对高层建筑施工测量工作的网形、精度及基准等的设计。

1. 高层建筑施工 GPS 网技术设计的依据

GPS 网技术设计的主要依据是 GPS 测量规范（规程）和测量任务书。

GPS 测量规范（规程）是国家测绘管理部门或行业部门制定的技术法规，目前 GPS 网设计依据的规范（规程）有：1992 年国家测绘局发布的测绘行业标准《全球定位系统（GPS）测量规范》CH 2001—92；1997 年建设部发布的行业标准《全球定位系统城市测量技术规程》CJJ 73—97。

在 GPS 方案设计时，一般首先依据测量任务书提出 GPS 网的精度、密度和经济指标，再结合规范（规程）规定并现场踏勘具体确定高层建筑施工 GPS 布网和观测方案。

2. 高层建筑施工 GPS 网的图形设计

高层建筑施工定位的 GPS 网图形形式主要采用的是三角形网或环形网。当然，在条件允许时，也可采用三角形网与环形网构成的混合网，混合网既能保证网的几何强度，提高网的可靠指标，又能减少外业工作量，减低工程成本，是 GPS 工程定位首先应考虑的图形形式。

高层建筑施工 GPS 基准点可以在建筑物内也可以在建筑物外，因此，由此而构成的基准测量网图形有点连式、边连式、网连式、点边混合连接式等，在实际的高层建筑施工测量中，要注意如下几个原则：

（1）高层建筑 GPS 网的点与点之间尽管不要求通视，但考虑到利用常规测量加密时的需要，每点应有一个以上的通视方向。

（2）为了顾及原有城市测绘成果资料以及各种大比例尺地形图的使用，应采用原有城市坐标系统。对符合 GPS 网点要求的旧点，应充分利用。

（3）GPS 网必须由非同步独立观测边构成若干个闭合环或附合线路。

3. GPS 网的基准设计

GPS 定位获得的是 GPS 基线向量，它属于 WGS-84 坐标系的三维坐标差，而高层建筑施工需要的是国家坐标系或地方独立坐标系，所以在 GPS 网的技术设计时，必须明确 GPS 成果所采用的坐标系统和起算数据，即明确 GPS 网所采用的基准。GPS 网的基准包括位置基准、方位基准和尺度基准。方位基准一般以给定的起算方位角确定，也可以由 GPS 基线向量的方位作为方位基准。尺度基准一般由地面的电磁波测距边确定，也可以由两个以上的起算点间的距离确定，同时也可由 GPS 基线向量的距离确定。GPS 网的位置基准，一般都由给定的起算点坐标确定。因此，GPS 网的基准设计，实质上主要是确定网的位置基准。

4.1.6　高层建筑施工 GPS 定位的外业实施

1. 选点

由于 GPS 定位技术没有通视要求，网的图形结构也比较灵活，所以选点工作较常规控制定位方法的选点简便。点位的选择对于保证观测工作的顺利进行和定位结果的可靠性有着重要意义，选点工作应遵循以下原则：

（1）为避免电磁场对 GPS 信号的干扰，点位距离大功率无线电发射源（如电视台、微波站等）不少于 200m，距高压输电线不得少于 50m。

（2）点位附近不应有大面积的水域或电磁波反射（或吸收）强烈的物体，以减少多路径效应的影响。

（3）点位应设在易于安装接收设备、视野开阔且目标显著的地方。在视场周围 15°以上不应有障碍物，以减少 GPS 信号被遮挡或被障碍物吸收。

（4）点位应选在交通方便的地方，并有利于用其他观测手段联测和扩展。

（5）选点人员应按技术设计要求进行踏勘，在实地按要求选定点位。

（6）点位所构成的网形应有利于同步观测边、点连接。

（7）点位所在地面基础要稳定，易于点的保存。

2. 埋设标志

GPS 网点的标识和标志必须稳定、坚固，至少能够保持到高层建筑施工完成且能够被有效地利用；特别是设在施工场外的控制点，应保证在施工期间不被破坏；点名应符合施工习惯；施工期间，施工场区内施工人员众多，且施工工序往往由不同的施工队伍进行，除了将标识设在不易受施工影响的地方外，还应委托专人保护；每个点位标识埋设工作结束后，绘点标记。

3. 观测

（1）观测工作的基本技术要求

GPS 观测与常规测量在技术要求上有很大的差别，特别是在高层建筑施工中，常规定位作业通常使用吊锤法、经纬仪法、激光铅直仪法、几何水准测量法等方法，其作业模式及主要技术指标的获得，与 GPS 定位有许多不同。高层建筑施工 GPS 测量观测工作依据的基本技术指标为：卫星高度角≥15°，有效观测卫星数≥5，观测时段数≥2，重复设站数≥2，时段长度≥60min，数据采样间隔 10～60s。在观测前应对 GPS 接收机进行一般性检验、通电检验、实测检验。

（2）天线安置

1）在正常点位，天线应架设在三脚架上，并安置在标志中心的上方直接对中，天线基座上的圆水准气泡必须整平。

2）在特殊点位，当天线需要安置在三角点觇标的基板上或回光台上时，应先将觇标顶部拆除，以防对 GPS 信号的遮挡，这时可将标志中心投影到基板或回光台上，作为安装天线的依据。若觇标顶部无法拆除，接收天线又安置在标架内观测，则会造成卫星信号中断，影响 GPS 定位精度。此时，可进行偏心观测。偏心点选在离三角点 100m 以内的地方，归心元素应以解析法精密测定。

3）天线的定向标志线应指向正北，并顾及当地磁偏角影响，以减弱相位中心偏差的影响。天线定向误差依定位精度不同而异，一般不应超过±3°～5°。

4）刮风天气或在高层建筑施工层上安置天线，应将天线进行三方向固定，以防倒地碰坏。雷雨天气安置天线时，应注意将其底盘接地，以防雷击天线。

5）高层建筑施工 GPS 定位应观测并记录气象要素（雨、晴、阴、云等天气状况）。

（3）开机观测

高层建筑施工 GPS 观测作业的主要目的是俘获 GPS 卫星信号，并对其进行跟踪、处理和测量，以获得高层建筑施工所需要的定位信息和观测数据。在天线安置工作完成后，便可启动接收机进行观测。在高层建筑施工 GPS 观测的外业中，操作人员要注意以下事项：

1）开机后接收机的有关指示和仪表数据显示正常时，方能进行自检和输入有关测站和时段控制信息。

2）接收机在开始记录高层建筑有关观测数据后，应注意查看有关观测卫星数量、卫星信号、相位测量残差、定时定位结果及其变化、存储介质记录等情况。

3）在一个观测时段中，不允许进行下述操作：关闭又重新启动，进行自测试（发现故障除外），改变卫星高度角，改变天线位置，改变数据采样间隔，按动关闭文件和删除文件等功能键。

4）每一观测时段中，气象资料一般应在时段始末及中间各观测一次，当时段较长（超过 60min）应适当增加观测次数。

5）观测过程中应特别注意供电情况，除在出测前认真检查电池容量是否充足外，作业中观测人员不要远离接收机，听到仪器的低压报警要及时予以处理，以免造成仪器内部数据的破坏或丢失。

6）在观测过程中不要靠近接收机使用对讲机，遇雷雨季节架设天线要有防雷击措施，即雷雨过境时关机停测，并卸下天线。

7）天线高度在始、末各量一次，并及时输入仪器或记录到观测手簿。

8）放置于高层建筑施工操作层上的接收机，除了要满足 GPS 定位的基本要求外，还应保证施测时施工作业层的干扰最小。通常 GPS 观测应安排在楼面混凝土浇筑前、后，且作业层上没有其他工种作业。

9）在观测过程中要随时查看仪器内存或硬盘容量，观测结束后，应及时将数据转存至计算机硬盘或软盘上，妥善保存，以免观测数据丢失。

（4）观测中应注意的事项：

1）在高层建筑施工 GPS 测量的正常点位处，天线应架设在三脚架上，并安置在标志中心的上方直接对中，天线基座上的圆水准气泡必须平整；在特殊点位，当天线需安置在观测台或回光台上时，可将标志中心反投影到观测台或回光台上，以免 GPS 信号受到遮挡；天线的定向标志线应指向正北，并顾及高层建筑所在地磁偏角的影响，以减弱相位中心偏差的影响；在楼面上施测时，应将天线进行三向固定，以免遇大风将其刮倒损坏，同时，还应将天线接地，雷雨过境时应关闭接收机并卸下天线，以免雷击。

2）高层建筑施工 GPS 测量时，只有当确认外接电源及天线等各项连接完全无误后，方可接通电源，启动接收机；开机后接收机有关指示显示正常并通过自检后，方能输入有关测控信息，且在一个观测时段内，不得改变观测的基本技术指标。

3）观测过程中要保证供电，尽量使用太阳能电池或汽车电瓶。GPS 接收机操作人员不得远离接收机。

4）在高层建筑施工楼层上进行 GPS 作业时，应尽量保证施工操作面上的其他施工工种的作业远离观测点，最好没有其他工种的干扰，尤其不能在附近有焊接作业，无线电话及对讲机不得靠近正在测量作业的 GPS 接收机。

5）观测过程中要随时查看仪器内存或硬盘容量，每日观测结束后，应及时将数据转存至计算机硬盘、软盘上，以确保观测数据的安全。

6）做好观测记录，填写 GPS 测量手簿要认真及时。

（5）观测记录

在高层建筑施工 GPS 观测中，所有数据均需详细、真实地记录，坚决杜绝事后补记或追记。其记录格式如《全球定位系统城市测量技术规程》CJJ 73—97 中城市与工程 GPS 网观测记录格式表。

4.1.7 高层建筑施工 GPS 定位的数据处理

高层建筑施工 GPS 数据处理是根据高层建筑施工中原始观测值进行 GPS 数据的基线向量解算、GPS 基线向量网平差以及 GPS 网与地面网联合平差等工作，最后得到高层建筑施工 GPS 定位成果（图 4.1-5）。

数据采集 → 数据传输 → 预处理 → 基线解算 → GPS 网平差 → 坐标转换

图 4.1-5　GPS 数据处理基本流程图

GPS 接收机采集记录的数据是接收机天线至卫星的伪距、载波相位和卫星星历等信息，并在观测记录的同时解算出测站点的位置和运动速度；接收机记录的数据用随机软件传到计算机，在计算机上进行预处理和基线解算；GPS 网平差包括 GPS 基线向量网平差以及 GPS 网与地面网联合平差等内容。

1. 数据预处理与观测成果检核

（1）数据预处理

为了获得 GPS 观测基线向量并对观测成果进行质量检核，首先要对 GPS 数据进行预处理。根据预处理结果对观测数据的质量进行分析并做出评价，以确保观测成果和定位结果达到预期精度。

数据预处理的主要内容包括：对数据进行平滑滤波检验，剔除粗差；统一数据文件格式并将各类数据加工成标准化文件，如 GPS 卫星轨道方程的标准化，卫星时钟钟差标准化，观测文件标准化等；找出整周跳变点并修复观测值；对观测值进行各种模型改正。卫星广播星历坐标值，可作基线解的起算数据，高层建筑施工 GPS 测量的起算观测数据评价可分为良好、合格、存疑和不合格四级，课题组确定了各级的评价标准；基线解算中所需的起算点坐标，应按以下优先顺序采用：

1）国家 GPSA、B 级网控制点或其他高等级 GPS 网控制点的已有 WGS-84 系坐标；

2）国家或城市较高等级控制点转换到 WGS-84 坐标系后的坐标值；

3）不少于观测 30 分钟的单点定位结果的平差值提供的 WGS-84 系坐标。

（2）观测成果检核

对高层建筑施工 GPS 观测资料的检核工作主要包括：定位成果是否符合调度命令和规范的要求；进行的观测数据质量分析是否符合实际。其检核项目有：每个时段同步边观测数据的检核，重复观测边的检核、同步观测环检核和异步观测环检核。

2. GPS 基线向量的解算及成果检核

（1）双差观测值模型

由 GPS 卫星定位基本原理可知，设在 GPS 标准时刻 t_i 在高层建筑施工 GPS 观测点

1，2同时对卫星 k、j 进行载波相位测量，将载波相位观测方程代入双差观测方程，整理后可以得到双差观测值模型：

$$DD_{12}^{kj}(t_i) = \phi_2^j(t_i) - \phi_1^j(t_i) - \phi_2^k(t_i) + \phi_1^k(t_i) \tag{4.1-2}$$

通过对上述双差观测模型进行线性化，可以得到双差观测值的误差方程式，然后根据最小二乘原理求解，得到测点 1 相对于测点 2 的基线向量解。

（2）法方程的组成及解算

在 t_i 历元，在高层建筑的 1、2 测站点上同时观测了 k 个卫星，在连续观测情况下，共有 $n=j(k-1)$ 个误差方程，其中 j 为观测历元个数。将所有误差方程写成矩阵形式：

$$V = AX + L \tag{4.1-3}$$

按各类双差观测值等权且彼此独立，即权阵 P 为单位阵，组成法方程：

$$NX + B = 0 \tag{4.1-4}$$

若 1 点坐标已知，可求得 2 点坐标：

$$\begin{cases} x_2 = x_1 + \Delta_{x12} + \delta_{x12} \\ y_2 = y_1 + \Delta_{y12} + \delta_{y12} \\ z_2 = z_1 + \Delta_{z12} + \delta_{z12} \end{cases} \tag{4.1-5}$$

基线向量坐标平差值为：

$$\begin{cases} \Delta_{x12} = \Delta_{x012} + \delta_{x12} \\ \Delta_{y12} = \Delta_{y012} + \delta_{y12} \\ \Delta_{z12} = \Delta_{z012} + \delta_{z12} \end{cases} \tag{4.1-6}$$

整周模糊度平差值为：

$$N_i = N_{0i} + \delta N_i \quad (i = 1, 2, \cdots, k-1) \tag{4.1-7}$$

（3）精度估计与结果分析

1）精度估计

①单位权中误差估值

$$m_0 = \sqrt{V^1 PV/(n-k-2)} \tag{4.1-8}$$

②平差值的精度估计

未知数向量 X 中任一分量的精度估值为

$$m_{x_i} = m_0 \sqrt{1/P_{x_i}} \tag{4.1-9}$$

基线长度 b 的中误差估值为

$$m_b = m_0 \sqrt{Q_{bb}} \tag{4.1-10}$$

基线相对中误差估值为

$$f_b = m_b/b \cdot 106 \tag{4.1-11}$$

2）基线向量解算结果分析

高层建筑施工 GPS 定位基线向量解算时要顾及时段中信号间断引起的数据剔除、劣质观测数据的发现及剔除、星座变化引起的整周未知参数的增加，进一步消除传播延迟改正以及对接收机钟差重新评估等问题。

3. GPS 基线向量网平差

两观测站对 GPS 卫星的同步观测数据，经过平差后，解算出两观测站间的基线向量及其方差——协方差。在高层建筑施工 GPS 定位中，同时参加作业的接收机往往多于两台，这样一来，在同一观测时段中，便可能在多个观测站上同步观测 GPS 卫星，同时解算多条基线向量。将不同时段观测的基线向量互相联结成网，即成为 GPS 基线向量网。GPS 基线向量网的平差是以 GPS 基线向量为观测值，其方差阵之逆阵为权，进行平差计算，消除许多图形闭合条件不符值，求定各 GPS 网点的坐标并进行精度评定。

高层建筑施工 GPS 测量基线向量网的平差可以按三种模型进行，即：无约束平差、约束平差、GPS 网与地面网联合平差。

4. GPS 定位成果的坐标转换

由于卫星星历是以 WGS-84 坐标系为依据建立的，因此，GPS 定位成果，包括单点定位坐标及相对定位中解算的基线向量，均属于 WGS-84 大地坐标系，而高层建筑施工定位使用的成果往往是属于国家坐标系或地方坐标系，该坐标系与 WGS-84 坐标系之间存在一定的转换关系，只有经过这种坐标转换后的成果，才能用于高层建筑施工中。其坐标转换方法主要有：GPS 定位成果至国家/地方参考椭球的二维转换、GPS 定位成果至国家大地坐标系的转换、GPS 定位成果经不同空间直角坐标系转换至国家大地坐标系。坐标转换由自编程序实现。程序框图如图 4.1-6 所示。

5. GPS 高程

GPS 高程是高层建筑施工 GPS 定位的一个非常重要的问题。通常，由 GPS 相对定位得到的基线向量，通过 GPS 网平差，可以得到高精度的大地高差。若 GPS 网中有一点或多点具有精确的

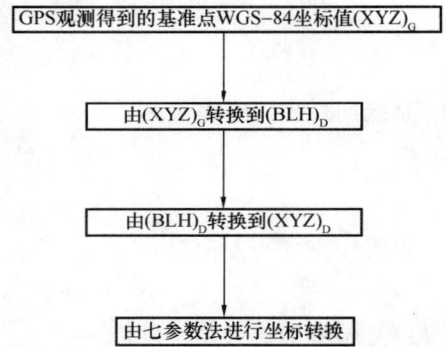

图 4.1-6　坐标转换程序框图

WGS-84 大地坐标系的大地高程，则在 GPS 网平差后，可求得各 GPS 点的 WGS-84 大地高 H84。

在高层建筑施工定位时，建筑物上测设点的高程采用正常高系统。测设点的正常高 Hr 是测设点沿铅垂线至似大地水准面的距离。显然，将 GPS 大地高 H84 转换为正常高 Hr 成为高层建筑施工测定高程的关键。在已知各高层建筑施工 GPS 点的大地高 H84 和正常高 Hr 之后，则可以求得各点的高程异常：

$$\xi = H84 - Hr \qquad\qquad (4.1\text{-}12)$$

式中　ξ——似大地水准面至椭球面间的高差，也叫高程异常。

4.1.8　基于 GPS 的高层建筑环境激励动态特性研究

1. 高层建筑物环境激励动态特性监测研究的意义

现代高层建筑因其功能要求高，结构日趋复杂，其动态特性很难通过对结构进行计算

获得，也无法通过常规测量设备测量得到。采用环境激励的方法，即以地脉动、风振等环境影响作为激励信号，通过测试结构系统的输入力和输出响应（位移、速度和加速度等），获取结构的频率响应函数。由于环境激励主要集中在低频，并且很弱，所以高层建筑物对环境激励的响应测量属低频微弱振动测量。

高层建筑在环境激励下的位移特性是建筑物抗震性能测试的重要内容。建筑物的基振频率约为 0.1～10Hz，振幅取决于建筑物的环境激励条件，如建筑物的高度、风压及建筑结构的侧向刚度。高层建筑环境激励动态特性常用的监测方法有加速度传感器法、激光铅直仪法、全站仪法等。

加速度传感器法是将加速度传感器安装在结构物上，测试其在振动时的加速度，通过加速度积分求位移，此方法所测得的位移误差较大，尤其是在一些特殊情况下如近海工程、高层塔架等构筑物，安装加速度计将十分困难。

激光准直法一般是在高层建筑的电梯井、管道井及特设开间的基部安装激光铅直仪，并在建筑物顶部安装接收靶进行建筑物垂直度的测试。激光准直精度为 $10''\sim20''$。这种方法对较低的建筑物较为适用，对于高大建筑物（高度 300m 以上）其衍射光斑可达 15～30mm，另外，还会受到建筑物井筒内空气湍流的影响，造成光斑晃动，使测试精度受到影响。

全站仪法是将反光镜安放在建筑物楼顶，在远离建筑物高度 1～2 倍以上的地方架设自动跟踪全站仪。人工瞄准目标后，仪器自动跟踪反光镜的采样数据记录频率为 0.5s。在恶劣气候条件（如台风、大雨等）下，激光跟踪目标较为困难。

综上所述，加速度传感器法、激光铅直仪法、全站仪法等传统观测技术因受其能力的限制，在连续性、实时性和自动化程度等方面已不能满足大型建筑物的实时动态监测要求。高层建筑在环境激励（如风荷载）作用下，会出现摆动或振动，其振动特征是周期性的，基振频率约为 0.1～10Hz。如果变化幅度值较大，用 GPS 技术进行动态监测是一种较好的方法。

2. 动态 GPS 观测数据的处理

按整周模糊度动态解算法（Ambiguity Resolution On-The-Fly）可对所有观测数据进行处理。其数据处理思路为：以地面稳定、可靠的基准点，可以获得建筑物监测点相对于基准点在 WGS-84 坐标系下每个历元的三维大地坐标（B_i、L_i、H_i）。然后，进行投影变换，将大地坐标（B_i、L_i）变换为平面坐标（x_i、y_i），这样，可以得到点位的三维坐标（x_i、y_i、H_i）数据序列。

为了确定建筑物的动态特性，频谱分析是动态观测时间序列研究的一个途径。该方法是将时域内的观测数据序列通过傅立叶级数转换到频域内进行分析，它有助于确定时间序列的准确周期并判别隐蔽性和复杂性的周期数据。

对于时间序列 $x(t)$ 的傅立叶级数展开式为：

$$x(t) = A_0 + \sum_{n=1}^{\infty}(a_n\cos2\pi nft + b_n\sin2\pi nft) \tag{4.1-13}$$

式中，$f = 1/T$ 为 $x(t)$ 的基本频率；

$$A_0 = \frac{1}{T}\int_0^T x(t)\mathrm{d}t$$

$$a_{\mathrm{n}} = \frac{2}{T} \int_0^T x(t) \cos 2\pi n f t \, \mathrm{d}t$$

$$b_{\mathrm{n}} = \frac{2}{T} \int_0^T x(t) \sin 2\pi n f t \, \mathrm{d}t, n = 1, 2, \cdots$$

式（4.1-13）还可以写成如下形式：

$$x(t) = A_0 + \sum_{n=1}^{\infty} A_{\mathrm{n}} \sin(2\pi n f t + \phi_{\mathrm{n}}) \tag{4.1-14}$$

式中，$A_{\mathrm{n}} = \sqrt{a_{\mathrm{n}}^2 + b_{\mathrm{n}}^2}$ 为傅立叶级数的频谱值；ϕ_{n} 为傅立叶级数的相位角，即相位谱值 $\phi_{\mathrm{n}} = \tan^{-1}(a_{\mathrm{n}}/b_{\mathrm{n}})$。式（4.1-14）表明了复杂周期数据由一个静态分量 A_0 和无限个不同频率的谐波分量组成。实用上，对于离散的有限时间序列，应用频谱分析法求频率谱值 $(A_{\mathrm{n}}, \phi_{\mathrm{n}})$ 实际上就是求式（4.1-13）中的傅立叶系数 A_0、a_{n} 和 b_{n}。

如果设观测时间 T 内的采样数为 N，采样间隔 $\Delta t = T/N$，t_i 时刻的观测值为 $x(t_i)$，$i = 0, 1, 2, \cdots, N-1$，则

$$A_0 = \frac{1}{N} \sum_{i=0}^{N-1} x(t_i) \tag{4.1-15}$$

$$a_{\mathrm{n}} = \frac{2}{N} \sum_{i=0}^{N-1} x(t_i) \cos 2\pi n i / N \tag{4.1-16}$$

$$b_{\mathrm{n}} = \frac{2}{N} \sum_{i=0}^{N-1} x(t_i) \sin 2\pi n i / N \tag{4.1-17}$$

式中，$n = 1, 2, \cdots, M$，M 应满足条件：$N \geqslant 2M + 1$。

式（4.1-13）～式（4.1-17）就是离散的有限傅立叶级数的计算公式。

为了获取环境激励下建筑物的动态特性，必须同步观测环境激励条件（如使用风向仪测定风速和风向、用温度计测量大气温度等）。通过线性或非线性回归分析，可以确定环境激励下建筑物的动态特性。从而为建筑物的结构安全提供了保障。

4.1.9　工程应用实例

1. 工程概况

图 4.1-7　重庆大学主教学楼效果图

重庆大学主教学楼位于重庆大学 A 区校园中部，建筑面积 $70032\mathrm{m}^2$，占地面积 $12000\mathrm{m}^2$（图 4.1-7）。其中主楼为 $38.20\mathrm{m} \times 41.10\mathrm{m} = 1570\mathrm{m}^2$，主楼高 $+121.30\mathrm{m}$；裙楼一 $+20.30\mathrm{m}$；裙楼二 $+23.50\mathrm{m}$，地上共 29 层。

该教学楼为重庆大学标志性建筑，为了提高质量，确保建筑物的轴线定位及高程传递的精确度，并检测建筑物落成后在环境激励下的动态特性，以保证大楼的安全使用，广厦重庆第一建筑（集团）有限

公司和重庆大学利用全球卫星定位系统（GPS）技术对重庆大学主教学楼的基准轴线进行控制和检测，并对该建筑物在环境激励下的动态特性进行检测。

2. 技术依据和基准系统

①《全球定位系统（GPS）测量规范》CH 2001—92；

②《全球定位系统城市测量技术规程》CJJ 73—97；

③《建筑变形测量规程》JGJ/T 8—97；

④《城市测量规范》CJJ 8—99；

⑤《国家三、四等水准测量规范》GB 12898—91；

⑥《重庆大学主教学楼 GPS 测控技术合同》；

⑦《重庆大学主教学楼 GPS 测控技术的实施方案》；

⑧坐标系统：轴线控制坐标系；

⑨高程系统：假设高程系（以正负零层地面标高值 0 为起算）。

3. 重庆大学主教学楼的基准轴线控制 GPS 监测轴线控制坐标系的建立

（1）内控点的确立

为对重庆大学主教学楼建筑物基准轴线进行监控，在该大楼转换层，重庆广厦一建建筑（集团）有限公司确定了 A、B、C、D 四个内控点，如图 4.1-8 所示。这四个内控点用激光准直仪投影到转换层上，并作好墨线标志，用钓鱼线将内控点沿墨线标志交出内控点中心，并用专用的玻璃板（板上有十字丝分划线）确定其投影中心。这四个内控点位置的相对关系，是建立 GPS 监测轴线控制坐标系的基准数据。

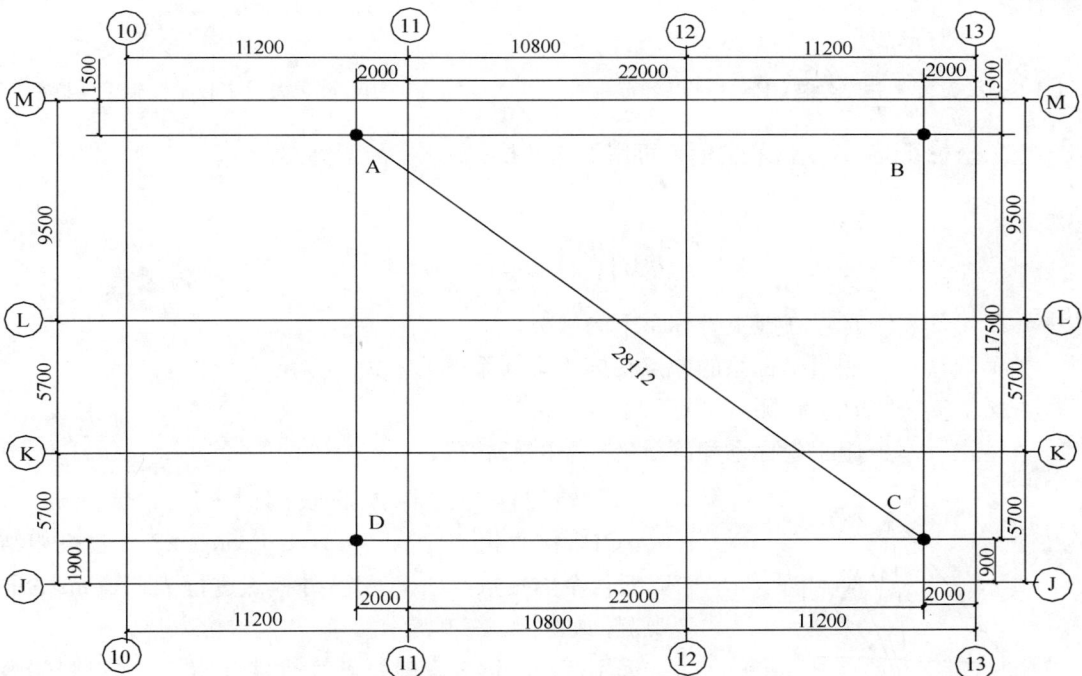

图 4.1-8 重庆大学主教学楼 GPS 检测内控点图

(2) GPS 外控网的确立

为了对内控点进行监控，经实地踏勘，分析论证，共布设了位于重庆大学主教学楼附近的图书馆（GPS01）、外语学院大楼（GPS02）、印刷厂大楼（GPS03）、教师住宅（GPS04）、钟楼（GPS05）五个基准控制点，构成 GPS 基准控制网，如图 4.1-9 所示。该 GPS 基准控制网是作为主教学楼施工过程中的轴线控制和监测的基准，将这 5 个 GPS 基准控制点设为 GPS 外控点，由它们构成的几何图形 GPS 外控网。

这 5 个 GPS 外控点，除 GPS05 号位于喷水池边比较的开阔地面上外，GPS01、GPS02、GPS03、GPS04 四个点均位于楼顶上，标识采用混凝土现场浇制，标识面 20cm×20cm，露出地面或者楼顶 1cm。标志采用 5～6cm 长的刻有十字丝的钢筋头。

(3) 轴线控制坐标系的建立

为使用和计算方便，根据 4 个内控点坐标值的相对关系，建立独立的施工坐标系（轴线控制坐标系），如图 4.1-10 所示。

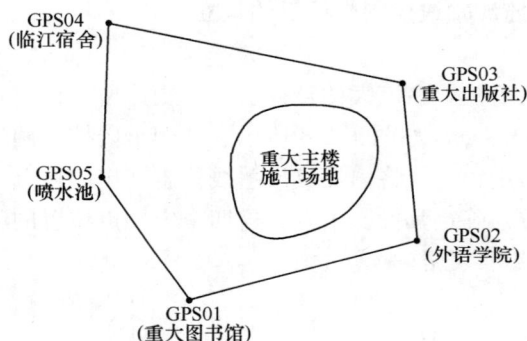

图 4.1-9 重庆大学主教学楼 GPS 外控点分布略图

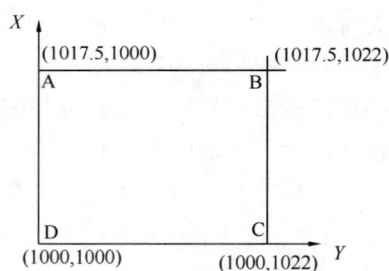

图 4.1-10 重庆大学主教学楼施工坐标系

施工坐标系与 GPS 测量坐标系可用下式转换：

$$\begin{bmatrix} A_p \\ B_p \end{bmatrix} = \begin{bmatrix} A_0 \\ B_0 \end{bmatrix} + \begin{bmatrix} \cos\alpha & -\sin\alpha \\ \sin\alpha & \cos\alpha \end{bmatrix} \begin{bmatrix} x_p \\ y_p \end{bmatrix} \tag{4.1-18}$$

式中 A_p，B_p——P 点在施工坐标系下的坐标；

　　　A_0，B_0——测量坐标系的原点在施工坐标系下的坐标；

　　　x_p，y_p——P 点在测量坐标系下的坐标；

　　　α——施工坐标系和测量坐标系的旋转角。

GPS 外控网与内控点的联测时，用 3 台 Trimble 4600lsGPS 接收机与 4 台 Ashtech Promark2 接收机相结合，对 4 个内控点与 4 个 GPS 外控点进行了 140min 的同步观测，如图 4.1-11 所示。

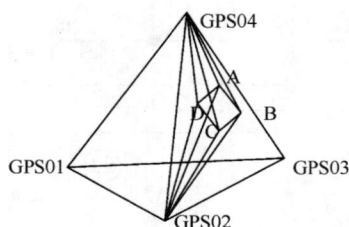

图 4.1-11 内、外控点联测略图

采用 Trimble 公司随机解算软件 TGO1.62 对观测数据进行传输下载和数据处理，并对外控点与主楼轴线内控点所组成的图形进行联合平差，求取施工坐标系与

GPS 测量坐标系的坐标转换参数，从而统一测量基准。

4. 重庆大学主教学楼的基准轴线控制 GPS 监测

（1）施测情况

在主教学楼施工到标准层中间楼层（19 层，施工标高约为 72.50m）和标准层结束楼层（27 层，施工标高约为 99.05m），实施了第二、三次主楼轴线检测工作。检测时，对外控点和内控点构成 GPS 监测网同步观测了 2 个时段，每时段 45min；观测时有效卫星数不少于 6 颗，卫星高度角大于 15°，卫星分布几何精度因子 PDOP 不大于 6；观测历元为 10s；天线高的量取等按规范执行，全网有独立基线 10 条，组成 6 个独立异步环。

观测数据采用随机软件 GPSurvey 进行基线解算，每次外业工作结束后及时下载数据，进行基线解算，对构成的同步环进行检验。在基线解算过程中，对少量数据进行了人工干预：涉及残差较大和周跳较多的观测数据，对其卫星进行删除或截取有效时段，以保证基线解算的正确性和可靠性。

（2）数据对比分析

通过观测结果经数据处理，转换到施工坐标系下，与设计值比较见表 4.1-1。

数　据　对　比　　　　　　　　表 4.1-1

观测次数	点　号	北坐标（X）		东坐标（Y）		高程（H）
		观测值	与设计值之差	观测值	与设计值之差	
一期	GPS01	832.596		919.091		269.635
	GPS02	888.134		1061.844		264.151
	GPS03	980.345		1104.477		271.922
	GPS04	1100.679		894.227		270.6
	A	1017.501	0.001	1000.004	0.004	288.233
	B	1017.5	0	1021.998	−0.002	288.239
	C	1000.001	0.001	1022.001	0.001	288.234
	D	999.997	−0.003	999.997	−0.003	288.232
二期	GPS01	832.594		919.098		269.635
	GPS02	888.136		1061.843		264.151
	GPS03	980.338		1104.473		271.922
	GPS04	1100.677		894.225		270.6
	A	1017.489	−0.011	1000	0	323.247
	B	1017.49	−0.01	1021.994	−0.006	323.244
	C	999.991	−0.009	1021.994	−0.006	323.251
	D	999.997	−0.003	999.995	−0.005	323.254
三期	GPS02	888.109		1061.865		264.151
	B	1017.504	0.004	1022.003	0.003	353.075
	C	999.998	−0.002	1022	0	353.078
	D	999.998	−0.002	999.997	−0.003	353.078

按重力矩法，可计算一、二、三期建筑物实际形心与设计形心的坐标差：

$$\Delta x = \sum \Delta x_i / 4 （南北方向）$$
$$\Delta y = \sum \Delta y_i / 4 （西东方向）$$

则总体偏差为：

$$s = \sqrt{\Delta x^2 + \Delta y^2}$$

计算垂直度：

$$K = s/h$$

按照上述公式，计算垂直度见表 4.1-2。

垂直度的计算　　　　　　　　　　　　　　　　　表 4.1-2

	总体偏差（mm）	施工标高（m）	垂直度
一期	2.80	39.60	1/14000
二期	9.28	72.50	1/7800
三期	3.40	99.05	1/29000

根据目前建筑行业对高（超高）层建筑物垂直度控制的一般规定：垂直度 $K \leqslant H/1000 \sim H/3000$，总偏差 $s \leqslant 50mm$。上述数值完全小于这个限差要求。因此，应用 GPS 静态相对定位技术，能进行高层建筑物轴线监控，并能够达到传统激光准直法放样精度进行建筑物垂直度的检测。

5. 重庆大学主教学楼环境激励动态特性的 GPS 监测研究

（1）重庆大学主教学楼在环境激励下动态特性 GPS 监测的测试

1）高层建筑的 GPS 动态监测试验方案

为了获得重庆大学主教学楼建筑物环境激励动态监测数据，应用 GPS 可以按动态定位模式进行观测。在该大楼封顶后，采用 Ashtech 型双频 GPS 接收机 3 台，其中一台接收机设置在外控点（选择视野开阔，稳定性好的地面点）上，作为基准站；另两台接收机设置在距地面标高为 118.3m 的楼层上，作为监测点。图 4.1-12 中，GPS3 为外控点，GPS1、GPS2 为主楼上的监测点，GPS3 至 GPS1、GPS2 的距离约 210m。

GPS 动态观测的时间为 2004 年 11 月 13 日的中午和下午，数据采样率设置为 0.1 秒，卫星高度角限值为 15°，按动态定位观测模式连续观测时间长度分别为 35min 和 16min。观测时气象条件见表 4.1-3。

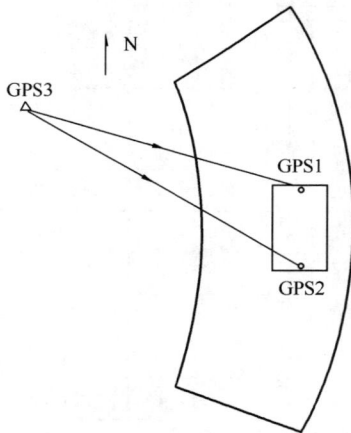

图 4.1-12　GPS 动态监测
点位分布示意图

观测时的气象条件　　　　　　　　　　　　　　　表 4.1-3

时　间	风　向	风　速	时　间	风　向	风　速
12：15	西南 54°	1.5m/s	12：36	西南 28°	1.5m/s
12：20	西南 48°	2.0m/s	13：07	西南 30°	1.5m/s
12：35	西南 36°	2.5m/s			

2）GPS 动态监测试验的数据处理及结果

按整周模糊度动态解算法（Ambiguity Resolution On-The-Fly）可对所有观测数据进行处理。其数据处理思路为：将 GPS3 点作为地面固定基准，可以获得监测点 GPS1 和 GPS2 相对于基准点（GPS3）在 WGS-84 坐标系下每个历元的三维大地坐标（B_i、L_i、H_i）。然后，进行投影变换，将大地坐标（B_i、L_i）变换为平面坐标（x_i、y_i），这样，可以得到点位的三维坐标（x_i、y_i、H_i）数据序列。

由于 0.1s 数据采样率的观测数据量较大，所以，为说明问题起见，可以取 GPS1 和 GPS3 的 GPS 同步观测数据进行处理后的部分结果进行作图，图 4.1-13 为监测点（GPS1）相对于基准点（GPS3）的三维数据序列经均值化后的时程曲线。

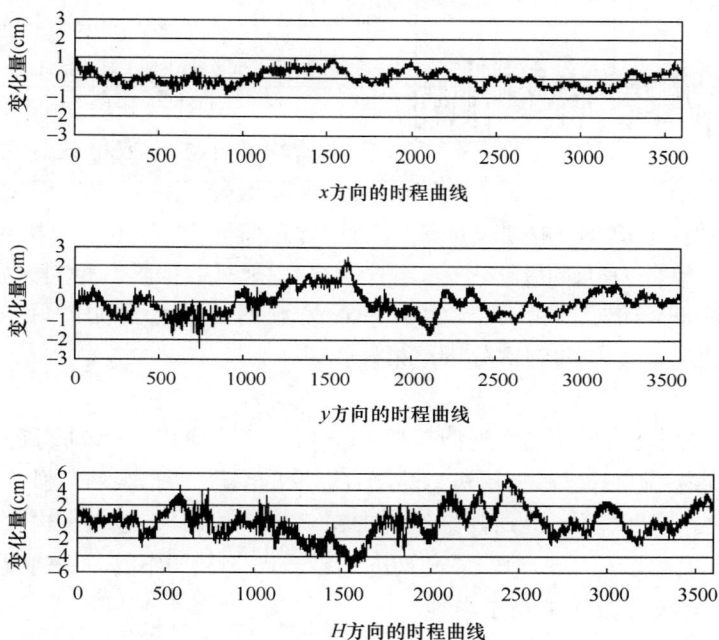

图 4.1-13　监测点（GPS1）相对于基准点（GPS3）的三维时程曲线

图中的时程曲线可知：整个时程曲线的变化量，南北方向（x 方向）在 ±1cm 左右；东西方向（y 方向）一般在 ±1cm 左右，最大不超过 ±3cm；垂直方向（H 方向）一般在 ±3cm 左右，最大不超过 ±6cm。这样的时程曲线结果符合动态 GPS 测量的正常精度，表明 GPS 观测质量是好的，数据处理结果可靠。但从图中，我们还不能直观地看出高层建筑物结构在环境激励下的自振特性。

对于其他的观测数据，均具有相类似的数据处理解算结果。

3）GPS 动态监测试验的频谱分析及结果

采用频谱分析法，可以对试验所获取的三维数据序列时程曲线分别进行处理，计算出相应的频谱特征。

为了直观起见，图 4.1-14 和图 4.1-15 给出的是 2004 年 11 月 13 日的中午，楼顶监测点（GPS1）相对于地面基准点（GPS3）分别在南北方向、东西方向的频谱图，其所对应

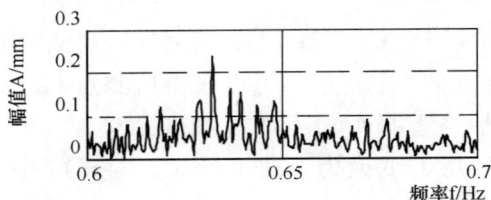

图 4.1-14 监测点（GPS1）相对于基准点（GPS3）在南北方向的频谱图

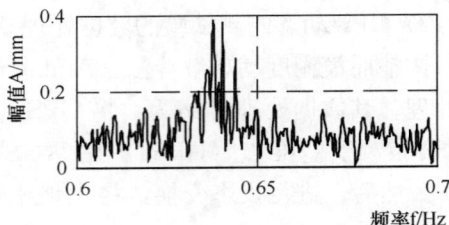

图 4.1-15 监测点（GPS1）相对于基准点（GPS3）在东西方向的频谱图

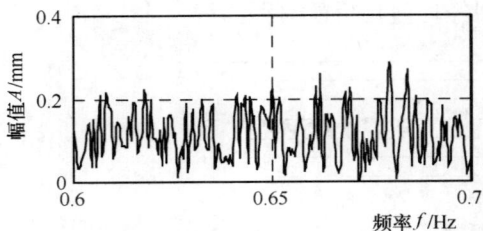

图 4.1-16 监测点（GPS1）相对于基准点（GPS3）垂直方向的频谱图

的频率范围为 0.6～0.7Hz。由图可以看出，其主频主要集中在 0.63～0.64Hz 左右，即基振周期大约为 1.6s；建筑结构振动表现出一种复合状态，由图 4.1-14 和图 4.1-15 描述的自振幅值均较小，该数值仅作为确定主频的参考，实际振幅是一复杂过程，难于准确确定。对于楼顶监测点（GPS2）相对于地面基准点（GPS3）观测数据具有相同的分析结果。

而且，对于 2004 年 11 月 13 日的下午观测数据，虽然观测时间长度较短，仅有 16min，但同样具有相类似的频谱分析结果。

4）结论

综上所述，采用高采样率的大地型双频 GPS 接收机，应用 GPS 动态定位技术，对重庆大学主教学楼地面标高 118.3m 楼层进行监测，获取的 GPS 动态观测资料，通过严密的数据解算，并由频谱分析法计算，得到其主频集中在 0.63～0.64Hz 左右。由表 4.1-3 可知，在 GPS 观测时，风力微弱（1.5m/s），最大风速为 2.5m/s，从图中的时程曲线可以分析，此时建筑物结构的环境激励振动主要是由地脉动引起的振动响应，即该主教学楼的自振周期大约为 1.6s。

（2）加速度计对主教学楼在环境激励下动态特性监测的测试

1）加速度计监测方案

为了进一步验证 GPS 监测的结果，用加速计对重庆大学主教学楼进行了在环境激励下动态特性的监测。根据该工程结构特点，用加速计监测时，采用五个 BC-19 超低频振动传感器（频率范围：0.1～100Hz），其灵敏度分别为：1 号：98.9V；2 号：107.7V；3 号：101.5V；4 号：96.3V；5 号：105.3V。五个传感器的布设略图如图 4.1-17 所示。

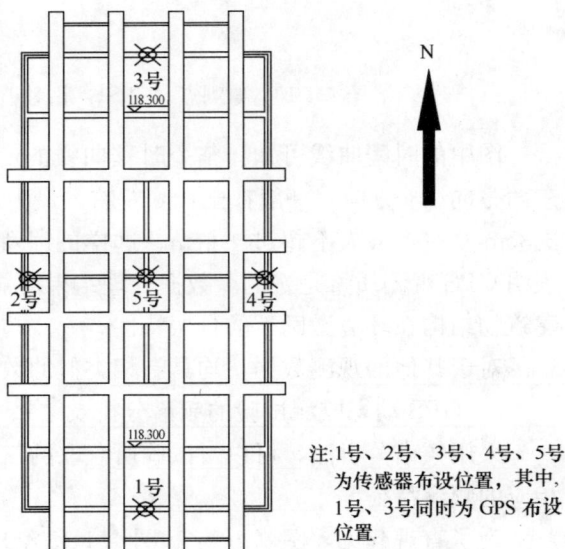

注：1号、2号、3号、4号、5号为传感器布设位置，其中，1号、3号同时为 GPS 布设位置。

图 4.1-17 传感器布置略图

加速计进行了三次数据采集，所采集数据用 DEWEsoft 软件处理，结果一致，现给出部分频谱分析图，如图 4.1-18～图 4.1-23 所示。

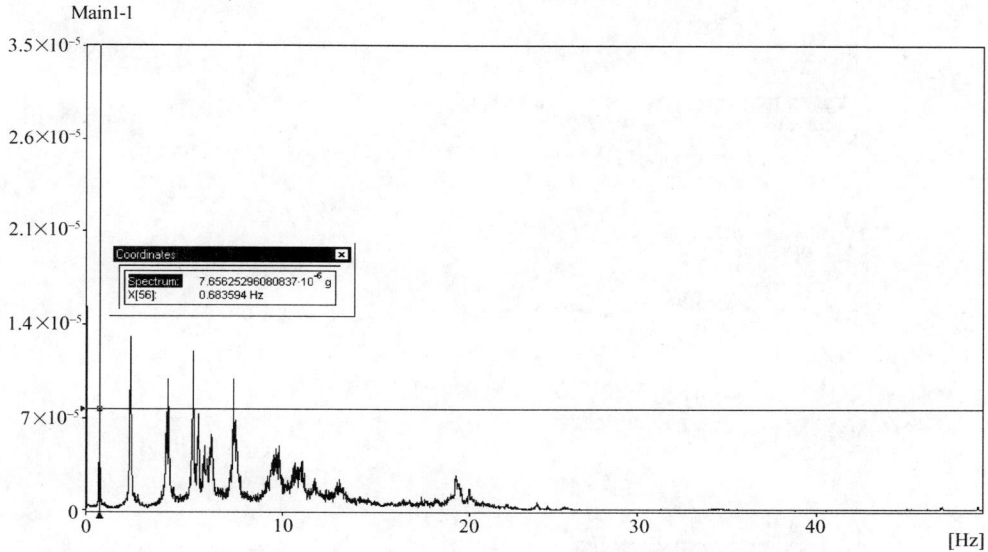

图 4.1-18　第一次采集 1 号位置频谱图

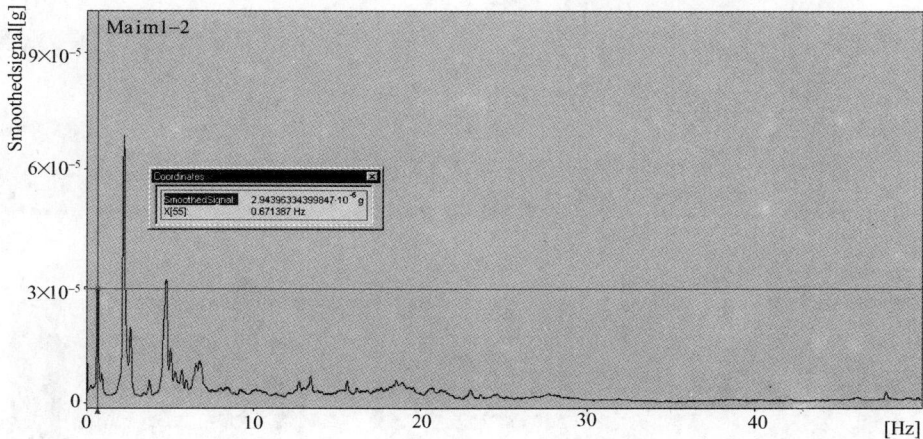

图 4.1-19　第一次采集 2 号位置频谱

通过加速度计三次观测，经过频谱分析，所得一阶频率见表 4.1-4。

频谱分析　　　　　　　　　　　　　　　　　　　　　　表 4.1-4

位置	第一次观测（Hz）	第二次观测（Hz）	第三次观测（Hz）
1 号（南北方向）	0.683594	0.683594	0.683594
2 号（东西方向）	0.671387	0.671387	0.671387
3 号（南北方向）	0.683594	0.683594	0.683594
4 号（东西方向）	0.671387	0.671387	0.671387

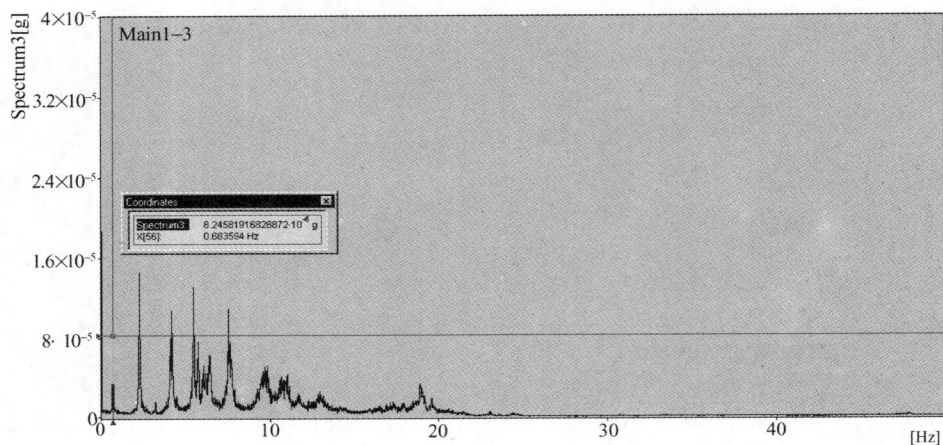

图 4.1-20 第一次采集 3 号位置频谱图

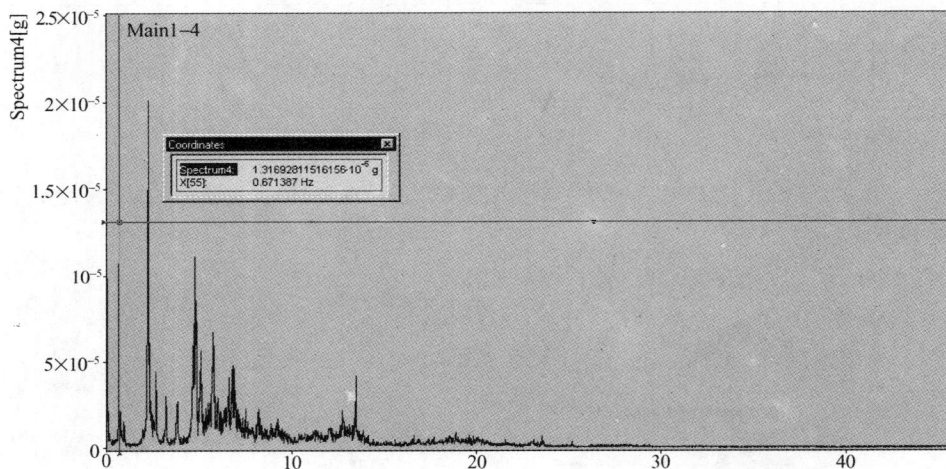

图 4.1-21 第一次采集 4 号位置频谱图

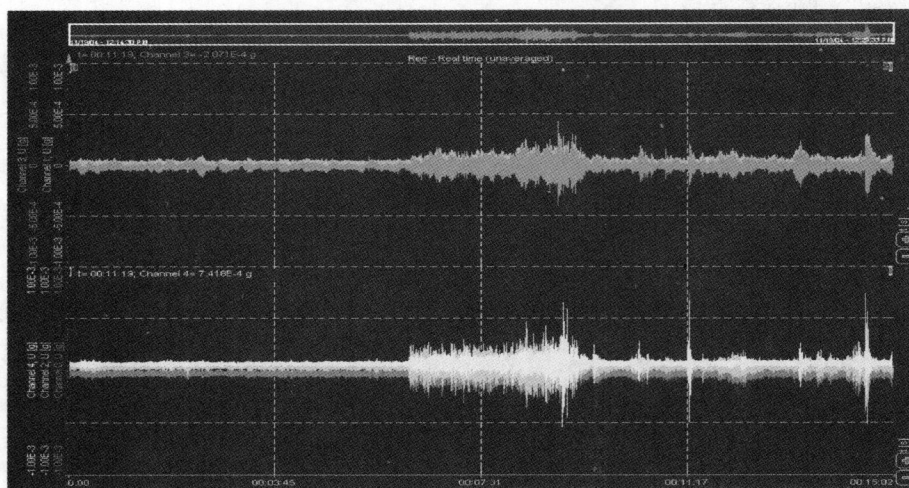

图 4.1-22 第三次观测 5 通道叠加过程频谱图

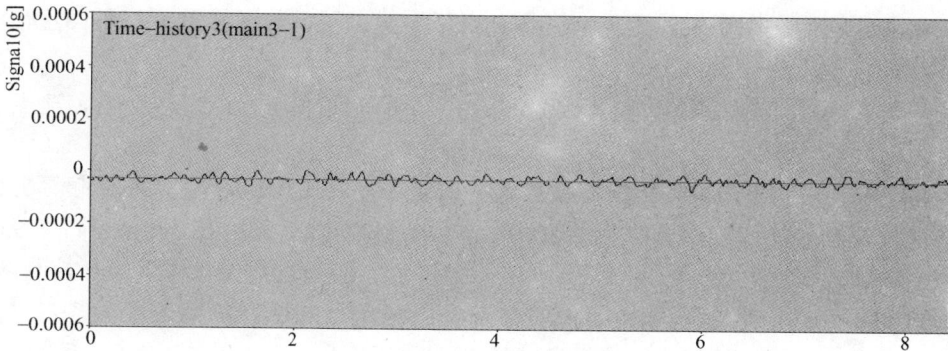

图 4.1-23　第三次观测 1 号位置部分过程频谱图

2）GPS 与加速度计监测数据的比较分析

由图 4.1-18～图 4.1-23 和表 4.1-4 可以分析，在 GPS 和加速度计进行观测时，其环境激励观测条件相当，风力微弱，建筑物结构的振动主要是由地脉动引起的振动响应。两者观测数据具有可比性。通过加速度计和 GPS 对该主教学楼的测试分析，其结果如下：

南北方向：GPS 所测频率为 0.64Hz；加速度计观测结果为 0.683594Hz；

东西方向：GPS 所测频率为 0.63Hz；加速度计观测结果为 0.671387Hz；

垂直方向：GPS 和加速度计所测结果表明建筑物在垂直方向的振动振幅较小，振动规律不明显。

6. 实施效果及应用展望

（1）研究成果

1）GPS 技术在高层建筑施工定位中的应用

在重庆大学主教学楼的施工定位中，在建筑物外设立了 GPS 观测基准点（GPS 外控点），以 GPS 外控点作为施工定位基准点，从而以外控点对轴线的控制取代了传统的以内控点进行施工定位的作业模式。以 GPS 外控基准网的作业模式具有精度高、对施工干扰小、使用方便、可操作性强等优点。

2）GPS 技术对高层建筑在环境激励下动态特性的监测

高层建筑结构动态特性很难通过对结构进行计算获得，也无法通过常规测量设备测量得到。采用环境激励的方法，即以地脉动、风振等环境影响作为激励信号，通过测试结构系统的输入力和输出响应（位移、速度和加速度等），获取结构的频率响应函数。由于环境激励主要集中在低频，并且很弱，所以高层建筑物对环境激励的响应属低频振动。通过本项目的研究表明：利用 GPS 技术对建筑物环境激励下动态特性进行监测，其获得的振动频率（周期）为高层建筑施工的实时控制（如施工纠偏、纠扭等）提供了依据。证明了基于 GPS 的高层建筑环境激励动态特性技术研究具有可行性和实用性。

（2）高层建筑 GPS 测控技术研究的实施效果

通过本项目的研究和实践表明，基于 GPS 的高层建筑控制和建筑物环境激励动态特性的监测技术，显示出其特有的高精度、高效率和对基准点依赖性低的特点，取得良好的效果，主要体现在以下几个方面：

①基于 GPS 技术建立的 GPS 外控基准网，其 GPS 外控点相互独立，可一次测定到

位，防止误差的传递和积累，测定精度高。对任意施工层面均可控制，其平面定位精度为
±5mm，高程精度为±8mm。

②基于 GPS 定位控制技术，其数据测定和分析均使用计算机处理，测定速度快，避
免了人为误差的产生。

③基于 GPS 定位控制技术，其施工定位基准点主要用于确定起算点和起算方向，相
互不通视，变换外控点均不影响观测精度。本项目使用中曾发生外控点存在高度变化和基
准点完全破坏的情况，由于使用 GPS 定位控制技术，仍能正常建立楼层施工控制网。

④基于 GPS 定位控制技术，对楼层施工控制网基点的选择约束较少。各点之间可以
不通视，点数和点位也可以根据实际要求变化，均不影响定位精度。

⑤基于 GPS 定位控制技术，获得的高层建筑物振动频率（周期）能准确反映建筑物
的环境激励动态特性，为高层及超高层建筑施工提供了准确的定位数据（如施工纠偏、纠
扭等），从而提高了建筑施工质量。因此，它为高层及超高层建筑的定位观测提供了一种
全新的技术手段。本项目实践表明该技术应用于高层建筑施工测量定位有无可比拟的先进
性和优越性。

⑥通过本项目的研究表明，GPS 控制技术能准确监测建筑物的环境激励动态特性，
为高层及超高层建筑施工的结构安全提供了保障。

（3）高层建筑 GPS 测控技术应用展望

1）GPS 技术在土木工程施工领域应用的障碍与对策

GPS 技术的发展受到了 GPS 系统本身及其开发的制约，也受到使用单位的技术条件
的限制。目前，将 GPS 技术推广应用到高层建筑施工领域，应重视下述问题：

①重视 GPS 技术在高层建筑施工领域的应用理论研究

将高新技术推广到高层建筑施工这一传统领域，对于技术创新与进步，提高工程质
量，有着深远的意义，这也是理论工作者肩负的历史使命。对高层建筑施工应用 GPS 技
术的工程条件进行技术和经济研究，其核心是进行 GPS 的方案优化。

②产学研相结合，是 GPS 技术在高层建筑施工领域应用的关键

长期以来，科学研究与生产实践相脱离，科技成果不能有效地转化为生产力；科技教
育忽视创新精神的培养，致使毕业生在工程单位的创新能力受到影响。目前，我国科技界
和教育界已加大了改革力度，强化科技是第一生产力，强调科技创新，并从政策上加以引
导。可以预见，在施工企业中开展 GPS 应用工作，将得到强有力的技术支持。

③提高工程单位技术人员素质，是 GPS 技术应用于工程实践的基本保证

长期以来，受行业特点的制约，建筑工程施工领域劳动力密集，技术更新速度慢，从
业人员科技文化素质相对较低，观念较为保守，这些将严重地影响到 GPS 技术的推广。
因此，企业要加大从业科技人员的知识更新工作力度。

2）高层建筑 GPS 测控技术的应用前景

GPS 技术作为一种定位手段，在工程控制测量中已逐步得到使用，其技术的先进性、
优越性已为众多的工程技术人员所认同。目前，我国正处于经济发展的历史性的大发展时
期，各种基础设施的大量建设，各种新材料、新技术的采用，使建筑工程这一传统产业呈
现蓬勃生机。随着 GPS 技术的进一步开发，特别是 RTK 技术的不断趋于完善，GPS 定

位时间大大缩短，其单点定位时间达到 6s，定位精度达到±5mm。随着 GPS 精密定位理论的进一步深入，GPS 技术将成为高层及超高层建筑施工测量定位、垂直度和高度偏差控制等方面广泛使用的方法。

4.2 螺旋体结构空间坐标精确定位控制技术

4.2.1 问题的提出

在工程建设中，施工测量是施工各工序中非常重要的组成部分之一。施工测量是指将图纸上设计好的建筑物或构筑物的平面位置和高程标定在实地上的测量工作。建筑物的形状和大小（几何特性）是通过其轴线特征点在实地上表示出来的。因此，轴线点的标定是建筑物施工放样的基础。目前建筑物（构筑物）轴线点的放样方法主要有：极坐标法、直角坐标法、前方交会法和边长交会法。其中，极坐标法应用极为广泛；直角坐标法主要适用于建筑施工坐标系的坐标轴与建筑物主轴线平行或垂直时的情况；前方交会法又称角度交会法主要适用于已知两方向而不便量距时的条件；边长交会法又称距离交会法主要适用于便于量距、地势平坦、定位点距已知点较近的施工场地。

以上四种方法均为二维平面（x、y）的定位测量技术，第三维 Z_H 定位通常是通过高程放样实现（即传统的放样方式为：平面放样＋高程放样）。是一种 2＋1 维施工放样测量技术。

随着现代建筑施工技术的发展，建筑物（构筑物）的结构越来越复杂，对施工测量技术和方法要求也越来越高，急需寻求一种新的放样方法和技术，以提高传统的 2＋1 维放样技术，本项目提出的空间坐标精确定位控制技术正是基于此而诞生，空间坐标精确定位控制技术是一种真三维施工测量技术。该测量技术具有作业简便，并且精度高，成果可靠等特点；把空间坐标精确定位控制技术应用于工程建设施工过程中，不仅可完成常规测量工作，而且可对现代建筑物的复杂构筑物进行实时的监控和空间定位。

东莞大剧院坐落于城市新区中心轴线西侧，北临鸿福路，与行政办事中心、大会堂、展示中心隔路相望，东临广阔的景观广场与图书馆遥相呼应。大剧院占地 3.6 万 m^2，总建筑面积约 4 万 m^2，其设计由世界著名设计师加拿大卡洛斯·奥特建筑师事务所提出总体方案，同济大学建筑设计研究院担任设计总包，并邀请了国内多家著名剧院设计咨询机构，如保利集团文化艺术中心公司、北京市建筑设计院研究所、上海现代设计集团科技发展中心、清华大学设计院以及多位知名剧院专家参与策划和设计，是以中外合作，博采众长而取得的设计成果。

东莞大剧院外形新颖、动感、富于舞蹈韵味，剧院设施功能齐全，设备选型国际先进，国内一流，室外景观丰富，自然和谐。大剧院拥有 1600 座歌剧院配备工艺流畅合理的全机械化舞台和可供 250 名演员同时使用的化妆间，以及 120 人四管制规模演奏人员使用的乐队休息室，满足大型歌剧、交响乐、芭蕾舞剧、大型综艺演出等文化活动的需要。同时大剧院内还有一个 400 座的多功能实验剧场，活动观众席全部位于升降舞台上，通过调整升降舞台高度和座椅位置、方向，以实现舞台形式变化来适应如小型室内乐、话剧、舞蹈、戏曲、时装表演、演示报告、会议等不同的要求。剧院在满足剧场内 200 人同时观赏节目的同时，还配有芭蕾舞、歌剧、合唱团排练厅、高档贵宾厅、展示厅、中西餐厅、文化酒吧、艺术商场、写字间及室外景观休闲区以满足各界人士的不同需求。东莞大剧院的建成将使得东莞市乃至广东省拥有一座新的标志性建筑和高雅的文化艺术殿堂。

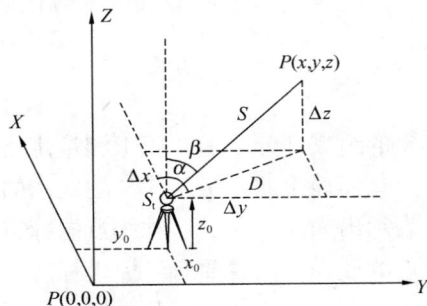

图 4.2-1 三维定位示意图

4.2.2 空间坐标精确定位控制技术

空间坐标精确定位控制技术就是利用测量仪器准确观测定位信息，通过计算获取待定点的空间三维坐标。

1. 基本原理

首先建立三维空间坐标系。设安置仪器的测站坐标为 $(x_0 、 y_0 、 z_0)$，待定点 P 的观测信息为：水平方向的坐标方位角 α，铅垂面内的垂直角 β 和斜距 S，如图 4.2-1 所示。待定点 P 的坐标计算公式为：

$$\left.\begin{array}{l} x = x_0 + \Delta x = x_0 + S\cos\alpha\cos\beta \\ y = y_0 + \Delta y = y_0 + S\sin\alpha\cos\beta \\ z = z_0 + \Delta z = z_0 + S\sin\beta \end{array}\right\} \quad (4.2\text{-}1)$$

由于测站固定，暂不考虑测站点的坐标误差。

2. 空间坐标精确定位技术的精度估算

对式 (4.2-1) 中直接观测值微分得：

$$\left.\begin{array}{l} \mathrm{d}x = \cos\alpha\cos\beta \cdot \mathrm{d}s - S\sin\alpha\cos\beta\dfrac{\mathrm{d}\alpha}{\rho} - S\cos\alpha\sin\beta\dfrac{\mathrm{d}\beta}{\rho} \\[2mm] \mathrm{d}y = \sin\alpha\cos\beta \cdot \mathrm{d}s - S\cos\alpha\cos\beta\dfrac{\mathrm{d}\alpha}{\rho} - S\sin\alpha\sin\beta\dfrac{\mathrm{d}\beta}{\rho} \\[2mm] \mathrm{d}z = \sin\beta \cdot \mathrm{d}s + S\cos\beta\dfrac{\mathrm{d}\beta}{\rho} \end{array}\right\} \quad (4.2\text{-}2)$$

顾及 $\sin\alpha = \dfrac{\Delta y}{D}, \cos\alpha = \dfrac{\Delta x}{D}, \sin\beta = \dfrac{\Delta z}{D}, \cos\beta = \dfrac{D}{S}$，式(4.2-2) 表示为：

$$\left.\begin{array}{l} \mathrm{d}x = \dfrac{\Delta x}{S}\mathrm{d}s - \dfrac{\Delta y}{\rho}\mathrm{d}\alpha - \dfrac{\Delta x\Delta z}{D \cdot \rho}\mathrm{d}\beta \\[2mm] \mathrm{d}y = \dfrac{\Delta y}{S}\mathrm{d}s - \dfrac{\Delta x}{\rho}\mathrm{d}\alpha - \dfrac{\Delta y\Delta z}{D \cdot \rho}\mathrm{d}\beta \\[2mm] \mathrm{d}z = \dfrac{\Delta z}{S}\mathrm{d}s + \dfrac{D}{\rho}\mathrm{d}\beta \end{array}\right\} \quad (4.2\text{-}3)$$

由上式得微分函数式的系数阵：

$$F = \begin{bmatrix} \dfrac{\Delta x}{S} & \dfrac{\Delta y}{\rho} & \dfrac{\Delta x\Delta y}{D \cdot \rho} \\[3mm] \dfrac{\Delta y}{S} & \dfrac{\Delta x}{\rho} & \dfrac{\Delta y\Delta z}{D \cdot \rho} \\[3mm] \dfrac{\Delta z}{S} & 0 & \dfrac{D}{\rho} \end{bmatrix} \quad (4.2\text{-}4)$$

独立观测值的方差阵：

$$D_u = \begin{bmatrix} m_s^2 & & \\ & m_\alpha^2 & \\ & & m_\beta^2 \end{bmatrix} \tag{4.2-5}$$

此外，按协方差传播定律：

$$D = FD_u F^T \tag{4.2-6}$$

由此得到 P 点坐标的方差和协方差：

$$\left. \begin{aligned} m_x^2 &= \left(\frac{\Delta x}{S}m_s\right)^2 + \left(\frac{\Delta y}{\rho}m_\alpha\right)^2 - \left(\frac{\Delta x \Delta z}{D \cdot \rho}m_\beta\right)^2 \\ m_y^2 &= \left(\frac{\Delta y}{S}m_s\right)^2 + \left(\frac{\Delta x}{\rho}m_\alpha\right)^2 - \left(\frac{\Delta y \Delta z}{D \cdot \rho}m_\beta\right)^2 \\ m_z^2 &= \left(\frac{\Delta z}{S}m_s\right)^2 + \left(\frac{D}{\rho}m_\beta\right)^2 \end{aligned} \right\} \tag{4.2-7}$$

$$\left. \begin{aligned} m_{xy} &= \frac{\Delta x \Delta y}{S^2}m_S^2 - \frac{\Delta x \Delta y}{\rho^2}m_\alpha^2 - \frac{\Delta x \Delta y \Delta z^2}{D^2 \cdot \rho^2}m_\beta^2 \\ m_{xz} &= \frac{\Delta x \Delta z}{S^2}m_S^2 - \frac{\Delta x \Delta z}{\rho^2}m_\beta^2 \\ m_{yz} &= \frac{\Delta y \Delta z}{S^2}m_S^2 + \frac{\Delta y \Delta z}{\rho^2}m_\beta^2 \end{aligned} \right\} \tag{4.2-8}$$

空间点位的总误差为：

$$M_P^2 = m_x^2 + m_y^2 + m_z^2 \tag{4.2-9}$$

以式（4.2-8）代入，得到：

$$M_P^2 = m_s^2 + D^2 \frac{m_\alpha^2}{\rho^2} + S^2 \frac{m_\beta^2}{\rho^2} \tag{4.2-10}$$

如果空间定位观测精度：$m_s = \pm 1\text{mm}, m_\alpha = \pm 2''$，观测距离 $S = 10 \sim 30\text{m}$，则空间待定 P 点的点位测定精度，见表 4.2-1。

空间点位精度估算 表 4.2-1

竖直角	m_s	斜距	平距	m_α, m_β	$D_{m_\alpha/\rho}$	$S_{m_\beta/\rho}$	M_P
β	(mm)	(m)	(m)	(″)	(mm)	(mm)	(mm)
		10	8.7		0.08	0.10	1.01
30°	±1	20	17.3	±2	0.16	0.19	1.03
		30	26.0		0.25	0.29	1.07

由表 4.2-1 可见：空间坐标精确定位控制技术的精度极高，可满足工程建设的各类施工测量的精度要求。

3. 测边交会的精度和误差椭圆

在平面施工放样时，当我们知道点位的平面坐标，通过计算其与已知点的距离和所组成的坐标方位角，可放出该点，但为了精度要求和检测，通常需要两个已知点，就是测边交会的两边交会。

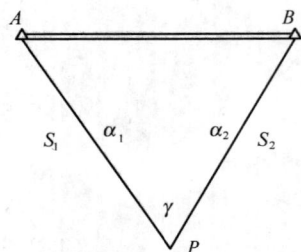

图 4.2-2 测边交会示意图

图 4.2-2 中 A、B 为控制点，P 为待定点，观测边长为 S_1、S_2，α_1、α_2 分别为其坐标方位角。其误差方程

$$V_{S_1} = \cos \alpha_1 \mathrm{d}x + \sin \alpha_1 \mathrm{d}y$$

$$V_{S_2} = \cos \alpha_2 \mathrm{d}x + \sin \alpha_2 \mathrm{d}y$$

写成矩阵形式

$$V = AX + L \tag{4.2-11}$$

式中 $V = (V_{S_1} V_{S_2})^\mathrm{T}$

$$A = \begin{bmatrix} \cos \alpha_1 & \sin \alpha_1 \\ \cos \alpha_2 & \sin \alpha_2 \end{bmatrix}$$

$$X = (\mathrm{d}x \, \mathrm{d}y)^\mathrm{T}$$

$$L = 0$$

法方程为 $A^\mathrm{T}AX + A^\mathrm{T}L = 0$

$$Q_{\mathrm{pp}} = \begin{bmatrix} Q_{\mathrm{xx}} & Q_{\mathrm{xy}} \\ Q_{\mathrm{yx}} & Q_{\mathrm{yy}} \end{bmatrix} = (A^\mathrm{T}A)^{-1} = N^{-1}$$

$$= \frac{1}{\sin^2 \gamma} \begin{bmatrix} \sin^2 \alpha_1 + \sin^2 \alpha_2 & -\sin \alpha_1 \cos \alpha_1 + \sin \alpha_2 \cos \alpha_2 \\ -\sin \alpha_1 \cos \alpha_1 + \sin \alpha_2 \cos \alpha_2 & \cos^2 \alpha_1 + \cos^2 \alpha_2 \end{bmatrix} \tag{4.2-12}$$

$$m_{\mathrm{P}}^2 = m_{\mathrm{S}}^2 (Q_{\mathrm{xx}} + Q_{\mathrm{yy}}) = \frac{2m_{\mathrm{S}}^2}{\sin^2 \gamma} \tag{4.2-13}$$

式（4.2-13）证明：当 $\gamma = 90°$，即待定点 P 位于以已知点为直径的圆周上时，P 点精度最高，其值为

$$m_{\mathrm{P}} = \pm m_{\mathrm{S}} \sqrt{2} \tag{4.2-14}$$

式中 m_{S} 为量距中误差。

求点位误差椭圆参数公式

$$E^2 = \frac{1}{2} m_0^2 \left\{ (Q_{\mathrm{xx}} + Q_{\mathrm{yy}}) + \sqrt{(Q_{\mathrm{xx}} - Q_{\mathrm{yy}})^2 + 4Q_{\mathrm{xy}}^2} \right\} \tag{4.2-15}$$

$$F^2 = \frac{1}{2} m_0^2 \left\{ (Q_{\mathrm{xx}} + Q_{\mathrm{yy}}) - \sqrt{(Q_{\mathrm{xx}} - Q_{\mathrm{yy}})^2 + 4Q_{\mathrm{xy}}^2} \right\} \tag{4.2-16}$$

$$\tan 2\varphi_0 = \frac{2Q_{\mathrm{xy}}}{Q_{\mathrm{xx}} - Q_{\mathrm{yy}}} \tag{4.2-17}$$

式中，m_0 为单位数中误差，即 m_{S}。Q_{xx}、Q_{yy} 为指定点坐标 x、y 的权倒数，Q_{xy} 为相关权倒数。上式有两个解：当 Q_{xy} 为正时，最大值 E 在一、三象限；最小值 F 在二、四象限。当 Q_{xy} 为负时，最大值 E 在二、四象限；最小值 F 在一、三象限。

将式（4.2-12）的 Q_{xx}、Q_{yy}、Q_{xy} 代入（4.2-15）～（4.2-17）式得

$$E^2 = \frac{m_0^2}{\sin^2 \gamma} (1 + \gamma) \tag{4.2-18}$$

$$E = \frac{\sqrt{2} m_0}{2 \sin \frac{\gamma}{2}} \tag{4.2-19}$$

$$F = \frac{\sqrt{2}m_0}{2\cos\dfrac{\gamma}{2}}$$

(4.2-20)

$$\tan2\varphi = \frac{\sin 2\alpha_1 + \sin 2\alpha_2}{\cos 2\alpha_1 + \cos 2\alpha_2}$$

(4.2-21)

当误差椭圆最大误差即 E 不超过限差，其他就满足要求。当根据表 4.2-2（建筑物施工放样的主要技术要求）测距相对中误差为 1/20000，结合以上结论（$\gamma = 90°$ 时，P 点精度最高），所以一般放样过程中 γ 不会太小，又结合式（4.2-19），可知，此方法必能满足表 4.2-2 中点位允许误差 1/10000 的要求。

4. 空间坐标传递控制技术

（1）坐标系的统一

施工坐标系与测量坐标系可用式（4.1-18）计算。

（2）坐标计算

利用计算机软件计算放样点位的空间坐标，计算出的空间坐标需要进行复核。对于复杂的曲线采用计算机技术模拟放样再在现场放样复核，保证了高质量高速度施工的要求。

（3）坐标反算

边长计算：

$$D = \sqrt{\Delta X^2 + \Delta Y^2}$$

坐标方位角计算：

$$\alpha = \tan^{-1}\frac{\Delta Y}{\Delta X}$$

其中　$\Delta X = X_1 - X_0$，$\Delta Y = Y_1 - Y_0$；

　　X_1、Y_1——施工放样点的坐标，用计算机技术模拟求出；

　　X_0、Y_0——测站点坐标。

计算高程（标高）：

$$H_1 = H_0 + D \cdot \tan\alpha + i - v$$

其中　H_1——放样点的高程（标高）；

　　H_0——测站点高程，

　　D——水平距离观测值；

　　α——竖直角观测值；

　　i——仪器高；

　　v——目标高。

求解得放样参数 D、α 和 H_1，即可在外控点上安置测量仪器，对建筑物轴线点进行空间位置标定。

4.2.3　工程应用实例

1. 东莞玉兰大剧院施工控制测量

为满足大剧院工程混凝土框架施工和钢结构的安装精度要求，在现场比较安全的、稳定地方布设施工控制桩网。

由于大剧院现场为回填土，为保证控制桩的稳定，布置四个 1000mm×1000mm 的混凝土桩，并打下三根长的钢管，然后在面上绑扎钢筋，标高都控制在室外标高－1.000m 以下 20～30cm，为未来回填绿化不被毁掉。施工主控制点构成大地四边形，如图 4.2-3 所示。

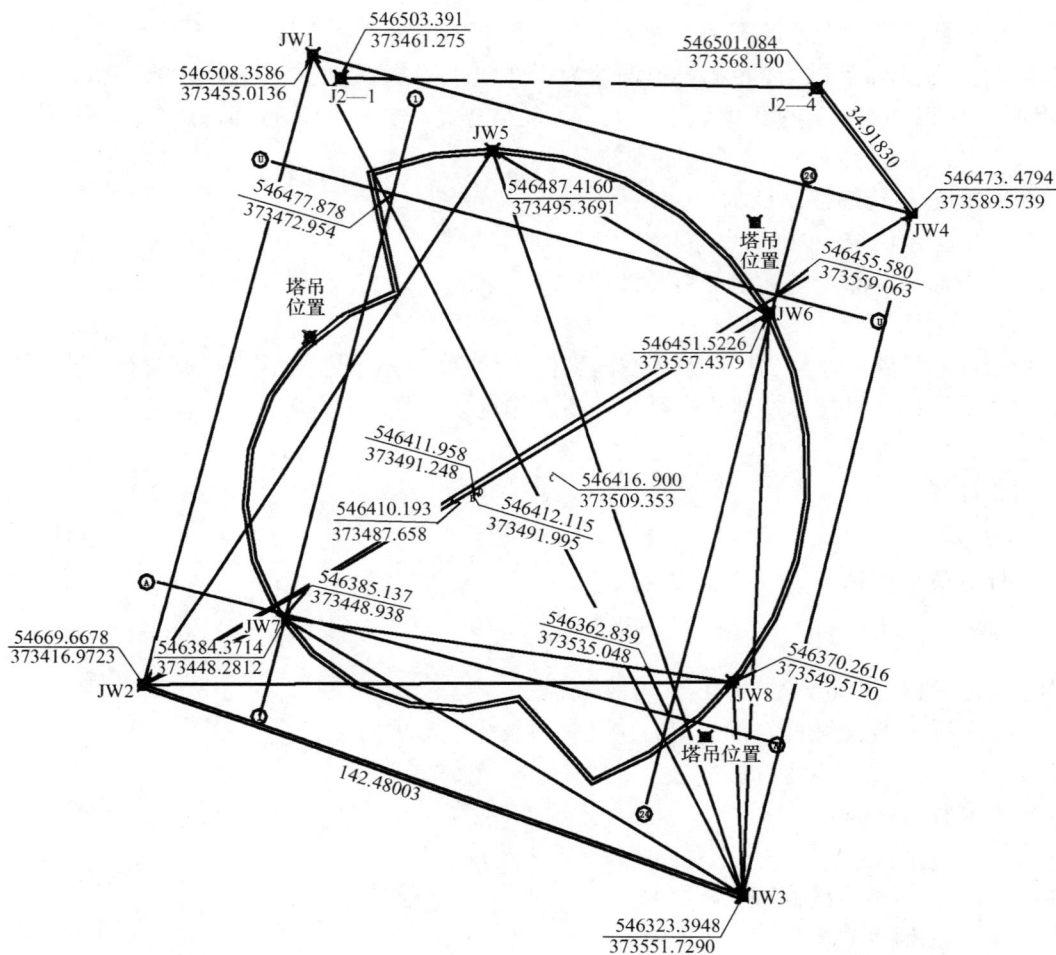

图 4.2-3 控制桩位置示意图

因四个工程控制桩点距基坑较远，对基础施工定位放线测量不起作用，桩基施工完后，基坑趋于稳定，再在基坑边上又选择四个工程控制点作为基础施工定位放线的控制桩，又与主控制桩组成两个大地四边形。

由于大剧院的结构复杂，施工难度也大，施工作业面大，造成了整体施工进度的不平衡。原有的四个主控制桩和基坑边上的四个控制桩能对一区施工有用的各只有一个，因此为了满足施工的需要，在场区内较高的三个门卫室和实验室的房顶上再建四个施工控制点，基坑上再增加两个临时点（图 4.2-4），组成两个大地四边形和一个菱形四边形，其构成图形条件好，强度高的东莞玉兰大剧院施工控制网。该施工控制网是由施工控制点所构成，为方便我们称该施工控制点为外控点、该施工控制网为外控网。

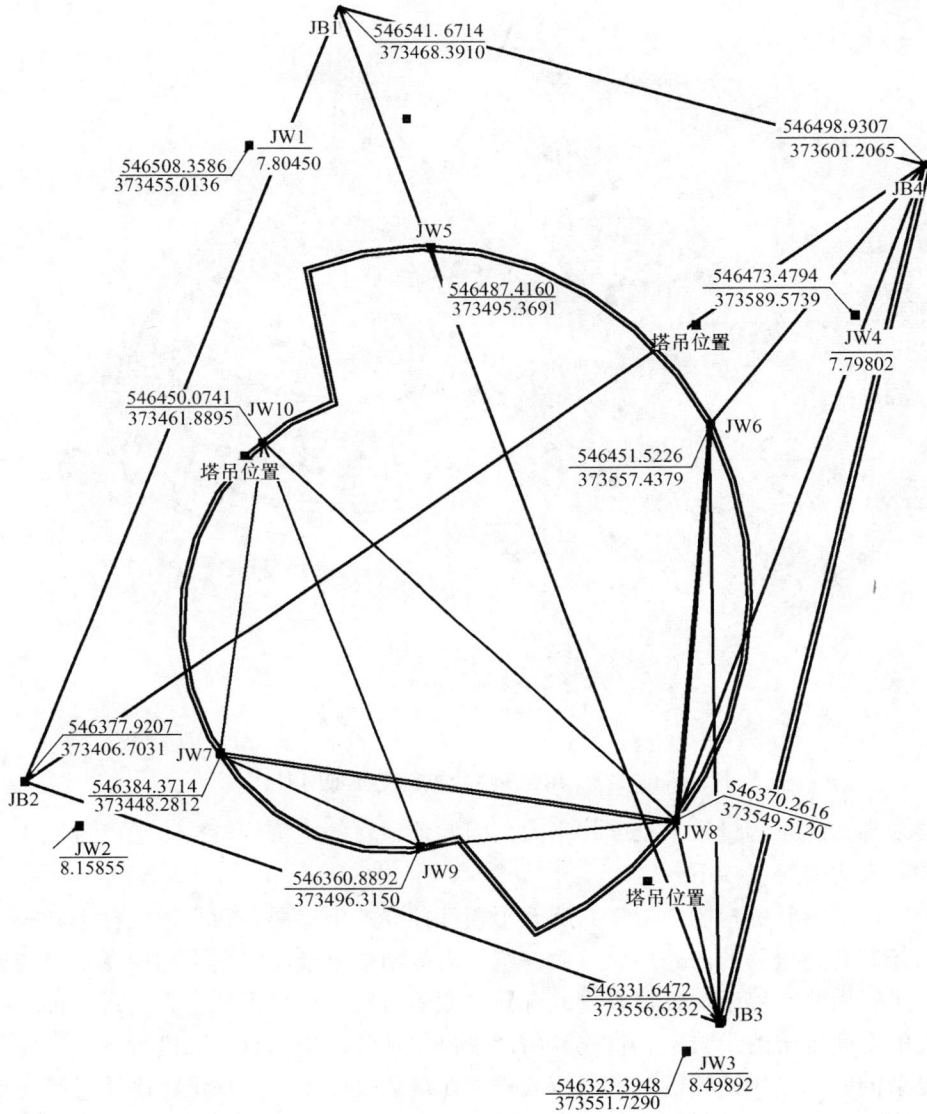

图 4.2-4 控制桩位置示意图

2. 东莞玉兰大剧院空间坐标精确定位控制技术的特点

大剧院工程设计新颖，造型别致，结构复杂。地下基础底板呈圆形和放射渐变形（见立体轴网图 4.2-5）；顶部呈芭蕾舞演员的舞裙的旋转造型，上部为圆台形。该工程的平面呈螺旋线，由不同圆心、不同半径的圆弧组成（图 4.2-6）；立体造型上主体结构分成两部分，一部分为中心的正螺旋体框架结构，顶部为钢结构（标高 37m 以上）；另一部分为倒螺旋体钢结构，如图 4.2-7 所示。

由于本工程建筑造型复杂，定位坐标系多，相互关系复杂，由四个不在一个圆心的直径不同的扇形组成的一个类似圆形的结构，四个圆心的放射性轴线控制不同的范围，造型奇特，且异形结构、高大悬挑结构多，结构层次繁多，交错多，曲线多，预埋预留多，测

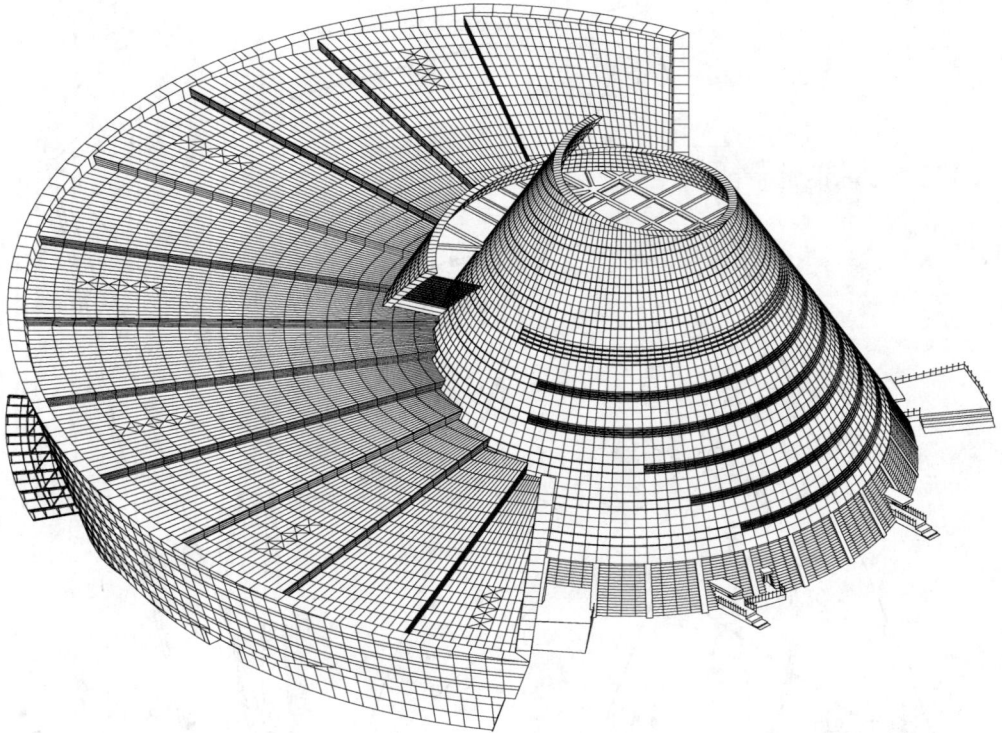

图 4.2-5　东莞玉兰大剧院立体轴网图

量精度要求高，施工测量技术难度相当大。因此该项目的定位测量技术是测量工程师们研究的难题，其主要难点如下：

首先是建筑形状的控制，工程共有五个相互独立的坐标系，四个极坐标系和一个直角坐标系，控制着建筑物的内外形状，而建筑物内部结构复杂无法固定测控点，只能通过外部测控点进行引测。鉴于保证建筑物的奇异体型的需要，贯穿于整个施工过程都是精度要求相当高的空间定位测量技术。首先利用计算机软件计算坐标点，再进行现场投放和闭合复核。复杂的曲线采用计算机技术模拟放样再在现场放样复核，保证了高质量高速度施工的要求。

其次是钢结构的形状复杂，与主体结构通过混凝土牛腿上的预埋螺栓连接，由于工期要求，钢结构采用场外制作整体吊装的原则，钢结构制作和混凝土施工同时进行，这就要求构件加工和混凝土结构施工的精度严格控制在计算机放样要求的高精度内，对施工中的测控和保证预埋螺栓的定位精度提出了很高的要求；同时钢结构桁架和钢斜柱安装，在 D 圆周上都是对向 D 圆心安装的，而在 C 圆周上的钢斜柱对向 C 圆心安装，桁架则对向 D 圆心安装的。桁架分别由 A、B 两个圆周上的混凝土斜柱上混凝土牛腿支撑，这样的结构特点对施工测量提出很高的要求，保证四个圆心的相对精度（图 4.2-6）。

再次是由于工期要求，幕墙龙骨跟随混凝土结构施工同时进行，龙骨必须不按常规由下至上依次要求，为保证外立面曲面的平滑自然，施工对外曲面的空间定位精度要求相当高，通过计算机技术进行立体空间点位的计算和控制。

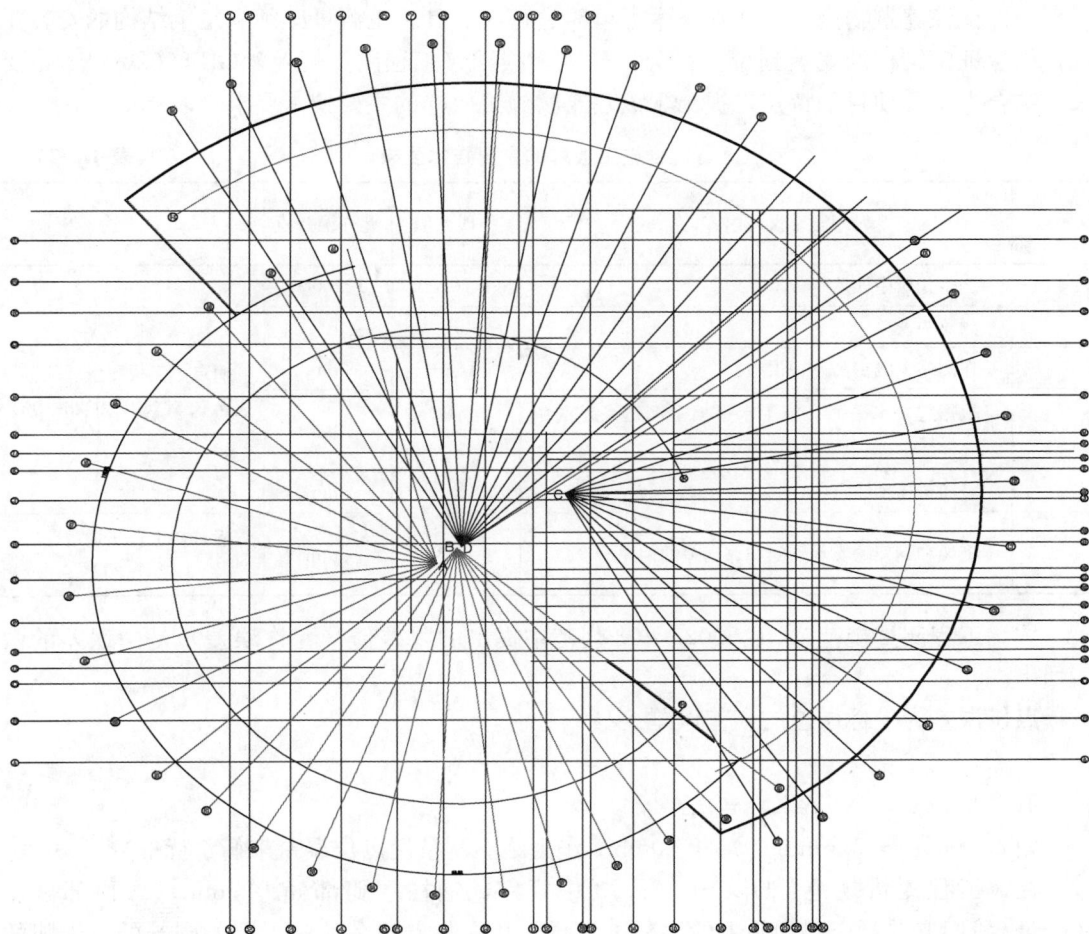

图 4.2-6 东莞大剧院平面轴网图

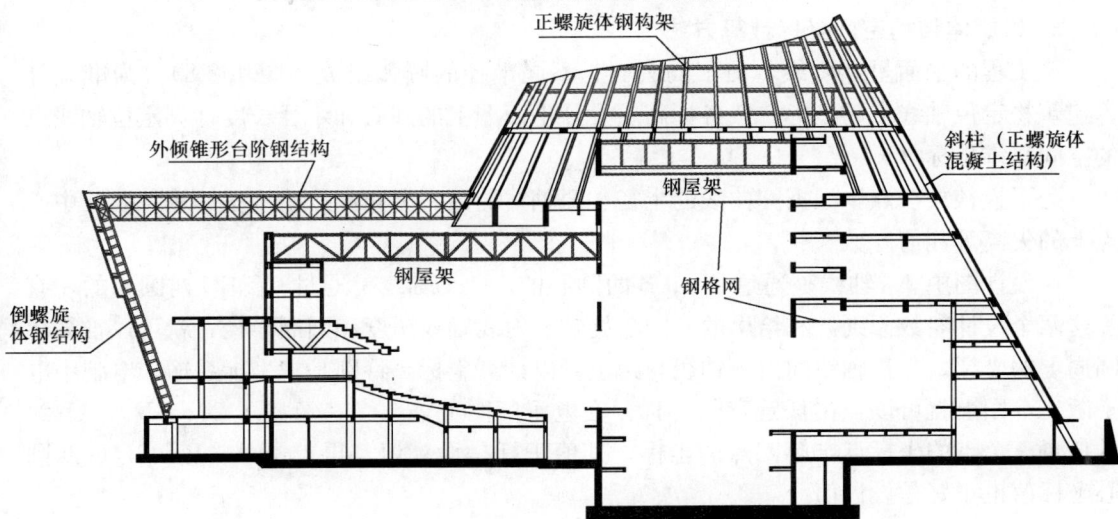

图 4.2-7 东莞玉兰大剧院剖面图

为保证该建筑物测量工作在技术上可靠、可行。其施工测量必须满足钢结构的安装要求，以保证钢结构的安装到位。经分析研究，根据《工程测量规范》GB 50026—93 的要求，结合本工程项目的特点，提出了该建筑物施工放样的主要技术要求（表 4.2-2）。

建筑物施工放样的主要技术要求 表 4.2-2

序号	测量误差内容	中误差值	允许误差值	备 注
1	测距相对中误差	1/20000	1/10000	
2	测角中误差	5″	10″	
3	在测站上测定高差中误差	1mm	2mm	摘自"工程测量规范"表 7.3.5（GB 50026—93）
4	根据起始水平面在施工水平面上测定高差的中误差	6mm	12mm	
5	竖向传递轴线点中误差	4mm	8mm	
6	桁架和钢架的支承点间相邻高差的偏差		5mm	摘自"工程测量规范"表 7.3.7

按《工程测量规范》GB 50026—93 规范中提出的限差值（允许误差）是中误差的两倍列出。

点位误差为坐标误差的和差误差：

$$M_{点允}^2 = \pm \delta x^2 + \delta y^2$$

其中取 $\delta x = \delta y = \Delta$ $M_{点允}^2 = 2\Delta^2$

则 $\delta x = \delta y = 5.6mm$ $\delta h = 10mm$（作为施工测量用点位误差来衡量标准）。

在《工程测量规范》GB 50026—93 中规定，钢柱牛腿部偏差 5mm，柱顶部偏差 10mm。我们取混凝土斜立柱上的混凝土牛腿，其安装方向是朝向不同的圆心的，牛腿的偏差 10mm 和钢斜柱顶部偏差 10mm 为允许误差来指导施工控制测量。

3. 螺旋体结构空间坐标计算方法

该工程的平面呈螺旋线，由不同圆心、不同半径的圆弧组成（图 4.2-8）。为准确计算建筑物定位轴线点的坐标，按各标高层设计平面图上的圆心和半径长度计算定位轴线点的空间三维坐标（X、Y、H）。

为了检核放线点，根据圆曲线的半径、两轴线的圆心夹角和按弦线法计算各弦长中心点上的矢高等几何参数。

在设计图中 A₁₁ 轴线是通过 A 和 B 两圆心的，C11 轴线是通过 C 和 D 两圆心的，有了这两个设计参数原则，和给出的各圆心旋转放射线轴线角度和圆周半径，就可以推算各圆周上的坐标。方格轴线间由各轴线间距也可以计算坐标。特别是把坐标系输入电脑中电子版光盘图上就可以点击任意点的坐标。在电子版图上输入了 A/1，A/24，U/1，U/24 的任意三个点的坐标点击第四点的坐标，其值正好是设计值，再点击 A，B，C，D 四圆心坐标值也正好是设计值。

4. 螺旋体建筑物施工空间坐标精确定位控制技术

本工程锥形内倾锥混凝土结构主要由斜柱和环梁构成，斜柱均匀分布在分别由 4 个不

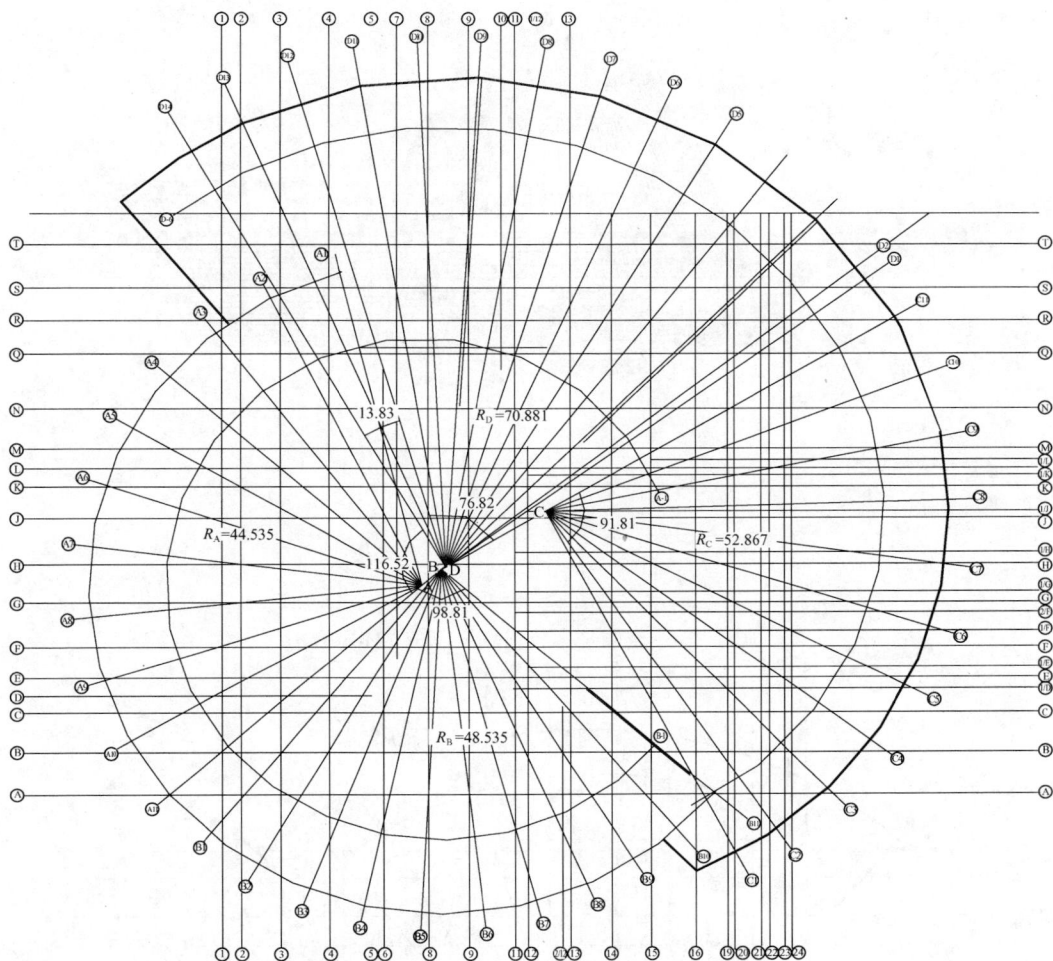

图 4.2-8 东莞大剧院放射轴线旋转参数图

同圆心确定的 4 段圆弧上，与封闭环形斜梁（以下简称环梁）构成向上盘旋组成螺旋体，其中最长的圆弧半径达到 70.881m。

斜柱和环梁均向内倾斜 62°，向上逐渐收缩。斜柱从地下一层（相对标高 −5.8m）一直倾斜通至屋顶（相对标高 37.0m），全长 48.8m，斜柱截面尺寸为 600mm×800mm、1200mm×800mm，共 35 根斜柱。斜柱和环梁作为幕墙和钢屋架的支承体，尺寸、标高、弧度或斜度必须上下一致，其精度直接影响到幕墙和钢结构的安装精度。

（1）空间坐标传递

根据上文提到的空间坐标传递原理，对点位进行放样，如图 4.2-9 所示。

（2）激光投测点位（内控点）检核

为了保证建筑物轴线定位的精度，设置了 12 个内控点（图 4.2-10），通过激光垂准仪把轴线投测到上升层的板面，这 12 个点就可以控制每层各轴线和细部放样。从而用 12 个内控点对空间坐标精确定位技术放样的轴线点，进行空间坐标点位的检测。

应用空间坐标精确定位技术与激光准直仪技术进行该建筑物轴线点位定位检测，其中

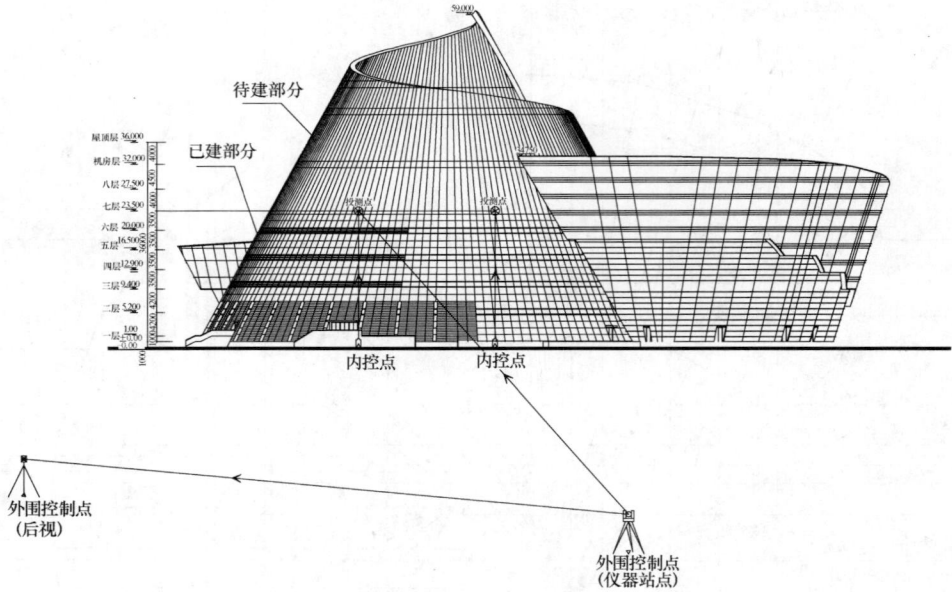

图 4.2-9 空间坐标传递点位控制立体示意图

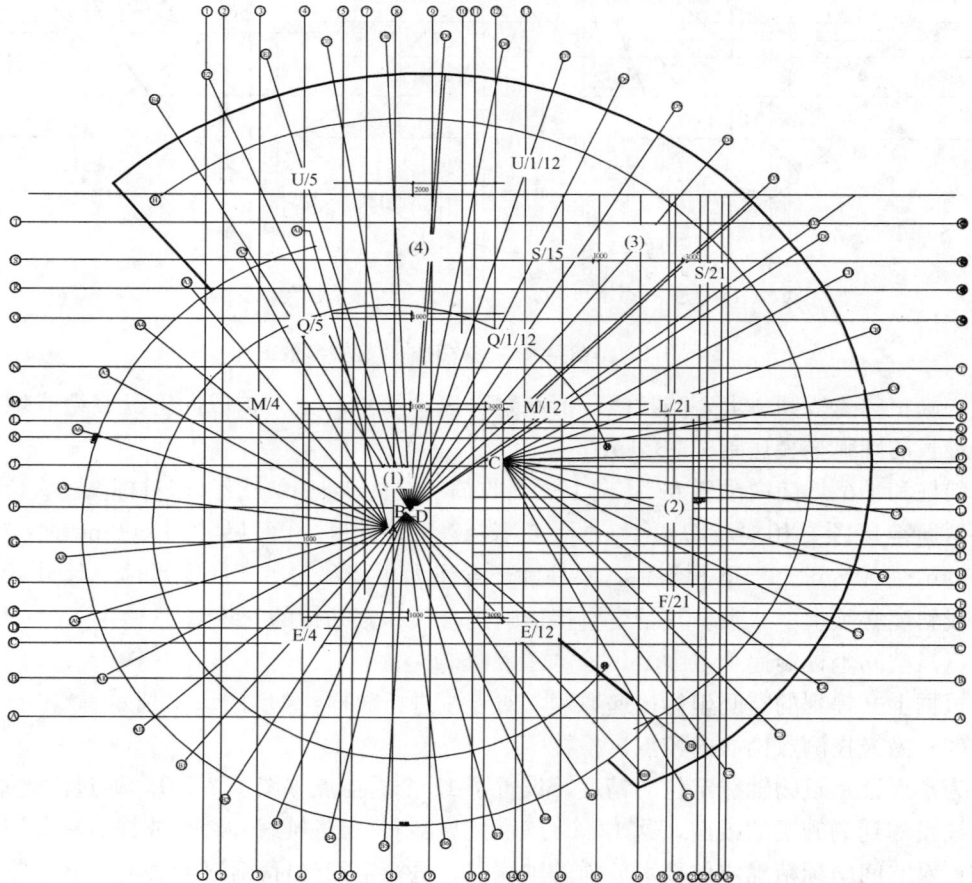

图 4.2-10 控制轴线点空间坐标传递投点图

图 4.2-11 为第三层检测的示意图。每个圆周上的半径轴线检测 3～4 条上的一个点。三区只有三层，四区只有四层。五层以上因为视线仰角过大和通视不好，就未进行检测。投测的二至五层空间坐标传递轴线控制点，与用外控点应用空间坐标精确定位技术定位的点位进行复核，结果表明都能满足规范所规定允许要求。

（3）±0.000 上空间坐标轴线控制投测点位的相互检查

建筑物出±0.000 后在各区（四个），分别应用空间坐标精确定位技术进行了投测点定位的相互检查，各区的几个点进行相互技术数值关系的检测。检测误差满足规范要求。

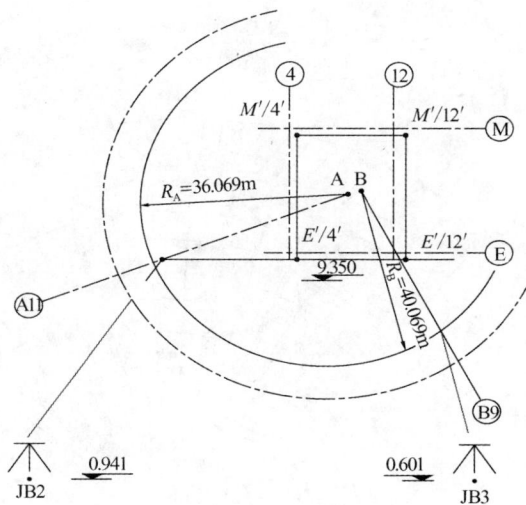

图 4.2-11 空间坐标传递点位控制检测平面示意图

5. 倒螺旋体建筑物钢结构的空间坐标精确定位控制技术

倒螺旋体建筑物钢结构的形状复杂，其钢结构桁架和钢斜柱安装，在 D 圆周上都是对向 D 圆心安装的，而在 C 圆周上的钢斜柱对向 C 圆心安装，桁架则对向 D 圆心安装。桁架分别由 A、B 两个圆周上的混凝土斜柱上混凝土牛腿支撑，这样的结构特点对轴线定位精度提出很高的要求。为保证四个圆心的相对精度，应用空间坐标精确定位技术，对钢结构基座、斜柱、牛腿及桁架进行了精确地定位，以保证钢结构的形状，如图 4.2-12 所示。

（1）基座定位

钢桁架支承钢斜柱基础在建筑物的±0.000 板面上。所有钢斜柱空间坐标点位用已有的工程主控制桩进行逐一定位，并标定在混凝土面上，钢斜柱安装时直接使用这些点位。为达到施工要求，还要对基础点位应用空间坐标控制技术进行了检测，其具体做法是：利用外控点放样出各区的圆心和轴线方向，计算出轴线方向和基座圆弧的交点三维坐标，采用空间坐标定位方法放出该交点，从而确定出基座的中心位置（图 4.2-13），然后再通过外控点利用该基座中心的三维坐标，对基座中心进行检测。

经检测，实际误差小于允许偏差。

（2）斜柱（牛腿）定位

钢桁架支承在混凝土牛腿上，因每个钢桁架的高度是旋转上升的，它们定位放线也是随建筑物上升，与混凝土斜柱和环梁同步进行。由于牛腿大部分在建筑物混凝土板上或下，也就是说在两环梁的中间增设的混凝土斜柱上。定位放线是把混凝土斜柱和钢桁架轴线标定在混凝土板面上。

钢斜柱顶端的定位通过计算出它的三维位置，并计算其投影在地面上的位置，通过吊重锤的方法检测其与地面放出点样的重合程度，从而实现其空间定位。

钢斜柱和钢环梁安装完成，并进行校正倾斜角 72.65°和安装方向后固定，进行空间

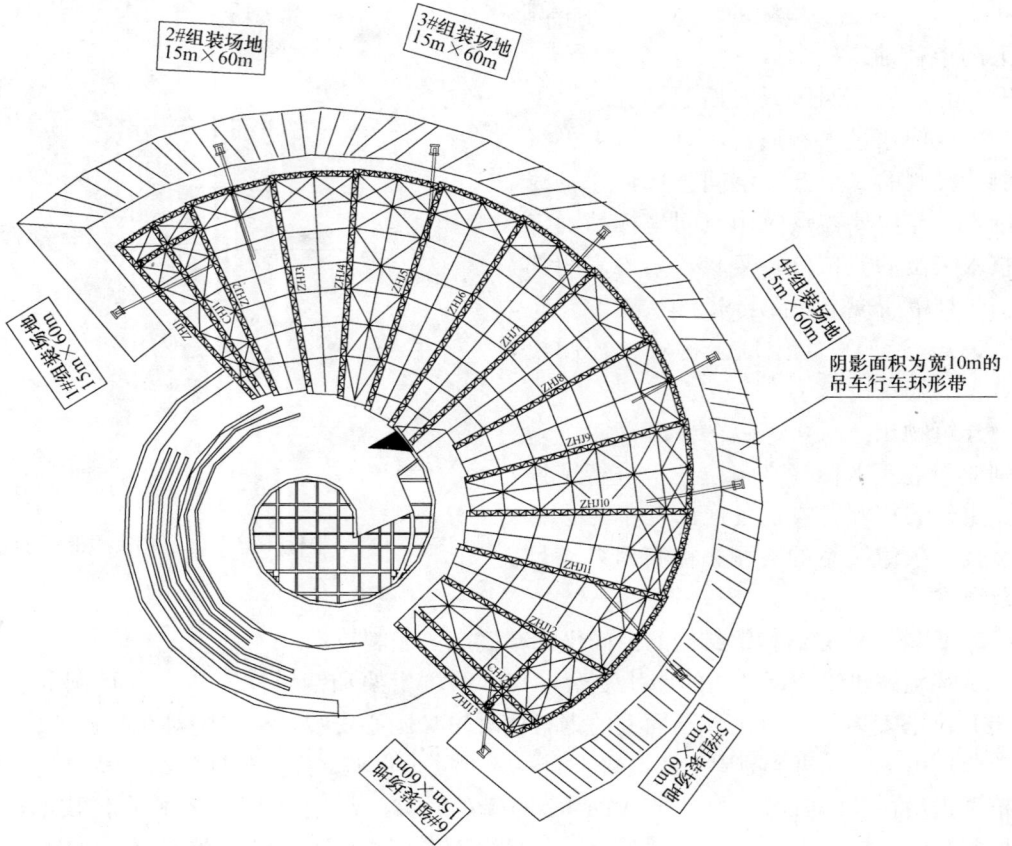

图 4.2-12 扇形屋面主桁架平面图

坐标控制精确地检测了 13 根主桁架钢斜柱顶端坐标位置，发现个别顶端位置偏差大于允许要求时，就进行空间调校，再进行检测直到全部符合允许偏差的要求。

　　混凝土施工完成后，钢桁架安装前，进行牛腿轴线位置与钢桁架轴线关系的检查。标出牛腿的中心线，桁架的中心线标在两混凝土环梁上，在设计牛腿的标高上检查，牛腿的中轴线和钢桁架轴线平行（图 4.2-14）。

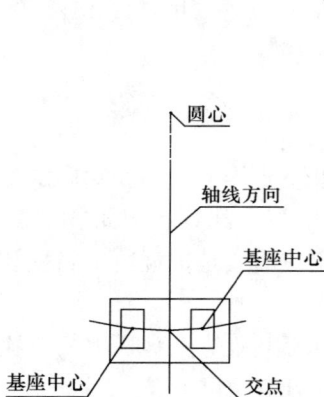

图 4.2-13 基座定位

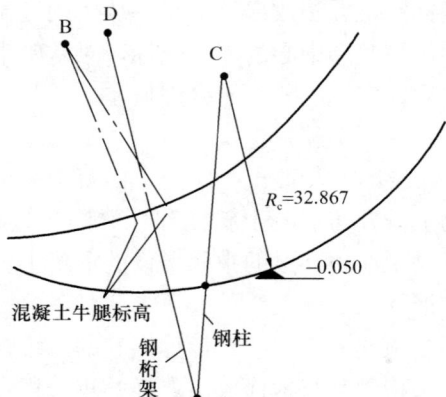

图 4.2-14 钢柱、混凝土牛腿和钢桁架示意图

两牛腿轴线间距与钢桁架中心轴线间的偏差，检测误差，满足规范要求。

（3）钢桁架

首先计算出安装后钢桁架轴线两端的三维坐标，通过外围控制点，采用空间坐标精确定位放样方法，定位出钢桁架轴线两端的位置，然后再对钢桁架的轴线位置进行检测，如图 4.2-15 所示。

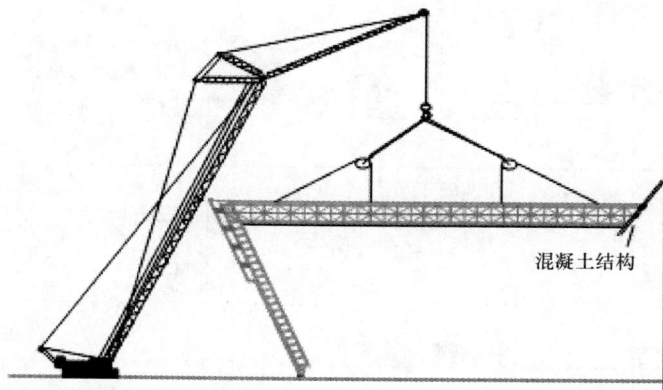

图 4.2-15 扇形屋面吊装示意图

6. 标高 37m 以上钢斜立柱的空间坐标精确定位控制技术

标高 37.000m 是建筑物出屋面层（10 层），该层主要是混凝土井字梁结构，在环梁上有 A、B 两圆周上的匀布旋转钢锥体内倾 62°钢斜柱预埋铁件。上面不能投测空间坐标轴线点。为能安装预埋铁件，施工到九层（标高 31.950）时，将出屋面层预埋件控制线 AB 共线和 A11 轴线，及 A、B 两圆周上，分别按等分测放 7 条预埋控制线（图 4.2-16）。

当施工出屋面层上安装旋转锥体钢斜柱时，要将所有的柱轴线标在预埋铁件上，首先将 A11 轴和 AB 共线投测在井字梁上，焊搭 A、B 两圆心平台，再将其他几条预埋控制线也投测在井字梁上，并交会出 A、B 两圆心。两圆心间的距离正好等于设计值 4.000m。此结果说明空间坐标精确定位控制测量的精度是非常高，达到了预期的效果。

7. 观众厅座位预埋套管的定位技术

观众厅座位套管是安装座椅用，它的位置是设计中心必须保证使观众在座席上，观看舞台上的表演视觉和音响效果最佳。所以必须精确地进行定位。由于圆心在舞台上的空间中，不能测定，而且观众厅第一次施工是在几段折斜面上，每排座位最后施工是在同一标高台阶上，所以套管的埋设高度是不一致的，应用空间坐标精确定位技术进行定位放样极为方便。

根据设计图上的数字信息，工程在出±0.000 时，同空间坐标传递投测点位定位时一样在舞台的前台口上，定出 2/G 轴与 12 轴两轴线的交点，2/G 轴是舞台和观众厅的主轴线，也是对称轴线。定位时在后舞台后梁上定出 2/G 与 2 轴平行线的交点，并用控制桩 JB2 点进行坐标控制检查，点位误差为 1.5mm。同时定出 2/G 轴与舞台上 11 轴线平行线的交点，将平行线 11 轴线方向线与四区（实验剧场）标定的 11 轴线重合检查的误差为 2mm，按 4 轴线到 11 轴线的长度 29.950mm 计算，相对误差为 1/14985。

然后再将 2/G 轴标定在舞台口上和观众厅后面的梁上，组成 2/G 轴线方向线，同时

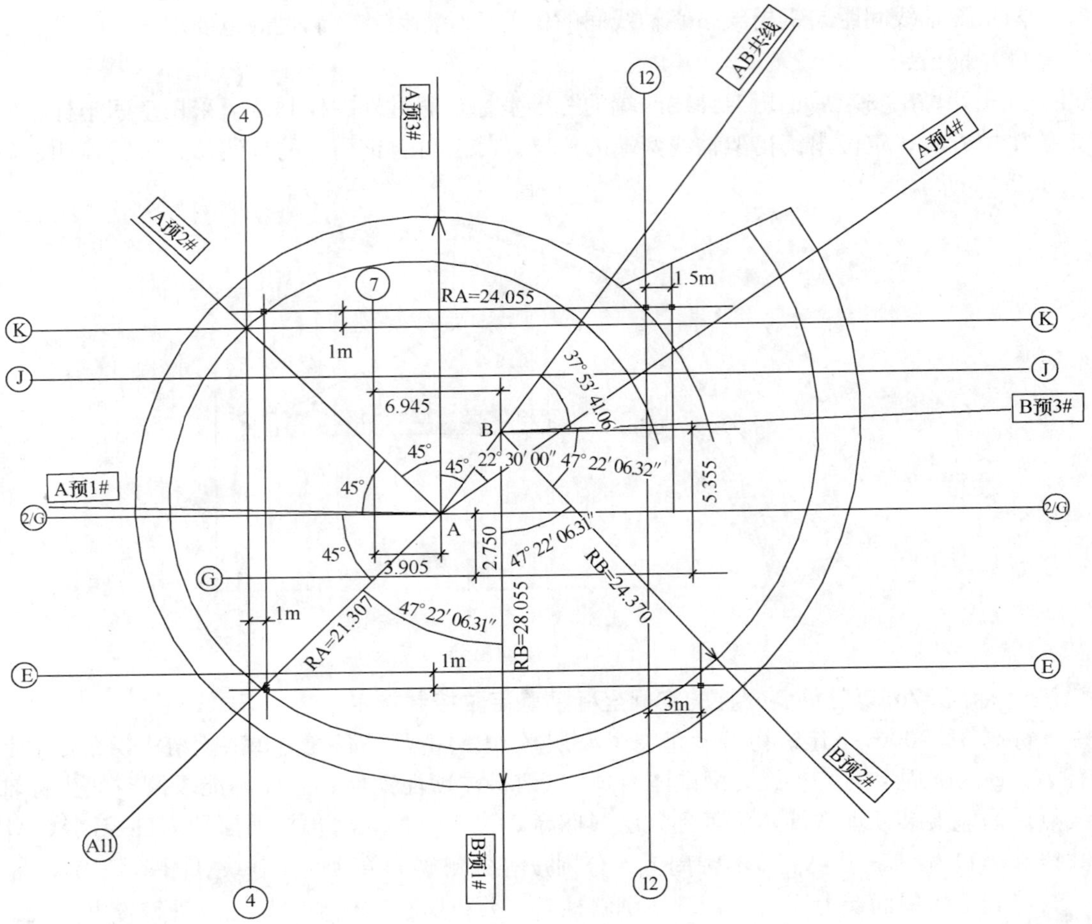

图 4.2-16 九层上出屋面层钢锥体预埋件定位控制线示意图

定出 2/G 轴与 12 轴线的交点并点 2/G/12 在舞台口上。2/G 轴线的方位角检查与二区标定点的 2/G 轴线的方向重合误差为零。所有的检测误差都满足规范的要求，这就对观众厅座位套管预埋定位准备了坐标控制轴线点。

观众厅套管埋设定位，首先收集所有图纸上有关数据信息，确定观众厅座位圆心在舞台空间内，图上可以确定坐标位置。计算出座位曲线的半径、弧线长度和圆心夹角，即确定几何数据信息。然后在每条曲线弧长上选定有特征的点位进行坐标计算。

如：第五条半径 $R_5 = 32.902$m

总弧长 25.95m，圆心度 45°11′22.26″，弦长 25.282m，用空间坐标精确定位有坐标值的套管位置，用弦弧量取法定位在该弧段内的所有套管位置。

当该曲线上所有坐标点位测定出后，用弦线法检查点位，用水平仪检查标高。因曲线是在倾斜面上，而该排未来的座位应是一样的高度，套管的顶面标高是一致的。经检查定位的套管的标高误差在 5mm 以内，而点位间的误差为 3mm 以内。

8. 幕墙控制轴线的定位测量

玻璃幕墙的轴线控制线是用已经给出的钢斜柱安装的圆心方向线为依据。施工时投幕墙大理石挂板施工前，应用空间坐标精确定位技术，把控制轴线两个以上的点投测标定在 A、B 圆周上的斜柱外侧面上，为幕墙的施工提供准确空间轴线。通过检测空间轴线间距在同一标高内的弦长满足设计要求。检测结果最大的误差小于 10mm，保证了玻璃墙的施工要求。

4.2.4 总结

（1）本课题通过应用空间坐标精确定位控制技术，保证了大剧院控制轴线的定位准确，也保证了各种异型结构几何尺寸的准确，其定位误差小于国家标准。

（2）应用空间坐标精确定位控制技术，利用外控点实现了建筑物轴线点位传递和检核，作业方法灵活，受施工条件限制小，从而加快了施工测量速度，提高了工作效率，节约了人力。

（3）因为采用计算机模拟技术，简化了计算程序，使人们从烦琐的数据处理事务中解放出来，计算变得简单，使用方便。

（4）空间坐标精确定位控制技术是一种真三维的坐标放样技术，它将传统 2＋1 维的两步放样工作整合为一步，其精度亦能够达到施工放样的要求，开辟了施工放样的新途径。

（5）在施工过程中，应用空间坐标精确定位控制技术，易于实现现代测量技术与计算机科学技术的结合，提高了施工测量中的科技含量。应用空间坐标精确定位控制技术，使结构复杂、异型构件、任意曲面多的建筑物的测量定位易于控制。

4.3 特大型复杂连体建筑工程主轴线相关性测量控制技术

4.3.1 问题的提出

随着现代建筑施工技术的发展，建筑物（构筑物）的结构越来越复杂，对施工测量技术和方法要求也越来越高。目前，在大型建筑群施工中，仅对建筑群中各建筑主轴线进行放样，而未对建筑群中各建筑主轴线的相关性（相对精度）进行分析和控制，这难以满足现代施工技术要求。为保证工程项目的顺利进行，确保工程质量，本课题的研究，结合中华新城工程项目，寻求一种对建筑群中各建筑物主轴线的相关性（相对精度）进行分析和控制的新技术和新方法，以提高传统的建筑物轴线放样技术。

中华新城工程项目是在重庆市高新区袁家岗体育中心 B2 地块开发的一个集大型商业、五星级酒店、办公、居住为一体的城市地标性的超大型建筑群，如图 4.3-1 所示。一期工程的 B2 区由裙房及八栋塔楼组成，为现浇混凝土框架—剪力墙、框架—筒体结构，±0.000 以下 3 层，其中 7 号塔楼 54 层，檐口高度 222.0m，为最高建筑。

本工程建筑物分布呈"丁"字形，南北长 330m，东西上部宽 310m，下部宽 100m。建筑物包括塔楼、裙楼、商场、酒店等多种建筑实体，由矩形、圆形、多边形、扇形等形状组成大型连体建筑群。工程总建筑面积 56 万平方米，据初步查新，是我国在建的建筑

图 4.3-1 中华新城略图

面积最大的连体公共建筑工程。本工程项目属于特大型复杂连体建筑工程。（其结构上：具有特大型连体建筑特点；在形态上：复杂—异形结构，标高多）。因此，该工程项目的施工测量，具有较高的难度。为保证该项目的顺利进行，提高工程质量，必须对大型建筑群中各建筑主轴线进行准确定位，以确保该项目的顺利建设。

建筑物的主轴线具有放样建筑物细部点和传递轴线的功能，因此，主轴线的精度控制关系到整个建筑的施工质量。对于特大型连体建筑来说，主轴线的精度控制更为重要。特大型建筑一般是分期建设，为保证各期工程的衔接，必须控制主轴线间的相对精度。

对于特大型复杂结构连体工程的中华新城工程项目，其各建筑物主轴线具有不同的方向（图 4.3-2），那么，对于由各建筑物（构筑物）连成一体的中华新城工程项目，各建筑物主轴线的相对精度控制提出了更高的要求。因此，通过本项目各建筑物主轴线之间相对精度所具有的关系来研究了特大型建筑主轴线的相关性控制技术。

4.3.2 建筑物主轴线相关性控制技术

1. 相关性的数学基础

设有相关观测值

$$L = (L_1 \quad L_2 \quad \cdots \quad L_n) \tag{4.3-1}$$

观测值之间互不独立，其权矩阵定义为

$$\underset{n \times n}{P_{LL}} = \begin{bmatrix} p_{11} & p_{12} & \cdots & p_{1n} \\ p_{21} & p_{22} & \cdots & p_{2n} \\ \cdots & \cdots & \cdots & \cdots \\ p_{n1} & p_{2n} & \cdots & p_{nn} \end{bmatrix} \tag{4.3-2}$$

其中 $p_{ij} = p_{ji}$，即相关观测值的权矩阵为一对方阵，其对角线元素 p_{ii} 是观测值 L_i 的权，而 p_{ij} 则是观测值 L_i 与 L_j 之间的相关权。其权逆阵为

$$Q_{LL} = P_{LL}^{-1} = \begin{bmatrix} Q_{11} & Q_{12} & \cdots & Q_{1n} \\ Q_{21} & Q_{22} & \cdots & Q_{2n} \\ \cdots & \cdots & \cdots & \cdots \\ Q_{n1} & Q_{n2} & \cdots & Q_{nn} \end{bmatrix} = \begin{bmatrix} P_{11} & P_{12} & \cdots & P_{1n} \\ P_{21} & P_{22} & \cdots & P_{2n} \\ \cdots & \cdots & \cdots & \cdots \\ P_{n1} & P_{n2} & \cdots & P_{nn} \end{bmatrix}^{-1} \tag{4.3-3}$$

$$P_{LL}Q_{LL} = E \tag{4.3-4}$$

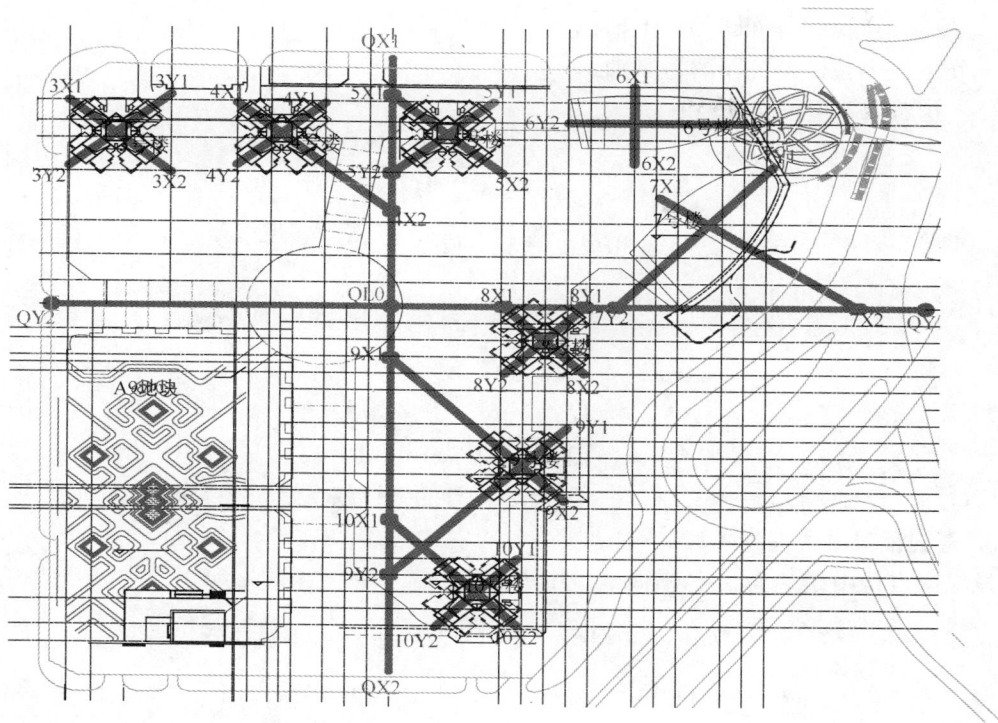

图 4.3-2 中华新城轴线图

权逆阵常称为协因数阵，其对角线元素 Q_{ii} 是观测值 L_i 的权倒数，也称为协因数，而 $Q_{ii}(i \neq j)$ 则是观测值 L_i 与 L_j 之间的相关权倒数，也称为互协因数。若观测值 L_i 与 L_j 之间相互独立，则必有 $Q_{ij}=0$。但须注意，其逆定理不存在，若 $Q_{ij}=0$，只说明观测值 L_i 与 L_j 不相关，但不一定相互独立。两观测值之间的相关程度可由相关系数 ρ_{ij} 来表达：

$$\rho_{ij} = \frac{Q_{ij}}{\sqrt{Q_{ii} \cdot Q_{jj}}} \tag{4.3-5}$$

可以证明相关系数的取值区间为：$-1 \leqslant \rho_{ij} \leqslant 1$

当 $\rho_{ij}=0$ 时，表示两观测值之间不相关；$|\rho_{ij}|=1$ 时，表示两观测值函数相关。

2. 误差椭圆与相对误差椭圆

（1）点位误差椭圆计算

$$E^2 = \frac{1}{2} m_0^2 \left\{ (Q_{xx} + Q_{yy}) + \sqrt{(Q_{xx} - Q_{yy})^2 + 4Q_{xy}^2} \right\} \tag{4.3-6}$$

$$F^2 = \frac{1}{2} m_0^2 \left\{ (Q_{xx} + Q_{yy}) - \sqrt{(Q_{xx} - Q_{yy})^2 + 4Q_{xy}^2} \right\} \tag{4.3-7}$$

$$\tan 2\varphi_0 = \frac{2Q_{xy}}{Q_{xx} - Q_{yy}} \tag{4.3-8}$$

式中　　m_0——为单位权中误差，即 m_S；

　Q_{xx}、Q_{yy}——为指定点坐标 x、y 的权倒数；

　　　Q_{xy}——为相关权倒数；

　　　φ_0——半轴与 x 轴的夹角；

E——点位误差椭圆的长半轴；

F——点位误差椭圆的短半轴。

（2）相对误差椭圆计算

$$\tan 2\varphi_0 = \frac{2Q_{\Delta x \Delta y}}{Q_{\Delta x \Delta x} - Q_{\Delta y \Delta y}} \tag{4.3-9}$$

$$E^2 = \frac{1}{2} m_0^2 \left\{ (Q_{\Delta x \Delta x} + Q_{\Delta y \Delta y}) + \sqrt{(Q_{\Delta x \Delta x} - Q_{\Delta y \Delta y})^2 + 4Q_{\Delta x \Delta y}^2} \right\} \tag{4.3-10}$$

$$F^2 = \frac{1}{2} m_0^2 \left\{ (Q_{\Delta x \Delta x} + Q_{\Delta y \Delta y}) - \sqrt{(Q_{\Delta x \Delta x} - Q_{\Delta y \Delta y})^2 + 4Q_{\Delta x \Delta y}^2} \right\} \tag{4.3-11}$$

而

$$\left. \begin{array}{l} Q_{\Delta x \Delta x} = Q_{x1x1} + Q_{x2x2} - 2Q_{x1x2} \\ Q_{\Delta y \Delta y} = Q_{y1y1} + Q_{y2y2} - 2Q_{y1y2} \\ Q_{\Delta x \Delta y} = Q_{x1y1} + Q_{x2y2} - Q_{x1y1} - Q_{x2y1} \end{array} \right\} \tag{4.3-12}$$

式中　Q_{x1x1}、Q_{y1y1}、Q_{x1x2}……——点 1 及点 2 各自的坐标权系数及相关权系数。

3. 直线相对中误差的解算

设纵向点位中误差为 m_t，横向点位中误差为 m_u，则

$$m_t^2 = m_0^2 \left\{ \cos^2 \alpha Q_{\Delta x \Delta x} + \sin^2 \alpha Q_{\Delta y \Delta y} + \sin 2\alpha Q_{\Delta x \Delta y} \right\} \tag{4.3-13}$$

$$m_u^2 = m_0^2 \left\{ \sin^2 \alpha Q_{\Delta x \Delta x} + \cos^2 \alpha Q_{\Delta y \Delta y} - \sin 2\alpha Q_{\Delta x \Delta y} \right\} \tag{4.3-14}$$

式中　α——两点连线的方位角。

直线的相对误差为：

$$\frac{m_u}{S} = \frac{m''_\alpha}{\rho''} \tag{4.3-15}$$

4. 建筑物主轴线相关性控制技术

如图 4.3-3 所示，直线 1（ij）和直线 2（mn）为两条任意直线，若两条直线的中误差分别为：m_1 和 m_2；若两条直线的距离分别为：L_1 和 L_2。

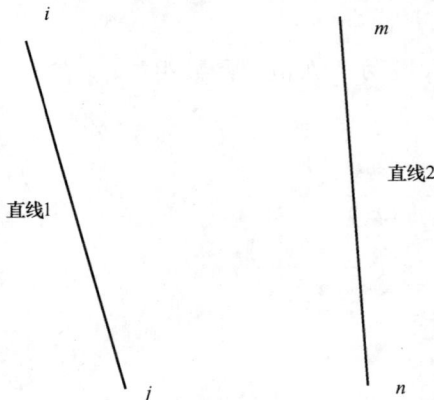

图 4.3-3　主轴线相对误差的推算

则由两条直线的中误差 m_1 和 m_2 的加权平均值构成两条任意直线间的中误差 m_L。即：

$$m_L = \sqrt{\frac{m_1^2 \cdot m_2^2}{m_1^2 + m_2^2}} \tag{4.3-16}$$

由两条直线的距离 L_1 和 L_2 的加权平均值构成两条任意直线间的虚拟距离 L。即：

$$L = \frac{L_1 \cdot L_2}{L_1 + L_2} \tag{4.3-17}$$

故，直线 1 和直线 2 的相关性可由两直线间的中误差 m_L 与两条直线间的虚拟距离 L 之比，构成两条直线间的相对中误差进行评定。

即：$K = \dfrac{m_L}{L}$。

4.3.3 建筑物主轴线相关性控制技术在中新城上城工程中的应用

1. 中新城上城工程项目施工控制测量

工程位于重庆市城市中心繁华区，测区周围有城市交通主干道通过，交通繁忙，车流量大；测区属于人口聚集区，其人口众多。这给本项目工程控制网的建立与测量工作带来困难。针对本工程项目结构单元多、平面形状复杂、建筑面积广、施工高度大的特点，且3、4、5、6、7、8、9、10号楼及裙房1、2、3、4等区可各自形成独立的施工作业区，测量放线工作现采取单位工程"整体控制，分区自成体系"的办法进行控制，以保证施工的顺利进行。

根据本工程特点，结合实地现场情况和施工技术条件，为兼顾该项目二期工程的建设，经实地踏勘，选点，埋石，建立了如图4.3-4所示的整体工程控制网。经本项目施工测量的技术分析论证，提出按照《工程测量规范》GB 50026—93中三级导线测量的技术要求进行水平控制测量；三等水准测量的技术精度要求进行高程控制测量。

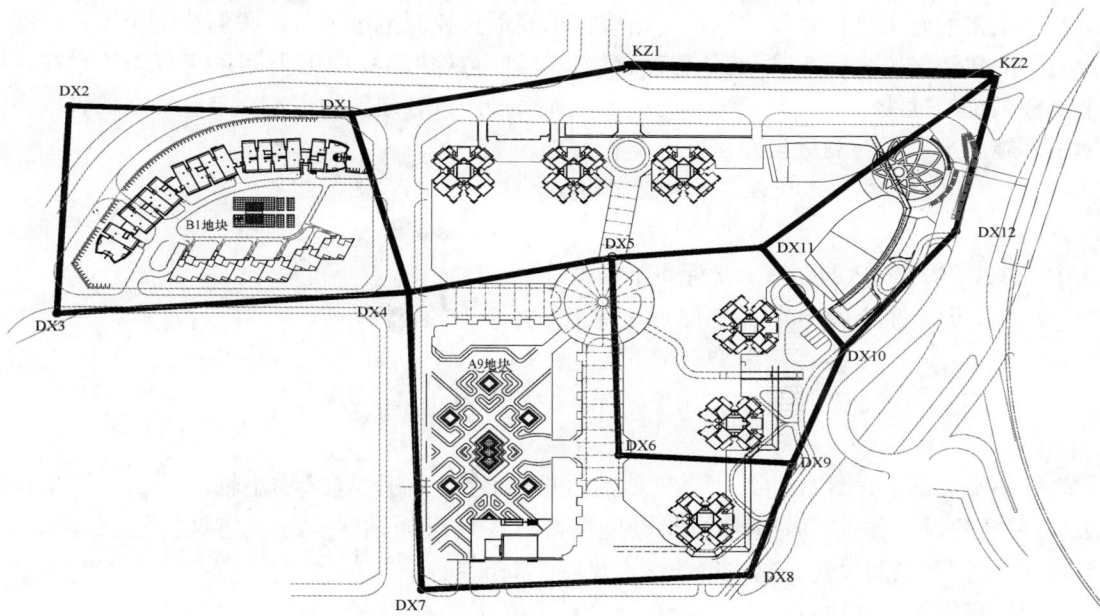

图4.3-4 控制点布设示意图

注：其中KZ1和KZ2为重庆市高级控制点；

DX1～DX12为加密施工控制点；

各控制点既作为平面控制点也作为高程控制点。

该三级导线控制网内共有重庆市高级控制点2个，加密控制点12个。经过平差处理最弱点为DX7点，最弱边为DX4-DX7边，最弱边中误差为1/15000，均满足限差要求。

2. 中新城上城工程建筑物主轴线的建立

（1）建筑物主轴线的建立

建筑物主轴线建立，主要考虑利用主轴线控制放样各建筑物的细部轴线。因此，在总平面图上进行建筑物主轴线设计，设计时应注意以下几点：

1）主轴线应大致为各建筑施工场地的中心线；

2）主轴线纵横轴各端点应布置在各建筑场施工地区的边界便于保护。

如图 4.3-2 所示，中新城上城工程项目建筑物（构筑物）的轴线关系极其复杂。其中 3、4、5、8、9、10 号楼建筑物轴线与整体轴线（裙楼）成 $45°$ 夹角；6 号楼建筑物轴线与整体轴线成平行关系；7 号楼建筑物轴线关系最为复杂，由于 7 号楼建筑物形状不规则，且朝向独立，其轴线与整体轴线（裙楼）成 $50°$ 夹角。根据该项目各建筑物（构筑物）极其复杂轴线关系、结构单元多、平面形状复杂、建筑面积广的特点，且考虑到各建筑物（构筑物）可各自形成独立的施工作业区，为了满足"整体控制，分区自成体系"原则，建立了本项目建筑物主轴线。

（2）轴线坐标系的建立

由于测量坐标系与施工坐标系是独立的两个坐标系，在工程建设中为了施工作业方便，需要将测量坐标系转化为施工坐标系。

中新城上城工程项目不只一个施工坐标系统（多个建筑物主轴线系统），必须首先确定一个主要的施工坐标系统的轴线（裙楼主轴线最长控制范围最大，我们选定裙楼主轴线为主要的建筑施工坐标系），其他各建筑物主轴线（或建筑物施工坐标系统）均依附在这个坐标系统的轴线上，可建立统一的施工坐标系。而且各建筑物也建立自己独立的轴线坐标系。施工坐标系与测量坐标系可用下式计算。

$$\begin{bmatrix} A_p \\ B_p \end{bmatrix} = \begin{bmatrix} A_0 \\ B_0 \end{bmatrix} + \begin{pmatrix} \cos\alpha & -\sin\alpha \\ \sin\alpha & \cos\alpha \end{pmatrix} \begin{bmatrix} x_p \\ y_p \end{bmatrix} \tag{4.3-18}$$

式中 A_p，B_p——P 点在施工坐标系下的坐标；

     A_0，B_0——测量坐标系的原点在施工坐标系下的坐标；

     x_p，y_p——P 点在测量坐标系下的坐标；

     α——施工坐标系和测量坐标系的旋转角。

（3）建筑物主轴线的测设

在总平面图上设计好建筑物主轴线后，根据控制点测设建筑物主轴线端点（极坐标法）。注意测设工作前，应先将控制点坐标换算成建筑物轴线坐标（建筑物施工坐标系统）。利用控制点测设建筑物主轴线端点见图 4.3-5。

（4）建筑物主轴线直线度的调整

一条建筑物主轴线应测设三个点进行控制（图 4.3-6），由于测量误差的影响，使得测设到地面上的各主轴线点不严格在一直线上。为保证建筑物主轴线的直线度，应将各主轴线点调整到一条直线上。

其调整方法是在主轴线点 O'（图 4.3-6）上测定交角 β（测角中误差不得大于 $\pm 2.5''$）。若交角不为 $180°$，则按下列公式计算各主轴线点的横向改正数 d。

$$d = \frac{ab}{a+b}\left(90° - \frac{\beta}{2}\right)\frac{1}{\rho''} \tag{4.3-19}$$

改正后须用同样的方法进行检查，其结果与 $180°$ 之差不应超过 $\pm 5''$，否则再进行改正。

（5）建筑物主轴线的横轴线的调整

定出建筑物的主轴线后，即可按通常的定线方法进行横轴线的测设。建筑物主轴线放

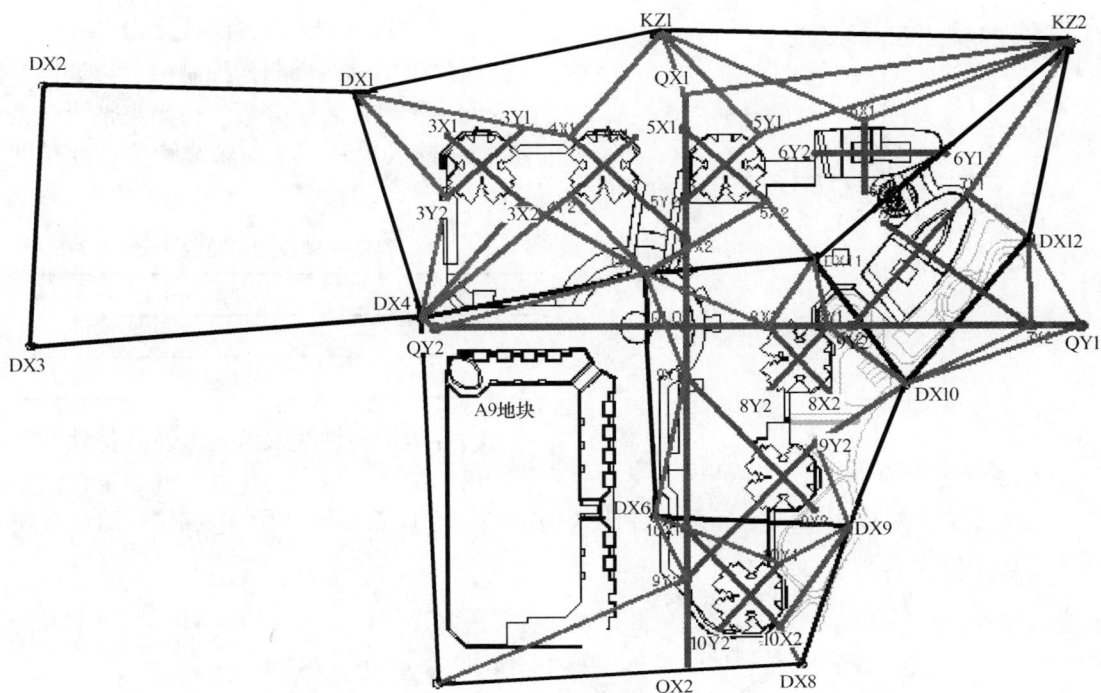

图 4.3-5 轴线测设示意图

出的横轴线亦需进行调整（图 4.3-7）

$$l = L \frac{\varepsilon''}{\rho''}$$

式中 L——主点间的距离。

（6）建筑物主轴线的相对误差椭圆

1）控制点相对误差椭圆

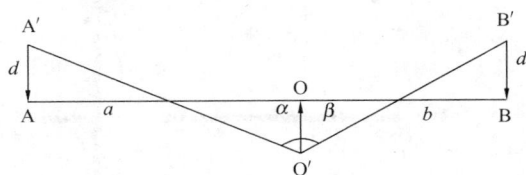

图 4.3-6 主轴线直线度调整

根据施工控制网的建立、观测、整理后，通过内业计算即平差计算【PVV】＝MIN（最小二乘法），获取施工控制网的严密相关性，如图 4.3-8 所示。

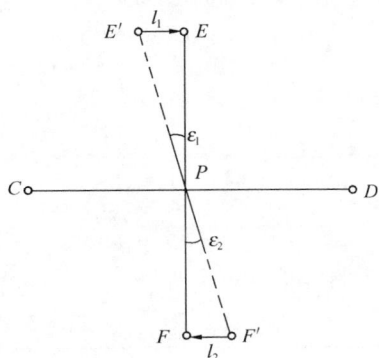

图 4.3-7 主轴线上的横轴线的调整

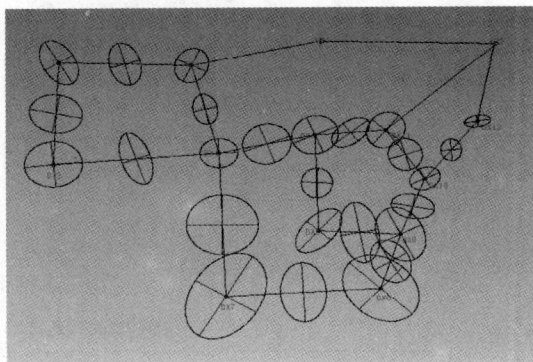

图 4.3-8 控制网相对误差椭圆

2）主轴线相对误差椭圆

① 整体主轴线的相对误差椭圆

通过将主轴线端归入控制网中，进行整体观测、平差计算、分析，得出主轴线误差椭圆如图 4.3-9 所示。主轴线相关特性精度见表 4.3-1。

整体主轴线相关特性　　**表 4.3-1**

轴线编号	主轴线相关精度
X 轴线	1/150000
Y 轴线	1/170000

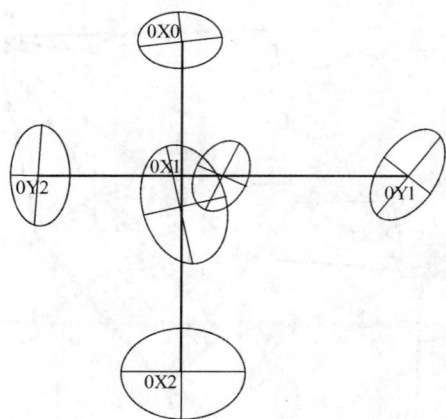

图 4.3-9　主轴线相对误差椭圆

②各建筑物轴线误差椭圆及其特性

根据轴线坐标系的建立，各建筑物的轴线坐标应依附于裙楼主轴线坐标系，各建筑物的轴线点误差椭圆如图 4.3-10 所示；轴线相关特性精度见表 4.3-2。

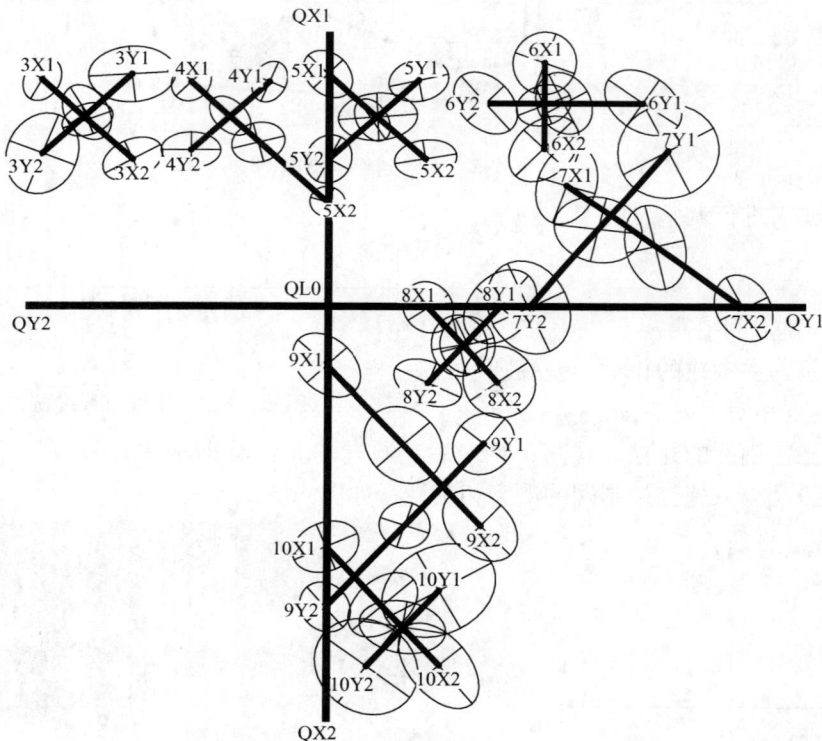

图 4.3-10　各建筑物轴线误差椭圆

各建筑物轴线相对特性　　　　　　　　　　　　　　　　　　　　表 4.3-2

楼　号	轴　线　号	
	X 轴线	Y 轴线
3 号楼	1/70000	1/50000

楼 号	轴 线 号	
	X 轴线	Y 轴线
4 号楼	1/60000	1/70000
5 号楼	1/65000	1/70000
6 号楼	1/55000	1/60000
7 号楼	1/45000	1/50000
8 号楼	1/50000	1/60000
9 号楼	1/40000	1/50000
10 号楼	1/55000	1/45000

3）主轴线之间的相关性分析及评价标准

通过上述计算，得主轴线相关性成果表见表 4.3-3。

主轴线相关性成果表　　　　　　　　　　表 4.3-3

楼号	m_L		L	
	X 轴线	Y 轴线	X 轴线	Y 轴线
3	1/160000	1/177000	45.469	45.985
4	1/160000	1/183000	64.138	40.620
5	1/163000	1/183000	48.615	46.010
6	1/159000	1/180000	34.556	56.742
7	1/156000	1/177000	72.742	73.197
8	1/158000	1/180000	40.175	40.401
9	1/155000	1/177000	74.790	77.383
10	1/159000	1/175000	58.893	41.155

4.3.4 实施效果

1. 施工坐标系的建立

为了保证建筑物轴线定位的精度，应用空间坐标精确定位技术，该建筑物的轴线坐标系与施工控制网坐标系必须统一在一个坐标系下。

因此，将建筑物的轴线点坐标位置的相对关系作为施工控制坐标系的基准数据，将轴线点与控制点建立几何关系，通过计算，将控制点的坐标归算到该建筑物的轴线坐标系中，从而统一测量基准。施工坐标系与测量坐标系可用下式计算。

2. 点位误差、相对误差的计算

针对中新城上城项目结构单元多、平面形状复杂、建筑面积广、施工高度大的特点，且各建筑物可形成独立的施工作业区，因此就需要评价整体主轴线与各建筑物主轴线的相关特性，这里通过其互协因数进行评价，在此之前须进行点位误差、相对误差的计算。

3. 实施效果

在中新城上城施工过程中，测量基准传递和轴线、垂直度、高程控制是建筑物施工质量控制的重点之一。为了保证工程质量和施工工期要求，提高测量定位工效和观测精度，也为了在中新城上城工程施工过程中探索一种更为科学、更快速的确定建筑物轴线相关性的方法，本课题较为系统地阐述了建筑物主轴线控制技术在大型工程施工中应用的基本原理和基本方法，并通过该技术在重庆市中新城上城工程中的应用，对此进行了验证。其实施效果主要可以概括为以下几方面：

（1）本课题通过应用建筑物主轴线相关性控制技术，保证了整个工程项目轴线的定位准确，其定位误差小于国家标准，见表 4.3-4。

建筑物轴线精度成果表 表 4.3-4

楼　号	m_L		国家标准
	X 轴线	Y 轴线	
3	1/160000	1/177000	1/30000
4	1/160000	1/183000	
5	1/163000	1/183000	
6	1/159000	1/180000	
7	1/156000	1/177000	
8	1/158000	1/180000	
9	1/155000	1/177000	
10	1/159000	1/175000	

（2）应用建筑物主轴线相关性控制技术，对建筑物中各主要轴线进行监控定位，有利于大型建筑物的施工精确定位，特别对于有联动设备的大型建筑群具有无比优越性。

（3）应用建筑物主轴线相关性控制技术，使结构复杂、建筑面积大、且相互独立的各单体建筑物的测量定位更加准确，效果更加明显。

（4）在施工过程中，应用建筑物主轴线相关性控制技术，易于对各类形式复杂的轴线相关性进行评价和控制，其应用范围广。

5 建筑节能、环保与
生态建设

5 建筑节能、环保与生态建设

5.1 夏热冬冷地区外墙外保温系统施工技术

5.1.1 问题的提出

随着社会生产力的发展和人民生活水平的提高，建筑中消耗的能量日益增加，如何降低能源消耗，减少建筑物中热量的损失，已成为各国建筑业关注的重点。

我国人口众多，能源相对匮乏，能源不足已成为我国经济、社会可持续发展的制约因素，节约能源已成为我国的基本方针。据有关资料介绍，城市建筑的能耗连同建材生产能耗共占总能耗的 1/4～1/3。随着我国可持续发展战略思想的深入，"节能优先"已经成为我国可持续能源的战略决策。因此，如何在建筑物中降低能量的损耗，已成为我国当前工程界的一项重大技术政策。

我国建设部颁布的《民用建筑节能管理规定》明确要求建筑进行保温节能处理。同时，建设部的"十一五"建筑节能规划明确规定：未执行节能强制性标准的工程项目一律不得参加优秀工程设计、鲁班奖等奖项的评选。可见，保温节能已成为工程建设的重要组成部分，直接影响工程的使用效果和社会效益。

目前，外墙外保温系统的施工技术还存在众多技术难题，尤其是适用于不同建筑气候分区的外墙外保温施工技术，已成为保温系统工程界和学术界的研究重点。

1. 我国外墙外保温系统的现状

外墙是建筑物能量损耗的主要部位，外墙外保温系统作为外墙保温的主要技术，其外保温技术运用的好坏直接影响到建筑节能的优劣。可见，外墙外保温系统技术的研究和实施是现代建筑保温技术的发展重点。

在欧洲等发达国家和地区，外墙外保温系统的使用已有近 40 年历史，使用最多的是 EPS 板薄抹面外保温系统。我国于 20 世纪 80 年代中期开始进行外墙外保温试点工程，首先用于工程的也是 EPS 板薄抹面外保温系统。

随着北美、欧洲和韩国公司进入国内，以及带动外墙外保温系统技术的发展，尤其是第一套外墙外保温国家标准图的出版发行，对外墙外保温系统在我国的发展起了很大的促进作用。由于外保温在建筑节能和室内空气环境舒适等方面具有诸多优点，建设部已经把外墙外保温系统作为重点发展项目。

目前，我国外墙外保温工程量不大，竣工年限不长，但凸现的质量问题较多，如保温层开裂和瓷砖空鼓脱落、雨水通过裂缝渗至外墙内表面等问题。这些质量问题若不及时控制，将会影响我国外墙外保温系统的良性发展。

此外，我国面积大，地跨严寒地区 A 区（如，哈尔滨等）、严寒地区 B 区（如：沈阳、乌鲁木齐等)、寒冷地区(如：北京、郑州、西安等)、夏热冬冷地区(如：武汉、上海、重庆、成都等)、夏热冬暖地区(如：广州、深圳、福州等)等 5 个建筑气候分区。在不同的建筑气候分区，其外墙的热工性能也不同，导致外墙外保温系统的设计和实施方法也不同，给我国外墙外保温技术的系统化带来了较大难度。

2. 外墙节能新技术

目前，国内采用的外墙节能保温新技术主要有聚苯乙烯泡沫板保温系统、聚氨酯彩色防水保温体系、玻化中空微珠外墙外保温系统、微泡水泥浆料外墙外保温系统和建筑反射隔热涂料保温系统等。

(1) 聚苯乙烯泡沫板保温系统

聚苯乙烯泡沫板保温系统是以聚苯乙烯泡沫板为保温材料，采用粘钉结合的方式将聚苯乙烯泡沫板固定在墙体外表面上，聚合物胶泥作保护层，以耐碱玻璃纤维网格布为增强层，外饰面为涂料或面砖的外保温系统。

1) 保温机理

聚苯乙烯泡沫板是由聚苯乙烯树脂和添加剂在一定温度下采用模压设备挤压而成的绝热制品，具有连续均匀的表层和全闭孔的蜂窝状结构，蜂窝状结构互相紧密连接，没有空隙。因此，它不仅具有极低的热导率和吸水率，较高的抗压、抗拉伸和抗剪强度，更具有优越的抗湿、抗冲击和耐候等性能，在长期高湿或浸水环境下，仍能保持优良的保温性能。

2) 优点

①节能效果好。用热导率极低的挤塑板将建筑物整体包起来，稳定了建筑物室内的冷热环境；在同样的采暖条件下，外墙外保温要比外墙内保温的室内温度提高 4～5℃，同时可使室内增加有效使用面积 2%～3%。

②使用寿命长。有效避免了内保温给建筑结构带来的不安定性，可保护主体结构外墙防止风吹雨淋和风化以及碱骨料反应等对主体结构外墙的侵蚀，相对延长了整个工程结构的使用寿命。

③可缩短工期。做外墙外保温不占室内装修的工期，并且可在主体结构完工后立即组织平行施工。

④可用于改造无保温措施的建筑。由于可以采用栓钉锚固的固定方式，对建筑物的基层表面没有特别严格的要求，有利于对无外墙保温的建筑物进行节能保温工程的施工，不影响、不干扰住户的正常居住或使用，施工速度快。

⑤防水效果佳。在自然环境下，聚苯乙烯泡沫板的吸水率极低，结合专用砂浆的抗水性，能将雨水和潮湿空气有效阻止在系统之外。

⑥施工便捷、安全可靠。聚苯乙烯泡沫板外墙外保温系统采用了粘贴与栓钉相结合的固定方法(有别于全粘贴和外包钢丝网的固定方法)，使系统更加安全可靠，尤其适合高层建筑的外墙外保温的需要。

3) 基本构造及性能指标

聚苯乙烯泡沫板保温系统的基本构造如图 5.1-1 所示，聚苯乙烯泡沫板保温系统的性能指标见表 5.1-1。

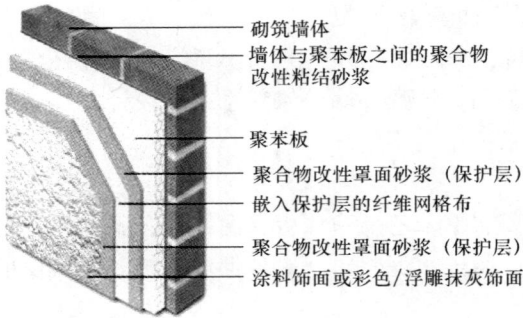

图 5.1-1 聚苯乙烯泡沫板保温系统的基本构造图

聚苯乙烯泡沫板保温系统的性能指标

表 5.1-1

项 目	性能指标
抗冲击强度 P 型	3J 冲击合格
抗冲击强度 Q 型	10J 冲击合格
吸水量（浸水 24h）	≤0.5
耐候性	无裂纹、粉化剥落现象
耐冻融性（冻融 10 次）	无裂纹、空鼓起泡剥离现象

（2）聚氨酯彩色防水保温体系

聚氨酯彩色防水保温体系是以彩色防水涂膜、聚氨酯泡沫塑料、纤维增强抗裂腻子为主要材料的防水保温系统。在材料和施工工艺上将防水与保温有机统一，采用现场无缝喷涂，具有粘结性强、无冷热桥现象及施工方便、使用寿命长等特点。

1）保温机理

聚氨酯彩色防水保温体系保温层主要是硬质聚氨酯层，它是由多元醇和异氰酸脂双组分材料组成，采用直接喷涂成型技术，产生闭孔率不低于 95％的硬泡沫化合物，使硬质聚氨酯层成为完整的不透水没有拼缝的整体，不仅具有良好的保温性，还有良好的防水性。

2）优点

①隔热保温性能优良，是当今热导率最低、保温性能最好的材料之一。

②抗水性能独特，吸水率极低，保温层表面无接缝的整体，具有一定的弹性和伸长率，不会产生脱壳和剥离现象。

③质量轻，机械强度可满足使用要求。

④抗侵蚀、耐老化，耐久年限可达 10 年以上，其耐久性足以满足Ⅱ级防水工程使用年限 10 年以上的要求。

⑤施工速度快，工期短。

⑥可塑性大，适用于不同状况下的异型基层面，解决了在立面变化较大及复杂的立面上铺贴保温板施工不能解决的问题。

3）基本构造及性能指标

聚氨酯彩色防水保温体系的基本构造如图 5.1-2、图 5.1-3 所示，性能指标见表 5.1-2。

（3）玻化中空微珠外墙外保温系统

玻化中空微珠外墙外保温系统是指设置在外墙外侧，由界面层、玻化中空微珠保温层，抗裂保护层和饰面层构成的，起保温隔热，防护和装饰作用的构造系统。

1）保温机理

玻化中空微珠是由玻璃质火山矿物材料经加热膨胀，玻化冷却形成，表面玻化封闭，内部微多孔空腔结构，具有良好的保温性能。它外观呈不规则球状颗粒。由它作为轻骨料

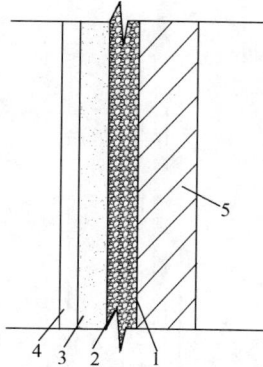

图 5.1-2 聚氨酯彩色防水保温
体系的基本构造（一）

1—1∶3 水泥砂浆找平层；2—涂膜稀浆＋硬质聚氨
酯＋涂膜稀浆；3—增强抗裂腻子；
4—外装饰涂料层；5—墙体

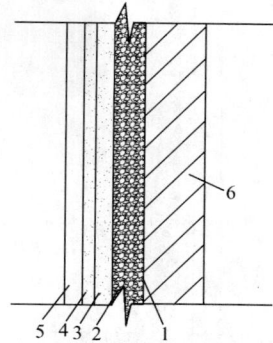

图 5.1-3 聚氨酯彩色防水保温
体系的基本构造（二）

1—1∶3 水泥砂浆找平层；2—涂膜稀浆＋硬质聚氨
酯＋涂膜稀浆；3—增强抗裂腻子；
4—胶粘剂层；5—面砖层；6—墙体

聚氨酯彩色防水保温体系的性能指标 表 5.1-2

项　　目	性能指标	项　　目	性能指标
抗冲击强度	3J 冲击合格	容重	41kg/m³
吸水率	0.7%	粒度	0.5～1.5mm
耐冻融性 （冻融 10 次）	无裂纹、空鼓起泡 剥离现象	导热系数	0.022W/m·K
		抗拉强度	0.38MPa

与特制砂浆混合，可以在墙体外侧形成一层绝热涂料层，起到保温的效果。

2）优点

①粘结强度高，早期强度高，缩短了二次抹灰时间，提高了施工速度。

②单组分包装，解决了多组分保温砂浆现场混配带来的质量不稳定问题。

③结构稳定，抗震、抗裂性好。

④无空腔构造，抗负风压能力强。

⑤吸水率低，透气性好，防结露。

3）基本构造及性能指标

玻化中空微珠外墙外保温系统的基本构造如图 5.1-4、图 5.1-5 所示，性能指标见表 5.1-3。

（4）微泡水泥浆料外墙外保温系统

微泡水泥浆料外墙外保温系统是指设置在外墙外侧，由界面层、微泡水泥保温浆料、抗裂防水防护层和饰面层构成起保温隔热防护和装饰作用的构造系统。

1）保温机理

微泡水泥浆料是由微泡剂、中空微珠及水泥等无机胶凝材料组成。其中微泡剂是由亲水基与亲油基团形成的大分子表面活性剂，其作用是水泥砂浆在搅拌过程中使水泥浆形成大量封闭独立稳定的微型凝胶壳（6000～9000 亿个/m³），这些微型凝胶壳将空气分割开

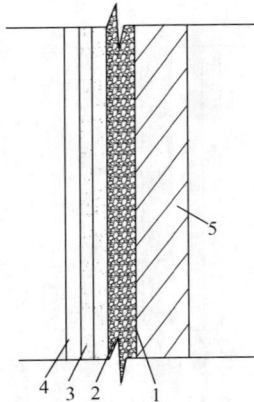

图 5.1-4   玻化中空微珠外墙外保温系统
的基本构造（一）

1—界面砂浆；2—玻化中空微珠保温层；

3—抗裂砂浆＋耐碱网格布＋弹性乳液底层涂料；

4—外装饰涂料层；5—墙体

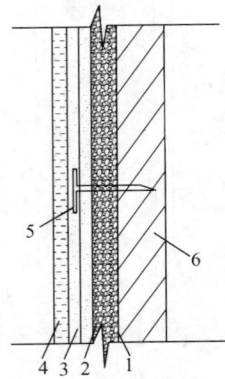

图 5.1-5   玻化中空微珠外墙外保温系统
的基本构造（二）

1—界面砂浆；2—玻化中空微珠保温层；

3—抗裂砂浆＋耐碱网格布＋弹性乳液底层涂料；

4—饰面砖层；5—锚栓；6—墙体

玻化中空微珠外墙外保温系统的性能指标　　　　　　　　　表 5.1-3

项　　目	性能指标	项　　目	性能指标
抗冲击强度 C 型	3J 冲击合格	成球率	80%～95%
抗冲击强度 T 型	10J 冲击合格	容重	80～100kg/m³
耐冻融性（冻融 10 次）	无裂纹、空鼓起泡剥离现象	粒度	0.5～1.5mm
吸水量（浸水 1h）	≤1.0	导热系数	0.0284～0.054W/m·K
火反应性	不应被点燃	表面玻化率	≥95%

来，由于空气对流才能进行热传递，在不同介质间传递较慢，所以能达到保温效果。

2）优点

①和易性好，浆料膨松。

②粘结性好，施工方便。

③防水抗渗性好。凝胶壳和中空微珠的存在，阻止了浆料中毛细管的虹吸现象，因此具有防水抗渗作用。

3）基本构造及性能指标

微泡水泥浆料外墙外保温系统的基本构造如图 5.1-6、图 5.1-7 所示，性能指标见表 5.1-4。

（5）建筑反射隔热涂料保温系统

建筑反射隔热涂料保温系统是以合成树脂乳液为基料，并由各种颜料、填料、助剂、空心微珠和高耐氧化、耐腐蚀金属微粒等配制成的建筑反射涂料形成的保温系统。

1）保温机理

辐射是热传导的重要方式之一，在太阳光辐射能量中，光波为 250～2500 纳米的光波辐射能占到 95% 以上，反射隔热保温就是利用涂料中的金属微粒和玻璃珠对热光进行反

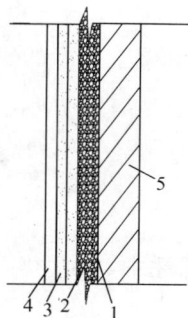

图 5.1-6 微泡水泥浆料外墙外保温系统
的基本构造 （一）

1—界面砂浆；2—微泡水泥浆料保温层；

3—抗裂砂浆＋耐碱网格布＋弹性乳液底层涂料；

4—外饰面涂料层；5—墙体

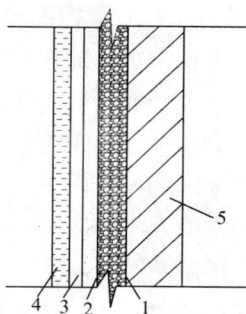

图 5.1-7 微泡水泥浆料外墙外保温系统
的基本构造 （二）

1—界面砂浆；2—微泡水泥浆料保温层；

3—抗裂砂浆＋耐碱网格布＋第二遍抗裂砂浆；

4—粘结砂浆＋饰面砖层；5—墙体

微泡水泥浆料外墙外保温系统的性能指标 表 5.1-4

项　　目	性能指标	项　　目	性能指标
抗冲击强度 C 型	3J 冲击合格	耐火极限 （h）	≥1.0
抗冲击强度 T 型	10J 冲击合格	抗拉强度 （MPa）	≥0.1
吸水量 （浸水 1h）	≤1.0	线性伸缩率 （％）	≤0.5
燃烧性能级别	A 级	软化系数 （28d）	≥0.5
耐冻融性 （冻融 10 次）	无裂纹、空鼓起泡剥离现象	干密度 kg/m³	≤300
		导热系数 W/（m·K）	≤0.068

射，从而达到保温隔热的效果。可分为内隔热保温和外隔热降温。

2）优点

①隔热保温效果好，对 250～2500 纳米的光波反射比为 82％，半球发射率为 85％。

②施工简单，工期短。建筑饰面用水性反射隔热涂料的施工过程及工艺同普通涂料施工一样，这样就省去了保温施工的时间，缩短了工期。

③环保，造价低，费用是传统保温材料的 1/3～2/3。

3）性能指标

建筑反射隔热涂料保温系统的性能指标见表 5.1-5。

建筑反射隔热涂料保温系统的性能指标 表 5.1-5

外墙项目	性能指标	内墙项目	性能指标
干燥时间 （表干 h）	≤2	干燥时间 （表干 h）	≤2
耐水性	96h 无异常	耐水性	96h 无异常
耐碱性	48h 无异常	耐碱性	24h 无异常
耐温变性 （5 次循环）	无异常	耐温变性 （5 次循环）	—
耐洗刷性 （次）	≥500	耐洗刷性 （次）	≥200

3. 外墙外保温系统质量控制施工技术研究的必要性

随着我国施工技术水平的提高、成熟，工程建设质量控制施工技术的研究、开发和集成创新显得越来越有必要。处于发展阶段的外墙外保温系统，还没有形成一套完整的质量控制施工技术，更需要在施工过程中不断研究，研究出不同建筑气候分区的外墙外保温系统施工技术，以确保外墙外保温工程的施工质量。

（1）建筑的节能需求

采用外墙外保温系统的公共建筑，在使用期间的全年能耗中，大约 50% 消耗于空调制冷与采暖系统，30% 用于照明。而在空调采暖这部分能耗中，大约有 20%～50% 由外围护结构传热所消耗，中部的夏热冬冷地区大约为 35%。

外墙外保温系统的质量优劣，直接影响到建筑节能的好坏，外保温系统的质量越高，其建筑节能效果越好，为了最大可能地降低能耗，在建筑围护结构方面，要求外墙外保温系统具有尽可能高的质量。

（2）外保温系统的使用需求

我国大部分地区的空气湿度较大，水蒸气含量高，结露是影响外墙外保温系统质量的一个重要因素。必须严格控制外墙外保温系统中的水分含量，采取措施疏导水分，严防结露现象。此外，大部分建筑位于闹市区，使用期间的人流量特别大，必须确保外墙材料不脱落。

（3）外保温系统的施工需求

外墙外保温系统在设计方案和材料选用方面，均对施工质量有较高要求。例如，外墙饰面层为油性水性氟碳涂料，偏刚性，饰面精找平层厚度较大，强度高，一旦产生开裂有拉裂保温系统保护层的风险；饰面层透气性差，水蒸气不易渗出，易导致饰面层起鼓剥落、开裂、保温效果降低，甚至可能影响室内环境。因此，必须加强控制外墙外保温系统的施工质量。

（4）装饰效果的美观需求

外墙外保温体系不仅承担着墙体的保温职能，还直接影响着建筑物的装饰效果。运用创新工艺、优化施工方法以克服外墙外保温施工的不足之处和质量通病，从而使外墙外保温系统能够更充分的发挥其自身良好的保温隔热效果，并确保建筑物的良好装饰效果。

（5）外墙外保温技术的发展需求

外墙外保温系统作为我国围护结构的主要节能方法，正处于积极发展时期。在国内还没有完善的外墙外保温系统质量控制技术的条件下，需要不断研究，以利于国内外墙外保温系统的成熟。

5.1.2 创新与关键技术

文中主要讨论的外墙外保温 EPS 板系统，是由可发性聚苯乙烯珠粒经加热发泡后在模具中加热成型而制得的具有闭孔结构的聚苯乙烯泡沫塑料板材。EPS 板具有连续均匀的表层和全闭孔的蜂窝状结构，蜂窝状结构互相紧密连接，没有空隙。因此，EPS 板不仅具有极低的热导率和吸水率，较高的抗压、抗拉伸和抗剪强度，更具有优越的抗湿、抗冲击和耐候等性能，在长期高湿或浸水环境下，仍能保持优良的保温性能。

我国有 5 个建筑气候分区，各区域的保温技术并不相同，文中主要讨论夏热冬冷地区的保温系统。

1. 外墙外保温系统的质量控制措施

文中关于夏热冬冷地区外墙外保温系统的质量控制措施，是根据夏热冬冷地区的气候特点，参考国家标准《外墙外保温工程技术规程》JGJ 144—200、《绿色建筑评价标准》GB/T 50378—2006、《公共建筑节能设计标准》GB 50189—2005、《民用建筑节能设计标准》JGJ 26—95 的条件下，及外墙外保温专业施工单位的控制经验而制定。

质量控制可分别从外墙外保温系统的性能要求（表 5.1-6）、外墙外保温系统中组成材料的质量要求（表 5.1-7）、外墙外保温系统的构造质量要求（表 5.1-8）和外墙外保温系统的施工条件要求（表 5.1-9）四方面控制。

外墙外保温系统的性能要求 表 5.1-6

质量指标	质 量 要 求
协调变形能力	能适应基层的正常变形而不产生裂缝或空鼓
承受自重能力	能长期承受自重而不产生有害的变形
承受风荷载能力	能承受风荷载的作用而不产生破坏
耐气温变化能力	能耐受室外气候的长期反复作用而不产生破坏
抗震能力	在罕遇地震发生时不从基层脱落
防水性能	具有防水渗透性能；做好外保温工程的密封和防水处理，确保水不会渗入保温层及基层；水平或倾斜的出挑部位以及延伸至地面以下的部位做好防水处理；在外墙外保温系统上安装的设备或管道应固定在基层上，并应做好密封和防水处理
防火能力	在高层建筑中应采取防火构造措施
保温性能	符合国家现行相关规范和标准，并满足冬冷的保温特征
隔热性能	符合国家现行相关规范和标准，并满足夏热的隔热特征
防潮性能	符合国家现行相关规范和标准，并达到当地防潮要求

外墙外保温系统中组成材料的质量要求 表 5.1-7

质量指标	质 量 要 求
组成材料性能	各组成部分应具有物理—化学稳定性、彼此相容、具有防腐性、防生物侵害性
EPS 板	表面不得长期裸露，EPS 板安装上墙体后应及时做抹灰面层
玻纤网	不得直接铺在保温层表面，不得干搭接，不得外露
墙角处的 EPS 板	交错互锁
门窗洞口的四角的 EPS 板	不得拼接，采用整块 EPS 板切割成型，EPS 板接缝离角部不低于 *200mm*
EPS 板的粘贴方式	按顺砌方式粘贴，竖缝要逐行错缝
EPS 板的粘贴要求	粘贴牢固，不得有松动和空鼓
EPS 板的涂胶面积	不得小于 EPS 板面积的 *40%*

外墙外保温系统的构造质量要求 表 5.1-8

质量指标	质 量 要 求
特殊部位的要求	包覆门窗框外侧洞口、女儿墙以及封闭阳台等热桥部位
保护层厚度	保温板保护层厚度不小于 3mm
基层要求	基层应坚实、平整；表面清洁，无油污、脱模剂等妨碍粘结的附着物；面层不得有脱层、空鼓、裂缝，不得有粉化、起皮、爆灰等现象
伸缩缝	做好防水和保温构造措施
阴阳角	加设局部加强网
锚栓辅助固件	建筑物高度大于 20m 时，在受风压作用较大部位宜使用锚栓辅助固定
外门窗洞口要求	除采用现浇混凝土外墙外保温系统外，外保温工程施工前，外门窗洞口应通过验收，洞口尺寸、位置应符合设计要求和质量要求，门窗框或辅框应安装完毕
预埋件和连接件要求	除采用现浇混凝土外墙外保温系统外，伸出墙面的消防梯、水落管、各种进户线和空调器等的预埋件、连接件应安装完毕，并按外保温系统厚度留出间隙

外墙外保温系统的施工条件要求 表 5.1-9

质量指标	质 量 要 求
施工方案	施工具备详细的、适合的施工方案
施工人员	施工人员必须经过培训并经考核合格
施工环境要求	施工期间以及完工后 24h 内，基层及环境空气温度不应低于 5℃；夏季应避免阳光暴晒，在 5 级以上大风天气和雨天不得施工
验收要求	除了表 5.1-6～表 5.1-8 中的验收项目外，还应对基层处理、粘贴 EPS 板、抹面层、变形缝、饰面层等分项工程验收
成品保护	各分项工程和子项工程完工后应做好成品保护

2. 外墙外保温系统的保温性能

EPS 板外墙外保温系统的优点见 5.1.1 中的 2."外墙节能新技术"。

EPS 板外墙外保温系统的性能要求见表 5.1-10，其基本构造如图 5.1-2 所示。

EPS 板外墙外保温系统的性能要求 表 5.1-10

性能指标	性能要求	判断标准
抗冲击性能	建筑物首层墙面以及门窗口等易受碰撞部位：10J 级； 建筑物二层及以上墙面等不易受碰撞部位：3J 级	10J 级：10J 试验中，10 个冲击点中破坏点不超过 4 个时； 3J 级：10J 试验中，10 个冲击点中破坏点超过 4 个时；3J 试验中，10 个冲击点中破坏点不超过 3 个时

续表

性能指标	性能要求	判断标准
抗风荷载性能	系统抗风压值：R_d； 外墙外保温系统的安全系数：K；	R_d 不小于风荷载设计值； K 不小于 1.5；
吸水量	水中浸泡 1h 后只带有抹面层和带有全部保护层的系统的吸水量	1h 后的吸水量：$\leqslant 1.0 kg/m^2$
耐候性	保护层	无裂纹、粉化剥落现象
耐冻融性能	30 次冻融循环后，保护层、保护层与保温层的拉伸粘结强度	保护层：无裂纹、空鼓起泡剥离现象； 保护层与保温层的拉伸粘结强度：$\geqslant 0.1MPa$； 破坏部位应位于 EPS 保温层

注：水中浸泡 24h 后只带有抹面层和带有全部保护层的系统的吸水量均 $< 0.5 kg/m^2$，不检验其耐冻融性能。

3. 外墙外保温系统的防裂机理

结合国内外外墙外保温系统的"抗防结合"原理，制定了"夏热冬冷地区的抗放结合"技术，用于防止外墙外保温系统的开裂。

"抗"是指通过提高材料强度、合理配筋和结构构造处理等措施来提高结构的抗裂能力；"放"是通过降低结构的约束和自约束等程度，从而达到减少或释放约束应力的目的；"夏热冬冷地区的抗放结合"指针对外保温工程所在区域的夏热冬冷气候特征，以"抗"和"防"原理为理论基础，采取能适应夏热和冬冷气温循环变化的"抗防结合"措施，防止其墙体抗裂变形或释放约束应力，最终达到夏热冬冷地区外墙外保温系统的防裂效果。

"夏热冬冷地区的抗放结合"技术的妥善应用，有利于提高夏热冬冷地区外墙外保温系统的保温效果，并能防止或降低外墙外保温系统裂缝的产生。

外墙外保温系统"夏热冬冷地区的抗放结合"措施有：

（1）保温材料各相邻层约束和反约束尽量小，其中材料的弹性模量、线胀系数应尽量相近协调（"抗放结合"中"放"的"逐层释放"）；

（2）主层墙体的保温层各层材料应有一定柔性和形变能力，在变形条件下，能有效释放应力，且在反复变形作用下，不会产生疲劳破坏（"抗放结合"中"放"）；

（3）若相邻层材料变形能力相差大，应加强抗裂层配筋，以分散应力，限制变形（"抗放结合"中"抗"）；

（4）抗裂防护层面积较大、应力易集中，宜设应力释放伸缩缝（"抗放结合"中"放"）；

（5）刚性面层材料应设柔性分割缝，中间镶有一定变形能力的柔性胶（"抗放结合"中"放"）。

4. 外墙外保温系统的抗风压性能

通过考虑保温系统的各组成材料、水平作用、夏热冬冷气候变化等影响，结合外保温

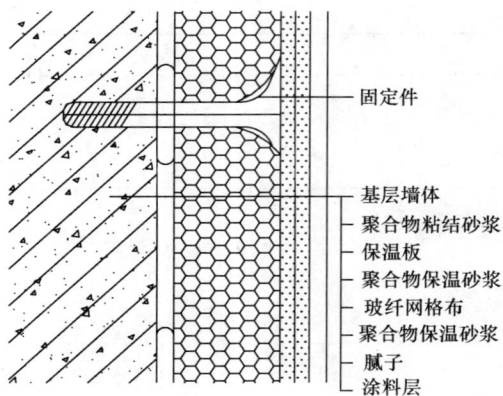

图 5.1-8   外墙外保温系统涂料饰面构造图

系统的施工工艺、EPS 保温板的粘结强度以及保温系统的使用安全性，对外墙外保温系统的抗风压性能进行现场讨论。外墙外保温系统涂料饰面构造，如图 5.1-8 所示。

根据《建筑结构荷载规范》GB 50009—2001，例如武汉地区（地面粗糙度 A 类，$n=100$）高度范围 40m 处计算所得的最大风压标准值为 2.10 kN/m²，其相应的最大风压设计值为 $2.10 \times 1.4 = 2.94$ kN/m²

常见外墙外保温系统氟碳漆饰面自重荷载   表 5.1-11

材料	质量 （kg/m²）	力矩 （mm）	重力 （kN/m²）	弯矩 （10⁻³ kN·m）	弯矩造成的 最大拉应力（kN/m²）
胶粘板	4	2	0.04	0.08	—
聚苯板	2	19	0.02	0.38	—
抹面砂浆	4	36	0.04	1.44	—
涂料饰面	5	41	0.05	2.05	—
共计	15	—	0.15	3.9	0.012

重力弯矩和风压的组合拉应力   表 5.1-12

饰面做法	弯矩引起最大拉应力 （kN/m²）	负风压 （kN/m²）	拉应力组合 （kN/m²）
水性氟碳涂料	0.012	2.94	2.95

外墙外保温系统与基层的粘结强度检测   表 5.1-13

检测指标	混凝土异形柱结构技术规程 JG 149—2003 要求	实测	相关检测报告编号
胶粘剂 CT83 与水泥砂浆拉伸粘结 强度	常温常态≥0.6MPa 耐水≥0.4MPa	1.42MPa 1.82MPa	200330975
胶粘剂 CT83 与聚苯板拉伸粘结强度	常温常态≥0.1MPa 耐水≥0.1MPa	0.20MPa 0.27MPa	200330975
抹面砂浆 CT85 与聚苯板拉伸粘结 强度	常温常态≥0.1MPa 耐水≥0.1MPa 耐冻融≥0.1MPa 柔韧性≤3.0	0.31MPa 0.3MPa 0.21MPa 1.7	200330974

结论：从规范要求以及实测数据表明，该外墙外保温系统的粘结薄弱环节在胶粘剂与聚苯板的结合面上，实测数据为 0.20MPa；此外，规范要求该界面粘结的有效面积为 40%。

（1）抗风压安全系数 K

所以，外墙外保温系统的最低抗拉伸应力为：

$$0.2\text{MPa}\times40\%=0.08\text{MPa}$$

则抵抗 40m 高处最大风压的最小安全系数 K 为：

$$80\div2.95=27.1>1.5$$

满足外墙外保温系统的安全系数 K 不小于 1.5 的要求。

（2）系统抗风压值 R_d

由《外墙外保温工程技术规程》JGJ 144—2004）知，

试验所得的破坏起始风荷载 Q_1 最小值为 6kN/m^2

系统抗风压值 $R_d=(Q_1\times C_s\times C_a)\div K=(5\times0.9\times1)\div1.5=3.6\text{kN/m}^2$

式中　Q_1——试验风荷载（kPa）；

　　　C_a——几何因数，对于外保温系统 $C_a=1$；

　　　C_s——统计修正因数，对于 EPS 外保温系统 $C_s=0.9$。

最大风压设计值为：$2.10\times1.4=2.94\text{kN/m}^2$

满足系统抗风压值 R_d 不小于最大风压设计值的要求。

5. 外墙外保温系统的质量控制设计

我国的夏热冬冷建筑气候分区，每年的气温温差平均高达 45℃，年温差变化的大幅度导致外墙外保温系统的热胀冷缩现象比较突出。如何预防因夏热冬冷气候变化造成的外保温系统开裂，是外墙外保温系统质量控制关键技术的重点。就外墙外保温系统的温度裂缝防治，可基于"夏热冬冷地区的抗放结合"技术原理，结合工程实体，围绕温差变化幅度，分别从"抗"、"放"以及"抗"和"放"结合三方面对外保温系统进行施工策划，预防其温度裂缝产生的可能。同时，为了预防外保温系统产生结露的可能，在粘贴保温板时，采用了点粘法的"板周边满布胶＋6 个贯通出气孔＋板中间梅花布点胶 3 排"的特殊布点方式。

文中主要研究的外墙外保温系统质量控制设计包括：降低结露危害的粘结胶浆布点方式、以"夏热冬冷地区的抗放结合"技术防止墙体开裂的伸缩缝预留（"放"）、网格布的选用（"抗"和"放"结合）、固定件的选择（"抗"）、干挂石材部位的保温处理（"抗"和"放"结合）等。

（1）粘结胶浆的布点方式

大部分的夏热冬冷地区，空气湿度较大，水蒸气含量高，必须严格控制外墙外保温系统中的水分含量。为了降低结露危害，采用点粘法，使用"板周边满布胶＋6 个贯通出气孔＋板中间梅花布点胶 3 排"的特殊布点方式，如图 5.1-9 所示。

保温板周边的满布胶宽度为 5cm，板长边两端各 1/4 处留设 5cm 宽的出气孔，短边中间 1/2 处也留设 5cm 宽的出气孔，一块保温板共有 6 个出气孔，该 5cm 宽的出气孔处没有布胶浆。

保温板中间采用梅花状的布点方式，共 3 排、11 个点胶，上下两排各布点 4 个，点胶为直径 8cm 的圆；中间排布点 3 个，点径 10cm，确保粘贴面积 40%以上，且相邻板之

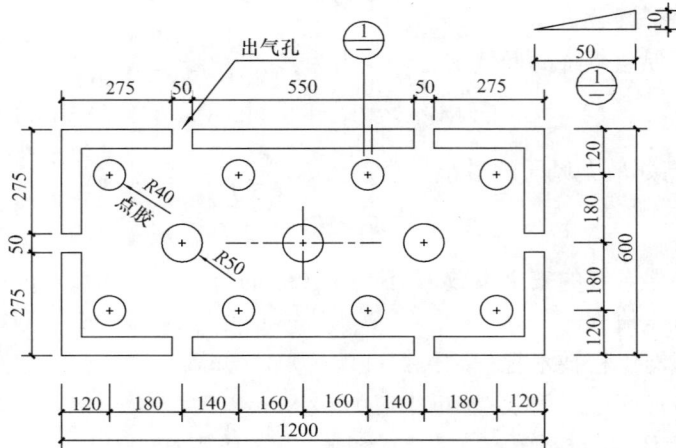

图 5.1-9 点粘法布点方式

间的出气孔相连、贯通，从而保证系统空腔在一定范围内是连通的，便于水蒸气聚集时的疏导，不易结露。

（2）保温体系伸缩缝的预留

由于外墙外保温体系本身的收缩和饰面层对外保温体系的约束作用（温差等引起的收缩），外墙易在夏热冬冷气候变化下产生裂缝。为防止外墙外保温系统裂缝的产生，应以"夏热冬冷地区的抗放结合"技术中的"放"为理论依据，在外保温系统中设置水平方向和垂直方向的伸缩缝。

伸缩缝处理的好坏不仅直接影响到"夏热冬冷地区的抗放结合"中的"放"的效果，而且影响到外墙面的防水效果。所以，伸缩缝的细部处理非常重要，如图 5.1-10 所示。

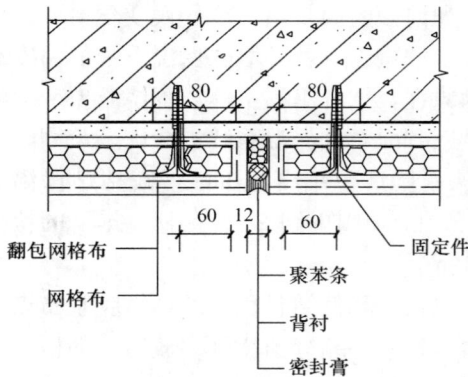

图 5.1-10 伸缩缝的处理

（3）网格布的选用

网格布作为 EPS 板外墙外保温系统中的重要材料，发挥"夏热冬冷地区的抗放结合"中"抗"和"放"的效果，对防止外墙外保温系统裂缝的产生有着积极作用，表现为：分散应力的作用（相当于"放"的作用），与抹面胶浆共同组成外保温体系的防护层（保护作用）；抵抗自然界温、湿度变化及意外撞击所引起的面层开裂（相当于"抗"的作用）；减少聚合物砂浆与聚苯板之间的线膨胀系数问题，防止面层开裂（相当于"放"的作用，即发挥"逐层释放"的效果）。

因此，为了充分发挥网格布的"夏热冬冷地区的抗放结合"效果，达到防止裂缝的目的，在网格布材料的选择上，需要进行认真分析和必要的试验。

使用的网格布应该达到表 5.1-14 中的性能要求。

其中，属于"夏热冬冷气候分区"的外墙外保温系统所采用的网格布，必须控制"断裂应变"的性能要求。

网格布的断裂应力—应变关系如图 5.1-11 所示。图中，呈非线性关系的网格布在同

EPS 板外墙外保温系统中
网格布的主要性能要求　表 5.1-14

技术指标	性能要求
单位面积质量（g/m²）	≥130
耐碱断裂强力（经、纬向）（N/50mm）	≥750
耐碱断裂强力保留率（经、纬向）（%）	≥50
断裂应变（经、纬向）（%）	≤5.0

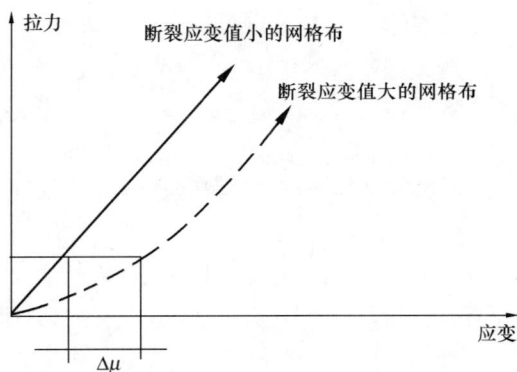

图 5.1-11　断裂应力—应变图

样拉力作用下的拉伸应变大于呈直线关系的网格布，而在对应的变形范围内（$\Delta\mu$），与其共同作用的抹面胶浆有可能已经开裂。

如果断裂应变值过高，在受力初期的保护层应力多由抹面胶浆承受，从而在早期就易发生开裂；即使表 5.1-14 中前 3 项指标再高，从抗开裂角度看也意义不大。

由于常见的外保温材料偏刚性，饰面精找平层具有厚度较大、强度高的特点，当保护层在受到内应力或某种外力作用情况下，为了保证其抹面胶浆与网格布发挥协调一致的作用，降低保护层发生开裂的可能，将网格布的"断裂应变"（经、纬向）控制在≤3.0%（规范为≤5.0%）。

因此，宜选用"断裂应变"（经、纬向）在≤3.0% 的玻纤网格布。

（4）固定件的选择

目前，外墙多采用加气混凝土砌块，需要选择适合固定在加气混凝土砌块上的专用固定件，才能起到固定作用，外保温系统和墙体一起协同工作。在防止外墙外保温系统裂缝的产生方面，相当于发挥了"夏热冬冷地区的抗放结合"中的"抗"的效果。

选用的固定件，其技术指标均应达到使用要求，见表 5.1-15。

（5）干挂石材部位的保温处理

固定件的性能要求　表 5.1-15

技术指标	性　能　要　求
单个锚栓抗拉承载力标准值（kN）	≥0.30
单个锚栓对系统传热增加值［W/(m²·K)］	≤0.004

如果 EPS 保温板长期暴露空气中，易氧化，热阻损失变大，将降低其保温效果。EPS 保温板即使在干挂石材内，也存在易氧化、保温效果降低的危险。

在干挂石材部位可采用"抹面胶浆（如 CT85）＋网格布"，如图 5.1-12 所示。将其作为保温结构的保护层，发挥了"夏热冬冷地区的抗放结合"中"抗"和"放"的效果。同时，这种结构处理方式对避免风压造成的尖啸声、防止墙体渗水也起到积极作用。

此外，在外墙砌筑后放置一段时间（如 2 个月左右）再进行外保温的施工，能有效发挥"夏热冬冷地区的抗放结合"中"放"的作用，使墙体充分变形收缩，减少墙体变形对

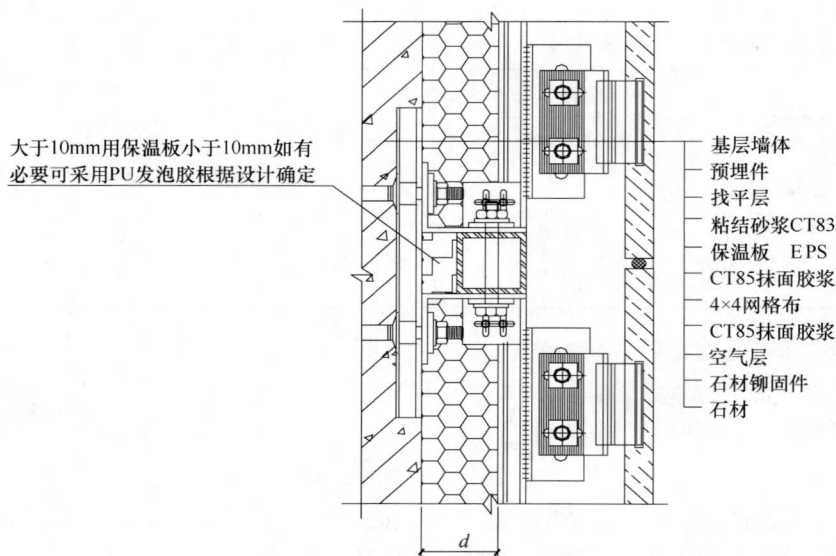

大于10mm用保温板小于10mm如有
必要可采用PU发泡胶根据设计确定

基层墙体
预埋件
找平层
粘结砂浆CT83
保温板　EPS
CT85抹面胶浆
4×4网格布
CT85抹面胶浆
空气层
石材铆固件
石材

图 5.1-12   干挂石材部位的保温处理

保温板产生的约束，从而降低保温板因约束而开裂。

6. 外墙外保温系统的施工工艺

防结露布点式外墙外保温系统的施工工艺，如图 5.1-13 所示。

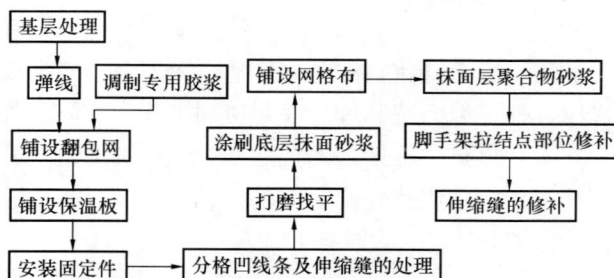

图 5.1-13   防结露布点式外墙外保温系统的施工工艺

（1）基层处理

检查基层墙体是否坚实平整，墙面是否清洁，并清除墙面的灰尘、油污、脱模剂、涂料、空鼓及风化物等影响粘结强度的杂物或附着物。

用 2m 靠尺检查墙面平整度时，墙面最大偏差不应大于 4mm；当大于 4mm 时，用 1∶3的水泥砂浆找平墙面。

如有必要，还对粘结砂浆与基层墙体的粘结力做专门的试验。

（2）弹线

按照图纸规定弹好散水水平线，根据设计图纸和施工方案确定伸缩缝的位置，并在墙面弹出伸缩缝宽度线，再以此线为依据弹出保温施工起点控制线。在阴、阳角位置设置垂线，在墙面及窗口直边弹出垂直线，并用此线控制保温板的施工垂直度。

（3）调制专用胶浆

外保温系统中常采用 CT83 专用胶粘剂，需严格按包装说明控制配水比，保证水和搅拌桶的洁净，实行先放水后放干粉，整包搅拌的原则，用低速搅拌器搅拌成稠度适中的胶浆，净置 3~5min，使用前再搅拌一次。调好的胶浆宜在 2h 内用完。

（4）铺设翻包网

裁剪翻包网布的宽度应为"200mm＋保温板厚度"的总合。先在基层墙体上所有门、窗、洞周边及系统终端处，涂抹 CT83 专用胶粘剂，宽度为 100mm，厚度为 2mm。将裁剪好的网布一边压入胶浆内，压入胶浆部分宽度不小于 80mm，注意控制厚度。不允许有网眼外露，将边缘多余的聚合物胶浆刮净，并保持甩出部分的网布清洁。凡保温板侧边外露处（如伸缩缝、建筑沉降缝等缝线两侧）门窗洞口处，与主墙体接触处，都做网格布翻包处理。

（5）铺设保温板

外保温系统的标准 EPS 保温板尺寸为 1200mm×600mm，采用横向铺设的方式，由下向上铺设，错缝宽度为 1/2 板长，必要时进行适当的裁剪，尺寸偏差小于±1.5mm，大小面垂直，如图 5.1-14 所示。

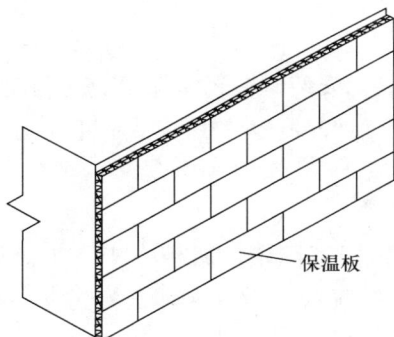

图 5.1-14　保温板的铺设　　　　图 5.1-15　门窗洞口处的保温板铺设

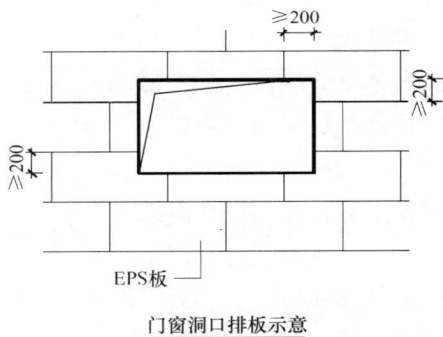

将涂好胶浆的保温板立即粘贴于墙体上，滑动就位，用 2m 靠尺压平，保证其平整度和粘贴牢固。

板与板间之间自然靠拢，板间缝隙小于 2mm，板间高差小于 1.5mm。注意当板间缝隙大于 2mm 时，应用保温板切成相应宽度填塞，板条不得粘结，更不得用胶粘剂直接填缝，板间高差大于 1.5mm 的部位应隔天后打磨平整。

保温板采用点框粘方式施工，为防止结露，在框边留有通气孔，有效粘结面积不小于 40%。施工过程保证保温板四个角布胶饱满，当保温板侧边碰到胶浆时及时清理。

根据窗、门等孔洞调整上下行保温板，错缝宽度不小于 300mm。保证保温板切割方正。在所有门、窗、洞的拐角处均不允许有保温板拼接缝，须用整块的保温板进行切割成型，且板缝距拐角不小于 200mm。注意在粘贴窗框四周的阳角时，应挂线控制阳角部位的垂直和水平，如图 5.1-15 所示。

在所有阳角拐角处，必须采用错缝粘贴的方法，并按垂线用靠尺控制其偏差，用直角靠尺检查。

保温板的粘结操作应迅速，安装就位前粘结胶浆不得有结皮现象。注意板与板间不得有粘结胶浆，保持保温板清洁不被粘结胶浆污染（靠保护层的面）。

保温板的粘贴，如图 5.1-16 所示。

图 5.1-16　保温板的粘贴

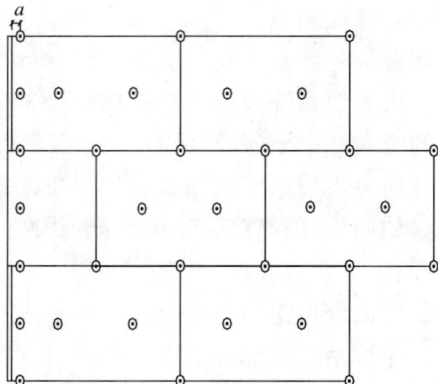

图 5.1-17　固定件的布置

（6）安装固定件

保温板粘贴完毕，24h 后方可进行锚固件的安装。安装时在每块保温板的四周接缝及板中间，用电锤打孔，锚栓采用 ϕ6 胀管，钻孔深度为 80mm（含保温层厚度），锚固深度为基层内约 45mm。

固定件个数：涂料外饰面部分为 6～7 个/m²。

对于保温板面积大于 0.1m² 的板块，中间加锚固件固定，面积小于 0.1m² 的板块（如位于基层边缘时），也加锚固件固定，如图 5.1-17 所示。

固定件加密：在阳角、檐口下及门窗洞口周围，锚固件的数量适当增加；锚固件的位置距窗洞口边缘，混凝土基层不小于 50mm，砌块基层不小于 100mm。

将螺丝拧紧，并将工程塑料膨胀钉的帽子与 EPS 保温板表面齐平或略低于保温板，确保膨胀钉尾部回拧使之与基层充分锚固，并及时用抹面聚合物胶浆抹平，以防止雨水渗入。

（7）分格凹线条及伸缩缝的处理

根据已弹好的水平线和分格尺寸用墨斗弹出分格线的位置，竖向分格线用线锤或经纬仪校正垂直。

按照已弹好的线，在 EPS 保温板粘贴时预留分格缝的位置，使用专用聚氨酯泡沫圆棒（直径比分格缝宽 2mm）挤压进缝的基层，凹口处 EPS 保温板的厚度不能少于 15mm。

按抹面层的处理方式用 PVC 线条将 200mm 缝宽大小的网格布压入缝中，分格缝上下加强网的宽度不小于 100mm。

对不顺直的凹口进行修理。

（8）打磨找平

在固定件施工完毕后，对 EPS 保温板接缝不平处用衬有平整处理的粗砂纸打磨，打磨动作为轻柔的圆周运动。

为防止因窗口部位翻包和加强网格布影响平整度，窗口四周 100mm 宽打磨 1mm 深度。

打磨后用刷子或压缩空气将打磨操作产生的碎屑、其他浮灰清理干净。

（9）涂刷底层抹面砂浆

涂抹抹面胶浆前先检查 EPS 保温板是否干燥，再用抹子在保温板表面均匀涂抹一层面积略大于一块耐碱玻纤网格布的抹面胶浆，厚度为 2mm。

（10）铺设网格布

挂网前应先检查聚苯板是否干燥（雨水、露水、项目用水都有可能接触到安装后的保温板），去除表面的有害物质、杂质等。再用 2m 靠尺检查平整度。

在完成翻包、加强网格布（洞口四角 45°加强等）后方可挂大面网格布。注意抹面胶浆先打底后立即铺设网格布，抹面胶浆打底厚度约 2mm，且打底面积略大于铺设网格布面积。严禁颠倒施工顺序空铺网格布的现象。

网格布应按工作面的长度要求按顺经纬向进行剪裁，并应留出搭接长度。注意将大面积网格布沿水平方向崩直崩平，并将弯曲的一面朝里，用抹子由中间向上下两边将网格布抹平，使其紧贴底层聚合物砂浆。网格布左右搭接宽度不小于 100mm，上下搭接宽度不小于 80mm，在阳角处需从每边双向绕角且相互搭接宽度不小于 200mm，阴角处不小于 200mm。局部搭接处可用聚合物砂浆补充原聚合物砂浆不足处，不得有网线外露，不得使网布皱褶、空鼓、翘边。

压入网格布后待抹面胶浆（如 CT85）干至不粘手时再抹抹面胶浆，抹灰厚度以盖住网格布为准，约 1mm；使砂浆保护层总厚度约为 2.5mm。

铺设网格布时应防止阳光暴晒，并应避免在风雨气候条件下施工，在干燥前墙面不得沾水，以免导致颜色变化。

（11）抹面层聚合物砂浆

抹完底层聚合物砂浆，压入网格布后待砂浆干至不粘手时（至少间隔 2h），进行抹面层聚合物砂浆施工，抹灰厚度以盖住网格布为准，使砂浆保护层总厚度为 3mm 以上。

（12）脚手架拉结点部位修补

当脚手架与墙体的连接拆除后，应立即对连接点的孔洞进行填补，对墙体孔洞用相同的基层墙体材料进行修补，并用水泥砂浆抹平。

根据孔洞尺寸切割聚苯板并打磨其边缘部分，使之能紧密填入孔洞处。

待水泥砂浆表层干燥后，将此聚苯板背面涂上粘结胶浆，注意不要在其四周边沿涂粘结砂浆，将聚苯板塞入，粘在基层上。裁切一块网格布，其大小应能覆盖整个修补区域，与原有网格布至少重叠 80mm。将聚苯板表面涂抹抹面胶浆（如 CT85），压入网格布待表面干至不粘手时，再涂抹一遍抹面胶浆（如 CT85）找平。

（13）伸缩缝的修补

待保护层干燥后清理收缩缝部位，剔出收缩缝部位多余的胶浆、浮尘等杂质后压入一根相应宽度的保温板条（不得使用胶浆粘结），厚度约到保温层的一半。然后塞入泡沫填充棒略微压实，最高点离保护层不小于 3mm。

打密封胶前应确保节点没有油污、浮尘等杂质。密封胶应完全塞满节点空腔，压紧填实并与两侧抹面胶浆紧密结合。

并保护已完工的部分免受雨水的渗透和冲刷。

7. 常见质量通病及其预防措施

通过对国内外外墙外保温系统的常见质量通病归纳总结后，分别从空鼓、开裂、脱落、虚贴等方面进行研究，并从材料、基层、施工等方面提供相应的预防措施，见表5.1-16～表5.1.18。

此外，还对渗水，潮湿，保温隔热效果差，墙角、门窗洞口边缘处的起壳、空鼓等其他质量问题进行研究和预防，见表5.1-19。

外墙外保温系统空鼓、开裂的主要病因及其预防措施　　　　表5.1-16

	序号	主　要　病　因	预　防　措　施
材料	1	抹面材料的柔性指标不够、脆性过强，使得胶浆的抗变形能力不足以抵抗面层因应力作用	选择信誉好、负责任的系统供应商确保产品质量，并加强现场抽检工作
	2	抹面材料里有机物质成分含量过高，胶浆的抗老化能力降低	
	3	抹面材料水泥的比例过大，胶浆的强度等级过高，面层胶浆早期收缩过快	
	4	保护层面层胶浆的吸水率过高，在冬季因冻融冻胀作用	
	5	保温板没有完成外保温对其养护期的要求，保温板上墙后产生较大的后收缩，变形过大	
	6	玻璃纤维网格布的平方米克重过低、延伸率过大、网格布的网孔尺寸过大或过小，网格布的耐碱涂敷量不足导致网布的耐碱强度保留率过低	
	7	在材料柔性不足的情况下未设保温系统的变形缝	
	8	为了追求保护层的厚度控制，导致砂的过筛粒径过细，含泥量过高，砂子的粒径级配不合理等	
施工	1	保温板粘贴时局部出现通缝或在窗口四角没有套割	门窗洞口安装时应套割，严禁通缝
	2	面层中网格布的埋设位置不当，过于靠近内侧	严格按施工操作规程作业
	3	门、窗洞口周边及墙体转折处等易产生应力集中的部位未设增强网格布以分散其应力	门窗洞口等直角部位用网格布做45°加强处理，布宽300mm×200mm
	4	抹底层胶浆时，直接把网格布铺设于墙面上，透过网格布隔墙打牢，胶浆与网格布不能很好的复合为一体，使得网格布起不到应有的约束和分散作用	加强现场管理，严格按施工操作规程作业

续表

	序号	主 要 病 因	预 防 措 施
施工	5	胶浆没有充分搅拌均匀，面层收缩不一致	控制好加水量和搅拌时间，搅拌均匀，且稠度适中为止
	6	保护层抹灰过厚或过薄，厚度不均匀	做好基层面平整度检查，控制抹灰面层砂浆厚薄均匀
	7	面层施工时，在太阳暴晒下进行或在高温天气下抹完面层后未及时养护，导致面层失水过快	防止烈日下无遮挡施工，高温天气时注意养护
	8	保温板面不平，特别是相邻板面高差过大	控制好粘结层厚度和板面平整度，控制相邻板面高低差在 1.5mm 以内
	9	网格布搭接不规范；网格布间断开处无搭接或搭接尺寸不能满足规范要求	按设计要求进行搭接，设计无规定时搭接长度不小于 10cm
	10	板间缝隙过宽且用胶粘剂填塞	施工中板块切割用专用工具，控制裂缝宽度，用专用材料填缝
	11	过于追求保护层表面观感，采取蘸水拍浆的处理方式	严格按施工操作规程作业，克服上述不良操作

外墙外保温系统脱落的主要病因及其预防措施　　　　　表 5.1-17

	序号	主 要 病 因	预 防 措 施
材料	1	所用的胶粘剂达不到外保温技术对产品的质量、性能要求	确保胶粘剂满足规定要求，并加强现场抽样送检工作
	2	采用的聚苯板的密度不足 18kg 以上，导致其抗拉强度过低，满足不了保温系统的自重及饰面荷载对其强度的承载要求，导致在苯板中部被拉损破坏	选用规格尺寸、表面质量以及陈化时间满足要求的聚苯板并加强现场抽样送检工作
基层	1	基层表面的平整度不符合外保温工程对基层的允许偏差项目的质量要求，平整度偏差过大且强度不达标	加强前道工序施工质量验收交接工作，确保作业环境满足规程要求；基层表面的平整度、净洁程度满足要求；不能满足部分应进行修补
	2	基层表面含有妨碍粘贴的物质，没有对其进行界面处理	
施工	1	粘结胶浆配比不准确，不符合外保温的技术要求而导致外保温系统的脱落	严格按施工操作规程作业，克服上述不良操作，做好中间工序的检查，不合格工序应及时返工
	2	粘结面积不符合规范要求，粘结面积过小，未达到 40% 粘结面积的质量规范要求	
	3	安装锚固件与贴保温板工序时间间隔过小	

外墙外保温系统虚贴的主要病因及其预防措施　　　　　　　　表 5.1-18

	序号	主 要 病 因	预 防 措 施
基层	1	基层墙面的平整度达不到要求	加强前道工序施工质量验收交接工作，确保作业环境满足规程要求；基层表面的平整度、净洁程度满足要求；不能满足部分应进行修补
	2	墙面过于干燥，在粘贴保温板时没有对基层进行掸水处理，雨后墙面含水量过大还没有等到墙体干燥就进行保温板的粘贴，因墙体含水量过大	
施工	1	胶浆的配制稠度过低或胶粘剂的黏度指标控制不准确，使得胶浆的初始黏度过低，使得胶浆贴附到墙面时产生流挂	严格按施工操作规程作业，克服上述不良操作，做好中间工序的检查，不合格工序应及时返工
	2	操作原因引起的：当进行保温层的施工时，不是双手均匀地挤揉压板面，而是用力猛压板的一端造成另一端翘起，引起另一侧的板面虚贴、空鼓。在施工时敲、拍、震动板面引起胶浆脱落	
	3	安装锚固件与贴保温板工序时间间隔过小	

外墙外保温系统的其他质量问题及其预防措施　　　　　　　　表 5.1-19

质量问题	质 量 病 因	预 防 措 施
渗　水	材料的防水性能不足； 密封和防水处理没有做好； 伸缩缝没有封严	选择具有足够防水性能的材料； 密封伸缩缝，做好防水处理
潮　湿	材料的防潮性能不足； 防潮层在施工前或施工阶段被破坏； 保护层过薄	选用防潮性能满足要求的材料； 施工过程保护好原材料，严防破损，若有破损，应更换材料； 保护层厚度必须满足要求
保温隔热效果差	材料的保温隔热性能不足； EPS 板出现裂纹或缺口，EPS 板表面裸露时间太长； 保温系统表面出现裂缝，伸缩缝没有封严	选用保温隔热性能好的材料； 不使用有质量缺陷的保温板，不随意切割板材； EPS 板的裸露时间控制在合理范围之内； 密封伸缩缝、洞口等边缘部位
墙角、门窗洞口边缘处的起壳、空鼓	除了空鼓的原因外，还有： 墙角、洞口尺寸不符合要求； 局部加强网的设置不够	除了表 5.1-16 中的措施外，还有： 涂胶面积保证在 50％以上； 施工前先验收墙角、门窗洞口边缘的基层质量，确保其质量符合要求； 合理加设局部加强网
保温墙体饰面砖空鼓、脱落和开裂	温度变形，在饰面层会产生局部应力集中； 反复冻融循环，造成面砖粘结层破坏，引起面砖脱落； 外力引起的面砖脱落，如地基不均匀沉降、错位、风压、地震力等引起的机械破坏等	改善面砖粘贴基层的强度，达到标准规定要求； 选用有足够压折比、粘结强度、耐候稳定性等指标的外保温材料； 保证外保温材料具有足够的抗渗性，以及保温系统的呼吸性和透气性； 提高外保温系统的抗震和抗风压能力

8. 外墙外保温系统质量控制的管理技术

（1）组织措施

1）建立专业化的项目部

任命具备外墙外保温项目管理经验和工程业绩的项目负责人对工程全面负责，同时组建从管理层到技术层及技术工人的最优秀、最专业化的项目团队，对相关人员进行外墙外保温技术的再培训。技术负责人由国家相关部门严格培训、技术过硬、业绩出众、责任心强的现场技术工程师担任，主要负责现场施工技术、质量的管理控制工作，随时解决施工过程中所出现的各类技术和质量问题，确保工程项目顺利完工。

2）制定科学的管理机构

按照工程的施工管理模式，针对外墙外保温系统的特点，采用科学的管理手段，制定科学的管理机构，如图 5.1-18、图 5.1-19 所示。

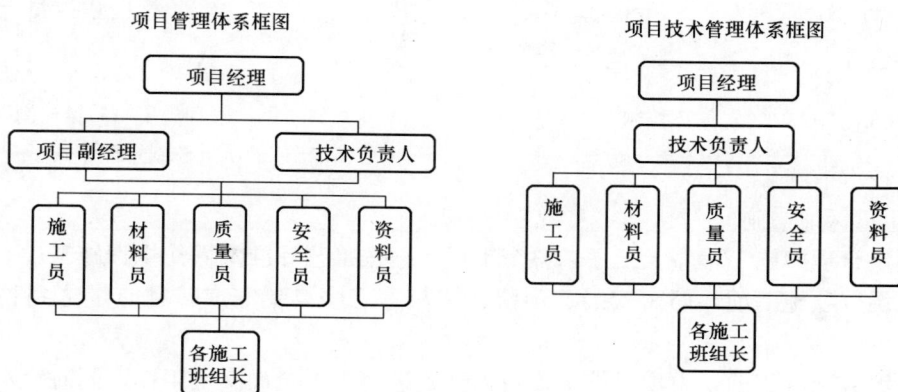

图 5.1-18　项目管理机构框图

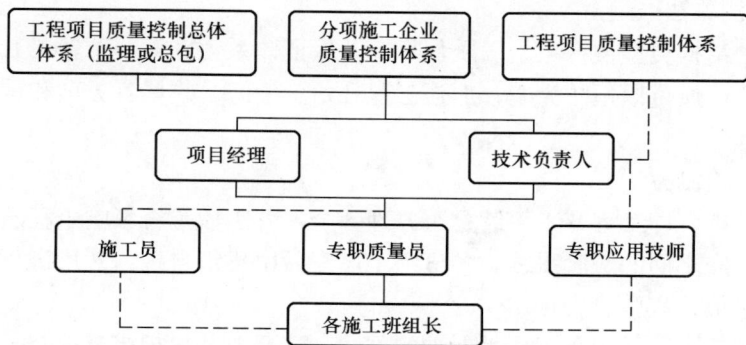

图 5.1-19　质量管理框图

3）加强全过程的质量管理

施工过程按照 PDCA 循环原理（图 5.1-20）进行，按照事前、事中和事后控制相结合的模式依次展开。

事前控制：要求预先进行周密的施工质量计划。施工质量计划或施工组织设计或施工项目管理实施规划的编制都必须建立在切实可行、有效实现预期质量目标的基础上，作为施工质量控制的行动方案进行施工部署。

事中控制：主要通过技术作业和管理活动行为的自我约束和他人监管，来达到施工质量控制目的。

事后控制：包括对质量活动结果的评价认定和对质量偏差的纠正。

并建立以总承包管理为主、以"管理施工和质量控制"为特色的外墙外保温系统质量控制管理体系，如图 5.1-21 所示。

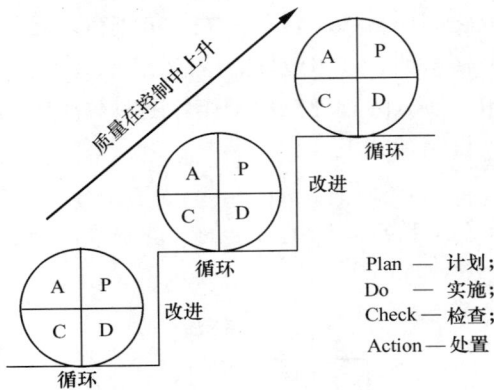

图 5.1-20 PDCA 循环控制图

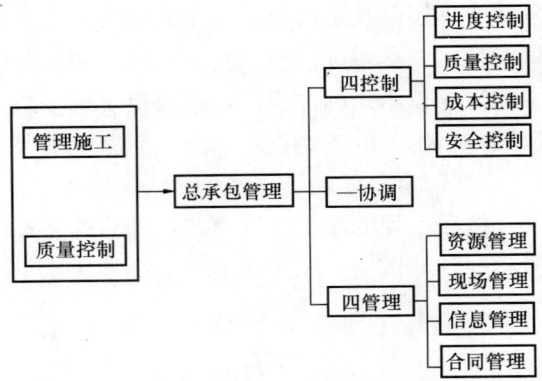

图 5.1-21 以"管理施工与质量控制"为特色的质量控制管理体系

（2）技术措施

1）质量保证措施

①制定合理的施工程序及工序，整个工程严格按工艺标准及操作规程施工。

②保温分项施工前，门窗安装、预留、抹灰等工序均要完成，且质量达到相关规范标准。

③保温分项施工前，由项目技术负责人负责进行开展全面交底工作，同时针对项目的施工特点，对项目的专业技术人员进行技术培训。

2）质量检测方法

根据工程的结构类型及特点，以质量目标及保证体系为准绳，建立在工程施工过程中的质量检测方法，质量以预防为主，加强工程开始、中间、收尾各分项和重要工序的质量检测。

现场质量的检测方法有：

①开工前检查，即工程开工手续是否办理齐全，开工后是否影响工程质量。

②建立各工序之间的交验手续，各班组工序完后由班组自检，然后进行互检，最后由项目部专职质量员检查验收交接。

③对已完的工序，必须采用成品保护的方法，还要对其保护措施检查是否可靠有效。

④现场质量检测的方法严格按国家、行业相关要求执行。

⑤抓好工序质量，主要加强检查材料、施工工艺、操作规程、机械设备、质量通病等，跟班检查，把好工序关，严格实行"三检制"（自检、互检、交接检），做到工序达不到优良标准不交接，同时加强同步技术资料的核查，做好施工过程的记录。

9. 创新点与推广应用前景

（1）创新点

1）研究了外墙外保温系统的机理、质量标准及控制措施、施工工艺、质量通病及预防措施等方面，形成了一套完整的外墙外保温系统质量控制关键技术，为今后类似工程的外墙外保温系统选用提供了借鉴。

2）研究了外墙外保温系统的质量控制各项指标，正式提出了适用于夏热冬冷地区的外墙外保温系统的质量控制标准，为今后相关部门制定相关标准提供有益借鉴。

3）研究使用的"板周边满布胶＋6个贯通出气孔＋板中间梅花布点胶3排"的特殊布点方式，属于国内首次应用于外墙外保温工程的点粘布点方式，确保粘贴面积在40%以上，且相邻板之间的出气孔相连、贯通，系统空腔在一定范围内是连通的，便于水蒸气聚集时的疏导，具有防结露、效果好的优点，为类似外墙外保温工程选用防结露措施提供了有益借鉴。

4）针对夏热冬冷地区的气候特点，提出了"夏热冬冷地区的抗放结合"防裂技术，并采用相应的"抗"、"防"、"抗和放"设计与措施，防止外墙外保温系统的开裂，具有在夏热冬冷地区研究外保温系统防裂技术的理论价值，也可作为其他气候地区研究外墙外保温防裂技术的参考。

（2）推广应用前景

1）提出的一套完整的外墙外保温系统质量控制关键技术，在外墙外保温系统中具有一定的完整性，实用性强、易操作等特点，可在今后类似外墙外保温工程中推广应用，尤其适用在夏热冬冷地区的外保温工程。

2）提出的适用于夏热冬冷地区的外墙外保温系统的质量控制标准，具有一定的参考价值，可在相关部门制定相关标准时参考应用。

3）研究的"板周边满布胶＋6个贯通出气孔＋板中间梅花布点胶3排"的特殊布方式，具有操作简单，防结露、效果好的特点，易在类似工程中推广应用。

4）提出的"夏热冬冷地区的抗放结合"技术理论，易与外墙外保温系统的其他防裂措施结合，且防裂效果显著，易在夏热冬冷地区的外墙外保温工程中推广应用。

5.1.3　工程应用实例

1. 工程概况

武汉市第三医院综合病房大楼，如图5.1-22所示。该工程位于武昌区彭刘扬路241

图5.1-22　武汉市第三医院综合病房大楼

号武汉市第三医院院内，为地上 11 层、地下 1 层的钢筋混凝土框剪结构，平面呈 "L" 形，建筑面积达 31299m²，总高度为 41.8m。主体结构设计使用年限 50 年，建筑结构安全等级为二级。

大楼外墙采用 200mm 厚加气混凝土砌块，砌块外为 EPS 板外墙保温板，面积约 8500m²，在正确使用和正常维护条件下，外墙外保温的设计使用年限为 25 年。大楼外墙外保温系统的开工日期：2007 年 4 月 18 日，竣工日期：2007 年 7 月 16 日。

该外墙外保温工程实施期间，根据相关计算数据，采纳研究试验结论，考虑伸缩缝对外立面的美观影响，分别设置了水平和垂直伸缩缝。水平方向的伸缩缝从地上 2 层以上开始计，每三层设置一道，共计 2 道，同时考虑面层装饰缝模数的影响（同缝处理），即地上 5 层之上和地上 8 层之上各设置了一道水平方向的伸缩缝。垂直方向的伸缩缝根据房屋跨度以不大于 18m 为原则进行考虑，同时考虑面层装饰缝模数的设置（图 5.1-23），保温板固定件如图 5.1-24 所示。

Ⓙ—Ⓐ立面　　1:150

图 5.1-23　外墙外保温系统伸缩缝布置图

2. 实施效果

武汉市第三医院综合病房大楼外墙外保温工程采用防结露布点式外墙外保温系统施工技术后，其外墙外保温系统符合国家及地方相关质量要求，达到了外保温系统的质量条件，并节约了工程运行成本。

（1）提高了外墙外保温系统检查的优良率，一般工程的一般控制项目优良率为 60%，该工程实际的一般控制项目优良率为 85%，达到并超过了预定目标 80%，如图 5.1-25 所示；

图 5.1-24 保温板固定件

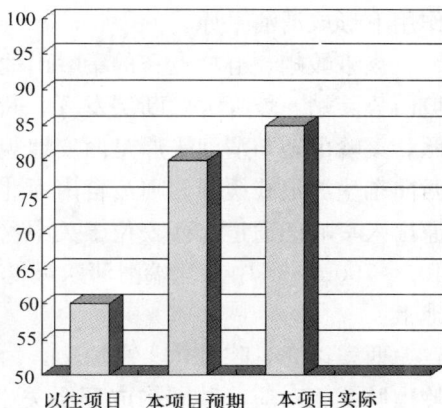

图 5.1-25 效果比较图

（2）优良率的提高，减少了工程返修，节约了材料，加快了施工进度，提高了劳动生产率，取得了良好的经济效益；

（3）促进了质量管理的进一步开展。

参 考 文 献

1 张希黔，王伯成，周敬. 建筑节能的新技术及其施工质量问题与防治. 施工技术，2007，（10）

2 中华人民共和国建设部. 外墙外保温工程技术规程（JGJ 144—2004）. 北京：中国建筑工业出版社，2005

3 中华人民共和国建设部. 绿色建筑评价标准（GB/T 50378—2006）. 北京：中国建筑工业出版社，2006

4 中华人民共国建设部. 公共建筑节能设计标准（GB 50189—2005）. 北京：中国建筑工业出版社，2005

5 中华人民共和国建设部. 民用建筑节能设计标准（JGJ 26—95）. 北京：中国建筑工业出版社，1997

5.2 渭河平原沿河地带基于 CFD 技术的生态建设关键技术

5.2.1 问题的提出

1. 地理环境特点

西安，古称长安，位于中国内地腹地黄河流域中部的关中盆地秦岭北麓，地跨渭河南北两岸。西安市境内地势南高北低，相差悬殊，海拔高度差异悬殊位居全国各城市之冠，山地平原界限分明。

西安市的地质构造兼跨秦岭地槽褶皱带和华北地区两大单元。距今约 1.3 亿年前燕山运动时期产生横跨境内的秦岭北麓大断裂，自距今约 300 万年前第三纪晚期以来，大断裂以南秦岭地槽褶皱带新构造运动极为活跃，山体北仰南俯剧烈降升，造就秦岭山脉；与此同时，大断裂以北属于华北地台的渭河断陷继续沉降，在风积黄土覆盖和渭河冲积的共同作用下形成渭河平原。

巍峨峻峭、群峰竞秀的秦岭山地与坦荡舒展、平畴沃野的渭河平原界限分明,秦岭北坡山势陡峭,坡降大,断层发育。断层面与平坦舒展的渭河平原相接,形成强烈的地貌对照。秦岭山地与渭河平原是西安地貌的主体,秦岭东西延伸,横亘于西安市南部,高度自西向东呈波浪式缓降。河流自南而北,切割秦岭山地,形成许多深邃的峡谷,成为关中平原出入秦岭的通道。西安位于关中盆地中部秦岭北麓,地跨渭河南北两岸。渭河平原海拔400～700m,其中东北端渭河床最低处海拔345m。西安城区便建立在渭河平原的二级阶地上。

西安以北,陕甘黄土高原边,由梁山、黄龙山、药王山、陇山组成的北山山系,与秦岭山脉遥相对应,共同构成环绕关中平原的自然屏障。黄河的最大支流渭河横贯关中平原。关中平原由渭河及其众多支流冲积形成,因而又称渭河平原。它西起宝鸡,东到黄河,号称"八百里秦川"。

西安市区属暖温带半温润季风气候。四季冷暖干湿分明,春季升温迅速,干燥多风;夏季炎热高温,日照强烈;秋季凉爽湿润,时有阴雨;冬季寒冷干燥,雨雪偏少。

浐灞生态区位于西安城区东部,北到渭河,南到绕城高速,包括浐灞河两河四岸的南北向带状区域,规划总面积129km²,其中集中治理区89km²。浐灞生态区的总体发展目标是打造西部第一水城,创立新区建设范式,并确定了"以河流治理带动区域发展,以新区域开发支撑生态重建"的发展思路。

西安浐灞商务中心项目位于浐灞生态区三角洲中部,该地块东北方隔一条滨河路为灞河,东南方隔一条纬二路为东三环,西北方为东湖路延伸线,西南为区内二环路。

可以看出,西安浐灞商务中心项目地理区域非常特殊,具有唯一性。

2. 生态建设基本概念

(1) 生态建设

目前,我国的自然资源和生态环境破坏十分严重。全国水土流失面积为367万 km²,占国土面积的38.2%;沙漠化土地面积为33.4万 km²,每年仍以2100km² 的速度扩展;沙化、退化、盐碱化草地9000万公顷,每年还以67万公顷的速度发展;目前已有15%～20%的动植物种类受到威胁,高于世界10%～15%的平均水平;全国自然灾害频繁发生,危害加重,每年因灾害损毁的土地约13万公顷以上;全国亟待整治和恢复的矿区废弃地有200多万公顷。

我国正处于快速城市化、工业化的过程中,人口多、底子薄、资源相对不足,特别是长期以来经济发展采取了以大量消耗资源和粗放经营为特征的发展模式,重经济效益,轻环境效益,造成了对自然资源和生态环境的破坏,我国的自然资源基础正不断的退化、枯竭。

保护和建设生态环境,改变传统的发展模式,以较低的资源代价和环境代价换取较高的经济发展速度,进一步达到经济效益、社会效益和环境效益的统一,实现城镇乡村社会经济的持续发展,是我国发展战略的重要选择。

生态建设是根据现代生态学原理,运用符合生态规律的方法和手段进行的旨在促进生态系统健康、协调和可持续发展的行为的总称。生态建设包含的内容广泛,既包括对原有自然生态系统、半自然生态系统的保护和对遭受破坏生态系统的恢复、修复或重建，也包括新的人工生态系统的建立。

生态建设可分为以下几方面内容：

1）依靠人力，积极主动

包括林地建设、草地建设和水土保持工程建设等。例如，新中国 50 多年来，在黄土高原采取植树、造林、改梯田和筑淤地坝等工程，治理水土流失。

2）依靠自然，无为而治

认为生态系统主要需要依靠自然修复的力量，人类活动对生态系统只能起干扰破坏作用，如退牧还草工程和一些省区全面禁牧的生态恢复等，也取得了明显的自然恢复效果。

3）人与自然协调，和谐建设

既承认生物措施和工程措施的作用，也承认自然修复的力量，不能只从技术角度观察问题，改善生态必须建设林草生态经济，实现人与自然和谐。

（2）基于生态建设的建筑工程建设

建筑工程生态建设是其中重要的一个方面。基于生态建设的建筑工程建设，是根据当地的自然生态环境，运用生态学、建筑技术科学的基本原理和现代科学技术手段等，合理安排并组织建筑与其他相关因素之间的关系，使建筑和环境之间成为一个有机的结合体，同时具有良好的室内气候条件和较强的生物气候调节能力，以满足人们居住生活的环境舒适，使人、建筑与自然生态环境之间形成一个良性循环系统。

人类本身是自然系统的一部分，它与其支撑的环境休戚相关。在城市发展和建设过程中，必须优先考虑生态问题，并将其置于与经济和社会发展同等重要的地位上；同时，还要进一步高瞻远瞩，通盘考虑有限资源的合理利用问题，即今天的发展应该是"满足当前的需要又不削弱子孙后代满足其需要能力的发展"。这是 1992 年联合国环境和发展大会"里约热内卢宣言"提出的可持续发展思想的基本内涵，它是人类社会的共同选择，也是我们一切行为的准则。建筑及其建成环境在人类对自然环境的影响方面扮演着重要角色，因此，符合可持续发展原理的设计需要对资源和能源的使用效率、对健康的影响、对材料的选择等方面进行综合思考，从而使其满足可持续发展原则的要求。近几年提出的基于生态建设的建筑工程建设及生态城市的建设理论，就是以自然生态原则为依据，探索人、建筑、自然三者之间的关系，为人类塑造一个最为舒适合理且可持续发展的环境的理论。基于生态建设的建筑工程建设是 21 世纪建筑设计发展的方向。

基于生态建设的建筑工程建设涉及的面很广，是多学科、多工种的交叉，是一门综合性的系统工程。一般来讲，生态是指人与自然的关系，那么生态建筑就应该处理好人、建筑和自然三者之间的关系，它既要为人创造一个舒适的空间小环境（即健康宜人的温度、湿度、清洁的空气、好的光环境、声环境及具有长效多适的灵活开敞的空间等）；同时又要保护好周围的大环境——自然环境（即对自然界的索取要少、且对自然环境的负面影响要小）。这其中，前者主要指对自然资源的少用，包括节约土地，在能源和材料的选择上，贯彻减少使用、重复使用、循环使用以及用可再生资源替代不可生资源等原则。后者主要是减少排放和妥善处理有害废弃物（包括固体垃圾、污水、有害气体）以及减少光污染、声污染等等。对小环境的保护则体现在从建筑物的建造、使用，直至寿命终结后的全过程。以建筑设计为着眼点，基于生态建设的建筑工程建设主要表现为：利用太阳能等可再生能源，注重自然通风，自然采光与遮阴，为改善小气候采用多种绿化方式，为增强空间适应性采用大跨度轻型结构，水的循环利用，垃圾分类、处理以及充分利用建筑废弃物等。

3. 课题的提出

西安浐灞商务中心位于西安浐灞三角洲中部，是"大西安"发展规划的生态示范区探索科学的发展方向的重要项目。该项目一开始就定位为基于生态建设的建筑工程建设，施工总承包单位配合业主、设计，充分考虑功能的要求和环境的特点，建筑、结构、设备、园林、施工等工种，建筑物理、建筑材料等学科通力协作，以生态的观念、整合的观念，从整体上进行构思，以确保项目生态建设的效果。

考虑到项目所处的特殊的地理环境，进行了以热环境模拟、自然通风降温生态设计为核心的一系列生态建设技术。

5.2.2 基本原理与关键技术

1. 基于生态建设的建筑工程设计标准

基于生态建设的建筑工程建设是资源和能源得到有效利用、保护环境、亲和自然、舒适、健康、安全的建筑。在基于生态建设的建筑工程建设设计中应该遵循以下原则：

（1）基于生态建设的建筑工程建设应尊重自然、保护生态、与自然协调发展，尽可能减少人工环境对自然生态平衡的负面影响；

（2）基于生态建设的建筑工程建设要节约自然资源和能源，最大限度地提高建筑资源和能源的利用率；

（3）基于生态建设的建筑工程建设要利于人的身心健康，避免或最大限度地减少环境污染，采用耐久、可重复使用的环保型生态建材，充分利用太阳能、风能等自然清洁能源。加强绿化，改善环境；

（4）基于生态建设的建筑工程建设空间和使用功能应适应社会发展的变化，要求建筑空间具有包容性，功能具有综合性，使用具有灵活性、适应性和可扩展性；

（5）基于生态建设的建筑工程建设应具有独特的建筑技术和艺术形式表达现代生态文化的内涵和审美意识，创造自然、健康、亲切舒适、生机勃勃、丰富多彩，具有传统地方文化意韵和现代气息的建筑环境艺术。

2. 基于生态建设的建筑工程设计方法

基于生态建设的建筑工程设计应合理调节与处理各种影响区域物理因素（即声光热环境因素，包括空气温湿度、日照、风速，及噪声、采光等），使局部环境朝有利于人体热舒适方向转化，从而提高居室内外物理环境的热舒适质量，以满足适居性要求。而区域能源系统作为人类向自然环境"索取"和"回报"的重要渠道，其设计质量的好坏是评价区域是否是基于生态建设的建筑工程建设的主要标准之一。

（1）区域风环境设计

建筑物布局不合理，会导致区域局部气候恶化。高层建筑由于单体设计和群体布局不当而导致强风卷刮物体撞碎玻璃的报道屡见不鲜。然而，可能是对室外风环境的预测不够重视或缺乏有效的技术手段，当建筑师们在对建筑区域进行规划时，更为常见的做法是过多地把注意力集中在了建筑平面的功能布置、美观设计及空间利用上，而很少（或仅仅凭经验）考虑高层、高密度建筑群中气流流动情况对人的影响。事实上，良好的室外风环境，不仅意味着在冬季风速太大时不会在区域内出现人们举步维艰的情况，还应该在炎热夏季有利于室内自然通风（即避免在过多的地方形成旋涡和死角）。从这一点上来说，在规划设计中仅仅考虑对盛行风简单设置屏障的做法显然是不够的。

在实际的规划设计中，要获得良好的区域风环境有两种方法：一是利用风洞模型进行实验；二是利用计算机数值模拟。风洞模型实验的方法周期长，价格昂贵，尽管结果比较可靠，却难以直接应用于设计阶段的方案预测和分析；数值计算相当于在计算机上做实验，相比于模型实验的方法周期较短，价格低廉，同时还可以形象、直观的方式展示结果，便于非专人士通过形象的流场图和动画了解小区内气流流动情况，是在设计初期推荐使用的工具。

（2）自然通风

在建筑中，自然通风是最经济和有效的环境调节手段，而建筑物的平面布局、立面设计与三维空间布置等，都对自然通风的可应用性和效果有重要的影响。充分考虑这一影响而进行建筑设计，有效的利用自然通风解决建筑中热舒适性和空气质量问题，在不增加住户的投资的情况下，就能营造一个健康、舒适的居室环境。

自然通风的设计目前在国际上是处于比较前沿的课题，还没有归纳总结出系统的设计方法。

（3）绿化、水景设计和防止区域热岛现象

区域周围建筑的热环境不仅和气流流动有关系，同时还和区域建筑周围的辐射系统有关。受建筑密度、建筑材料、建筑布局、绿地率和水景设施等因素的影响，区域室外气温有可能出现"热岛"现象。"热岛"现象在夏季的出现，不仅会使人们高温中暑的机率变大，同时还促使光化学烟雾的形成，加重污染，并增加建筑的空调能耗。合理地建筑设计和布局，选择高效美观的绿化形式（包括屋顶绿化和墙壁垂直绿化）及水景设置，可有效地降低热岛效应，获得清新宜人的室内外环境。

由于缺乏对室外环境设计的正确理解，当前区域绿化存在三个主要问题：区域绿化模式单调；区域绿化功能单一；传统文化情趣遗失。

此类绿化不仅没有很好起到降温增湿、改善区域热环境的作用，往往还不能完全实现创造空间、美化环境、为人们缔造宜人的生活氛围的功能。特别值得指出的是，基于生态建设的建筑工程建设不等于简单地提高绿化率，如果区域绿化仅仅使用大规模绿地而不考虑与林地、水景设施以及自然通风等手段有效地结合起来，不仅不能充分发挥林地在改善室外热环境方面的巨大作用，还会把大量的金钱浪费在绿地浇灌上，可谓得不偿失。

在绿化系统设计中如何改善区域室外环境，除了避免以上误区外，还应做好两个方面的工作：一是合理选择和搭配绿化植物和水景设置，要与整个小区的热环境设计协调起来，除了给人以视觉上的美感外，还应充分发挥植物、水在降低热岛作用、改善区域微气候方面的作用。二是设计中要以人为本，如果绿化设计的最后结果是把人和绿色隔绝开来，仅仅"可以远观而谢绝入内"是不可取的。

（4）日照、遮阳与采光

太阳辐射是影响居室热环境的一个重要因素，同时也是影响住户心理感受的重要因素。遮阳问题是指由于建筑物的外形设计、特别是凸凹变化的外形而引起的建筑围护结构（墙和窗等）实际接受的太阳辐射热量减少的问题。相应的，互遮阳则是指由于建筑群布局而影响到建筑物实际接受的太阳辐射热量减少的问题。

自然采光有利于人体健康和提高工作效率。我国北方冬季对自然采光就有严格要求。在区域规划与单体设计中需仔细考虑遮挡和自遮挡对自然采光乃至建筑物的热环境的影响。尽管目前的规范对建筑的日照时间有所规定，但在实际设计中做得还不够。

比较好的方法是根据当地地理与气象条件，通过计算机模拟地球公转，根据太阳高度、建筑布局以及单体构造的相对关系来进行建筑群日照、遮阳以及自然采光分析，考察全年不同时刻互遮挡与自遮挡的状况，检验是否满足日照和遮阳的要求。

（5）外围护结构布置

主要是指外墙和外窗等围护结构的布置，体型系数这一概念并不能充分反映外围护结构对建筑物热环境的复杂影响。实际上，对于不同朝向角和倾角的外墙和外窗，由于当地主导风向的不同而造成的渗透情况的不同，外表面的对流换热系数也相差很大，接受的太阳辐射随着时间变化而千差万别，夜间背景辐射状况也不相同。

（6）噪声和污染的防止和控制

区域规划应有效地设计防噪系统，如将区域和主要交通干线相隔绝，防止主要交通干线的噪声传过来。污染控制问题也需重视，建筑物内部空气质量不好，一定是与室外空气污染有关，而通过有效的绿化、有效的组织建筑周围气流流动，可以改善室内空气品质。在设计初期，技术人员就应该深入现场进行调研和测试，检验当地的噪声或污染是否符合标准；如果不能满足要求，一定要采取相应的补救措施。如果居室噪声超标，可考虑采用错开设计的双层玻璃窗，既能有效降低噪声，又不影响自然通风的利用。

（7）建筑技术构造

1）维护结构（窗、外墙、屋顶）热工性能

在计算外墙的传热系数时应充分考虑周边热桥（建筑物由于抗震需要而在外墙周边设置混凝土圈梁和抗震性，从而形成热流密集的通道）的不利影响，尤其是非平屋顶建筑，一定要严格按照面积加权系数法算出外墙的平均传热系数，对照是否满足节能新标准的要求。

外墙面积应尽量减少，单层窗的窗墙比不宜超过 0.3；双层窗或单框双玻璃则不宜超过 0.4。

2）不同供暖空调方式下的外墙的热工性能选择

在考虑外墙的保温中，墙体热工参数的选择以及不定常的非线性墙体材料的应用，可在不同的情况下改善建筑物的传热和蓄热特性。另一方面，在现有的节能建筑设计中，一般只对墙体围护结构的保温性能进行研究，而从建筑热物理的角度讲，墙体围护结构同时起着保温和蓄热两方面的作用，特别是对于不同的供暖方式或者空调方式，它们对墙体围护结构的热特性要求也有所不同，因此需要从保温和蓄热两方面对墙体围护结构加以系统的分析。

在夏季，由于室内外环境平均温度的差别不如冬季明显，因此对墙体围护结构的保温性能的要求相对降低。另一方面，由于各种影响建筑热环境的扰量的动态变化、空调系统的间歇运行、利用昼夜电价差削峰填谷的蓄冷空调方式，或者是采用夜间通风降温方式等，都对墙体围护结构的蓄热性能提出更多的要求，因此需要从能源、环境、经济等多方面与季节统筹考虑，具体分析，以期达到最佳的效果。

3）建材选择

基于生态建设的建筑工程建设的设计选材，应遵循无害化的原则。从舒适、健康、环保的要求出发，建筑材料的选用应尽可能利用当地技术、材料，以降低建造成本；同时要使用无污染、易降解、可再生的环境材料。

（8）建筑环境控制系统

建筑环境系统指的是采暖、空调及通风系统等，共包括四个部分：冷热源设计；空气处理方式的选择；输配系统的设计；末端装置的选择。

基于生态建设的建筑工程建设设计中对建筑环控系统的选择应综合考虑能源政策、环境污染、建筑可持续发展和物业管理及市场接受程度。

1）不同采暖方式的适用性

以煤作为燃料时，首先应发展热电联产集中供热。热电联产既发电又供热，它是利用燃料的高品位热能发电后，又将其低品位热能供热的综合利用能源的技术。但是，热电联产集中供热输送距离长，管网初投资高，同时水泵输送热水的电耗也高；另外，目前用户暂无计量和调节手段，导致供暖热量浪费。

当不能使用燃煤热电联产而用燃气供热时，家用燃气炉应为首选方案。如果采用燃气锅炉集中供热，就无法避免集中供热的缺点。燃气不需要像燃煤那样考虑污染问题，没有必要在集中锅炉房燃烧天然气而再送热水。输送天然气比输送热水容易，输送成本低，户用天然气锅炉很容易实现自动管理。因此应把燃气送到用户，实行分散供热才是合理的。

如果要使用燃气集中供热，就应该使用燃气联合循环热电联产方式。联合循环是燃气首先在燃气轮机内燃烧发电，从燃气轮机排出的废气温度高约 500℃，再利用这高温废气来烧锅炉产生蒸汽再发电，用发电后的蒸汽再来供热。

用电采暖时，目前我国电力供过于求，尤其是用电负荷不平衡，尽管总的用电负荷低于供电能力，但峰时供电仍紧张，削峰填谷和发展低负荷时段的电力负荷是能源结构调整所面临的重要课题，其中措施之一就是推广电采暖。

如果在集中锅炉房用电锅炉，再由热网输送热水，则保留了集中供热的缺点，而没有发挥输电比输送水容易的优势，因此不应提倡。

在室内采用各种电暖气、电热膜等方式，尽管其热利用率为 100%，并且调节灵活，但使用高品位电能直接转换为热，是很大的能源浪费。从一次能源利用来看，电热采暖的效率仅为 30%，远低于热电联产，也低于燃煤或燃气采暖的 85%～90%。法国、瑞士等国采用部分电热采暖是由于它们丰富的水利资源，发电以水电和核电为主。我国还是以火电为主，采用电直接加热方式，实际上要比锅炉房直接供热增加 2 倍的污染物排放量。仅从环境保护的角度看，电热直接采暖的方式也不可取。

用电采暖的合理方式是采用热泵采暖或者采用蓄热供暖。蓄热供暖是利用夜间低谷期电力供热并蓄热，解决了电力负荷的峰谷差，减缓大型火电调峰的困难，从电力系统运行的综合平衡看，是合理的。使用热泵是使用电采暖的最好方式。

空气热泵是从室外空气取热，再转送到室内的空气或水中，使其温度升至采暖所要求的温度。

解决空气热泵外温低时效率下降的最好方案，就是采用深井回灌方式的水源热泵。冬季将地下水从深井抽出，经换热器降温后，再回灌到另一口深井中。换热器得到的热量经热泵提升温度后成为采暖热源。夏季则将地下水从深井中取出经换热器升温后再回灌到另一口深井中，换热器另一侧则为空调冷却水。

从 CO_x 排放量及对大气的污染程度来分析，如果电均为燃煤电厂供给的话，热电联产方式对大气污染最低而电热锅炉排放量最高，运行费也最低，因此只要条件具备，就应大力发展热电联产集中供热方式。如果用电采暖，不应提倡直接电加热，而应使用热泵或者蓄热电采暖。如果用燃气，应使用联合循环方式热电联产，或家用燃气炉采暖。

2）可再生能源的利用

建筑能耗是建筑物对自然界造成的主要间接危害之一，因此如何尽可能多地降低能耗提高效率成为基于生态建设的建筑工程建设的一个重要课题。从环保和节能的角度出发，应充分利用可再生自然能源如太阳能、天然冷热源（如地能、风能）等。

太阳能利用，太阳能在基于生态建设的建筑工程建设中的利用包括两方面：太阳热能应用系统，即太阳热水供应系统；太阳能光电（PV）系统，即将太阳能转换成电能。

然而，在基于生态建设的建筑工程建设设计中利用太阳能并非简单地安装一些太阳能电池或太阳能热水器，更多的是和建筑物本身有机的结合来综合利用太阳能。如设计被动式太阳房，使太阳能利用和建筑物的自然通风有机地结合在一起，使之成为一个优势的能源综合利用系统。另外还可考虑把太阳能和其他能源系统结合起来（互为备用）综合进行制冷和供热。

自然温差（冬夏、日夜）利用，北半球冬冷夏热，夜冷昼热，如果能够将夏天的热量转移到冬天，或者将冬天的低温转移到夏天去（日夜的情况类似），如设计夜间通风和地下通风等，就可以不花钱或少花钱解决许多问题。

地能利用和废水、废热利用，指对地下和地表可再生能源（主要指储能）的综合利用，即将地热水、地下水、地表水、土壤乃至工业废水废热、生活废水废热中的低品味冷量和热量用于建筑的空调系统中。目前比较成熟的技术是地下蓄能、深井回灌（夏季制冷、冬季供热），如使用水源热泵和地源热泵，既可节省能源，又能提高效率和住户的运行费用。

相变材料利用，利用建筑维护结构把白天的热量存起来晚上用，或者是把夜里的冷量存起来白天用，是当前比较前沿的研究课题。但是这样做所存储的能量还不够，现在比较有效的解决方法就是采用相变材料，把建筑结构和相变材料结合起来，可设计出一种低能耗建筑，并能维持建筑物的良好的热环境。

3. 基于 CFD 技术的自然通风降温生态设计

自 1992 年联合国环境与发展大会提出可持续发展的全球战略以来，建筑领域的可持续发展问题经历了从模糊到清醒的认识过程，基于生态建设的建筑工程建设已成为了当今人们倡导的主题。发展基于生态建设的建筑工程，首当其冲应该解决建筑的高能耗问题。人类面临的全球环境问题多多少少都与人类消耗能量有关，也就与建筑活动之中的能耗有关。

在节约能耗和提高室内环境质量的目标影响下，欧美建筑界都提倡少用空调多开窗的设计思想，自然通风作为被动式降温方法，其优越性越来越受到高度的重视。我国的单位建筑面积能耗与国外一些发达国家相比居高不下，其中公共建筑由于室内发热量、建筑形式等因素造成单位面积累计能耗远远高于居住建筑，其中的重要原因之一就在于即使在四季分明的地区，过渡季室内环境也需要空调设备保持舒适要求。

据调查，西安市的大型公共建筑制冷季从五一黄金周前持续到十一黄金周。因此在建筑设计中科学地进行自然通风等生态技术的优化设计，对降低公共建筑的运行能耗具有极其重要的意义。

自然环境的温度速度环境参数都是动态变化的，而空调系统维持室内温度在恒中性的热舒适环境，人体长期处于这种环境会产生"空调适应不全症"。空调系统维持的相对"低温环境"使人体皮肤汗腺和皮脂腺收缩，腺口闭塞，导致血流不畅，发展神经功能紊乱等症候群。同时由于缺乏适当自然气候刺激，人体适应能力及耐受力下降，易发生感冒、上呼吸道疾病等"空调病"。自然通风产生的室内环境正可以改善这一问题。

由于对空调建筑节能的需要，在相关的节能标准中都对空调建筑密闭性及新风量进行了严格控制，空调建筑密闭性良好，新风量以排除人体新陈代谢产生的二氧化碳为计算依据供给。对于室内的多种污染物难以得到充分的稀释和置换，空调房间室内空气品质恶化是人体产生"病态建筑综合症"的重要原因。采用自然通风的建筑，换气量及新风量充足，可以有效改善室内空气品质。

自然通风可以有效改善夏季室内热舒适性，容易保证充足的新鲜空气和良好的室内空气品质，满足人们对亲近自然的心理要求，符合健康、舒适、生态的人居环境的发展方向。

计算流体动力学（CFD）技术在近几年的建筑室内环境模拟预测领域得到了广泛应用，CFD方法具有对流场模型进行求解的特性，它可以用来全面预测建筑内各个区域的空气流动状况及温度分布，这种特性使 CFD 为预测建筑物在建造完毕以后的各种情况下的自然通风情况创造了条件，特别是对于中庭等高大建筑空间的室内热环境预测具有重要意义。通过 CFD 模拟分析，可以指导对建筑形式的设计和修改，为自然通风广泛应用于实际建筑创造了条件。

基于 CFD 技术的自然通风降温生态设计技术路线如图 5.2-1 所示。

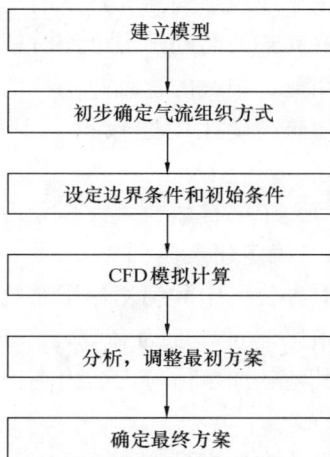

图 5.2-1　基于 CFD 技术的自然通风降温生态设计技术路线

根据不同设计工况，设定边界条件和初始条件，边界条件有围护结构材料、送风量及送风温度、回风量及回风温度、排风量等。初始条件有围护结构初始温度以及空气温湿度等。

CFD 模拟计算，通过模块计算温度场、风速场、空气龄、PMV 及 PPD 等参数，将其可视化，得出直观结论及数据。

分析是否满足热舒适和最优能耗设计要求，对气温和气压分布不均、气流组织不当、风速过高、空气龄过大、PMV 过大或过小、PPD 值过大等设计弊病得出直观的依据，并对参数进行修改调整。然后在进行 CFD 模拟计算，得出结果，再进行分析，反复修改并模拟，直到达到热舒适和最优能耗设计要求。

5.2.3 西安浐灞商务中心工程生态建设关键技术

1. 基于 CFD 技术的自然通风降温生态设计

为达到建设基于生态建设的建筑工程的目的，西安浐灞商务中心进行自然通风降温生态设计分析。西安浐灞商务中心设计为空调建筑，自然通风利用的目的在于提高自然通风换气效果，以尽量延长自然通风的时间，在过渡季和夏季室外较凉爽的季节利用室外凉爽而新鲜的空气带走室内余热，减小制冷机的开启时数，有效降低空调制冷能耗，改善室内空气品质，提供亲近自然的健康的室内生态环境。

西安浐灞商务中心初步设计方案中设有中庭和边庭建筑空间形式。中庭的空间高大，由于玻璃幕墙或天窗的应用，大量的太阳辐射热进入房间，使得在过渡季即使室外非常凉爽的条件下，中庭内也往往要使用空调设备降温才能满足基本的热舒适要求。根据对西安市类似公共建筑中庭的实际调查，未对自然通风利用进行生态化优化设计的实际建筑，制冷季一般持续到十一黄金周结束，采暖季从十月底到十一月初开始，可以看出在秋季过渡季，真正不用人工维持室内环境的时间仅有一个月的时间。中庭的建筑运行能耗非常巨大，特别是夏季累计空调能耗较其他形式的建筑高出许多。

由于建筑空间高大，室内空气温度的垂直分布梯度较大，热量通常滞留在中庭顶部，而中庭底部的活动区温度相对较低。使中庭内的热工热征表现为温室效应和烟囱效应其他房间明显。中庭的这种热工特征为利用热压通风创造了条件，边庭的热工状况具有相似之处，建筑高度比中庭减少 1/2。因此对中庭和边庭的自然通风利用主要考虑热压通风作用。

（1）中庭自然通风计算分析

1）确定建筑模型

对办公区中厅利用热压通风降温的室内环境状况进行分析计算，下面简称中厅。

中厅建筑高度为 20m，底部面积为 36m×24m，东南朝向的外墙考虑为玻璃幕墙结构，其他朝向墙体考虑为内围护结构，屋面形式尚未确定，对无天窗和有天窗两种情况进行分析。

简化中厅模型如图 5.2-2 所示。

2）分析建筑结构形式及内热源构成

建筑结构形式及内热源构成见表 5.2-1。

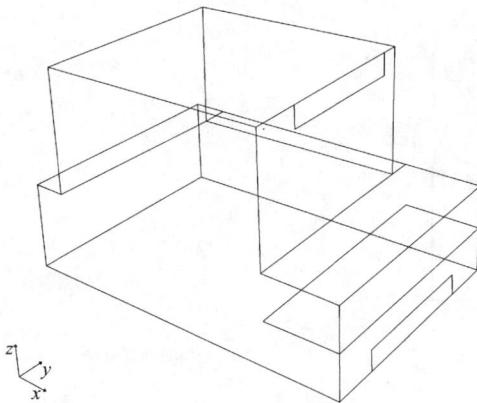

图 5.2-2 中厅简化模型

建筑结构形式及内热源构成　　　表 5.2-1

玻璃幕墙	窗墙面积比 0.8 采用真空镀膜复合中空玻璃 $K=1.4$（三层） 透过率 0.36，反射率 0.28
室内热源	灯光、人员、设备总负荷为 18kW
屋　面	无天窗屋面：采用水泥珍珠岩屋面传热系数 $0.269W/(m^2 \cdot K)$ 有天窗屋面：玻璃面积暂定为屋面总面积的 1/3 玻璃采用真空镀膜复合中空玻璃

3）不同条件下建筑室内温度动态分析

自然通风房间的室内基础室温随室外气象条件的周期性变化的影响而波动，由于室外气象条件在周期性变化的过程中存在很大程度的随机性变化，因此以典型气象年数据作为研究建筑基础室温的外部条件。在本项目的计算中采用 Dest 模拟计算软件中提供的西安市典型气象年的数据作为室外参数。

热压通风作用下自然通风房间室内外温度差是引起通风的驱动力，首先对典型气象年条件下的室内温度波动进行准稳态分析。

根据室内空气的热平衡方程：

$$总得热量＝总失热量$$

式中

总得热量包括：太阳辐射得热量、内热源得热量。

总失热量包括：通风换气失热量、通过围护结构的传热量。

可到以下方程式：

$$T(\tau) = \frac{(\sum k_i F_i + k_{glass}) t_z(\tau) + cpL t_a(\tau) + Q(\tau)}{\sum k_i F_i + k_{glass} F_{glass} + c\rho L}$$

式中　　$T(\tau)$——室内温度（℃）。

根据上述方程可得到典型气象年条件下的室内温度波动。自然通风降温的作用主要在过渡季，如前所述，根据对西安市类似公共建筑中庭的实际调查及西安市的气象条件，9 月的室外气候已经较为凉爽，这段时间的室内温度状况反映了自然通风降温的作用好坏，9 月 5 日至 10 月 5 日西安市干球温度及含湿量气候典型变化情况如图 5.2-3 所示，9 月 5 日至 10 月 5 日西安市太阳辐射典型变化情况如图 5.2-4 所示。

室外气温的峰值出现在下午 14 时至 18 时，17 时达到最大值 22.4℃，而室外太阳辐射得热峰值在下午 4 时，峰值为 788.89W/m²。

典型气象年 9 月 7 日气象条件下建筑室内温度的典型动态变化如图 5.2-5 所示。在没有天窗的情况下，换气次数在 2～5 次/h，室内温度基本都维持在 30℃以下，而开有天窗情况下，室内温度在太阳辐射影响下会有较大幅度提高。

图 5.2-6、图 5.2-7 反应了天窗设置及自然通风换气量大小对室内温度的影响，可以看出较大的通风换气量将有助于室内温度的舒适范围。而开设天窗将会使室内温度超出舒适区的比例增加，在开有天窗并且室内通风换气次数为 2 次/h 的情况下，室内温度高于

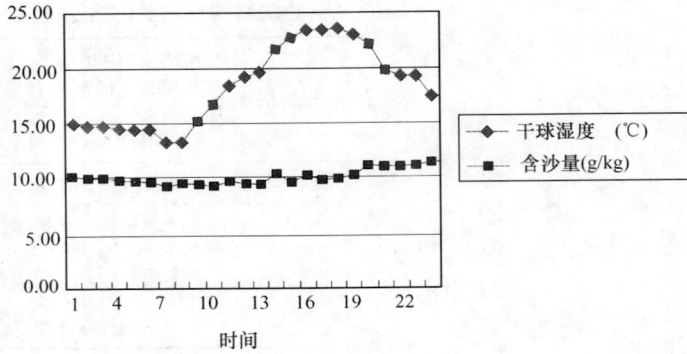

图 5.2-3　9 月 5 日至 10 月 5 日西安市干球温度及
含湿量气候典型变化情况

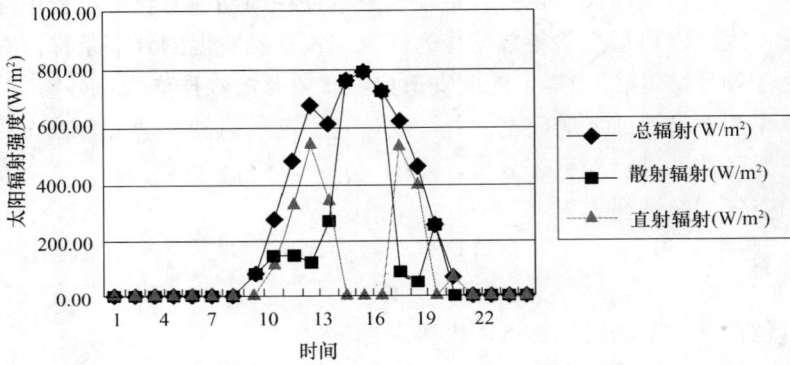

图 5.2-4　9 月 5 日至 10 月 5 日西安市太阳辐射典型变化情况

室内温度图（无天窗）

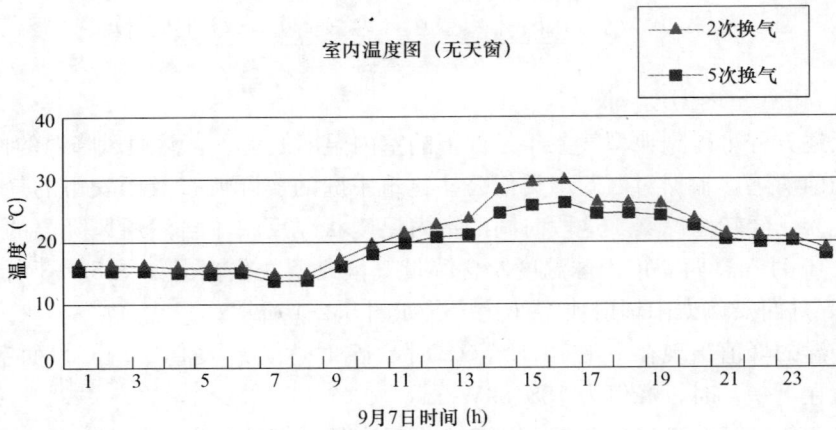

图 5.2-5　典型气象年 9 月 7 日气象条件下建筑室内温度的典型动态变化

28℃的时间接近 30％，也就是说在 9 月 5 日至 10 月 5 日将会有接近 1/3 的时间需要使用空调设备，建议不开天窗。

4）计算热压通风数据确定 CFD 模拟边界条件

根据热压通风作用机理及计算方法，如图 5.2-8 所示。

室内温度图（有天窗）

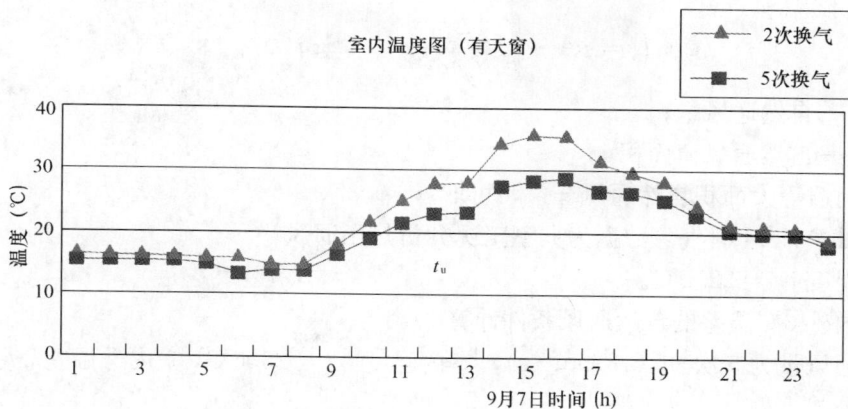

图 5.2-6 室内温度图（有天窗）

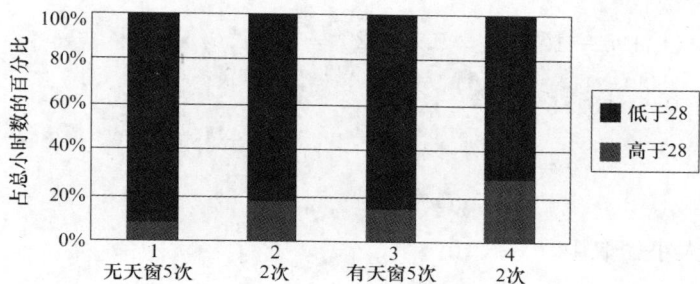

图 5.2-7 9.5-10.5 室温高于 28 度的百分数

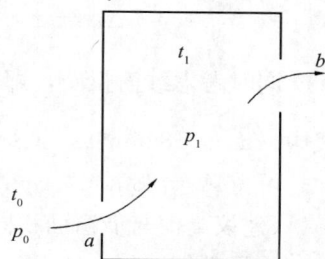

图 5.2-8 热压作用下
自然通风示意图

当建筑室内外温度 t_i 和 t_0 不同时，对应空气密度分析为 ρ_i 和 ρ_0，建筑物外围护结构如果有高度不同的开口 a 和 b，则会引起热压通风。

当开口间的高度差为 H 时，由于室内外空气密度差引起的热压计算公式为：

$$\Delta P_{\text{heat}} = gH\,(\rho_0 - \rho_i)$$

室内某一点的压力和室外同标高为受到扰动的空气压力的差值称为余压，当时 $t_0 <$ t_i，余压值在进风口处为负值，沿高度方向逐渐增大，在出风口处为正值，中间余压为 0，即室内外压力相等的高度称为中和界。

热压通风的驱动力主要受到两个因素的影响，即：

①室内外温差；

②建筑开口的相对高度。

热压的作用是由于建筑室内外存在温度差，而引起开口处的空气流动。热压的作用和开口的位置、尺寸、形状有关。

根据伯努利方程　　　　　$\Delta \rho_{\text{heat}}(y) - \dfrac{1}{2}\rho_0 v(y)^2 \xi = 0$

式中　$v(y)$——任意高度上的空气流动速度（m/s）。

可得到

$$L = \mu A \cdot \left(2 \frac{|\Delta p_{\text{heat}}|}{\rho_0}\right)^{1/2} Sgn(\Delta p_{\text{heat}})$$

式中 L——自然通风量;

A——自然通风窗面积;

对于门窗等大面积自然通风开口,可取 $\mu = 0.85$。

按 9 月 7 日 14 时气象数据为典型工况分析热压通风。

室外温度 $t_{\text{out}} = 22.5℃$。

①室内外 3℃温差的自然通风条件计算

自然通风量为 5 次/h (18.5m³/s),室内温度 $t_{\text{in}} = 25.6℃$,室内外温差 $\Delta t_5 = 3.1℃$。

根据公式

$$L = \mu A \cdot \left(2 \frac{|\Delta p_{\text{heat}}|}{\rho_0}\right)^{1/2} Sgn(\Delta p_{\text{heat}})$$

$$\Delta p = \Delta \rho g h = (1.195 - 1.183) \times 9.8 \times 20 = 2.352 p_a$$

同时考虑纱窗折减,即 $L = 0.5 \times 0.85 \times A \cdot \sqrt{\dfrac{2\Delta p}{\rho}}$

式中 $L = 18.5m³/s$ $\Delta p = 2.352Pa$ $\rho = 1.2$

可得 $A_5 = 28m²$

(建议高窗与低窗面积同样大小,取 14m×2.1m)

边界条件:14m×2.1m

进口速度:0.85m/s

内热源均匀分布在地面,地面边界条件以热流边界条件给出。

太阳辐射得热均匀分布。

②7℃温差的自然通风条件计算

自然通风量为 2.7 次/h (10m³/s),室内温度 $t_{\text{in}} = 29.6℃$,室内外温差 $\Delta t_2 = 7.1℃$。

根据公式

$$L = \mu A \cdot \left(2 \frac{|\Delta p_{\text{heat}}|}{\rho_0}\right)^{1/2} Sgn(\Delta p_{\text{heat}})$$

$$\Delta p = \Delta \rho g h = (29.6 - 22.5) \times 0.004 \times 9.8 \times 20 = 7.8 p_a$$

同时考虑纱窗折减,即

$$L = 0.5 \times 0.85 \times A \cdot \sqrt{\frac{2\Delta p}{\rho}}$$

式中 $L = 10m³/s$ $\Delta p = 7.8Pa$ $\rho = 1.2$

可得 $A_2 = 7.8m²$

(建筑高窗与低窗面积同样大小,取 6.5m×1.2m)

边界条件:6.5m×1.2m

进口速度:1.28m/s

内热源均匀分布在地面,地面边界条件以热流边界条件给出。

太阳辐射热均匀分布。

5）进行 CFD 模拟计算及数据分析

① 3℃ 温差计算模拟结构及分析

在中厅开设高低窗，高窗及低窗面积相同，有效开窗面积均为 14m×2.1m 的情况，考虑纱窗的折减，在一定气象条件下，室内平均温度与室外温度差为 3℃ 左右情况下，对中厅的 CFD 模拟分析如下：

图 5.2-9～图 5.2-11 表示中厅垂直剖面温度云图，图 5.2-12 表示水平面温度分布。

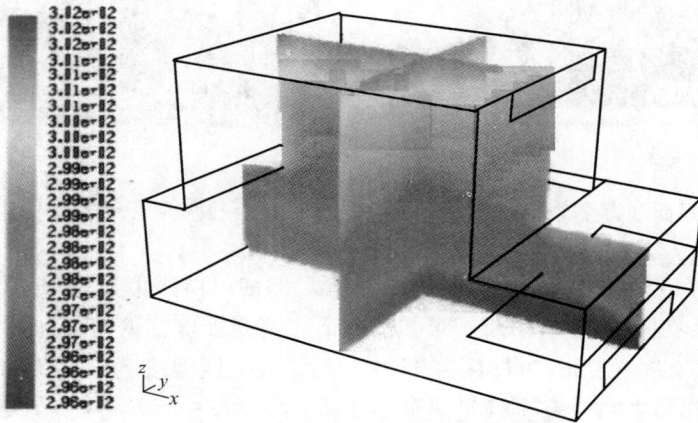

图 5.2-9　三维温度剖面图

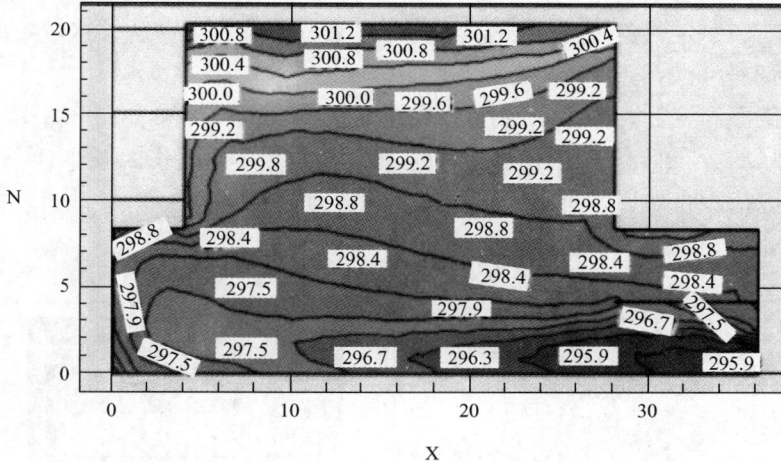

图 5.2-10　通过窗户剖面温度分布图

从图 5.2-10～图 5.2-12 中可见，温度场的分布具有较大的垂直温度梯度，在工作区范围自然通风起到很好的通风降温效果。

结合图可见从中厅下部进入的凉爽空气，由于向下浮力的作用，沿地面运动，气流在流动过程中吸收室内余热温度逐渐升高，由于热浮力的作用以及上部排风口的影响，气流缓慢向上移动，在上部通风窗排出室外。

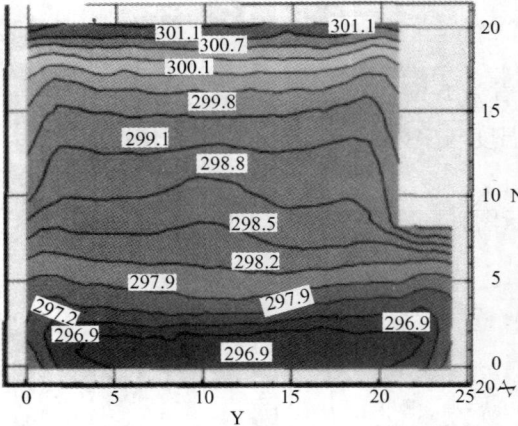

图 5.2-11 迎风面剖面温度分布图

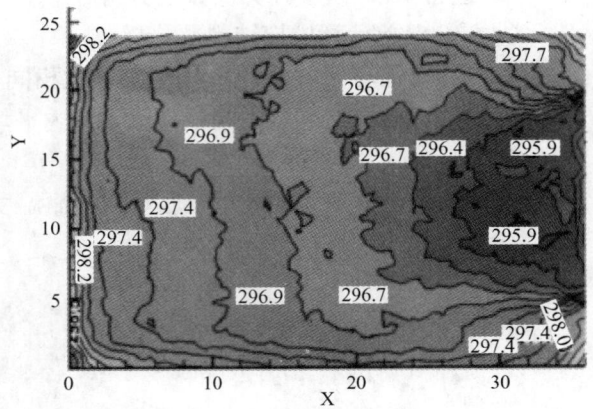

图 5.2-12 距离地面 1.7m 水平面温度分布图

通过速度分布图及温度垂直分布情况可见，自然通风以类似置换通风的方式，将室内余热置换出室外。在室外温度为 22.5℃的情况下，室内评价温度差为 3℃左右，即室内平均温度低于 26℃，在一层 2m 工作区范围内，大部分区域温度为 23～24℃，在二层休息区部分，温度为 25℃左右，完全满足热舒适要求。

② 10℃ 温差计算模拟结果及分析

在中厅开设高低窗，高窗及低窗面积相同，有效开窗面积均为 5m×1m 的情况，考虑纱窗的折减，在一定气象条件下，室内平均温度与室外温度差为 10℃左右情况下，对中厅的 CFD 模拟分析如下。

中厅垂直剖面温度如图 5.2-13 表示，通过窗户剖面温度分布如图 5.2-14 所示。从图中可见，温度场的分布具有较大的垂直温度梯度，虽然开窗面积的减少使总体通风量减少，但在工作区范围自然通风仍起到很好的通风降温效果。

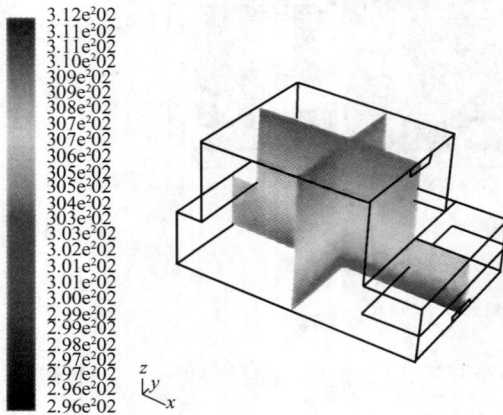

图 5.2-13 中厅垂直剖面温度

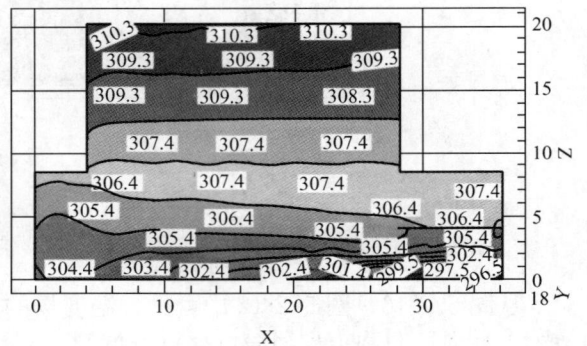

图 5.2-14 通过窗户剖面温度分布

在室外温度为 22.5℃的情况下，室内平均温度差为 10℃左右，即室内平均温度为 32℃，在一层 2m 工作区范围内，大部分区域温度为 30℃，只有非常靠近通风窗的局部区域才较凉爽，在二层休息区部分，温度为35℃左右，完全超出热舒适要求。因此得出结论，开窗面积不够。

距离地面 1.7m 平面温度分析如图5.2-15 所示。

6）给出中庭自然通风优化设计建议

为最大限度地利用风压通风，通风窗的高窗和低窗尽量增大高差，即低窗尽量靠近地面设置，高窗尽量靠近顶棚设置。

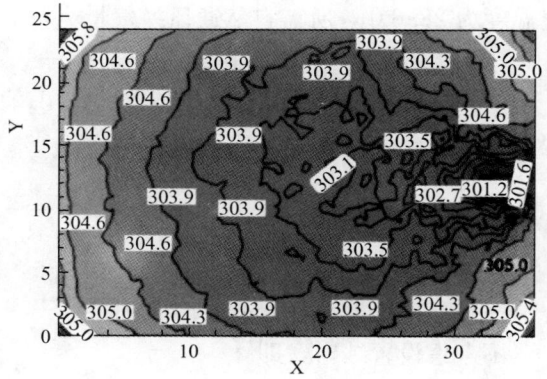

图 5.2-15　距离地面 1.7m 平面温度分析图

高窗和低窗的有效通风面积应相同，任一面积的减小都会对整体热压通风造成较大的阻力。从温度和速度分布结果看，低窗尽量在水平方向均匀布置，以便在工作区形成较为均匀的温度和速度场，避免出现死角。

建议开窗形式为细条形窗，在计算过程中，开窗面积采用的是实际有效通风面积，以考虑纱窗遮挡作用，建议采用平开窗或中悬窗，以获得较大的通风面积，尽量不采用对开式推拉窗。

建议在二楼休息厅也设通风窗，一层开窗面积适当减小，使室内温度分布更加均匀，以满足人体舒适要求。

（2）与中庭相接的办公房间自然通风计算分析

1）确定建筑模型

与中庭相接的办公房间建筑模型如图 5.2-16 所示。

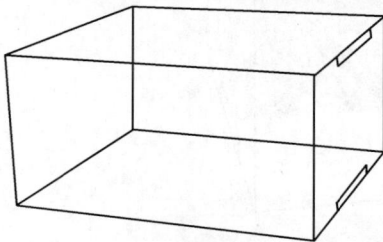

图 5.2-16　与中庭相接的
办公房间建筑模型

2）分析建筑结构形式及内热源构成

建筑结构形式及内热源构成见表 5.2-2。

建筑结构形式及内热源构成　　表 5.2-2

室内热源	灯光 10W/m²，设备 10W/m²，人员 0.05 人/m² 总发热量 $Q=1411.2W$
屋　面	采用水泥珍珠岩屋面　传热系数 0.269W/（m²·K）

3）不同条件下建筑室内温度分析

欲使周边办公房间通过向中厅开窗，进行自然通风以排除办公室余热，则首先要求中庭具有较大换气次数的自然通风量，保持较为舒适的温度，因此对办公室自然通风分析时，中厅计算条件定为：自然通风量 6.5 次/h（0.4m³/s），室内温度 $t_{in}=25.6℃$。

通过对中厅的 CFD 模拟计算已知，在中厅热浮升力作用下，中厅的垂直温度梯度较大，因此，对于中厅周边顶层的办公室，利用向中厅的开窗并没有意义，甚至在有些情况下还会起到相反的负面影响。

4）计算热压通风数据 确定 CFD 模拟边界条件

按中厅温度为评价值 25.6℃ 计，欲使办公室保持在舒适范围上限，则要求保持办公室温度为 28.6℃，所需自然通风换气量为：

$$Q = c_p \rho L \Delta t$$
$$L = 0.344 \text{m}^3/\text{s}$$

根据公式

$$L = \mu A \cdot \left[2 \frac{|\Delta p_{heat}|}{\rho_0} \right]^{1/2} Sgn(\Delta p_{heat})$$

$$\Delta p = \Delta \rho g h = (28.6 - 25.6) \times 0.004 \times 9.8 \times 4 = 0.15 \text{Pa},$$

进口速度边界条件　$u = 0.42\text{m/s}$

不考虑设置纱窗，即

$$L = 0.85 \times A \sqrt{\frac{2\Delta p}{\rho}}$$

式中　$L = 0.344\text{m}^3/\text{s}$，$\Delta p = 0.15\text{Pa}$，$\rho = 1.2$

可得 $A_5 = 0.8\text{m}^2$（建筑高窗与低窗面积同样大小，取 $3.2\text{m} \times 0.25\text{m}$）

5）进行 CFD 模拟计算及数据分析

三维温度剖面如图 5.2-17 所示。通过窗户剖面温度分布如图 5.2-18 所示，不通过窗户剖面温度分布如图 5.2-19 所示，通过窗户剖面速度云图如图 5.2-20 所示，不通过窗户剖面速度云图如图 5.2-21 所示。

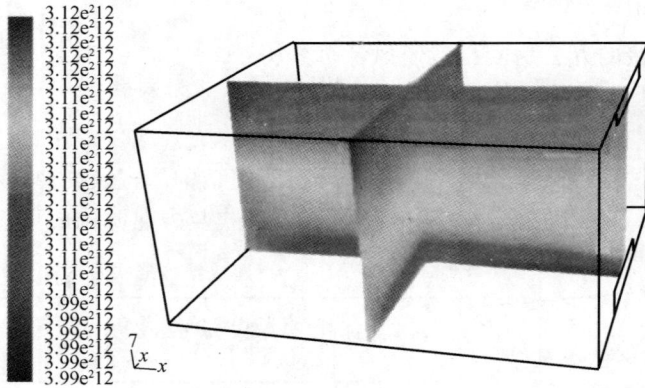

图 5.2-17　三维温度剖面图

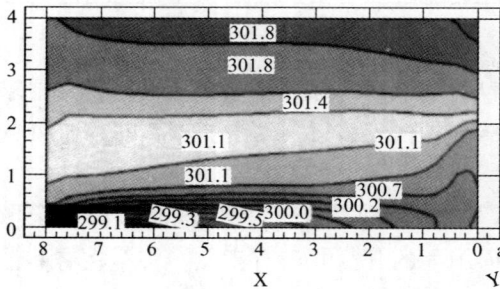

图 5.2-18　通过窗户剖面温度分布图　　　图 5.2-19　不通过窗户剖面温度分布

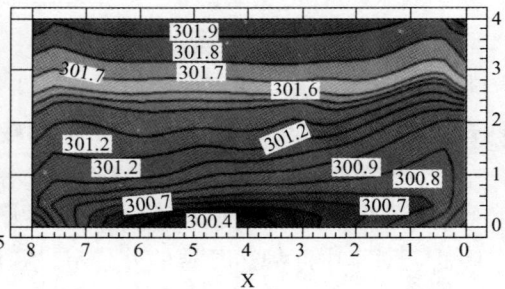

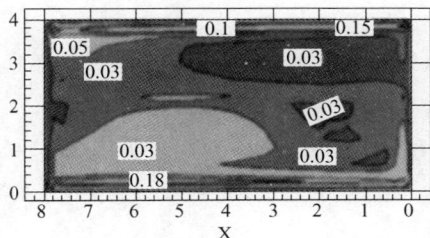

图 5.2-20 通过窗户剖面速度云图

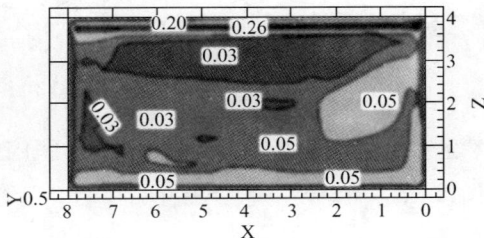

图 5.2-21 不通过窗户剖面速度云图

6）给出中庭周边办公室自然通风优化设计建议

对于标高在 6m 以下的办公室，如果保证中厅的自然通风换气量较大（6.5 次/h），中厅底部温度可以保持在 24℃ 左右。由于通过开口送入的空气温度在 24℃ 左右，能保证办公室内温度维持在 27℃ 左右，具有较好的通风降温效果。对于上部办公室。如果开口位于中庭侧，由于中庭温度分层，此时中厅该平面处温度已达到 27℃，可见这时候利用中庭对办公室进行通风降温是不可行的，在顶部办公室还有可能起到副作用。总体来说，只有在中厅换气量较大的情况下，一、二层办公室才有可能利用中厅通风降温。

（3）边庭自然通风计算分析

1）确定建筑模型

边庭建筑模型如图 5.2-22 所示。

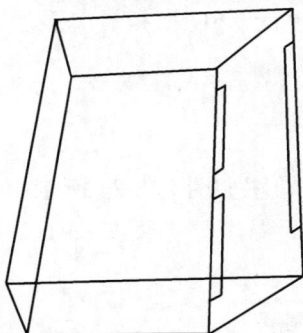

图 5.2-22 边厅简化模型

2）分析建筑结构形式及内热源构成

建筑结构形式及内热源构成见表 5.2-3。

建筑结构形式及内热源构成 表 5.2-3

室内热源	灯光 10W/m²，设备 10W/m²，人员 0.05 人/m² 总发热量 $Q = 12860W$
屋　面	采用水泥珍珠岩屋面，传热系数 0.269W/(m² · K)

3）计算热压通风量及确定模拟边界条件

① 6℃ 温差的自然通风条件计算

自然通风量为 5 次/h（7.67m³/s），室内温度 $t_{in} = 28.8℃$，室内外温差 $\Delta t_2 = 6.3℃$。

根据公式

$$L = \mu A \cdot \left(2 \frac{|\Delta p_{heat}|}{\rho_0} \right)^{1/2} Sgn(\Delta p_{heat})$$

$$\Delta p = \Delta \rho g h = (28.6 - 22.5) \times 0.004 \times 9.8 \times 4 = 1.98Pa$$

同时考虑纱窗折减，即

$$L = 0.5 \times 0.85 \times A \sqrt{\frac{2\Delta p}{\rho}}$$

式中　$L = 7.67m³/s$，$\Delta p = 1.98Pa$，$\rho = 1.2$

可得 $A_2 = 8.91m²$

（建筑高窗与低窗面积同样大小，取 1m×9m）

开 3 个 1m×3m 通风窗。

② 3℃ 温差的自然通风条件计算

自然通风量为 10 次/h（15.3m³/s），室内温度 $t_{in}=26.1℃$，室内外温差 $\Delta t_2=3.6℃$。

根据公式

$$L = \mu A \cdot \left(2\frac{|\Delta p_{heat}|}{\rho_0}\right)^{1/2} Sgn(\Delta p_{heat})$$

$$\Delta p = \Delta\rho gh = (26.1-22.5)\times 0.004\times 9.8\times 8 = 1.13\text{Pa}$$

同时考虑纱窗折减，即

$$L = 0.5\times 0.85\times A\sqrt{\frac{2\Delta p}{\rho}}$$

式中 $L=15.3\text{m}^3/\text{s}$，$\Delta p=1.98\text{Pa}$，$\rho=1.2$

可得 $A_2=28.8\text{m}^2$

（建筑高窗与低窗面积同样大小，取 1.2m×24m）

开 2 个尺寸为 1.2m×12m 通风窗。

4）进行 CFD 模拟计算及数据分析

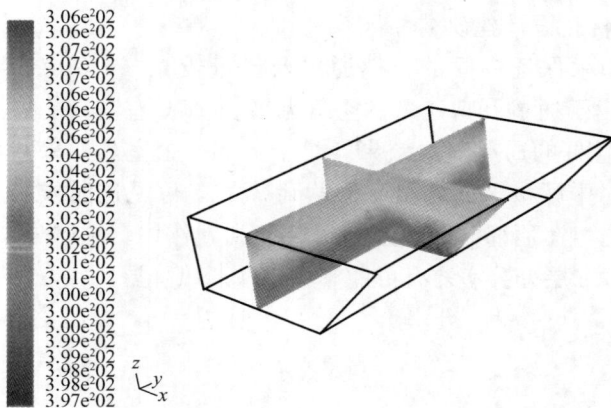

图 5.2-23　温度三维剖面云图

① 6℃ 温差计算模拟结果及分析

进行 CFD 模拟计算并分析数据。

温度三维剖面云图如图 5.2-23 所示，通过窗户剖面温度分布图如图 5.2-24 所示，平行窗户剖面温度分布图如图 5.2-25 所示，距地面 1.7m 水平面温度分布图如图 5.2-26 所示。

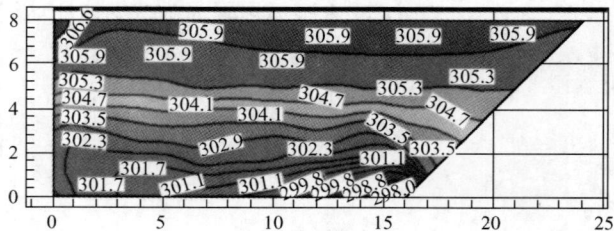

图 5.2-24　通过窗户剖面温度分布图

由模拟计算结果可以看出，在开口面积仅为 9m² 情况下，室内外温差为 6.3℃。中庭内温度在高度方向分层相当明显，且垂直温度达到 7℃，距离地面 1.7m 处的温度大部分高于 29℃，可见此时利用自然通风对边庭进行降温达不到预期效果。建议增加通风窗户开口面积。

② 3℃ 温差计算模拟结果及分析

进行 CFD 模拟计算并分析数据。

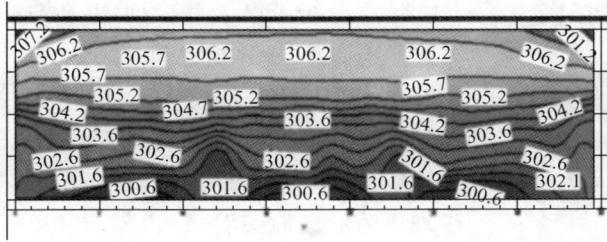

图 5.2-25 平行窗户剖面温度分布图

温度三维剖面云图如图 5.2-27 所示，通过窗户剖面温度分布图如图 5.2-28 所示，平行窗户剖面温度分布图如图 5.2-29 所示，距地面 1.7m 水平面温度分布图如图 5.2-30 所示。

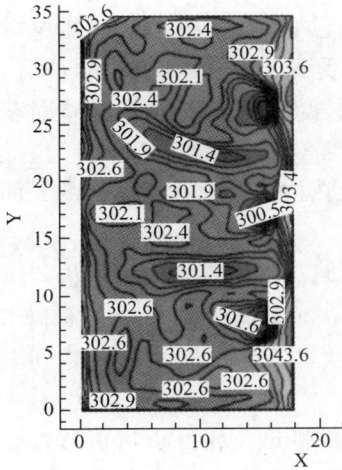

图 5.2-26 距地面 1.7m 水平面温度分布图

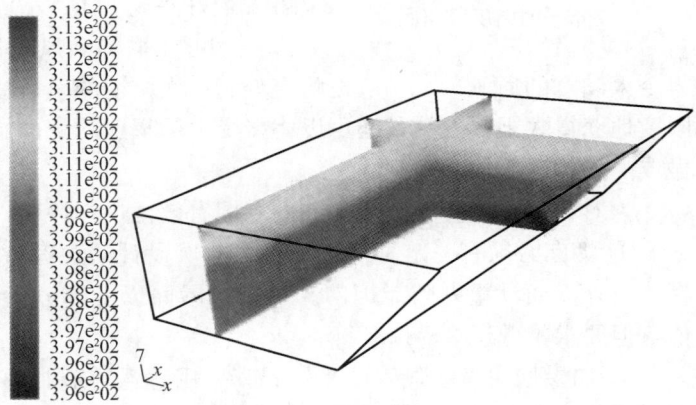

图 5.2-27 温度三维剖面云图

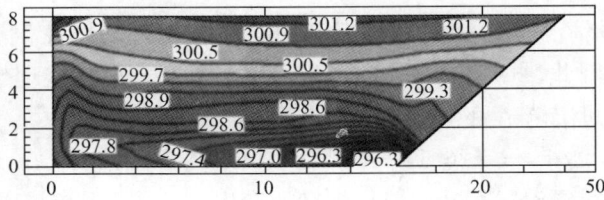

图 5.2-28 通过窗户剖面温度分布图

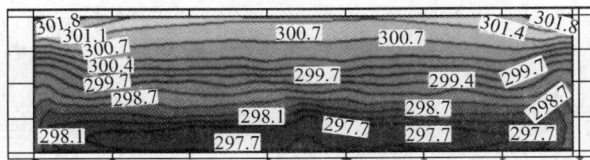

图 5.2-29 平行窗户剖面温度分布图

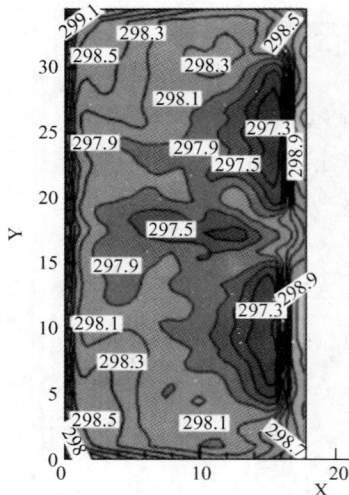

图 5.2-30 距地面 1.7m
水平面温度分布图

结果分析，增大开口面积（高低窗均为 28.8m² 时，实际开窗面积占外窗总面积 15％），室内平均温度降至 26℃，在同一室外温度下，室内外温差为 3.6℃。垂直温差较小，同一高度平面上的温度梯度不大，温度分布更均匀。1.7m 水平面上的温度在 26℃ 以下，低于 29℃，达到人体舒适性要求。

5）边庭设太阳能烟囱的可行性分析

由于边庭的外窗为倾斜状，如果通过开设高低窗进行自然通风，则高处的窗户的开启及管理上有较多困难，即使通过电动设备控制，则维修也较为困难。因此，在设计中考虑将高窗改设太阳能烟囱。

在优秀的基于生态建设的建筑工程建设案例中，利用通风塔进行通风是常用的通风降温手段。利用通风塔降温最好将通风塔设在能够受到大量太阳辐射的位置，以便尽可能增加通风塔内的温度，增大室内外温差而获得令人满意的通风量。一般也将充分利用太阳能的风塔或风道称为太阳能烟囱，为了最大限度地获得太阳辐射热，还可以将接受太阳辐射的一面做成吸热构造，而靠近建筑的一面做成隔热构造。

为对在边庭设置太阳能烟囱的利用有效性进行评估，针对具体问题进行以下分析：

① 烟囱必须有一定高度，由于在此次设计的边庭中，外立面为向内倾斜状，不利于在建筑外立面设置太阳能烟囱。只能在屋面以上部分设置。这样就使烟囱的高度受到限值，但要求不低于 2～3m。

② 如果烟囱高度限值在 2～3m，采用普通玻璃材料通风量较小，如设集热板装置会增大通风量。集热板一般有玻璃和吸热板构成，以尽量提高烟囱内温度，增大通风量；为使达到吸热面和太阳辐射热较大，最佳的吸热面应朝向太阳辐射光方向，且角度与水平面呈 60°夹角。

③ 烟囱高度较低情况下，气流通过烟囱的时间较短，即使在设置集热板的情况下，空气换热时间较短，因此，烟囱内平均空气温度不会太高，以比较理想的情况计算，烟囱内外温差在 10℃时，烟囱产生的热压：

$$\Delta p = \Delta \rho g h = (26.1 - 22.5) \times 0.004 \times 9.8 \times 8 = 1.13 \text{Pa}$$

由于烟囱出口处需要设置百叶，单靠烟囱所产生的有限热压差几乎消耗在克服百叶风口的阻力上。

④ 在上述情况下，要求烟囱进出口必须具有较大的面积；依据开设高低窗的开窗情况，每个边庭设烟囱 5 个，每个烟囱尺寸为 1.5m×1.5m，总烟囱进口面积 11.25m²，总烟囱出口面积 7.5m²，出风面设在烟囱侧面。

建筑模型如图 5.2-31 所示，边庭烟囱建筑示意图如图 5.2-32 所示。

对上述情况进行 CFD 计算，断面计算结果如下：

通风换气量：5.4m³/s；

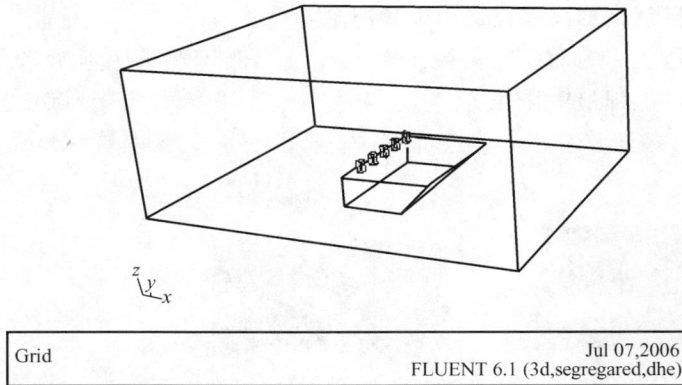

Grid   Jul 07,2006
FLUENT 6.1 (3d,segregared,dhe)

图 5.2-31 建筑模型

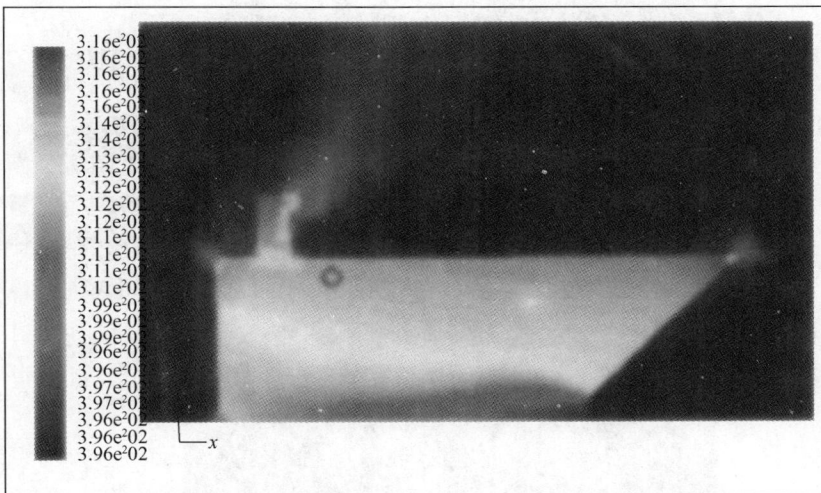

图 5.2-32 边庭烟囱建筑示意图

工作区温度：27℃左右。

上述情况室内温度满足热舒适要求，但烟囱数量较多，需要和建筑外形设计协调，因此在实际方案中实现有一定困难。

边庭通风优化设计小结：

1）在开设高低窗的条件下，要求具有较大的开窗面积，但在开窗面积保证的情况下自然通风效果比较好。

2）从分析情况看，由于各方面限制条件，采用太阳能烟囱的作用非常有限。

3）建议上层边庭的屋面做少许变化，使其具备设置高窗的条件，而避免在倾斜的玻璃幕墙开窗，以便维护管理。

4）下层边庭可设置排风烟囱，但若要获得较好的排风效果，建议采用联合排风方式（Hybrid Ventilation），在太阳能烟囱上设置机械排风装置，以保证排风量并最大限度减小风机能耗。

2. 有机结合自然地形高差，剖面设计理念

建筑用地三分之一的面积是植被茂密的深坑，低于建筑用地十米左右。本着生态、集约建设的理念，工程最大限度地性地利用了－5.000m、±0.000m、＋4.200m 标高层设计建筑布局（图 5.2-33）。融合了室内空间及室外环境，最大限度减少对土体的破坏。

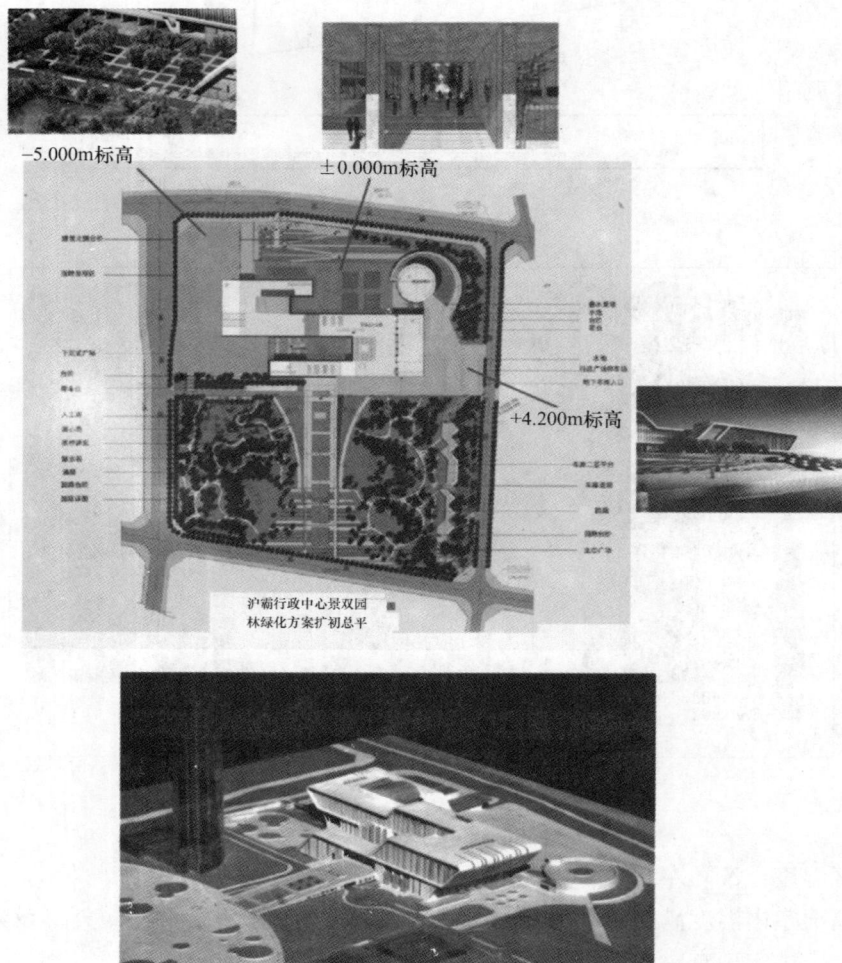

图 5.2-33　集约生态，自然利用地形示意图

利用场地深坑，－5.000m 标高层设置下沉广场景观，使其成为建筑室内外空间的有机组成部分，另一部分－5.000m 标高层开发地下空间布置地下汽车库与集中设备用房，减少噪声，减少对地面场地的污染，且利用地下空间削弱地面建筑物大体量，降低投资。

±0.000m 标高层与周边环境延展结合，为组织办公功能的主要标高层。

＋4.200m 标高面向灞河作为公众的活动广场，广场向南延伸段穿过建筑，增加了建筑与周围环境的整体性和协调感。同时，建筑不仅满足了政府办公需要，外部广场和景观

也成为公众娱乐和休憩的场所，营造了亲和的政府形象。

3. 种植屋面的设计与施工

种植屋面是生态建设中重要的一个方面，可以节约能源、延长防水卷材的使用年限、改善隔声及防火功能，还可以保持城市降水、清洁空气、创造昆虫栖息地、减少热岛效应等。西安浐灞商务中心工程餐厅、厨房采用了种植屋面（图 5.2-34）。

(1) 种植屋面做法

1) 300 厚种植土；

2) 聚酯无纺布（120g/m² ）滤水层四周上翻 100mm，端部用水泥聚合物，防水涂料与墙面粘结 50 高通长；

图 5.2-34　种植屋面

3) 80 厚粒径 15～20mm 陶粒排水层；

4) 40 厚 C20 细石混凝土配 φ6 双向钢筋中距 150mm，分格不大于 6m，缝宽 20mm，内嵌聚氨酯密封膏；

5) 隔离层干铺 200 号沥青卷材；

6) 防水卷材二道（SBS 改性沥青防水卷材）；

7) 25 厚 1∶3 水泥砂浆找平面，抹平收水后二次压光，充分养护；

8) 150 厚憎水膨胀珍珠岩板；

9) 1∶6 水泥陶粒找坡最薄处 30 厚，坡度 2%，振捣密实，表面抹光；

10) 钢筋混凝土屋面板。

(2) 施工工艺

1) 基层处理

施工前将屋面结构层起皮的浮浆铲除并清理干净表面杂物，对屋面结构层进行湿水，但不允许有积水现象。

2) 找坡层施工

基面处理完毕后，根据屋面平面图上的排水分区、排水坡度线、水落口位置确定找坡层的厚度。用砂浆做灰饼控制高度。然后铺设 1∶6 水泥陶粒找坡层，最薄处 30 厚。陶粒提前三小时预先湿润，水泥陶粒按体积比拌和均匀，要求振捣密实。

3) 保温层施工

陶粒找坡层施工验收后，干铺 150mm 厚憎水膨胀珍珠岩板，铺设时紧靠找坡层表面，铺平、垫稳、拼缝严密，相邻两块保温板接缝相互错开，接缝处企口搭接。

4) 找平层施工

本找平层为 25 厚 1∶3 水泥砂浆，砂浆铺设按由远到近、由高到低的程序进行，每分格内一次连续铺成。完工后进行拉毛，铺设粘结层 12h 后，洒水养护，养护期 7d。

5) SBS 防水卷材施工

铺贴卷材，采用热熔法进行粘贴。卷材接缝的搭接宽度 80mm，在接缝部位每隔 1m

左右，涂少许胶粘剂，待其基本干燥后，再将搭接部位卷材翻开临时粘结固定，将卷材接缝用专用胶粘剂用油漆刷均匀涂刷在接缝的两个粘结面上，待胶粘剂干燥 30min 左右用手一边压合一边清除空气，粘合后再用手持压辊顺序滚压一遍。卷材接缝边缘和末端收头部位密封处理。

6）隔离层施工

SBS 卷材防水施工完毕后，在其上干铺 200 号沥青卷材做隔离层。

7）40mm 厚 C20 细石混凝土施工

在 200 号沥青卷材上采用 40mm 厚 C20 细石混凝土，配网筋 $\phi 6$ 双向钢筋中距 150，6m×6m 分缝，缝宽 20mm，内嵌聚氨酯密封膏，混凝土表面拉毛。

8）陶粒排水层施工

细石混凝土层充分养护后，在其上铺设 80 厚粒径为 15～20mm 的陶粒排水层。

9）聚酯无纺布施工

排水层施工完毕，做聚酯无纺布施工，聚酯无纺布（120g/m²）滤水层四周上翻100mm，端部用水泥聚合物防水涂料与墙面粘结 50mm 高通长。

10）铺种植土

最上一层铺 250 厚种植土，要求种植土颗粒均匀，粒径≤2cm。

4. 大厅通风技术

室内运用中庭、局部通风的处理方法，创造了戏剧性的趣味空间，同时营造出通风、采光、节能的人工微气候。开敞、灵活的内部空间体现了流动的特性。

建筑物南北向布置，迎向夏季主导风向，降低空调能耗；争取更多自然采光，不小于30％的外窗总面积开启部分，争取更多自然通风，窗、墙、屋顶依据《公共建筑节能设计标准》采取保温隔热措施，降低能耗（图 5.2-35）。

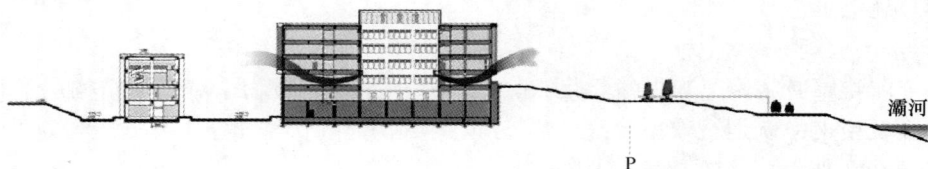

图 5.2-35 自然通风示意图

5. 室内种植设计与施工技术

本着生态的理念，西安浐灞商务中心工程西侧悬挑结构、东侧悬挑结构、企业中庭室内设置种植池，种植池从上到下依次为：

250 厚种植土；

滤水层；

80 厚粒径 15～20mm 陶粒；

40 厚 C20 细石混凝土；

SBS 改性沥青卷材防水层。

示意如图 5.2-36、图 5.2-37 所示。

图 5.2-36 西侧、东侧悬挑结构室内种植

6. 地源热泵的设计与施工技术

地源热泵是一种利用地下浅层（通常深度小于 400m）地热资源，既能供热又能制冷的高效节能环保型空调系统。地源热泵通过输入少量的高品位能源（电能），即可实现能量从低温热源向高温热源的转移。在冬季，把土壤中的热量"取"出来，提高温度后供给室内用于采暖；在夏季，把室内的热量"取"出来释放到土壤中去，并且常年能保证地下温度的均衡。

图 5.2-37 企业中庭室内种植

地源热泵属于可再生能源利用技术，地表浅层好像一个巨大的太阳能集热器，收集了 47% 的太阳能，比人类每年利用能量的 500 倍还多。这种近乎无限、不受地域、资源限制的低焓热能，是人类可以利用的清洁可再生能源。地能不像太阳能受气候的影响，也不像深层地热受资源和地质结构的限制。

地源热泵技术高效节能、运行费用低，由于地源温度全年相对稳定，冬季比环境空气温度高，夏季比环境空气温度低，是很好的热泵热源和空调冷源，这种温度特性使得地源热泵比传统空调系统运行效率要高 40%，因此要节能和节省运行费用 40% 左右。

地源热泵技术环境效益显著，既不破坏地下水资源，又无任何污染，没有燃烧，没有排烟，也没有废弃物，不需要堆放燃料废物的场地，且不用远距离输送热量。

西安浐灞商务中心工程地层均以中粗砂、砾石、乱石等组成，根据地层结构的状况，采用了适合的 QJ-25 型冲击钻机进行钻井施工。钻进过程中，采用泥浆护壁，开孔直径为 650mm。进行物探电测，根据电测结果分析每个井的透水性，然后进行井壁管的排列与组合，确定滤水管的位置和实管的位置。下井壁管前进行顺孔施工，顺孔后进行井孔的刷壁。

管井施工，依据地层的划分，进行井壁管的排列组合，滤水管结构采用钻眼缠丝包尼龙网、垫筋，内包 2 层 60 目尼龙网，外缠镀锌铁丝，缠丝距 0.75～1.0mm，骨架孔隙率 23% 左右。目数为 60 目，沉淀管均为 7m 长，下管前采用洗孔器进行顺孔，顺孔通畅。

井壁管安装好后，即用清水换泥浆，然后在井壁管外环状间隙内投入筛选干净的陕西泾河产粒径为 3～5mm 砾石，填砾厚度均为 16.25mm。

止水封井，在井管壁外环状间隙内用优质黄泥球止水，黄泥球直径为 3cm 左右，人工均匀投入止水位置，投入厚度为 10m，投入宽度为 16.25cm。

7. 广场透水地砖的应用与施工

西安浐灞商务中心工程东部停车场采用生态透水砖系列－瓷质透水地砖，总面积约 2500m² （图 5.2-38）。透水地砖具有好的透水性、保水性，行走安全，降噪声，高耐磨高强度耐风化，施工便捷。

图 5.2-38　广场透水地砖的应用

透水性，瓷质透水砖透水速率为 20（mm/s）以上，能有效承担特大暴雨的袭击，也可用于各类喷泉周边铺装降低给排水设施的投资。

保水性，瓷质透水砖具有很高的保水特性，孔隙率达到 25%，保水量通常状态下约为 12L/m²。下雨时它大量吸收并保存水分，在太阳的照射下可以慢慢蒸发，以达到降低地面温度功能。

行走安全，瓷质透水砖具有超强防滑性，即使在下雨时其防滑值在 60BPN 以上，同时本产品的辐射性很低，符合国家绿色建材标准。人们走在上面更加安全，也不容易感到疲劳。

降噪音，瓷质透水砖可以大量吸收噪声，是理想的吸声材料，这是其他同类产品所不能比拟的。

高耐磨、高强度、耐风化，瓷质透水砖经特殊工艺加工，其抗压强度高，适合停车场、交通车道的使用，其耐寒性也达到国家标准，寒冷地区产品品质也不会改变。除此之外，瓷质透水砖还具有耐风化性，遇到强酸或强碱，品质也不会改变。

施工便捷，瓷质透水砖施工采用柔性铺装法，平整基础，压实，然后铺实，铺砂刮平再铺砖，最后填缝即可，其施工方便，快捷、成本低。

其施工工艺为：找标高→弹铺砖控制线→铺砖→勾缝、擦缝→养护。

8. 节能玻璃的应用与施工

西安浐灞商务中心工程采光窗采用中空 Low-E 玻璃，断热铝型材。外表形成双层表皮构造体系（玻璃幕墙包裹全身，外附金属竖向构件），夏季、冬季发挥中空 low-E 玻璃的保温特性；竖向构件在满足遮阳的同时，并形成丰富的光影效果（图 5.2-39）。

Low-E 玻璃又称低辐射玻璃，其镀膜层具有对可见光高透过及对中远红外线高反射的特性，使其与普通玻璃及传统的建筑用镀膜玻璃相比，在保温、环保和透光性能上具有显著优势。

图 5.2-39 节能玻璃的应用

外门窗玻璃的热损失占建筑物能耗的 50％ 以上。玻璃内表面的传热以辐射为主，占 58％，最有效的方法是抑制其内表面的辐射。普通浮法玻璃的辐射率高达 0.84，当镀上一层以银为基础的低辐射薄膜后，其辐射率可降至 0.1 以下。因此，用 Low-E 玻璃制造建筑物门窗，可大大降低因辐射而造成的室内热能向室外的传递，达到理想的节能效果。

室内热量损失的降低所带来的另一个显著效益是环保。Low-E 玻璃还可以减少因建筑物采暖所造成的 CO_2、SO_2 等有害气体的排放。Low-E 玻璃对太阳光中可见光有高的透射比，可达 80％ 以上，而反射比则很低。外观更透明、清晰，既保证了建筑物良好的采光，又避免了以往大面积玻璃幕墙、中空玻璃门窗光反射所造成的光污染。

（1）施工工艺流程

主体结构施工中按设计预留预埋连接件→现场测量→按测量结果校验设计图纸→按图纸制作模型样板，制作标准样件以备检测→制作框架元件，校验出厂→安装框架验收→安装玻璃板块→填充泡沫棒并注耐候密封胶→清洁整理→检查验收

（2）施工方法

1）施工测量，建立施工控制网，布设三级控制网点；用激光测距仪确定每层水平线，用激光铅垂仪测定幕墙竖龙骨轴线；

2）钢连接件连接，幕墙与主体结构连接的钢结构采用三维可调连接件；

3）框架元件组合，型材螺栓孔和工艺孔全部按样板加工，框架组合在装配夹具中进行；

4）玻璃粘接，玻璃粘接前将表面尘土和污物用洗涤剂（二甲苯或丁酮）擦干净，玻璃面朝上，玻璃四周与构件底部用垫块垫起，并保持一定空隙，然后用胶粘接牢固；

5）防静电、防火处理，采用镀锌钢板，堵塞防火保温材料，并用密封胶封闭进行防火处理。在框架元件安装时候，每两个楼层用 $\phi 8$ 钢筋连接形成均压环，同时均匀环又相互连接，最后与主体避雷接地线连接；

6）清洗、保护、保养

施工过程中对构件或玻璃造成污染的粘附物随时清理干净。工程竣工前进行全面清洗一次。建筑幕墙在正常使用时，除正常的定期或不定期检查和维修外，还每隔五年进行一次全面检查。隔 30 年，整个幕墙重新进行一次三性试验。

9. 实施效果与技术创新

工程应用CFD技术对西安浐灞商务中心中厅、与中厅相接的办公房间、边厅自然通

风进行计算分析，分析不同条件下建筑室内温度动态，分别给出了自然通风优化设计建议，指导建设过程，很好地达到了建设基于生态建设的建筑工程的目的。本着生态、集约建设的理念，工程最大限度地利用了自然地形高差设计技术，取得良好生态建设效果。

应用 CFD 技术对西安浐灞商务中心中厅、与中厅相接的办公房间、边厅自然通风进行计算分析，分析不同条件下建筑室内温度动态，分室内外 3℃温差、6/7/10℃温差计算热压通风数据，进行 CFD 模拟计算，分别给出了自然通风优化设计建议，指导建设过程，很好地达到了建设基于生态建设的建筑工程的目的。为在类似地区进行基于生态建设的建筑工程建设提供有利的理论及实践指导。

本着生态、集约建设的理念，工程创造性地利用了 −5.000m，±0.000m，+4.200m标高层设计建筑布局。利用场地深坑，设置下沉广场景观，使其成为建筑室内外空间的有机组成部分，另一部分开发地下空间布置地下汽车库与集中设备用房，减少噪声，减少对地面场地的污染，且利用地下空间削弱地面建筑物大体量，降低投资。+4.200m 标高面向灞河作为公众的活动广场，广场向南延伸段穿过建筑，增加了建筑与周围环境的整体性和协调感。为在类似地形进行基于生态建设的建筑工程建设提供有利的理论及实践指导。

参 考 文 献

1　全国生态示范区建设规划纲要（1996～2050 年）. 国家环境保护局，环然（95）444 号
2　休·罗芙著，粟德祥等译. 生态建筑设计指南. 北京：中国林业出版社，2008

5.3　绿色建筑施工综合技术

5.3.1　问题的提出

1. 研究背景

地球为人类提供了赖以生存的自然环境和物质基础，让人类世世代代在这块土地上繁衍生息。人类本身是自然系统的一部分，它与其支撑的环境息息相关。然而随着社会的发展与科技的进步，自然资源正被大量无节制地开发利用，这不仅造成了资源的浪费和滥用，同时也引起了全球性的环境污染问题，严重影响人类社会的发展和生存。所以在当今城市发展和建设过程中，我们必须重视生态环境问题，并将其置于与经济和社会同等重要的地位上；同时，更要通盘考虑有限资源的合理利用问题。这就是 1992 年联合国环境和发展大会"里约热内卢宣言"提出的"可持续发展"（Sustainable Development）思想的基本内涵。要改变以牺牲环境为代价，掠夺性的，甚至是破坏性的发展模式，从传统的资源型发展模式，走上良性循环的生态型发展模式，促使经济与社会、环境协调发展。

建筑行业是一个大量消耗自然资源、对环境造成负面影响比较明显和突出的行业。在建筑物的建造和使用过程中，需要消耗大量的自然资源，同时增加大量的环境负荷。据统计，人类从自然界所获得的 50% 的物质原料和 50% 的水资源被用来建造各类建筑及其附属设备，此外建筑还要对 80% 的农地减少量负责；这些建筑在建造和使用过程中又消耗了全球能量的 50% 左右。同时，产生了 50% 的空气污染、42% 的温室气体效应、50% 水

污染和50%的氟氯化物，与建筑有关的光污染、电磁污染等占环境总体污染的34%；建筑垃圾则占人类活动产生垃圾总量的40%。

我国建筑的建造和使用过程在环境影响方面存在的矛盾和问题更为突出。我国资源总量和人均资源量均严重不足，人均煤炭储量仅为世界平均水平的1/2；人均石油储量仅为世界平均水平的11%；天然气仅为4.5%；就土地的消耗而言，我国人均耕地只有世界人均耕地的1/3；水资源仅是世界人均占有量的1/4。

目前我国既有建筑近420亿m^2，95%以上是高耗能建筑；每年城乡新建房屋建筑面积近20亿m^2，其中80%以上为高耗能建筑。我国正处于工业化、城镇化加速发展时期，预计从现在到2030年，我国的城镇化速率平均每年将为1～1.3个百分点，建筑消费增长速度惊人。然而我国建筑的建造在资源利用率和再生利用率上远低于发达国家，建筑物耗水平与发达国家相比：钢材消耗高10%～25%，每拌和$1m^3$混凝土要多消耗水泥80kg，卫生洁具的耗水量高出30%以上，而污水回用率仅为发达国家的25%，建造单位建筑面积能耗是发达国家的2～3倍。我国建筑业的资源消耗已给社会造成了沉重的资源负担和严重的环境破坏。中国要走可持续发展道路，发展绿色建筑已是刻不容缓，因此进行绿色建筑的研究与实践具有重要的现实意义。

2. 绿色建筑的概念、特点

绿色建筑的定义为在建筑的全寿命周期内，最大限度地节约资源（节能、节地、节水、节材）、保护环境和减少污染，为人们提供健康、适用和高效的使用空间，与自然和谐共生的建筑。它集成了自然通风、自然采光、低能耗围护结构、新能源利用、中水回用、绿色建材和智能控制、绿色配置等高新技术，具有选址规划合理、资源利用高效循环、节能措施综合有效、建筑环境健康舒适、废物排放减量无害、建筑功能灵活适宜等六大特点。绿色建筑是实现"以人为本"、"人－建筑－自然"三者和谐统一的必要途径，是我国实施可持续发展战略的重要组成部分。

绿色建筑首先应坚持具备"可持续发展"的建筑理念为原则。理性的设计思维方式和科学程序的把握，是提高绿色建筑环境效益、社会效益和经济效益的基本保证。

此外绿色建筑除满足传统建筑的一般要求外，尚应遵循以下基本原则：

（1）注重建筑的全寿命周期

建筑从最初的规划设计到随后的施工建设、运营管理及最终的拆除，形成了一个全寿命周期。关注建筑的全寿命周期，意味着不仅在规划设计阶段充分考虑并利用环境因素，而且确保施工过程中对环境的影响最低，运营管理阶段能为人们提供健康、舒适、低耗的使用空间，拆除后又对环境危害降到最低，并使拆除材料尽可能再循环利用。

（2）适应自然条件，保护自然环境

1）充分利用建筑场地周边的自然条件，尽量保留和合理利用现有适宜的地形、地貌、植被和自然水系；

2）在建筑的选址、朝向、布局、形态等方面，充分考虑当地气候特征和生态环境；

3）建筑风格与规模和周围环境保持协调，保持历史文化和景观的连续性；

4）尽可能减少对自然环境的负面影响，如减少资源的消耗，减少有害气体和废弃物的排放，减少对生态环境的破坏。

（3）创建适用与健康的环境

1）绿色建筑应优先考虑使用者生理和心理的舒适度需求，努力创造优美和谐的环境，同时为人们提高工作效率创造条件；

2）保障使用的安全，改善室内环境质量。

（4）加强资源节约与综合利用，减轻环境负荷

1）通过优良的设计和管理，优化生产工艺，采用合理技术、材料和产品；

2）合理利用和优化资源配置，减少对资源的占有和消耗；

3）因地制宜，最大限度利用本地材料与资源；

4）最大限度地提高资源的利用效率，积极促进资源的综合循环利用；

5）增强耐久性能及适应性，延长建筑物的整体使用寿命；

6）尽可能使用可再生的、清洁的资源和能源。

3. 绿色施工技术的概念、特点

发展绿色建筑应体现在工程建设的全过程中，在重视工程建设的规划设计、建筑材料的选用的同时，其施工作为规划设计的实现过程，又是大规模改变自然生态环境、消耗自然资的过程，也是必须要重视的一个阶段。

具有可持续发展思想的施工方法或技术，被称为绿色施工技术或可持续施工技术。它不是独立于传统施工技术的全新技术，而是用"可持续"的眼光重新审视传统施工技术，将传统施工技术加以改进，是符合可持续发展战略的施工技术。

绿色施工技术对于工程施工而言，并不是全新的思维，降低施工噪声、减少施工扰民、减少材料的损耗等在大多数施工现场都会引起重视。而可持续发展思想在工程施工中应用的重点在于将"绿色方式"运用到整个工程施工过程的每一个细部环节中去，实施绿色施工，以求在建造过程中对资源、环境造成尽可能小的影响。

绿色施工是可持续发展思想在工程施工中应用的主要体现，是绿色施工技术的综合应用。绿色施工并不仅仅是指在工程施工中实施封闭施工，没有尘土飞扬，没有噪声扰民，在工地四周栽花、种草，实施定时洒水等这些内容，还包括了其他大量的内容，它同绿色设计一样，涉及可持续发展的各个方面。实施绿色施工遵循一定的原则，包括减少场地干扰，尊重基地环境，结合气候施工，节约资源（能源），减少环境污染，实施科学管理，保证施工质量等。

4. 研究意义

如前所述，我国要实现可持续发展，就必须发展绿色建筑。绿色建筑是与自然和谐共生的建筑，这就要求其在传统建筑的基础上集成众多新型的、先进的技术、工艺、材料和管理模式，所以绿色建筑包含的内容非常广泛。目前我国对绿色建筑的研究已经起步，并获得了许多研究成果，但这些成果都属于是对绿色建筑的单一方向的研究成果，而国内还没有对绿色建筑的内容进行综合的研究，还没有形成清晰、完整的绿色建筑体系。绿色建筑的内容如此之多，而又还没有一套综合的体系，这就造成了建筑从业人员在实现绿色建筑的具体操作过程中不能方便的获得指导。所以，如何建立一套较为完整、清晰的绿色建筑体系，让建筑从业人员可以方便的获得指导，使其在具体工作过程中更好的实践绿色建筑思想，对绿色建筑的发展是一个重要的方面。

5.3.2 创新及关键技术

1. 绿色建筑的规划设计

（1）节地与室外环境

1）建筑场地

①优先选用已开发且具城市改造潜力的用地；

②场地环境应安全可靠，远离污染源，并对自然灾害有充分的抵御能力；

③保护自然生态环境，充分利用原有场地上的自然生态条件，注重建筑与自然生态环境的协调；

④避免建筑行为造成水土流失或其他灾害。

2）节地

①建筑用地适度密集，适当提高公共建筑的建筑密度，住宅建筑立足创造宜居环境确定建筑密度和容积率；

②强调土地的集约化利用，充分利用周边的配套公共建筑设施，合理规划用地；

③高效利用土地，如开发利用地下空间，采用新型结构体系与高强轻质结构材料，提高建筑空间的使用率。

3）降低环境负荷

①建筑活动对环境的负面影响应控制在国家相关标准规定的允许范围内；

②减少建筑产生的废水、废气、废物的排放；

③利用园林绿化和建筑外部设计以减少热岛效应；

④减少建筑外立面和室外照明引起的光污染；

⑤采用雨水回渗措施，维持土壤水生态系统的平衡。

4）绿化

①优先种植乡土植物，采用少维护、耐候性强的植物，减少日常维护的费用；

②采用生态绿地、墙体绿化、屋顶绿化等多样化的绿化方式，应对乔木、灌木和攀缘植物进行合理配置，构成多层次的复合生态结构，达到人工配置的植物群落自然和谐，并起到遮阳、降低能耗的作用；

③绿地配置合理，达到局部环境内保持水土、调节气候、降低污染和隔绝噪声的目的。

5）交通

①充分利用公共交通网络；

②合理组织交通，减少人车干扰；

③地面停车场采用透水地面，并结合绿化为车辆遮阴。

（2）节能与能源利用

1）降低能耗

①利用场地自然条件，合理考虑建筑朝向和楼距，充分利用自然通风和天然采光，减少使用空调和人工照明；

②提高建筑围护结构的保温隔热性能，采用由高效保温材料制成的复合墙体和屋面、

及密封保温隔热性能好的门窗，采用有效的遮阳措施；

　　③采用用能调控和计量系统。

　　2）提高用能效率

　　① 采用高效建筑供能、用能系统和设备；

　　② 合理选择用能设备，使设备在高效区工作；

　　③ 根据建筑物用能负荷动态变化，采用合理的调控措施；

　　④ 优化用能系统，采用能源回收技术；

　　⑤ 考虑部分空间、部分负荷下运营时的节能措施；

　　⑥ 有条件时宜采用热、电、冷联供形式，提高能源利用效率；

　　⑦ 采用能量回收系统，如采用热回收技术；

　　⑧ 针对不同能源结构，实现能源梯级利用。

　　3）使用可再生能源

　　充分利用场地的自然资源条件，开发利用可再生能源，如太阳能、水能、风能、地热能、海洋能、生物质能、潮汐能以及通过热泵等先进技术取自自然环境（如大气、地表水、污水、浅层地下水、土壤等）的能量。可再生能源的使用不应造成对环境和原生态系统的破坏以及对自然资源的污染。可再生能源的应用可参考表 5.3-1。

可再生能源的应用 表 5.3-1

可再生能源	利 用 方 式
太阳能	太阳能发电
	太阳能供暖与热水
	太阳能光利用（不含采光）于干燥、炊事等较高温用途热量的供给
	太阳能制冷
地 热 （100%回灌）	地热发电＋梯级利用
	地热梯级利用技术（地热直接供暖—热泵供暖联合利用）
	地热供暖技术
风 能	风能发电技术
生物质能	生物质能发电
	生物质能转换热利用
其 他	地源热泵技术
	污水和废水热泵技术
	地表水水源热泵技术
	浅层地下水热泵技术（100%回灌）
	浅层地下水直接供冷技术（100%回灌）
	地道风空调

4）确定节能指标

①各分项节能指标；

②综合节能指标。

（3）节水与水资源利用

1）节水规划

根据当地水资源状况，因地制宜地制定节水规划方案，如中水、雨水回用等，保证方案的经济性和可实施性。

2）提高用水效率

①按高质高用、低质低用的原则，生活用水、景观用水和绿化用水等按用水水质要求分别提供、梯级处理回用；

②采用节水系统、节水器具和设备，如采取有效措施，避免管网漏损，空调冷却水和游泳池用水采用循环水处理系统，卫生间采用低水量冲洗便器、感应出水龙头或缓闭冲洗阀等，提倡使用免冲厕技术等；

③采用节水的景观和绿化浇灌设计，如景观用水不使用市政自来水，尽量利用河湖水、收集的雨水或再生水，绿化浇灌采用微灌、滴灌等节水措施。

3）雨污水综合利用

①采用雨水、污水分流系统，有利于污水处理和雨水的回收再利用；

②在水资源短缺地区，通过技术经济比较，合理采用雨水和中水回用系统；

③合理规划地表与屋顶雨水径流途径，最大限度地降低地表径流，采用多种渗透措施增加雨水的渗透量。

4）确定节水指标

①各分项节水指标；

②综合节水指标。

（4）节材与材料资源

1）节材

① 采用高性能、低材耗、耐久性好的新型建筑体系；

② 选用可循环、可回用和可再生的建材；

③ 采用工业化生产的成品，减少现场作业；

④ 遵循模数协调原则，减少施工废料；

⑤ 减少不可再生资源的使用。

2）使用绿色建材

① 选用蕴能低、高性能、高耐久性和本地建材，减少建材在全寿命周期中的能源消耗；

② 选用可降解、对环境污染少的建材；

③ 使用原料消耗量少和采用废弃物生产的建材；

④ 使用可节能的功能性建材。

（5）室内环境质量

1）光环境

① 设计采光性能最佳的建筑朝向，发挥天井、庭院、中庭的采光作用，使天然光线能照亮人员经常停留的室内空间；

② 采用自然光调控设施，如采用反光板、反光镜、集光装置等，改善室内的自然光分布；

③ 办公和居住空间，开窗能有良好的视野；

④ 室内照明尽量利用自然光，如不具备自然采光条件，可利用光导纤维引导照明，以充分利用阳光，减少白天对人工照明的依赖；

⑤ 照明系统采用分区控制、场景设置等技术措施，有效避免过度使用和浪费；

⑥ 分级设计一般照明和局部照明，满足低标准的一般照明与符合工作面照度要求的局部照明相结合；

⑦ 局部照明可调节，以有利使用者的健康和照明节能；

⑧ 采用高效、节能的光源、灯具和电器附件。

2）热环境

① 优化建筑外围护结构的热工性能，防止因外围护结构内表面温度过高过低导致的透过玻璃进入室内的太阳辐射热等引起的不舒适感；

② 设置室内温度和湿度调控系统，使室内的热舒适度能得到有效的调控，建筑物内的加湿和除湿系统能得到有效调节；

③ 根据使用要求合理设计温度可调区域的大小，满足不同个体对热舒适性的要求。

3）声环境

① 采取动静分区的原则进行建筑的平面布置和空间划分，如办公、居住空间不与空调机房、电梯间等设备用房相邻，减少对有安静要求房间的噪声干扰；

② 合理选用建筑围护结构构件，采取有效的隔声、减噪措施，保证室内噪声级和隔声性能符合《民用建筑隔声设计规范》GBJ 118 的要求；

③ 综合控制机电系统和设备的运行噪声，如选用低噪声设备，在系统、设备、管道（风道）和机房采用有效的减振、减噪、消声措施，控制噪声的产生和传播。

4）室内空气品质

① 对有自然通风要求的建筑，人员经常停留的工作和居住空间应能自然通风。可结合建筑设计提高自然通风效率，如采用可开启窗扇自然通风、利用穿堂风、竖向拔风作用通风等；

② 合理设置风口位置，有效组织气流，采取有效措施防止串气，采用全部和局部换气相结合，避免厨房、卫生间、吸烟室等处的受污染空气循环使用；

③ 室内装饰、装修材料对空气质量的影响应符合《民用建筑室内环境污染控制规范》GB 50325 的要求；

④ 使用可改善室内空气质量的新型装饰装修材料；

⑤ 设集中空调的建筑，宜设置室内空气质量监测系统，维护用户的健康和舒适；

⑥ 采取有效措施防止结露和滋生霉菌。

2. 绿色建筑施工技术

（1）场地环境

1）施工场地

① 通过合理布置，减少施工对场地及场地周边环境的扰动和破坏；

② 设置专门场地堆置弃土，土方尽量原地回填利用，并采取防止土壤流失的措施；

③ 采取保护表层土壤、稳定斜坡、植被覆盖等措施；

④ 使用淤泥栅栏、沉淀池等措施控制沉淀物。

2）降低环境负荷

① 施工废弃物分类处理，且符合国家及地方法律法规的要求；

② 避免或减少排放污染物对土壤的污染，如：仓库、油库、化粪池、垃圾站等处应采取防漏防渗措施，防止危险品、化学品、污染物、固体废物中有害物质的泄漏；

③ 施工结束后应恢复施工活动中被破坏的植被（一般指临时占地内）补偿施工活动中人为破坏植被和地貌造成的土壤侵蚀等损失。

3）保护水文环境

① 岩土工程勘察和基础工程施工前应采取避免对地下水污染的对策；

② 保护场地内及周围的地下水与自然水体，减少施工活动对其水质、水量的负面影响；

③优化施工降水方案，减少地下水抽取，且保证回灌水水质。

（2）节能

1）降低能耗

① 通过改善能源使用结构，有效地控制施工过程中的能耗；

② 根据具体情况合理组织施工、积极推广节能新技术、新工艺。

2）提高用能效率

① 制定合理施工能耗指标，提高施工能源利用率；

② 确保施工设备满负荷运转，减少无用功，禁止不合格临时设施用电，以免造成损失。

（3）节水

① 采用施工节水工艺、节水设备和设施；

② 加强节水管理，施工用水进行定额计量。

（4）节材与材料资源

1）节材

① 临时设施充分利用旧料和现场拆迁回收材料，使用装配方便、可循环利用的材料；

② 周转材料、循环使用材料和机具应耐用、维护与拆卸方便、且易于回收和再利用；

③ 采用工业化的成品，减少现场作业与废料；

④ 减少建筑垃圾，充分利用废弃物。

2）使用绿色建材

① 施工单位应按照国家、行业或地方管理部门对绿色建材做出的法律、法规及评价方法，选择建筑材料；

② 就地取材，充分利用本地资源进行施工，减少运输对环境造成的影响。

5.3.3 工程应用实例

1. 工程概况

东莞大剧院坐落于东莞市文化中心，为东莞市标志性建筑，是广东省规模最大、功能最全和声学要求极高的特大型剧院工程。

剧院设施功能齐全，设备选型国内一流，室外景观丰富，自然和谐。该工程占地36010m²，总建筑面积43997m²，建筑高度59m，包括一个1606座歌剧院和一个409座的多功能实验剧院及配套设施和中西餐厅、艺术商场等公众文化设施，采用智能化机械舞台，可满足歌舞剧、话剧、戏曲等多种艺术演出形式和大型报告、会议等的要求。

大剧院地下室为桩基承台板，主体为螺旋体钢桁架—混凝土结构，屋面部分钢结构、部分钢筋混凝土结构，轻质填充墙、部分为双层隔声墙。

2. 创新及关键技术

（1）绿色建筑思想在大剧院设计中的体现

建筑设计作为建筑物建造的重要组成部分，要实现"绿色建筑"就必须在建筑设计中灌入"绿色"的思想。在本工程的设计中，我们遵循了资源经济和较低费用原则、寿命设计原则、宜人性设计原则及建筑理论与环境科学相融合的原则。设计中考虑环保因素，尽量减少对自然环境的破坏及资源消耗，实现"绿色建筑"的目标。

1）绿化景观设计

优美的环境，是绿色建筑思想在建筑设计中的基本要求之一，工程区域绿化景观结合中心区的总体规划，绿化区域环绕着建筑，以减弱环境噪声对大剧院的影响，并为街上的行人提供了理想休闲环境，并结合水景的设计造就了一个街头公园的氛围，大剧院前广场上的镜面水景配合主体规划，加强了中心区以水为主题的设计。

2）环境保护设计

① 废气影响防治

厨房灶具排出的油烟气体通过垂直管道排至屋面经静电油烟处理器过滤后由离心式排风机排出。

② 废水防治

a. 室内污、废水合流排放，室外雨、污水分流。生活污水经化粪池预处理后排入市政污水管网，雨水排至市政雨水系统。

b. 厨房废水经隔油处理后排入市政污水系统。

c. 水泵采用低噪声节能型产品，所有水泵均设隔振装置。

③ 固体废弃物影响防治

工程建成后每天排放的生活垃圾处理采用袋装化，每天由专人负责统一收集清运到楼外，并注意清运时密闭和清运时间，再由环卫部集中处理。

④ 噪声污染影响防治

a. 歌剧厅、音乐厅、小剧场消声隔震处理方式

（a）所有空调机组除配套隔振垫以外，还配置重的钢筋混凝土质量块，以提高楼板隔绝低频噪声和振动的效果，确保观众不受干扰。质量块之下还放置了弹簧减振器。

（b）机房内壁及顶棚采用了 15mm 厚水泥木丝板吸声处理，以降低室内噪声。所有送风、回风管道穿越机房墙壁时，将预留洞孔的除水泥堵塞外，必要时还用沥青麻丝嵌密，防止漏声。

（c）机房门选用隔声量不小于 35dB 者，机房通向休息厅的门做成双道门，使用了隔声量不小于 25dB 者，双道门中间的顶和墙为强吸声处理的声调。充分利用土建空间作消声处理，提高消声效果，所有竖井风道四周用 5cm 玻璃棉（25kg/m³）包贴，表面使用表面粗糙度低的材料——玻璃丝布，以减少气流阻力损失。在观众席下混凝土静压箱内，顶面和底面吸声使用预制孔 5cm 厚超细玻璃棉（25kg/m³）框，便于安装固定。

b. 其他暖通设备及其机房的消声减震方式：

（a）冷冻机房、热水机房、水泵房、空调机房、通风机房内贴吸声材料。

（b）组合式空调箱均设消声段或送回风主管上设管道式消声器。

（c）冷冻机组、水泵下设隔震垫。

（d）风机进、出口设非燃性软接头。

（e）冷水机组、水泵进、出口装可曲挠橡胶接头。

（f）吊装的空调器、风机均设减震吊架。

⑤ 光污染影响防治

工程设计外墙采用幕墙体系，材料采用花岗岩、低反射镀膜玻璃，主墙面设计没有高反射材料、大面积玻璃幕墙，对外环境影响不大。

3）人文关怀设计

绿色建筑要保护建筑环境、减少资源耗费，但不能因此减少使用者的舒适度，相反更应在建筑设计中体现对使用者本身——人的关怀，以下是工程中体现人文关怀的部分措施：

① 为防止及减少漏电事故的发生，本工程除消防设备外所有插座回路均设置性能可靠的漏电保护开关，并专设 PE 线与接地体连接。

② 浴室设置辅助等电位联结。

③ 冷冻机房设置配电值班室，墙面作吸声处理，减少机房设备噪声对值班人员的影响。

④ 自备应急发电机房内墙作吸声处理，排烟管道设置重载消声器，减少噪声对周边环境和值班人员的影响。

⑤ 变电所变压器设置 IP20 扩罩，以防触电事故的发生。

⑥ 电缆桥架水平敷设不低于 2.5m，垂直敷设时距地 1.8m 以下部分加金属盖板保护，所有配电线路均穿金属管保护，以防漏、触电事故。

⑦ 电梯并道内设置井道检修照明，由 36V 超低压供电，每隔 7 米设置。

⑧ 机房内设置事故照明。

⑨ 职工餐厅、厨房照明设置洁净式灯具，便于清洗。

4）节能设计

① 建筑节能设计

建筑物的节能是实施"绿色建筑"的重要组成部分，是最能体现绿色建筑思想的途径之一，工程建筑节能设计包括有：

a. 建筑布置与体型

建筑造型采用不同高度的锥形板块组合，公共空间为玻璃幕墙，后台区为石材幕墙，南北向布置建筑，获得了良好的朝向与自然通风条件，有利于节能。

b. 外墙

（a）实体外墙为石材幕墙，墙体设计满足了最小传热阻要求。

（b）建筑剖面外墙窗户的位置有利于非制冷季节组织自然排风和冬季的日照。

（c）公共区外墙为玻璃幕墙，有良好的密闭性和隔热性。玻璃为低反射 Low-E 玻璃，骨架为钢框及铝合金型材，用热惰性好的材料阻断热桥。

（d）外窗为铝合金窗，有良好的密闭性和隔热性。玻璃为低反射镀膜玻璃，骨架为铝合金型材，用热惰性好的材料阻断热桥。

c. 屋面

屋面采用挤型聚苯乙烯保温板，具有良好的保温性能，有利于保温节能。

② 给排水设备减噪节能设计

水泵均采用了低噪声节能型产品，所有水泵均设了隔振装置。

③ 暖通设备节能设计

a. 风机变频技术的利用

歌剧厅、小剧场的送风和排风机的电机均采用变频电机，使送风量可以根据需要调节，同时排风量可以在最小新风量和换气次数 4 次/h 之间通过改变电机转速调节，以节约能耗。

b. 歌剧厅下送风的应用

观众厅的送风方式均为座位下送风方式，每个座位的送风量为 40m³/h 送风柱内气流流速为 1m/s，送风孔风速为≤0.25m/s，采用座位下送风的目的，主要是为了增加人的舒适感，减少冬季空气温度梯度的影响，同时可以达到节能效果。根据计算下送风比传统的上送下回方式可节约 1/3 左右的冷量。

c. 选用能效比在 5.5 以上的离心式冷水机组。

d. 采用电动阀，压差旁通及能量检测系统等自控系统对空调系统进行能量调节，使空调系统能随建筑物的负荷变化选择最经济的运行方式。

e. 加强了空调风管、供回水管的保温，减少能量损失。

f. 建筑物围护结构的传热系数小于 1.2kcal/m²·h℃。

g. 冷冻水的水输送系数＞30。

④ 电气节能设计

a. 变电所变压器、柴油发电机组均选用了高效率、低能耗产品。

b. 工程照明灯具以荧光灯及气体放电灯为主，荧光灯采用电子镇流，嵌入式筒灯采用节能型光源，既提高了功率因数，又降低了能耗。

c. 采用楼宇自控系统对电气照明及其他用电设备进行能量自动控制、自动调节、降低能耗。

⑤ 噪声控制设计

噪声控制是确保厅内音质的重要内容之一，它包括隔声、消声、减震等多方面的问题。工程进行了如下工作：

a. 无论是大剧院、小剧场，所有进入观众厅的门均设置声闸。开向观众厅的窗设为双层玻璃木窗。

b. 大剧院观众厅地面因采用地面送风，因此，失去固有的隔声能力。在其下面的空调机房、停车场均做有隔声处理。

c. 在大剧院观众厅上部的空调机房做成为"浮筑"构造。

d. 大剧院的回风系统、小剧场的送、回风系统均做消声、减振设计，并控制气流速度。主风道≤6m/s；主风道≤4m/s；出风≤1.5～2m/s。

e. 冷却塔做隔振和消声处理。

（2）绿色建筑思想在大剧院建材选用中的体现

1）绿色建材的定义

建筑材料作为建筑工程的重要组成部分，在绿色建筑工程中起着举足轻重的作用。所以工程在绿色建筑工程中充分考虑了绿色建材的使用。

绿色建材又称生态建材或健康建材，是指采用清洁生产技术、少用天然资源和能源，大量使用工农业或城市固态废弃物生产的无毒害、无污染、无放射性、有利于环保和人体健康的建筑材料。它与传统建材相比可归纳以下五个基本特性：

① 其生产所用原料尽可能少用天然资源，大量使用尾矿、废渣、垃圾、废液等废弃物；

② 采用低能耗制造工艺和不污染环境的生产技术；

③ 在配制或生产过程中不得使用对人体有害物质；

④ 产品的设计是以改善生活环境、提高生活质量为宗旨，即产品不仅不损害人体健康，而且应有益于人体健康，产品具有多功能性；

⑤ 产品可循环或回收再生利用，无污染环境的废弃物。

东莞大剧院在制定整体设计方案时，尽量使用环保材料或采用新型结构形式来减少材料用量，使绿色建筑思想在工程中得到彻底的贯彻。

2）东莞大剧院具体运用的绿色建材

① 聚丙烯纤维混凝土的使用

从现代建筑和可持续发展观点看，需要发展高性能混凝土，它是当前水泥基材料的主要发展方向，被称为"21世纪混凝土"，更具有"绿色"意义．提高建筑物耐久性，延长建筑物的使用寿命是极其重要的。据报道，建筑业消耗世界资源能源近40%，建筑物的寿命延长一倍，资源能源的消耗和环境污染将减轻一半。另外，由于耐久性不足而引起的结构破坏日趋严重，修复花费巨大，许多国家对混凝土的耐久性问题已非常重视，而据专家预测，21世纪初将是我国钢筋混凝土结构的破坏高潮，届时每年所需的维修费用将高达数千亿元。聚丙烯纤维混凝土由于能积极有效地改善混凝土的耐久性，使混凝土高性能化，且工作机理简单，适用性广泛，使用效果好，因此属于绿色建材。

聚丙烯纤维混凝土（图 5.3-1）还具其他多种高性能：

a. 提高混凝土的抗裂性能。试验表明，同普通混凝土相比，体积掺量 0.05% 的美国杜拉纤维混凝土抗裂能力提高了近 70%；

　　b. 提高混凝土的抗渗性能；

　　c. 改善高性能混凝土防火性能；

　　d. 提高混凝土使用的经济性；

　② 加气混凝土块的使用

　　工程在非承重墙体中采用了加气混凝土块（图 5.3-2），这种混凝土块具有节约用材、自重轻、隔声和保温等优点，是典型的绿色建材。

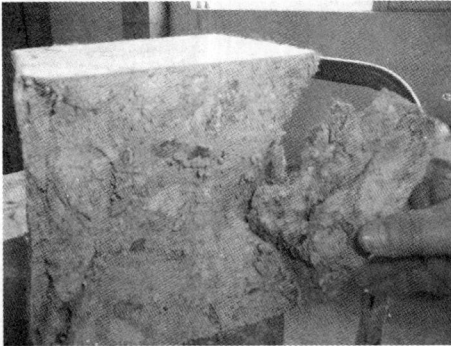

图 5.3-1　聚丙烯纤维混凝土试块

图 5.3-2　加气混凝土块

　③ 低反射 Low-E 玻璃幕墙的使用

　　幕墙是现代建筑中广为采用的外围护体系，悬挂于建筑主体之外，具有自重轻、施工快捷、易清洁维护等优点。

　　工程大量采用玻璃幕墙（图 5.3-3），其优点是具有良好的自然采光性能，自然采光是将日光引入建筑内部，并将其按一定的比例分配，以提供比人工光源更理想和质量更好的照明，工程所使用的玻璃幕墙均具有的良好的自然采光性能，使得人们在大剧院的公共区域可以获得充沛的自然阳光，得到愉悦的心情；因此可以减少照明用电量，达到节约电能的目的。工程玻璃幕墙型材由三层玻璃（夹有一层空气）构成，骨架为钢框及铝合金型材，用热惰性好的材料阻断热桥。这种构成形式使得其具有良好的密闭性和隔热性能，可以起到良好的保温隔热效果，对于建筑在使用期间减少保温隔热的能耗起着巨大作用。

图 5.3-3　玻璃幕墙

　　但玻璃幕墙也存在严重的缺点，其对光线的反射常造成严重的光污染，工程玻璃幕墙所采用的玻璃为低反射 Low-E 玻璃，减少了光反射后造成的影响。并且工程玻璃幕墙为大剧院倒锥体部分的外围护体系（图 5.3-3），玻璃幕墙的迎光面变成了一个倾斜面，减少了光反射后的影响面积。

　④ 对室内石材控制辐射性，控制装修材料对人体的有害物质

　　随着人们对室内环境要求的不断提高，大量新型建筑装饰材料被广泛应用，它们在美化人们生活的同时也带来了一定的污染。研究表明，室内污染物多达数千种，由于它们大

都不易察觉，被称为"隐形杀手"。其中放射性物质对人体的危害极大，能导致多种如癌症等的慢性放射病。东莞大剧院工程建设过程中对可能具有辐射性和污染性的建筑材料一律进行检测，检测合格后方再使用，严格控制了所用建筑材料对人体的危害性。

⑤ 保温材料的使用

东莞大剧院使用阶段需要在炎热的夏天进行供冷降温，以提供舒适的使用环境。建筑供冷需耗费大量的能源，所以工程采用了多种建筑保温隔热材料，使得建筑物具有良好的保温隔热性能，以节约能耗。

a. 保温隔声棉（图 5.3-4）

b. 轻质板墙：使用于石材幕墙防水层后面，起保温隔热作用（图 5.3-5）。

图 5.3-4　保温隔声棉

图 5.3-5　轻质板墙

c. 复合玻璃幕墙：具有良好的密闭性和隔热性能，工程玻璃幕墙型材由三层玻璃（夹有一层空气）构成，骨架为钢框及铝合金型材，用热惰性好的材料阻断热桥，这种构成形式使得其具有良好的密闭性和隔热性能。

d. 断桥型门窗：具有良好的隔热保温性能。

e. 加气混凝土块：具有自重轻，隔热性能好的特性。

（3）绿色施工技术在大剧院建设中的应用

① 节约用水及工地雨、污水处理

工程在施工现场采取了以下节约用水措施：

a. 安装适当小流量的设备和器具，减少施工期间的用水量。

b. 采用节水型器具，摒弃浪费用水陋习，降低用水量。

c. 现场安装水表，监控自来水的消耗量。

d. 设置废水重复、回用系统。

施工现场必将产生大量废水，包括主要包括雨水、污水（又分为生活和施工污水）两类。在施工过程中产生的大量污水，如没有经过适当处理就排放，便会污染河流等水体，造成水体污染。

在施工现场设有专门的排水道路，工地现场四周用水泥砂浆、红砖砌筑 300mm×300mm 的排水沟，并砌筑沉淀池，洗车槽，流水有明确的流向，防止出现雨水-施工污水等四溢乱流、到处积水的情况；雨水、污水排入指定地点及城市下水道，保持现场清洁干净。

工程的污水，经沉淀后再排入市政污水管网，未经沉淀的泥浆污水不得排入市政管网，生活污水设生化池，经处理后废水方可排入市政污水管网。

② 节约用电及用电三相平衡计划

工程在施工过程中节约能源方面采取了以下措施：

a. 进行工艺和设备选型时，优先采用技术成熟、能源消耗低的工艺设备。

b. 对设备进行定期维护、保养，保证设备运转正常，降低能源消耗，减少因设备的不正常运转造成能源浪费。

c. 在施工机械及工地办公室的电器等闲置时关掉电源。

d. 建设过程中实行用电三相平衡计划措施。

若用电时三相负载不平衡，中性点就会发生较大位移，造成三相电压不对称，中性点向负载大的方向偏移，三相中哪相负载大，哪相电压就降低，而负荷小的相电压则升高，其不平衡程度与三相负载不平衡程度成正比。这使接在重负载相的用电机械设备的效能降低；而接在轻负载相的电压偏高，缩短用电机械设备的使用寿命，还可能造成用电设备绝缘击穿，损坏用电设备。三相电压不平衡，还将减少电动机的输出功率，使电动机的绕组温度升高，并引起电动机过热，减少了电动机的使用寿命。

用电三相不平衡不但损耗电能还危害使用的用电设备，工程在施工时尽量避免电三相不平衡或减少不平衡量，将用电线路分为三条，并将用电机械设备较均匀的分配于三条线路上，机械设备使用时尽量安排使得三条线路上的同时用电量相同，以节约用电量避免浪费。在用电高峰时对配电盘上部的进线上和在配电盘下部的各路线路出线上三相电流值及中性线电流值进行检测。然后根据检测结果对用电机械加以调整，努力实现三相电流相等，中性线电流为零的状况。

③ 废物、垃圾分类抛弃

建筑施工中会产生大量的废物和垃圾，对这些废物垃圾应合理处理，若处理不当将会产生浪费和造成污染，而处理得当并加以利用则能够产生一定的效益。建筑施工中的废物垃圾可分为建筑垃圾和生活垃圾。

a. 建筑垃圾：

工程施工过程中每日均生产大量建筑垃圾，因此对建筑垃圾的产生、排放、收集、运输、利用、处置的全过程进行了统筹规划，做到了：

（a）尽可能防止和减少建筑垃圾的产生；

（b）对生产的垃圾尽可能通过回收和资源化利用，减少垃圾处理处置；

（c）对垃圾的流向进行有效控制，严禁垃圾无序倾倒。

b. 生活垃圾：

工程在工人生活区设置宣传栏对施工人员加强思想教育，使其不随意乱丢弃物，保证工人生活环境和卫生质量；多处设置垃圾分类收集装置。

④ 噪声控制

随着社会经济的发展以及居住密度的增加，噪声已经成为国际社会公认的严重环境问题之一。噪声危害人们身体健康、干扰人们学习、工作和休息。建筑噪音是指建筑工程在建设过程中所产生对附近环境产生滋扰的声音。

工程在施工过程中严格执行东莞市关于夜间施工的有关规定，中午和夜间未经许可，不进行施工作业；施工前制定完善的不扰民措施。严禁在工地大声吵闹，中午及夜间施工时尽量减少机械振动产生噪声，关闭一切不必要的机械。

对各种噪声的具体处理措施有：

a. 合理安排进度，尽量排除深夜施工；

b. 将产生噪声的设备和活动远离人群，避免干扰他人正常工作、学习、生活；

c. 在施工过程中采用低噪声的施工方法，选用低噪声或有消声降噪设备的施工机械；

d. 所有施工机械、车辆定期保养维修，并于闲置时关机以免发出噪声。

⑤ 粉尘污染控制

建筑施工时，若遇晴好大风天气将致使尘土飞扬，加之机械扬尘，这将影响附近居民生活和企业生产的环境。

工程在施工过程中针对粉尘污染，采取的控制措施有：

a. 现场采用设置围挡，覆盖易生尘埃物料。装卸有粉尘的材料时，都洒水湿润。

b. 洒水降尘，场内道路硬化，垃圾封闭。

c. 使用清洁燃料等，禁止在施工现场焚烧有毒、有害和恶臭的物质。

d. 施工车辆出入施工现场必须将轮子上的泥土去除干净，防止泥土带出现场，影响环境整洁。同时施工者对工地门前的道路实行保洁制度，一旦有弃土建材撒落及时清扫。

e. 施工过程堆放的渣土设有防尘措施并及时清运。

⑥ 现场施工环境的美化

由于工程外形新颖、动感、富寓舞蹈韵味，剧院设施功能齐全，设备选型国际先进，国内一流，室外景观丰富，自然和谐，社会影响力大。工程在 CI 策划与实施中投入了大量的人力、物力和财力，专门成立 CI 执行小组，负责 CI 方案的策划、实施、检查、完善及维护工作（图 5.3-6，图 5.3-7）。

图 5.3-6 施工现场及宿舍绿色远景图

图 5.3-7 现场宣传栏

⑦ 施工过程中防止光污染

工程石材幕墙的防水层为薄铁板层，并且面积很大，安装后其反射的阳光影响施工人员工作也影响了周边环境。为此，施工中将薄铁板防水层（图 5.3-8）都涂刷成红色，减少光反射的影响。

图 5.3-8 石材幕墙薄铁板防水层

⑧ 文明施工的管理措施

在工程施工中，根据工程的实际情况和《东莞市建设工程现场文明施工管理办法》的规定制度和文明施工设计。通过符合标准的文明施工，可以提高工程质量、降低物耗、消除污染、美化环境、抵御火灾事故，进一步保证社会效益和企业经济效益稳步提高。

3. 实施效果

东莞大剧院作为大型公共建筑，不但成为人们艺术享受的殿堂，而且成为绿色建筑的榜样。其在施工过程中由于采用绿色施工技术，减少了施工扰民，取得了良好的经济和社会效益，具有良好的推广价值。

参 考 文 献

1　王立雄. 建筑节能. 北京：中国建筑工业出版社，2004

2　顾国维. 绿色技术及其应用. 上海：同济大学出版社，1999

3　克里尚，谭良斌，张继良. 建筑节能设计手册. 北京：中国建筑工业出版社，2005

4　胡吉士，方子晋. 建筑节能与设计方法. 北京：中国计划出版社，2005

5　中国建筑科学研究院. 绿色建筑技术导则，2005，（10）

6　中华人民共和国建设部. 建筑节能技术标准规范汇编. 北京：中国建筑工业出版社，2003

7　王新友，王培铭. 绿色建材的研究与应用. 北京：中国建材工业出版社，2004

8　姚武. 绿色混凝土. 北京：化学工业出版社，2006

9　韩喜林. 新型建筑绝热保温材料应用·设计·施工. 北京：中国建材出版社，2005

10　李崇详. 绿色建筑原理与技术. 西安：西安交通大学出版社，2004

6　房屋建筑混凝土结构施工期安全控制技术

6 房屋建筑混凝土结构施工期安全控制技术

6.1 问题的提出

6.1.1 房屋建筑混凝土结构施工期受力特点分析

钢筋混凝土结构施工过程中既要确保结构的安全，也要保证一定的工程进度。这就要求施工期钢筋混凝土结构有一个合理的安全水平来满足两方面的需要。现行的混凝土结构设计规范和施工规范没有对施工期混凝土结构受力分析提供方法或建议及思路，也没有提供较统一的安全度要求。这是混凝土结构施工期安全风险大大高于正常使用期的重要原因之一。

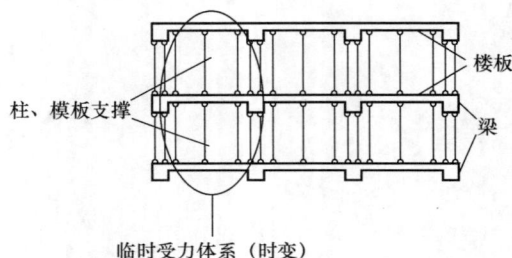

图 6.1-1 混凝土结构施工期的临时受力体系

与正常使用状态不同，施工过程中的钢筋混凝土结构，是由柱、数层楼板和连接多层楼板的模板支撑系统组成的临时性的受力体系（图 6.1-1），此受力体系可能随着施工工序（如上层混凝土结构绑扎钢筋、浇筑混凝土，下层模板支撑架拆除等）的进行而改变。在整个施工过程中，结构的形状、材料的性质以及所承受的施工荷载，均随时间变化。

新浇筑楼板的自重及施工荷载通过支撑系统向下层楼板传递，楼板随着新浇混凝土强度和刚度的增长，在环境温度变化、混凝土早期收缩及徐变等作用下，将逐渐承担其结构自重，从而使整个结构的荷载不断地进行重新分配。荷载效应随着施工进程不断累积，可能使施工过程中楼板承担的荷载远超过结构设计允许的楼板承载能力。

这些特点使得施工期钢筋混凝土结构的特征与使用期的结构迥然不同，有时会产生整个结构生命周期中最危险的状况。钢筋混凝土结构施工过程中楼板出现的裂缝、挠度过大乃至破坏倒塌往往与此有关。

如何保证混凝土结构在一定的安全水平下，施工快速高效地进行，对于当前正在进行大规模建设的中国具有特别重要的意义。对施工期钢筋混凝土结构进行有效的安全控制非常重要，如何有效控制也非常复杂、困难。

对钢筋混凝土结构施工期的安全性研究，涉及结构在施工过程中的结构特征、抗力、荷载、荷载效应及破坏模式等诸多问题。

施工期混凝土结构在养护期间形状没有大的变化，除构件自重外，施工荷载主要是施工材料的堆载和施工设备及人员荷载。但养护阶段材料性质快速变化，同时，由模板及支撑相连的整个时变临时受力体系，处于环境温度、湿度等的变化及混凝土自身收缩和徐变等各种因素影响之下（图 6.1-2）。在施工现场实测中，通过对新浇筑柱、梁、板内钢筋应力及其下支撑应力的实测，发现新浇筑的混凝土构件在养护期间，随着混凝土强度、刚度的增长，由最初的不承担任何荷载状态，逐渐开始分担自身重量和荷载。这导致混凝土构件施工荷载在其自身及由模板支撑相连的各层中进行重分配。这种荷载重分配会直接影响临时受力体系的结构特性，直接影响混凝土结构施工期安全控制。

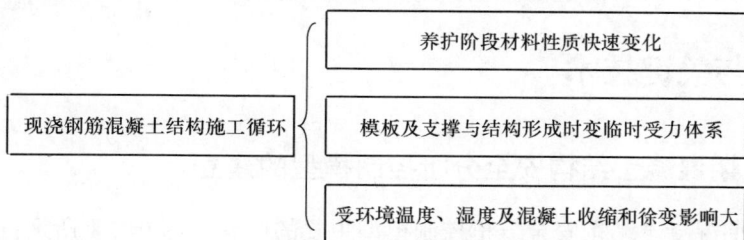

图 6.1-2 施工期混凝土结构分析主要影响因素

6.1.2 房屋建筑混凝土结构施工期安全控制研究现状

结构施工期安全控制涉及施工期分析控制模型的建立、施工期材料性能的变化、施工期荷载的变化、施工顺序及方法等一系列问题，其必须基于对结构施工全过程的受力分析。在这方面，钢结构建筑已经进行了较为成熟的施工全过程受力分析、模拟，并取得了较好的效果，也有较多的实测结果可以对比分析。但钢结构建筑施工过程受力分析、模拟的成功是基于钢结构工程施工在建筑施工领域中最具有制造业工厂化的特点，且与其他结构工程施工相比，钢结构工程施工受外界影响因素相对较少，钢材料性能在施工期间基本不随时间变化，不确定因素少。

但对钢筋混凝土结构施工期受力分析、模拟，进而进行有效地安全控制则要复杂、困难得多。钢筋混凝土结构还缺少施工全过程的受力分析。如上所述，钢筋混凝土结构现浇施工过程中，有模板支撑参与的临时受力体系复杂、与正常使用状态有很大差别；材料性能随时间而变化，施工荷载复杂、多变；模板支设、钢筋绑扎、混凝土浇筑等施工顺序多变。钢筋混凝土结构施工期实测结果很少，缺少有效的分析计算。国外，R·K·Agarwal 和 N·J·Gardner 对两栋板柱结构施工过程中的支撑内力进行了现场测试及分析，D·V·Rosowsky 等针对钢筋混凝土模板支撑体系，进行了一系列调查和实验室测试，并对一个多层混凝土结构施工期的支撑系统进行了现场测试。国内，东南大学潘蒂及杨宗放等对高层平板混凝土结构住宅进行了施工期测试及分析，清华大学方东平、祝宏毅、耿川东、刘西拉等对 3.6m×6m 平面区域三层梁板结构及相应支撑进行了受力实测及分析。

6.1.3 主要研究内容及技术路线

课题组在前人研究成果的基础上，采用理论分析结合室内试验和现场实体测试的方法开展研究，主要进行以下工作：

（1）理论分析，建立施工期钢筋混凝土结构安全分析控制模型；

（2）调查并统计分析钢筋混凝土结构活荷载和混凝土早期强度、弹性模量等基本指标，研究施工过程中抗力、荷载及荷载效应的特征和概率模型；

（3）施工期混凝土结构性能实测；

（4）施工期混凝土结构性能数值分析。

考虑实际结构混凝土强度、弹性模量等基本性能指标的时变特性，施工期外荷载的不确定性等因素的影响，采用有限元软件对施工期混凝土结构性能进行分析、模拟。

6.2 创新与关键技术

6.2.1 施工期混凝土结构安全分析控制模型的建立

建立施工期混凝土结构安全分析控制模型主要的内容如图 6.2-1 所示。

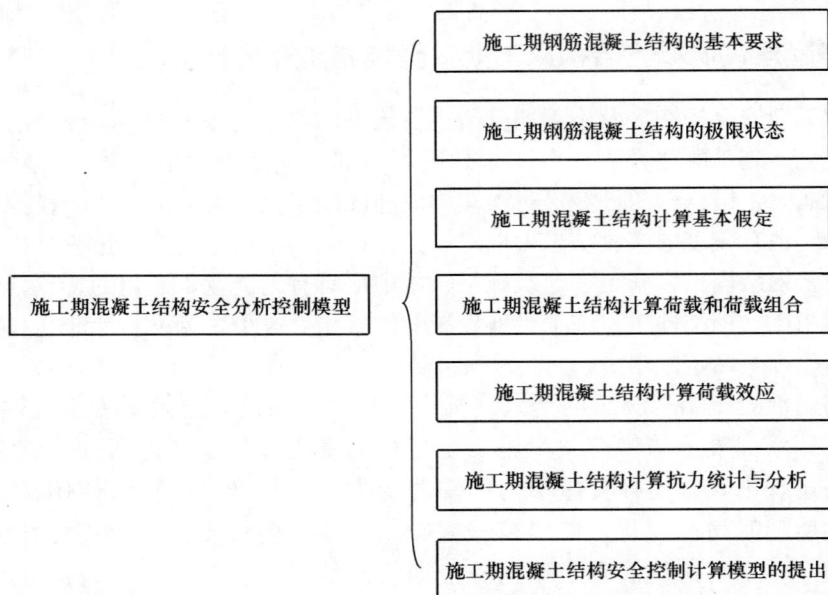

图 6.2-1 施工期混凝土结构安全分析控制模型主要内容

1. 施工期钢筋混凝土结构的基本要求

施工期钢筋混凝土结构安全分析控制应使所控制的结构满足预定的要求。施工期钢筋混凝土结构应具备的要求是：

（1）安全

建筑结构在正常施工时应能承受可能出现的各种荷载、外加变形、约束变形作用，以及在偶然荷载发生时及发生后能保持必要的整体稳定性，不发生倒塌。

（2）施工快速高效地进行

保证混凝土结构施工的顺利、快速地进行。

2. 施工期钢筋混凝土结构的极限状态

结构设计规范采用的可靠度设计方法将结构可靠度定义为：结构在规定的时间内，在规定的条件下，完成预定功能的概率。施工期的荷载、材料性能等设计变量的离散性非常显著，基于概率理论分析施工期结构的安全状况是十分必要的。然而，混凝土结构设计规范只考虑建筑的正常使用期的可靠水平，没有考虑施工期的结构可靠性要求。

施工期结构抗力 R 和荷载效应 S 都是随机过程，因此施工期安全分析的功能函数也是随机过程：

$$Z(t) = R(t) - S(t) \qquad (6.2-1)$$

式中　$Z(t)$ ——施工期混凝土结构功能函数；

　　　$R(t)$ ——施工期混凝土结构抗力；

　　　$S(t)$ ——施工期混凝土结构荷载效应。

施工期结构抗力和荷载的随机过程模型十分复杂，其建立和分析十分困难。但是施工期荷载效应在各施工阶段存在突变，而抗力的发展则是渐变并且单调增加的过程，因此，可以在各个施工周期的荷载效应的突变点上将其转化为随机变量，同时对抗力随机过程在各施工阶段取最小值，则可在各施工阶段建立如下功能函数：

$$Z_{i,\min} = R_{i,\min} - S_i \qquad (6.2-2)$$

通过上述分析，可建立对应于浇筑阶段和拆模阶段楼板安全的极限状态方程：

$$R - (S_{RC} + S_{FM} + S_L + S_S) = 0 \qquad (6.2-3)$$

即

$$R - C_{RC}Q_{RC} - C_{FM}Q_{FM} - C_LQ_L - C_SQ_S = 0 \qquad (6.2-4)$$

式中　$S_{RC} = C_{RC}Q_{RC}$ ——施工期钢筋混凝土构件自重的荷载效应；

　　　$S_{FM} = C_{FM}Q_{FM}$ ——施工期钢筋混凝土模板（包括支撑）自重的荷载效应；

　　　$S_L = C_LQ_L$ ——施工期活荷载效应；

　　　$S_S = C_SQ_S$ ——施工期偶然（特殊）荷载效应。

此时极限状态方程由随机过程模型转化为随机变量模型。其中荷载效应系数可以按相关要求进行计算，暂不考虑荷载效应的计算模式的不确定性，即荷载效应系数的不确定性。

荷载效应的变异系数按误差传递公式求得，分布函数形式不变，各随机变量之间相互独立。根据上述极限状态方程，用一次二阶矩法对施工期各个阶段构件的荷载效应和抗力进行分析，计算施工期各个阶段各构件可靠性指标 β，即钢筋混凝土结构施工期的安全指标。再结合施工期钢筋混凝土结构目标安全指标的合理设置，则可建立施工期钢筋混凝土结构安全控制的模型。

3. 施工期混凝土结构计算基本假定

（1）结构为二维平面线弹性杆系结构，支撑为弹性杆件且与上下楼板铰接；同时考虑柱、墙和梁的作用。

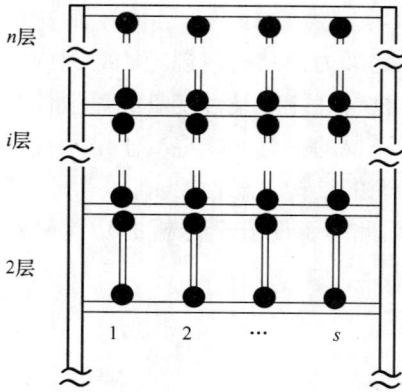

图 6.2-2 典型的时变结构

（2）混凝土弹性模量及强度均为龄期（时间）的函数，楼板刚度随时间变化；

（3）考虑荷载在混凝土养护期间的重新分配，即上层新浇筑的梁板，由开始不承担自重荷载，到逐渐按照自身与其下由支撑相连的临时结构的刚度变化来分担施工荷载（同时考虑梁板刚度对荷载分配的影响，也考虑支撑刚度对荷载分配的影响）。荷载重新分配系数由下述方法求得：

如图 6.2-2 所示，设第 i 层楼板的刚度和第 i 层梁板上支撑系统的刚度分别为 $K_{slab,i}$ 和 $K_{shore,i+1}$，假设顶层楼板的自重为均布荷载 q，第 i 层分担的重量为 q_i，第 i 层楼板的挠度为 Δ_i，根据力的平衡条件及变形协调条件，有：

$$\Delta_i = q_i / K_{slab,i} \tag{6.2-5}$$

$$\Delta_{i+1} - \Delta_i = \sum_{j=1}^{i} q_i / K_{shore,i+1} \tag{6.2-6}$$

$$\sum_{i=1}^{n} q_i = q \tag{6.2-7}$$

式中　Δ_i——第 i 层楼板的挠度；

$\qquad q_i$——第 i 层分担的重量；

$\quad K_{slab,i}$——第 i 层楼板的刚度；

$K_{shore,i+1}$——第 i 层梁板上支撑系统的刚度；

$\qquad q$——顶层楼板的自重为均布荷载。

设 $m_{i,1}$ 为第 i 层楼板承担的荷载与第一层楼板承担荷载的比值，令 $\nu_{i,j} = K_{slab,i}/K_{slab,j}$，$\mu_{i,j} = K_{slab,i}/K_{shore,j+1}$，（$j = 0, 2, \cdots, n-2$；$i = 1, 2, \cdots, n$），由式（6.2-5）、式（6.2-6）归纳递推可得：

$$m_{i,1} = m_{i-1,1} \cdot \nu_{i,i-1} + u_{i,i-1} \sum_{j=1}^{i-1} m_{j,1} \quad (i = 2, 3, \cdots, n) \tag{6.2-8}$$

再由式（6.2-7），有

$$q_i = q \cdot \frac{m_{i,1}}{\sum_{j=1}^{n} m_{j,1}} \quad (i = 1, 2, \cdots, n) \tag{6.2-9}$$

若设均布荷载为单位荷载，即 $q=1$，则 q_i 为新浇筑层的楼板荷载的重新分配系数。

（4）考虑混凝土浇筑、拆模等施工操作的作用，以及荷载和变形在施工各阶段的累积对荷载传递的影响；

（5）相对于楼板刚度，地基为无限刚性；

（6）各层梁、板模板上下支撑立杆在同一竖直线上（图 6.1-1）。

4. 施工期混凝土结构计算荷载和荷载组合

（1）混凝土结构施工期各阶段荷载的特点

现浇钢筋混凝土结构施工通常包括以下 4 道工序：1）为浇筑上一层楼板而安装支架和模板；2）进行钢筋绑扎；3）混凝土浇筑；4）拆除底层模板支撑；构成一个施工循环，每一次施工循环，结构就增加一层，这样周而复始地施工，直至结构全部完成（图 6.2-3）。

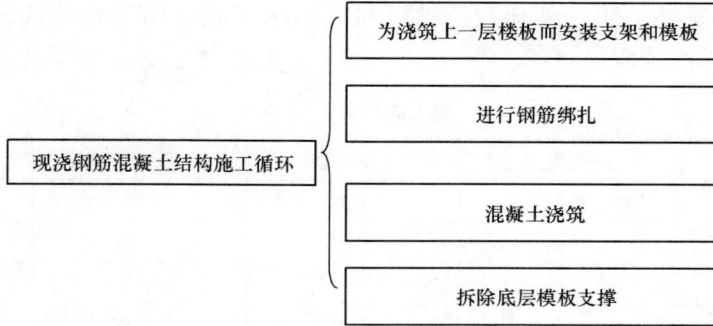

图 6.2-3 现浇钢筋混凝土结构施工循环

由早龄期混凝土结构和模板支撑组成的临时承载系统，在第 3 道工序和第 4 道工序发生结构形式改变、结构内力发生突变，在第 1 道工序和第 2 道工序，结构形式不发生改变，结构承担荷载有所增加但不显著，可以在第 3 道工序一并考虑。这样就可以简化为新楼层混凝土浇筑和时变结构体系的底层模板支撑拆除 2 道工序，外加混凝土养护。

这样在钢筋混凝土结构的施工过程中，每个施工周期可以划分为三个主要时段，即浇筑时段、支撑拆除时段和养护时段。在浇筑时段和支撑拆除时段，混凝土结构构件上的作用（荷载）发生突变。养护时段在时空上则是这两个时段的中间部分，养护时段构件的性质和作用（荷载）发生渐变。主要体现为几下几点：

1）浇筑时段

恒荷载包括钢筋混凝土结构自重、模板和支撑重量。活荷载包括施工人员荷载、施工设备荷载，以及施工引起的振动荷载、浇筑顺序引起的结构不对称附加荷载以及风荷载等。对于浇筑顺序引起的结构不对称附加荷载，由于对结构的影响较小，一般也不发生在结构的最危险时期，可暂不考虑。对于施工时振捣等引起的荷载，由于它对新浇筑层的模板和支撑的影响比较大，在模板和支撑设计中必须考虑。但是，它对除了新浇筑层之外的下部各层的影响比较小，在分析楼板和混凝土结构的安全性时也可暂不考虑。浇筑完毕后很快可以堆载，施工活荷载应包括养护时段材料和设备的堆载以及人员荷载，比前述浇筑时的设备和人员荷载应大很多。因此，浇筑阶段需要考虑的荷载包括：钢筋混凝土结构构件的自重、模板和支撑的重量、材料堆载和施工人员的荷载以及风荷载等。

2）支撑拆除时段

由于在临时结构的最下一层支撑拆除时它们所承担的荷载要由上面几层分担，临时结构的荷载有一个突变。该阶段的荷载包括钢筋混凝土的自重、模板和支撑的重量、材料和设备的堆积荷载和施工人员荷载，以及风荷载。

3）养护时段

由于时变结构的特点，结构内力要重新分配，而结构构件的抗力也发生渐变。需要考虑的主要荷载包括：钢筋混凝土结构的自重、堆积活荷载和施工人员活荷载，以及可能的风荷载的最大值。由于临时结构的养护期恰好是浇筑新层和拆除支撑的中间时段部分，也可以把浇筑新层混凝土和拆除支撑这两个阶段作为养护期的两个特殊阶段，而且是比较危险的阶段。

（2）各种荷载的取值

目前还没有足够的施工期荷载统计资料用以确定施工期各种荷载的概率模型。表 6.2-1 为前期文献中的假定。

施工期荷载的概型　　　　　　　　　　　　　　　　表 6.2-1

概型序号	荷载类别	分布类型	均值/标准值	变异系数
1 B. M. Ayyub	恒载	正态	1.05	0.10
	活载	对数正态	0.25	0.50
	风载	对数正态	0.5~1.0	≥0.6
2 A. M. EL-SHahhat	恒载	正态	1.05	0.10
	活载	极值 I 型	1.10 均值为恒载的 0.2 倍	0.25~0.10
3 H. Ayoub	活载	伽玛分布和威布尔分布	均值为 0.3kN/m²	1.0~2.0
4 Huang，Y，L	恒载 活载	—	均值为 5.28kN/m² 均值为 0.72kN/m²	0.22
5 佟晓利	恒载	正态	1.06	0.07
	活载	极值 I 型	均值为恒载的 0.25 倍	0.5

1）恒荷载

恒荷载主要由钢筋混凝土结构自重和模板支撑重量组成。对于钢筋混凝土结构自重，假定均值/标准值＝1.06，变异系数＝0.074，服从正态分布。模板和支撑的重量按实际取用，可取为楼板重量的倍数。

2）活荷载

施工期活载荷统计参数的取值在表 6.2-1 中差别比较大，除了统计方法不同导致结果的差异外，主要是由于施工方法多样，并且受到场地条件、设备、施工方法、现场管理等多方面因素的影响。

3）偶然荷载

在施工过程中除了上述一些常规荷载之外，还可能由于施工的需要要在临时结构上施加一些特殊荷载，例如有时要在临时结构上布置内爬式起重机、布料杆式动力设备，有雪的地区施工期遭遇雪荷载等。这些荷载不宜包含在常遇活荷载中，应该具体问题具体分析，由施工人员确定荷载的大小，并考虑足够的保证率。

4）风荷载

风荷载是结构施工期荷载中比较特殊的荷载，它对施工期结构的作用主要是通过模板支撑体系转化为弯矩作用和水平剪力作用。风的作用是模板支撑设计中必须考虑的，对钢筋混凝土临时结构的分析中，考虑到如下因素：① 施工中的结构具有一定通透性，风阻系数相对较小；② 大风时施工会暂时停止，风荷载不会与其他荷载出现最大组合；③ 支撑体系使风荷载的分布更加均匀，在活荷载上乘以 1.2 的系数来考虑风荷载的影响。

5. 施工期混凝土结构计算荷载效应

施工期荷载效应 S 可由施工期结构所承受的各种荷载 Q 通过施工期结构分析得到。由于施工期结构形状和施工期材料性质随时间变化，这些变化又要受到施工现场复杂条件的影响，所以施工期荷载效应 S 是比较复杂的。

假定结构为线弹性体系，则荷载效应 S 与荷载 Q 有线性关系：

$$S = CQ \tag{6.2-10}$$

式中　C——荷载效应系数。

进行施工期荷载效应分析时，由于各种荷载的统计参数不同，作用的方式也不一样，需要将各种荷载分别考虑。此时荷载效应与荷载的关系用荷载效应系数来描述，即

$$S = S_{RC} + S_{FM} + S_L + S_S \tag{6.2-11}$$

式中　$S_{RC} = C_{RC}Q_{RC}$——施工期钢筋混凝土构件自重的荷载效应；

$S_{FM} = C_{FM}Q_{FM}$——施工期模板和支撑系统自重的荷载效应；

$S_L = C_L Q_L$——施工期活荷载效应；

$S_S = C_S Q_S$——施工期偶然（特殊）荷载效应；

其中　　　　　C_{RC}——施工期钢筋混凝土构件自重荷载效应系数；

C_{FM}——施工期模板及支撑自重荷载效应系数；

C_L——施工期活荷载效应系数；

C_S——施工期偶然（特殊）荷载效应系数；

Q_{RC}——施工期钢筋混凝土构件自重荷载；

Q_{FM}——施工期模板及支撑自重荷载；

Q_L——施工期活荷载；

Q_S——施工期偶然（特殊）荷载。

施工期钢筋混凝土构件自重荷载、模板和支撑的重量引起的荷载、活荷载以及特殊荷载，均可视为随机变量。各种荷载的荷载效应系数可以通过对施工期结构的分析得到。其中钢筋混凝土构件自重荷载的效应系数可以用荷载传递系数来宏观地反映。考虑到施工中的不确定性较大，将各荷载效应系数也视为随机变量。在钢筋混凝土结构的施工期，由于结构的时变特征，使得各荷载效应系数随着时间的推移和施工步骤的变化而不断变化，综合考虑钢筋混凝土结构施工期的全过程，荷载效应 S 应是一个随机过程。

$$S(t) = S(S_{RC}, S_{FM}, S_L, S_S, t) \tag{6.2-12}$$

式中符号同上。

6. 施工期混凝土结构计算抗力统计与分析

在钢筋混凝土结构的施工过程中，由未达到设计强度的钢筋混凝土构件和支撑系统组成的临时结构系统具有时变性。随着龄期的增长，钢筋混凝土构件力学性能不断变化，因此对钢筋混凝土结构早期抗力进行统计和分析具有十分重要的意义。

结构构件抗力的不确定性主要有三个方面：① 结构构件材料性能的不确定性；② 结构构件几何参数的不确定性；③ 结构构件抗力计算模式的不确定性。

同时，在钢筋混凝土结构的施工过程中，材料的性能和构件的几何特性甚至计算方式都可能是时间的函数，特别是在钢筋混凝土结构施工的每一个周期中，一个最突出的特点就是新浇筑混凝土的性质迅速发展变化。因此，施工期结构在进行构件的抗力分析时必须考虑时间的因素。

（1）结构构件材料性能的不确定性

结构构件材料性能的不确定性是指构件的各种物理力学性能因材质以及工艺、加载、环境、尺寸大小等因素而引起的变异性。用材料的实际性质与标准性质的比值 K_M 表示。表 6.2-2 给出了钢筋混凝土结构构件使用期的一些 K_M 的统计特征量。

K_M 的统计特征量 表 6.2-2

材料及受力状况	材料品种	μ_{KM}	δ_{KM}
钢筋受拉	A_3	1.02	0.08
	20MnSi	1.14	0.07
	25MnSi	1.09	0.06
混凝土轴心受压	C20	1.66	0.23
	C30	1.41	0.19
	C40	1.35	0.16

（2）构件几何尺寸的不确定性

构件的几何尺寸在加工制作过程中会有一些偏差，构件的几何尺寸也是随机变量。其特征用结构构件的几何特性的实际值和标准值之比 K_A 表示。K_A 的统计特征量见表 6.2-3。

K_A 的统计特征量 表 6.2-3

项 目	μ_{KA}	δ_{KA}	项 目	μ_{KA}	δ_{KA}
截面高度、宽度	1.00	0.02	混凝土保护层厚度	0.85	0.30
截面有效高度	1.00	0.03	箍筋平均间距	0.99	0.07
纵筋截面面积	1.00	0.03	纵筋锚固长度	1.02	0.09

（3）结构计算模式的不确定性

结构构件计算模式的不确定性是指抗力计算中由于采用各种假定和简化等引起的实际抗力与计算值之间的变异性。结构的计算模式的不确定性用实际抗力与计算抗力的比值 K_P 表示。K_P 的统计特征量见表 6.2-4。

K_P 的统计特征量 表 6.2-4

结构的构件类型	μ_{KP}	δ_{KP}
受弯	1.00	0.04
受冲切	0.97	0.16

在施工期的任意时点，结构构件抗力 R 一般都是多个随机变量的函数。若已知每个随机变量的分布函数，通过多维积分求抗力 R 的分布函数在数学上会遇到各种困难。可以假定它服从对数正态分布，其统计参数按误差传递公式求出。抗力的计算公式取与使用

期相同，但各种参数按考虑时间因素的施工期取。考察施工的全过程，结构抗力 R 则也是时间的函数，是一个随机过程：

$$R(t) = R(X_M, X_P, X_A, t) \tag{6.2-13}$$

式中 X_M——代表与各种材料相关的随机变量；

$\quad\quad X_P$——代表与构件的几何尺寸相关的随机变量；

$\quad\quad X_A$——代表与结构的计算模式相关的随机变量。

7. 施工期混凝土结构安全控制计算模型的提出

（1）施工期混凝土结构安全控制板柱结构计算模型

板柱结构的失效模式主要是冲切破坏。取两柱（或各柱）及其连线方向 1m 带宽的板带，与支撑系统组成单跨或多跨的平面时变结构。柱作为构件与整个结构共同工作。支撑系统的刚度，可由实测获得或根据支撑的轴向受压刚度和木龙骨的横纹受压刚度推算后等效得到。

（2）施工期混凝土结构安全控制框架结构计算模型

框架结构的失效模式主要是板受弯破坏。取沿各梁跨中连线方向 1m 带宽的板带，与支撑系统组成单跨或多跨的平面时变结构。梁的作用可根据实际结构中，梁中点的竖向刚度和扭转刚度用一个特殊单元来模拟。支撑系统的刚度，可由实测获得或根据支撑的轴向受压刚度和木龙骨的横纹受压刚度推算后等效得到。

（3）施工期混凝土结构安全控制剪力墙结构计算模型

剪力墙结构的失效模式主要是板受弯破坏。取沿各墙段中点连线方向 1m 带宽的板带和墙带，与支撑系统组成单跨或多跨的平面时变结构。墙作为构件与整个结构共同工作。支撑系统的刚度，可由实测获得或根据支撑的轴向受压刚度和木龙骨的横纹受压刚度推算后等效得到。

6.2.2 施工期混凝土结构性能实测技术

1. 仪器选择

考虑现场测试环境的复杂、不确定性及测试周期较长的特性，采用钢弦式钢筋应变计、应变片、传感器对现场梁、板、柱钢筋、混凝土及模板支撑钢管进行量测，配套使用读数仪。楼板混凝土实际厚度及钢筋保护层厚度采用专用仪器测量。混凝土试块多龄期立方体抗压强度、弹性模量及模板支撑钢管弹性模量在材料性能试验室进行测试。

2. 测试方案及主要测试工作

测试由现场和实验室两部分结合进行，主要测试工作主要由①基础数据测量；②实际结构梁柱板及支撑架测试两大部分构成。

（1）基础数据量测

基础数据量测包括以下几个小部分组成。

1）混凝土早期强度、弹性模量

2）钢管支撑架弹性模量

3）施工及环境情况等

配合仪器读数情况，随时记录施工全过程，特别是模板支设、钢筋绑扎、混凝土浇筑、模板支撑拆除以及大型设备、大宗材料吊放等情况。随时记录环境情况：关键位置的温度、湿度、环境及风速。

（2）实际混凝土结构（梁板柱）及模板支撑测试

结合具体情况确定布点方案。

主要按施工工序进展读数，具体控制工序如下：

1）上层模板支设；

2）上层或本层钢筋绑扎；

3）上层或本层混凝土浇筑及浇筑后 1～28d；

4）下层或本层模板支撑拆除；

5）大型设备、大宗材料吊放等（吊放进行前后各读数一次）。

如遇没有工序施工时，每 24h 读数一次。

特殊情况下，有需要时随时加测。

6.2.3 施工期混凝土结构性能数值分析技术

在施工期间，由于刚浇筑完的混凝土或者浇筑完尚未养护到一定龄期的混凝土，还不足以承担构件自身重量和外部荷载，需依靠楼层间的模板支撑将外荷载和自重全部或部分地传递到下部楼层。与施工现场构件实测辅助、结合，本分析计算结构在这种状态下的受力，上部楼层混凝土在不同龄期以及采用不同支撑情况下的受力变化规律，并验证下部楼层及支撑受力是否满足承载能力和正常使用的要求。

在楼层之间存在支撑时，支撑是传递荷载的主要途径。同时，柱和剪力墙等竖向结构构件也会传递一定的荷载。结构的梁、板、柱和剪力墙，加上支撑，形成了一个协调变形、共同受力的临时受力整体，在分析模型中需要完整地加以考虑。目前的结构设计软件还不具备这种建模分析的功能，本课题采用大型通用有限元软件 Ansys 进行分析计算。

考虑到常用的壳单元（shell）和杆单元（beam）不能包含构件的钢筋，加之不同类型的单元之间存在耦合问题，为了准确地考察结构受力，对所有构件都采用实体单元（solid45），钢筋用二力杆单元（link8）包裹在实体单元中。这样做建模的工作量非常大，分析耗费的机时也相当长，但能更准确地得到结构受力的细节。实体单元一般都用于单独的结构构件分析，用于建立如此大规模的模型是很少见的。由于支撑钢管与上、下楼面的接触方式不能约束钢管的转动，因而二力杆单元（link8）足以模拟以受压为主的钢管。

6.3 工程应用实例

6.3.1 工程概况

重庆中华新城由重庆中华企业房地产发展有限公司投资开发，中国建筑第五工程局施工总承包，该项目集大型商业、五星级酒店、办公、住宅为一体。一期工程的 B2 区，由裙房及八栋塔楼组成，±0.000 以下 3 层，其中 7 号楼长宽约为 80m×33m，总 57 层，高度 232.0m，为项目中最高建筑单体，属超过 B 级的超限高层建筑，主体为框架—核心筒结构，设计合理使用年限为 100 年，如图 6.3-1 所示。

图 6.3-1 中华新城

6.3.2 施工期混凝土结构性能实测研究

1. 仪器选择

遵照 6.2.2 条要求确定，本项目使用部分仪器如图 6.3-2、图 6.3-3 所示。

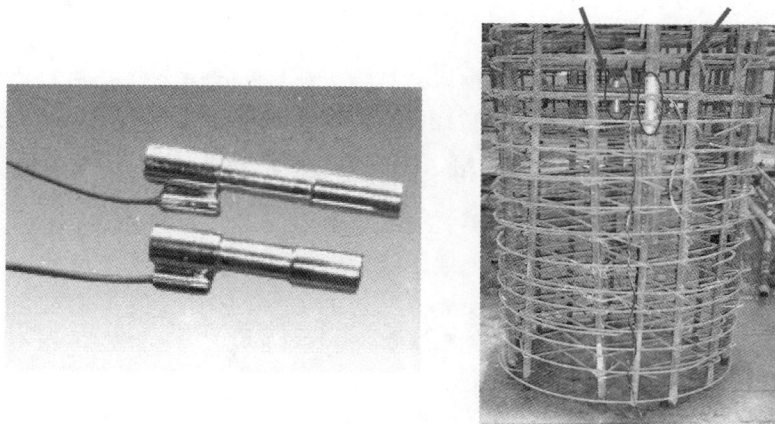

图 6.3-2 钢筋应变计

2. 测试方案及主要测试工作

遵照 6.2.2 条要求进行，具体内容如下：

（1）基础数据量测

1）混凝土早期强度、弹性模量

为了保证实测结果的准确性以及数值分析结果的有效性、可对比性，必须实际量测

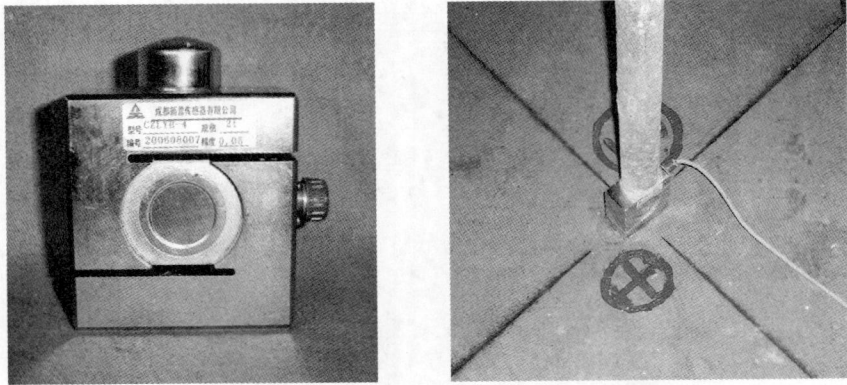

图 6.3-3　支撑钢管压力传感器

52 层~55 层各层柱和梁板混凝土各龄期、同条件和标准条件两种养护条件下的立方体抗压强度及弹性模量。柱和梁板混凝土强度等级相同，生产厂家相同，配合比相同，试块统一留置。

52 层~55 层各层混凝土试块留置情况见表 6.3-1。

52 层~55 层每层混凝土试块留置情况　　表 6.3-1

构　件	指　标	组数/龄期	试块尺寸 （mm）	每组试块数	备　注
柱、 梁、板	立方体抗压强度	8 组 3d/7d/14d/28d	150×150×150	3	每层 同条件及标准条件 养护试块 各 4 组
	弹性模量	8 组 3d/7d/14d/28d	150×150×300	6	

2）钢管支撑架弹性模量

同样，为了保证实测结果的准确性以及数值分析结果的有效性、可对比性，必须实际量测 52~55 层各层使用的模板支撑钢管的弹性模量。

52~55 层，每层同批钢管测试一组，四层共计四组。

（2）实际混凝土结构（梁板柱）及模板支撑测试

1）测试区域及布点情况

具体布点情况：

52~55 层⑭~⑮/ⓒ~ⓗ轴线范围，每层 10 个测点，四层共计 40 个测点，具体见图 6.3-4 及表 6.3-2。

52~55 层每层测点情况　　表 6.3-2

点　号	工程部位/构件	位　置	数　量	备　注
1~2	⑭/ⓔ柱	柱钢筋（对角）	2	
3~4	⑭轴ⓒ~ⓗ梁	支座附近	2	
	⑮轴ⓒ~ⓗ梁	跨中		
5~6	板	跨中	2	二个区域
7~10	梁及板模板支撑钢管	跨中	4	
每层小计：钢筋计 6 个；钢管应变计（传感器）4 个				

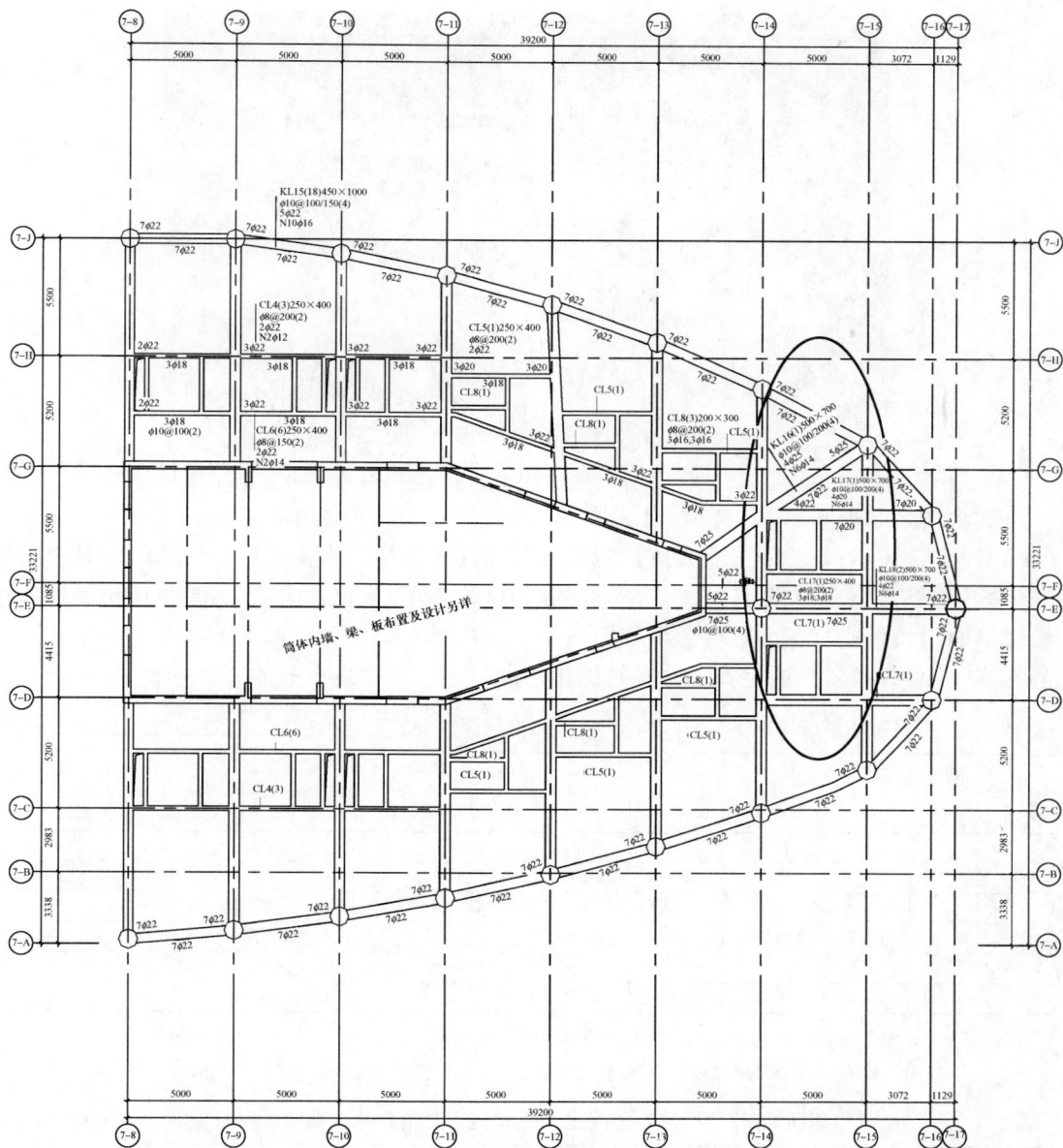

图 6.3-4 实际测试区域示意（椭圆部分，局部）

2）测试读数

参照 6.2.2 条要求进行。

3. 实测结果及初步分析

（1）基础数据部分

为了把握早期混凝土强度、弹性模量的发展状况及其在各个阶段的随机分布规律，课题组做了 32 组混凝土强度及 32 组弹性模量在 3d、7d、14d 和 28d 龄期的实测（图 6.3-5）。同时，为了后续数值分析结果的准确性，课题组也随即抽取了支撑钢管，标定其弹性模量。

图 6.3-5　（中华新城 B2-7 号楼）同条件养护混凝土试块

　　试验结果如表 6.3-3、表 6.3-4 及图 6.3-6、图 6.3-7 所示。

　　试验结果表明，混凝土立方体抗压强度及弹性模量早期增长较快，标准条件养护试块 3 天强度已达 28d 强度的 45.7%，同条件养护试块 3d 强度已达 28d 强度的 49.6%。弹性模量早期增长更快，标准条件养护和同条件养护试块 3d 弹性模量已分别达 28d 弹性模量的 61.7% 和 67.2%。这对施工方案的优化，加快施工进度是有益的。

（中华新城 **B2-7** 号楼）混凝土立方体抗压强度一览（包括主要统计特征量）　表 6.3-3

组别 \ 龄期	3d	7d	14d	28d	组别 \ 龄期	3d	7d	14d	28d
标 1-1	18.20	26.60	35.30	39.80	同 2-1	18.20	26.60	34.20	36.70
标 1-2	19.50	29.10	37.50	41.8	同 2-2	18.30	24.60	33.90	36.8
标 1-3	15.00	23.00	32.80	39.0	同 2-3	13.80	21.70	25.60	31.6
标 1-4	17.70	24.90	33.0	40.0	同 2-4	14.70	21.40	26.0	32.6
平均值	17.60	25.90	35.20	39.80	平均值	16.25	23.58	31.23	36.70
方差	2.68	5.03	3.69	2.21	方差	4.10	4.61	15.88	2.23

　　注：1. "标 1—"表示标准条件养护；"同 2—"表示同条件养护；

　　　　2. "—1"代表 52 层数据；"—2"代表 53 层数据；"—3"代表 54 层数据；"—4"代表 55 层数据。

（中华新城 **B2-7** 号楼）混凝土弹性模量一览（包括主要统计特征量）　　表 6.3-4

组别 \ 龄期	3d	7d	14d	28d	组别 \ 龄期	3d	7d	14d	28d
标 1-1	2.11	2.81	3.25	3.42	同 2-1	2.31	2.81	3.04	3.44
标 1-2	2.82	2.97	3.45	3.55	同 2-2	2.31	2.67	2.96	3.33
标 1-3	2.12	2.66	2.95	3.56	同 2-3	1.96	2.70	2.79	3.40
标 1-4	2.35	2.70	3.10	3.40	同 2-4	2.07	2.43	2.68	3.42
平均值	2.35	2.79	3.22	3.42	平均值	2.16	2.65	2.93	3.44
方差	0.08	0.01	0.04	0.00	方差	0.02	0.02	0.01	0.00

　　注：1. "标 1—"表示标准条件养护；"同 2—"表示同条件养护；

　　　　2. "—1"代表 52 层数据；"—2"代表 53 层数据；"—3"代表 54 层数据；"—4"代表 55 层数据。

混凝土立方体抗压强度

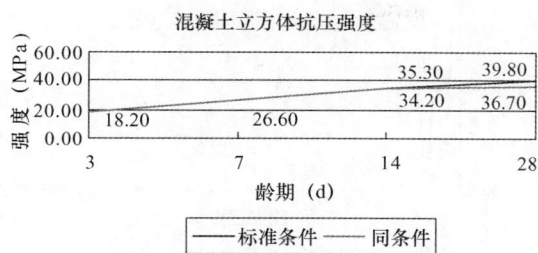

图 6.3-6 （中华新城 B2-7 号楼）混凝土
立方体抗压强度—龄期曲线

混凝土弹性模量

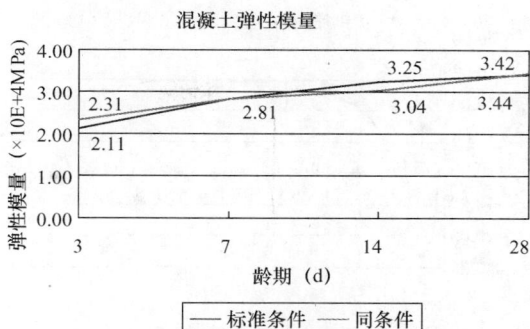

图 6.3-7 （中华新城 B2-7 号楼）
混凝土弹性模量—龄期曲线

课题组随机抽取的支撑钢管弹性模量见图 6.3-8。

（2）结构构件部分

主要测试结果如图 6.3-9～图 6.3-14，作简要分析。

上层梁板混凝土浇筑后，柱钢筋均为压应力，随着施工进程的开展，压应力整体呈逐渐增大趋势，上层混凝土浇筑及施工荷载堆放时，柱钢筋压应力有突变，显示施工工序开展会对施工期结构受力产生较大的影响。

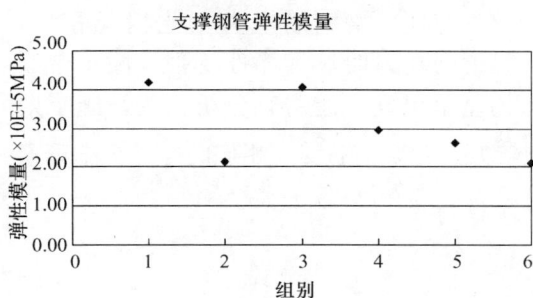

图 6.3-8 （中华新城 B2-7 号楼）
支撑钢管弹性模量实测值
（平均值＝3.008；方差＝0.694）

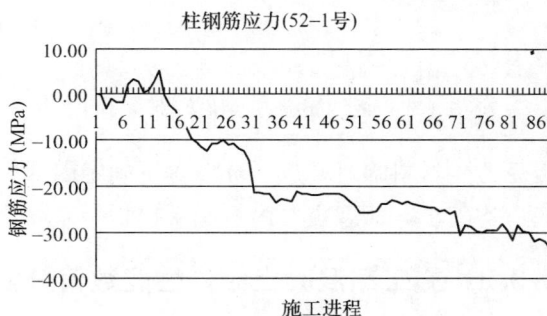

图 6.3-9 （中华新城 B2-7 号楼）
柱钢筋应力（52-1 号）

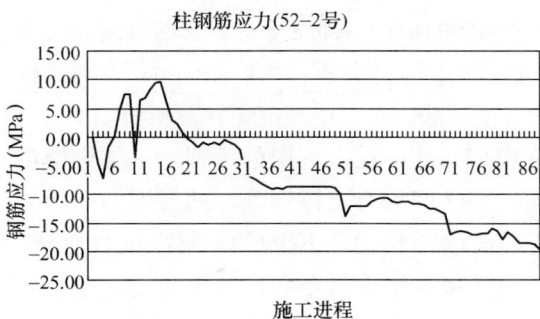

图 6.3-10 （中华新城 B2-7 号楼）
柱钢筋应力（52-2 号）

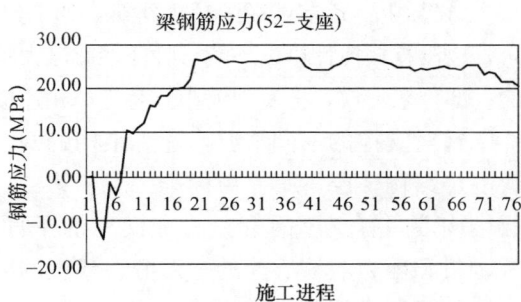

图 6.3-11 （中华新城 B2-7 号楼）
梁钢筋应力（52-支座）

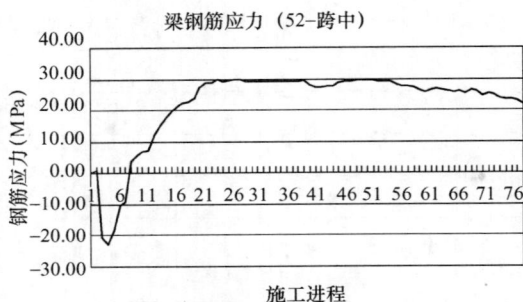

图 6.3-12 （中华新城 B2-7 号楼）
梁钢筋应力（52-跨中）

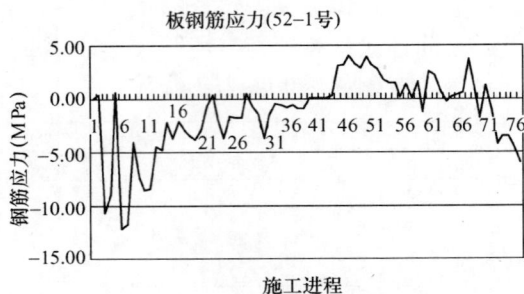

图 6.3-13 （中华新城 B2-7 号楼）
板钢筋应力（52-1 号）

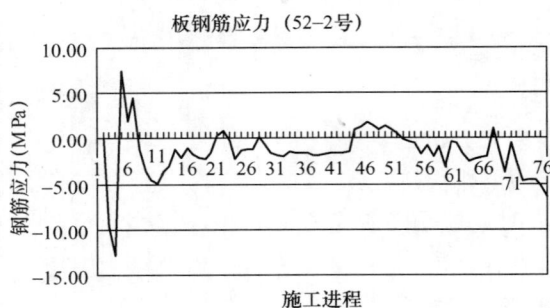

图 6.3-14 （中华新城 B2-7 号楼）
板钢筋应力（52-2 号）

梁支座及跨中钢筋在混凝土浇筑后的 1～2d 内，为压应力，显示此时外荷载尚不起主要作用，此压应力由混凝土主动收缩引起。此后，梁支座及跨中钢筋均为拉应力，表明混凝土收缩发展已经较小，外荷载起主要作用，梁底支撑拆除前，由于钢管支撑承担主要的外荷载，梁中钢筋应力变化不大。

与柱、梁钢筋应力变化情况相比，板钢筋受力明显规律性不强，两个钢筋均显示出同一趋势，分析认为，施工期板受力受材料临时堆放、环境等不确定因素影响较大。与梁钢筋受力相似的是，板中钢筋应力均较小，荷载主要由板底支撑承担。

6.3.3 施工期混凝土结构性能数值分析

1. 模型的建立

（1）模型详述

1）模型范围

该结构为 55 层的超限超高建筑，如果建立整个结构的模型，即便不论建模的难度和工作量，也没有任何计算设备能够胜任如此巨大的计算量。根据上述分析目的，完全可以针对结构的一部分来建模，把范围缩小到有支撑相连楼层的一个局部，而不必建立整个结构的模型。

针对支撑的不同情况，建立结构的两个局部模型，即两层和三层的模型。三层模型包含三个结构楼层，第一层同第二层、第二层同第三层之间均有支撑钢管。两层模型一、二层结构之间有支撑钢管。两个模型的平面相同，均取结构总平面的约 1/3，包含有梁、柱、板和剪力墙核心筒的一部分，模型的底部完全约束，平面截断部位约束转动，平面外边缘的圆弧梁简化为直线梁。

2）几何实体和单元划分

模型的建立首先是几何实体的构建。由于柱均为圆形截面，与矩形截面的梁相交使几何实体的建立变得很复杂，特别是有几个方向的梁交于同一柱的时候。此外，为了在上、下楼层之间连接支撑钢管，需要按钢管的平面间距将楼板划分成若干单独的实体。为了在梁和柱中放置钢筋，也需要将梁和柱分成若干几何实体。这些都给模型的建立带来了很大的难度和工作量。图 6.3-15～图 6.3-18 为两层和三层模型的几何实体图。

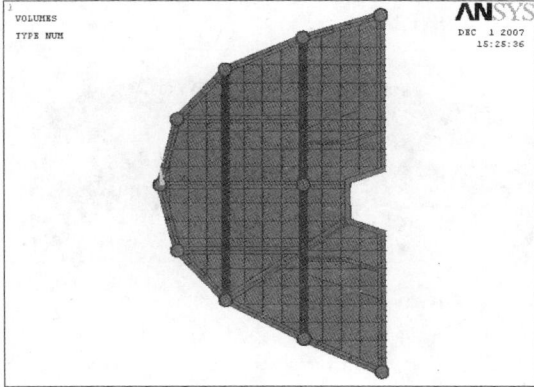

图 6.3-15 两层模型几何实体俯视图

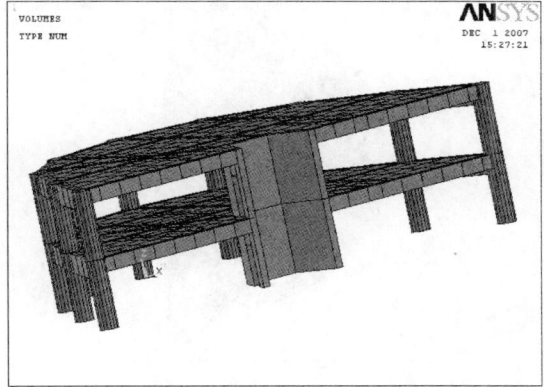

图 6.3-16 两层模型几何实体轴侧图

各个几何实体形成以后，再按照其几何关系建出整个模型并进行单元划分。所有的柱均按实际配置的纵向钢筋用 link8 单元模拟，梁选择三根主梁按其实际配置的上下部纵筋用 link8 单元模拟，梁、柱、板和剪力墙混凝土用 solid45 实体单元模拟。支撑钢管据其位置（按 1.2m×1.2m 的间距）先建立 line 体，再用 link8 单元划分。

由于模型庞大而复杂，支撑钢管数量很多，不可能直接用图形方式布置钢管，因为 line 的两端点很难在图形上一次选取，需要将模型反复旋转。故只能用数字方式定位。考虑到在横向钢管的拉结下，竖向钢管不会发生太大的弯曲变形，以轴向变形为主，而软件对 link8 单元也只考虑其轴向变形，横向钢管对分析来说没有必要，基于同样的原因，为了简化建模，忽略起拉结作用的横向钢管影响，省略后对结构的分析结果没有影响。

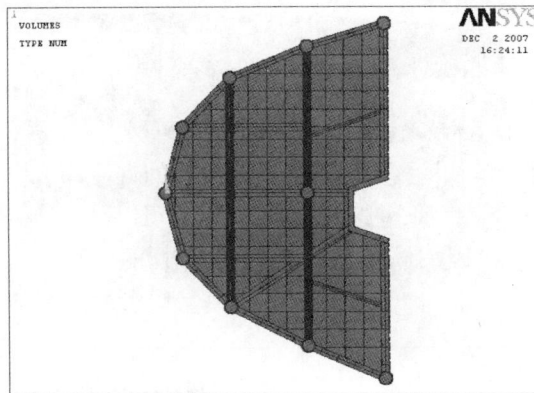

图 6.3-17 三层模型几何实体俯视图

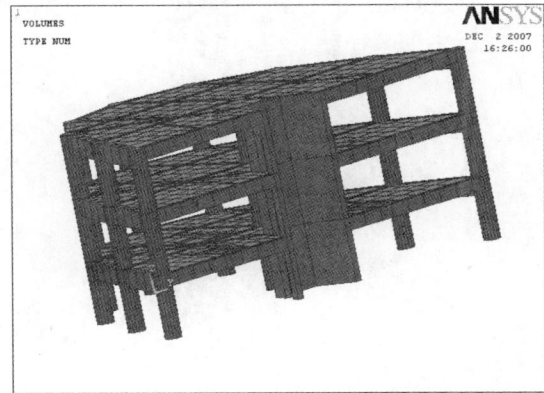

图 6.3-18 三层模型几何实体轴侧图

此外，模型中没有考虑模板。这是因为混凝土从刚浇筑到逐渐硬化，其与模板的接触是很难模拟的。而且当混凝土具有一定的弹性模量以后，模板的作用就非常小了。在混凝土弹性模量尚小的时候，可以通过适当增大混凝土的弹性模量来考虑模板的作用。

单元划分完毕后，两层模型为 30 多万个单元，三层模型为 40 多万个单元。

划分单元及建立支撑钢管后的两个模型如图 6.3-19～图 6.3-22 所示。

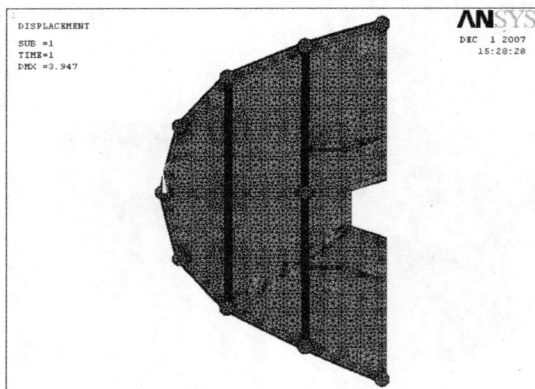

图 6.3-19　两层模型单元划分俯视图

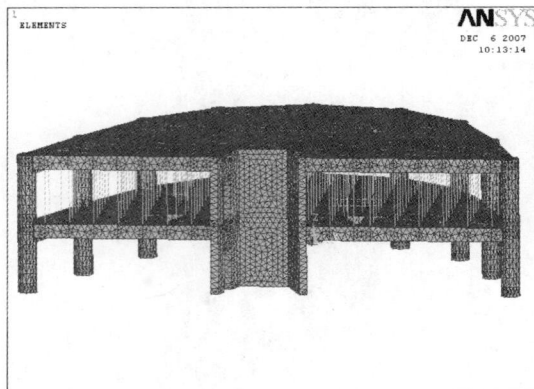

图 6.3-20　两层模型单元划分轴侧图

3）材料属性

材料的属性包括材料的密度、弹性模量、泊松比和几何尺寸。支撑钢管按实测取截面积为 $876mm^2$，弹性模量为 $2.6×10^5 N/mm^2$。钢筋按设计图纸确定其截面积，弹性模量按规范取 $2.0×10^5 N/mm^2$，泊松比均为 0.3，密度均为 $7.85×10^{-6} kg/mm^3$。混凝土的密度取 $26kN/m^3$，泊松比取 0.2，根据实测，3d 的弹性模量为 $1.96×10^4 N/mm^2$，7d 的弹性模量为 $2.81×10^4 N/mm^2$。对于浇筑完毕 20h 的混凝土，弹性模量没有实测值。据经验知其强度约为 $1.2N/mm^2$，估算其弹性模量约为 $1.2×10^3 N/mm^2$，再适当考虑模板的作用，取弹性模量为 $1.5×10^3 N/mm^2$。

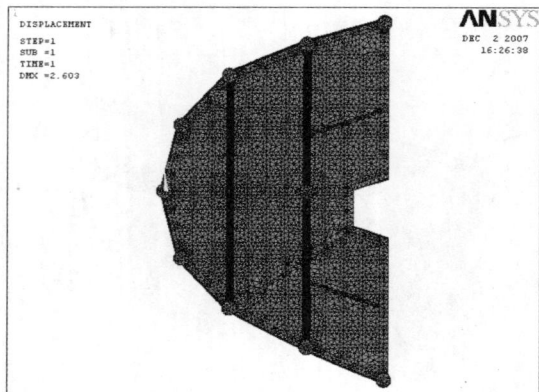

图 6.3-21　三层模型单元划分俯视图

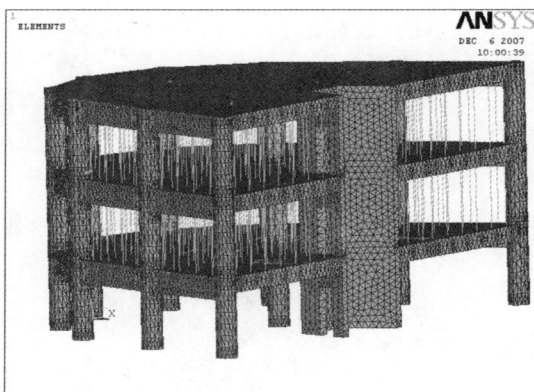

图 6.3-22　三层模型单元划分轴侧图

在本分析中，混凝土弹性模量的大小决定了上层荷载的多少通过支撑钢管传递到下部楼层。混凝土弹性模量越大，通过钢管传递的荷载就越少，通过结构竖向构件传递的荷载就越多。

（2）荷载施加

根据规范，施工荷载模型顶层取 $4kN/m^2$（考虑浇筑混凝土的冲击荷载、操作人员和设备重量、模板重量等因素），模型下部楼层取 $1kN/m^2$（考虑操作人员和设备重量以及模板重量），构件自重乘以 1.2 的系数（在软件中将重力加速度取为 $11.76m/s^2$）。

基于以下原因，此次分析中没有考虑风荷载：其一，风荷载是靠整个结构共同承担，难以将模型部分承担的份额提取出来；其二，混凝土核心筒承担了很大部分风荷载，梁和柱承担的很少，忽略风荷载对考察的对象影响很小。

现场测试记录有所有测试期的风速变化，可留待后续分析计算。

2. 结果分析

（1）结构变形

两个模型的变形如图 6.3-23～图 6.3-26 所示。

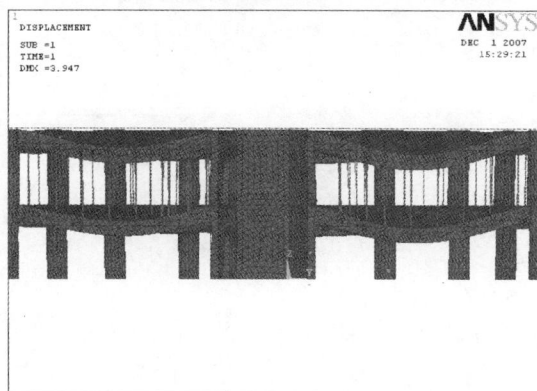

图 6.3-23 两层模型变形图（1）

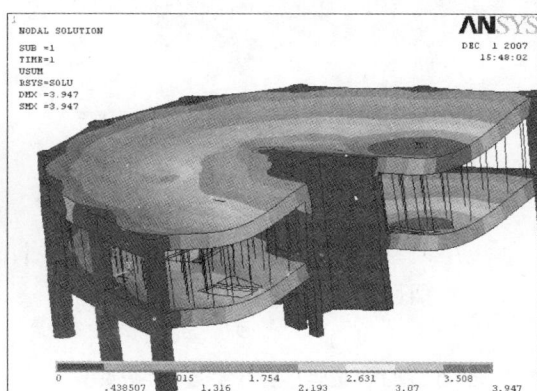

图 6.3-24 两层模型变形图（2）

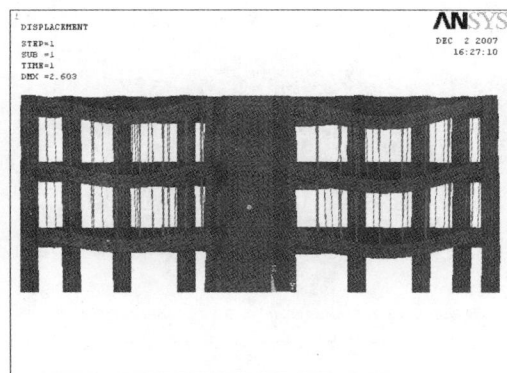

图 6.3-25 三层模型变形图（1）

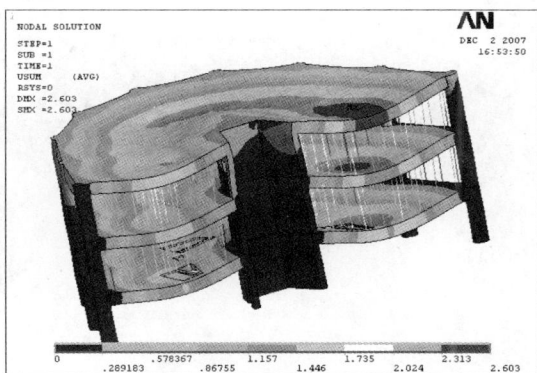

图 6.3-26 三层模型变形图（2）

从图中可见，最大位移为 3.9mm 左右，发生在第二层。结构各个部位的位移大小用不同颜色标识，根据图下部的图例就可以找到对应的位移值。

从图中可见，最大位移为 2.6mm 左右，发生在第三层。同样，结构各个部位的位移大小用不同颜色标识，根据图下部的图例就可以找到对应的位移值。对比两层模型，三层模型的位移更小。这是因为三层模型有两层支撑钢管，第三层的荷载在两个结构层之间分摊，而两层模型基本靠一层结构层承担。

（2）单元应力

两层模型的单元主应力和 x、y、z 方向的应力如图 6.3-27～图 6.3-32 所示。从单元应力图可以大致看出结构内力的分布。

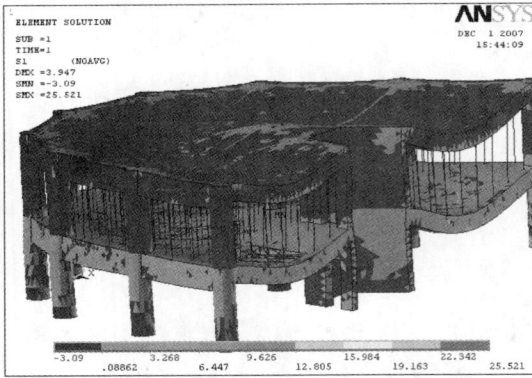

图 6.3-27　两层模型单元主应力图（N/mm²）　　　图 6.3-28　两层模型单元主应力图（N/mm²）

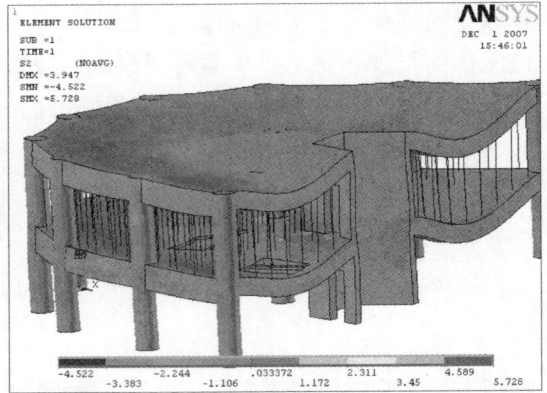

三层模型的单元主应力和 x、y、z 方向的应力如图 6.3-33～图 6.3-38 所示。

（3）钢筋应力

图 6.3-39～图 6.3-42 显示的是两个模型的钢筋应力，拉应力为正，压应力为负。图中可见钢筋的应力均远小于其屈服强度 360N/mm²。不过，由于进行的是弹性分析，没有考虑混凝土的受拉开裂，所以受拉钢筋的实际应力比图中显示的更大。

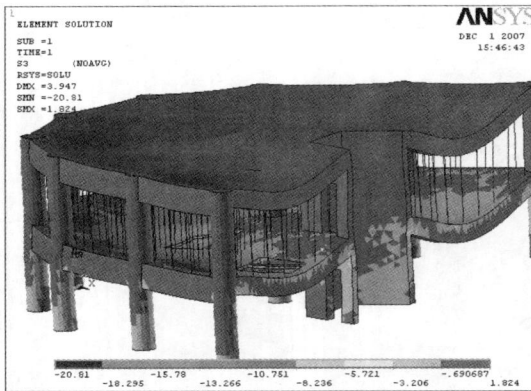

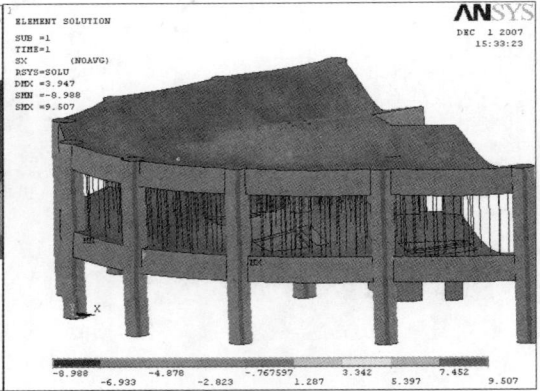

图 6.3-29　两层模型单元主应力图（N/mm²）　图 6.3-30　两层模型单元 X 方向应力图（N/mm²）

（4）截面验算

从保守的角度说，将受拉区混凝土的拉力全部由钢筋承担，将得到钢筋的最大拉应力。

两个模型中，两层模型的钢筋应力显然比三层模型的更大，故在两层模型的第一层选取 6 个截面（如图 6.3-43 所示，各截面的局部图见图 6.3-44～图 6.3-51），统计这些截面上的垂直于截面的节点拉力，将其平均分摊到受拉的每根钢筋，得到该截面偏保守的钢筋

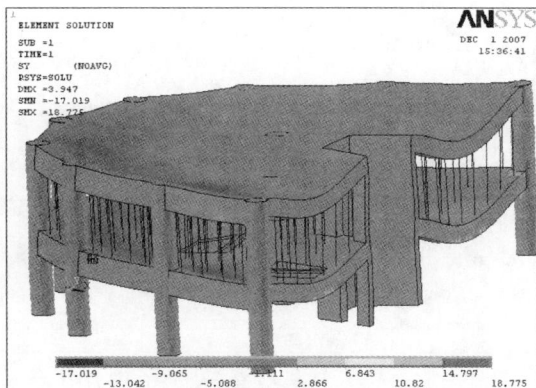

图 6.3-31　两层模型单元 Y 方向应力图（N/mm²）

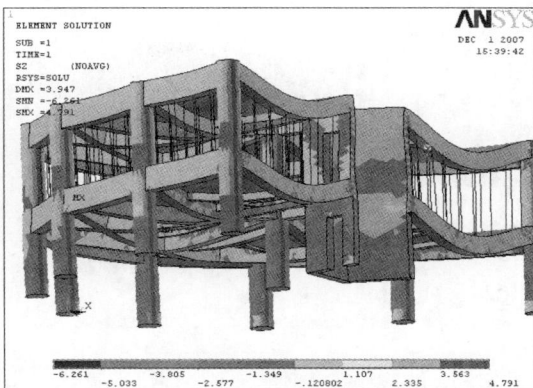

图 6.3-32　两层模型单元 Z 方向应力图（N/mm²）

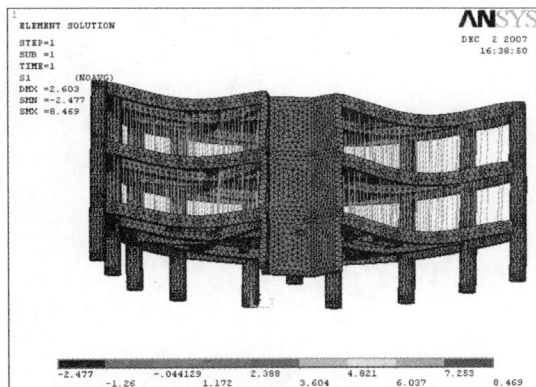

图 6.3-33　三层模型单元主应力图（N/mm²）

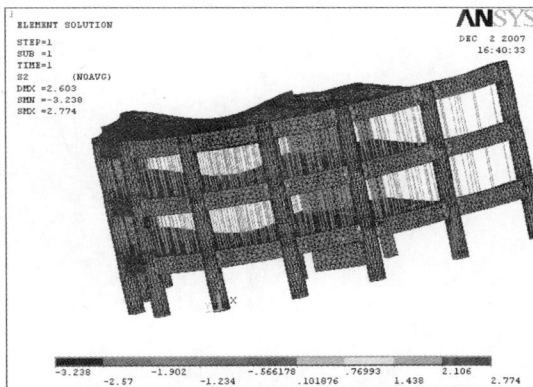

图 6.3-34　三层模型单元主应力图（N/mm²）

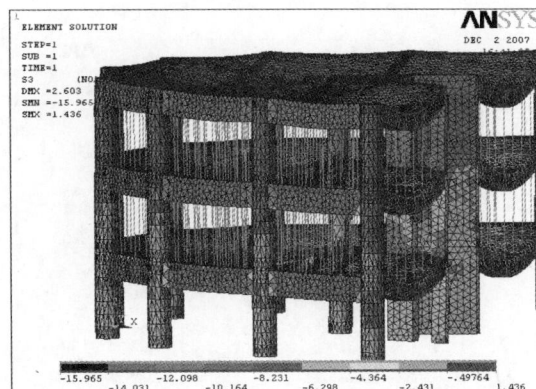

图 6.3-35　三层模型单元主应力图（N/mm²）

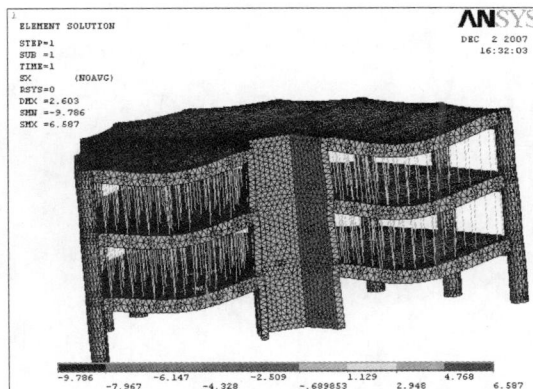

图 6.3-36　三层模型单元 X 方向应力图（N/mm²）

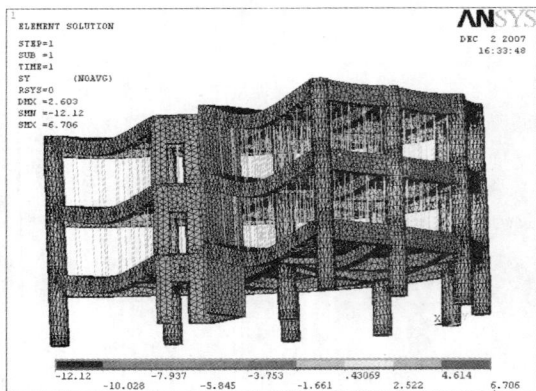

图 6.3-37 三层模型单元 Y 方向应力图
（N/mm²）

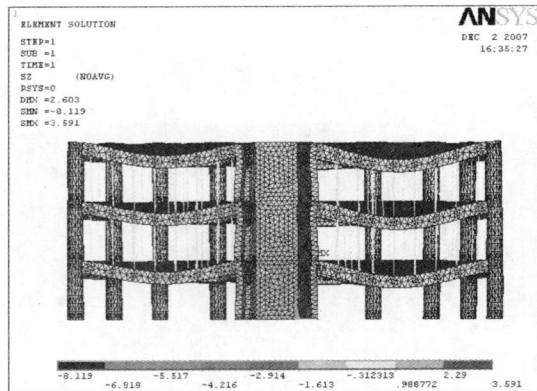

图 6.3-38 三层模型单元 Z 方向应力图
（N/mm²）

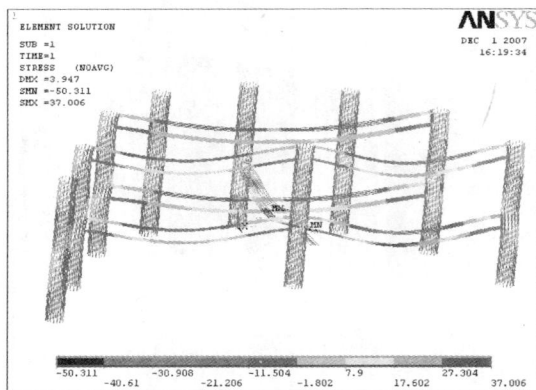

图 6.3-39 两层模型钢筋应力图（N/mm²）

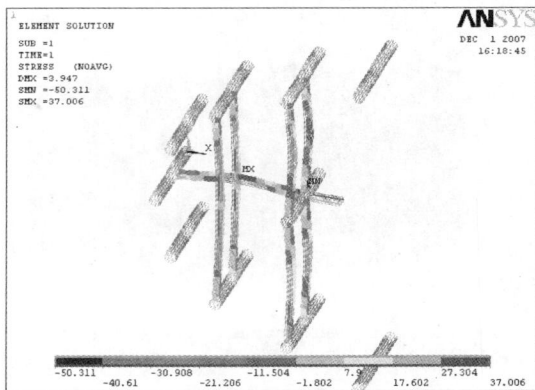

图 6.3-40 两层模型钢筋应力图（N/mm²）

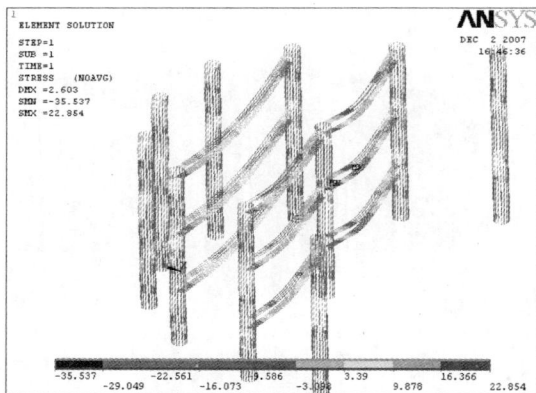

图 6.3-41 三层模型钢筋应力图（N/mm²）

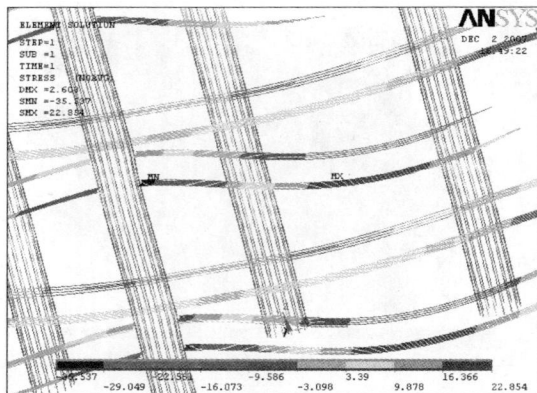

图 6.3-42 三层模型钢筋应力图（N/mm²）

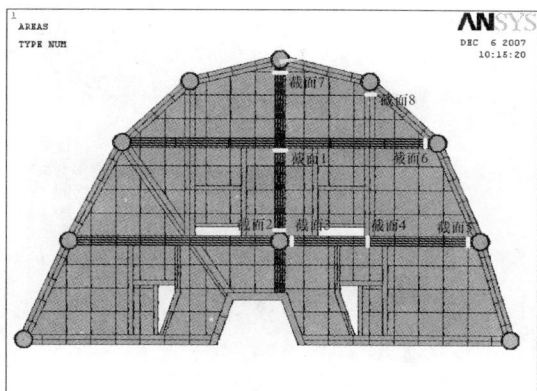

图 6.3-43 两层模型截面选取图

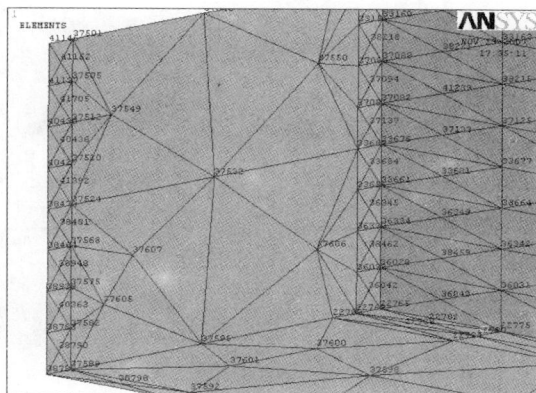

图 6.3-44 两层模型截面 1 局部图

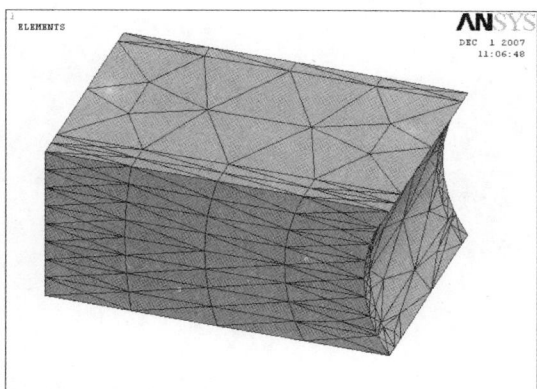

图 6.3-45 两层模型截面 2 局部图

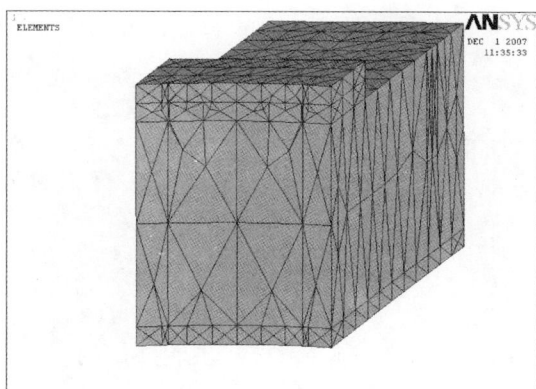

图 6.3-46 两层模型截面 3 局部图

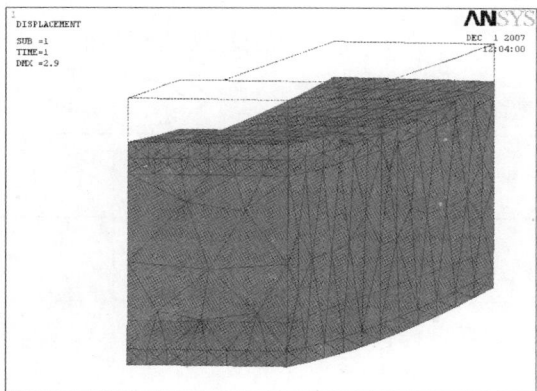

图 6.3-47 两层模型截面 4 局部图

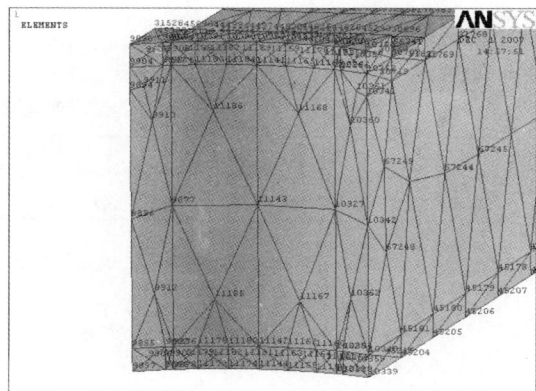

图 6.3-48 两层模型截面 5 局部图

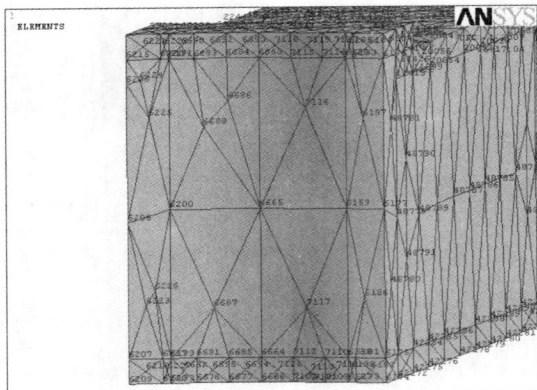

图 6.3-49　两层模型截面 6 局部图

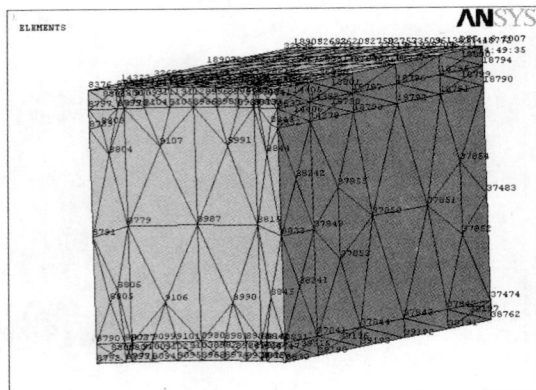

图 6.3-50　两层模型截面 7 局部图

最大拉应力。同时，模型中没有模拟梁中的箍筋，统计这些截面上平行于截面的 Z 方向的力，即该截面的剪力，可用于该截面的抗剪验算。

两层模型钢管轴力如图 6.3-52 所示。

两层模型各截面内力见表 6.3-5。

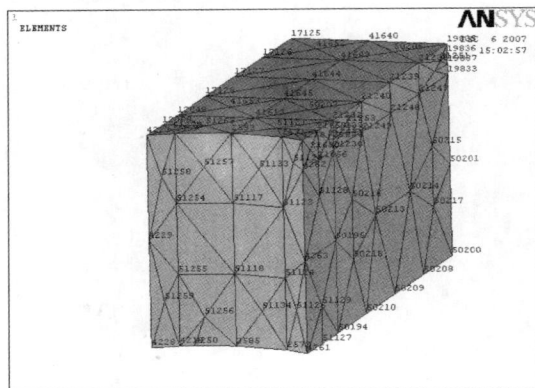

图 6.3-51　两层模型截面 8 局部图

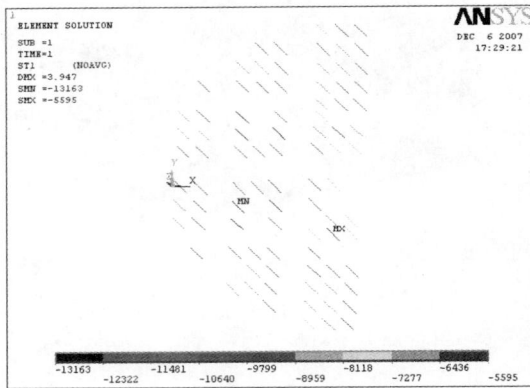

图 6.3-52　两层模型钢管轴力图

两层模型各截面内力 表 6.3-5

应力＼截面	截面 1	截面 2	截面 3	截面 4	截面 5	截面 6	截面 7	截面 8
钢筋最大拉应力（N/mm²）	160	220	98	117	132	81	109	56
钢筋最大压应力（N/mm²）	149	97	258	174	178	138	162	128
截面剪力（N）	57137	291282	315540	109689	266124	141855	233594	170010

根据 3d 混凝土试块立方体强度实测值 $10N/mm^2$，可算得 $f_{ck}=7.6N/mm^2$，$f_c=f_{ck}/1.4=5.4N/mm^2$，$f_t=0.54N/mm^2$。

① 纵向钢筋强度验算

由表 6.3-5 可见，钢筋应力均小于其强度 360N/mm²。需要说明的是，钢筋最大压应力是将截面受压一边的压力全部由钢筋承担计算出来的，这是偏保守的估计。因为实际上混凝土会承担一部分压力，尽管其抗压强度在 3d 的时候只有 28d 强度的 1/3。

② 截面抗剪验算

对所有梁截面，验算受剪截面条件：$0.25 \times 1 \times 500 \times 635 \times 5.4 = 428625N$，均满足要求。

对截面 3 验算其抗剪强度：

箍筋 10@100，四肢，

$V = 0.7 \times 0.54 \times 500 \times 635 + 1.25 \times 210 \times 4 \times 78.5 \times 635/100 = 643414N > 315540N$

抗剪满足要求。

对截面 4 验算其抗剪强度：

箍筋 10@150，四肢，

$V = 0.7 \times 0.54 \times 500 \times 635 + 1.25 \times 210 \times 4 \times 78.5 \times 635/150 = 468948N > 109689N$

抗剪满足要求。

③ 板冲切验算

钢管对楼板的冲切，钢管直径 48mm，能承受的冲切力 $F = 0.7\beta_h f_t \eta u_m h_0$，$f_t = 0.54N/mm^2$，$\beta_h = 1$，$\eta = 1$，$u_m = (40+48+40) \times \pi = 402mm$，$h_0 = 80mm$

故 $F = 12.16kN$

如图 6.3-52 所示，由支撑钢管传递到楼板上的最大轴压力为 13.16kN，比能承受的冲切力略大。考虑到混凝土的抗拉强度取得偏低，为 $0.54N/mm^2$，如果需要抵抗 13.16kN 的冲切力，强度也只需要 $0.58N/mm^2$，考虑到强度取值的安全储备以及钢管布置等因素，能满足要求。

④ 钢筋应力与实测值对比

由于三层模型符合实际施工情况，所以在其上选取 4 个截面，确定钢筋应力与实测值对比。图 6.3-53 和图 6.3-54 为截面选取示意图。

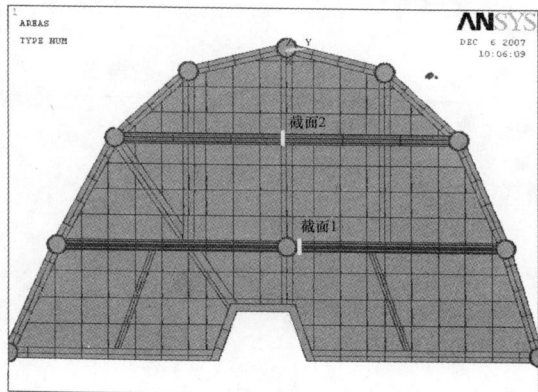

图 6.3-53　三层模型截面选取图

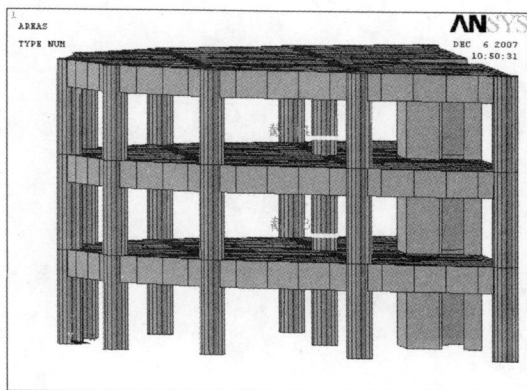

图 6.3-54　三层模型截面选取图

三层模型各截面钢筋应力（N/mm²） 表 6.3-6

	截面 1	截面 2	截面 3	截面 4
最大钢筋拉应力	56	22	—	—
最大钢筋压应力	—	—	87	25

参 考 文 献

1 赵挺生，方东平，张传敏. 施工阶段多(高)层建筑钢筋混凝土结构统一模型. 清华大学学报(自然科学版)，2004，(12)

2 方东平，祝宏毅，耿川东，刘西拉. 施工期钢筋混凝土结构特性的实测研究. 土木工程学报，2001，(4)

3 杨宗放，郭正兴. 高层建筑施工中现浇楼板的荷载传递与支模层数研究. 施工技术，1988，(1)

4 方东平，耿川东，祝宏毅，刘西拉. 施工期钢筋混凝土结构的安全分析与安全指标. 土木工程学报，2002，(4)

5 方东平，耿川东，祝宏毅，刘西拉. 施工期钢筋混凝土结构特性的计算研究. 土木工程学报，2000，(12)

7 现代信息技术在建筑施工中的应用

7 现代信息技术在建筑施工中的应用

7.1 虚拟现实施工技术

7.1.1 问题的提出

1. 虚拟现实技术在建筑施工中的应用

（1）技术背景

虚拟现实技术（Virtual Reality-VR）是 20 世纪 90 年代初才形成的一门新兴技术，是在计算机图形学、计算机仿真技术、人机接口技术、多媒体技术以及传感器技术的基础上发展起来的一门交叉技术，它利用计算机产生具有高度真实感的三维交互环境，并通过多种传感设备，使用户投入到该环境中去，实现以用户为核心的直接、自然的人机交互。它具有交互性、沉浸性、自主性、感知性等特性。

建筑虚拟施工技术是将以虚拟现实为基础的仿真技术应用于建筑施工领域，利用虚拟

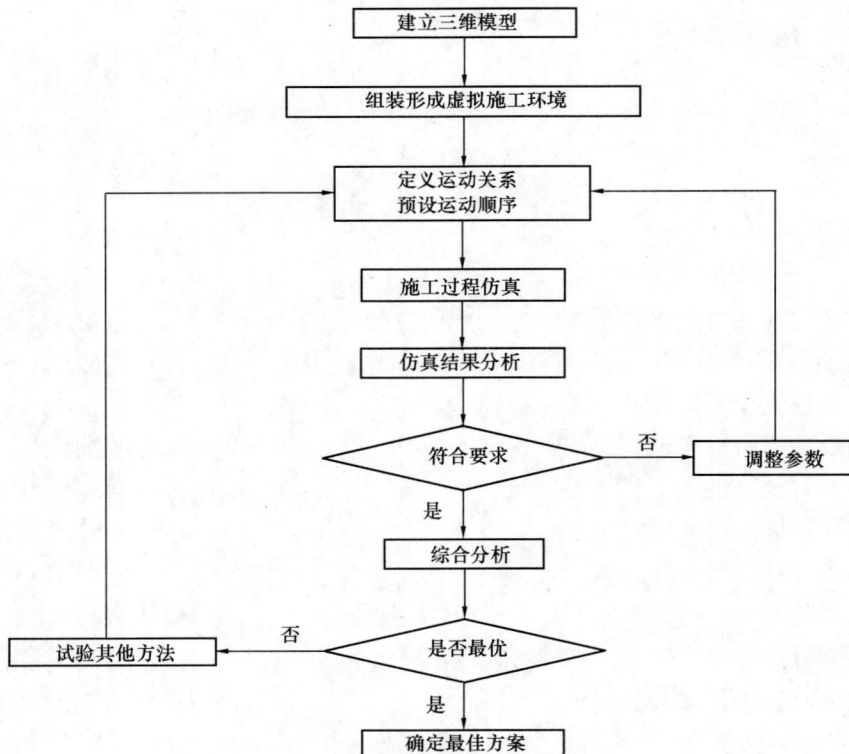

图 7.1-1 建模过程

现实技术建立建筑物的几何模型和施工过程模型，对施工方案进行实时、交互、逼真地模拟，验证对比和优化，进而采用数字化手段制定和修改施工方案，并逐步代替传统的施工方案编制方法。其实施过程如图 7.1-1 所示。

虚拟建造（Virtual Construction，简称 VC），是实际施工过程在计算机上的本质实现。它采用计算机建模、计算机辅助分析与虚拟现实等技术，在高性能计算机及高速网络的支持下，在计算机上群组协同工作，对施工活动中的人、材、信息及施工过程进行全面的仿真再现（包括项目规划、建筑与结构设计、施工组织设计、建筑产品性能分析、质量检查等施工活动的本质过程以及投资方、设计方、施工方、监理方等不同企业的各级管理与控制过程），以发现施工中可能出现的问题，以便在实际投资、设计或施工活动之前就采取预防措施，达到项目降低成本、缩短施工周期。增强企业在各级施工过程中的决策、优化与控制能力，增强建筑企业核心竞争力。虚拟施工的程序如图 7.1-2 所示。

对建筑施工进行系统化组织

↓

对施工对象和施工活动进行全面建模

↓

利用仿真技术评估施工活动

↓

优化与调整

↓

维护应用

图 7.1-2　虚拟施工的程序

（2）研究和应用展望

仿真技术能否在建筑工程施工领域得以推广和应用取决于计算机硬件和仿真软件本身的发展方面。目前应用虚拟仿真施工系统存在以下问题：

1）虚拟仿真系统开发和应用要求的硬件平台较高，需要在较高的专用工作站或实验室上进行，企业自行开发系统时，要建造专用虚拟实验室、购买国外进口设备和软件，这需投入一定的资金和人力。另外系统的演示受设备的限制，移动不方便。

2）在对单项工程进行开发时，需从国外进口 VR 软件平台。由于虚拟仿真系统在工程施工中集成型软件几乎没有，再加上工程施工中影响因素较多，客观上造成开发一个项目所需成本较高。努力开发出一套面向建筑工程施工的专用集成型软件系统，为单项工程的开发提供一个方便的开发平台（模块）是重要的前提。

3）施工企业要引进专业软件人才，培养自己的开发骨干，会增加施工企业的开支。

目前，我国一些大型建筑企业集团建立了自己的设计研究院，这为施工企业的技术人才培养创造了条件。我国施工企业的工程技术人员已具有一定的软件研发能力和应用水平，省、市级建筑施工集团已成为开发和应用施工定额软件、施工管理软件的主力。

高等院校和科研机构也积极开发各种工程施工中所需的计算机辅助设计软件，另外在工程实践方面对计算机的工艺集成控制技术也有不少探索和应用，并取得了丰硕的成果。整个施工学科领域应用计算机辅助软件正逐步形成，完成完整的、适用的人工智能方法研究和实际推广已具备可能性。

仿真技术的应用使仿真软件取得了飞速发展，新的并行计算方法、新的仿真平台和编程技术使其具有更好的可扩展性，因而能被更多的领域所使用。同时仿真系统的微机化探索已经取得进展，虚拟现实在微机上实现已有可能。通过开发通用和集成型施工软件（模块），必将降低单项工程的开发造价和加快软件的普及。

实行校企（研）联合是加快建筑业科技进步，推进施工现代化的一个重要捷径。建筑

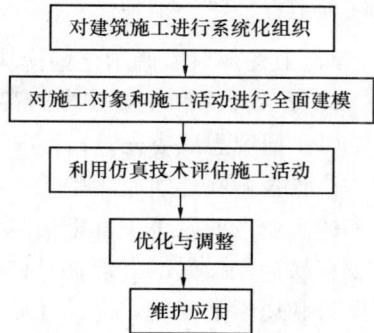

企业采用与专门科研院所合作的方式，充分利用高等院校的科研实力和人才优势，建立起长期的合作伙伴关系，积极开发和应用虚拟仿真系统。面对信息革命和日益发展的高新技术，建筑业必须勇于吸纳新技术并积极改造，以努力促进施工技术的进步和发展，实现现代化，这是建筑施工企业适应知识经济、增强竞争力的唯一途径。

随着虚拟仿真技术的进一步发展，它在建筑工程领域的应用将更加普及。通过虚拟仿真在计算机上的反复试验，将使多变的工程实际问题变得更容易解决，使各方的技术交底更加清晰、明确和直观。虚拟仿真技术使概念设计成为可能。可以预见，在专门的施工虚拟软件中，将集成很多建筑施工专业模块（三维造型、机构运动、动力学分析和多种施工工艺），工程师只需调用这些模块，就能轻松地实现方案编制和优化。

2. 研究思路和主要技术内容

（1）研究思路

信息技术在建筑施工中的应用并不是一个全新的话题，我国的建筑业十项新技术推广中和建筑业产业政策中都把信息化提到一个很高的位置。可以说，对信息化的重要意义是比较容易让人接受的。但在具体时间上、如何结合建筑业的特点进行具体实施却是一个需要探讨和思索的问题，尤其在施工项目上和施工技术上。企业和行业需要信息化固然是一个大前提，但建筑业最终的信息化确应在项目上，为此应将重点放在项目施工上，结合项目和工程的实际需要，借行业的发展和高校的科研优势，校企合作，利用信息技术改造和提升建筑业的水平。

（2）主要技术内容

建筑施工技术是研究各工种在各种条件下的施工规律、工艺原理、施工方法及相关技术措施的学科，落实到具体工程项目，主要包括计划和控制实施两个阶段。在工程项目施工前的计划阶段，通过分析确定最优且可行的施工方案；在工程项目施工实施阶段，通过各种技术手段对过程进行控制，确保实现施工计划的目标。

中建三局通过与华中科技大学、清华大学、武汉大学合作，对信息技术应用于建筑施工领域进行了研究和探索，成功地在工程实践中应用了虚拟现实信息技术。

针对不同工程对象，在计划阶段采用虚拟施工技术对施工方案进行了全面模拟、优化，确保最终施工方案经济、合理、安全。经多个工程实施和推广应用，取得很好的社会经济效益，推动了施工技术的进步，促进了建筑施工行业的提高与发展。

7.1.2   创新与关键技术

1. 施工方案设计模式

现阶段工程施工方案设计仍然是以技术人员和专家的经验为主，而经验很难或者说无法定量地加以描述，同时受很多主观因素的影响，施工方案设计中无法进行直观比较、验算和优化，更无法预料施工过程中将出现的突发问题。这种"经验式施工方案设计模式"对钢结构工程施工有一定的指导作用，但在现今追求大跨度、大空间和造型新颖的时代，新结构形式和特殊结构形式层出不穷，以经验为主的模式已经无法有效指导施工，有必要建立一个更加有效的施工方案设计理论框架，该框架不但能够很好反映技术人员的经验，而且要能够充分利用其他先进技术对方案设计进行验证、优化、跟踪、对比、控制、引导，同时要有良好的操作界面和直观的结果显示。

施工方案设计过程中，利用虚拟现实技术将施工方案设计的全过程实时地映射成虚拟环境，技术人员利用其他技术手段和经验，通过对此虚拟环境的操作来实现对施工全过程的观察、跟踪、控制和引导，最终达到验证、优化、调整、优选施工方案的目的。

（1）设计原理

传统的施工方案设计过程是一个相对封闭的设计过程，注重于项目特点和难点分析，然后借助技术人员和专家的经验进行施工方案设计和优化调整，所有这些活动完全建立在技术人员对项目的自身理解和经验积累之上，无法对施工方案进行实时的信息交互，也无法保证方案解决了施工过程已预料到的和将会出现的技术问题。

基于虚拟环境的施工方案设计模式是在传统方案设计的基础上，通过动态建模形成虚拟环境，将技术人员引入方案设计过程，形成一个设计回路，其设计思想如图 7.1-3 所示。

利用虚拟技术实时、高效的多维信息交互功能，将方案设计过程中各个阶段所产生的数据实时地生成虚拟环境，通过虚拟外设将设计情况及时地反馈给技术人员，技术人员根据反馈情况，结合自己的经验和理论判

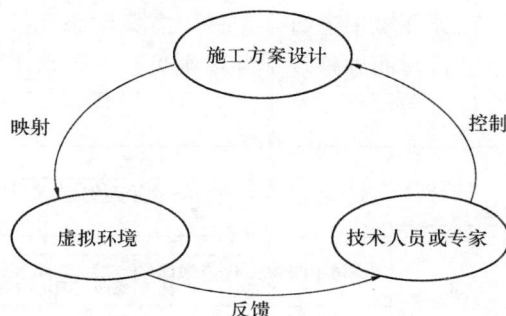

图 7.1-3　基于虚拟施工平台的施工方案设计思想

断对设计过程加以控制，多次循环，最终得出确实可行的、合理的施工方案。

（2）设计模式功能

基于虚拟环境的施工方案设计模式具有动态设计、可视化、主控和交互式修改等四个核心功能，如图 7.1-4 所示。

1）动态设计功能。进行施工方案设计是基于虚拟环境的主控式施工方案设计模式的最终目的，动态设计的实现又基于方案动态建模、方案分析、方案优化以及结果评价等内容，其中方案动态建模包括建筑环境、拟订方案的建立、边界条件处理、荷载条件处理等内容，方案分析包括方案的可行性、合理性和安全性分析。

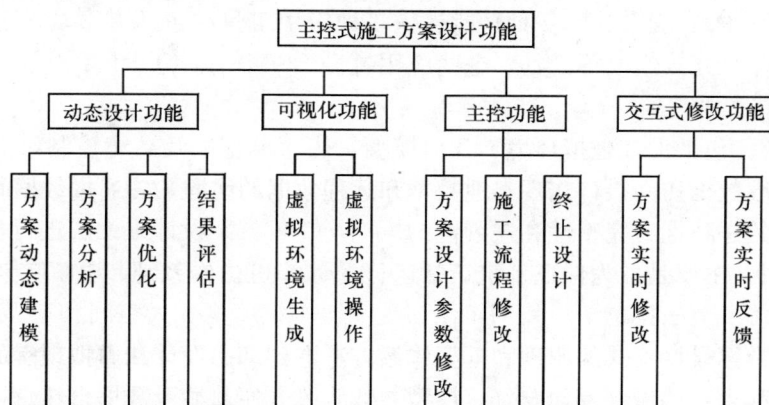

图 7.1-4　施工方案设计模式功能树

2）可视化功能。可视化包括方案设计过程向虚拟环境的映射和技术人员对虚拟环境的操作两个功能，可视化的实现主要由虚拟环境发生器完成。

3）主控功能。主控是根据虚拟环境所反馈的情况对方案设计过程进行跟踪和控制，主要包括方案设计参数修改、施工流程修改和终止设计三个功能。

4）交互式修改功能。交互式修改是指技术人员根据反馈信息在虚拟环境中直接对方案进行修改，修改后的方案又可以实时地反馈给技术人员。

（3）设计框架体系

显然，基于虚拟环境的施工方案设计模式对于数值计算能力和图形处理能力都具有较高的要求。因此理想的施工方案设计系统应该是在超级计算机和图形工作站连成的分布式网络计算环境中进行，这样，方案动态建模、方案分析和优化设计等过程可以在超级计算机上进行，而虚拟现实环境则可以在图形工作站上产生。

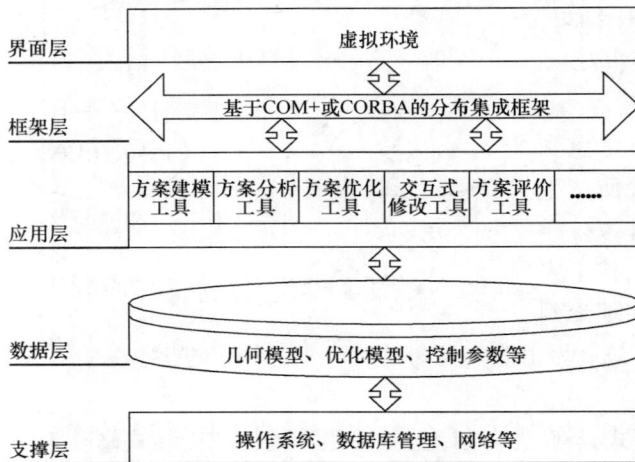

图 7.1-5 主控式施工方案设计的五层体系结构

根据主控式施工方案设计模式的原理和功能，可以建立如图 7.1-5 所示的基于分布对象计算（Distributed Object Computing, DOC）规范的分布式主控式施工方案设计体系结构。

整个体系结构分为五层，其中各层的功能分别为：

1）界面层。是技术人员与方案设计过程进行交互的入口，表现为方案设计的虚拟环境，技术人员通过虚拟外设进入虚拟环境，然后对方案设计过程进行跟踪和控制。

2）框架层。是整个系统的控制中枢。通过 COM＋或 CORBA 机制实现各个应用工具之间的集成和互操作，并通过对象管理框架来管理各种应用对象及相互间的关系。

3）应用层。为实现系统的各种功能提供多种应用工具，包括方案动态建模、方案分析、方案优化、交互式修改等工具，这些应用遵循 COM＋或 CORBA 规范，并通过界面层向用户提供各种服务。

4）数据层。包括设计虚拟环境、几何模型、优化模型以及系统控制参数等数据，各种应用通过标准数据访问接口实现本地数据和远程数据的访问，并通过数据间的约束关联机制保证数据的一致性、完整性和连续性。

5）支撑层。主要是指为保证系统正常运行的计算机操作系统、数据库管理系统、网络等。

根据施工方案设计模式的原理和框架体系，考虑到动态设计和虚拟现实的特点，将二者很好的结合起来，要做到界面友好、模型参数修改方便、显示数据自然直接等，系统应该是高度模块化和可扩展的，并且具有良好的开放性，为了达到这一目的，可以采用基于组件的系统开发模式，组件之间仅仅通过接口进行交互，采用客户/服务器模式。接口根据是提供服务还是请求服务分为调出接口和调入接口两类。组件动态地存在于系统中，相互之间提供控制和状态消息，实现组件的即插即用、无缝集成。根据各个组件在系统中功能的差异，将组件分为核心组件和应用组件两类，核心组件是系统基本组成部分，如虚拟环境组件、控制组件、数据库组件等，这是本系统的核心，应用组件是根据不同的应用需求开发的模块，是可替代的，如方案设计组件、方案优化组件、方案评价组件和交互式修改组件，当使用不同的计算和优化方法或应用于不同领域时，可开发新的组件代替之。

（4）设计模式

运用虚拟施工平台主要是对实际生产过程进行虚拟仿真，包括对工厂里构件和半成品的制作过程仿真和现场施工流程仿真两个层次。它能根据现场施工流程的变化为设计者评估施工方案或修改原方案提供支持，也将为优化建造过程和改进建造系统提供有关信息。它的输出是施工方案的合理估算和验证。

基于虚拟施工平台的施工方案设计模式是以编制和选择适合于具体工程特点的施工方案为目的。以钢结构施工方案的设计为例，结合钢结构施工方案设计的特点和施工方案设计模式的原理、功能分析等内容，针对钢结构工程实际生产过程中某些环节和过程进行虚拟仿真，应包括对钢结构构件、半成品加工制作过程设计和钢结构现场施工流程仿真两个部分。每一部分有其不同的待解决的具体问题，同时通过虚拟施工平台，两部分相互校验、并发进行，如图 7.1-6 所示。

鉴于虚拟建造研究项目浩大的内容和工作量，在将虚拟现实技术应用于建造业研究的初期，要想一步到位是绝不可能的事情，我们只能一方面注重虚拟建造框架下的各层次理论体系的研究和完善，另一方面通过项目带动虚拟建造的研究实践工作，针对工程施工方案中具体技术难题和关键技术，可能涉及某一分部工程、某一分项工程或某一环节，通过

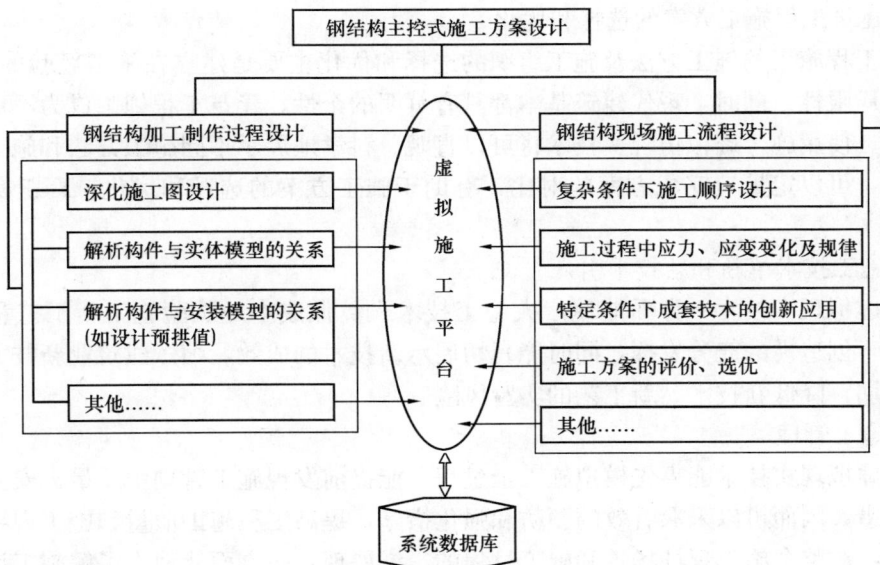

图 7.1-6　施工方案设计应用模式

运用基于虚拟施工平台的施工方案设计模式的先进手段和方法，既解决特定项目问题，无疑每一技术难题的解决都是常规方法无法完成的，都是一种创新，同时通过解决问题来完善相关理论，这也是建立虚拟建造系统、虚拟平台和系统数据库的必由之路。

2. 创新点与意义

虚拟施工技术对原施工方案的验证和优化，为安全高效施工提供了可靠保证。工程实践证明虚拟施工技术与传统方法相比具有明显的技术优势，见表 7.1-1。

虚拟施工技术与传统方法确定施工方案的比较　　　　表 7.1-1

序号	比较项目	传统施工方法	虚拟施工技术
1	方案的分析	基于经验	基于科学计算和优化技术
2	方案的选择	可选方案比较单一，施工过程中的隐患不易事前发现	能在多方案比较的基础上，可选择最优方案，能事前发现施工过程中的隐患，确保工程质量和施工安全
3	表现手段	二维图纸、文字说明	三维模型、有沉浸感的实时交互操作
4	表现效果	不直观、抽象、容易出现理解不一致情况	直观形象、细致、如同身临其境
5	实施操作性	可操作性较差	操作性强、可以直接指导施工、降低风险
6	可控型	不强、定性成分多	可控性强、可定量的指导施工
7	标准化	差，信息量少	可以获得计划与实施过程中的详细信息，形成标准化作业

使用虚拟现实技术对施工过程进行模拟，在施工前了解各种构件在实际结构中的相对位置及相互关系，实验多种施工方法，计算相应工况应力，对方案进行优化，这对以下几方面将产生重大意义。

（1）建筑工程施工方案的选择和优化

建筑工程施工的施工方法及施工组织的选择和优化主要是建立在施工经验的基础上，存在一定局限性。同时，现代建筑基本都具有鲜明的个性，建筑工程施工成为不可完全重复的过程。使用施工虚拟仿现实技术将可以直观、科学地展示不同施工方法和施工组织措施的效果，可以定量地完成方案的对比，有助于施工方案的选择和优化，真正实现最优施工。

（2）施工技术革新和新技术引入

施工虚拟现实技术一方面能使广大施工技术人员低成本地试验施工新工艺和革新思路，有助于创造性的充分发挥，同时能真切展示新技术的成效，缩短建筑业新技术的引入期和推广期，降低新技术、新工艺的实验风险。

（3）施工管理

施工虚拟现实技术能事先模拟施工全过程，能提前发现施工管理中质量、安全等方面存在的隐患，因而可以采取有效的预防和强化措施，提高工程施工质量和施工现场管理效果。同时，对整个施工现场场景和施工过程的三维展现，一方面能使人了解施工设备和人在施工过程中的工序执行瓶颈，另一方面也可方便的观察施工过程中的空间利用情况，检查在施工过程中是否会发生物体间的相互碰撞，为施工过程的可行性提供支持。此外，工程施工完毕后，往往会出现一些问题。通过对工程可视化和施工过程的虚拟现实进行分析，可以找出问题的症结和补救方案，并可在现有的工程虚拟原型基础上虚拟工程维修的施工过程。

（4）安全、生产培训

施工虚拟现实技术能实时、直观地显示施工过程的实际情况，有助于操作人员全面了解操作流程，优质安全地完成施工任务。

（5）大型工程设计

施工虚拟现实技术可以考察建筑设计是否合理，可以方便地对拟改进部位进行修改，从而得到满意的设计结果，也有利于设计单位与业主、施工单位进行设计交底。

（6）建筑市场管理

施工虚拟技术在招投标过程中能直观对比各方的施工方法和成效，增加评标的透明度和公正性，有利于建筑市场的规范管理。

（7）其他方面

开发施工虚拟现实技术必然带动虚拟现实技术广泛地应用于建筑业其他方面，带动以下几方面的进步：1）城市和市政规划的优化；2）投资者的投资意图及市场推销；3）建筑机械设计；4）仿真和虚拟现实技术。

7.1.3　工程应用实例

建筑工程施工是一项将设计图建成实物的复杂性工作，其施工方法和组织程序都存在多样性、多变性。迄今，对施工方法和施工组织的优化主要建立在施工经验基础上，依靠施工经验对工程施工进行控制和优化，具有一定的局限性。特别是在全新结构或复杂条件下的施工，依靠经验对工程施工的可行性、事故预测和生产调度优化等各方面的分析和预测，可能会由于思维惯性而忽略重要结果或由于力不从心只能分析局部和少量结果，更无法全面系统地开展定量分析。而虚拟施工技术能够跟踪施工过程的每个环节，对施工生产全过程进行实验，对验证和优化施工技术和施工组织有良好的效果。鉴于虚拟施工技术显著的优越性，中国建筑第三工程局和华中科技大学（原华中理工大学）合作，研究和开发了虚拟施工技术，并在上海正大商业广场项目中成功应用，取得了良好效果。这是国内外首次将虚拟现实技术应用于建筑工程施工实践。

1. 工程概况

上海正大商业广场位于上海浦东陆家嘴，东方明珠电视塔脚下，如图 7.1-7 所示。工程总占地面积达 3.1 万 m²，建筑物东西长约 260m，宽约 100m，地下三层、地上九层，总建筑高度 50m，总建筑面积 24.3 万 m²；合同总额 7 亿元。该工程在八层以上部分，以3000 余件、共计 5000 余吨的钢构件实现了建筑设计师所构想的三维空间曲面形屋面和建筑大跨空间。

上海正大商业广场工程由于体量大、建筑造型复杂，主体结构采用现浇钢筋混凝土框架结合钢结构的方式难以适应建筑造型和功能的苛刻要求。正大广场主体结构主要包括屋面钢框架、钢结构天窗、观光走廊、钢结构大楼梯和钢结构天桥五大部分。工程中使用的

图 7.1-7 上海正大广场

钢构件共约 3000 余件，总吨位约 5600t，主要集中在八层以上，其中重、大型构件又多布置于建筑物腹地，空间位置复杂，构件由现场 6 台塔吊和 5 台桅杆式起重机共同安装。钢结构施工的特点及难点在于：超长超重构件多（最大跨度 38m，最大重量 48t），截面类型复杂多样，且多分布在建筑物腹地和顶部，安装就位标高也极不统一，运输通道及吊装空间狭窄，工期紧。总的来说，主要难点集中在天窗屋架、天窗弧形梁和天桥主梁等超长、超重构件的吊装上。

上海正大商业广场工程是经国际招投标，按"FIDIC"条款实施工程管理的工程项目，工期要求严格。钢结构吊装允许有效工期仅为 85d，因而吊装有较大难度。吊装过程中的任何失误都会造成难以估量的损失，按传统方法难以解决安全、优质与高速施工的矛盾。

鉴于以虚拟现实为基础的仿真技术的显著优越性，中建三局和华中科技大学（原华中理工大学）合作，以上海正大商业广场项目为背景，联合开发了"上海正大商业广场虚拟施工技术"。它以满足生产需求为目标，利用虚拟现实技术，通过建立三维模型，对施工全过程进行三维可视化模拟，在施工前了解各种构件在实际结构中的相对位置和相互关系，对多种施工方案进行模拟、验证、对比和优化，并提供相应的施工和安全控制参数。即在施工前已在计算机上完成了各种构件的装配，吊装多种方案的试验和优化工作。通过施工前大量的试验与优化，将施工过程中可能出现的各种问题充分暴露出来，并经过优化得以解决。

2. 虚拟施工技术实施过程

（1）系统开发软、硬件平台

在硬件方面，采用了 SGL（Onyx2）高档图形工作站，操作系统为 IRIX 平台。

在软件方面，使用了 Deneb 公司的虚拟现实软件 Envision 作为设计、分析和制定施工方案的交互虚拟环境的平台，它提供了一个高级的、基于物理的 3D 环境，能导入几乎所有格式的 CAD 数据，精确地代表了与真实系统相关的几何数据和运动特征，从而实现实时的运动学仿真和动力学仿真。3D 建模软件主要有 Mechanical Desktop、Pro-Engineer、Solidedge 等。编程环境采用 VB、Visual C++、GSL 编程环境。

（2）建模及静态组装

1）钢筋混凝土框架结构模型

华东建筑设计研究院提供了与本课题相关图纸 3000 余份，全部为 AutoCAD 绘制，其中绝大部分为钢筋混凝土框架结构图纸。土建部分建模工作量十分庞大，如果不充分利用现有的二维 AutoCAD 图形文件，必须花大量时间去重新生成二维图。为充分利用好二维 AutoCAD 图形文件资源，选择 Mechanical Desktop3.0 为建模软件，它与 AutoCAD 无缝集成。采用这个方案避免了土建图形重新生成二维草图，提高了建模精度。

针对不同情况分别采用下列两种建模方式：

①非参数化建模方式

对于各层楼面，形状相对复杂、图面大、尺寸标注多，为安装就位基准，不允许有变形，而且尺寸无需更改，采用非参数化方式建模。采用实体拉伸、布尔运算方式，从原二维 AutoCAD 图形文件中提取轮廓，直接生成单层楼面。由于建筑物往往多层楼面相同，利用 AutoCAD 中坐标变换、空间阵列，将单层楼面迅速阵列出多层或高层建筑，而且尺寸精确、不会产生误差。对相关操作进行 VB 编程，开发的软件工具能迅速生成单层或多层建筑模型，较好解决了大量二维设计图纸快速精确三维模型重构问题。

对模型进行评审，对各层楼面有变化的部分进行修改，或添加、或切除，直至符合设计为止。

非参数化建模方式能够充分利用现有的二维 AutoCAD 土建图形文件，迅速地建立土建模型。但是如果希望修改模型特征尺寸，则要重新修改二维图形文件，重新建立模型。此种建模方式只适合大量相同内容造型、不允许有变形，形状相对简单，而且尺寸无需更改情况。

②参数化建模方式

参数化造型是指零件中每个特征的每个尺寸是以参数的形式存在的，是可变的。当修改编辑一个特征中的尺寸变量时，模型会相应地更新该特征及其相关特征。

参数化建模过程如下：

以二维 AutoCAD 图形文件为基础，提取可供参考的外形轮廓特征，添加形状约束和尺寸约束、改变工作面，通过增加材料的特征建模，生成实体模型，经过减去材料的特征建模、尺寸修改完善造型。对于使用较多、结构相似、尺寸成系列的结构，可以建立构件库，下次需要时，直接调用。

这种建模方式适合于结构较复杂、有变异造型、约束较多的情况，象大楼梯、天桥等。

2）钢结构构件、塔吊和桅杆起重机的建模

形状比较复杂的钢结构主要采用造型功能十分完备的三维造型软件 Pro-engineer 完成，以 .slp 的格式输入 PRO 文件中，塔吊和桅杆起重机的零件则利用参数化功能强大的

Solidedge，以 .wrl 的格式输入 VRML，最后在 Device 模块中将零件组装成机构模型。Envision 本身自带的简易造型 CAD 模块，也可以进行简单的三维建模和修改，这样，灵活运用 Envision 与各三维造型软件的不同接口，充分发挥各造型软件的优点和长处，取得了很好的效果。同时，在建模时注意到：各模型的几何特征要力求简单，以减少系统计算的工作量，提高运算速度。

3）建筑模型组装

将楼面、大楼梯、天桥、钢结构件、塔吊和桅杆等模型输入 Envision 模块，根据功能特征，组成多个 Device（机构）。在 Envision 模块中，Device 为可独立运动的最小单元。通过对 Device 的定位，组装好了整个建筑模型，如图 7.1-8 所示。

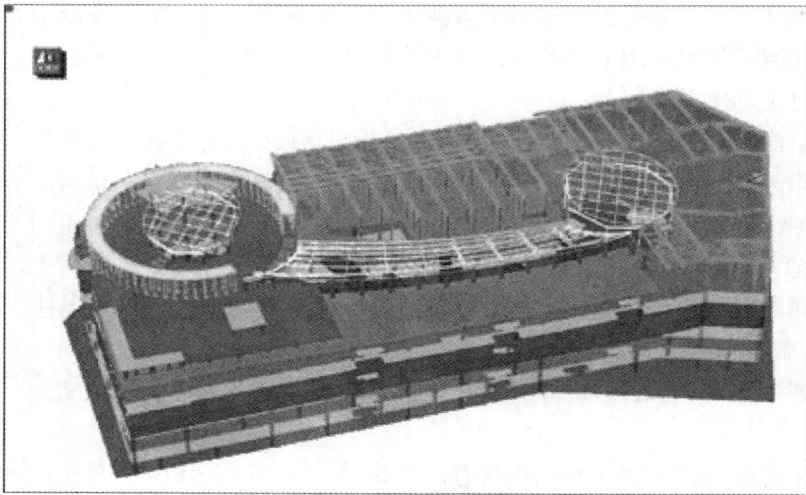

图 7.1-8 虚拟模型

按照每个构件的预定吊装方法和吊装顺序，对每个吊装过程采用 GSL 编程实现吊装虚拟施工。对双机抬吊采用了反运动学算法，通过正在吊装的钢结构主梁的空间位置，计算出吊臂的转角和小车的运动行程，从而以较小的计算量实现了整个吊装机构的协调运动。系统中加入了构件的实时碰撞检测功能，在吊装试验过程中，当构件之间出现碰撞时，相应构件的颜色将产生变化。同时系统也实现了记录和回放运动过程的功能，可以对试验的施工方案多次回放、研究。

（3）模型浏览与漫游

正大广场钢结构吊装工程虚拟施工是建立在模型量大、仿真运动构件多、动画渲染效果要求严的基础上，从以下四个方面进行工作，模型浏览与漫游的结果是令人满意的。

1）模型的处理

系统模型结构复杂、材质各异，若建筑模型只为快速浏览，则可简化一些不必要细节；若需要局部静态观察，则必须认真建立所有细节。用于建筑模拟的特殊模型除包含有建筑构件的几何形体拓扑信息外，还应包含建筑构件的特征信息，如定位面、定位尺寸和材料等。除严格按建筑图纸将所有楼层、钢结构等建模并装配好以外，还要添加建筑物周围环境的粗略模型，以期更有逼真感。

对周围环境建模可忽略部分细节，先在 Pro-Engineer 上按道路和周围建筑物的实际图纸尺寸、用 surface 方式建立面模型并将其传输到 Envision 中与其他模型进行装配。这样节省了时间，且实时漫游速度快。

2）摄像机和灯光的使用

如何恰当地使用灯光和摄像机是建筑渲染面临的一大挑战。目前广泛流行的摄像机为静态图像摄像机和动态图像摄像机。动态图像摄像机是通过捕捉一系列静态图像完成工作的。静态图像称为帧，调节每秒播放帧数可获得不同刷新速率的动态图像。

将摄像机安装（Mounting/Grab by Part）在某一特定物体上，用 Pan/Tilt/Locate 调整好摄像机角度和位置，并指明该物体的反向运动属性和缺省的六个自由度。物体沿特定路径运动时，通过反向求解，该物体可自动调整运动方向和偏转角度。安装在物体上的摄像机随之一起运动就可实现建筑物浏览。而摄像机属性 Perspective/Orthographic 用来确定是透视投影还是正交投影；Image Plane Size 用来确定图像平面尺寸；Focal length 用来确定焦距大小；公式 Field of View$=2\times$arctg[Image Plane Size/$(2\times$Focal Length)]计算出视野范围。改变上述属性设定值可获得不同效果的动态图像。

在 Envision 模块的环境设置中，可以增加多达 8 种从不同方向发出的直射光，而且每一种直射光均可调节其颜色，以便更加逼真地烘托建筑物的观察效果。在 Light 模式下，用鼠标可控制光源移动。当施工吊装正在进行时，如果打开灯光设置，一切运动物体（如塔吊、桅杆起重机和重物等）的阴影将随之改变长度和方向，使整个仿真过程具有交互感并获得极好的建筑物渲染效果。

3）材质的使用

根据 Envision 软件中 CAD 模块 Tmap 选项可接受的位图格式，选用了在 Photoshop 制作的纹理图和用 Powerpoint 设计好的文本位图，用 ＊.TIF 的文件格式存储在 Texture 库中，当需要对三维实体（如楼梯）或周边环境（如道路）进行渲染时，选择指定平面即可完成。

在纹理贴图过程中，MultiViews 属性有 Clamp/Repeat 两项，可在重复贴图和单一贴图之间切换；Mapping Basis 属性用来确定贴图区域面积，此外还有缩小、放大、调整等特殊设置可满足不同效果的纹理映射要求。对一些色彩单调，层次感不强而又需强调的细节部分采用贴图能使其更生动逼真。但并不是纹理越多越好，这会严重地增大系统开销，降低显示速度。

4）漫游过程路径的设置

在建筑浏览漫游时，摄像机沿指定路径运动即可。由于将摄像机安装在特定物体上，物体沿三维空间路径移动要随时改变自身姿态位置，因此该物体必须至少具有六个自由度。通过指定该物体的反向运动属性（Inverse Kinematics）及自由度，依据反算机理便可实现姿态调整。设置路径时首先要选择若干个 Tag 点，这些点的主法矢必须一致，否则漫游时会出现颠倒跳变的状况。Tag 点的设置不能太稀疏，否则两点间插值运算后形成的路径就不光顺。Tag 点的选择是在创建 Path 后生成的。另一种创建 Path 的方法是选择某一曲线，然后再在曲线上分布 Tag 点，可按弧长平均分布，也可按运动时间等间隔分布。为使物体在 Tag 点间平滑过渡，还需设置物体的 Speed、Travel 等物理属性。这在编程中可灵活地改变漫游过程的变化和视觉效果。最后，切换 Path 和该物体的 Visable 属性隐藏 Tag 点和物体，就可实现虚拟漫游过程。

（4）运动模拟

1）机构多自由度的定义

第一步，需将塔吊和桅杆起重机等运动机构模型进行定义，使模型的运动特征符合其功能。必须按对象的工作原理、工作的动态过程，为机构模型的各个部件（Part）定义适当的自由度。相应各部件的自由度和零件装配的逻辑关系结合起来就形成了运动链。

塔吊的主运动链为：塔臂转动(Rz)—变幅小车平动(Ty)——吊钩升降(Tz)。副运动是钢丝绳的伸缩，采用"General Kinematics"——Scale Z 来定义它，它不是独立的，而是随着自由度 Tz 的变化而变化。

桅杆起重机的主运动链为：副杆转动(Rz)——副杆变幅(Ry)——吊钩升降(Tz)。钢丝绳的伸缩为副运动，利用 Envision 内部的库函数定义。

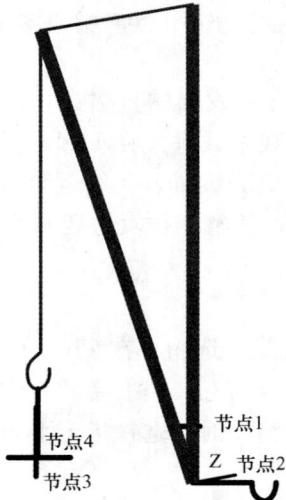

图 7.1-9 桅杆起重机的模型

为了便于计算，每个部件只有一个自由度，但是可以按装配关系继承其父构件的自由度，从而实现自由度的叠加。当构件数目不足以表达运动关系时，就应增添辅助构件。如：桅杆上与吊钩相连的钢丝绳，既有伸缩变形，又要保持垂直，所以，必须增加一个辅助小球，并赋予它转动自由度 Rz，以保证在变幅过程中，钢丝绳始终垂直；再以此为父构件，在其上装配钢丝绳，定义其自由度方可实现其运动功能。把杆的模型如图 7.1-9 所示：

2）正运动传递与反运动传递

运动传递就是在运动模拟过程中，顺序地调用一系列的程序，主要包括：

①反运动计算器（Inverse Kinematics Computation）：

它用 4×4 阶方阵的坐标变换来描述反运动物体移动的位置坐标（final _ thetas）；

②运动计划器（Motion Planning Computation）：

它利用反运动计算的结果（即一系列的位置坐标系），计算出在当前的运动方式下，到达下一个位置坐标所需的时间（required _ time）；

③运动模拟执行器（Motion Simulation Execution）：

它包括运动方向发生器（theta _ generation）和运动模型（motion model）。运动方向发生器通过预估的时间（eval _ time）和拟到达的位置坐标（final _ location），计算出运动轨迹（planned _ theta）；而运动模型则包含模型的运动学模拟控制器和一些动力学特征。

对于正运动而言，可以直接根据运动"关节"的运动参数产生各种运动模拟所需的信息。

对于单机吊装，为了使仿真更接近于真实情况，采用正运动学算法。首先手动操纵塔吊或桅杆起重机各运动副的运动，在不断试凑中寻找将构件吊装到位并能避开障碍的运动轨迹，并记录此轨迹上的每一个转折点，以及在此点上的塔吊或桅杆起重机的运动"关节"的参数，以此作为后来进行运动模拟编程的依据。

而对于双机抬吊，要通过调整两台塔吊的大臂的转角和小车的移动来操纵构件，使之协调运动，是比较困难的。采用了上述的反运动学算法，将整个抬吊机构的主动件设为钢结构主梁，通过主梁空间位置变化反向驱动两台吊臂的转角和小车的运动行程，当直接操纵主梁在吊装过程中避开障碍达到吊装位置时，整个机构保持协调运动。此方法减少计算量并且使构件轨迹控制更加直观。

3）GSL 语言在工程动态模拟中的应用编程

GSL（Graphic Simulation Language），即高级的图形模拟语言，是一种类似于 Pascal 的结构化程序设计语言。它用于控制机构的运动模拟，整个吊装过程都是采用 GSL 编程实现的。

4）动态显示中的信息通道

为了能够按实际吊装顺序模拟工程进展，在相应的构件的运动程序中引入了相关的双向信号通道，以便把已实现的单个吊装动作统一协调起来。单个的吊装动作只有在得到特定的信号之后才开始运作。考虑到程序的可读性和易维护性，还特地设立了一个模拟吊装指挥的构件，它本身没有动作，主要工作是协调、指挥，接受单个吊装动作完成的信号，并且发出下一个动作开始的信号，这样使整个程序模块化，易于调整修改。起吊中间弧形天窗的屋架过程中的动态模型如图 7.1-10 所示。

5）实时干涉检测

在吊装试验过程中，单依靠视觉判断是否存在构件干涉是不够的。因为三维模型显示在二维屏幕上存在视觉误差。因此加入了构件的实时干涉检测功能。当构件之间出现碰撞干涉时，相应的构件将呈警戒色。桅杆起重机 A 与托架梁发生干涉时的图像如图 7.1-11 所示。

图 7.1-10　起吊中间弧形天窗
的屋架过程中的动态模型

图 7.1-11　桅杆起重机 A 与托架
梁发生干涉时的图像

3. 虚拟施工的成果效用

（1）通过静态组装模型深化钢结构施工图设计，校验装配尺寸

由于建筑设计追求大跨度、大空间、造型新颖，屋面标高变异很大，造型复杂，为保证钢结构构件组拼顺利，需通过虚拟建模过程进一步深化钢结构施工图设计，校验装配尺寸。

1）西天窗钢柱 CF-07、托架梁 WJA-05 06 原深化设计标高为 56.340m（50.07m，55.40m），建立结构静态组装模型检验后，发现其天窗标高不在同一平面上，经过修订解决了此问题。

2）检验了跨越中部天井的 10 部天桥的结构尺寸与洞口长度、宽度、倾斜度的设计尺寸是否相匹配。

（2）动态干涉检测，解决缆风绳和构件干涉检测，优化施工方案

由于塔吊吊装能力有限，必须采用把杆吊装，在高空作业时，通道狭窄、场地拥挤，构件、塔吊、把杆、缆风绳以及土建结构之间很容易发生碰撞而导致构件无法安装，一旦出现碰撞现象再行处理将特别困难，因此在方案实施之前，必须采用合理办法解决好构件、设备和结构物相互干涉问题，对方案在空间上进行验证和优化，确保构件的一次安装就位。

1）在高空进行把杆吊装，作业面狭窄，不利于拉结揽风，因而很容易发生干涉。通过虚拟仿真系统，能很清楚、直观地看出缆风绳干涉的情况，及时进行缆风绳布置的优化调整。如：在吊装西弧形梁的桅杆起重机 B 的缆风绳原布置方案中，桅杆起重机的副桅杆在构件吊装就位旋转中与缆风绳干涉。通过仿真系统对缆风绳布置的动态优化试验，解决了干涉问题。

2）避免高空处理问题，对方案在空间上进行优化

①西天窗屋架吊装方案的优化：原方案中桅杆起重机 A 支座高度为 35m；在虚拟仿真过程中发现起重机副桅杆与托架梁相干涉而无法达到拼装位置，解决办法为支座高度升高 5 米。

②西弧形梁吊装方案的优化：原方案中西弧形梁在吊装过程中处于水平状态，就位时构件与副桅杆将发生干涉；解决办法是在西弧形梁吊装时，经合理绑扎呈倾斜状态可以解决此问题。

③中部商业天桥安装优化：原方案中拟用桅杆起重机 C 的副桅杆长度 17m 时就可以满足安装就位要求，但由于人行天桥 BL5-1 先于中部商业天桥主梁安装，其影响了上部构件的安装，引起了把杆与已吊构件之间的干涉；经过反复试验，桅杆起重机的副桅杆加长至 22m 可解决这一问题。

3）利用多点决策优化理论优化装配吊装方案

东部屋架跨度 20m，重量为 9.4t，也分两段制作，在九层的拼装胎架上拼装完成后整体吊装。原吊装方案认为东部屋架在九层堆放位置有限、桅杆起重机作业范围不够，需单榀屋架拼装完毕，整体吊装后才能将下一榀屋架通过塔吊从路面吊上来，由于路面狭窄，每次只允许运输车停留很短时间。利用多点决策优化理论优化后，认为可以连续拼装两榀屋架、连续吊装。节约了时间，提高了设备作业效率。

（3）运用虚拟仿真施工全过程，解决构件安装时序问题，优化施工方案

时间信道的引入，使得多设备多点施工的状态变得一目了然，有利于保障现场作业的安全。而按时序模拟施工进度，可以对工期进行比较精确的预测和控制，有助于人、材、物的统筹和调度。避免出现由于施工顺序问题导致构件无法安装或构件高空待装的情况，优化了施工方案，并以此指导现场具体施工操作。

1）天井处模型虚拟

用桅杆起重机安装的钢天桥主梁和钢天窗屋架，位于建筑物腹地的天井，安装区域有不同程度的悬挑楼板等障碍，有些天桥主梁安装位置很近且处于同一安装区域的不同位置如 BL6-1，7-1、RBL-7、西弧形梁、屋架 4，5，6，7，若安装顺序不对，可能导致构件因吊装空间不够而无法就位；由于施工进度的需要，至少有两台起重机同时施工，缆风绳拉设较多，运行中可能会发生构件与缆风绳、构件与吊杆、构件与构件等相互干涉而使吊装无法进行；由于起重机设置位置不同，结构不同，吊装的构件重量、尺寸不同，吊装时需要旋转的方向、角度、变副大小不同等，如某一环节考虑不周或缺乏计算，均会造成不可估量的损失……如此等等，利用虚拟仿真技术就可以提前进行模拟演示，提前发现问题，检验方案的可行性，以便及时调整和优化。

2）虚拟仿真中部商业天桥主梁吊装过程

中部商业天桥共有 4 根主梁，其中两根直接用塔吊随土建进度安装，另外两根跨度为 24m 左右，重量均在 20t 左右。八层混凝土施工完毕后，混凝土柱做主桅杆，安装长度为 22m 的钢管做副桅杆，在首层设置构件运输轨道，将主梁驳运到首层相应位置进行吊装。中部天桥安装施工情形如图 7.1-12 所示。

图 7.1-12 中部天桥安装

3）虚拟仿真东部商业天桥主梁及屋架吊装过程

东部商业天桥的 4 根主梁，两根直接用塔吊安装；另外两根跨度为 20m 左右，重量 18t 左右。主梁分两段制作，在三层的拼装架上拼装后整体吊装。屋架 11 跨度 20m，重

量为 9.4t，也分两段制作，在九层的拼装胎架上拼装完成后整体吊装。

4）虚拟仿真东弧形梁及东天窗屋架的吊装过程

东弧形梁跨度为 24m，重约 26t，两端安装高度不同，存在约 5m 高差。东天窗共有 5 榀屋架，跨度在 27～38m，重量在 15～20t，安装高度在 49m 以上。在五层混凝土柱顶安装总高度为 15m 的格构式标准节，在标准节顶安装桅杆起重机。弧形梁分三段吊至八层拼装胎架上焊接完成后整体吊装并安装临时支撑。弧形梁吊装完成后进行东天窗屋架的吊装。

5）虚拟仿真人行天桥、西部商业天桥及屋架 6、7 的吊装过程

在长约 33m，宽约 27m 的范围内，从下到上布置了六、七层人行天桥，商业天桥及两榀屋架，共计八个超大、超重构件。构件跨度为 22～33m 左右，重量约 12～48t。由于安装空间的限制，人行天桥和商业天桥主梁在首层进行拼装和吊装；屋架在九层胎架上拼装。构件拼装完成后按七层天桥、六层天桥、商业天桥、屋架的顺序吊装。最后桅杆起重机还需吊装完西部商业天桥的东主梁才能移位。

6）虚拟仿真西弧形梁、西部商业天桥及屋架 4，5 的吊装过程

西弧形梁跨度为 36m，重约 40t，两端安装高度不同存在约 10m 高差。屋架 4，5 跨度为 28m、26m，重约 14.5t 和 12.3t。西弧形梁、西部商业天桥主梁及屋架 4，5 要通过首层的运输轨道，驳运在首层相应位置，用桅杆起重机进行拼装。由于空间和起重吨位的限制，构件的拼装还须绕过已安装的商业天桥东主梁。构件吊装顺序为：西弧形梁，商业天桥，屋架 4，5。西弧形梁在起吊时还须采取倾斜位置方可绕开障碍物吊装到位。

7）虚拟仿真西天窗屋架的吊装过程

西天窗共有 5 榀屋架，跨度在 24～30m，重量在 10～15t，安装高度在 50 米以上。在二层混凝土柱顶上树立 40m 的标准节，在标准节顶安装桅杆起重机。用塔吊将分段的屋架吊至 10 层楼板的拼装胎架上进行拼装后整体吊装。

（4）利用虚拟施工进行施工培训

通过对施工方案的动态模拟，施工人员可以随意地选择观察的地点和角度，对吊装现场进行实时漫游，以获得全面的印象。并使得随时根据施工现场的具体情况调整施工方案变得更加简便。由于通道狭窄，吊装时构件要避开障碍是比较困难的，抬吊时的协调也不容易做到，而我们实现了仿真后，可以输出相应的数据以指导吊装的施工。在施工虚拟中我们可以直观的观察到比较接近干涉的构件，提醒现场施工时应该特别小心，使现场施工的工程师心中有数。

上海正大商业广场钢天桥，钢天窗及屋面钢结构 2000 年 8 月 16 日正式开吊，除少量构件吊装因设计变更等原因，方案作适当调整外，基本按照虚拟施工验证和确定的施工方案组织施工。至 2001 年 3 月 28 日，正大广场钢结构主体施工封顶。整个工程施工中超大、超重构件如东天窗、弧形天窗、东、西弧形梁、钢天桥等全部一次性吊装成功。工程施工中各构件全部一次性吊装成功，未发生安全事故；钢结构焊接变形得到有效的控制，焊缝质量经超声波探伤检测一次性合格率 100%；工程总体质量经监理、上海市质监总站中间验收，达到优良标准；实现了安全、优质、高速施工的目标。事实证明

用"虚拟施工技术"这一全新的技术手段对工程施工技术和组织的技术可行性、经济性、安全性等进行全面的验证和优化，能有效提高施工功效和安全可靠度，产生了巨大的经济和社会效益。

4. 关键技术与创新点

（1）关键技术

1）虚拟现实平台选择与二次开发

上海正大钢结构吊装虚拟施工以 SGI（Onyx2）图形工作站和相关虚拟外设为硬件平台，以虚拟现实软件 Envision 为方案设计、分析的交互操作环境，在此基础上补充开发相关应用模块。

2）由二维设计图纸快速建模生成精确的三维模型

由于建筑工程设计中均是采用二维的 AutoCAD 图纸，必须人工根据设计图纸重构仿真所需的三维模型。通过摸索，课题成功实现了使用 Mechanical Desktop 软件利用 Auto-CAD 图形文件资源快速生成三维模型。针对不同情况分别采用参数化和非参数化两种方式建模。

对于大量相同内容造型、尺寸无需更改的土建结构，采用非参数化建模方式。从原二维图形文件中提取轮廓，通过实体拉伸、布尔运算、坐标变换、空间阵列等方法的组合和 VB 编程，开发的软件工具能迅速生成单层或多层建筑模型，较好解决了大量二维设计图纸快速精确的三维模型重构问题。

对结构较复杂、有变异造型、约束较多的构件，如大楼梯、天桥等，采用参数化建模方式。从二维图形文件提取可供参考的外形轮廓特征，通过添加约束、材料特征等手段，迅速生成构件模型，建立可直接调用的参数化构件库。

3）模型简化

由于模型规模大，为解决其快速显示问题，采取了将几何实体模型转换为带有物理属性的面片方式进行简化。经过多次简化以面单元构建运动仿真所需的三维模型，并且采用层次细节技术，提高了仿真的显示速度。

4）吊装仿真与方案优化

根据初步设计的构件吊装方法和吊装顺序，对每个吊装过程采用 GSL 编程实现单个构件的吊装仿真，实现了对施工全过程的计算机仿真。经过对各种施工方法的仿真结果的分析，获得最佳的施工方案。

系统中加入了构件的实时碰撞检测功能，在吊装仿真过程中，当构件或设备之间出现干涉时，相关构件或设备的颜色将发生变化。同时，系统实现了记录和回放运动过程的功能，可以对仿真的各种施工方案多次回放、比较研究。

5）建立了部分虚拟建筑设备库

建立了部分虚拟建筑设备库，如塔吊库、桅杆起重机库，包括三维模型、系列几何参数、承重参数、物理属性等，能为不同规格的设备实现集成模型。

（2）创新点

在虚拟施工的研究和应用过程中，解决了以下方面的技术难题，成功地实现了对钢结构吊装全过程的仿真和分析：

1）实现了较大规模模型的快速显示

上海正大的模型规模大，通过将几何实体模型转换为带有物理属性的面片，经过多次简化以 115，800 个面单元构建了运动仿真所需的三维模型。并且采用层次细节技术，提高了仿真的显示速度，解决了课题涉及的较大规模模型的快速显示问题。

2）实现了反运动学（逆作）模拟

在双机抬吊的构件运动，如果采用正运动学模拟，运动位置确定困难，构件驱动不准确，通过编程实现协调运动比较困难。探索采用运动物体移动的位置变化反向驱动，从就位点反算构件运动轨迹和设备运动变化，以较小的计算量实现构件的吊装协调、准确运动。

3）解决了碰撞干涉检查显性实时显示问题

引进动态显示中的信息通道概念，对多运动件中各种干涉和干涉警告信息进行提取，运算结果可视化，将可视化图像与颜色变化覆盖相关构件，实时直观变化，解决了多点同时吊装运动中的实时干涉检测显性显示问题。

4）实现了记录和回放机制

记录机制不是图像的录制，而是根据实时交互操作生成程序，为确定虚拟施工方案提供初步程序方案，通过建立记录和回放机制，便于施工仿真过程中发现问题、保留问题、解决问题。

"上海正大商业广场钢结构虚拟施工系统"是国内首次尝试以虚拟现实为基础的虚拟建造技术应用于建筑工程施工，并成功地实现了对施工全过程进行仿真分析。它标志着我国建筑行业跨入了应用现代虚拟技术的新阶段，同时它也为建筑业主和项目管理者在评估和管理项目风险方面提供了一个极有价值的新工具。

此项目中针对建筑行业特点探讨和研究的虚拟施工技术成果，以及研究应用的方法和思路，对于解决建筑工程施工的课题具有通用性。

参 考 文 献

1　张希黔，黄声享．建筑施工中的新技术．北京：中国建筑工业出版社，2005

2　张希黔，石毅．上海正大广场钢结构吊装施工方案虚拟仿真技术．施工技术，2000，(8)

3　黄心渊．虚拟现实技术与应用[M]．北京：科学出版社，1999

4　曾建超，俞志和编著．虚拟现实的技术及其应用．北京：清华大学出版社，1996

5　倪强，唐家祥．多媒体仿真与虚拟现实技术在建筑结构动态分析中的应用[J]．微型机与应用，1998，(5)

6　曾芬芳，解洪成．虚拟现实技术及应用．华东船舶工业学院学报，1995，9(1)

7　樊爱华，胡忠东．虚拟现实的建模技术．计算机仿真，1997，(4)

8　赵沁平，怀进鹏，李波等．虚拟现实研究概况．计算机研究与发展，1996，(7)

9　张宏胜．虚拟建造在钢结构工程施工中的研究与应用，重庆大学博士学位论文

10　刘锦德，敬万钧．关于虚拟现实——核心概念与工作定义[J]．计算机应用，1997，(5)

7.2 结构仿真技术

7.2.1 问题的提出

1. 应用背景

人类社会的不断进步与发展，使其对建筑物本身的要求不仅仅限于实用、美观、安全，呈现出建筑物用途出现多样化，结构高度、跨度增加，结构形式和材料多样化的趋势，因而建筑工程的结构形式、构件的受力状态都越来越复杂。为此，工程设计单位引进了计算机技术，对建筑物在使用状态下的应力、应变等进行了全面分析计算，设计了大量超越规范、甚至传统理念的新型建筑。

但是，设计单位对于建筑物施工过程的应力、应变状态并未进行分析，而任何建筑物都有存在一个建造过程，不可能直接形成最终的使用状态，因此建筑施工过程必须通过施工控制，保证建筑的结构及其构件经过建造过程逐步加载后形成的最终状态符合设计状态。

传统建筑施工技术以经验分析为主，有一定局限性。对于一般工程由于有长期的工程积累，基本能完成对结构的分析，但对于全新的结构形式或超越规范的建筑物及其构件则缺少成熟经验，存在较大风险。

仿真技术是以相似原理、信息技术、系统技术及其应用领域有关的专业技术为基础，以计算机和各种物理效应设备为工具，利用系统模型对实际的或设想的系统进行试验研究的综合技术。虽然人们很早就采用了利用模型来分析和研究真实世界的方法，但是，只有计算机的问世，才为建立模型及对模型实验提供了强有力的支持，仿真技术才迅速发展成为一门独立的科学。仿真技术在应用上具有经济、安全可靠、试验周期短等传统技术无可比拟的特殊功效，因而获得了广泛的应用。随着虚拟现实技术的逐步成熟，以虚拟现实为基础的仿真技术已经渗透到军事、航空、航天、火电和核电、交通运输等领域的辅助设计、辅助生产和辅助训练方面。但是在建筑工程方面，以虚拟现实为基础的仿真技术还鲜有应用，建筑工程虚拟施工技术更有待研究和发展。

2. 研究思路与主要技术内容

中建三局与国内著名高校合作，开发应用建筑施工结构仿真技术，对施工过程中各种工况的结构应力、应变进行分析，以计算机结构仿真为依据和指导，制定安全可行的施工方案。针对不同工程对象的实施应用，取得良好成效。

7.2.2 创新与关键技术

1. 仿真技术原理

计算机仿真（Computer Simulation，简称 CS），就是构造出一个"模型"（包括实际模型和虚拟模型）来模仿实际系统内所发生的运动系统，这种建立在模型系统上的试验技术称为仿真技术，或称为模拟技术。它是建立在系统工程学、计算机科学、控制工程学等学科基础上的以概率论和数理统计为基础的学科。它应用计算机对复杂的现实系统经过抽象和简化形成系统模型，然后在分析的基础上运行此模型，从而得到系统一系列的统计性能。由于仿真是以系统模型为对象的研究方法，在模型上进行试验，而不干扰实际生产系统，同时仿真可以利用计算机的快速运算能力，用很短时间模拟实际生产中需要很长时间的生产周期，因此可以缩短决策时间，避免资金、人力和时间的浪费，而且安全可靠。

仿真原理如图 7.2-1 所示。

仿真基本步骤如图 7.2-2 所示。

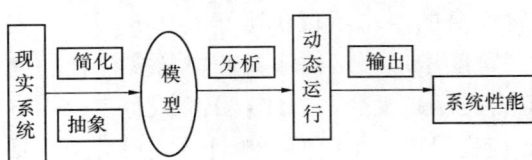

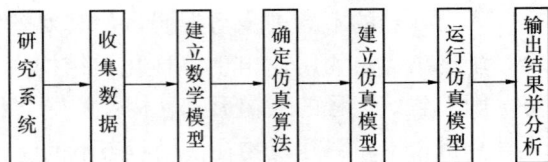

图 7.2-1　仿真原理　　　　　　　　　　　　图 7.2-2　仿真基本步骤

2. 创新点与意义

采用计算机仿真技术模拟分析施工全过程，对施工工况进行分析，为实际施工提供了科学的理论依据，大大提高了施工方案的可行性和先进性，降低了施工中潜在的质量、事故隐患，确保了施工的安全、质量和效益，对比见表 7.2-1。

结构仿真技术与传统技术的对比表　　　　　　　　　　　表 7.2-1

	仿 真 技 术	实 际 系 统	解 析 方 法
可能性	只要能建立系统模型，就能进行	系统尚未建立，则不可能；有的自然系统实验周期太长，也不可能	有的系统无法建立解析模型，因此不可能利用解析方法
安全性	无危险	有危险（人身、设备）	无危险
经济性	花费不多	费用很大	花费不多
耗时性	中等	长	短
准确性	可以做到很准确	十分准确	要做较多假设，因此有较大误差
方便性	可以做到十分方便	受现场限制很不方便	方便

该技术的成功运用，为建筑安装行业的发展指出了一个新的发展方向，标志着目前我国建筑安装已经进入一个新的发展阶段，具有巨大的潜在经济和社会效益。为今后同类工程的顺利施工提供了借鉴。随着建模水平不断提高、人工智能技术在仿真中广泛应用以及仿真技术工程应用不断深入，仿真技术在建筑领域会有更广泛的应用。

7.2.3　工程应用实例

1. 工程概况和施工方案概述

广州体育馆位于新广从公路旁，东方乐园南侧，是广州市政府为了迎接第九届全运会在广州举行而兴建的重点设施，由主场馆、训练馆、大众活动中心三部分组成，可容纳观众 20000 名，由设计过浦东机场的法国建筑师保罗·安德鲁设计。其建筑外观如图 7.2-3 所示。

（1）钢结构工程概况

每个场馆钢屋盖均采用钢支座、钢环梁、主桁架、辐射桁架、檩条、拉索等组成的大

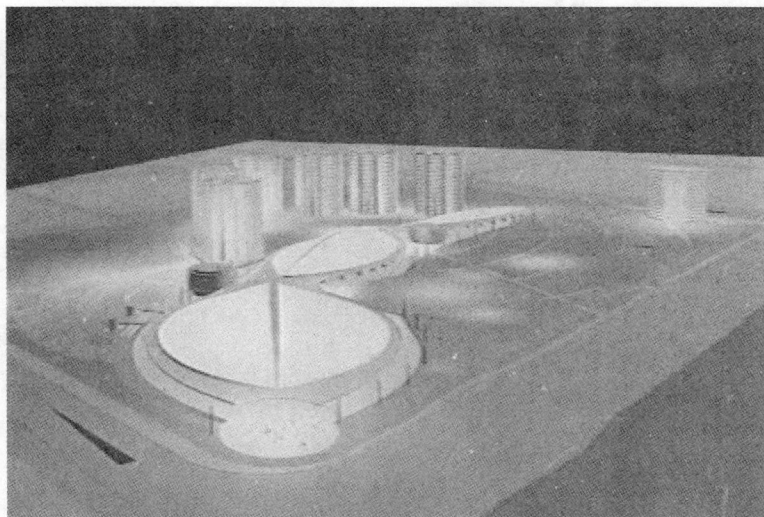

图 7.2-3 建筑外观图

跨度空间桁架＋交叉支撑拉索轻型钢结构体系，其几何形状均由圆锥体在对称轴两侧切去一部分再合并而成。各场馆主要参数指标见表 7.2-2。

场馆主要参数指标　　　　　　　　　　　　　　　　表 7.2-2

	主场馆	训练馆	大众活动中心
纵横长度（m）	160	151.5	140
横轴长度（m）	110	70	30

这种大跨度空间桁架交叉拉索轻型钢结构屋盖在国内还是首家，主场馆跨度 160m×110mm 居国内第二位，其施工工艺之复杂，施工难度之大亦是同类建筑中少有的。结构如图 7.2-4 所示。

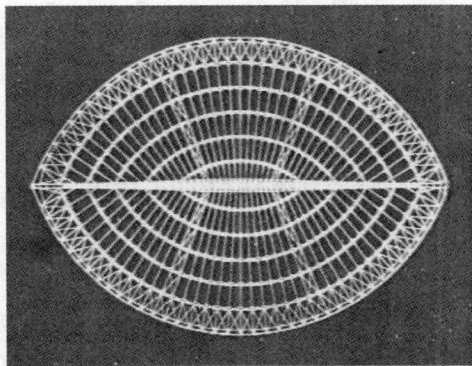

图 7.2-4 广州体育馆结构示意

屋盖的纵向主桁架断面呈梯形，采用钢管焊接而成，沿跨长、截面及宽度均发生变化，端部仅保留上弦断面，如图 7.2-5、图 7.2-6 所示。

图 7.2-5   主桁架断面

图 7.2-6   辐射桁架与主桁架连

箱形钢环梁高 1200mm，宽 550～650mm，用 20～32mm 厚钢板焊接而成。辐射桁架属片状柔性构件，最长达 58m，重量为 23.2t。辐射桁架上端与主桁架闭合框焊接，下端用端板与周边钢环梁连接，各馆每个辐射桁架下端高度相同，以横轴剖面最大长度的辐射桁架为基础桁架，其余辐射桁架参照基础桁架与纵轴平面相交得到的断面确定。

屋盖上弦面设置间距 10m 环向主檩条，端部开间设交叉钢索支撑，上弦面另有四道径向水平交叉钢索支撑。辐射桁架间在上弦主檩条位置加设环向垂直交叉钢索支撑，钢索在各种荷载作用下均保持受拉状态，并确保辐射桁架下弦平面稳定。所有交叉钢索均施加 25～40kN 预应力，屋盖施工完成后，垂直交叉索应保持 15～40kN 以上的预应力。同一榀桁架的两根垂直力差不大于 5kN。拉索数量见表 7.2-3。

预应力钢索统计表   表 7.2-3

主场馆	垂直索	636 根
	水平索	200 根
训练馆	垂直索	276 根
	水平索	152 根
大众活动中心	水平索	100 根

广州体育馆工程在索的数量、索力大小和索力精度上有其自身的特点，在国内尚属首次。预应力索的情况如图 7.2-7 所示。

圆钢管、方钢管、工字钢主檩条采用 Q345 低合金结构钢，辐射桁架下弦的无缝钢管、实心钢棒等采用 16Mn 钢。拉索采用镀锌高强低松弛应力钢绞线，外包白色高密度聚乙烯膜，裸索直径 15.2mm，整体直径 18mm，强度等级 170MPa。

（2）施工方案的初步构想

钢结构施工具有很强的专业性，钢结构的成型过程是通过制作、吊装、高空拼接、焊接等一系列技术与管理措施，使准结构逐渐集成并形成最终结构的过程。因此对于钢结构施工技术的研究归纳起来就是采用必要措施和手段对集成过程各个环节的研究和控制。

鉴于广州体育馆工程钢结构在未形成整体稳定空间结构前不具有承载力，且构件几何尺寸细长、刚度小、稳定性差，在安装过程中各工况内力变化非常复杂且变形量大，其施工工艺的复杂程度和施工难度在同类建筑中少有。

图 7.2-7 预应力索

经过仔细论证，选用起重机械：250t 履带吊 2 台（臂长 91.4m）；150t 履带吊 2 台（臂长 60m）；50t、20t 汽车吊各 2 台。

体育馆各场馆安装顺序为：周边箱形水平钢环梁及主桁架临时钢支撑安装→纵向主桁架→辐射桁架→支撑拉索→临时钢支撑拆除。

1）周边水平钢环梁：主场馆分 28 段，训练馆分 24 段、大众活动中心分 20 段制作，现场原位拼装成形。

2）纵向主桁架：主场馆纵向主桁架采用地面分十三段组装，高空原位拼装成形的方法，接头处设十二座临时钢支撑；训练馆纵向主桁架分十五段、大众活动中心纵向主桁架分十段工厂制作，现场高空原位拼装成形的方法，下设钢管脚手架支撑。

3）辐射桁架：主场馆采用场外地面拼装成形，单机整体一次吊装就位的方法；训练馆采用场外地面组装成形，单机吊装就位的方法；大众活动中心采用工厂制作成形，现场单机吊装就位的方法。

4）支撑拉索：拉索安装顺序同辐射桁架的吊装顺序。待主檩条安装后即跟进安装，每条拉索均分为两级张拉完成，并按照结构对称、节点对称的顺序施工。

（3）本工程钢结构施工的难点

由于屋盖结构采用了大跨度空间桁架＋交叉支撑拉索轻型钢结构体系，此结构形式国内首次使用，设计尚处在尝试阶段，施工无类似工程可以借鉴。结构在未形成整体稳定空间结构前不具有承载力，且构件几何尺寸细长、刚度小、稳定性差，在安装和支撑拆除过程中各工况内力变化非常复杂且变形量大，为此必须对钢结构施工选择合理的安装顺序及最佳的安装工艺，以确保结构在任一工况下满足设计及规范要求，保证结构稳定安全。

广州体育馆工程共有预应力拉索 1364 根，索直径小（φ15.24），索力精确度要求很高（所有拉索应保持 15～40kN 的预应力，且同榀桁架两根垂直索力差不得大于 5kN）。而预应力拉索在张拉过程中相互影响非常复杂，且支撑拆除过程中拉索索力变化难以预测，为此必须在没有同类工程施工经验可借鉴的情况下，对预应力拉索施工选择合理的施工方案和张拉控制值，确保满足设计要求及结构安全。

(4) 待解决的关键技术难题

鉴于以上特点和难点，如何运用虚拟建造技术解决好下列施工技术难题，将直接影响到广州体育馆工程施工的成败和合同工期的实现：

1) 由于塔吊起重能力限制以及主桁架安装过程中变形控制要求，主场馆纵向主桁架采用地面分十三段组装，高空原位拼装成形的方法，在整个施工过程中必须设置钢支撑，钢支撑布置、定位、调节机构的设计和选材对主桁架安装和整个工程安装精度至关重要。

2) 主桁架分段施工安装过程受力状态与最终使用状态有很大不同，吊装安装过程中主桁架强度、刚度和稳定性是否满足要求？支承于主桁架的辐射桁架安装完毕后，主桁架挠度值的变化是否满足设计要求？

3) 辐射桁架榀数较多，加之施工由于工期限制，希望采用整榀安装，安装过程中和就位后，辐射桁架强度、刚度和稳定性是否满足要求？辐射桁架施工顺序对已安装构件受力及挠度影响有多大？是否会造成已安装构件失稳或损伤？

4) 预应力拉索数量较多，拉力小，且施加预应力精度要求很高，同一榀桁架的两根钢索垂直力差不大于 5kN，施工时需高空张拉，要精确地确定预应力拉索张拉力是十分复杂的。一方面，结构是一个具有大量单元的三维空间结构，在 1/4 平面内每根内力都不相同；另一方面，施加预应力是多次进行的，导致相互反复影响。且张拉完后还要经历主场馆拆撑对拉索的影响。因此拉索施工复杂，难度大。如何确定拉索施工顺序和张拉力，是否存在索预应力损失规律？如何确保拉索最终拉力精度？

5) 临时钢支撑拆除是使屋盖缓慢协同空间受力的过程，期间结构发生较大的内力重分布，并逐渐过渡到设计状态。如何保证拆撑过程中结构内力及变形满足设计和规范要求；支撑拆除是逐次到位还是一次到位，拆除支撑的顺序如何确定等都是摆在面前的难题。

以上关键技术无一不影响到整个工程的施工和工期，而仅仅凭经验是无法解决任何一个问题，必须做到定量分析，以便指导施工，确保安全。

2. 结构仿真的实施过程

针对上述施工难题，确定了"事前施工全过程整体分析，过程动态跟踪检测信息化施工"的思路，在工程中计算机结构仿真技术主要体现在以下几个方面：

(1) 施工吊装方案全过程整体模拟分析和优化设计

采用 SAP99 和 ANSYS 软件对以下安装过程进行超常规施工全程整体模拟分析验算，计算分析了安装过程中各工况下构件的结构内力及变形，为实际施工提供了科学的理论依据。

1) 钢支撑方案设计

钢支撑方案设计必须考虑主桁架分段情况、主桁架吊装变形情况、钢支撑在整个钢屋盖安装及拆顶全过程的受力情况和变形情况、屋盖下沉情况。

通过 SAP99 软件分析，主场馆设置 12 道钢支撑，钢支撑最大受力为 658kN，拆顶后屋盖最大下沉量为 67mm。由此在计算机结构仿真理论结果的基础上，进行钢支撑布置定位设计、结构载面选材设计、调节机构伸缩选定设计，为工程的顺利吊装和拆顶起到了关键作用。其支撑情况如图 7.2-8 所示。

2）主场馆主桁架吊装计算机结构仿真

在吊装过程及安装就位后，需验算主桁架的强度、刚度、稳定性以及吊点和桁架的局部承压强度。

采用 SAP99 软件进行，计算结果如下：

①主桁架各分段在吊装过程中经过计算分析均满足要求

以主桁架第一段为例，构件最大变形为 −0.91mm，杆件中最大拉力为 14.5kN，最大压力为 26.5kN，强度和稳定性均满足要求。主桁架安装情况如图 7.2-9 所示。

图 7.2-8 主桁架支撑情况　　　　　　　图 7.2-9 主桁架安装情况

②辐射桁架未安装前，主桁架各跨挠度值计算：

计算结果为中间处挠度值为 −0.5mm，端部挠度值为 −3.50mm。

③主场馆辐射桁架安装过程中主桁架挠度变化动态跟踪计算：

辐射桁架吊装顺序为：对称吊装两端辐射桁架 RT2-RT5、RT40-RT37 共 16 榀，后由中间 RT21 向两端对称安装。在此过程中进行了如下计算：

a. 辐射桁架未安装前，主桁架各挠度值计算；

b. 辐射桁架吊装过程中，主桁架各跨挠度动态变化计算；

c. 辐射桁架全部安装完毕，支撑拆除前，主桁架各挠度值分布；

d. 屋盖安装过程 E3-W3 端部范围内钢环梁变位和拉力计算。

主桁架的分析过程如图 7.2-10 所示。

3）主场馆辐射桁架吊装计算机结构仿真

主场馆辐射桁架 78 榀，必须有科学、合理的吊装顺序。吊装顺序不合理，将造成结构和杆件失稳、损伤。通过计算机结构仿真技术，制定科学、合理的吊装顺序：

①对称位置的辐射桁架对称同时吊装

②首先吊装两端各 8 榀辐射桁架（RT2-RT5、RT40-RT37），然后由 RT21 为中心层呈扇状对称吊装，如图 7.2-11 所示。

主场馆辐射桁架共 78 榀，其中最长一榀 58m，重 23t，上弦倾角 24.5°，为片状柔性平面桁架，吊装难度相当大。是设置临时支点分段吊装，还是整体吊装，以及在吊装过程中和安装

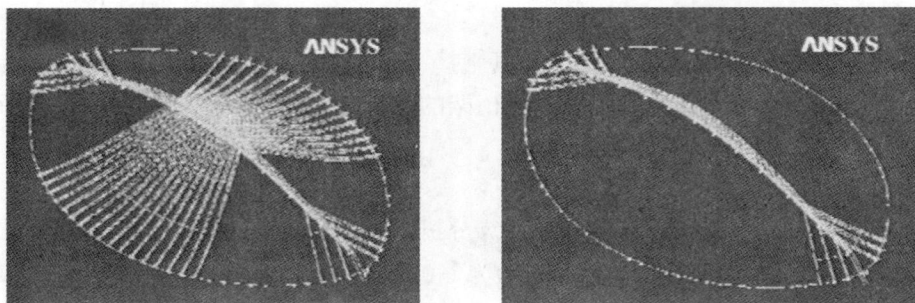

图 7.2-10 主桁架的内力和应变分析过程

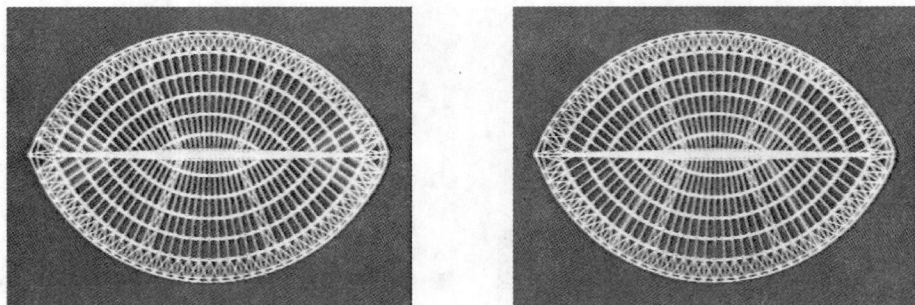

图 7.2-11 辐射桁架吊装顺序（红色为安装顺序示意）

就位后，其强度、刚度、稳定性是否满足要求。通过计算机模拟计算，确定整榀吊装，中间也不设支点，为工程施工赢得了时间，为企业创造了效益。吊装过程见图 7.2-12 所示。

图 7.2-12 辐射桁架吊装

采用 SAP99 软件计算：RT21 确定 4 个吊点位置及 4 点吊装，结果为吊装过程中最大变形为 19.38mm。吊装就位后，最大变形为 $-14.74mm$，杆件中最大拉力为 258.3kN，最大压力为 304.2kN，经过计算分析，强度、刚度、平面内稳定均满足要求。就位时桁架侧向设置缆风绳，经过计算分析，平面外稳定亦满足要求。

（2）预应力拉索施工计算机结构仿真

预应力拉索索多（共 1364 根），拉力小（索力为 15~40kN），施工时需高空张拉，要精确地确定预应力拉索张拉力是十分复杂的。一方面，结构是一个具有大量单元的三维空间结构，在 1/4 平面内每根内力都不相同；另一方面，施加预应力是多次进行的，导致相互反复影响。且张拉完后还要经历主场馆拆顶对拉索的影响。同时同榀桁架两根垂直索力差要求不大于 5kN，精度要求非常高，因此拉索施工复杂，难度大。必须建立相应的模型进行分析，总结其规律，以此确定预应力拉索张拉顺序及方案。

施工前模拟分析每对索张拉时对周边索拉力影响规律及张拉完一圈索对相邻圈索力的影响规律，并模拟分析拆撑前后索力变化规律，拉索施工的关键是拆撑前终张拉值考虑此影响，拆撑后自然达到设计值。

1）张拉垂直拉索和支持拆除对拉索拉力的影响（ANSYS 分析）

①张拉一对垂直拉索的影响

张拉一对垂直拉索时，对同一主檩条上相邻的两对拉索内力影响较大，拉索内力分别增加 20％（6.0kN）和 3.2％。而对同一位置相邻主檩条上的拉索内力减少，拉索内力减少可达 20％（7.2kN）。周围拉索拉力变化按辐射状变化，随距离增加逐渐减小。索内力与应变分析如图 7.2-13 所示。

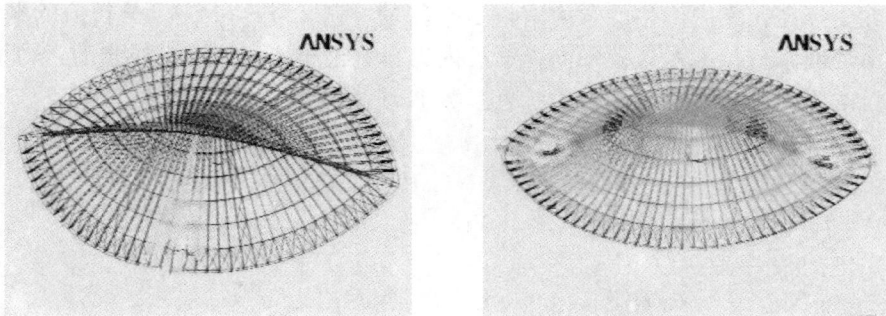

图 7.2-13 索内力与应变分析

②拆除支撑对拉索拉力的影响

a. 拆除支撑对环向垂直拉索的影响

根据计算机分析结果，除了靠近主桁架以及与辐射桁架 RT17 相交的拉索外，环向垂直拉索内力变化不大。

b. 拆除支撑对水平拉索的影响

拆除支撑引起水平拉索的内力变化比垂直拉索大，其中靠近环梁 CB6 的每一对水平拉索中，有一根内力增加，而另一根内力减少。拉索内力变化大多在 5.0kN 左右，内力最大增加 10.2kN，最大减少 9.8kN。而 CB7-CB11 水平拉索中内力减少 3.0～4.7kN。

2）拉索张拉和支撑拆除对拉索力的影响分析（SAP84）

①利用 SAP84 软件按三维空间模型计算拉索张拉对拉索内力的影响：

为了找出拉索预应力大小，并合理正确地施工，除了用 ANSYS 软件计算外，还利用 SAP84 软件对主场馆全场情况下三维空间模型作了一对拉索张拉对其余拉索内力影响的多种工况计算：

a. 只要拉索的张拉是对相连的一对拉索同时进行的，其余交于一点的各对拉索索力大小一般是非常接近的。对于水平拉索，在张拉拉索时，一般其内力很小，不存在大的差异。

b. 沿环向张拉垂直拉索时，对索力的影响一般在左右各 3 对拉索影响大，更远处几乎无影响。

c. 沿环向张拉垂直拉索时，对其他环向的索力影响一般不超过 1kN。因此，在简化计算时，可以不考虑这种影响。

②支撑拆除时对拉索力的影响

共分析从第一次到第六次拆撑计算得出索力分布状况。其中：

a. 拆除 1 号、2 号支撑索力分布，变化不太大；

b. 拆除 1～6 号支撑索力分布，相邻的索力影响大，远处的影响不大；

c. 支撑全部拆除后索力分布，可以看出，对远处拉索索力损失有回补作用，但在主桁架附近的拉索索力损失较大。

3）预应力拉索张拉力值建议

根据以上分析，每一对拉索索力增量主要由两部分组成：

①沿环向张拉拉索在垂直拉索内产生的索力增量 ΔF_1。

②拆除支撑在拉索内产生的索力增量 ΔF_2。采用 ANSYS 和 SAP 分析值的平均值。

由于沿环向张拉拉索对其他环向拉索的内力影响很小，张拉水平拉索的索力增量受垂直拉索张拉的影响也小，可以用一个综合系数 K 统一考虑。

于是，拉索张拉力值 F 可以按下式计算：

$$F = k[F] - (\Delta F_1 + \Delta F_2)$$

式中，$[F]$ 为设计控制值，$[F] = 25-40\text{kN}$

根据不同的拉索取：

CB1、CB2	$k[F] = 36\text{kN}$
CB3、CB4	$k[F] = 40\text{kN}$
CB5	$k[F] = 36\text{kN}$
CB1—CB3	$k[F] = 36\text{kN}$

4）预应力拉索施工

①预应力张拉

所有拉索在张拉前均考虑拆除支撑后拉索拉力的变化，预先调整张拉力，且每条拉索均分两级进行，第一级张拉 50% 拉力，检测正常后，第二级张拉至 100% 拉力。张拉必须遵守同楣对称张拉原则，张拉采用力矩扳手进行。

②张拉顺序

a. 垂直拉索对称张拉

b. 在 1/4 平面内张拉顺序是：CB1→CB5→CB2→CB4→CB3

c. 同一主檩条内的顺序为：RT2 → RT3 → …… → RT20 ，RT40 → RT39 → …… →RT21

d. 径向四道水平交叉拉索 CB6—CB44 由下向上对称进行。

③预应力检测

采用双控，用频率法测定索力和测定拉索的变形值，必要时再调整张拉力。

（3）主场馆拆除支撑顺序和拆除后中点挠度控制计算机结构仿真

拆除支撑过程是使屋盖缓慢协同空间受力的过程，此间结构发生较大的内力重分布，并逐渐过渡到设计状态。为保证拆撑过程中结构内力及变形满足设计和规范要求，我们根据计算确定了屋盖施工挠度控制值，并据此确定了拆撑顺序：每一轮从中间往两边对称循环放松各个支撑，每一轮不超过 10mm，重复多轮（预计 7 轮），直至完全拆除所有支撑。

1）主场馆支撑拆除后中点挠度值和计算应力

采用整个空间模型进行计算分析（SAP99 软件）。

①计算挠度

主桁架：最大计算挠度为 67.2mm，位于主桁架跨度中点处，沿跨度垂直挠度逐渐减小。

辐射桁架：最大计算挠度为 78mm，位于 RT21 跨度中点附近。屋盖的变形如图 7.2-14 所示。

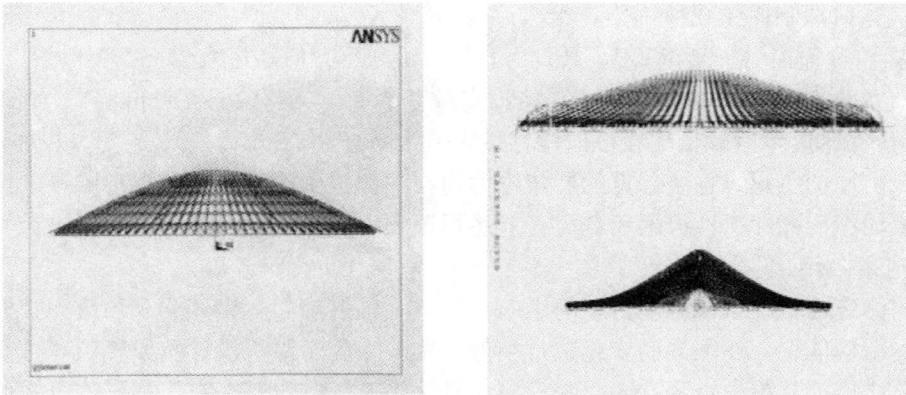

图 7.2-14　屋盖的变形图

②计算应力

自重作用下，主桁架上、下弦均受压力作用，主桁架类似于拱，对辐射桁架有一定的支持作用。主桁架上弦最大内力拱−847kN，下弦最大内力−961kN。

辐射桁架上弦最大轴压力位于 RT17 跨中，为−586k。最大轴压力位于与主桁架连接处 RT17，为 147kN。

辐射桁架下弦最大轴压力位于 RT2 环梁支座处，为−1087kN。最大轴拉力位于 RT21 跨中，为 279kN。从 SAP99 计算结果可看出，内力分布与设计最终状态的内力分布基本吻合，拉件强度、压杆强度及整体稳定计算应力均小于钢材设计强度值。屋盖绕度分布如图 7.2-15 所示，屋架内力分析如图 7.2-16 所示。

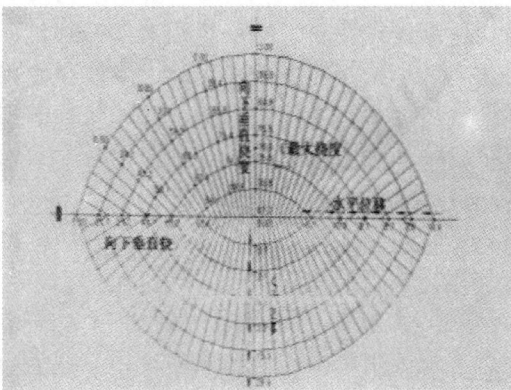

图 7.2-15　屋盖绕度分布

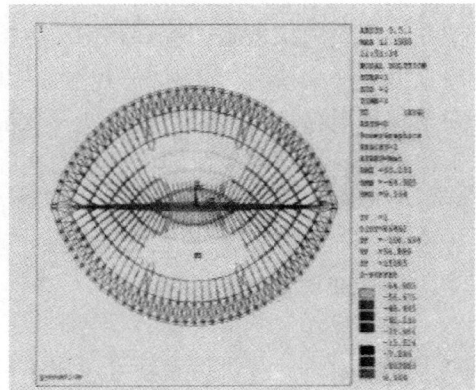

图 7.2-16　屋架内力分析

2）主场馆拆顶过程的动态跟踪验算

①拆除步骤

每轮循环放松 1 号、2 号→3 号、4 号→5 号、6 号→7 号、8 号→9 号、10 号，重复六轮。每轮下降值不得超过 10mm，对称支撑必须同步下降。

②拆除计算

拆除支撑过程是一个动态过程，根据拆顶顺序要求，进行 78 次屋盖全模型计算。计算结果为：

a. 拆顶阶段临时钢支撑内力，最大值为－658kN。

b. 拆顶过程辐射桁架 RT21、RT40 下弦最不利压力值，最大为－890.6kN。

c. 支撑拆除前后钢环梁径向位移：支撑拆除前，钢环梁径向位移最大值为向外 6.33mm；支撑拆除后，钢环梁径向位移最大值为向外 26.4mm。

因此，按动态跟踪方法计算的屋盖内力均在弹性范围内，按上述拆顶顺序的屋盖各杆件内力值均小于杆件弹性极限承载力；上述拆顶顺序满足设计及施工安全要求。

3. 成果效用

广州体育馆钢屋盖工程是由空间纵向主桁架、辐射桁架、钢环梁和预应力拉索支撑组成的空间结构体系，在国内尚未建造过类似结构。在施工组织设计阶段确定了"事前施工全过程整体模拟分析，过程动态跟踪检测信息化施工"的思路，在工程施工方案研究中运用虚拟建造技术的核心技术——计算机仿真技术来解决技术难题问题。进行了如下方面的结构仿真：

（1）主桁架临时钢支撑方案及设计；

（2）主桁架吊装验算；

（3）辐射桁架安装过程主桁架挠度变化动态跟踪演算；

（4）辐射桁架吊装过程验算；

（5）预应力拉索张拉对相邻桁架交叉索力的影响范围；

（6）拆除支撑前后索预应力损失规律计算；

（7）拆除支撑后屋盖中点挠度计算及施工方案控制值；

（8）拆除支撑顺序动态跟踪验算。

从开始吊装到吊装结束，共 84d，比合同工期提前 6d 完成了广州体育馆钢结构安装任务；预应力拉索施工也顺利完工，检测预应力均达到设计要求，同一榀桁架的两根钢索垂直力差最大仅为 3.27kN。经过 2d 共七轮的有条不紊地按照控制程序下降，主场馆支撑安全顺利拆除，经过应力、应变及变形测量，各项数据均与结构仿真结果相符，这证明施工仿真是一种高效有用的方法，为实际施工提供了科学的理论依据，大大提高了施工方案的可行性和先进性，降低了施工中潜在的质量、事故隐患，确保了施工的安全、质量和效益。

4. 创新与关键技术点

（1）创新

工程中将计算机仿真技术应用于屋盖体系预应力拉索施工，模拟施工全过程，从而使施工方案和方法更科学、合理。

（2）关键技术

在没有同类工程施工经验可以借鉴的情况下，通过开发和应用了施工全过程整体模拟分析技术，引进国际上先进的 SAP99 和 ANSYS 软件对安装过程进行全程施工模拟分析验算，计算分析了安装过程中各工况下构件的结构内力及变形，为实际施工提供了科学的依据。最终根据计算机结构仿真计算结果，制定和优化吊装施工方案，设计施工支撑。

除开发和应用了施工全过程整体模拟分析技术外，还创新地采用了 160m 大跨度空间桁架分段吊装、高空精确就位技术，辐射桁架四点吊装、一次就位技术，多管小角度相贯节点焊接及检测技术，拉索分级张拉技术，动态跟踪检测信息化等施工技术，成功地解决了该工程的施工技术难题。

施工全过程整体模拟分析技术主要包括以下内容：

1）钢支撑方案设计。通过 SAP99 软件分析，充分考虑主桁架分段情况、吊装变形情况、钢支撑在整个屋盖安装及拆除支撑全过程的受力和变形情况、屋盖下沉情况等方面的因素，对钢支撑的布置定位、结构截面选材、伸缩调节机构进行设计，为工程的顺利吊装和拆顶起到了关键作用。

2）主场馆主桁架吊装计算。采用 SAP99 软件对主桁架在吊装过程及安装就位后的强度、刚度、稳定性以及吊点和桁架杆件的局部承压强度进行了计算，包括：

——主桁架各分段吊装过程应力、应变分析

——辐射桁架安装前后主桁架各跨的挠度动态变化计算

3）主场馆辐射桁架吊装模拟计算。主场馆辐射桁架共 78 榀，其长度超过 50m 的有 42 榀，最长一榀长 58m，重 23.3t，属超长片状柔性结构。通过对主场馆辐射桁架吊装全过程进行模拟计算，确定了吊装过程和安装就位后，辐射桁架的强度、刚度及稳定性的控制要求，为整体吊装该种片状柔性平面桁架提供了依据。

4）主场馆拉索张拉模拟计算。通过采用 ANSYS 和 SAP84 计算软件对该工程拉索张拉相互影响及拆除支撑对拉索的影响进行全面分析，确定了不同拉索的预应力张拉建议值和张拉顺序，保证了该工程 836 根预应力拉索张拉后最终达到设计要求的应力、应变状态。

5）支撑拆除方案计算。拆除支撑过程是使屋盖缓慢协同空间受力的过程，此间，结构发生较大的内力重分布，并逐渐过渡到设计状态。为保证拆撑过程中结构内力及变形满足设计和规范要求，根据拆顶顺序要求，进行了 78 次屋盖全模型的计算。根据计算结果确定了屋盖施工挠度控制值，并据此确定了拆撑顺序。保证了支撑拆除这一个动态过程中，屋架内力和屋盖各杆件内力值均在允许范围内且支撑拆除后屋架内力符合设计要求。

参 考 文 献

1 张希黔,张利. 虚拟仿真技术在建筑工程施工中的应用现状和展望. 施工技术,2001(8)

2 张希黔,黄声享. 建筑施工中的新技术.北京：中国建筑工业出版社,2005

3 张宏胜. 虚拟建造在钢结构工程施工中的研究与应用. 重庆大学博士学位论文

4 江继军,张利. 建筑施工中应用高新科技技术的展望与对策. 四川建筑,2000(3)

5 孙家广,杨长贵. 计算机图形学[M]. 北京:清华大学出版社,1994.

6 江见鲸,贺小岗. 工程结构计算机仿真分析[M]. 北京:清华大学出版社,1996

7　樊爱华,胡忠东. 虚拟现实的建模技术. 计算机仿真,1997,(4)

8　张利. 数字化建筑施工体系及其推进机制研究. 重庆大学博士学位论文

9　萧绍统. 建设工程施工方法选用指南[M] 北京:中国计划出版社,1997

10　倪强,唐家祥. 多媒体仿真与虚拟现实技术在建筑结构动态分析中的应用[J]. 微型机与应用,1998,(5)

11　施炳华. 计算机在建筑施工中的应用[M] 北京:中国环境科学出版社,1996

7.3　其他虚拟技术的开发和应用实践

7.3.1　桅杆起重机构件及基座等的结构仿真

1. 技术实施背景和思路

上海正大商业广场由于工程体量巨大,位于建筑物腹地的重、大型构件均采用桅杆起重机吊装,桅杆起重机吊装构件多吨位大,工程共计使用三种类型的五台格构式和钢管式桅杆起重机,各桅杆起重机均以钢筋混凝土结构柱为基座,以缆风绳保持稳定。因而保证桅杆起重机吊装的安全运行非常重要,有必要对整个吊装过程中桅杆起重机的各部位内力进行全面分析。

为了保障桅杆起重机吊装的安全运行,对桅杆起重机及混凝土基座进行了应力、应变仿真分析,为此设计了一套计算机软件。计算各种条件下,主臂、副臂、格构柱和缆风绳的受力状态,并能通过颜色和数据两种方式显示计算结果,对应力、应变达到临界状态时予以报警。计算程序主要包括下列几个部分:

(1) 分析桅杆起重机不同工况下的整体受力状态,计算出桅杆起重机各部分构件(如主臂、副臂、缆风绳等)该工况下所受的荷载;

(2) 对桅杆起重机的主臂和副臂进行整体稳定性分析;对格构式桅杆起重机,还对其主肢的稳定性和腹杆的强度进行校核;

(3) 校核桅杆起重机支座下格构柱的整体稳定性;

(4) 分析桅杆起重机混凝土基座的应力、应变状态,校核其稳定性和强度;

(5) 对吊装构件在吊装过程中与安装就位后的应力状态进行计算、校核。

针对上海正大项目该部分需求而设计的计算机软件是有自主版权的计算机分析软件。在软件中设计了钢材参数等三个数据库,只需输入钢材型号,相应参数可自动查询调用,使用相当方便。该软件可用于其他工程中的桅杆起重机内力分析,可以连续改变荷重和副臂仰角值,具有通用性。同时它采用了图像和数据两种方式显示计算结果。图像中用各种颜色显示了主臂和副臂中间截面及根部截面的内力、格构柱内力和缆风绳内力。对于内力达到临界状态时予以报警。计算结果的数据显示在荧屏右边表中。

2. 技术实施过程

(1) 起重机基座受力分析

桅杆起重机的混凝土基座由两部分组成,顶部是块钢板,下部是混凝土柱。桅杆起重机固定在钢板的 4 个点处。在起重机基座受力分析中,采用有限单元法。分析过程可以分为三步:

1) 建立模型

采用三维实体模型，八节点块体单元。

2) 加载并求解

模型建立后，在基座上起重机的四个生根部分同时加载，使用稀疏直接解法求解。稀疏矩阵直接解法是建立在与迭代法相对应的直接消元法基础上的。迭代法通过间接的方法（也就是通过迭代法）获得方程的解。稀疏矩阵直接解法以直接消元为基础，不良矩阵不会构成求解困难。

3) 查看分析结果，如图 7.3-1 所示。

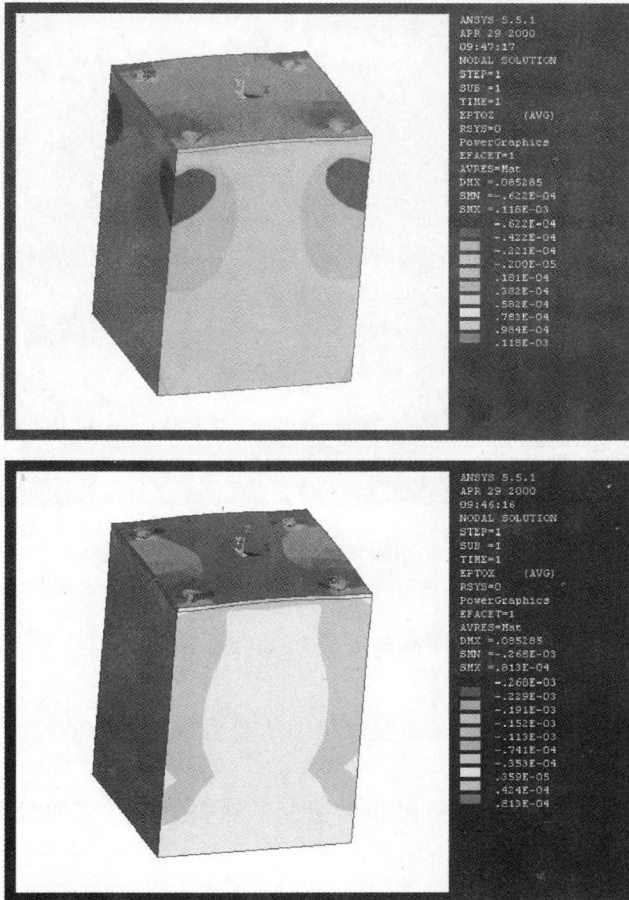

图 7.3-1 基座应力应变分析

（2）桅杆起重机受力分析

为计算、分析在各种条件下，主臂、副臂、格构柱和揽风绳的受力状态。共分析了两种类型的桅杆起重机：格构式和圆管式桅杆起重机。

计算程序主要包括下列几个部分：

1) 桅杆起重机的整体受力分析，计算出桅杆起重机各部分受力；

2) 计算出主臂的中间截面和根部截面的弯矩、轴力、剪力；

3）计算主臂与副臂的长细比；

4）对主臂和副臂进行整体稳定性分析，即计算出考虑长细比拆减后的最大应力；

5）如果是格构式桅杆起重机，还须进行以下校核：

①校核主肢的稳定性，即计算出考虑主肢长细比拆减后的应力；

②校核腹杆的强度，根据腹杆抗剪性质，计算出腹杆的应力。

6）校核基座下格构柱的整体稳定性，即计算出考虑长细比拆减后的格构柱的最大应力。分析结果如图 7.3-2 所示。

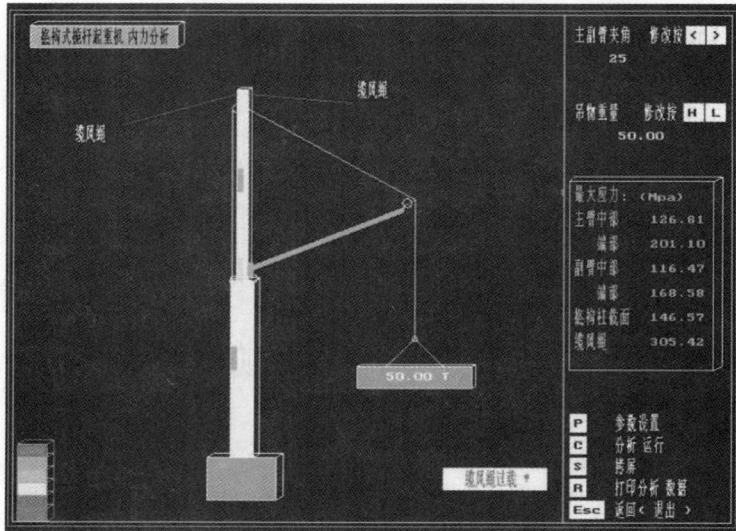

图 7.3-2　格构式桅杆起重机内力分析

（3）吊装过程中屋架内力分析

钢构件在吊装过程中受力状态往往与安装后的并不相同。因此有必要对吊装过程中的构件进行内力分析。

通过使用自编计算软件对屋架在吊装过程中的受力状态进行了分析，分别使用数字和颜色显示了屋架的内力状态。

计算机结果表明，在使用铁扁担吊装的情况下和安装后，屋架内力的分布态有所变化，但在吊装时，屋架各构件的应力均未达到临界状态，吊装是安全的。屋架吊装过程与就位应力对比分析如图 7.3-3 所示。

3. 实施效果

通过该分析系统，成功地分析了桅杆起重机吊装动态过程中各种条件下的主臂、副臂、格构柱、缆风绳以及其混凝土基座的受力状况、应力分布。计算机仿真计算表明：桅杆起重机在荷重 50t 以内，副臂仰角在 30°～60°范围内时，桅杆起重机组成的吊装系统运行是安全可靠的。

桅杆起重机的混凝土基座采用三维有限元法分析，用图形和数据两种方式显示了基座的 X、Y、Z 方向上的应力分布和应变分布，Z 方向应力在基座顶部附近出现了局部的应力集中，但内力均未达到临界状态，分析表明，混凝土基座是稳定的。

WJ-4吊装计算

构件线荷载 1334.5N/M 构件总重量 137.26KN

$N_{DE}=0.25G=34.3KN$ $N_{HK}=-0.51G=-70KN$
$N_{DF}=-0.22G=-30.2KN$ $N_{GJ}=-0.22G=-30.2KN$
$N_{FH}=-0.22G=-30.2KN$ $N_{KJ}=0.12G=16.5KN$
$N_{FE}=0.11G=15.1KN$ $N_{KH}=-0.51G=-70KN$
$N_{FH}=-0.16G=-22KN$ $N_{JH}=-0.03G=-4.1KN$
$N_{EG}=-0.22G=-30.2KN$ $N_{JL}=0.17G=23.3KN$
$N_{HJ}=0.41G=56.3KN$ $N_{ML}=0.147G=20.2KN$

经计算构件上下弦和腹杆的强度刚度及整体稳定均满足要求

WJ-4

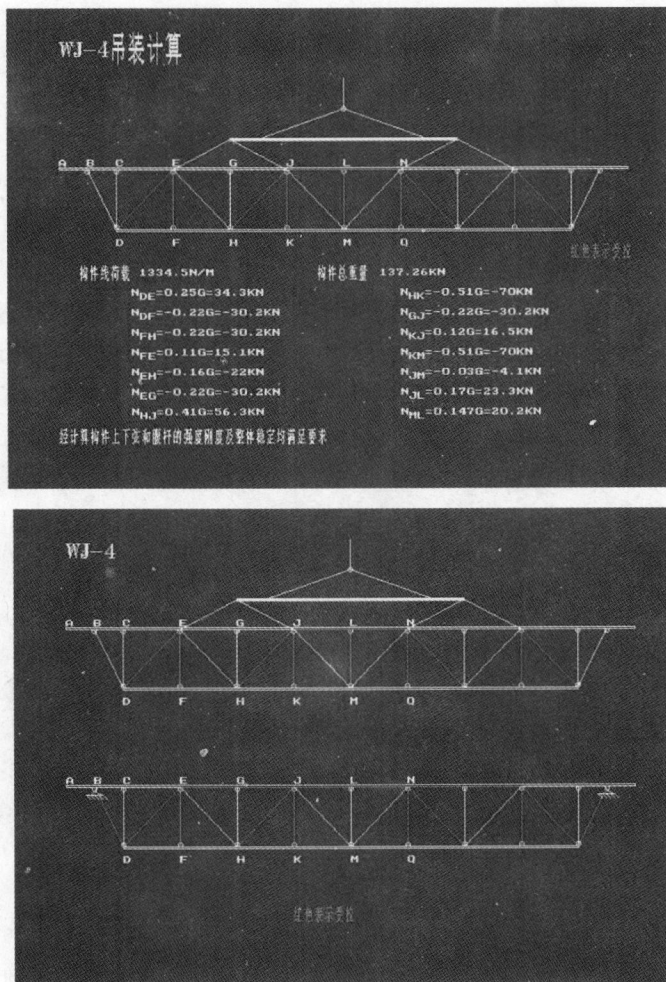

图 7.3-3　屋架吊装过程与就位应力对比分析

对吊装屋架的应力进行了对比分析表明：吊装屋架的应力状态虽有所变化，但在吊装时，屋架各构件的应力均未达到临界状态，吊点选择和吊装方法是可行的，吊装过程是安全的。实际工程施工中以仿真计算提供的参数作为施工安全控制的指标。

计算结果表明，工程中采用的桅杆起重机各部分内力均未达到临界状态，吊装方案可行，桅杆起重机运行是安全的。

7.3.2　钢结构焊接应力、应变的三维有限元仿真

1. 技术应用思路

大型钢结构焊接这一非线性过程是工程中经常碰到，但又难以对其进行准确的三维数值模拟的一个问题。对焊件进行局部加热时，焊件上会产生不均匀的温度场，从而产生变形残余应力，而变形和残余应力是影响焊接结构强度、刚度及装配精度等的重要因素。因此，对大型钢结构焊接进行准确的三维数值模拟，为钢结构设计、施工现场选择合理的焊

接工艺和焊接参数、控制焊接变形提供依据，具有重要的理论和实际工程意义。上海正大商业广场工程中厚板焊接较多，且多数焊接接头是箱形截面。由于焊接过程受到多种因素的影响，焊接变形控制是个相当复杂的问题。为保证钢结构安装的顺利进行，必须有效地控制焊接变形，保证焊接接头的工程质量。

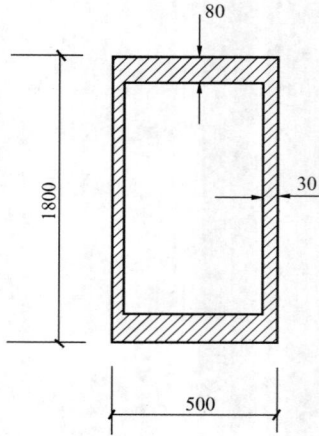

图 7.3-4 构件截面尺寸

2. 技术实施过程

（1）计算模型

针对上海正大商业广场工程的特点，对典型的箱形截面焊接过程－商店天桥主梁焊接进行了三维有限元分析。有限元分析所选择的商店天桥主梁截面为 TS500×1800×30×80，长度 33.5m，单件重量达 49t，是工程中截面最大的钢梁。该梁必须分段制作，运至现场拼装焊接，拟定的拼焊方案为：构件平躺于拼装胎架上，节点处上表面设置 1m×1.8m 后盖板，平焊焊接下表面板，再焊上表面板，最后焊接两条立焊缝。该方案避免了焊接过程中构件翻身，又避免了拼装胎架搭设过高及仰焊操作，为保证施工安全和工程质量创造了条件。

1）构件的几何参数

该箱形梁上、下边均匀厚 80mm 的钢板，两侧钢板厚 30mm，梁高 1800mm，梁宽 500mm。如图 7.3-4 所示。针对上海正大商业广场工程的特点，对典型的箱形截面焊接过程进行了三维有限元分析。计算选取的箱形截面高 1.8m，宽 600mm，上下板厚度为 80mm，两侧板厚 30mm。

2）力学模型和材料性能

力学模型为非线性的热弹塑性模型，采用了米塞斯屈服条件和带有应变硬化的双线性本构关系模型，模型参数是根据 16Mn 钢确定的。其热物理性能指标随温度变化，见表 7.3-1 所示。

钢的力学参数表　　　　　　　　　　　　　　　　　表 7.3-1

温度	20(℃)	200(℃)	500(℃)	800(℃)	1100(℃)	1500(℃)
弹性模量 E(MPa)	1.95e5	1.84e5	1.76e5	1.52e5	1.23e5	0.92e5
泊松比 μ	0.28	0.28	0.32	0.35	0.40	0.50
热传导系数 K(W/kg)	15.1	16.2	17.3	18.5	19.1	19.7
热膨胀系数 α(K1)	16.3e−6	16.9e−6	17.4e−6	18.0e−6	18.5e−6	18.9e−6
体积密度 ρ(kg/m³)	7800	7800	7800	7800	7800	7800
比热 C[J/(kg·K)]	460	460	460	502	1872	1872
热焓 H(J/m³)	7.17e8	14.35e8	28.7e8	43.7e8	52.95e8	82.15e8
屈服应力 σ_S(MPa)	390	310	220	110	75	8
切向模量 E_T(MPa)	2.15e3	2.27e3	2.05e3	1.93e3	1.41e3	0.95e3

注：$H = \int \rho C(T) dT$。

3）网络划分

计算中，采用八节点块体单元，单元数共 9009 个。焊接区网格的划分密于非焊接区，详见图 7.3-5 所示。

（2）计算结论

通过对厚板箱形梁采用瞬时固定热源和移动线热源两种方式的三维数值模拟及对比，得出结论如下：

1）采用固定热源焊接时（即一次焊接时），上下板中间部分的残余应力值比边缘部分残余应力值大一倍；且箱型截面的四个角部的残余应力值比上下板中间部分残余应力值还大一倍以上，这是非常不利的。

2）采用移动热源多道焊焊接时（即分层焊接时），在焊接过程中可避免产生三轴拉伸残余应力，上下板和两侧板都不会产生过大的应力和变形，仅角部有较大的残余应力和变形。

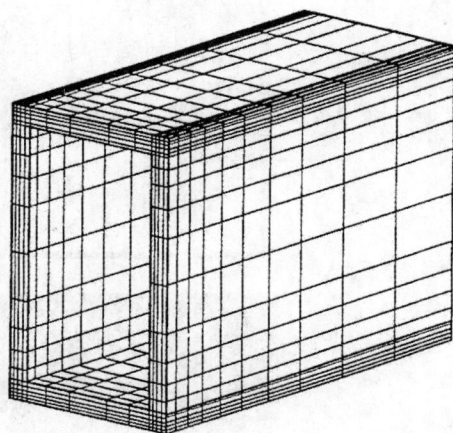

图 7.3-5　构件的网络划分

3）采用固定热源或移动热源焊接时，产生的残余变形的形态不同。采用固定热源焊接时，整个箱形梁断面向其形心点一致收缩；采用移动热源焊接，箱形梁的收缩变形在其断面的四个角点处有明显的翘曲。

为了对比焊接效果，分别对钢板的多层焊接和一次性焊接两种焊接方式进行了有限元仿真。使用 ANSYS 程序实现了焊接过程的三维有限元仿真，分析了不同时刻时箱形焊接截面附近的温度场，应力场和应变场。一次与多次施焊对比焊接应力分析如图 7.3-6 所示。

3. 实施效果

通过多层和一次性焊接方式的对比计算，表明多层焊接方式能有效降低厚板截面上的应变和应变梯度，避免造成钢板过大的残余变形和发生翘曲。根据多层焊接仿真计算结果，综合分析和考虑到许多现场焊接条件的变化，建议 80mm 厚钢板至少分成 10 层焊接为宜，30mm 厚钢板至少分成 2～3 层焊接为宜。

通过对典型箱形截面焊接应力和应变的仿真计算，获得了截面一次焊接和多层焊接的温度场、应力场和应变场的连续变化规律，为施工现场控制焊接变形提供了理论依据和参数，也为其他工程提供可借鉴的分析手段。

一次性焊接计算结果表明，在 30mm 厚钢板的温度、应力和变形沿横截面分布还比较均匀，而在 80mm 厚钢板截面上温度、应力、应变的变化是剧烈的，外层应变高，内层应变低，两者相差约 3 倍。而多层焊接计算结果表明，厚板截面上温度、应力、应变的变化梯度显著减小。通过多层和一次性焊接方式的对比计算，表明多层焊接方式能有效降低厚板截面上的应变和应变梯度，避免造成钢板过大的残余变形和发生翘曲。根据多层焊接仿真计算结果，综合分析和考虑到许多现场焊接条件的变化，建议 80mm 厚钢板至少分成 10 层焊接为宜，30mm 厚钢板至少分成 2～3 层焊接为宜。

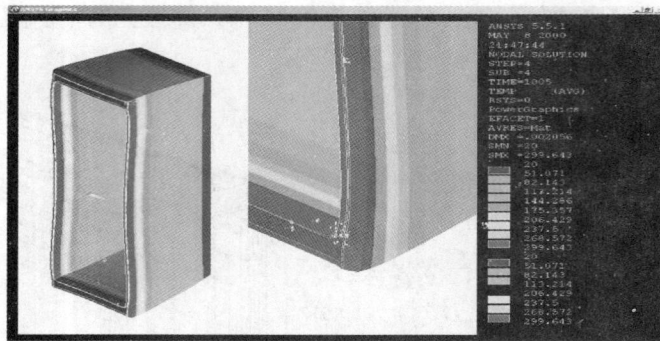

(a)

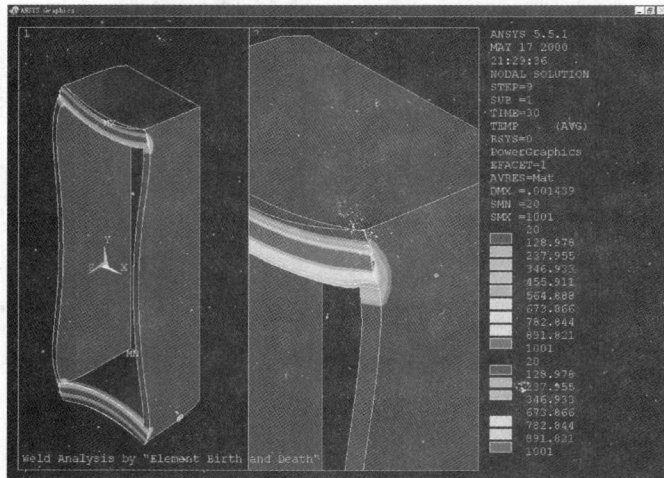

(b)

图 7.3-6 一次与多次施焊对比焊接应力分析
(a) 一次焊接应力分析；(b) 多次焊接应力分析

7.3.3 建筑外观与城市场景虚拟漫游系统

1. 技术研究应用思路

在建筑物未建成以前，对于设计者、建筑单位和业主都希望能全面、直观地了解它建成后的效果，以及与周围环境是否协调。虚拟现实作为当今计算机最热门的技术之一，它极大地突破了事物表达传统方法的局限，使人们可以将任何想象的环境虚拟现实，并且人们可以在其中以最自然的动作与这种虚拟现实进行交流。目前虚拟现实技术已在认真地寻找行业性的应用，比如：虚拟现实教学系统、远程诊断、汽车制造设计及军事领域等等。

正大广场（Chia Tai Mall）位于上海市浦东陆家嘴富都世界 1-A 地块、东方明珠电视塔下，北临陆家嘴路及延安东路隧道交通要道，南接浦东香格里拉大酒店，西有黄浦江蜿蜒绕过，与美丽的外滩隔江相望。正大广场所处的陆家嘴金融贸易区是上海市最富活力的金融、商业、旅游区，被称为中国的"曼哈顿"。其显著的地理位置集中了中国最著名的建筑，其中包括世界第三、亚洲第一高塔——东方明珠电视塔；亚洲第三、中国第一高楼——金贸大厦；有着中国的"香榭里大街"之称的"世纪大道"以及国际会议中心等。

　　上海正大商业广场位于浦东陆家嘴中心地带，建筑物体量大，但总高度仅50m，而周围高楼林立，使人们有机会从各种方向、角度观察它。因此，其外造型的效果是业主和设计方关注的核心内容，在工程建设过程中，仍在不断地修改和完善外造型效果，以求在各种方向和角度上都能获得最佳的视觉效果吸引各方人士来访。对于这样一座设计得美轮美奂的优秀建筑，同时又有美丽而辉煌的城市景观，参与设计和建设单位具有国际背景。在虚拟展现正大广场时，不能孤立展示单个建筑，应该置于陆家嘴金融贸易区、黄浦江、外滩这样一个较为宏大的城市景观中。在建筑物未建成之前，怎样才能让设计者、建设者及施工者能直观地、全面地了解它建成之后的效果，以及与周边环境是否协调呢？以前的方法是通过建筑效果图渲染或者是按比例建实物模型，但是，建筑效果图只能从固定的某个视角了解建筑物，而按比例建实物模型又不能全面展示建筑物周边空间景观。应用虚拟现实技术能很好地解决这一问题。虚拟场景漫游的情形如图7.3-7所示。

图 7.3-7　虚拟场景漫游

2. 项目实施思路和技术选择

以正大广场虚拟建模为重点，完全忠实于设计方案，在外观造型与细部设计处重点着力，充分体现设计的新颖别致、现代感强、富有灵性，正大广场周围配套景观简洁、协调。城市景观采用几何建模与纹理建模相结合，复原浦东与外滩景观。

为充分展示正大广场及周围城市景观的绚烂迷人，应有多种浏览方式，加入小品、特技、声效，使整个虚拟建模漫游系统活泼生动。

由于正大广场及周围城市景观所需要的建模量相当大、模型精细、纹理逼真，在漫游中要进行大量的运算，要求所用软件要具有实时仿真能力，经过对软件工具分析比较，选择了 MultiGen-Paradigm 公司的产品 MultiGen 和 Vega。

MultiGen 系统主要提供简单易用的虚拟建模工具。它区别于机械 CAD 等其他建模软件，主要考虑在满足实时性的前提下如何生成面向仿真的，逼真性好的大面积场景。建模功能为图像发生器提供建模系统及工具，采用在实时三维领域最流行的图像生成格式及仿真领域上的行业标准：层次细节（LOD）、多边形筛选、逻辑筛选、绘图优先级及分离面等高级实时功能。逻辑化的层次场景描述数据库将使图形发生器知道在何时、以何种方式实时地以高精度及高可靠性渲染三维场景。该系统支持普通建模和地域特征的创建集于一体。实现高效、高自动化的建模和装配。

基于 Silicon Graphics PerformerTM 软件之上的 Vega，为 Performer 增加了许多重要的特性，它将易用的工具和高级仿真功能巧妙的结合，从而可使用户迅速地创建、编辑、运行复杂的仿真应用。由于 Vega 大幅度地减少了源代码的编译，使进一步的软件维护和实时性能的优化变的更容易，从而大大提高了生产效率。使用 Vega 可以迅速的创建各种实时交互的 3D 环境，可以满足本课题的需求。同时也提供快速开发实时应用的完整的工具包，实现对高性能的大面积地域的仿真，及网络仿真（DIS/HLA）和三维声音仿真等。

虚拟系统的最大特征是人可以在随意变化的交互控制下显示场景的动态特征，有两种重要指标衡量用户沉浸于虚拟环境的效果和程度：一是动态特征，二是交互延迟特征。以上两种指标均依赖于系统生成图形的速度。起关键作用的无疑是图形硬件加速器。选择了 SGI 具有优越的三维图形能力、采用 Silicon Graphics Onyx2 的 IRIX 工作站。

20 世纪 80 年代初，SGI 将几何变换的矩阵运算完全使用大规模集成电路加以实现，奠定了三维图形流水线（坐标变换、三维投影和图形裁减）的硬件基础。在此基础上，升级的图形硬件加速器为 SGI 系列的工作站提供了越来越快的图形处理能力，甚至某些重要而高级的图形特征也可以由硬件实现。Onyx2 工作站提供诸如剪取映射、纹理分页、体绘制、多通道输出、能处理多个媒体流视频图像的 HDTV 并支持临场感等独特功能。

（1）虚拟建筑的建模技术

一个功能强大、交互的建模工具，提供所见即所得建模环境，用户可以建立所期望的、被优化的三维场景。将多边模型、矢量模型及地表等特征集于一体，使建模工作具有高效率和创造性。

1）多边形和纹理造型

交互的多边形建模及纹理应用工具可以构造高逼真度的 3D 模型，并可对它实时优化无需更多的人工干预。可以矫正和编辑各种不同类型 CAD 和仿真软件的模型。

2）矢量化建模和编辑

利用"map−like"矢量数据高效地模拟地形。读入矢量数据并对它进行编辑，自动的创建全部的纹理和色彩模型并加到地形表面上。所见即所得属性体系可以使用户控制 3D 模型的创建，并减少多次创建相似场景的工作。

3）地表特征的创建

使用完整的工具，快速精确地将所有的模型放置在地表。自动化的层次细节（LOD）和组筛选使用户能够为任何应用如图像发生器、工作站、PC 等创建多种分辨率的地表特征，也可使用 Modify Delauney 算法，交互式的修改和重新对地表点进行三角测量从而调整数据库的精确性和逼真度。通过以上工作，创建了正大广场及其所在浦东地形地貌、外滩地表文化特征场景。

4）数据库的重组

根据调整模块的功能，进行数据库重组，高效地排序及放置几何元素，以节省时间，并保证最大的实时性能。具体内容：

① 在任何时间可对数据库进行重组；

② 优化筛选、自动进行空间重组及分组；

③ 改善渲染性能，在组内对多边形排序；

④ 在数据结构内，在任何层次重组部件；

⑤ 无缝地、经济地管理大面积数据库；

⑥ 有效地做好筛选准备和筛选组大小的重新设计；

⑦ 全面改进数据完整性及运行性能。

5）渐变路径的确定

平滑的 LOD 转换，消除了突弹效果，而不增加渲染负担。具有自动生成 LOD 的功能，而且可以用渐变途径来平滑等级细节切换的模型，可以定义等级细节渐变开关和转换范围。具体内容：

① 在选中的 LOD 模型顶点之间自动计算渐变路径；

② 定义 LOD 渐变开关和变换范围；

③ 在渐变过程的任何阶段实时地预览和编辑；

④ 平滑等级细节的渐变，而不带来模型的突弹，不增加多边形的数目；

⑤ 比使用淡入淡出 LOD 更经济；

⑥ 与系统建模工具建立的 LOD 模型完全兼容。

6）选定数据库的内容繁殖

在选定的区域内，随机地或按固定形式地放置丰富、逼真的数据库特征，不增加实时图形的负担。具体内容：

① 对任何选定数据库的区域进行繁殖；

② 以统一的或随机的位置或方向进行选择；

③ 使模型与地形吻合，如果需要，可切入地形；

④ 可由几何模型、实例及外部引用建立模型；

⑤ 容易地增加自然的和人工（如树、建筑物等）的特征，以快速地美化场景；

⑥ 经济地使用内存，节省存储空间，以为更紧迫的实时渲染服务。

7）动态三维声音

通过将动态三维声音加入数据库，增加沉浸感。具体内容：

① 输入、生成、预览和编辑音频文件，并将一些元素组织到调和板上；

② 将声音附着到三维模型上，并增加诸如放大、音调变化及多普勒效应；

③ 集成的音频工具，增加了建模效率；

④ 所有的音频部件与视景关联而且存储在一个实时的数据库中。

8）地形构造处理

地形构造模块是一种快速创建大面积地形数据库的工具，可使地形精度接近真实世界，并带有高逼真度三维文化特征及图像特征。采用一系列投影算法及大地模型，建立并转换地形数据，同时保持与原形一致的方位。通过纹理影射，生成可与照片媲美的地形，包括道路、河流、市区等特征。采用路径发现算法，比线性特征的生成算法更优越，可以自动在场景中建立数以千计逼真的桥梁及路口。一个合成的场景数据库可能是巨大的，需要花费很长的时间去创建它。因此，手工的交互的技术显然无效，地形构造模块批处理操作是最佳的选择。采用独有的用户定义的规则自动控制地形及三维文化特征的生成，从而可创建高效的、高保真的数据库，以满足用户的需要。具体内容：

① 用于实时页面的地形片的生成；

② 多重文化特征 LOD 生成的分批控制；

③ 多重地形 LOD 生成的分批控制；

④ 筛选组的自动生成；

⑤ 大地及整体纹理映射的分批控制；

⑥ 定义文化特征规则；

⑦ 纹理、颜色、材质的映射；

⑧ 重点区域的重新处理。

9）高级地形表面处理

连续自适应地形（CAT）是生成大面积带有纹理地形的快捷方式。CAT 生成静态的多重 LOD，并带有文化特征的数据库，可适用于任何图像发生器。Terrain Pro 的高级的三角形不规则网络（ITIN）提供了高逼真度及高效率的地形生成工具。具体内容：

① LOD 转换及渐变地形；

② 三角形及四边形筛选系统；

③ 完全控制的三角形化；

④ 将任何 OpenFlight 数据库集成在一起；

⑤ 多重 LOD 的自动生成；

⑥ 确定的多边形数目（包括文化特征模型）；

⑦ 与地形表面渐变适应的模型。

10）整体纹理的映射

对浦东、浦西大面积地形而言,手工映射纹理是不实际的。Terrain Pro 快速生成照片般的大地数据库。并将大地的经纬参数赋予大地纹理,同时自动完成纹理映射。具体内容:

① 用于图像数据合成的马赛克工具;

② 图像的大地特征编码及自动映射;

③ SGI 裁剪纹理;

④ 用于准确图像/地形数据库映射的映射图像变形;

⑤ 自动 MIP 映射生成。

11)生成三维逼真文化特征

用于生成高逼真度的、准确的三维文化特征,以满足地面仿真的需求。Terrain Pro 自动检测并修改矢量数据交点,以生成高保真的视景数据库。具体内容:

① 源数据误差的自动检测;

② 沿着地势流动的黄浦江水面及河流;

③ 路、河流及铁路沿着它们流动方向的平整;

④ 通过线性数据对水面、森林及其他平面特征的分割;

⑤ 文化特征的三维简化;

⑥ 多重 LOD 的自动生成;

⑦ 与文化特征关联的亮点的生成;

⑧ 建筑及城区目标的自动生成。

12)高级道路建模

考虑到须驾驶车辆漫游,利用高级算法生成路面特征,以满足驾驶仿真的需要。具体内容:

① 适合 AASHTO 标准的三维几何构造;

② 多重 LOD;

③ 自动的纹理映射;

④ 道路横截面的定义;

⑤ 路边的几何结构;

⑥ 反射物、交通标志等路边几何模型的自动放置;

⑦ 有关的道路中央线和分道线的定义。

(2)虚拟漫游设计

1)多观察者和多参与者的设置和切换

为实现多观察者和多参与者的设置和切换,以改变不同的观察角度和漫游方式。采取了以下几种方式:

① 以纯观察者方式进行漫游,这种漫游方式不借助任何运动物体(例如,直升机,船只)在场景中漫游;

② 将观察者置于运动物体(例如,直升机,船只)后面,由运动物体导引观察者运动;

③ 将观察者同运动物体(例如,直升机,船只)固联,观察者与运动物体共同运动;

2）多通道的显示

通过不同的显示窗口实现类似"画中画"的效果。所谓"画中画"是指在场景漫游窗口中另外显示的小窗口，用来显示特定的效果，例如，假定坐在汽车上漫游，这时显示的都是汽车前方和两侧的场景，通过设置一个新的通道来产生汽车后视镜的效果，这时在小窗口中显示的是汽车运动时后视的场景。利用这种方式，还可以实现地图显示导航效果。

3）海洋效果

在场景中加入海洋效果，使黄浦江具有动感而更显真实。海洋效果提供了海洋适时仿真所必需的各种特别效果，它包括：动态海洋效果；船只或其他漂浮物体相对于动态海面运动的仿真效果；海面上风的仿真效果；船只尾部浪的仿真效果；船只航行激起浪花的仿真效果，浪的大小可根据船的行速来确定；船只改变方向时浪的仿真效果；船只运动的航道的仿真效果；海面漩涡的仿真效果；海面上废料的仿真效果。

4）云层和天色变化效果

场景中加入了云层效果，以产生虚拟天气的效果。云层效果提供了各种类型的云的仿真效果，它包括天空的云彩，天空色彩。

场景中加入了天色的变化，可以仿真一天中不同时间（例如黎明、正午、黄昏等）的效果。有了这种功能，漫游不再仅仅是空间上的运动，同时还有时间上的变化，随着漫游时间的变化而产生昼夜更替的效果。

5）聚光效果

在场景中加入了聚光效果，用来突出正大广场主体。所谓聚光效果就是通过指定点光源的方向，同时关掉平行光源来单独照亮某一物体来达到突显主体的效果，类似与舞台上的聚光效果。

6）其他特效

在场景中加入了特效，以产生更加逼真的效果，如直升机的螺旋桨。所谓特效是指利用一些预先定义的生动的模型来仿真那些利用标准数据库技术不能实现的虚拟动态效果。例如：无纹理机械几何线的遮蔽，复杂带纹理的粒子性仿真等。它包括：烟雾特效；火焰特效；喷火枪喷火特效；螺旋桨特效；导弹尾痕特效；爆炸残留物特效；爆炸产生的水柱特效等等。

7）多种显示模式之间的切换

实现了多种显示模式之间的切换。如线框模式，光照模式，贴图模式等。

8）碰撞检测功能

在漫游中实现了碰撞检测功能。这一功能的实现对虚拟漫游有着重要的意义，它使得漫游场景中的各种实体能够真正仿真现实生活中的各种物质，例如，运动物体遇到障碍物会停止运动，在高低不平的山道上，能够随地形起伏运动等，从而更加真实的反映现实生活的状况。

9）声音仿真

在场景中加入了声音仿真。在任何高效的仿真和虚拟现实环境中，声音都是必不可少的部分，在场景中加入汽车的引擎声、轮船的汽笛声、直升机的螺旋桨转动的声音，使人有身临其境之感。

（3）虚拟漫游实现技术与程序编制

在技术实现方面，着重解决了如下两方面技术：

1）创建应用程序定义文件

实时交互虚拟仿真需要设定大量的参数值，比如观察者的位置，场景中运动物体和静止物体的位置和状态，如何围绕场景运动，光线的设置，环境和环境特效的描述以至于硬件平台的设置等都需要考虑大量的参数。一个 ADF（Application Definition File）文件包含了 Vega 应用程序所需要的所有初始化信息以及一些在整个运行期间所需要的信息。一个单独的应用程序可以通过解释不同的 ADF 文件来生成各种虚拟仿真。系统提供了一个图形开发环境 LynX 来生成 ADF 文件。LynX 直观、方便，用户只需要简单的鼠标和键盘操作就能够生成，浏览，修改和保存 ADF 文件，并可以在保存文件之前进行预览。

2）使用 API 函数处理 ADF 文件

LynX 功能强大，使用它可以轻松地完成一般要求的虚拟漫游。但要实现更加灵活的功能，LynX 就有点力不从心了。因此，为了满足软件开发人员要求的最大限度的灵活性，Vega 提供了完整的 C 语言应用程序接口 API。使用 API 函数，用户可以更加灵活的实时控制漫游效果，使漫游效果更加丰富多彩。

①Vega 类

从面向对象的编程角度来看，Vega 是一个类的集合，每一个 Vega 类都是一个包含了管理和实现某一功能的所有成员的结构，Vega 中的大部分组成都是以类的形式体现出来的。每个类都是 API 的集合，用来设置和获取成员变量的值以及触发某一特定的功能。另外，有些功能也可以由通用 API 函数来执行。

②Vega API 名称结构

所有 Vega 的 API 函数名都是由 vg 作为前缀，这样的规定最大限度地降低了在连接多个运行库时函数名的复杂度。接在 vg 后面的是以动词形态表示的函数执行的操作，最后是该函数所属类的名称。vg 后面每个单词的头一字母大写，并且单词间不使用下划线，可以使用缩写来减少名字长度，以这种方式能以最少的字母表示最直观的名字。

③New，NewCopy，Find，GetNum，Get and Delete

所有类都具有 6 种类处理方式：New，NewCopy，Find，GetNum，Get and Delete。所有这些函数都处理类的成员变量。每个类在使用前现要创建它，New 函数就是用来完成这项功能，例如，vgNewWin 或 vgNewChan。所有的类都使用"数据隐藏"，即类实例中的成员变量对用户是不可见的，必须通过调用 API 函数进行处理。

④基类 vgNode

vgNode 是所有 Vega 类的基类。在类 vgNode 中，没有成员函数，并且它的实例不能直接被创建，只有当其派生类实例被创建时，vgNode 的实例同时被创建。

⑤抽象类 vgCommon

大多数 Vega 类都是从抽象类 vgCommon 派生的。与 vgNode 相同的是，vgCommon 也不能直接被创建，但 vgCommon 具有自己的成员函数。

⑥类 vgCPos

类 vgCPos 由类 vgCommon 派生，它在类 vgCommon 基础上增加了位置属性。所有包含位置属性的类都由类 vgCPos 派生。

(4) 虚拟漫游细节的实现

仅以多观察者和多参与者的设置和切换为例介绍虚拟漫游实现细节。

1) 对象调入和设置

在对象面板中将在 MultiGen 中造好的正大广场场景（town）调入，同时调入了直升机（f14）、拖船（tug）、轮船（ship1、ship2 和 ship3）和汽车（car），其中正大广场场景和轮船（ship1、ship2 和 ship3）设置为静态模式，而直升机、拖船和汽车设置为动态模式，在场景面板中将这些对象添加进去。在角色面板中将直升机、轮船和汽车设置为运动对象，从而用户可以对它们进行操纵。

2) 运动模式定义

在运动模式面板中，将汽车和轮船定义为 drive 模式（drive 模式是指运动局限在水平面上），将直升机定义为自定义的运动模式，可以控制其上升、下降、仰头、俯冲，这是通过编程实现的。

3) 观察者定义和切换

在观察者面板中定义了五个 Observe，至此，多个观察者和参与者就设置好了。然后，通过编程来实现观察者的切换。在程序中，添加了键盘功能，可使用键盘切换观察者。

在程序中定义三个全局变量：gObservers，gNumObserv 和 gCurrObserv。

gObservers 是 vgObserver 类的二级指针，整型变量 gNumObserv 存放 Observer 的数目，gCurrObserv 存放当前观察者的索引号。在程序中声明两个静态全局函数 obs _ load（）和 key _ input（）。

其他多通道的显示、天空中的云彩、雾、天色的变化、照向正大广场的光源等设置和编程，与多观察者和多参与者的设置和切换类似。

3. 实施效果

中建三局与华中科技大学合作，将上海正大商业广场按现设计图纸详细建模渲染，并将附近的一些建筑如东方明珠电视塔、金茂大厦等和场景、道路、黄浦江等也建模渲染。其虚拟外观如图 7.3-8 所示。

考虑须在满足实时性的前提下生成面向仿真的大面积逼真场景，采用多边形和纹理造型技术等建模技术，并采取了层次细节（LOD）、多边形筛选、逻辑筛选、绘图优先级及分离面等高级实时功能，以及逻辑化的层次场景描述数据库，使图像发生器知道在何时、以何种方式实时地以高度的精度及可靠性渲染三维场景。

在漫游部分以 SGI（Onyx2）为硬件平台，使用 MutiGen/Vega 仿真模块作为交互虚拟环境的软件平台，成功地实现了如下功能：

（1）实现了多观察者和多参与者的设置和切换，可以改变不同的观察角度和漫游方式。

（2）实现了多通道的显示和多种显示模式之间的切换。可通过不同的显示窗口实现类

图 7.3-8　正大广场虚拟外观

似"画中画"的效果；并进行如线框模式，光照模式，贴图模式显示模式的切换。

（3）在场景中加入海洋效果，使黄浦江具有动感而更显真实；加入了云层效果，以产生虚拟天气的效果；加入了天色的变化，可以仿真一天中不同时间（例如黎明、正午、黄昏等）的效果；加入了聚光效果，用来突出正大广场主体。

（4）在场景中加入了声音仿真，使沉浸感更强。

（5）在漫游中实现了碰撞检测功能，它使得漫游场景中的各种实体能够更加真实的反映现实生活的状况。

针对建筑工程场景虚拟的需求，在技术实施方面的主要突破为：

（1）尝试采用逻辑化的层次场景描述数据库成功；

（2）综合采用多边形和纹理造型技术、多边形筛选技术、逻辑筛选技术、绘图优先级及分离面等高级实时技术、多通道的显示技术实现了实时视觉仿真。

上海正大商业广场建筑外观与城市场景虚拟漫游系统的实现，使观察者能够运用小小的鼠标突破物理空间、时间的限制，实现多种不同的观察角度和漫游方式。漫游中各种音效和碰撞检测功能，使场景更显真实和具有动感，使漫游场景中的各种实体能够真正反映现实生活中的各种状况。使观察者如身临其境，充分领略上海正大商业广场这座位于上海陆家咀金融贸易中心、具有欧美建筑风格、集商业、餐饮、娱乐为一体的亚洲最大商业零售中心的雄伟风姿。

该系统将建筑信息的数值控制带到图形控制的领域，使建筑师和业主更方便地修改建筑设计，并更直观地、全面地进行设计交底。同时，三维虚拟模型又克服了传统二维效果图或实物模型不全面、不精确的缺点，为工程施工组织、安全和技术交底提供了一种直观且高效的技术手段。

参 考 文 献

1　张希黔,张利. 虚拟仿真技术在建筑工程施工中的应用现状和展望. 施工技术，2001(08)

2　张希黔,黄声享. 建筑施工中的新技术. 北京：中国建筑工业出版社，2005

3　张宏胜. 虚拟建造在钢结构工程施工中的研究与应用.重庆大学博士学位论文

4 江继军,张利. 建筑施工中应用高新科技技术的展望与对策[J]. 四川建筑,2000 (03)

5 李洪举,吴恩华. 基于图像的室内虚拟环境的研究[J]. 计算机学报,1999(05)

6 孙济洲,杨涛. 面向建筑的虚拟巡游系统[J]. 计算机应用,1999(05)

7 倪强,唐家祥. 多媒体仿真与虚拟现实技术在建筑结构动态分析中的应用[J]. 微型机与应用,1998 (05)

后　记

　　编者有幸作为中建总公司施工技术专业委员会主任委员，又兼任重庆大学教授、博士生导师，重庆大学现代施工技术研究所所长，自然地成为施工企业与高校科研单位联系的纽带，将二者紧密地结合起来。本书中的大部分成果都是施工企业与高校联合攻关的成果，这样的模式既为生产企业解决了生产过程中的实际问题，产生了良好的经济效益，提升了生产企业的科技水平；同时也为高校提供了学术实践的场所，为高校的学术成果转化提供了机会。

　　希望本书的出版，能为广大施工企业的技术人员在进行技术创新时提供一些参考和思路，也为类似工程提供一些借鉴。能够推动建筑施工行业科技进步，提升本行业科技发展水平，是编者一直以来的心愿和前进的动力。

　　科技创新是行业发展的根本动力，也是人类进步的源泉。编者从事建筑施工行业40余年来，亲身经历和见证了我国建筑施工领域由科技创新带来的翻天覆地的巨大变化。科技创新又是永无止境的，在国家大力提倡科技创新的大环境下，相信我国的建筑施工水平会越来越高，直至世界前列。

尊敬的读者：

感谢您选购我社图书！建工版图书按图书销售分类在卖场上架，共设 22 个一级分类及 43 个二级分类，根据图书销售分类选购建筑类图书会节省您的大量时间。现将建工版图书销售分类及与我社联系方式介绍给您，欢迎随时与我们联系。

★建工版图书销售分类表（见下表）。

★欢迎登陆中国建筑工业出版社网站 www.cabp.com.cn，本网站为您提供建工版图书信息查询、网上留言、购书服务，并邀请您加入网上读者俱乐部。

★中国建筑工业出版社总编室　电　话：010—58934845　传　真：010—68321361

★中国建筑工业出版社发行部　电　话：010—58933865　传　真：010—68325420

E-mail：hbw@cabp.com.cn

建工版图书销售分类表

一级分类名称（代码）	二级分类名称（代码）	一级分类名称（代码）	二级分类名称（代码）
建筑学 （A）	建筑历史与理论（A10）	园林景观 （G）	园林史与园林景观理论（G10）
	建筑设计（A20）		园林景观规划与设计（G20）
	建筑技术（A30）		环境艺术设计（G30）
	建筑表现·建筑制图（A40）		园林景观施工（G40）
	建筑艺术（A50）		园林植物与应用（G50）
建筑设备·建筑材料 （F）	暖通空调（F10）	城乡建设·市政工程·环境工程 （B）	城镇与乡（村）建设（B10）
	建筑给水排水（F20）		道路桥梁工程（B20）
	建筑电气与建筑智能化技术（F30）		市政给水排水工程（B30）
	建筑节能·建筑防火（F40）		市政供热、供燃气工程（B40）
	建筑材料（F50）		环境工程（B50）
城市规划·城市设计 （P）	城市史与城市规划理论（P10）	建筑结构与岩土工程 （S）	建筑结构（S10）
	城市规划与城市设计（P20）		岩土工程（S20）
室内设计·装饰装修 （D）	室内设计与表现（D10）	建筑施工·设备安装技术 （C）	施工技术（C10）
	家具与装饰（D20）		设备安装技术（C20）
	装修材料与施工（D30）		工程质量与安全（C30）
建筑工程经济与管理 （M）	施工管理（M10）	房地产开发管理 （E）	房地产开发与经营（E10）
	工程管理（M20）		物业管理（E20）
	工程监理（M30）	辞典·连续出版物 （Z）	辞典（Z10）
	工程经济与造价（M40）		连续出版物（Z20）
艺术·设计 （K）	艺术（K10）	旅游·其他 （Q）	旅游（Q10）
	工业设计（K20）		其他（Q20）
	平面设计（K30）	土木建筑计算机应用系列（J）	
执业资格考试用书（R）		法律法规与标准规范单行本（T）	
高校教材（V）		法律法规与标准规范汇编/大全（U）	
高职高专教材（X）		培训教材（Y）	
中职中专教材（W）		电子出版物（H）	

注：建工版图书销售分类已标注于图书封底。